金屬熱處理－原理與應用

李勝隆　編著

全華圖書股份有限公司

序言 PREFACE

金屬材料種類繁多且複雜，在過去數十年持續的研究與經驗累積下，已經深入了解到熱處理對金屬合金所造成的影響，完整的理論也逐漸被確立;面對數以萬計的材料與其熱處理組合，我們不可能瞭解每一種組合所導致的性質變化，必須從原理來理解，所以本書以基礎材料科學作為入門知識，所有熱處理之相變化均以理論為解說背景，循序漸進，期能達到對熱處理融會貫通的目的。

本書編輯對於熱處理原理與實務有興趣的讀者都值得研讀，書中所引用的參考資料，除了大量熱處理研究理論與實務外，也有很多是作者之研究心得，為了表彰先進們對熱處理的貢獻，每章節都盡可能將所引用之參考資料列出。

在編排方面，從基礎材料科學開始，介紹了晶體結構、相變化、強化理論等，爾後介紹鋼鐵、鋁、鈦、銅、鎂等合金之熱處理，也涵蓋了表面硬化與輝面熱處理、材料性質檢測等內容，並加入例題供老師授課與學生練習使用，書寫方式盡量深入淺出並求完整，但限於作者才學，疏漏不妥之處都所難免，懇請廣大讀者，給予批評和指正。

本書能順利面世，除了要感謝提供作者安定教學與研究的工作單位、互相砥礪的師友外，也要感謝全華圖書(股)公司陳本源董事長與林淑華總經理對科技中文化的認同和支持、顧問黃廷合博士、編輯部曾琡惠主任與黃立良先生的協助;最後也願將寫作過程的辛勞及喜悅與默默關心的家人一起分享。

李勝隆 謹誌於中央大學材料研究所

再版序

本書自 2014 年九月初版發行至今，陸續獲得許多寶貴的讀者意見回饋，這期間也一直在思索著如何讓全書內容更符合『理論與實務結合』的編寫初衷，從基礎原理入門，輔以實務之說明，其能達到循序漸進、融會貫通的學習目的。

自本書初版發行後，即開始著手進行改版工作，以期全書內容能更順暢易讀。編寫約略分成四大部分：

1. 基礎材料科學：介紹晶體結構、相變化、強化理論等。
2. 各類金屬熱處理：介紹鋼鐵、鋁、鈦、銅、鎂等合金熱處理。
3. 金屬表面處理：介紹金屬表面硬化與輝面熱處理。
4. 材料性質檢測。

本書編輯對於熱處理原理與實務有興趣的讀者都值得研讀，為了使讀者更容易掌握書中之關鍵重點，於改版中更加入衆多例題，供讀者練習使用，本書能順利再版，除了要感謝提供作者教學研究的社會資源、工作單位、互相砥礪的師友、教學相長的同學之外，也要感謝全華圖書(股)公司出版部同仁的專業協助，最後也願將寫作過程的辛勞及喜悅，與默默關心的太太及家人一起分享。

李勝隆 謹誌於中央大學材料研究所

目錄
CONTENTS

U0059891

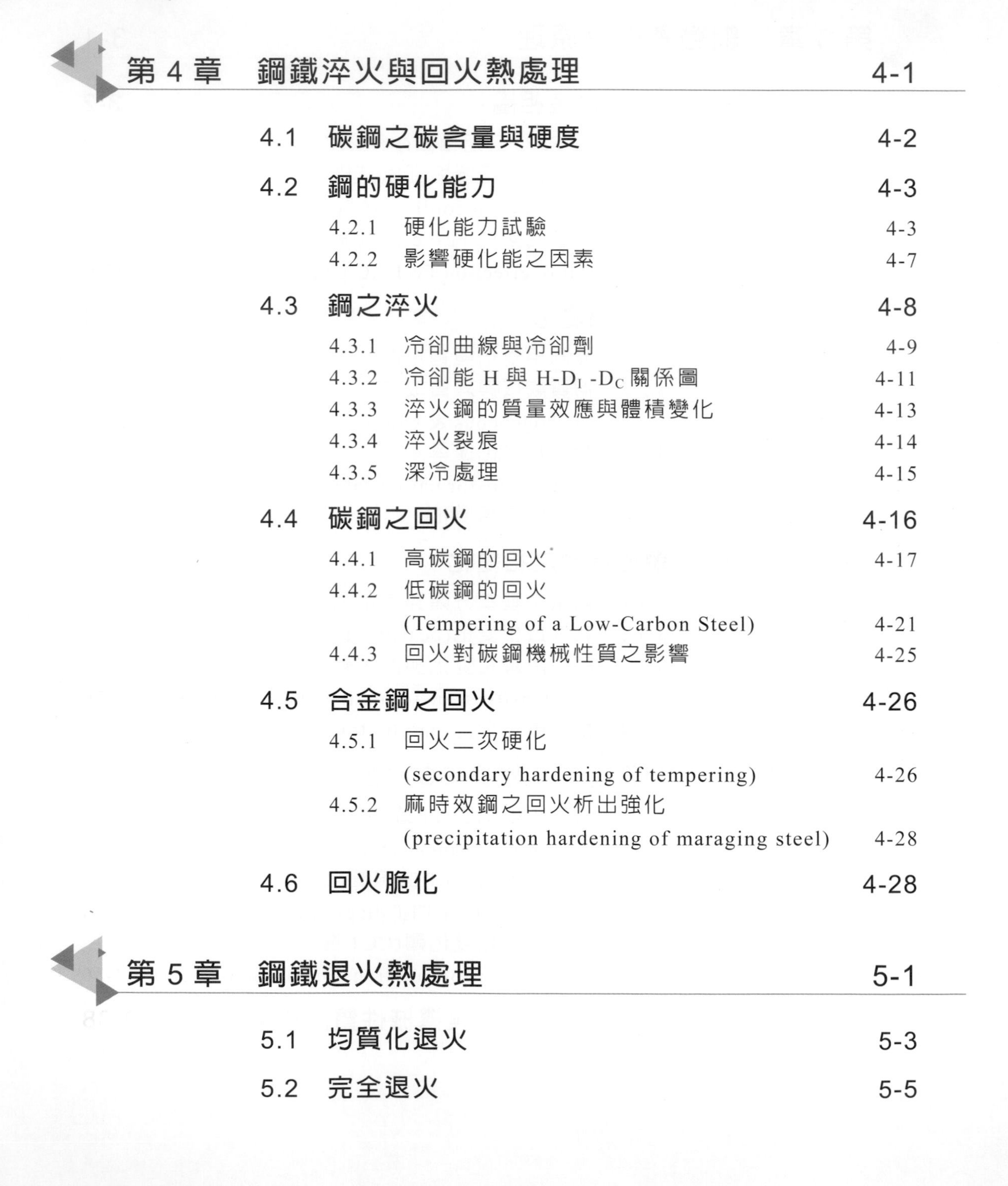

1

基礎金屬材料科學

『**熱處理(heat treatment)**』是指『固體材料藉由加熱或冷卻，造成材料之結構與性質改變的一種製程』，基本上，熱處理是屬於材料研究中的『**製程(processing)**』範疇，而材料的研究就是要把材料的製程、**結構(structure)**、**性質(property)**三者關聯起來，如圖 1.1 所示，材料性質也常涵蓋材料所呈現的**性能(performance)**，所以研讀『金屬熱處理』時，必須瞭解下列事項：

1. 金屬受到熱處理(製程)時，其結構與性質所發生的變化。
2. 熱處理(製程)、結構與性質三者之間的關連性。

爲了建立『金屬熱處理』的良好理論基礎，首先需瞭解其微結構，而金屬之微結構可藉由『相平衡圖』來預測，有了相平衡圖的知識，就可以瞭解到熱處理時，可能發生的微結構變化，從而瞭解其性質的變化。

本書前兩章將介紹金屬基礎材料科學，期能使讀者建立良好的熱處理理論基礎，再依序介紹各種鋼鐵與非鐵金屬熱處理的原理、方法與性質檢測等。

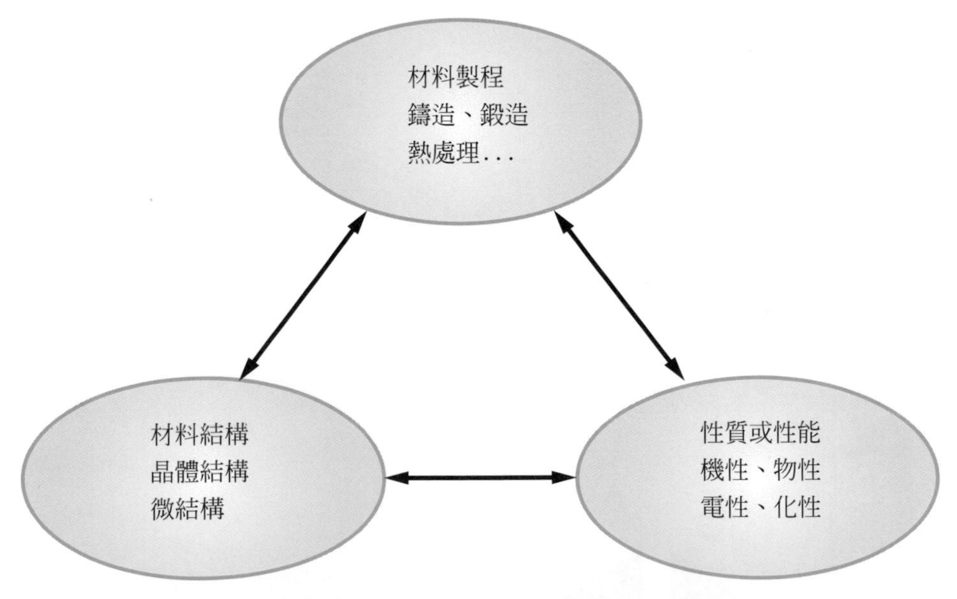

▲圖 1.1　材料研究的製程、結構、性質三者關連性[R&M,LEE1]

1.1 金屬之分類與鍵結

1.1.1 金屬之分類

金屬一般可分爲鋼鐵與非鐵兩大類(圖 1.2)，其中鋼鐵是以鐵元素爲主，而非鐵指的是主成分不是鐵的金屬合金，包括輕金屬(鋁、鈹、鎂、鈦，比重小於 5)、耐火金屬(鎢、鉬等)、貴金屬(金、銀、鉑等)、其他金屬或稱重金屬 (銅、鎳、鈷、鉛、錫等)等。

近年來(1995 年起)**高熵合金(high entropy alloy)**被加到金屬材料中，所謂高熵合金就是『未以任一元素爲主的多元素合金』，高熵合金概念打破以一種元素爲主的合金設計框架，對於金屬材料的研究開發提供充分的釋放。

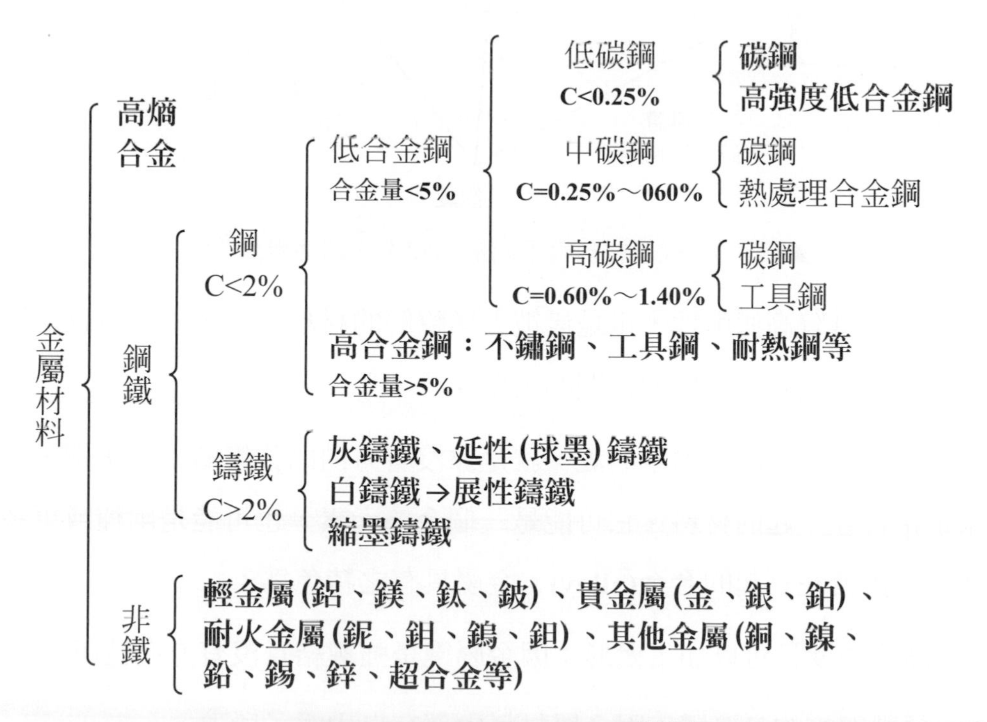

▲圖 1.2 金屬材料分類簡圖[LEE1]

1.1.2 金屬之鍵結與特色

固體材料鍵結形式分爲主鍵結與次鍵結兩種，主鍵結包括離子鍵、共價鍵與金屬鍵三種，而次鍵結則包含凡得瓦爾鍵以及氫鍵兩種。而陶瓷、高分子、金屬以及半導體等這些材料就是由這些鍵結所組成的，如圖 1.3 所示。

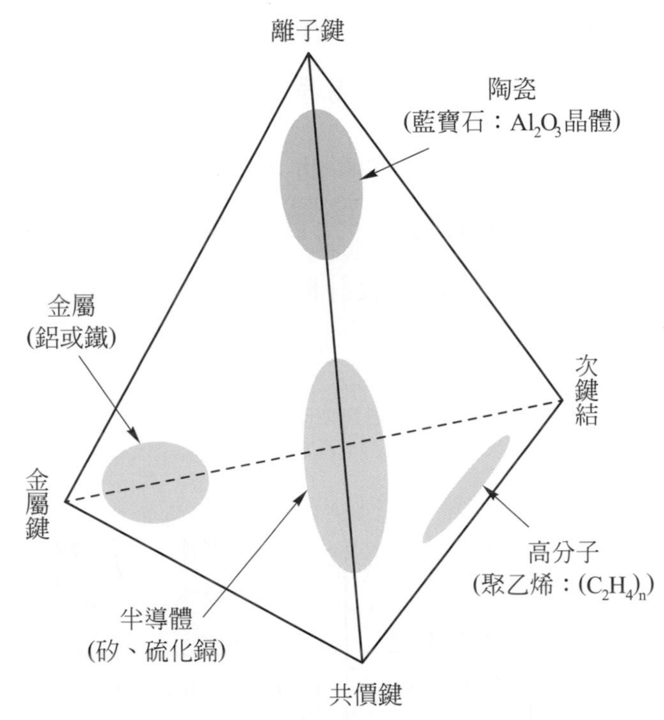

▲圖 1.3　代表材料與不同鍵結關係的四面體圖(R&M,)

金屬具有高使用性，也是最被人類瞭解的材料之一，本書將以金屬材料作爲介紹熱處理原理入門的主要媒介。

什麼是金屬呢？簡單的說，就是靠沒有方向的強鍵結：金屬鍵，將原子結合在一起的材料。它可能是一個金屬元素，也可能是兩種或更多金屬元素合在一起的**合金(alloy)**。金屬具有之特色爲：

1. 高的強度且可以加工變形：因金屬鍵是強鍵結且沒有方向性所致。
2. 是熱與電的良導體：因金屬材料內部有自由電子所致。

1.2 晶體結構

材料的性質直接受到其晶體結構所影響，所謂**晶體(crystalline)**，是指原子具有**長距離週期性規則排列(long-range order arrangement)**的固體。而所謂長距離則是指最少有數百個原子範圍；而只具**短距離(約 50 個原子範圍內)週期性規則排列(short-range order arrangement)**的固體則稱爲**非晶體(noncrystalline or amorphous)**，具相同組成的結晶材料與非結晶材料存在著明顯的性質差異。

1.2.1 七種晶系與十四種晶格(7 crystal systems and 14 lattices)

出週期性原子排列所組成的空間稱爲**晶格(lattice)**，如圖 1.4(a)所示，將晶格細分至最小程度而仍能代表整個晶格特性者，稱爲**單位晶胞(unit cell)**。此單位晶胞向所有方向重複延伸，即可得到整個晶格，所以只要瞭解單位晶胞之結構及特性，便可擴及整個晶體性質，可簡化晶體結構的分析。

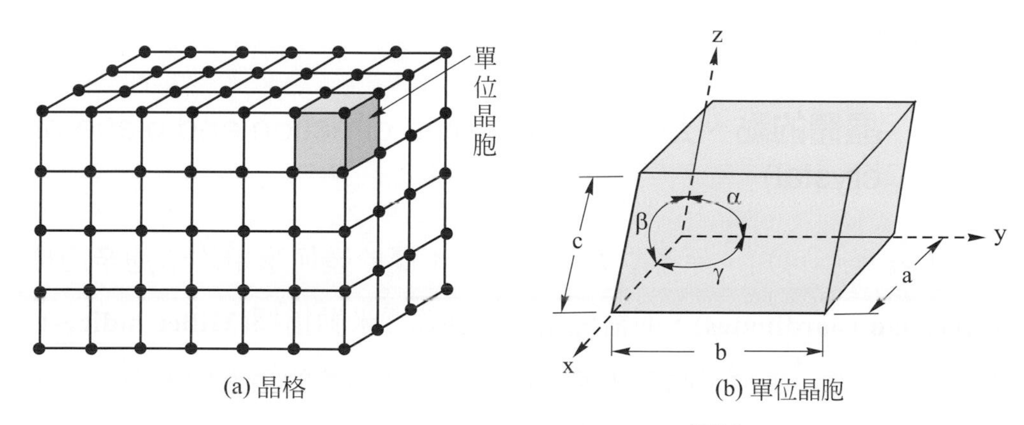

▲圖 1.4　(a)晶格與(b)單位晶胞[R&M]

1. **單位晶胞**(unit cell)

習慣上依右手螺旋法則，將單位晶胞的 x、y、z 三個軸之指向分別訂爲向前、向右和向上，以 a、b、c 表示；而兩軸間之夾角分別以 α、β、γ 表示，如圖 1.4(b)所示。

所以單位晶胞是以六個參數(a、b、c 三個邊、α、β、γ 三個角)來定義，此六個參數稱爲**晶格參數(lattice parameter)**。

變化此六個參數，可以產生七種**晶系(crystal system)**，這些晶系如表 1.1 所示，分別爲：**立方(cubic system)**、**六方(hexagonal)**、**正方(tetragonal)**、**菱方(rhombohedral)**、**斜方(orthorhombic)**、**單斜(monoclinic)**、**三斜(triclinic)**等晶系。

2. **布拉維斯晶格**(Bravais lattice)

考慮七種晶系中的原子(或分子)堆積狀態，可以獲得 14 種不同的排列方式，稱爲**布拉維斯(Bravais)**晶格，亦示於表 1.1 中。七種晶系中最常見者爲立方晶系，這是最對稱的晶系，大部分的金屬結構都是屬於此種晶系；而立方晶又因原子之排列位置，可分爲**簡單立方(SC＝simple cubic)**、**體心立方(BCC＝body center cubic)**、**面心立方(FCC＝face center cubic)**三種。

1.2.2 晶體的點、方向和平面(point, direction and plane of crystal)

由表 1.1 可知，除了立方晶外，並不屬於幾何學中的**卡迪辛座標(Cartesian coordinates)**，而需使用一種稱爲『**米勒指標(Miller indices)**』的新座標系統，來標示晶體中原子的位置、及晶體的平面與方向，它可以簡單的向量**內積(dot product)**與**外積(cross product)**方式來運算。

▼表 1.1 七種晶系與十四種晶格之單位晶胞[R&M]

結晶系統	結晶軸	結晶軸夾角	晶胞幾何圖形
立方晶系 (cubic)	$a = b = c$	$\alpha = \beta = \gamma = 90°$	a a a P B F
六方晶系 (hexagonal)	$a = b \neq c$	$\alpha = \beta = 90°$ $\gamma = 120°$	c a a X3= a_3 c a_2 a a a P a_1
正方晶系 (tetragonal)	$a = b \neq c$	$\alpha = \beta = \gamma = 90°$	c a a P c a a B
菱方晶系 (rhombohedral)	$a = b = c$	$\alpha = \beta = \gamma \neq 90°$	α a a a P
斜方晶系 (orthorhombic)	$a \neq b \neq c$	$\alpha = \beta = \gamma = 90°$	c a b P c a b B c a b A c a b F
單斜晶系 (monoclinic)	$a \neq b \neq c$	$\alpha = \gamma = 90°$ $\beta \neq 90°$	c β a b P c β a b B
三斜晶系 (triclinic)	$a \neq b \neq c$	$\alpha \neq \beta \neq \gamma \neq 90°$	c β α γ b a P 註：P-基本型，B-體心，F-面心，A-單面心。

1. **點座標**(point coordinates)

可以利用圖 1.4(b)的單位晶胞邊長分率來表示點座標(x,y,z)，例如原點的座標爲(0,0,0)，中心點的原子座標是(1/2,1/2,1/2)；同樣的，X 軸上位於 a 長度的座標爲(1,0,0)等。

2. **晶體方向**(crystallographic direction)

在圖 1.4(b)的單位晶胞中，任何方向之米勒指標，即晶體方向，其求法有兩種：

(1) 方法 1：平移座標法

(a) 將方向的起點設爲原點，由原點依序沿著 x,y,z 三個軸前進至終點。

(b) 求得方向之向量(＝u'+v'+w')，得到一組以中括號表示的向量[u',v',w']。

(c) 將[u',v',w']乘或除以一共同因數，簡化爲最小整數組合[u,v,w]。

(d) 將此最小整數組合[u,v,w]去除逗號，成爲[uvw]，即爲此方向之指標。

(e) 當座標爲負數時，只須在對應之數字上頭畫一橫桿即可。

(2) 方法 2：未平移座標法：將上述的(1)(2)稍加修正爲(1')(2')，其方法爲：

(a) 在方向上任取兩點，決定此兩點之座標。

(b) 依指定方向，將位於前面的點座標減去後面的點座標，可得到一組數組[u',v',w']。

例 1.1 試寫出圖 1.5 中(1)平面 A 上的 B,C,D 三個方向，與(2)平面 E 上的 F,G,H 三個方向之米勒指標。

解 (1)平面 A 上的方向：B = $[\bar{2}2\bar{1}]$，C = $[\bar{1}1\bar{1}]$，D = $[\bar{1}10]$

方法 1：平移座標法

步驟	方向 B	方向 C	方向 D
(a)	方向起點設爲座標原點		
(b)求向量	$(-1)\vec{x}+1\ \vec{y}+(-\frac{1}{2})\ \vec{z}$	$(-1)\vec{x}+1\ \vec{y}+(-1)\ \vec{z}$	$(-1)\vec{x}+1\ \vec{y}+(0)\ \vec{z}$
	$[-1,1,-\frac{1}{2}]$	$[-1,1,-1]$	$[-1,1,0]$
(c)取最小整數	$[-2,2,-1]$	$[-1,1,-1]$	$[-1,1,0]$
(d)去除逗號	$[\bar{2}2\bar{1}]$	$[\bar{1}1\bar{1}]$	$[\bar{1}10]$

方法 2：未平移座標法

步驟	方向 B	方向 C	方向 D
(a)取兩點	前$(0,1,\frac{1}{2})$ 後$(1,0,1)$	前$(0,1,0)$ 後$(1,0,1)$	前$(0,1,\frac{1}{4})$ 後$(1,0,\frac{1}{4})$
(b)前點減後點	$[-1,1,-\frac{1}{2}]$	$[-1,1,-1]$	$[\ 1,1,0]$
(c)&(d)	(同上表)		

(2) 同樣的求法，平面 E 上的方向：F = $[10\bar{1}]$，G = $[11\bar{2}]$，H = $[\bar{1}10]$

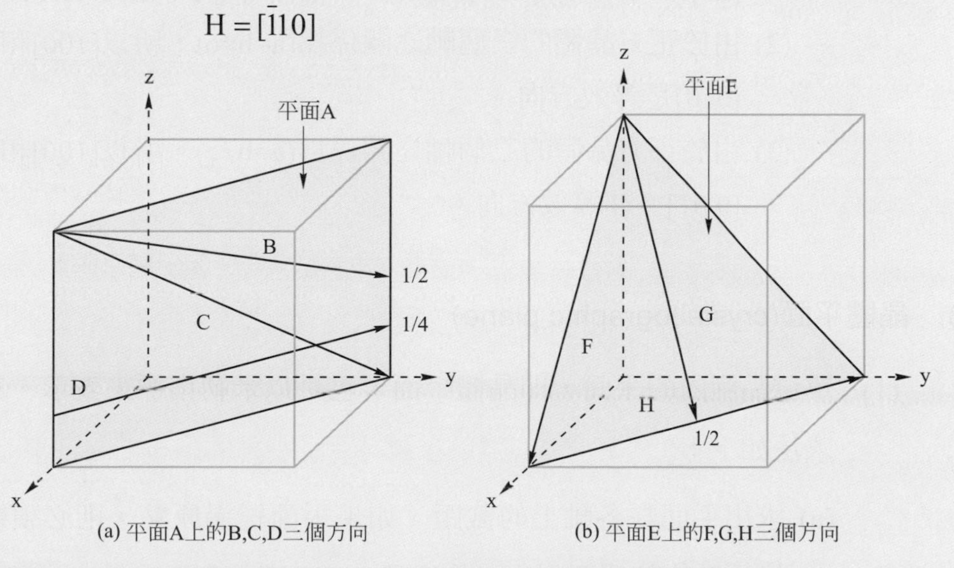

(a) 平面A上的B,C,D三個方向　(b) 平面E上的F,G,H三個方向

▲圖 1.5　例 1.1，1.3 與 1.4 的晶體平面與方向

(3) 使用晶體方向時，需注意以下幾點：

(a) 正方向與負方向可視爲相同；[1 0 0]等同$[\bar{1}00]$，它們代表相同直線，方向相反。

(b) 將方向指標乘以某一正數後，表示的方向不變。例如[1 0 0]與[2 0 0]是相同的。

(c) 因晶體對稱而等效的**一組方向(equivalent direction)**，這些等效方向可被歸於**同一方向族(family of directions)**，以角括號< >來表示這些方向的集合。

例 1.2　試列出(1)立方晶體的方向族<100>所有的等效方向。(2)正方晶體的[100]和[010]兩個方向是否等效？(3)正方晶體的[100]和[001]兩個方向是否等效？

解　(1) 由於立方晶體的三個軸都相等，所以方向族<100>所有的等效方向有六個：

<100>等效方向是 [100], $[\bar{1}00]$, [010], $[0\bar{1}0]$, [001], $[00\bar{1}]$。
同樣的，[010], $[0\bar{1}0]$相等，[001], $[00\bar{1}]$也相等。

[註]常將[100], $[\bar{1}00]$視爲相等，所以只有 3 個等效方向。

(2) 由於正方晶體的三個軸之關係爲(a=b≠c)，所以[100]和[010]是等效方向。

(3) 由於正方晶體的三個軸之關係爲(a=b≠c)，所以[100]和[0 01]並非等效方向。

3. **晶體平面**(crystallographic plane)

(1) 單位晶胞內的平面，即晶體平面，也是以米勒指標來表示，其求法如下：

(a) 求出平面在各軸上的截距，如果平面經過原點，則必須變換原點的位置，以便求取截距。

(b) 取這些截距的倒數，得到一組數值 h'，k'，l'。

(c) 將 h'，k'，l' 乘或除以一共同因數，簡化爲最小整數組合 h，k，l。

(d) 將此最小整數組合以小括號(hkl)括起來，即爲此平面之指標。這些整數指數不用逗號來分開。

(e) 當座標爲負數時，只須在對應之數字上頭畫一橫桿即可。

例 1.3 試寫出圖 1.5 中平面 A 與平面 E 之米勒指標。

解

步驟	平面 A	平面 E
(a)取截距	x=1a,y=1b,z=∞c	x=1a,y=1b,z=1c
(b)截距之倒數	1,1,0	1,1,1
(c)取最小整數	1,1,0	1,1,1
(d)小括弧表示	(110)	(111)

(2) 使用晶體平面時，需注意以下幾點：

(a) 平面與其負平面是相等的，例如($\bar{1}$10)與(1$\bar{1}$0)是相等的。

(b) 晶體中所有平行之晶面，都有相同的平面指標。

(c) 將一平面指標乘上某數後所得到的面，例如：(001)成爲(002)。

(c-1) 對於整體晶體而言，(001)與(002)是相同的，(002)可被簡化成(001)。

(c-2) 對於單位晶胞而言，爲了區分不同層，(002)不可被簡化成(001)(參考圖 1.10(b))。

(c-3) 表示平面間距(d_{hkl})時，d_{001} 與 d_{002} 不同。

(d) 晶體對稱之故而等效的一組平面，稱爲**平面族(family of planes)**，以大括號{}來表示這些平面的集合。

例 1.4 在圖 1.5 中的晶體中，(1)如果是立方晶體，試分別列出平面族{110}與{111}的等效平面。(2)若是非立方晶體，則(1)之等效關係是否依然成立？

解 (1) 如果是立方晶體，則平面族{110}之等效平面有六個，平面族{111}之等效平面有四個，如表 1.2 所示。

▼表 1.2　圖 1.5 中之平面 A 與平面 E 之平面族(立方晶體)

	平面 A	平面 E
平面族	{110}	{111}
等效平面	(110)，(101)，(011)，$(\bar{1}10)$，$(\bar{1}01)$，$(0\bar{1}1)$	(111)，$(\bar{1}11)$，$(1\bar{1}1)$，$(11\bar{1})$

(2) 對於非立方晶體而言，表 1.2 之等效關係是不成立的。

4. 六方晶體之平面與方向(direction and plane of hexagonal lattice)

六方晶體之平面與方向的指標有兩種方式，一種如前述的以三個數字所組合的米勒指標，另一種是以四個數字組合的『**米勒-布拉維斯指標(Miller-Bravais indices)**』來表示，而以後者較爲方便。

在表 1.1 中的六方晶胞中，若將三個六方晶胞組合起來，會形成一個六角柱，如圖 1.6(a)所示。它是用 a_1,a_2,a_3,(彼此夾角爲 120°)與 z 四個軸來表示，此種座標系統就是米勒-布拉維斯指標，如圖 1.6(b)所示，其中 a_1,a_2,a_3,三個晶格參數等長(=a)，且屬於同一平面(稱爲基面-basal plane)，z 軸垂直於基面，其晶格參數設爲 c。

可以依照前述方法求出晶體平面之米勒-布拉維斯指標，常寫成(hkil)，其中 h,k,i,l 分別是平面在各軸之截距的倒數，且因 h,k,i,三個數位於同一平面，所以 h+k+i=0。

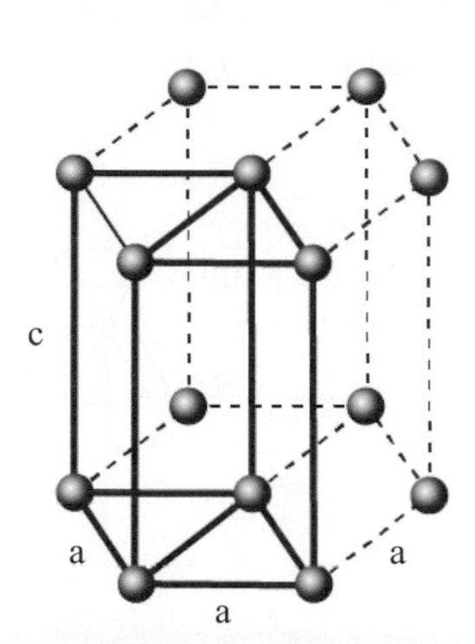

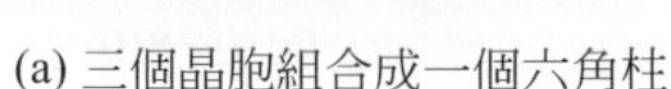

(a) 三個晶胞組合成一個六角柱

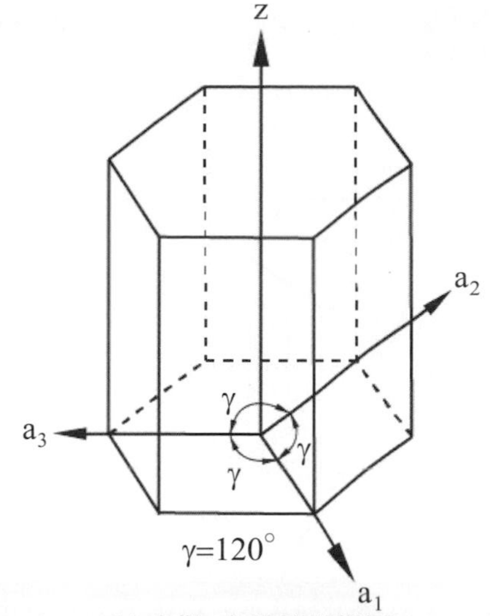

(b) 米勒–布拉維斯指標

▲圖 1.6　六方晶體[R&M]

以下介紹兩種方法求得[uvtw]之六方晶系結晶方向：

(1) 向量法：求得方向之向量並滿足(u+v+t=0)，其程序如下：(參考圖 1.7)

(a) 將方向起點設為座標原點，由原點依序沿著 a_1,a_2,a_3 與 z 四個軸前進至終點。

(b) 求得方向之向量($= u'\overrightarrow{a_1} + v'\overrightarrow{a_2} + t'\overrightarrow{a_3} + w'\vec{z}$)，得到一組以中括號表示的向量[u',v't',w']。

(c) 將[u',v',t',w']乘或除以一共同因數，簡化為最小整數組合[u,v,t,w]。

(d) 將此最小整數組合[u,v,t,w]去除逗號，成為[uvtw]，即為此方向之指標。

(e) 當座標為負數時，只須在對應之數字上頭畫一橫桿即可。

例 1.5 試寫出圖 1.7(a)中的(1)兩個晶面(基面及平面 A)與(2)三個方向(a_3,B 及 C)之米勒-布拉維斯指標。

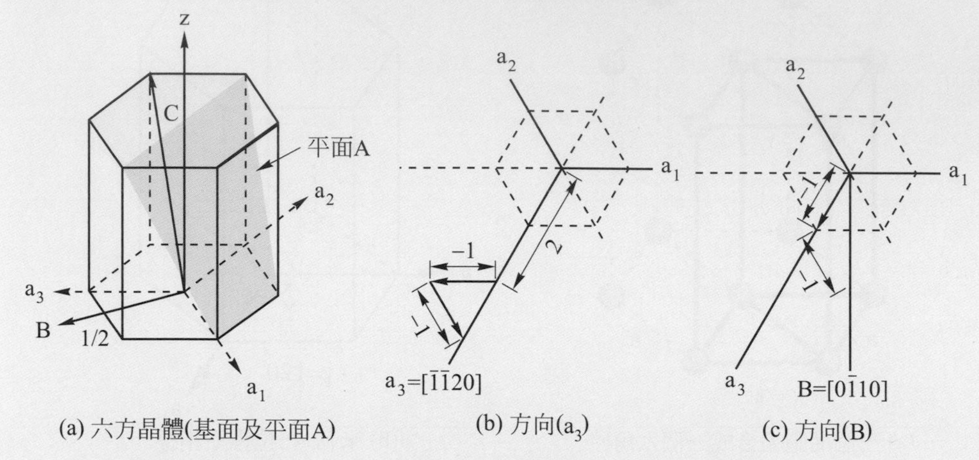

(a) 六方晶體(基面及平面A)　(b) 方向(a_3)　(c) 方向(B)

▲圖 1.7　例 1.5 的六方晶體平面與方向[R&M]

解 (1) 平面 A＝$(10\bar{1}1)$，基面＝(0001)

步驟	平面 A	基面
(a)取截距	a_1=1,a_2=∞,a_3=-1,z=1	a_1=∞,a_2=∞,a_3=∞,z=1
(b)截距之倒數	1,0,-1,1	0,0,0,1
(c)取最小整數	同上	
(d)方括弧表示	$(10\bar{1}1)$	(0001)

(2) 利用圖 1.7(b)與(c)可以看出方向之向量關係，

求得 a_3＝$[\bar{1}\bar{1}20]$，B＝$[0\bar{1}10]$，及 C＝$[\bar{2}113]$

步驟	方向 a_3	方向 B	方向 C
(a)	方向起點設爲座標原點		
(b)求向量	$(-1)\overline{a_1}+(-1)\overline{a_2}+(2)\overline{a_3}+0\vec{z}$	$0\overline{a_1}+(-1)\overline{a_2}+1\overline{a_3}+0\vec{z}$	$(-2)\overline{a_1}+1\overline{a_2}+1\overline{a_3}+3\vec{z}$
	[-1,-1, 2,0]	[0,-1,1,0]	[-2,1,1,3]
(c)取最小整數	同上		
(d)去除逗號	$[\bar{1}\bar{1}20]$	$[0\bar{1}10]$	$[\bar{2}113]$

(2) 公式換算法：將三個數字的六方晶系結晶方向指數系統[u'v'w']，轉換成四個數字之指數系統[uvtw]，即「[u'v'w']→[uvtw]」，[uvtw]前三個數字分別爲基面上沿 a_1,a_2,和 a_3,三個軸的投影，因 a_1,a_2,和 a_3,三個軸位於同一平面，所以(u+v+t=0)。其關係如式(1.1)：

$$u=\frac{1}{3}(2u'-v')，v=\frac{1}{3}(2v'-u')，t=-(u+v)；w=w' \tag{1.1}$$

1.2.3　金屬晶體(metal crystal)

金屬晶體結構以立方晶系的體心立方(如 Cr、α-Fe、Mo、Ta、W 等)、面心立方(如 Al、Cu、Au、Ni、Pt、Ag 等)、與六方晶系(如 Cd、Co、Mg、Ti、Zn 等)三種爲主。只有極少數的金屬具有其它結構，如錫是體心正方晶、α-鈾是體心斜方晶，Po 是簡單立方晶等。爲方便起見，通常將金屬結晶原子考慮成硬球疊在一起的結構，即所謂的**硬球模型(hard-ball model)**來描述。

1.　體心立方晶(BCC, body center cubic)

體心立方晶體結構模型如圖 1.8(a)所示，在單位晶胞中的每一個角落均有一個原子(圖 b)，一個單位晶胞共有八個角，故每一個單位晶胞包含一個角落原子(有八個角落，每個角落原子有 1/8 屬於該晶胞，故屬於該晶胞的角落原子有 8×1/8＝1 個)加上一個中心原子，共有兩個原子。由於每個原子皆是同等的，即所有角落原子皆可視爲晶胞中心原子，反之亦然。

由圖 1.8(c,d)可知，中心原子與每個角落原子共線(即<111>方向)而且在整個晶格中連續排列著。此四個立方對角線構成 BCC 的最密堆積方向，在這個方向上原子最密。

晶體結構的**配位數(coordination number)**等於晶格中某一原子最鄰近的原子數目。於 BCC 中，中心原子有八個鄰近之角落原子，因其所有原子皆是對等的，所以每個原子之配位數均爲八。其堆積方式並非空間中最密堆積結構，其堆積密度(也稱爲**原子堆積因子-atomic packing factor：APF**)爲 68%。最密堆積面(即(110)面)並非空間中最密堆積平面。

例 1.6 試計算以下二種晶體之原子堆積因子(APF)(1)體心立方晶體(BCC)與(2)面心立方晶體(FCC)。

解 (1) 體心立方晶體(BCC)之堆積因子：參考圖 1.8 可知，

晶格參數(a_{SC})與原子半徑(R)之關係：$a_{BCC}= (4R/\sqrt{3})$

每單位晶胞中含有兩個原子，$\therefore V_{兩個原子}=2\times(4/3)\pi R^3$

每單位晶胞之體積，$\therefore V_{單位晶胞}=V_{BCC}=(a_{SC})^3=[(4R/\sqrt{3})]^3$

$\therefore(APF)_{BCC}= V_{兩個原子}/V_{BCC}=[2\times(4/3)\pi R^3]/[(4R/\sqrt{3})]^3=68\%$

(2) 面心立方晶體(FCC)之推積因子：參考圖 1.9 可知，

晶格參數(a_{SC})與原子半徑(R)之關係： $a_{FCC}=(4R/\sqrt{2})$

每單位晶胞中含有四個原子，$\therefore V_{四個原子}=4\times(4/3)\pi R^3$

每單位晶胞之體積，$\therefore V_{單位晶胞}=V_{FCC}=(a_{FCC})^3=[(4R/\sqrt{2})]^3$

$\therefore(APF)_{FCC}= V_{四個原子}/V_{FCC}=[4\times(4/3)\pi R^3]/((4R/\sqrt{2}))^3=74\%$

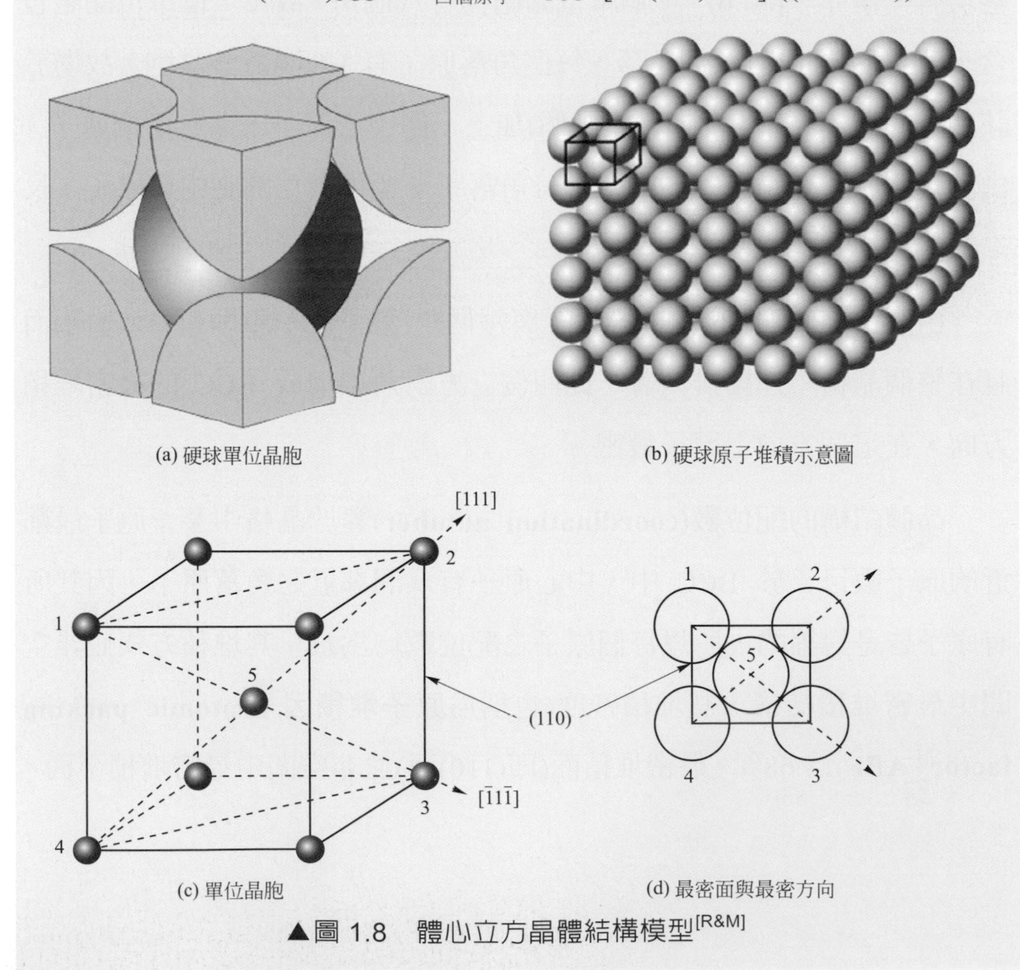

▲圖 1.8 體心立方晶體結構模型[R&M]

2. 面心立方晶(FCC, face center cubic)

面心立方晶體結構模型如圖 1.9 所示，除每一個角落均有一個原子外，在每一面之中心亦有一個原子，但中心處則無任何原子存在。FCC 金屬結構中八個角落共有一個原子，而六個面共有三個原子(因爲每個面上的原子被兩個晶胞分享)，故每個單位晶胞共有四個原子。因 FCC 結構之配位數爲 12，因此晶體中的原子是盡可能地緊密排列，爲空間中最密堆積結構，其堆積密度爲 74%。

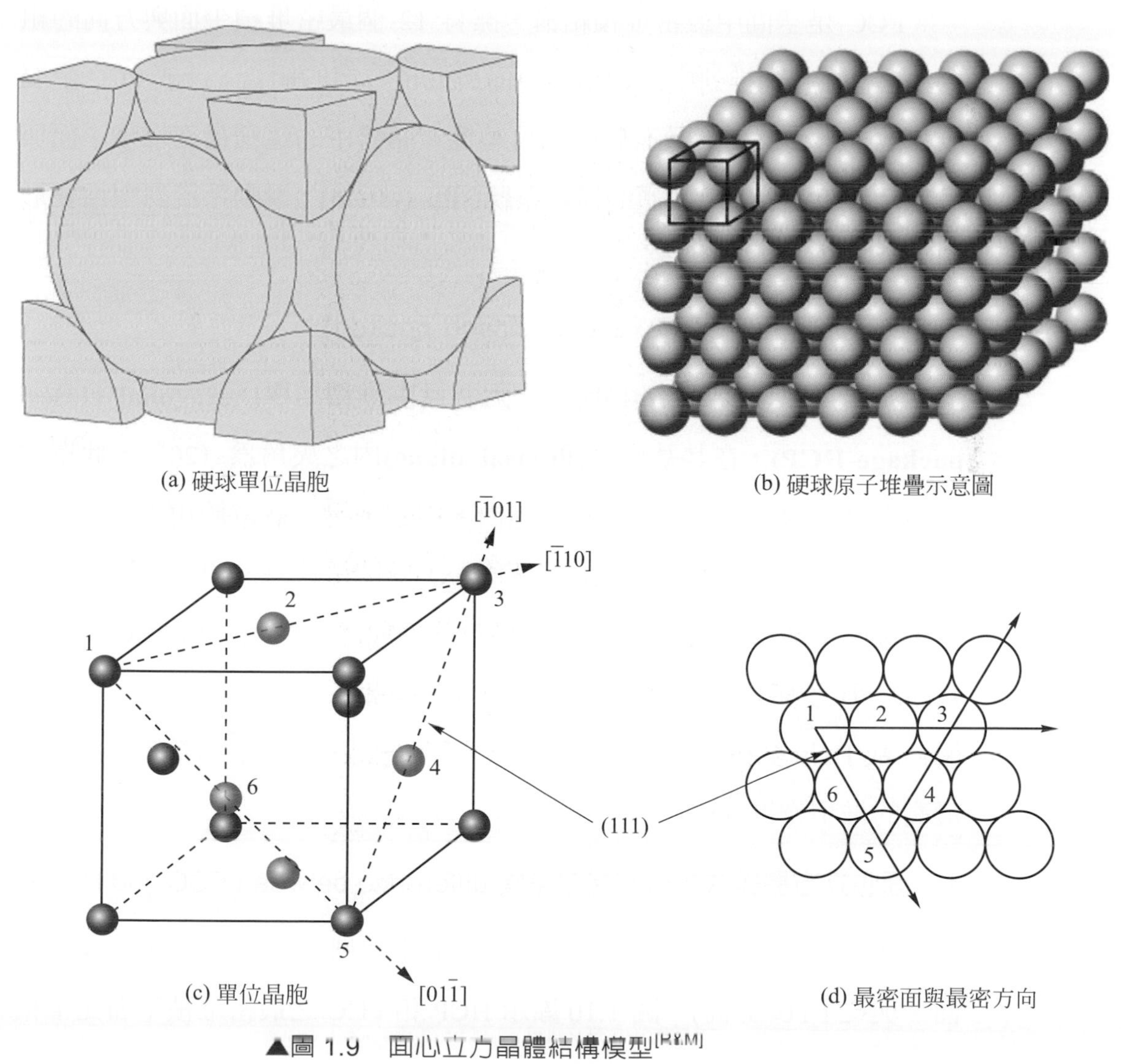

▲圖 1.9 面心立方晶體結構模型[R&M]

由圖 1.9(c,d)可知，若將一個晶胞的角落原子移去便可出現最密堆積平面(即{111}面)，在此最密推積平面上有三個最密堆積方向(即<110>方向)，沿著這些方向，圓球是互相接觸成一直線，此即立方體面上之對角線，面心立方晶中有六個這種最密堆積方向。又面心立方晶有四個最密堆積平面，如將八個角落的原子移去，可有八個最密堆積平面，但因對角兩個面是平行的(平行面被視爲同一個平面，如圖 1.10(a))，故共有四個最密堆積平面。

FCC 是空間中最密堆積結構，擁有 12 個最密堆積平面與方向的組合，是晶體空間排列中最密堆積平面與最密方向的組合，造成 FCC 金屬較其他金屬易於變形及有較大的可塑性。晶體中的這種最密堆積平面與最密方向組合，即是晶體的**滑動系統(slip system)**，滑動系統對塑性變形的影響將在 2.1.3 節介紹。

3. 六方最密晶(HCP,hexagonal closed-packed)

如圖 1.6 與圖 1.10(b)所示之**六方最密堆積結構(hexagonal closest package-HCP)**，在其**基底平面(basal plane)**內之夾角爲 120°，此單位晶胞中含有兩個原子，一個在晶胞內部中心，另一個位於角落處。但常用之六方體之表示法，它含有三個原子。其特徵爲每一原子皆緊接著位於鄰接原子層空隙之正上方與正下方，而使原子之配位數和 FCC 相同爲 12(每一原子與自己同層的六個原子，及上下鄰接平面各三個原子相互接觸)。故 HCP 結構與 FCC 結構一樣，皆爲空間中最密堆積系統，都具有最高的堆積密度 74%。

4. 面心立方晶與六方最密晶之差異(difference between FCC and HCP)

HCP 和 FCC 相同，皆具有空間中最密堆積平面與方向(即{0001}平面、與<2$\bar{1}\bar{1}$0>方向)。圖 1.10 顯示 HCP 和 FCC 之最密堆積平面完全相同，但是它們的堆積次序並不相同，FCC 的(111)面之堆積次序爲三個不同位置(A、B、C)的重複，即 ABCABC⋯，而 HCP 的(0001)面之堆積方式則是兩個不同位置(A、B)的重複，即 ABABAB⋯。

由於堆積次序的差異，使得它們的物理性質大爲不同，因爲最密堆積面的個數不同，FCC 有四個最密堆積面；而六方最密堆積則只有一個(即基面)，故 HCP 之可塑性變形要比 FCC 更具方向性之特質。

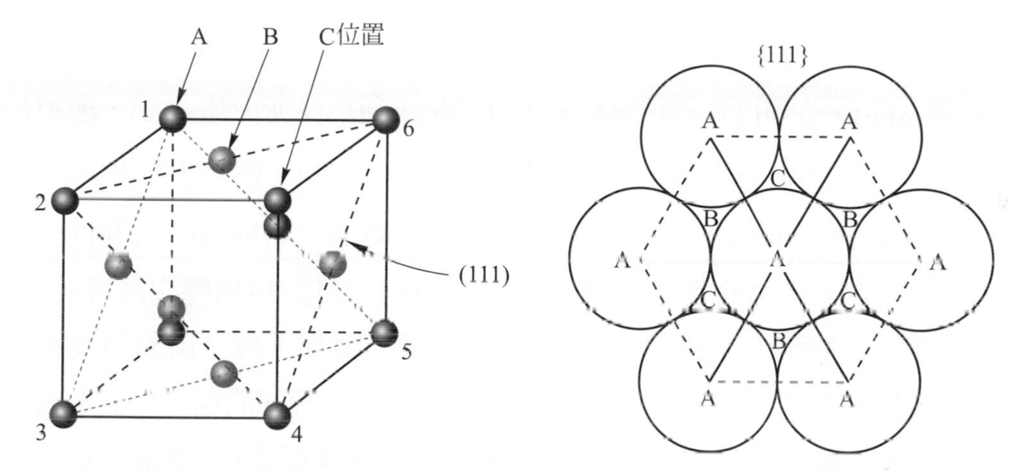

(a) FCC晶體以ABC三個位置重複堆積，Δ135與Δ246是兩個平行之{111}，分別位於A與B位置

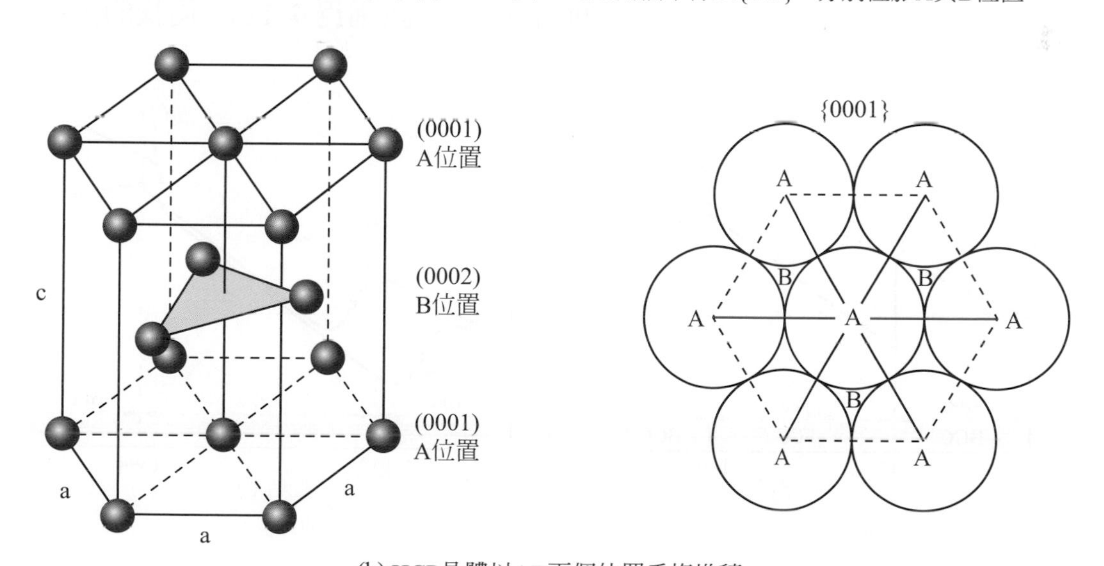

(b) HCP晶體以AB兩個位置重複堆積

▲圖 1.10　面心立方與六方晶體原子堆積模型[R&M]

1.2.4 多形體與同素異形體(polymorphism and allotropy)

若固體晶體具有一種以上的晶體結構，稱爲『**多形體(polymorphism)**』，在純元素中，此種現象稱爲『**同素異形體(allotropy)**』。由於溫度或壓力的改變，造成固體由一種晶體結構轉變成另一種晶體結構的相變化稱爲『**同素異形體相變化(allotropic phase transformation)**』，例如由**元素碳(carbon)**所形成之**鑽石(diamond)**與**石墨(graphite)**即爲同素異形體的一種。

另一個熟悉的例子是加熱室溫下的純鐵，它會由 BCC 晶體(稱爲肥粒鐵-αFe)，在 912℃時相變化為 FCC 晶體(稱爲沃斯田鐵-γFe)，繼續加溫到 1394℃時，又相變化回 BCC 晶體(稱爲δ-Fe)，如圖 1.11 所示。

由圖 1.11 可知， BCC-αFe 之膨脹係數較 FCC–γFe 小，且在同一溫度下，有兩種不同的長度。這種變化稱作 A_3 相變化。這種變化是可逆的，但實際上加熱的相變化溫度會稍高於冷卻的溫度，爲了區別這兩種溫度，加熱時的相變化溫度稱爲 A_{c3} 點(約 915℃)，冷卻的相變化溫度稱爲 A_{r3} 點(約 890℃)，若將溫度再增高時，則在 1394℃時，突然發生很大的膨脹，發生 A_4 相變化，晶體又回到 BCC 晶體(稱爲δ-Fe)，同樣的，這種相變化與 A_3 相同，也是可逆的。

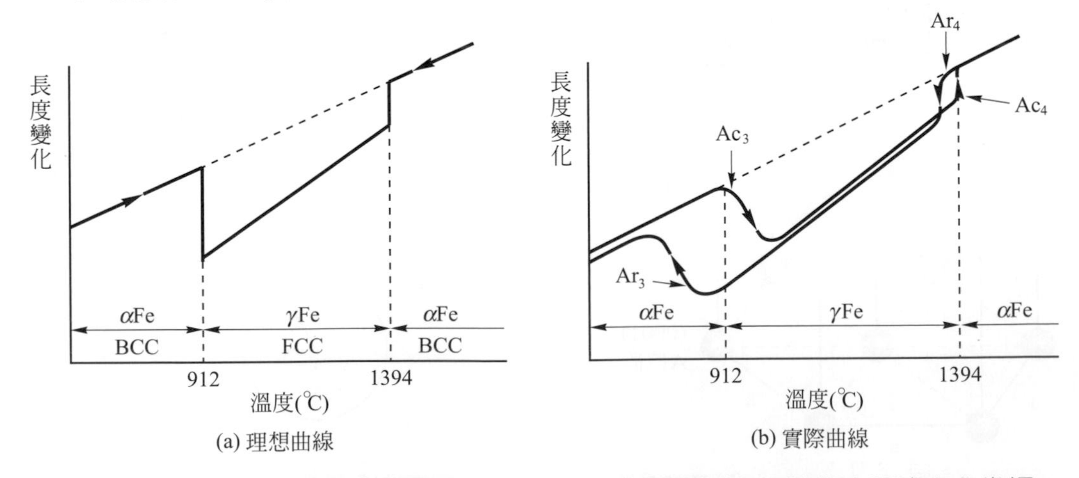

▲圖 1.11 純鐵之溫度與長度變化示意圖，(a)理想曲線(加熱與冷卻速度非常慢)，(b)實際曲線[R&M]

1.3 晶體缺陷

沒有一個眞實存在的晶體是完美的，即使是在非常特殊的條件下製造晶體，也一定會含有某種程度的缺陷，材料中的缺陷指的就是原子排列不規則的位置或區域。它們的存在有些是熱力學上平衡狀態的必然現象，有些是由於不平衡的製造程序或環境所造成，如鑄造、機械加工及化學侵蝕等。缺陷可被歸納爲四大類別：**點缺陷(point defect)**、**線缺陷(line defect)**、**面缺陷(interfacial defect)**、與**體缺陷(bulk or volume defect)**。

缺陷對材料性質有很大的影響，但不盡然是負面的，例如 Si 晶加入 0.01% 的 As，可使導電率提高 10,000 倍；又如金屬內差排愈多，強度就愈高。

1.3.1 點缺陷 (point defect)

點缺陷可以是一個或多個原子之缺陷，這些缺陷可能因原子的移動、雜質、或故意添加所致，點缺陷可分爲**本質點缺陷(intrinsic defect)**及**異質點缺陷(extrinsic defect)**兩類。

1. **本質點缺陷**(intrinsic defect)

晶體內的原子或離子在較高溫狀態下，部分原子或離子因具有足夠的能量可脫離原有位置，而造成缺陷；此類缺陷的形成因無外加物質的影響，故稱爲本質點缺陷，本節將介紹極爲普遍之本質點缺陷：**空孔與自插入原子(vacancy and self-interstitials)**。

(1) 空孔**(vacancy)**

空孔是最簡單的點缺陷，如圖 1.12 所示，當晶格位置未被原子佔據而留下一個空位，即成爲一個空孔，材料在熱動狀態下，皆含有平衡濃度的空孔，其關係爲：

$$(N_V/N)=\exp(-E_V/kT) \qquad (1.2)$$

其中 N_V：空孔的個數

N：晶格位置的個數

E_V：形成一個空孔所需的能量

k：波茲曼常數(1.38×10^{-23}J/K)

T：絕對溫度(K)

由此式可瞭解溫度升高時，空孔濃度將愈高。

(2) **自插入原子(self-interstitials)**

圖 1.12 顯示另一種點缺陷，自插入原子，這是晶格中的原子佔住間隙位子上，在金屬晶體中，這種點缺陷的周圍會產生極大應變，所以並不易產生，在晶體中，它的濃度遠低於空孔之濃度。

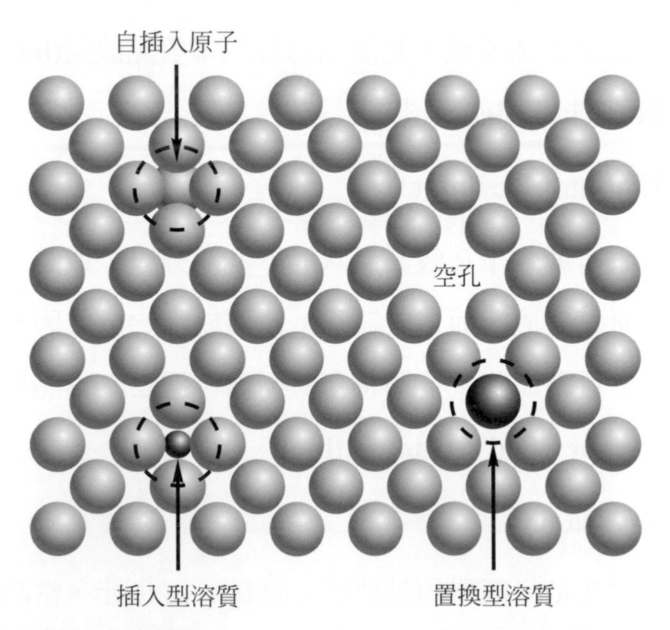

▲圖 1.12 固溶體中的本質點缺陷(空孔與自插入原子)與外質點缺陷(插入型固溶原子與置換型固溶原子) [R&M]

例 1.7　有一金屬形成空孔所需的活化能為 0.55 eV，求(1)300℃、與(2) 0℃時空孔的平衡濃度各為多少？(1 eV=1.602×10^{-19}J, k=1.38×10^{-23}J/K)

解　(1) 300℃=573K 時　$\frac{N_v}{N}=e^{\frac{-E_v}{kT}}=e^{\frac{-0.55\times1.6\times10^{-19}}{1.38\times10^{-23}(573)}}=1.47\times10^{-5}$

(2) 0℃=273K 時　$\frac{N_v}{N}=e^{\frac{-E_v}{kT}}=e^{\frac{-0.55\times1.6\times10^{-19}}{1.38\times10^{-23}(273)}}=7.17\times10^{-11}$

∴ 由(1)(2)可知，溫度變化對金屬之空孔平衡濃度影響很大，兩者差距約 100 萬倍。

2.　**異質點缺陷**(extrinsic defect)

材料中或多或少存有某些**雜質(impurities)**，這些雜質對材料的特性可能會造成一些不希望的影響；但也有可能是刻意加入以獲得所希望之特性，如形成合金來提升強度、或半導體的摻雜來提升導電性等。固溶體、離子晶體、半導體等都包含有異質點缺陷，本節將藉由最常見的固溶體來說明異質點缺陷。

(1)　**固溶體(solid solution)**

一種或多種原子(以單一原子或單一分子)均勻混合在另一種原子所形成的固體中，而未形成新的晶體，這種固體稱爲固溶體，固溶體中佔多數的元素稱爲**溶劑(solvent)**，而較少的元素稱爲**溶質(solute)**。

固溶體中的雜質點缺陷有兩種：**插入型固溶體(interstitial solid solution)**和**置換型固溶體(substitutional solid solution)**，亦示於圖 1.12 中。就插入型固溶體而言，溶質原子填在溶劑原子的間隙；而置換型固溶體是溶質原子取代了原有的溶劑原子。

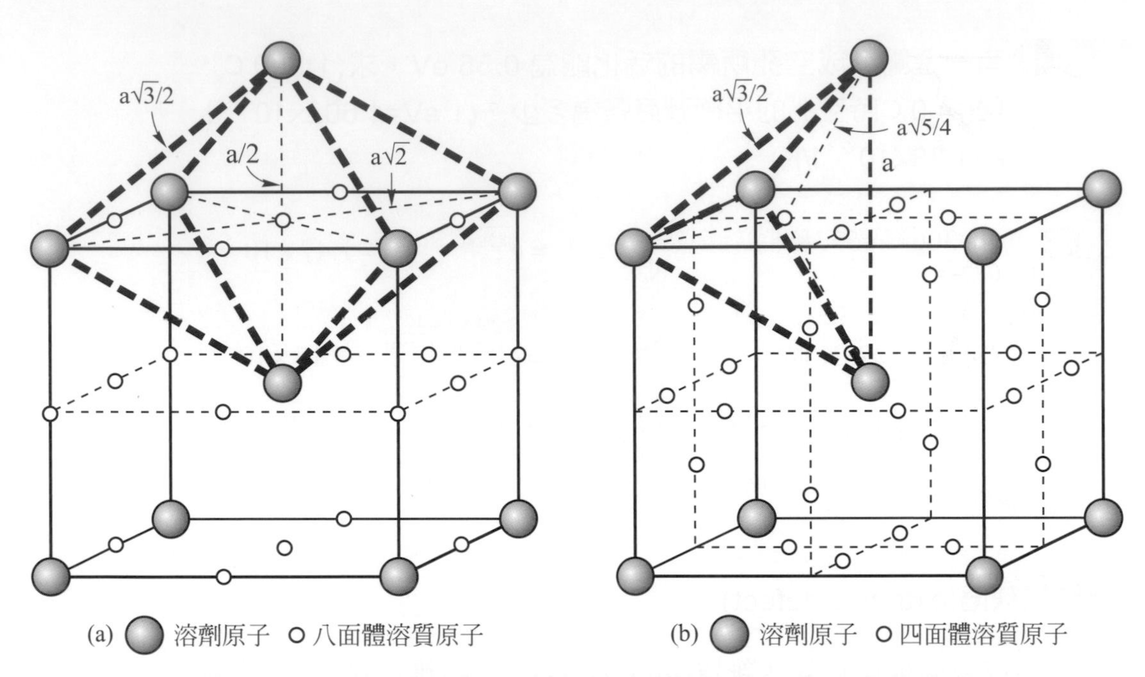

▲圖 1.13　BCC 晶格中的空隙：(a)八面體空隙與(b)四面體空隙[R&M]

(a) **插入型固溶體(interstitial solid solution)**

有些原子如碳(半徑＝0.077nm)、氮(0.071nm)、氧(0.060nm)、氫(0.046nm)及硼(0.097nm)的原子半徑甚小，容易填入溶劑原子間的空隙中，便形成如圖 1.12 中所示的插入型固溶體，這些溶質原子雖然小，仍比溶劑之空隙大，故原子間會產生擠壓現象，形成壓縮應變。

FCC、BCC 及 HCP 三種晶格都具有**四面體空隙(tetrahedral site)**以及**八面體空隙(octahedral site)**，圖 1.13 與 1.14 分別說明 BCC 及 FCC 晶胞內四面體空隙以及八面體空隙，四面體空隙爲 4 個相鄰原子所構成的四面體的中心位置，八面體空隙爲 6 個相鄰原子所構成的八面體的中心位置，晶胞中所含空隙的數目如表 1.3 所示。

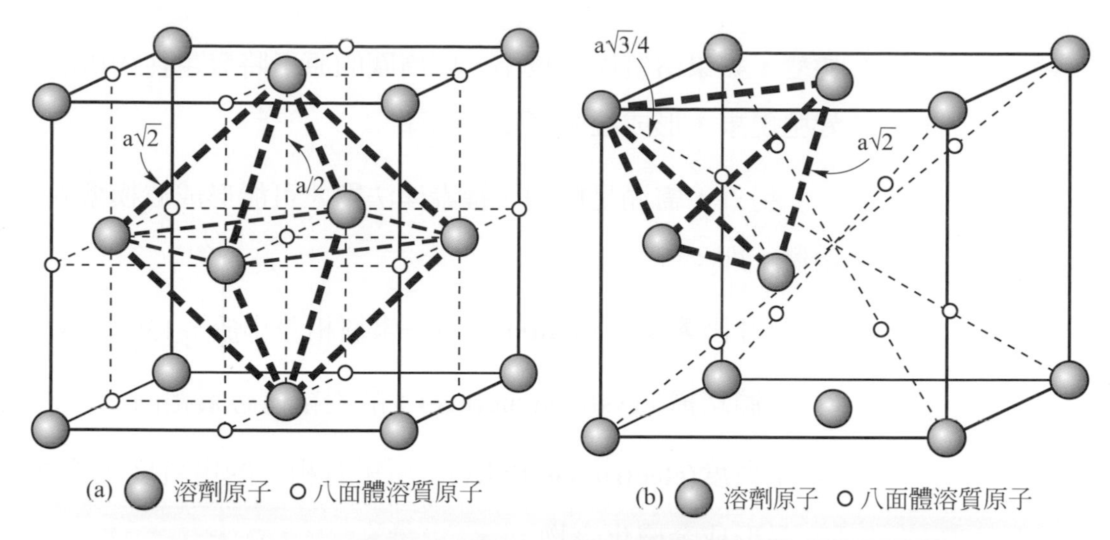

▲圖 1.14 FCC 晶格中的空隙：(a) 八面體空隙與(b)四面體空隙[R&M]

▼表 1.3 晶胞中所含空隙的數目

晶體	晶格空隙	
	四面體空隙	八面體空隙
BCC	12	6
FCC	8	4
HCP	12	6

(b) 置換型固溶體；與修門－羅素理法則(substitutional solid solution - Hume-Rothery rule)

鐵在 912℃以上為 FCC 結晶，912℃以下為 BCC 結晶(圖 1.11)，碳原子溶入時幾乎是佔據八面體空隙。雖然 FCC 八面體空隙的數目少於 BCC(表 1.3)，但因 FCC 的八面體空隙較 BCC 的八面體空隙大，碳原子溶入 FCC 晶體時應變較小，因此 FCC-γFe 對碳溶解度可高達 2wt%，遠大於具 BCC-αFe 的 0.022wt%(參考圖 3.1)。

溶質原子佔據溶劑原子位置，此種點缺陷所形成的固溶體稱為置換型固溶體，如圖 1.12 所示；如果溶質原子較溶劑原子半徑大，與周圍原子將產生互相排擠，形成壓縮應變，如果溶質原子較小，則周圍的原子將發生往內擠的鬆弛現象，形成拉張應變。

另外，需滿足修門－羅素理法則才可能形成置換型固溶體，即：

① **尺寸因素(size factor)** ：原子半徑相差小於～15%以內。

② **晶體結構(crystal structure)**：晶體結構必須相同。

③ **電負度(electronegativity)**：原子有相近的電負度，否則易形成金屬化合物。

④ **價數(valence)**：價數要相同。

銅鎳(Cu-Ni)合金爲常見的置換型固溶體，銅原子與鎳原子皆爲 FCC 晶體，且銅與鎳的原子半徑均爲 0.135nm，而電負度(附錄 C)則分別爲 1.9 及 1.8，價數也相同。由上述數據顯示，銅與鎳金屬符合修門－羅素理法則，可形成置換型的固溶體。

例 1.8 H_2O 與砂糖($C_{12}H_{22}O_{11}$)可以組合成(1)糖水與(2)充分攪拌之『極細』的冰與砂糖混合顆粒，試區分上述物質是混合物還是溶體。

解 (1)糖水是**液溶體(liquid solution)**，是單相。

(2)充分攪拌之『極細』的冰與砂糖顆粒是混合物，是兩相。

(2) **固溶強化(solution strengthening)**

當溶質原子溶入金屬時，無論以置換型或插入型溶入，都將產生晶格的畸變。由於溶質原子所產生的應力場，而使差排運動受到阻礙，故產生強化作用。這種強化作用稱爲固溶強化。固溶強化決定於下列兩項因素：

① **尺寸因素(size factor)**：溶質原子與溶劑原子半徑相差愈大，則金屬的原子晶格畸變就愈嚴重，通常會使得差排不易滑動，如圖 1.15 所示，當 Cu 金屬(半徑爲 0.135 nm)中加入 Be(0.105 nm)，Sn(0.145 nm)，Au(0.144 nm)，Ni(0.135 nm)及 Zn(0.135 nm)等五種原子時，由於 Ni 及 Zn 原子半徑與銅較接近，故固溶強化較不明顯，但 Be 及 Sn 與銅原子半徑相差極大，故引起明顯的固溶強化現象。

② 數量因素：在圖 1.15 中，同樣的可以看出外加的溶質數量增多時，有較明顯的固溶強化現象。

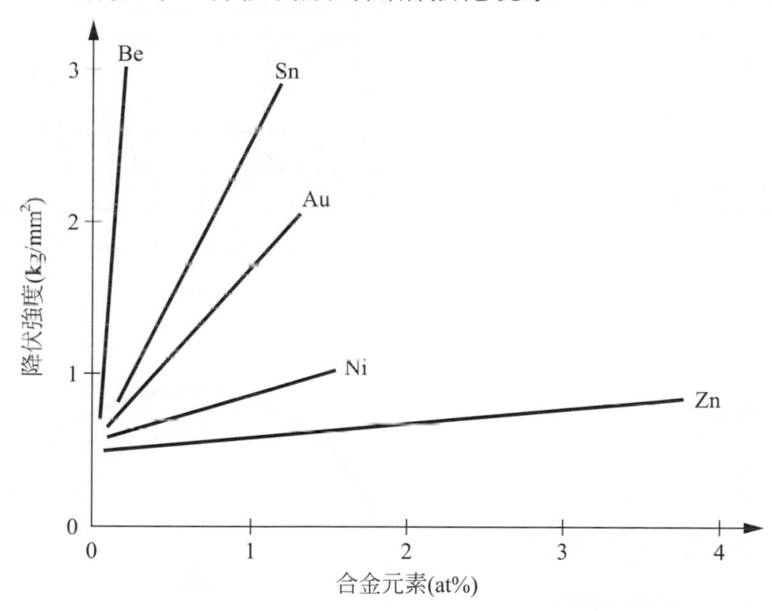

▲圖 1.15 合金元素對純銅的降伏強度之影響[LEE1]

1.3.2 線缺陷-差排(line defect-dislocation)

晶體中的線缺陷統稱爲差排，圍繞差排的原子會呈現排列錯誤的現象，常爲直線、曲線、環或網等。

1. **差排的種類**(types of dislocation)

差排分爲三種：刃差排**(edge dislocation)**、螺旋差排**(screw dislocation)**與混合差排**(mixed dislocation)**。

(1) 刃差排(edge dislocation)：

圖 1.16(a,b)顯示一個多餘的半平面(extra half plane)插到完美晶體中，其端部就是刃差排線，若多餘的半平面位於晶體的上部，稱爲『正』刃差排，以『⊥』表示，若多餘的半平面位於晶體的下部，稱爲『負』刃差排，以『⊤』表示。

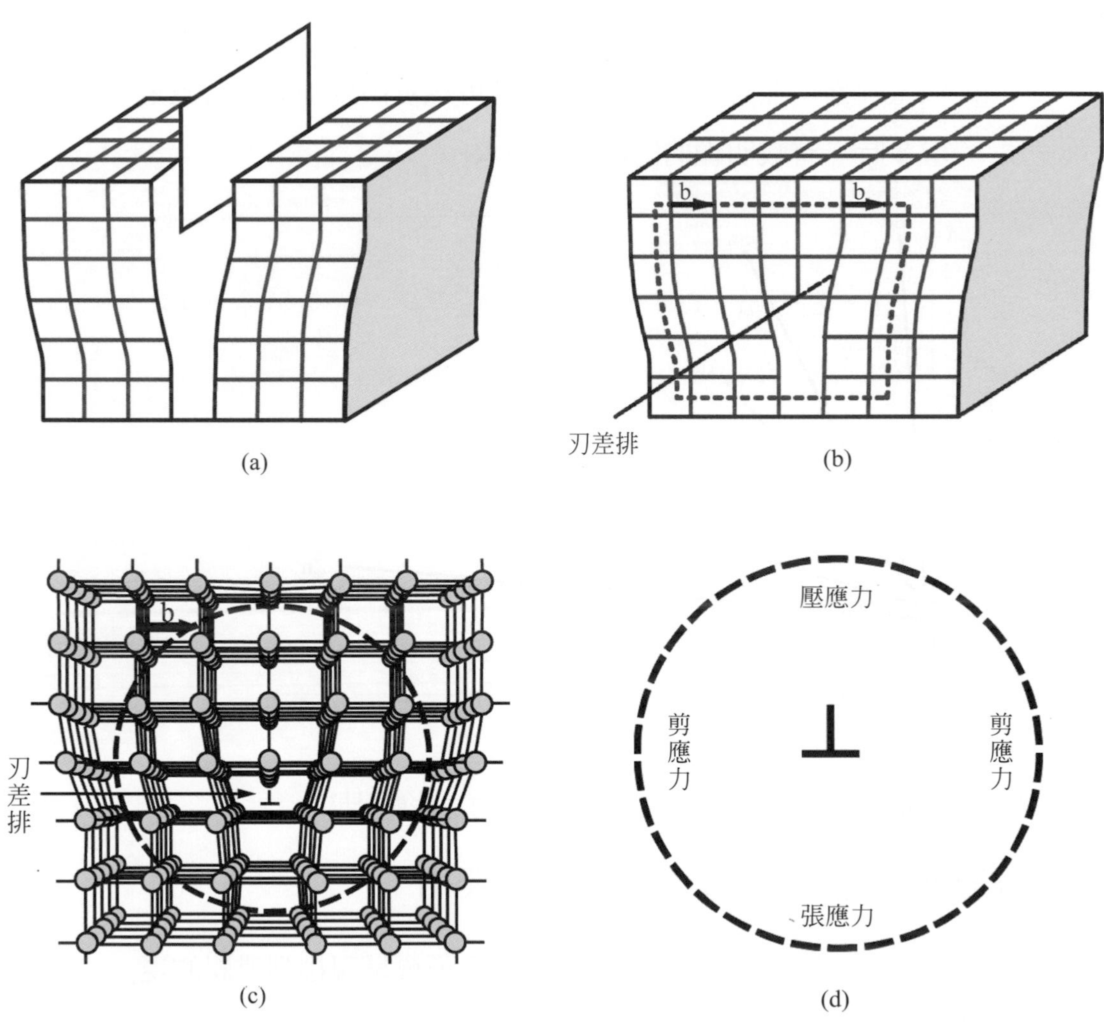

▲圖 1.16 晶格中的『正』刃差排(⊥)：(a)顯示多餘半平面, (b&c) 顯示布格向量與其求法,(d) 差排周圍之應力場[R&M]

差排上方原子受到擠壓的力，下方原子受到拉開的力，左右兩邊受到剪應力，如圖 1.16(c,d)所示，距離差排線中心愈遠，這些應力就愈小，其應力場直徑約 50 個原子範圍。所以圖 1.16(c)所示的差排線周圍存在著應力場，這些應力場會對電子束產生干擾而顯現影像，圖 1.17 爲矽鍺磊晶層成長於矽晶片所誘發之差排，在電子束下高倍觀察的影像，暗色的條紋即因差排線對電子束漫射產生的結果。

(2) **螺旋差排(screw dislocation)：**

螺旋差排可以想像成晶體受到一剪應力所產生，如圖 1.18 所示，如果滑移方向平行於 AB 線， AB 稱爲螺旋差排線，在圖中，由 X 點開始，以『左手螺旋』繞差排一圈，抵達 Y 點，最終抵達終點：Z 點，所以原子面將以 AB 線爲軸心形成『左』螺旋梯面，如此的差排稱爲『左』螺旋差排，以『S』表示，反之則稱爲『右』螺旋差排，以『Ƨ』表示。

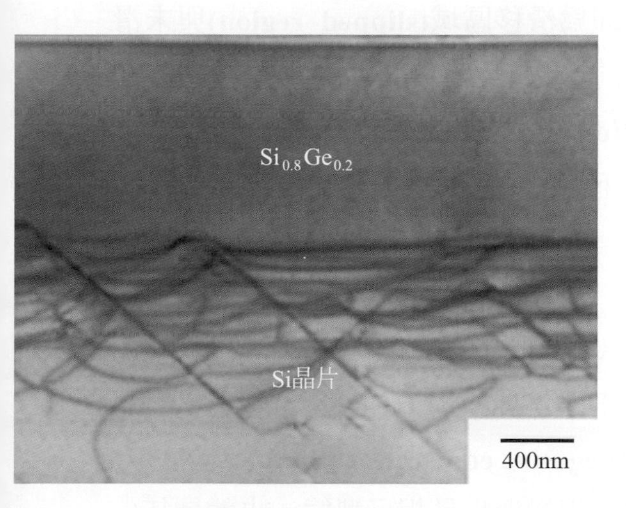

▲圖 1.17 矽鍺磊晶層成長於矽晶片所誘發之差排[LEE3]

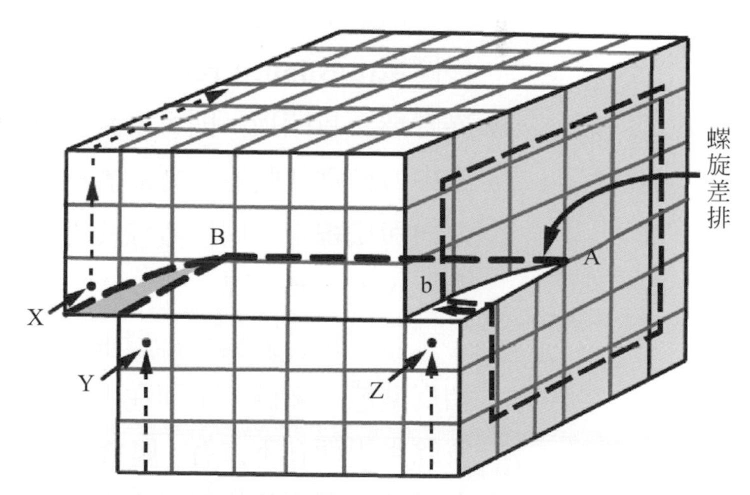

▲圖 1.18 晶格中的(a&b)『左』螺旋差排，與(b) $\vec{b}$ 布格向量之求法[R&M]

(3) **混合差排(mixed dislocation)**：

如果滑移方向與差排線不垂直也不平行，而爲某一夾角，則差排線附近原子排列情形將爲刃差排及螺旋差排之混合，稱爲**混合差排(mixed dislocation)**，如圖 1.19 所示。

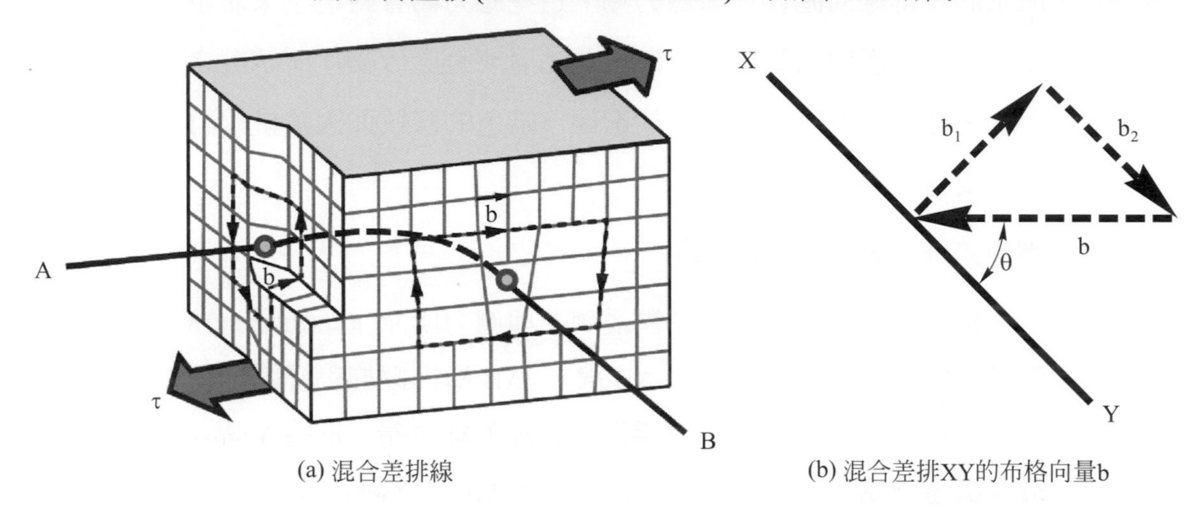

(a) 混合差排線　　(b) 混合差排XY的布格向量b

▲圖 1.19　晶格中的(a)混合差排線 AB，A 端為純螺旋差排、B 端為純刃差排、中段彎曲處為混合差排，(b)混合差排 XY 的布格向量 $\vec{b}$ 可以分解成純刃差排的 $\vec{b}_1$ 與純螺旋差排的 $\vec{b}_2$ [R&M]

由以上描述，不難看出差排實即爲**滑移區域(slipped region)**與**未滑移區域(unslipped region)**的界限。同樣地，若滑移區域與未滑移區域之界限爲一封閉環，則可得到**差排環(dislocation loop)**，如圖 1.20 所示，圖中方向爲灰暗區上方晶體相對於下方晶體所作的滑移方向，由於滑移方向與環線上不同位置線段之角度有所差異，差排環上不同位置的差排型態因而也有差異。

若滑移方向與差排環垂直的線段爲刃差排，相對邊之刃差排則互爲相反型態，多餘半平面在上方者屬**正刃差排(positive edge dislocation)**，多餘半平面在下方者，屬**負刃差排(negative edge dislocation)**；若滑移方向與差排環平行的線段爲螺旋差排，相對邊也是相反型態，也就是其一爲**右旋螺旋差排(right-hand screw dislocation)**，另一個爲**左旋螺旋差排(left-hand screw dislocation)**；而其餘線段與滑移方向呈斜角度，故爲混合差排，所含刃差排及螺旋差排之比重視角度而定。

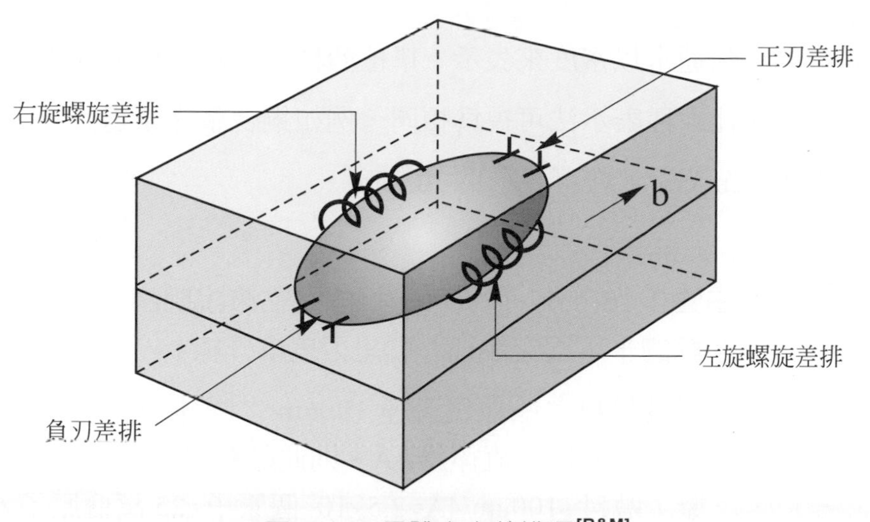

▲圖 1.20 晶體中之差排環[R&M]

2. 布格向量($\vec{b}$)與差排密度(Burgers vector and dislocation density)

差排中晶格變形的大小和方向可以利用**布格向量($\vec{b}$)(Burgers vector)**來表示，此向量之決定可利用**布格迴路(Burgers circuit)**求得，如圖 1.16(b)與圖 1.18 所示。就是在晶格中作一順時針迴路，此迴路往右與往左之小段個數須相同，往下與往上之小段個數亦須相同，如果迴路內部為完美晶格，則迴路呈封閉迴路，但若迴路環繞在差排周圍，則迴路將不再封閉，而形成一個晶格向量差($\vec{b}$)，此向量差($\vec{b}$)即為布格向量。

圖 1.16(b)與圖 1.18 可發現刃差排的布格向量與差排線垂直，而螺旋差排的布格向量與差排線平行。對於混合差排作布格迴路，亦可發現布格向量與差排線成一斜角，如圖 1.19(b)所示。

由圖 1.16(b)、圖 1.18 與圖 1.19(b)可知，當完美晶體中，產生一條差排線時，晶體也會發生一個晶格的滑移，由圖中可看出布格向量$\vec{b}$與滑移向量是平行的。

對於簡單立方(SC)、體心立方(BCC)、面心立方(FCC) 與六方晶體(HCP)而言，它們的布格向量$\vec{b}$分別是[100]、(1/2)[111]、(1/2)[110]、與(1/3)[$2\bar{1}\bar{1}0$](習題 2.3)

差排的含量通常以密度來表示：單位體積內的總長度或穿過單位面積的差排數，此兩種表示法可視爲相同，例如銅合金完全退火後，差排密度約爲 10^7 cm/cm^3，亦可表示爲 10^7/cm^2。

例 1.9　藉由圖 1.16(c,d)，並從應力場的觀點來說明圖 1.16(a)中的『多餘的半平面之端部』就是刃差排『線』。

解　(1) 假設材料之晶粒爲直徑 100um 之圓球形(參考後面圖 1.25)，若原子直徑爲 4Å，則此晶粒之直徑線上所含之原子數目=100um/4Å=2.5×10^5 個原子=25 萬個原子。

(2) 圖 1.16(c)所顯示的只是實際晶體的『極小』部分，所以多餘半平面端部爲一條『線』。

(3) 由圖 1.16(d)可知圍繞此『線』約 50 個原子範圍才有應力場，是一條極細的『應力場線』，被稱爲差排線。

(4) 電子束在『應力場』下，會產生漫射而呈現爲「黑色線」。

1.3.3　面缺陷(interfacial defect)

材料因結晶方位、構造、成分或磁性的不同而有不同的區域，區域間的界面即爲面缺陷，如**自由表面(free surface)**、**晶界(grain boundary)**、**相界(phase boundary)**、**雙晶界(twin boundary)**、**疊差(stacking fault)**、**域界面(domain boundary)**等。

1. 自由表面(free surface)

所有的固體或液體與眞空或氣體的界面都稱爲外表面或自由表面，在自由表面上的原子之鍵結數較少，因而所處的能量狀態間較內部原子高，此一高出的能量差，即爲自由表面的表面能(約爲 1.2～1.8J/m^2)。

對於一個晶體而言，每個原子之配位數均相同，而最密堆積面配位數最多，最爲安定，表面能最低，例如 FCC 晶體(111)面之表面能低於(001)面。

吸附其他原子可增加配位數，會使表面能降低，因此眞空下的自由表面能會比氣氛下的表面能高。

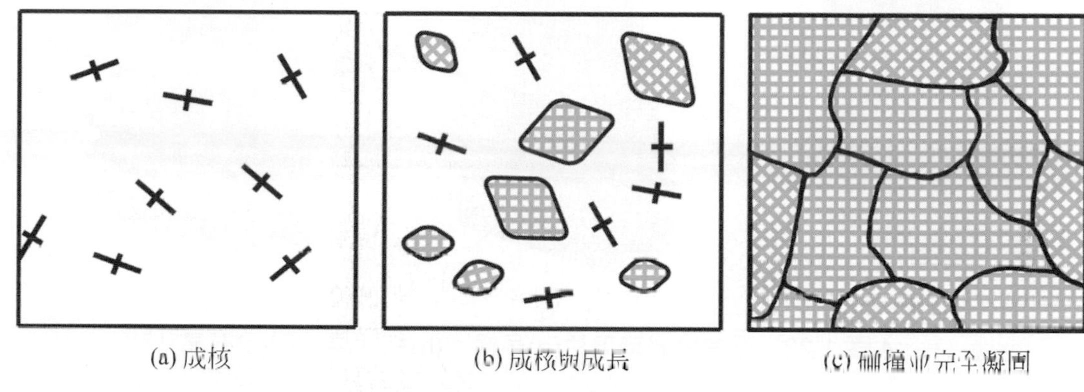

(a) 成核　(b) 成核與成長　(c) 碰撞並完全凝固

▲圖 1.21　固化過程形成多晶材料之示意圖[R&M]

2. 晶界與相界

(1) 晶界(grain boundary)：

材料通常在製成的時候即形成多晶結構，例如將金屬熔湯冷卻固化所得的鑄件即爲多晶結構，圖 1.21 說明固化時的晶體凝固過程，此過程可分爲晶體成核、晶體成長以及碰撞三個階段，由於晶體成核爲隨機方位，碰撞後自然產生了晶界。

當一個材料只有一顆晶粒時，稱爲**單晶(single crystal)**，一般結晶體是由很多單晶所組成稱爲**多晶(polycrystal)**材料，圖 1.22 顯示多晶、柱狀晶與單晶之飛機用超合金**渦輪葉片(turbine blade)**。

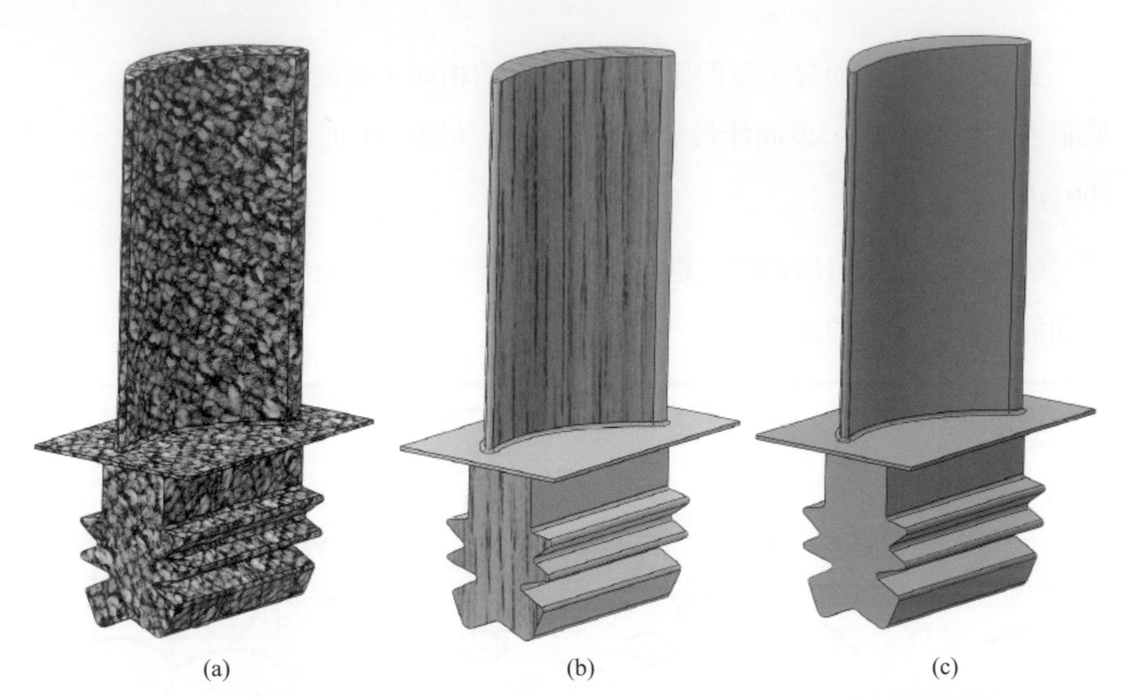

▲圖 1.22　超合金渦輪葉片(a)多晶；(b)柱狀晶；與(c)單晶[LEE1]

多晶材料內每一個相鄰晶粒的方位都不同，在界面處原子會有不規則排列情形，稱爲**晶界(grain boundary)**，如圖 1.23 所示。晶界有**低角度晶界(low-angle boundary)**與**高角度晶界(high-angle boundary)**兩種，低角度晶界指相鄰兩晶粒方位角度差約在 15 度以下，而高角度晶界則指在 15 度以上。

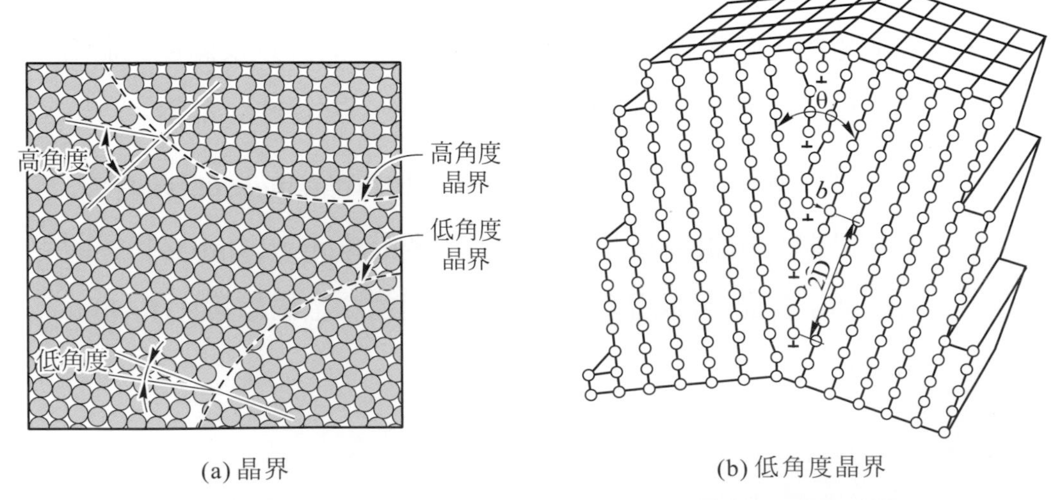

▲圖 1.23　(a)晶界圖示；與(b)低角度晶界之差排模型[R&M]

低角度晶界由於角度差小，其界面的原子排列較爲規則，實際上可視爲是由差排所排列構成(圖 1.23b)，而高角度晶界的原子排列較不規則，無法由差排所構成。具有低角度晶界的晶粒一般會存在於具高角度晶界的晶粒內，稱爲**次晶粒(subgrain)**。圖 1.23(b)的低角度晶界中的 D 是差排間距、若 b 是布格向量，則其夾角：

$$\sin(\theta / 2) = [b / (2D)] \quad (1.3a)$$

$$\therefore \theta = \sin^{-1}(b / D) \quad (1.3b)$$

例 1.10　(1)計算純銅之布格向量。(晶格參數 a＝3.615Å)(2)純銅內某一晶界係由刃差排所組成，其間隔為 1000Å，試計算兩晶粒之夾角。

解　(1) 銅爲 FCC 晶體，晶格常數爲 3.615Å，布格向量爲 (a/2) <110>，故布格向量長度爲：

$b＝(a/2) <110>=3.615/\sqrt{2}＝2.557$Å

(2) 由(1.3b)式，兩晶粒之夾角 $\theta=\sin^{-1}(b/D)＝0.15^{o}$

(2) 相界(phase boundary)：

對於多相結構材料而言(如後面圖 5.8 之碳鋼球化碳化物結構)，不同相間的成分或晶體結構不同，其界面即稱爲相界，相界能與晶界能屬於同一數量級，依原子排列的不規則度而定。若兩相晶體結構差異小，相界能相當於低角度晶界能，若差異大，相界原子排列不規則度大，相界能相當於高角度晶界能。一般高角度晶界能約在 0.3～0.5J/m^2 之間。

(3) 細晶強化(fine grain strengthening)：

金屬材料在低溫時(低於再結晶溫度(第 5.5.3 節))，晶界之強度較晶粒內部高，所以晶粒愈細，則單位體積中晶體之界面愈多，材料塑性變形時，差排受到的阻力就愈大，造成細晶強化效果。

圖 1.24 是多晶 Cu-30Zn(黃銅)合金在常溫拉力試驗中，三個不同應變量(0%、10%、20%)的降伏應力與晶粒直徑(d)的關係，此直線關係即是著名的**霍沛屈(Hall-Petch)**方程式，可寫成

$$\sigma_y = \sigma_0 + kd^{-1/2} \tag{1.4}$$

其中σ_y 爲變形應力(拉伸降伏強度或剪降伏強度)，d 爲平均晶粒直徑，σ_0爲直線與縱座標之截距，相當於假想之無限大晶粒下的應力，但也非指單晶之強度。

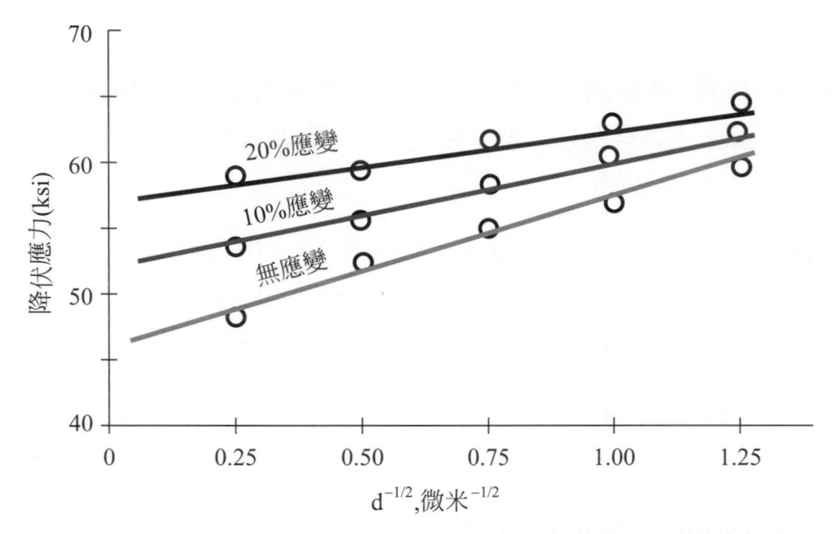

▲圖 1.24　多晶 Cu-30Zn 合金降伏應力與晶粒直徑之平方根倒數之關係[LEE1]

另外圖 1.24 中，除了顯示 Cu-30Zn 合金的細晶強化外，也顯示了應變強化之特性(第 2.2.1 節)，即加工量愈大時強度愈高。另外，圖中也顯示出若加工量愈大，則曲線斜率愈小，此即意謂合金加工量愈大時，應變強化效果愈顯著，使得細晶強化效果較不明顯。

例 1.11 試說明圖 1.24 中，(1)多晶 Cu-30Zn(黃銅)合金之強化機構，(2)應變量對強化機構的影響；與(3)晶粒粗細對應變強化的影響。

解
(1) 強化機構：是結合細晶強化與應變強化。
(2) 應變量對強化機構的影響：應變量大時，曲線斜率變小，即細晶強化效應降低。
(3) 晶粒粗細對應變強化的影響：晶粒愈細，不同應變量的強度差異變小，即應變強化效應降低。

(4) 晶粒量測(grain size measurement)：

晶粒尺寸對材料之性質有相當大的影響，因此晶粒尺寸常須加以定量。圖 1.25 爲低碳鋼經研磨拋光及浸蝕後在光學顯微鏡下觀察所拍攝的金相照片，由於晶界原子的能量狀態較高，較易被腐蝕而形成溝槽，故可看出拋光面所擷取到的晶粒分布形態，由於不同方位的晶粒腐蝕反應不同，粗糙度及反射不同，故呈現不同色調。

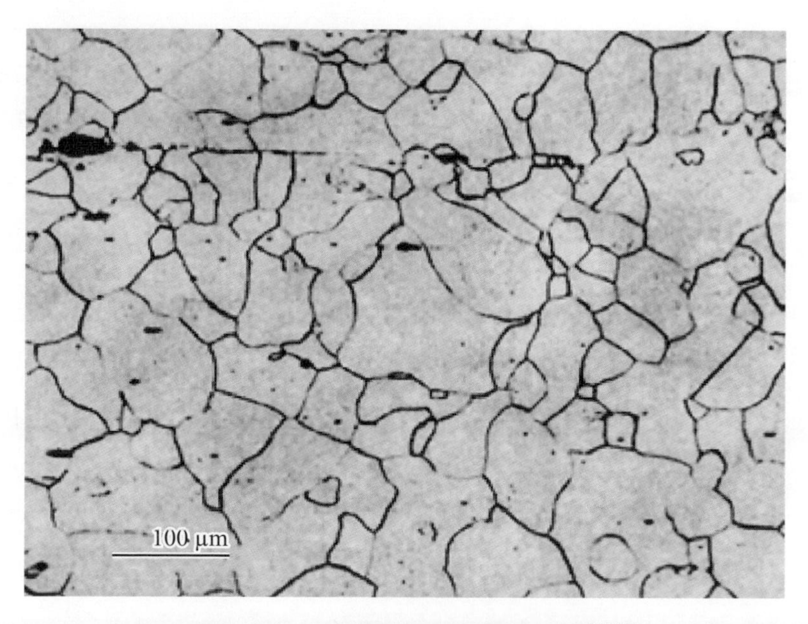

▲圖 1.25 低碳鋼晶粒之光學金相[CHIU]

晶粒大小的量測方法有兩種，分別是：

① ASTM 晶粒度(n)：

晶粒大小是利用微結構之金相照片求得，**美國材料測試協會(American Society for Testing and Materials 簡稱 ASTM)**建立**晶粒度(grain size number)**的求法如下，若試片在放大 100 倍下，每一平方英吋有 N 個晶粒，則 ASTM 晶粒度 n 爲：

$$N=2^{n-1} \tag{1.5a}$$

② **截線法(linear intercept method)**：

在放大 M 倍之金相照片上劃出不同角度的直線(L：約 5～10 公分)，而後計算相交晶界的總數(N_L)，再依下式求得晶粒平均尺寸(D)：

$$D=(1/M)\times(L/N_L) \tag{1.5b}$$

例 1.12 某一金屬的 ASTM 晶粒度為 n=4，則(1)在 100 倍下每平方英吋含有多少晶粒？(2)平均晶粒之直徑是多少 μm？

解 (1) 由方程式(1.5a)可知，當 n=4 時，在 100 倍下每平方英吋含有之晶粒數(N)是：

$N=2^{n-1}=2^{4-1}=8$ 顆

(2) 每顆晶粒面積 $= 1in^2/800=0.8065\mu m^2=\pi r^2$

∴每顆晶粒直徑(d) $= 2r = 2(0.8065/3.14)^{1/2} = 1.01\mu m$

3. **雙晶界**(twin boundary)

原子受剪力作用時，將產生特定的均勻剪移而形成鏡像晶體的**雙晶(twin)**結構，雙晶界爲**雙晶(twin)**間之界面，在此界面兩側之晶體相同但互成鏡像關係，如圖 1.26 所示，雙晶有兩種，一種是在變形時形成，稱爲**變形雙晶(deformation twin)**，也稱爲機械雙晶；另一種是在退火時形成，稱爲**退火雙晶(annealing twin)**。雙晶區域的相鄰原子間之剪移量低於一個原子之間距。

圖 1.27 爲 Cu-Zn 合金(即 73 黃銅)經退火後的金相組織，晶粒內平行線皆爲雙晶面，由於雙晶方位的差異經腐蝕作用而造成不同粗糙度及反射性。一般而言，退火雙晶易發生於 FCC 金屬，變形雙晶易發生於 BCC 及 HCP 金屬。

雙晶晶界上之原子排列沒有明顯不規則的現象，所以雙晶界面之能量很低。雙晶與差排滑移是主要的兩種塑性變形機構，它們變形後之晶格差異可參考習題 2.4 之說明，在 2.1.4 節中也將做進一步之介紹。

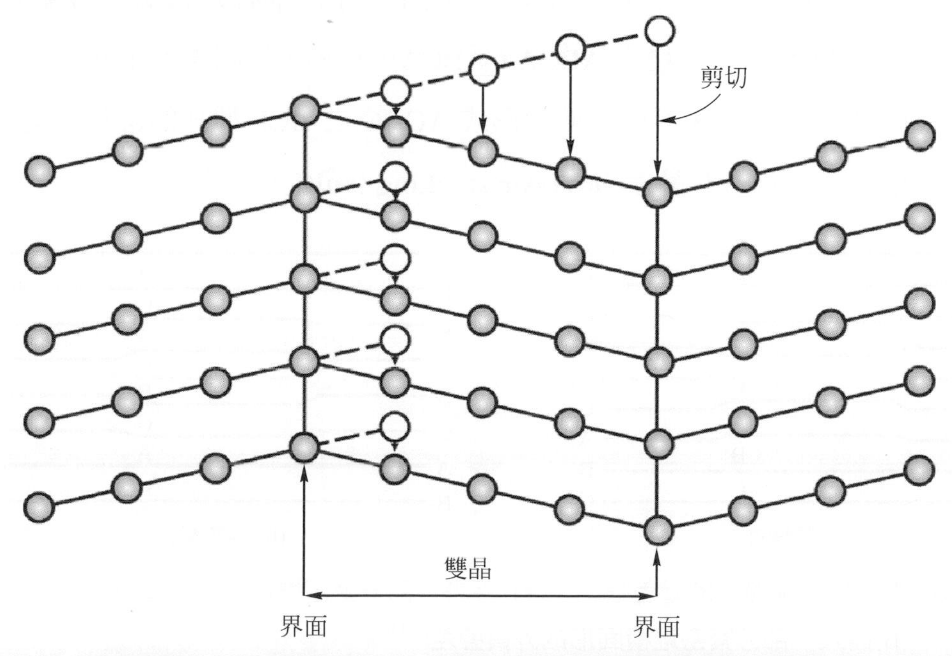

▲圖 1.26 受剪力作用下，原子面發生均勻剪移而產生雙晶[n&M]

▲圖 1.27　退火黃銅的晶粒與其雙晶[CHIU]

4. 疊差(stacking fault)

FCC 晶體可視爲由最密堆積原子面以 ABCABC……的方式堆積而成，HCP 晶體可視爲以 ABABAB…的方式堆積而成(1.2.2 節)，在實際的 FCC 或 HCP 晶體中，常在局部區域發生原子面堆疊方式偏差的現象。

例如 FCC 晶體中發生 ABCA/CABCA…堆積，如圖 1.28(a)所示，在斜線所指位置少了 B 層原子面而形成 ACAC 之 HCP 型式的堆積，此種堆疊偏差，稱爲**本質疊差(intrinsic stacking fault)**。

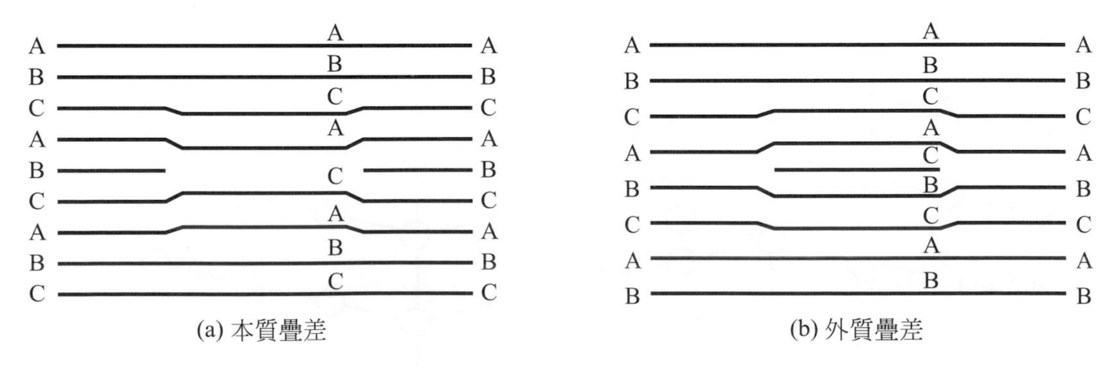

▲圖 1.28　面心立方晶體中的疊差缺陷，(a) 移去一部分緊密堆積面形成本質疊差、(b)插入一部分緊密堆積面形成外質疊差[R&M]

除了本質疊差外，還有一種**外質疊差(extrinsic stacking fault)**，如圖 1.28(b)所示，於 FCC 晶體中在 AB 層原子間插入 C 層原子，形成 ABCA/C/BCABC…堆積。疊差能與雙晶之晶界能屬於同一數量級，能量均不高，約爲 10～100mJ/m^2。

疊差能高的材料，因疊差寬度很窄，甚至不會產生疊差，所以**部分差排(partial dislocation)**容易合併成**完整差排(perfect dislocation)**，完整差排可以在不同滑動面上移動，因此當差排受到阻力時，只需低應力即可以產生轉換滑動平面的**交叉滑移(cross-slip)**而繼續滑移，所以晶體內部應力不易累積，提供了材料額外的延性。

低疊差能的材料因疊差寬度大，在變形過程中，部分差排不容易合併成完整差排，所以不容易在其他滑動面上移動，因此當差排受到阻力時，在 FCC 晶體內所有的滑移系統都會累積應力，此時材料傾向孕核產生雙晶去分割晶粒，來分散晶粒內部的應力集中。此外，變形雙晶的產生，使得晶粒會排列成織構，隨著加工量的上升會越趨明顯。

1.3.4 體缺陷(bulk defect)

體缺陷尺寸較大，介於 10^{-3}～10^{-2}cm 間，在光學顯微鏡甚至肉眼下即可分辨，包括**夾雜物(inclusion)**、**裂孔(cavity)**、**裂縫(crack)**、**鑄造縮管(pipe)**等，由於它們是應力集中位置及材料破裂的起源，對機械性質有很不良之影響。

經過吹氧脫碳所精煉的熔鋼，常以鋁來脫氧，依脫氧程度可區分爲**淨面鋼錠(rimmed steel ingot，或稱未靜鋼)**、**半靜鋼錠(semi-killed steel ingot)**、與**全靜鋼錠(killed steel ingot)**三種，如圖 1.29 所示，圖中顯現氣泡、縮管等體缺陷。

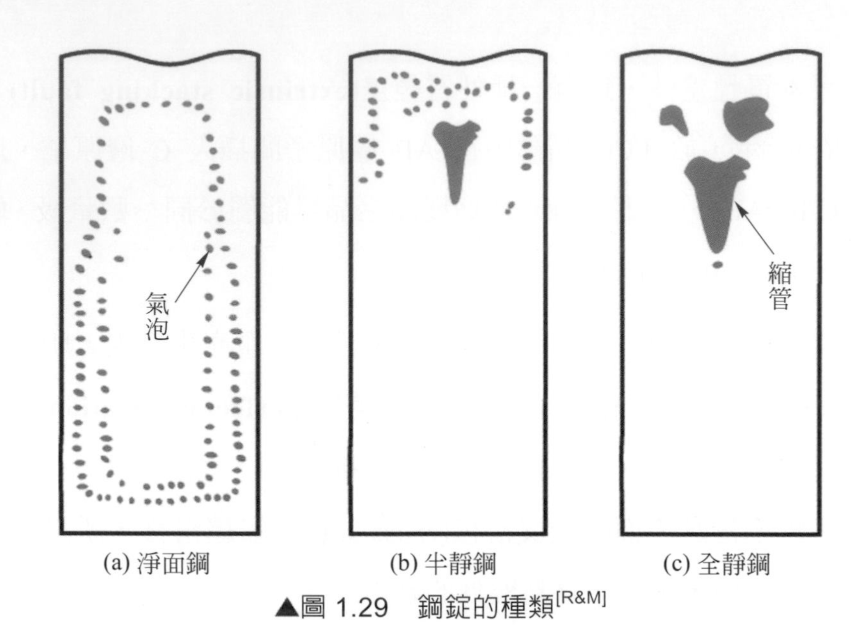

▲圖 1.29　鋼錠的種類[R&M]

在熔鋼凝固過程中，因淨面鋼錠的含氧量較高，游離 O_2 會從熔鋼中逸出，或與碳形成 CO，因此凝固過程中會產生大量氣體，而呈沸騰狀態，最終在鋼錠內留存很多氣孔，這種氣孔是一種較小的體缺陷。圖 1.29(a)中顯示淨面鋼錠外表較爲潔淨，這是因爲鑄錠表面冷卻速度較快，純度較高，表面潔淨，故稱爲淨面鋼。

圖 1.29(c)中所示的全靜鋼錠，因充分脫氧，所以熔鋼注入模穴凝固過程中，完全平靜而不會產生氣泡，鋼種品質高，但是在鑄錠上方留有明顯縮管，是一種相當大的體缺陷，後續加工時須加以切除。圖 1.29(b)中所示的半靜鋼錠，其脫氧程度介於淨面鋼錠與全靜鋼錠之間，其體缺陷也介於二者之間。

現代的一貫作業煉鋼廠，通常鋼液均經充分脫氧(全靜鋼錠)，且爲了提高效率，熔鋼並不鑄成鋼錠，而是採用**連續鑄造法(continuous casting)**。將金屬熔湯連續凝固、輥軋成所需斷面形狀的連續鋼片，再切成適當長度成爲最終產品。

1.4 平衡相圖(Equilibrium Phase Diagram)

由材料微結構可以推測材料的性質與材料的製程(圖 1.1)，而微結構又可由『平衡相圖』來預測。所以本章將介紹各種型態之相圖，並說明規範平衡相圖的**相律(phase rule)**與**槓桿法則(lever rule)**。

1.4.1 平衡相圖簡介

H_2O 是由兩種元素(H 與 O)所組合的『單一成分物質』，在不同溫度下有三個『**相**』**(phase)**存在，即固相、液相、氣相，在 1atm、室溫下(25℃)液相的水是『平衡相』，而固相的冰爲『非平衡相』。而在(0℃)時，水與冰爲兩平衡相，此『兩相』處於『相平衡』狀態。

上述這些名詞可以藉由圖 1.30(a)H_2O 的相圖來瞭解，由於 H_2O 是圖 1.30(a)中唯一存在的成分，所以稱爲「一元」相圖，一些與平衡相圖相關之名詞簡單說明如下：

1. **相(phase)**：具有均勻性質的物質，也稱爲**狀態(state)**或**溶體(solution)**，例如：H_2O 在零下 10℃時所存在的冰稱爲固相，或稱固溶體，或稱固體狀態。
2. **平衡相(equilibrium phase)**：在某固定條件下(如溫度、壓力、組成固定)，不會隨時間變化的『相』，它具有最低的自由能，也稱爲**安定相(stable phase)**。例如：1atm 下，H_2O 在 25℃時所存在的水就是平衡相，從圖 1.30(b) 與 1.30(c)可以看到它具有最低的自由能，而 H_2O 在 25℃時的固相與氣相則是**非安定相(unstable)**。

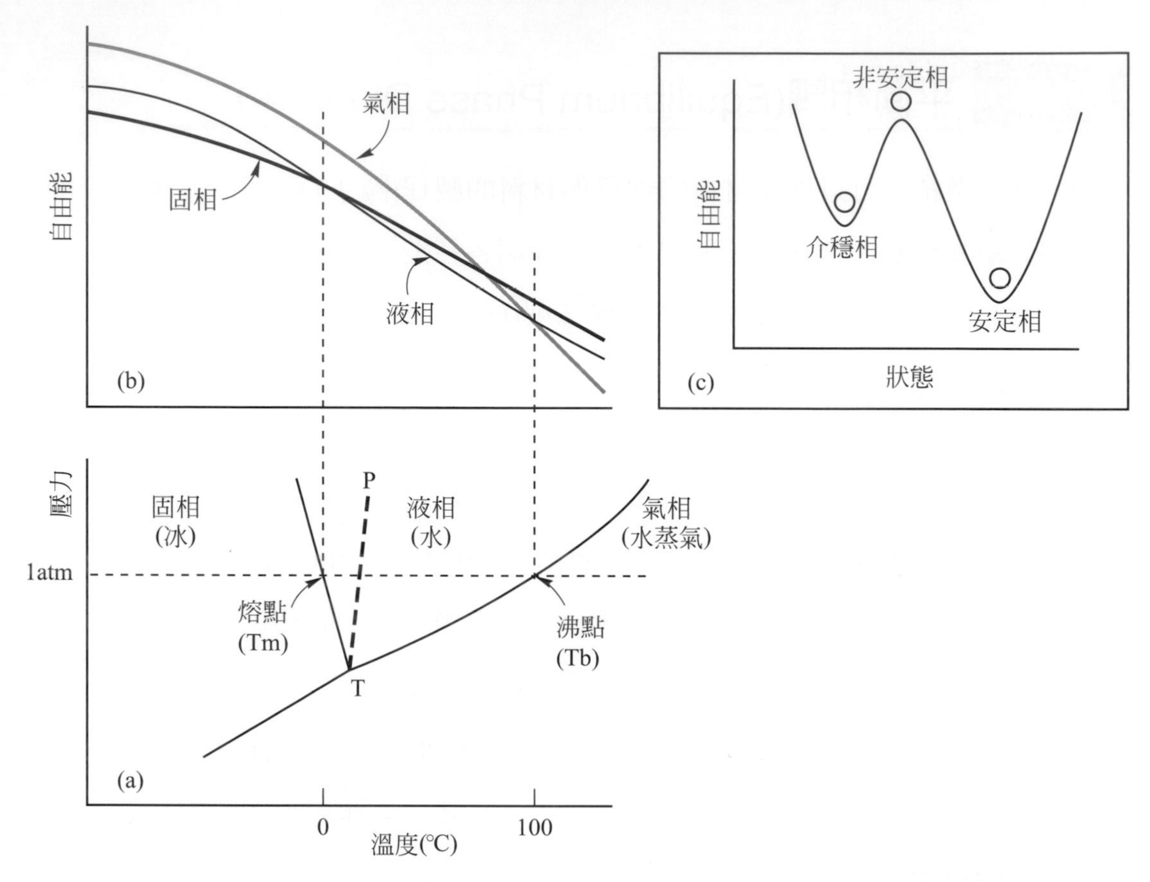

▲圖 1.30 (a)一元相圖(H_2O)，三相點 T 座標為(0.006atm，0.0075℃)，(b)1atm 下之自由能曲線，(c)安定相、介穩相、非安定相與自由能之關係圖示，虛線 TP 是固相體積小於液相時之熔點[LEE1]

3. **平衡相圖(equilibrium phase diagram)**：描述在某一條件下(例如溫度、壓力、組成固定下)，可以存在的平衡相之一種圖。平衡相圖又稱爲相圖或**狀態圖(state diagram)**。

4. **相平衡(phase equilibrium)**：兩(或多)個『相』同時具有最低且相等之自由能的狀態。例如 1atm 下，H_2O 在 0℃(熔點)時，液相與固相處於平衡狀態。

5. **相變化(phase transformation)**：藉由溫度、壓力、組成等的變化而發生『相』的改變稱爲相變化。例如 1atm 下，H_2O 在冷卻過程中，在 0℃發生液相(水)相變化爲固相(冰)。

6. **安定相(stable phase)**、**非安定相(unstable)**與**介穩相(metastable)**：是『相』可能存在的三種狀態：其自由能的關係如圖 1.30(c)所示。在 8.3 節中介紹的麻田散鐵就是一種鋼鐵合金之介穩相。
7. 大部分的物質由液相凝固時，體積會發生縮收，與 H_2O 剛好相反，此時其溶點之曲線改為圖 1.30(a)的虛線 TP。

由於相圖中所顯示的『相』都是平衡相，它是不會因時間而改變晶體結構的，當合金由高溫冷卻時，只有在冷卻速度無限慢之下才能獲得平衡相，所以理論上，相圖中的相，並非眞正的平衡相。科學家只能盡可能的讓相圖中的相趨近於平衡，但無論如何，工程應用上，相圖所顯現的相是可以被視為平衡的。

1.4.2 相律(phase rule)

圖 1.30(a)的 H_2O 一元相圖中，在平衡狀態時，這個系統的**自由度(degree of freedom-F)**、成分數(C)和相數(P)之間有下列的關係：

$$F = C - P + 2 \tag{1.6}$$

由圖 1.30(a)中，影響 H_2O 的相平衡之變數是溫度與壓力(即式 1.6)中的數字 2)。而 H_2O 的成分是單一的，所以 C=1，因此，在 H_2O 的一元相圖中，相律成為：

$$F = C - P + 2 = 3 - P \tag{1.7}$$

由(式 1.7)可知，當 H_2O 在三相共存時(P=3)，其自由度=0(即 F=3−P=0)，也就是在圖 1.30(a)中的三相點，兩個變數(溫度與壓力)均為定值，分別為 0.006atm 與 0.0075℃，由此可知自由度是代表某一種系統(如 H_2O)能保持某一平衡狀態時(如 H_2O 的三相共存)，可以隨意改變的變數之數目。

當 H_2O 兩相共存時(圖 1.30(a)中的實線 P = 2)，其自由度 F=3−P=1，表示在相圖上的兩個變數(溫度與壓力)，只能有一個自變數，即在相圖上的溫度與壓力間需依圖中的實線來改變，並非獨立的變數，如此才可以維持 H_2O 的兩相共存狀態。

當 H_2O 以單相存在時(P=1)，則其自由度 F=3−P=2，即在單相區內，溫度與壓力爲獨立變數，改變溫度與壓力，並不影響單相之平衡。

就平常所討論的平衡關係而言，壓力通常保持在 1 大氣壓附近，而且壓力的微小變化對平衡幾乎沒有影響，所以不必把壓力當作可自由變化的量，如二元(C＝2)之相平衡圖(1.4.4 節)，它們的壓力均被固定在 1atm，因此相律的自由度可減去 1，就是在一定壓力(如 1 大氣壓)下，相律可寫成：

$$F=C-P+1=2-P+1=3-P \tag{1.8}$$

1.4.3 合金的固相(solid phase)

在上述 H_2O 的一元相圖中，假設不含有其它種類原子(或分子)的純 H_2O，但嚴格來說，並無 100%純度的物質存在，所以幾乎所有的物質都含有多元成分。對於含有多元成分的金屬就是合金(alloy)。

合金由液相凝固後，可能成爲**純金屬(pure metal)**、**固溶體(solid solution)**或**中間相(intermediate phase)**的其中一種，或是數種相的混合物。(註：混合物是兩(或多)種以『原子團』形式相互混合的異質相)

1. 純金屬：在工程應用上，視爲單一原子所構成之晶體。
2. 固溶體：兩種或兩種以上的原子以『單原子或單分子』相互混合的單一相，此溶體爲固體時稱爲**固溶體(solid solution)**。有關固溶體之介紹，詳如 1.3.1 節。

3. **中間相：當溶質含量達到某數量，常會形成與組成原子完全不同晶體結構之中間相。**

中間相一般均爲硬脆的物質，例如後面圖 1.45 的 Al-Li 合金所形成的 β(~AlLi)，它是具有 CsCl(B2)晶體的硬脆物質，而 Al 與 Li 分別是面心與體心立方晶體，且都有良好之延性，有關中間相之介紹，將於 1.4.12 節說明。

例 1.13 H_2O 與 NaCl 可以組合成(1)海水與(2)充分攪拌之『極細』的冰與鹽，試區分上述物質是混合物還是溶體。(3)合金是混合物還是固溶體？

解 (1) 與(2)：請參考例 1.8。

(3) 合金可能是混合物也可能是固溶體，若合金是由兩相或兩相以上所構成，就是混合物，若是以單相存在，就是固溶體。

1.4.4 二元相圖之製作與分類(phase diagram construction)

二元相圖的座標是溫度與組成，它們界定了常壓下(1atm)合金系統平衡相存在的範圍。

1. 二元相圖之製作

熱分析法(thermal analysis)是分析合金在相變化時溫度的變化情形，是製作相圖最簡單的方法。

將金屬放入電爐內的坩鍋中加熱熔解後，插入熱電偶測量溫度，然後切斷電源，於爐中徐冷，每隔適當時間(5 或 10 秒)記錄溫度，直到冷卻到預定的溫度爲止，最後以溫度爲縱軸，時間爲橫軸作圖，即可以得到一條**冷卻曲線(cooling curve)**。

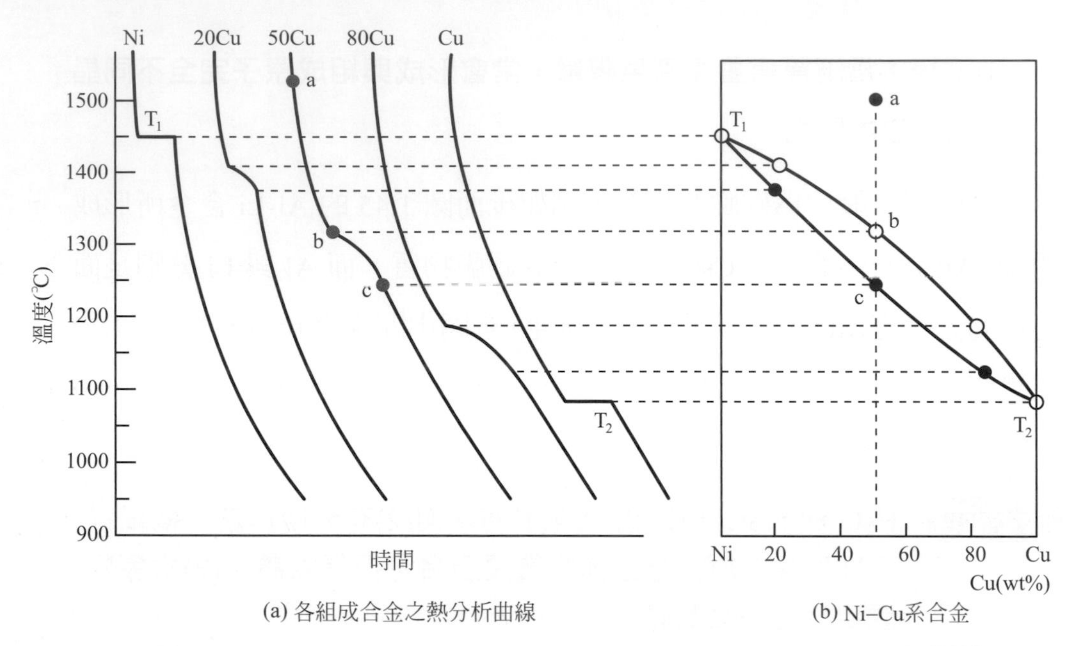

▲圖 1.31　Ni-Cu 二元合金之熱分析曲線及由其曲線作成之相圖[R&M]

如圖 1.31(a)所示，係利用 Ni 與 Cu 及三個 Ni-Cu 合金所做的冷卻曲線。將各組成合金之冷卻曲線所顯示的相變化『開始點與結束點』繪製成如圖 1.31(b)之組成/溫度圖，如此便可獲得二元相圖。

2. **二元相圖之分類**：依據二元相圖的形式，重要的相圖有下列六種：

(1) 同型合金型相圖：又稱完全互溶型相圖，也就是液相時完全互溶，固相也完全互溶，此種合金稱爲**同型合金(isomorphous alloy)**。

(2) 偏晶反應型相圖：液相時部分互溶，固相時完全不互溶(或部分互溶)，凝固時發生**偏晶反應(monotectic reaction)**。

(3) 共晶反應型相圖：液相時完全互溶，固相時完全不互溶(或部分互溶)，凝固時發生**共晶反應(eutectic reaction)**。

(4) 包晶反應型相圖：液相時完全互溶，固相時完全不互溶(或部分互溶)，凝固時發生**包晶反應(peritectic reaction)**。

(5) 完全不互溶型相圖：液相時完全不互溶(或部分互溶)，固相時完全不互溶。

(6) 形成中間相之相圖：凝固成固相時會有中間相生成。

1.4.5 同型合金與平衡冷卻微結構

1. **同型合金簡介**(isomorphous alloy)

這一型合金包括了 Cu-Ni、Au-Ag、及 MgO-NiO 等。相圖是由三個相域所構成，即液相區(L)、固相區(α)、及雙相區(α +L)，如圖 1.32(a) 的 Cu-Ni 合金。在相圖中，雙相區與液相區的界面線稱爲**液相線(liquidus)**，而與固相區的界面稱爲**固相線(solidus)**。若溫度高於液相線，則合金形成單一液相，所以液相線也就是合金之熔點。若溫度低於固相線，則合金形成**固溶體(solid solution)**。

2. **同型合金之平衡冷卻微結構**(microstructure of equilibrium cooling in isomorphous alloys)

由於相圖中所顯示的『相』都是平衡相，若相變化完全依循相圖所示而變化，此種相變化稱爲平衡相變化，由冷卻速度很慢的**平衡冷卻(equilibrium cooling)**，所得到的微結構即爲平衡微結構。現就圖 1.32(b) 中的 Cu-45 wt%Ni 合金來說明合金的平衡微結構變化。

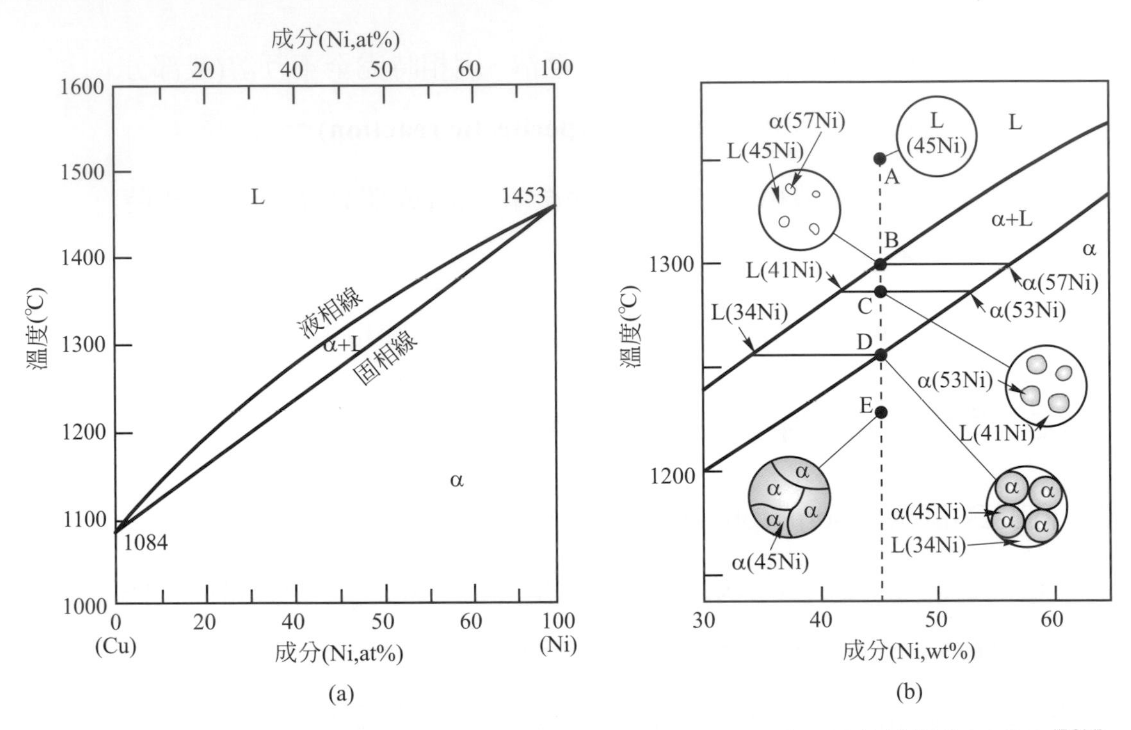

▲圖 1.32　(a) Cu-Ni 相圖，(b) Cu-45 wt%Ni 合金之平衡冷卻微結構變化示意圖[R&M]

當合金由 1350℃的液相狀態慢慢冷卻到常溫時，也就是液相區的 A 點，此液體具有 Cu-45wt%Ni 之成分(圖中以(45Ni)標示)，當溫度冷卻到 B 點時(～1300℃)，在液相內會產生固相(α)結晶核，而開始凝固，晶出最初的固溶體，它的成分是位於通過點 B 的恆溫線與固相線的交點處，即其成分爲(57Ni)，此時液相成分仍爲(45Ni)。

隨著溫度下降該液體的濃度會沿著液相線發生變化，而固溶體的濃度會沿著固相線變化。例如溫度降到 C 點時(～1290℃)，固溶體中的 Ni 含量爲(53Ni)而液體的 Ni 含量爲(41Ni)，合金冷卻到 D 點(～1260℃)時，殘留液體的 Ni 元素濃度會達到最低點的(34Ni)，此時，固溶體的 Ni 元素爲(45Ni)。當溫度稍低於 D 點時，則所有的合金將形成含 Ni 元素濃度爲 45wt%的固溶體。在這溫度下，便不會再有相的變化。

依上面的說明，可以發現在雙相區內，某一相(如液相)所含 Ni 元素的濃度受到另一相(如固相)所含 Ni 元素的影響。可以利用槓桿法則來計算兩相的重量比(槓桿法則將在 1.4.6 節中介紹)。

3. **同型合金相圖之類型**(types of isomorphous alloys)

在上述同型合金相圖中，液相線與固相線只能相交於純成分的組成上，但是有一種同型合金相圖，其液相線與固相線的形狀會出現極小或極大，此位置稱爲**調和點(congruent point)**，此種形式之相圖如圖 1.33 所示。具有此種特性的相圖有 Au-Ni(圖 1.37)、Ti-Zr(圖 12.2(g))等。

另外，由圖 1.33 中可知位於調和點之合金，若發生相變化時，如由液相變成固相，其成分並沒有改變，此種相變化稱爲**調和相變化(congruent transformation)**。

1.4.6 槓桿法則(level rule)

槓桿法則是在某一溫度下，計算二元相圖中雙相區之平衡相佔有量的法則。現假設由 A、B 原子所構成的二元相圖(圖 1.34)，若合金成分爲 C_0，在溫 T 時，合金存在於兩相區($\alpha+\beta$)，此時 α 相的成分爲 C_α；而 β 相的成分爲 C_β，利用質量平衡原理，可以求得兩相之重量比，其程序如下：

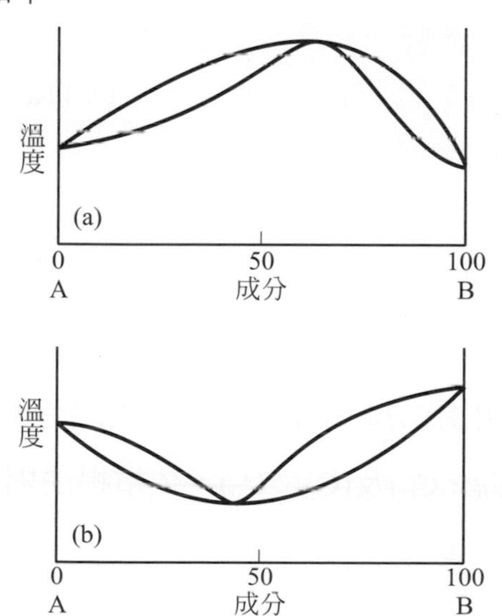

▲圖 1.33 含調和點的同型合金相圖：(a)具極大調和點(Au-Ni)，(b)具極小調和點(Ti-Zr) [R&M]

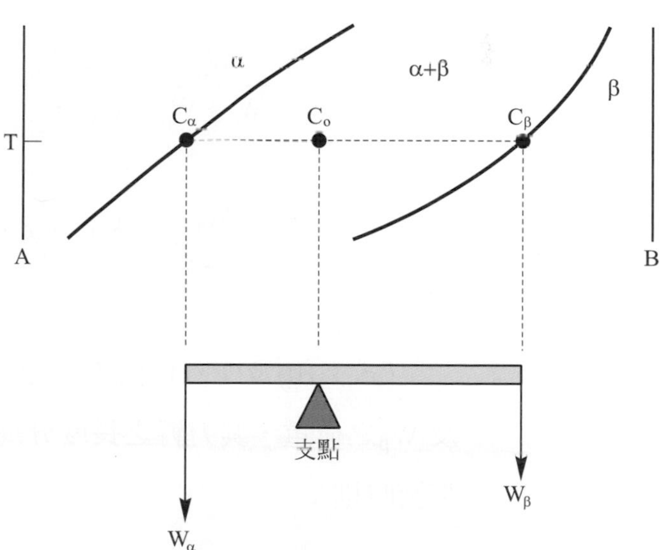

▲圖 1.34 槓桿法則之圖示，圖中之虛線為一結線(tie line) [R&M]

(1) 先找出兩相的成分：依指定溫度在雙相區內劃一連接雙相區邊界的恆溫線段(圖 1.34 中的 $C_\alpha C_\beta$ 線段)，此線段稱為結線(tie-line)，結線的兩個交點即表示兩相的成分(在此設 α 相的成分為 C_α；β 相的成分為 C_β)。

(2) 求出兩相的重量比例(W_α：W_β)：

(a) α、β與合金重量分別為：W_α、W_β 與($W_\alpha + W_\beta$)。

∴α、β與合金所含 B 原子重量分別為：$C_\alpha W_\alpha$、$C_\beta W_\beta$、與 $C_0(W_\alpha + W_\beta)$

(b) 依重量平衡之關係可知

$$C_\alpha W_\alpha + C_\beta W_\beta = C_0(W_\alpha + W_\beta) \tag{1.9}$$

(3) 將上式重新安排可得：

$$\frac{W_\alpha}{W_\beta} = \frac{C_\beta - C_0}{C_0 - C_\alpha} \tag{1.10}$$

及

$$\frac{W_\alpha}{W_\alpha + W_\beta} = \frac{C_\beta - C_0}{C_\beta - C_\alpha} \tag{1.11a}$$

$$\frac{W_\beta}{W_\alpha + W_\beta} = \frac{C_0 - C_\alpha}{C_\beta - C_\alpha} \tag{1.11b}$$

(式 1.10)及(1.11)便是槓桿法則，由圖 1.34 可知，當槓桿兩端有 W_α 及 W_β之荷重，其力臂之長度分別為($C_0 - C_\alpha$)及($C_\beta - C_0$)，依槓桿法則，平衡時則：

$$W_\alpha(C_0 - C_\alpha) = W_\beta(C_\beta - C_0) \tag{1.12}$$

此即(式 1.10)。所以說，在雙相區內可以利用槓桿法則，很容易計算出兩個相的重量比。

例 1.14　一大氣壓下，試計算 Cu-45wt%Ni 合金在(1)1350℃、(2)1290℃、(3)1260℃及(4)1200℃下，液相與固相的重量百分比。

解　利用圖 1.32(b)可求得在 1290℃之結線與固相線相交於 53wt%Ni，與液相線相交於 41wt%Ni，且在 1260℃之連結線與固相線相交於 45wt%Ni，與液相線交於 34wt%Ni。令 L 代表液相，α 代表固相

(1) 在 1350℃只有液相存在，故液相佔了 100%(即 100%)。
(2) 在 1290℃

$\%L=(53-45)/(53-41)\times 100=67\%$

$\alpha\%=(45-41)/(53-41)\times 100=33\%$

(3) 在 1260℃

$\%L=(45-45)/(45-34)\times 100=0\%$

$\alpha\%=(45-34)/(45-34)\times 100=100\%$

(4) 在 1200℃只有固相存在，故固相佔 100%(即 100%)。

1.4.7 同型合金之非平衡冷卻微結構(microstructure of non-equilibrium cooling)

只有在相當緩慢的冷卻速率下，才可能產生如相圖所預測的平衡微結構，對於實際的凝固情況，合金的冷卻速率都較平衡冷卻快很多，其微結構並非如相圖所預測的平衡微結構，而是形成**非平衡冷卻(nonequilibrium cooling)**的微結構。

1. 非平衡冷卻過程

同樣利用 Cu-45 wt% Ni 合金來說明其非平衡冷卻之微結構變化，此合金之部分相圖如圖 1.35 所示，爲了簡化討論，假設原子在液相中可以完全擴散，在固相中則完全無法擴散。

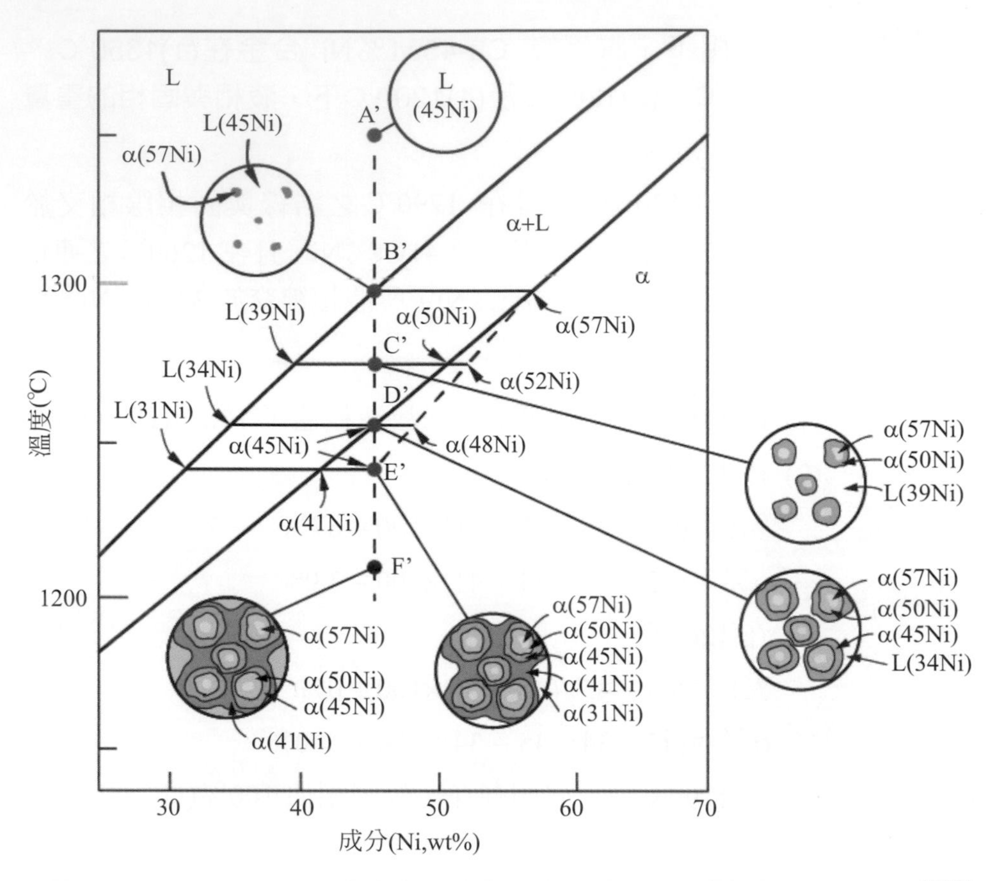

▲圖 1.35　Cu-45wt% Ni 合金在非平衡冷卻期間其顯微結構變化的示意圖[R&M]

首先假設合金從約 1350℃開始冷卻，也就是液相區的 A' 點冷卻，此液體具有 Cu-45wt%Ni 之成分(圖中以 L(45 Ni)標示)，當溫度降到液相線 B' 點時(約 1300℃)，α 相晶粒開始形成，由結線可知 α 相之成分爲 α(57Ni)。而當冷卻到 C'點時(約 1280℃)液相成分轉變成 L (39Ni)，此時 α 相之平衡成分爲 α(50Ni)。但因爲原子在固溶 α 相中的擴散速率非常緩慢，在 B' 點所形成的 α 相並沒有改變其成分，仍爲 α(57Ni)。

而 α 相晶粒的成分則漸次由晶粒中心的 α(57Ni)變成晶粒外圍的 α(50Ni)。因此，在 C'點形成的晶粒，其平均成分介於 57Ni 與 50Ni 之間，取其平均成分約爲 Cu-52wt%Ni[α(52Ni)]。即意味著非平衡冷卻過程中，相圖上的固相線已經轉移到含較高 Ni 的位置，即圖 1.35 中的虛線位置。假設原子在液相中能完全擴散，所以液相線仍維持於平衡狀態。

對圖 1.35 中的 D' 點(～1260℃)而言，Cu-45wt%Ni 合金在平衡冷卻期間，凝固已經完成。但對非平衡冷卻而言，仍然有一部分液體留下，而形成具有 L(31Ni)的成分；其 α 平均成分是 α (48Ni)。最後在 E'點(～1245℃)到達非平衡固相線，在此點凝固的相成分是(41Ni)，其平均成分爲 α (45Ni)。在 F'點的插圖顯示出整個固體材料的微結構。

2. **核心結構之微偏析**(coring microsegregation)

同型合金由於非平衡冷卻，使得晶粒內的元素分布不均，此種現象稱爲**微偏析(micro-segregation)**。在圖 1.35 中，每顆晶粒中心點的 Ni 原子含量最高，而晶界處 Ni 含量最低，具有這種形態的偏析微結構稱爲**核心(coring)**，如圖 1.35 之插圖所示。微偏析結構對合金性質有不良影響。可藉由均質化熱處理來改善(參考 5.1 節)。

1.4.8 偏晶反應型相圖(monotectic phase diagram)

日常生活中，常見的油及水是不能完全互溶的。同樣的，對於某些金屬也有相同的現象，如 Zn-Pb、Cu-Pb、Al-Pb 等系合金，這些合金在液相時不完全互溶，冷卻時，一般均會有**偏晶反應(monotectic reaction)**發生。

圖 1.36 的 Al-Pb 相圖是一個偏晶系的代表，由圖中可以發現當合金中的 Pb 含量介於 1.4wt%～99.7wt%時，當溫度高於 1566℃，Al 與 Pb 能完全互溶成單一液相，而當溫度低於 1566℃時，則 Al 與 Pb 無法完全互溶，而會形成兩個液相(L_1+L_2)共存的**混相區(miscibility gap)**。

當合金於液態形成混相區時，若將此合金冷卻，一般會有偏晶反應發生，在圖 1.36 中，偏晶溫度爲 659℃，偏晶成分爲 Al-1.4 wt% Pb，在平衡條件下，當冷卻時 Al-1.4Pb 合金在偏晶點(1.4wt% Pb，659℃)，發生偏晶反應：

$$L_1(1.4\ \text{Pb}) \rightleftharpoons \alpha_{Al}(\sim 0\ \text{Pb}) + L_2(99.7\ \text{Pb}) \qquad (1.13)$$

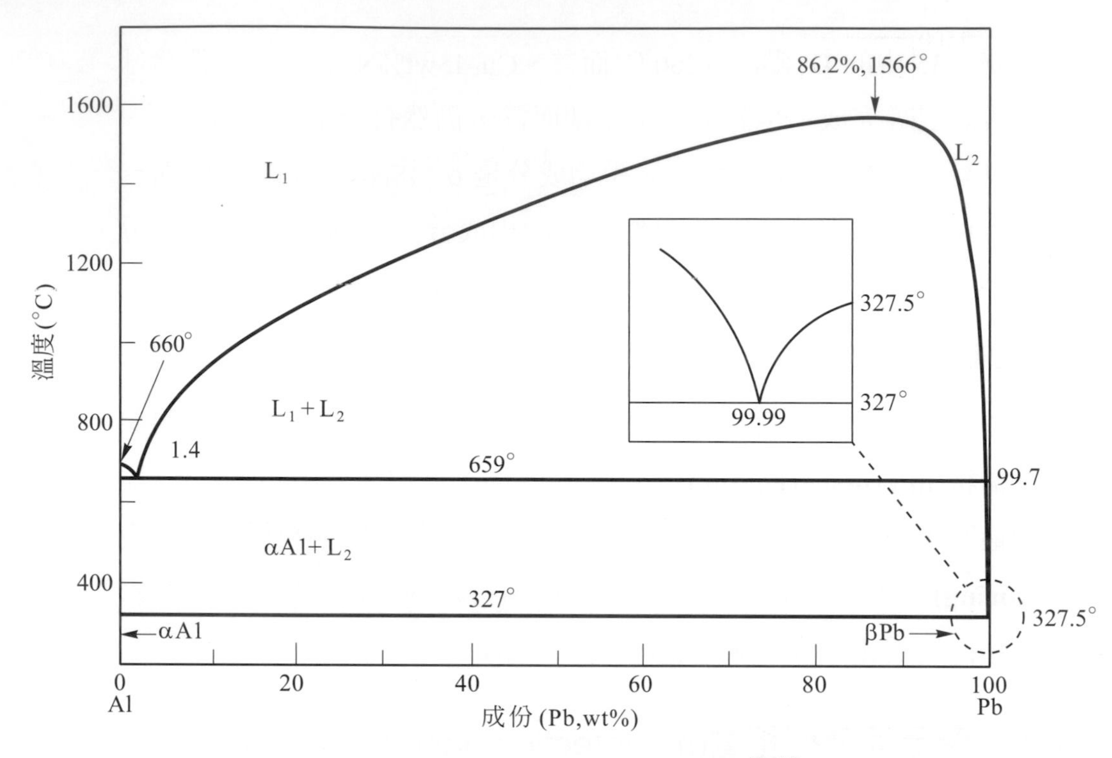

▲圖 1.36 Al-Pb 合金相圖[R&M]

偏晶反應進行間，因有三個相存在(L_1、α_{Al}、L_2)相(P=3)，成分數兩個(C= 2)，所以其自由度(F)爲 0(F=C−P+1=0)，亦即反應時三相點(即偏晶點)的成分與溫度固定，爲相圖中**不可變的點(invariant point)**。在冷卻時，含 1.4% Pb 的液相(L_1)，在 659℃時，會變成幾乎不含 Pb 的固相 Al 及含 99.7% Pb 的液相(L_2)。

上述所討論的液相不完全互溶現象，在固溶體更爲常見，如圖 1.37 的 Au-Ni 相圖。當在高溫時，可以任何比例凝固成固溶體，這一完全互溶的固相在溫度下降時，其成分會重新分布。

查看相圖中下半部的曲線，在 810℃以下的區域有兩個穩定的 α 與β 相，其中 α 相是一種 Ni 原子溶入 Au 晶格的固溶體，而β 相則是 Au 原子溶入 Ni 晶格的固溶體。這兩種相都是面心立方晶，不過其晶格參數、密度、顏色與物理性質均不同，而且這兩個固溶體互相混合分布於晶粒內，不像圖 1.36 的 Al-Pb 之液溶體可以藉由比重的差異而分成兩層。

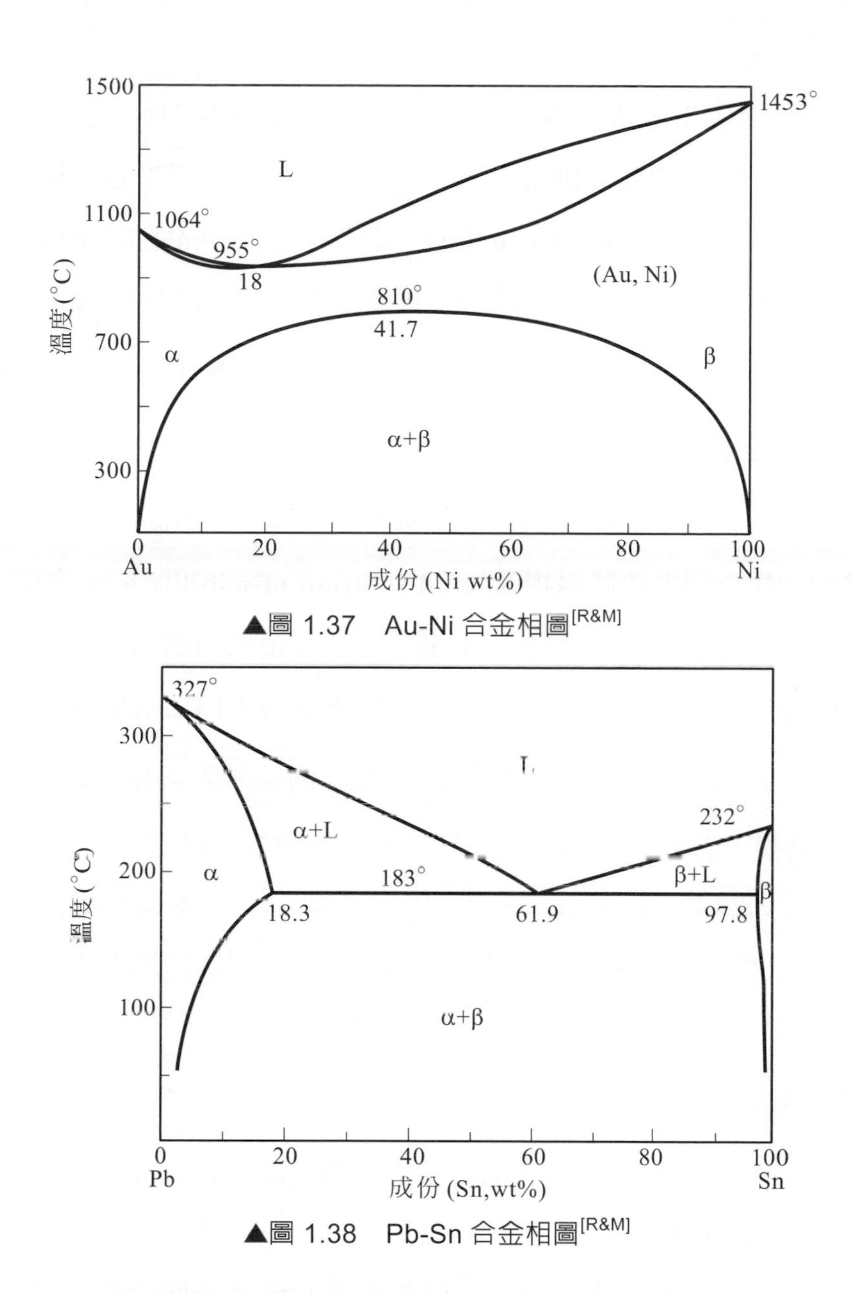

▲圖 1.37 Au-Ni 合金相圖[R&M]

▲圖 1.38 Pb-Sn 合金相圖[R&M]

1.4.9 共晶反應型相圖(eutectic phase diagram)

圖 1.38 所示之 Pb-Sn 相圖是共晶系的代表，在這個合金系中有一個稱爲**共晶組成(eutectic composition)**的合金，總是比其它組成具有更低的凝固溫度。冷卻時，該合金會像純金屬一樣在單一溫度發生凝固，但是它的凝固反應卻是截然不同於純金屬，因爲它所形成的是兩種不同固相的混合。

於固定壓力下，依相律可知，三相唯有在固定成分(共晶成分)與固定溫度(共晶溫度)時才會維持平衡。共晶成分與共晶溫度在相圖中所定出的點，稱爲**共晶點(eutectic point)**，鉛-錫合金的共晶點是 61.9wt%Sn 與 183℃，共晶點也是一個相圖中不可變的點，其共晶反應爲：

$$L(61.9\%Sn) \rightleftharpoons \alpha(18.3\%Sn) + \beta(97.8\%Sn) \qquad (1.14)$$

1. 共晶系相圖之解析

圖 1.38 之共晶系相圖可以想像成是具有極小調和點的同型合金相圖(1.33(b))與一個**固溶體混相區(solid solution miscibility gap)**(如圖 1.36 之下半部)合成的結果，這時候，本來是同型合金系相圖的兩相區會被分成兩個部分，左邊爲(α + L)之兩相區，右邊爲(β + L)之兩相區。

圖 1.39 中兩個固溶體混相區域爲 fckdg 曲線所圍之範圍。圖中的 α 相是 A 金屬中固溶 B 金屬的固溶體，β 相是 B 金屬中固溶 A 金屬的固溶體。e 是共晶點。曲線 ae、be 是液相線，cf、與 dg 是**固溶線(solvus)**，cf 表示在各溫度下，A 金屬中能固溶 B 金屬的極限量(就是溶解度)，dg 表示在各溫度下 B 金屬能固溶 A 金屬的極限量。

2. 共晶相之溶解度

另外，值得注意是二元共晶合金之固相溶解度可以分成兩類，一種是如上所述的 Pb-Sn 合金，固相時有溶解度。另一種形式是固相時完全不互溶，這種形式的共晶合金，可以應用圖 1.39 來說明，當 α 固溶體內的 B 金屬、或β 固溶體內的 A 金屬含量非常少時，圖中的 c 點將向純金屬 A 趨近，而 d 點將向純金屬 B 趨近，即表示當共晶組成之合金由液相冷卻時，會同時晶出純金屬 A 與純金屬 B，而不是固溶體。如此，將形成固相完全不互溶的共晶合金相圖。常見的(H_2O-NaCl)二元相圖(圖 1.39 附圖)也屬於固相完全不互溶的共晶二元相圖。

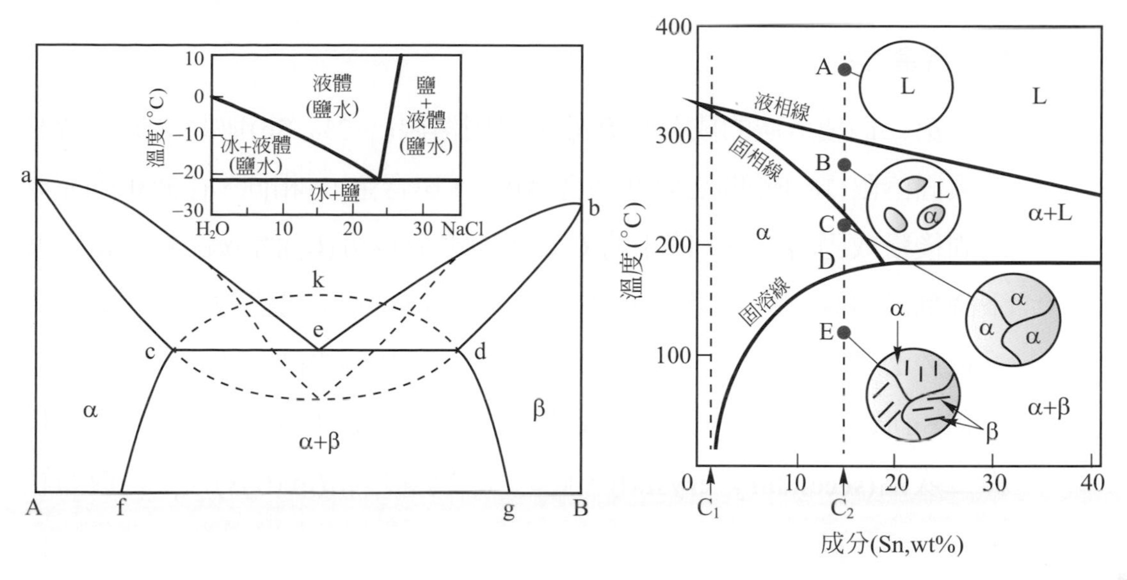

▲圖 1.39 二元共晶合金系相圖之分析,附圖是(H_2O-NaCl)相圖[R&M]

▲圖 1.40 成分為 C_1 與 C_2 之 Pb-Sn 合金之平衡冷卻微結構示意圖[R&M]

1.4.10 共晶合金之平衡冷卻微結構

習慣上將共晶點左邊的合金稱爲**亞共晶(hypoeutectic alloy)**，右邊的合金稱爲**過共晶(hypereutectic alloy)**，所以由左至右察看 Pb-Sn 相圖時，可以得知 Sn 含量少於 61.9 wt%的合金是亞共晶，而高於 61.9 wt%的合金則是過共晶。

現在就圖 1.40 的 Pb-Sn 二元相圖來說明各種比例 Pb-Sn 合金從液相冷卻到常溫時的平衡微結構變化。

1. 合金 C_1

室溫時，成分介於純金屬(Sn)與固溶線之間的亞共晶合金 C_1，此種合金即爲 1.4.5 節所討論的同型合金。當合金從液相冷卻時，其凝固過程和同型合金完全相同。就是冷卻到液相線時便開始凝固，而冷卻到固相線時完全變爲固溶體，這種固溶體被稱爲**初晶(primary crystal)**。

2. 合金 C_2

第二個要考慮的成分是介於室溫固溶限(～2% Sn)與共晶溫度時的最大固溶限(18.3%)間之亞共晶合金(C_2)，與合金 C_1 相同，在液相線完成凝固後變成固溶體 α，圖中的 C 點便是含有成分(C_2)的 α 晶粒。當溫度下降到固溶線上的 D 點時，固溶體 α 中的 Sn 原子已達飽和。所以當溫度低於 D 點時，在固溶體 α 內將析出β 相，如圖中的 E 點所示，β 相是一種 Sn 原子中固溶 Pb 原子的固溶體。從固溶體 α 所析出來的固溶體β 稱做**二次晶(secondary crystal)**，此時 α 為**基地相(matrix)**而β 是**散布相(dispersion phase)**。

當溫度由 D 點下降到 E 點時，固溶體 α 與固溶體 β 的成分均會隨固溶線而變化，在 E 點所析出的固溶體 β 的成分可藉由通過 E 點的結線端點(富 Sn 邊)來決定。而且 β 相的重量百分比也可以利用槓桿法則來計算，此時，固溶體 β 之顆粒尺寸也將稍微增大。由初晶 α 中析出二次晶時，因為這種相變化是在固溶體內進行，所以 β 相會就地變成較小的結晶，而均勻析出在固溶體之內。

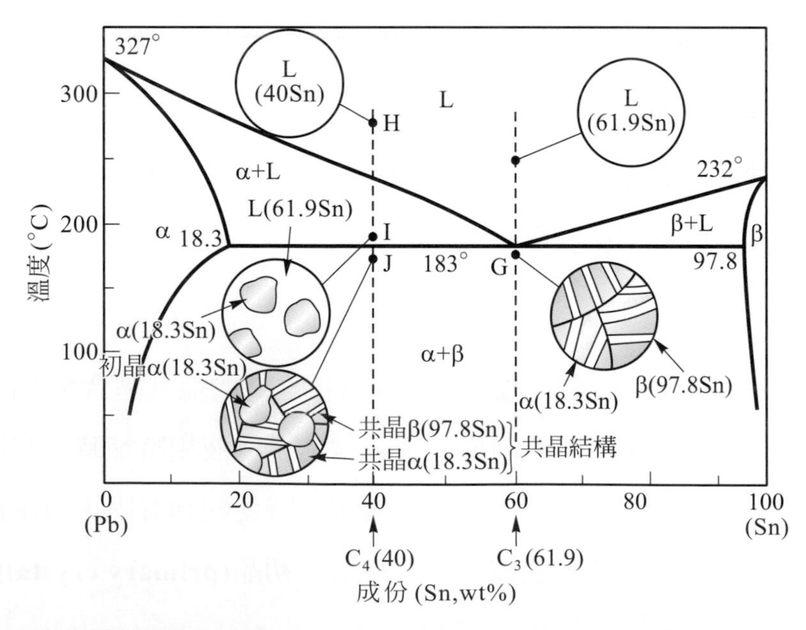

▲圖 1.41 共晶成分 C_3 與亞共晶成分 C_4 之 Pb-Sn 合金之平衡冷卻微結構示意圖[R&M]

3. **共晶合金** C_3(eutectic alloy)

第三個要考慮的成分是如圖 1.41 所示的 C_3 共晶合金(61.9 wt%Sn)，當共晶合金由液相冷卻時，在共晶溫度(183℃)開始凝固而發生共晶反應(式 1.14)，當溫度稍低於 183℃時(G 點)，由液相變態成兩個固體 α(18.3Sn)與 β (97.8Sn)的共晶結構，此時，α 相與 β 相的成分如共晶等溫線的兩個端點成分所示。

一般共晶結構由於受到固相中原子不易擴散之限制，其微結構常呈**層狀結構(lamellar structure)**。共晶反應的微結構變化如圖 1.42 所示，α/β 層狀共晶結構於相變化過程中往液相內成長。Pb 原子和 Sn 原子在固/液界面處的液相中擴散，達到原子重新分布的目的。圖中顯示 Pb 原子往 α 相擴散，使 Sn 原子由液相的 61.9wt%成為 α 相中的 18.3wt%，相反的，Sn 原子往 β 相擴散，使 Sn 原子由液相的 61.9wt%成為 β 相的 97.8wt%。圖 1.43(c)為 Pb-Sn 共晶合金之微結構圖。

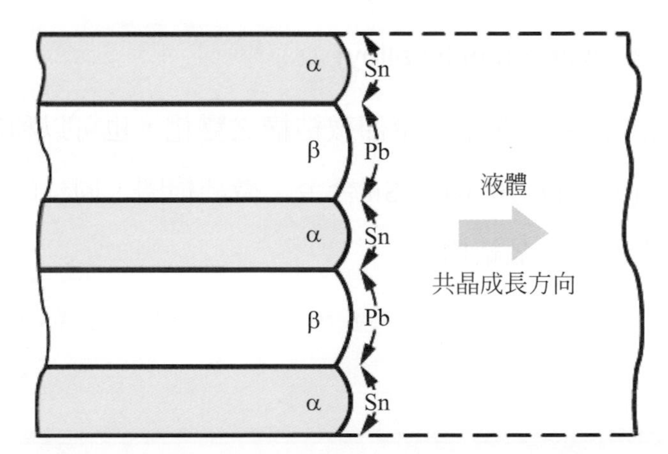

▲圖 1.42 鉛一錫合金共晶微結構形成之示意圖[R&M]

4. 合金 C_4

第四個要考慮的成分是圖 1.41 所示的 C_4 亞共晶合金，其成分介於最大固溶限(18.3 Sn)與共晶組成(61.9 Sn)之間，當溫度由液相的 H 點冷卻到液相線時，在液相中將晶出初晶 α，而當溫度冷卻到 I 點時，其微結構變化與同型合金相同。I 點之溫度僅較共晶溫度(183℃)稍高(如 184℃)，此時其平衡微結構是由 α 相和液相共存，由結線可知其成分分別約略爲 α(18.3%Sn)與 L(61.9%Sn)。

當溫度剛好下降到低於共晶點溫度的 J 點(如 182℃)時，具有共晶成分的液相將發生共晶反應，形成共晶微結構。因此在 J 點溫度時，亞共晶合金(C_4)之微結構中含有初晶 α 與共晶(α+β)微結構兩種組成，而共晶結構中的 α 與 β 相，分別稱爲共晶 α 相與共晶 β 相，如圖 1.41 中附圖所示。圖 1.43(a)爲 Pb-50 wt% Sn 合金之微結構，於圖中可以觀察到初晶 α 相(大黑團)與層狀共晶結構，而共晶結構是由富 Pb 的共晶 α 相(黑色層)與富 Sn 的共晶 β 相(白色層)以交錯層狀結構存在。

5. 過共晶合金(hypereutectic alloy)

同樣的過共晶合金之平衡冷卻微結構之變化，也可以利用相圖加以預測。圖 1.43(b)爲 Pb-70 wt% Sn 合金之微結構圖，同樣的，可以觀察到初晶 β 相與層狀共晶結構。

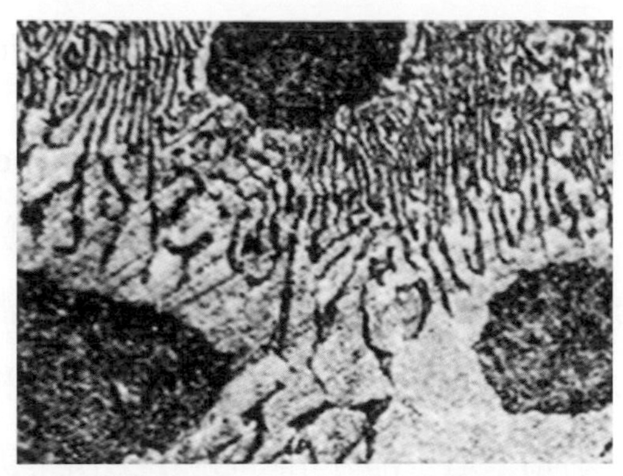

(a) 亞共晶(大塊暗區爲初晶α–Pb)

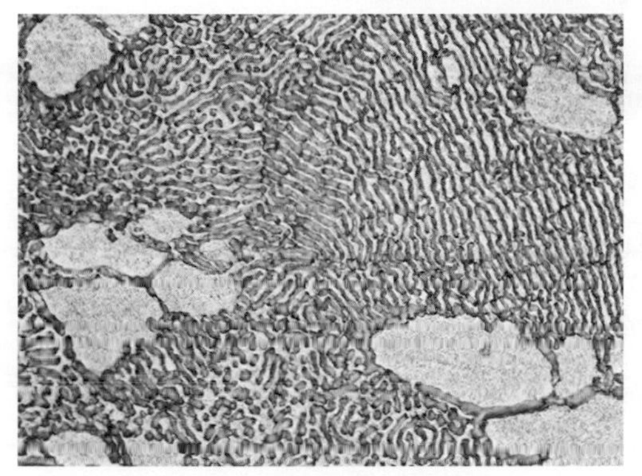

(b) 過共晶(大塊亮區爲初晶β Sn)

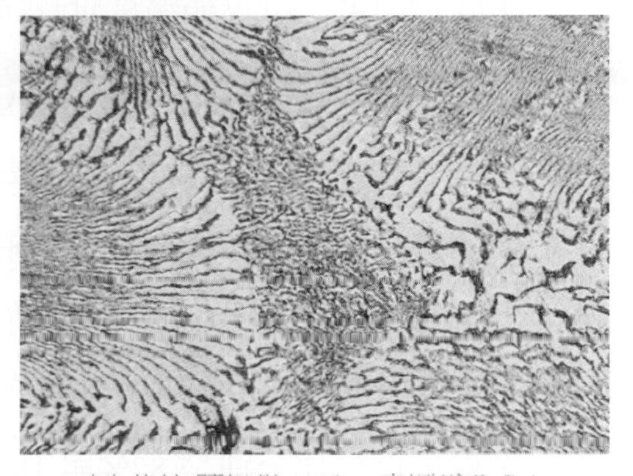

(c) 共晶(暗區爲α–Pb，亮區爲β–Sn)

▲圖 1.43 Pb-Sn 合金之微結構圖[LEE2]

例 1.15 在 182℃時，總重 1kg 之 Pb -30wt%Sn 合金，試計算 (1) 初晶的 α 相與共晶 (α+β)相之重量，(2)共晶 α 相之重量。

解 由圖 1.41 之 Pb-Sn 相圖可知：

(1) 初晶 α(Pb-18.3%Sn)：

$\%\alpha=(61.9-30)/(61.9-18.3)\times100\%=73\%=730g$

共晶(α+β)：

$\%(\alpha+\beta)=(30-18.3)/(61.9-18.3)\times100\%=27\%=270g$

(2) $\%(\text{初晶 }\alpha+\text{共晶中 }\alpha)=(97.8-30)/(97.8-18.3)\times100\%$

$=85.3\%=853g$

∴共晶中 α 相的重量＝853 – 730＝123g

1.4.11 包晶反應型相圖(peritectic phase diagram)

圖 1.44 之 Fe-Fe_3C 部分相圖是具有**包晶反應(peritectic reaction)**的一種常見相圖。當溫度在 1394℃以上的固態純鐵為體心立方相，稱為δ鐵，而面心立方相稱為γ鐵(參考圖 1.11)。在圖示的溫度範圍中碳含量介於 0.09%碳與 0.54%碳的合金在凝固時所形成的固相會隨著溫度的下降從(δ＋L)相變成成γ相。這一部分相圖的關鍵點是位於 0.17 wt%碳(包晶組成)與 1493℃(包晶溫度)的包晶點。

藉圖中的虛線(即含 0.17%C)來瞭解包晶合金的凝固反應。當液相溫度到達點 B 時，凝固反應即開始發生，溫度介於 B 點與包晶溫度之間時，合金處於液相(L)與 δ 相的雙相區中。所以開始凝固時所形成的是低含碳量的體心立方晶(δ 相)。在稍高於包晶點(1493℃)溫度時，δ 相與液相的含碳量分別是 0.09 wt%與 0.54 wt%，由槓桿法則可以算出δ相與液相之重量百分比分別是 82%與 18%。

在高於包晶溫度時，包晶合金的結構是在液相中含有固態的δ相，但是由相圖可知在包晶溫度以下時是單一的固溶體(γ相)，顯然在通過包晶溫度的冷卻過程中，δ 相與液相(L)聯合起來形成γ相，造成鐵碳系的包晶反應，即

$$L(0.54wt\%\ C)+\delta\ (0.09wt\%C) \rightleftharpoons \gamma(0.17wt\%C) \qquad (1.15)$$

與偏晶反應及共晶反應一樣，包晶反應中參與反應的三個相均有固定的組成：82 wt%的δ 相(0.09 wt%碳)與 18 wt%的液相(0.54 wt%碳)共同形成γ相(0.17 wt%碳)。

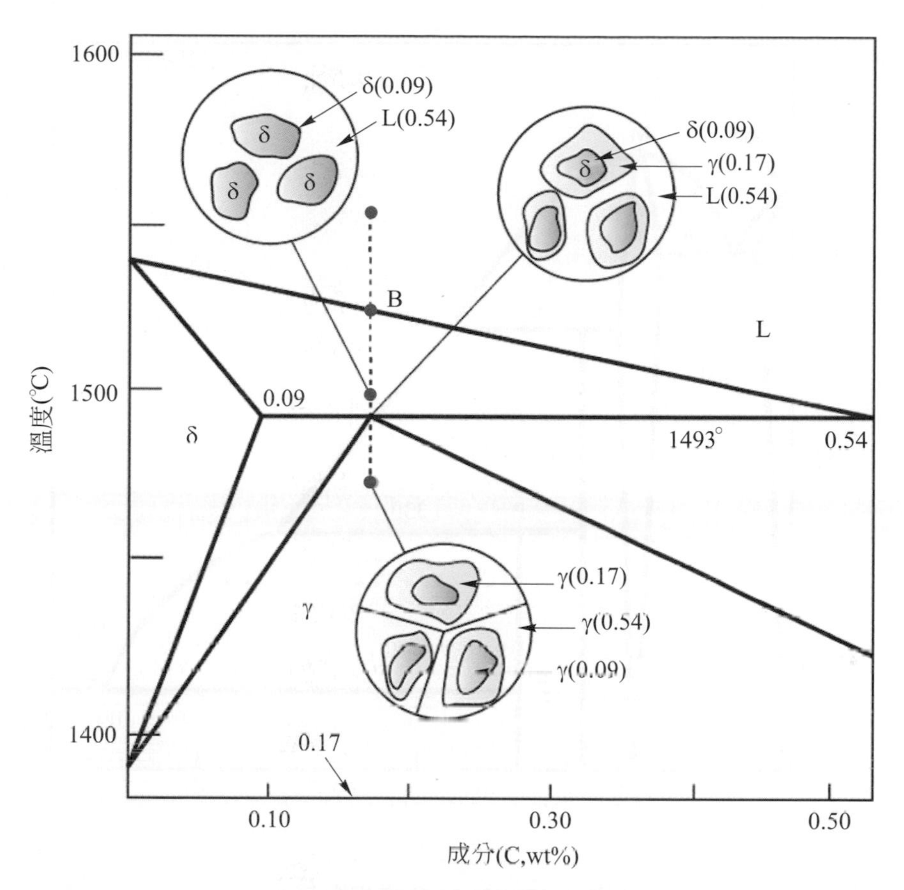

▲圖 1.44 Fe-Fe_3C 部分相圖之包晶反應及非平衡微結構示意圖[R&M]

當合金進行包晶反應時，γ固溶體隔開兩個參與反應的相(液相與δ相)，當反應繼續進行時，碳原子需由高碳的液相穿越γ相，才能與δ相作用。由於固相中的原子擴散不易，除非冷卻速率非常慢，否則包晶反應所造成的**微偏析(segregation)**是一個無法避免的現象，此時之微結構爲一非平衡微結構，(如圖 1.44 附圖所示)。若平衡達成時，則γ相將取代原先的δ 相。

綜合言之，Fe-0.17C 合金最終的非平衡包晶之晶粒中心是含低於 0.17%碳之**核心偏析(coring segregation)**γ相，晶粒外層是含高於 0.17%碳之核心偏析γ相，中間夾一層含 0.17%碳之γ相。

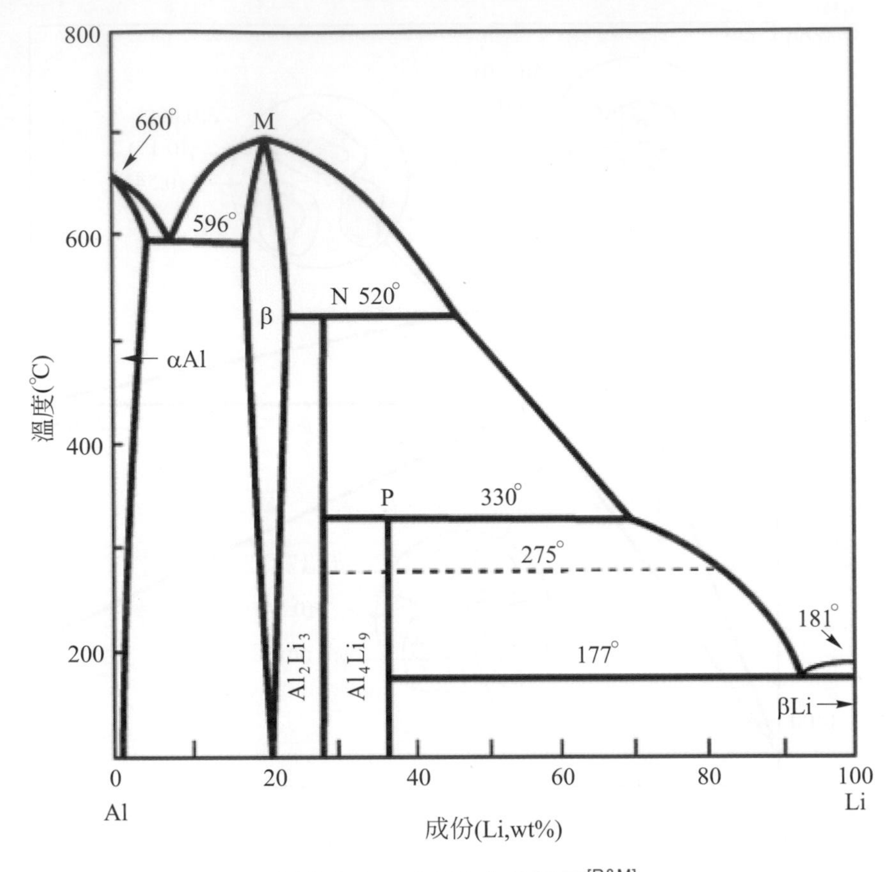

▲圖 1.45　Al-Li 合金相圖[R&M]

1.4.12　形成中間相之相圖(intermediate-formed phase diagram)

中間相在相圖中極爲常見，當合金凝固時形成中間相最常發生的方法有兩種，即在極大調和點發生**調和相變化(congruent transformation)**或是進行包晶反應，圖 1.45 之 Al-Li 二元相圖中，液相合金於 M 點發生調和相變化，L→β(～AlLi)，生成中間相β。而在圖中的 N 點，當合金冷卻時發生包晶反應：L+β →Al_2Li_3，形成 Al_2Li_3 的中間相。

中間相的組成可以是在一個固定範圍內改變，也可以是固定比例。圖 1.45 中的 Al_2Li_3，其成分爲一定值，這種中間相稱爲**中間化合物(intermediate compound)**或**計量型中間相(stoichiometric intermediate phase)**。而圖中之中間相β，其成分則分布在一固定範圍內，此種型式的中間相爲一固溶體，稱爲中間固溶體或非計量型中間相。

例 1.16　藉由圖 1.45 的 Al-Li 相圖，(1)試說明如何形成 Al_4Li_9 中間相，(2)圖中的 P 點之自由度(F)是多少？

解　(1) 由 Al-Li 相圖可知，可藉由合金冷卻時發生包晶反應：$L+Al_2Li_3 \rightarrow Al_4Li_9$，形成 Al_4Li_9 的中間相。

(2) 圖中之 P 點是 3 相(L、Al_2Li_3、Al_4Li_9，P＝3)共存。
∴由(式 1.7)之相律，$F=C-P+1=2-3+1=0$，
∴P 點自由度(F)＝0，爲一不可變之點。即溫度與組成都是固定時，才可以維持三相共存。

1.4.13 共析與包析反應型相圖(eutectoid and peritectoid phase diagrams)

前面已介紹過三種基本型式的三相反應(共晶、包晶與偏晶反應)，這些相變化都有液相與固相參與反應，所以與合金的凝固或溶解過程有所關連。而有幾種三相反應則只是固相之間相變化，其中最重要的有**共析(eutectoid)**與**包析(peritectoid)**反應。共析反應是當溫度降低時一種固相分解成另外兩種固相的反應即：

$$\gamma \rightleftharpoons \alpha+\beta \tag{1.16}$$

包析反應則是兩種固相組合形成另一固相的反應，即：

$$\alpha+\beta \rightleftharpoons \gamma \tag{1.17}$$

共析與包析之間的類似情形就如同共晶與包晶之間的關係，這些二元相圖中有三相參與反應，所以其自由度為零，因此這些三相反應被稱為**不變反應(invariant reaction)**，所以在二元相圖中屬於**不可變的點(invariant point)**。上述所討論到的二元相圖中之五種三相反應歸納於圖 1.46 中。

一般常用的相圖，往往是一種混合型式的相圖。如圖 1.45 之 Al-Li 二元相圖，它含有兩個共晶點、兩個包晶點(圖中 N 與 P)，與一個調和點(圖中之 M)。另外在 Al-Li 二元相圖中包含五個固相，分別為兩個終端固溶體：α_{Al}與β_{Li}，三個中間相：β(～AlLi)、Al_3Li_2、與 Al_4Li_9。

共晶 eutectic	$L \rightarrow \alpha + \beta$	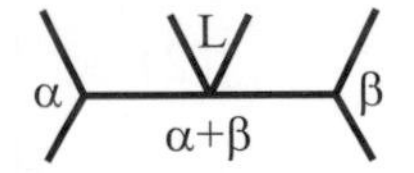 α L β α+β
包晶 peritectic	$\alpha + L \rightarrow \beta$	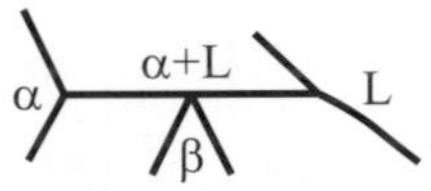 α α+L L β
偏晶 monotectic	$L_1 \rightarrow \alpha + L_2$	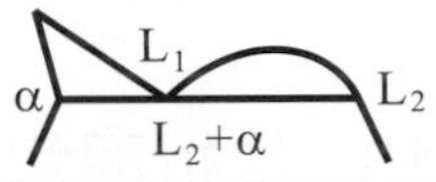 α L_1 L_2 $L_2+\alpha$
共析 eutectoid	$\gamma \rightarrow \alpha + \beta$	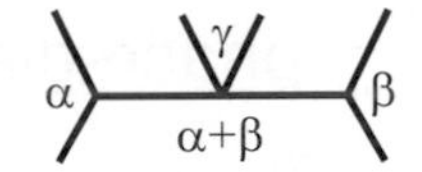 α γ β α+β
包析 peritectoid	$\alpha + \beta \rightarrow \gamma$	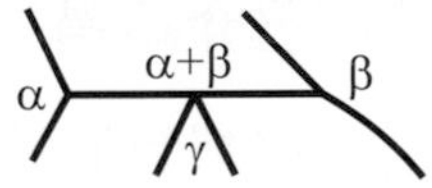 α α+β β γ

▲圖 1.46　二元相圖中最常見的五個三相反應示意圖[R&M]

1.4.14　三元合金相圖

商用合金中，往往其成分不只兩個而是三個或更多，若是合金由三種成分所構成，稱為三元合金系，為了描述三元合金系的平衡狀態，習慣上是以三度空間的相圖來表示。此時壓力為常數(一大氣壓)，它可視為是由三組二元合金相圖所合成，如圖 1.47 所示，圖 1.47(a)是一個最簡單的三元相圖，它是由三個二元同型合金系所構成，而圖 1.47(b)是由兩個二元共晶系(A-C 合金及 A-B 合金)、及一個二元同型合金系(B-C 合金)所構成。

通常三度空間相圖，水平面代表組成，垂直面代表溫度，此空間相圖可水平(等溫)或垂直(定成分)切成一個二度空間之截面，因爲二度空間截面比三度空間方便，所以較常用，在二度空間的三元相圖最常用的有下列三種：(1)**等溫截面圖(isothermal section plot)**、(2)**定成分截面圖(isopleth section plot)**、及(3)**液相線投影圖(liquidus plot)**，圖 1.47(b)顯示等溫截面圖與定成分截面圖之截取法，在圖 1.47 中可以看到三成分組成是以三角形來表示，三種成分(A、B、C)分別在三個頂點上。

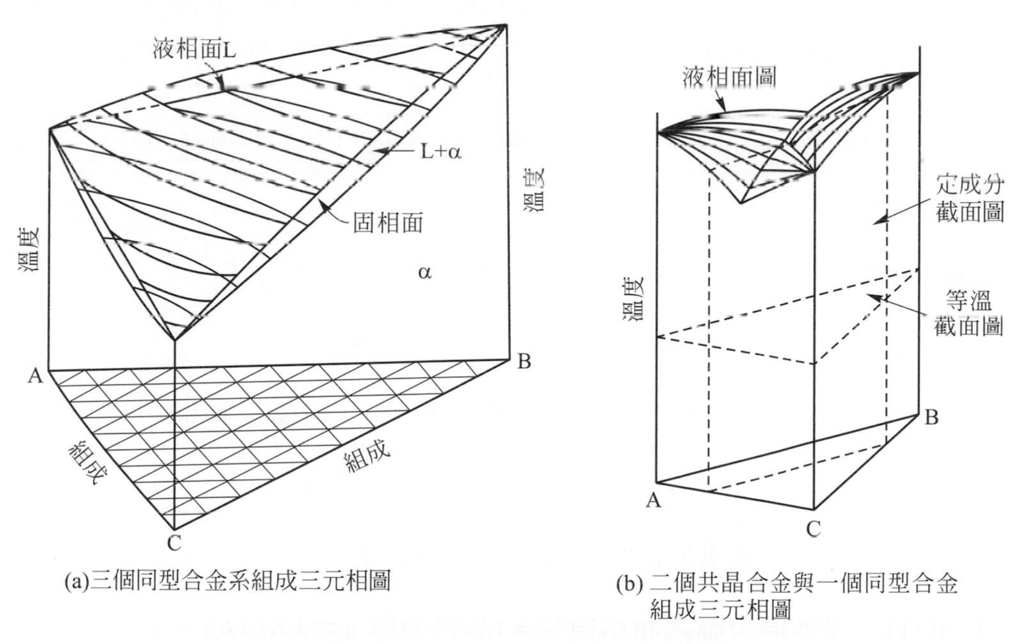

(a)三個同型合金系組成三元相圖

(b) 二個共晶合金與一個同型合金組成三元相圖

▲圖 1.47 三元合金相圖之簡圖[R&M]

習　　題

1.1 簡述：(1)金屬材料之分類，(2)研讀『金屬熱處理』時，必須瞭解之事項。(3)何謂**高熵合金(high entropy alloy)**？高熵合金有什麼特色？

1.2 某平面與單位晶胞的 a、b、c 三個軸分別相交於 1a、2b、3c 上，試求其平面指標(即米勒指標)。

1.3 計算理想的面心立方晶體在下列方向上的的堆積線密度：(1)[100]、(2)[110]、(3)[111]。

1.4 純鐵在 912℃由 BCC 結構改變成 FCC 金屬結構。在此溫度時，兩結構之鐵原子半徑分別爲 0.126nm 和 0.129nm，試計算當結構改變時體積改變之百分比。

1.5 何謂同素異形體相變化？純鐵或純鋁是否具有同素異形體之特性？

1.6 晶體中的缺陷有哪幾類？缺陷對於材料有益處否？

1.7 何謂固溶體？固溶體中會存在哪些點缺陷？

1.8 (1)何謂差排？(2)由布格向量與差排線之關係上說明差排之分類。(3)從應力場的觀點來說明差排爲何是線缺陷。

1.9 面缺陷有哪幾種？它們的能量約是多少？

1.10 (1)計算純銅金屬之布格向量。(晶格參數 a＝3.615Å)

(2)設純銅金屬內某一晶界之刃差排間隔爲 1000Å，則兩晶粒之角度差爲何？

1.11 設一個金屬的 ASTM 晶粒度為 4，則在 100 倍下每平方英吋含有多少晶粒？平均晶粒尺寸應為多少 μm？

1.12 鑄鋼錠如何分類，約略說明其缺陷之區別與成因。

1.13 由下列資料繪製金屬 A 和 B 在 600℃～1000℃之間的假想相圖，圖內請著明各單相區。

- 金屬 A 之熔點是 900℃、金屬 B 之熔點是 850℃。
- 在所有溫度範圍內，A 在 B 中的**固溶度(solubility)**可忽略。
- 在 600℃與 750℃下，B 在 A 中的固溶度分別是 10wt%B 與 20 wt% B。
- 兩個**共晶(eutectic)**點位於(750℃, 40 wt%B-60 wt% A)與(700℃,75 wt%B-25 wt% A)。
- 一個**共軛(congruent)**熔點位於 (800℃, 50wt%B-50wt%A)。
- 一個**金屬間化合物(intermetallic compounds)**AB 之組成是(50wt%B-50wt% A)。

1.14 何謂同型合金？何謂**核心(coring)**？合金元素如何影響**核心(coring)**？

補充習題

1.15 試列出面心立方晶體系統中{111}面族的所有平面，<110>方向族的所有方向。

1.16 試繪一如圖 1.7(a)的六方晶體，標示出(1)以下兩個平面：A(0001), B(11$\bar{2}$1)；與(2)以下兩個方向：C[$\bar{2}$113], D[$\bar{1}$100]。

1.17 計算下列理想晶體(即硬球模型)之最密堆積平面的堆積面密度：(1)簡單立方晶體、(2)體心立方晶體、(3)面心立方晶體、與(4)六方最密堆積晶體。

1.18 (1) 假設有一理想 HCP 金屬(即硬球模型)，求其 c/a 值(a 為基面邊長，c 為柱面邊長)。

(2) 鎂為 HCP 金屬，其堆積密度為 0.74，求其單位晶胞之體積。(＝0.161nm)

1.19 計算在 BCC 鎢晶體中，沿著(1)[111]方向、與(2)[110] 方向的原子線密度為何？(R_w＝0.137nm)。分別以堆積密度、與單位長度所佔有的原子數目來表達方向的原子線密度(L_d)。

1.20 計算 FCC 鋁晶體中 (111)平面的密度。(R_{Al}＝0.143nm)。分別以(1)堆積密度、與(2)單位面積所佔有的原子數目來表達平面密度(A_d)：

1.21 計算並列出 HCP 和 FCC 兩種晶體結構之(1)堆積密度、(2)最密堆積平面、(3)最密堆積方向、(4)配位數、(5)原子平面堆積順序。

1.22 對於純鐵而言，何謂 A_3 相變化點？何謂 A_{r3}、A_{c3} 相變化點？何謂 A_4 相變化點？

1.23 若有一金屬形成空缺所需的活化能為 0.55 eV，求(1)300℃、與(2) 0℃時空缺的比例各為多少？

1.24 計算(1)BCC 晶體之八面體與四面體之插入型空隙的數目與大小，(2)FCC 晶體之八面體與四面體之插入型空隙的數目與大小。

1.25 計算鐵 FCC 晶體中八面體的空隙恰好可容納的原子直徑是多少 Å？鐵 BCC 晶體中八面體空隙又如何？已知鐵原子的直徑為 2.52 Å。解釋碳原子在 α 鐵與γ鐵中溶解度之差異。

1.26 如何區分(1)高角度晶界與低角度晶界？(2)晶粒與次晶粒？(3)可以利用差排來模擬高角度晶界與低角度晶界否？

1.27 何謂疊差？何謂本質疊差？何謂外質疊差？疊差能高低對晶體中的差排滑動有何影響？

1.28 在一大氣壓下，Cu-40wt%Ni 合金在 1250℃時，固相及液相兩相共存，而在 1200℃時，則只有固相存在，計算此合金在(1)1200℃與(2)1250℃時之自由度。

1.29 計算 Cu-45wt%Ni 合金在(1)1350℃、(2)1290℃、(3)1260℃及(4)1200℃下，液相與固相的重量百分比。

1.30 **固溶體(solid solution)**合金是由**溶質(solute)**原子與**溶劑(solvent)**原子所組成，(1)固溶體合金可以分為哪幾類？哪一類固溶體合金之溶質原子與溶劑原子有可能完全互溶？(2)固溶體合金之溶質原子與溶劑原子要完全互溶，需具備哪些條件？(3)均勻系固溶體(單相)與非均質系(多相)中的原子或分子之混合方式有何差異？

1.31 試繪(一個或兩個)二元相圖來說明產生**中間相(Intermediate phase)**的兩種方法。

1.32 試繪出並解釋 $Fe\text{-}Fe_3C$ 合金之**包晶反應(Peritectic Reaction)**，並說明合金經非平衡冷卻後可能之鑄態微結構。

1.33 有一 Fe-0.13wt%C 合金計算(1)在稍高於包晶點溫度時，固相(δ)與液相(L)的重量百分率，(2)在稍低於包晶點溫度時相與相之重量分率。並指出各溫度下，各項之含碳量。

1.34 總重 1kg 之 Pb -30wt%Sn 合金(1)在下列溫度(250℃、200℃、184℃、182℃及 25℃)下，試計算其存在的平衡相及其重量，(2)在182℃時試計算初晶的 α 相與共晶相(α+β)之重量，(3)182℃時試計算共晶的 α 相之重量。

1.35 推導(式 1.10)**槓桿法則(level rule)**。

1.36 請繪簡略二元相圖說明包含下列不變點之三相反應，(1)偏晶反應，(2)共晶反應，(3)包晶反應，(4)共析反應，(5)包析反應。

1.37 略說明 Cu-Ni 二元同型合金系之平衡冷卻微結構與非平衡冷卻微結構。

1.38 略述在二度空間最常用的三元相圖。

2

金屬之變形與強化機制

金屬常可藉由熱處理來強化，且許多強化機構又涉及到金屬之變形機構，如鐵碳系之麻田散鐵強化就涉及到**剪變形(shear deformation)**，所以本章介紹金屬的變形與強化機構，更增強對熱處理的基礎理論之瞭解。

2.1 塑性變形

金屬的變形可分爲彈性變形及塑性變形兩部分，發生塑性變形時，有許多原子作大量的位移，而原子的位移需藉助**差排滑移(dislocation slip)**或**雙晶變形(twin deformation)**兩種機構來完成。

2.1.1 塑性變形機構一：差排滑移(dislocation slip)

由於製造過程的差異，材料中差排密度有很大的變化，例如**鬚晶(whisker)**幾乎不含差排，積體電路用的矽單晶約在 10^5 cm/cm^3 以下，一般金屬在退火狀態約含 10^7～10^8 cm/cm^3，高變形狀態的金屬，差排密度可高達 10^{12} cm/cm^3。

由於差排結構蓄積著晶體滑移的模式(圖 2.1)，當差排滑移時，即造成晶體的塑性變形，圖 2.1 顯示差排滑移與變形的關係，圖(a)爲刃差排的情形，圖(b)爲螺旋差排的情形，可看出無論是何種差排，晶格滑移的方向與布格向量是平行的，當差排滑出晶體表面即形成一個**階梯(step)**，其大小爲布格向量的尺寸。假設有很多差排在同一位置滑出，即可累積成很大的階梯，此時就能呈現可觀的塑性變形。

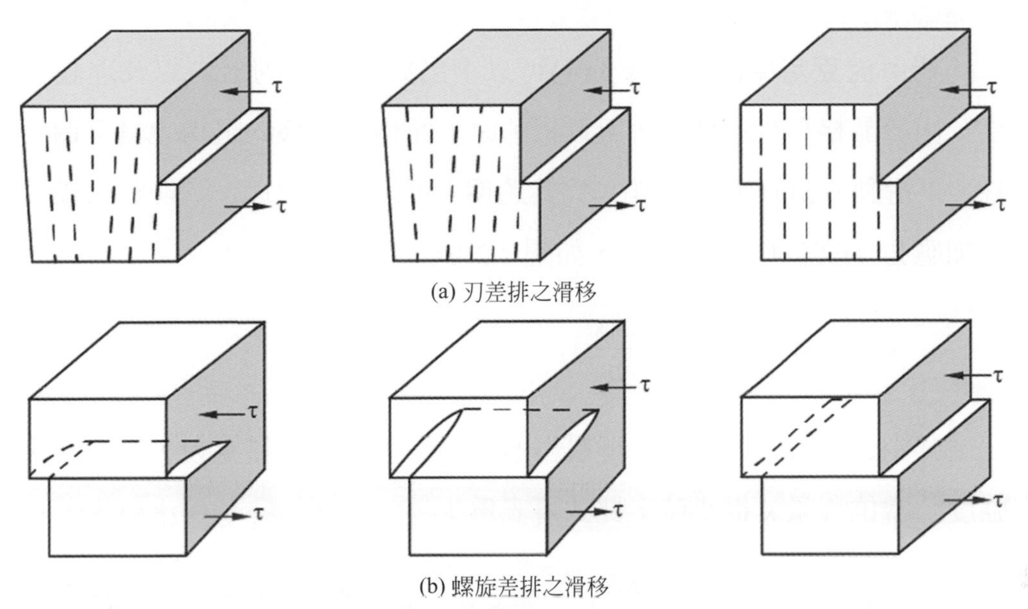

▲圖 2.1　差排受力產生滑移造成晶體變形：(a)刃差排；(b)螺旋差排[R&M]

2.1.2　晶體理論強度與實際強度(discrepancy of theorical and experimental strength)

1.　晶體強度

考慮一個簡單立方晶格，受到剪應力τ 的作用，上層原子面相對於下層原子面作距離(x)的彈性剪移，如圖 2.2(a)所示。

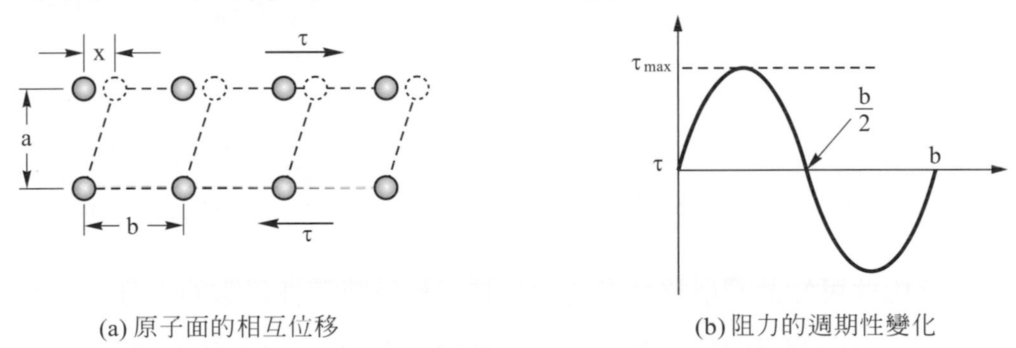

▲圖 2.2　晶體中原子平面相互滑移之阻力變化[R&M]

利用**虎克定律(Hooke's law)**可以求出此一位移的阻力以及理論強度，由於晶格具有週期性，所以相鄰原子面相互位移的阻力也具有週期性，以滑動方向原子的距離(b)爲其週期，可以大略的以正弦函數來描述外加應力(τ)與位移(x)的變化，如圖 2.2(b)所示，可寫成：

$$\tau = \tau_{max} \sin(\frac{2\pi x}{b}) \quad (2.1)$$

其中τ_{max} 爲最大阻力，可視爲連續滑移所需的臨界應力，亦即理論強度。當位移量 x 很小時，此式可表爲：

$$\tau \doteqdot \tau_{max} \cdot (\frac{2\pi x}{b}) \quad (2.2)$$

由於此時屬彈性變形，剪應力及剪應變的關係滿足虎克定律即：

$$\tau = G\gamma = G\,(\frac{x}{b}) \quad (2.3)$$

其中 G 爲**剪彈性係數(shear modulus)**，γ 是剪應變，a 爲滑移面之間距。故得(式 2.4)之關係：

$$\tau_{max} \cdot (\frac{2\pi x}{b}) = G(\frac{x}{a})，\quad 即：\tau_{max} = (\frac{b}{a})(\frac{G}{2\pi}) \quad (2.4)$$

由於 a≑b，因而理論強度爲：

$$\tau_{max} \doteqdot (\frac{G}{2\pi}) \quad (2.5)$$

由此可知晶體滑移變形的理論強度約爲剪彈性係數的六分之一，然而實際上所測得的降伏強度約爲剪彈性係數的 1/1000 至 1/10000，如表 2.1 所示，顯然兩者之間存在很大的差距，關於此一困惑，一直到差排觀念提出後，才獲得合理之解釋。

▼表 2.1 一些純金屬的理論降伏強度與實際降伏強度(kg/mm^2)[R&M]

金屬	計算值(A)	實驗值(B)	A/B
Ni	1200	0.31	3900
Cu	640	0.035	12900
Ag	450	0.04	11300
Au	460	0.052	8800
Al	470	0.06	7800
Mg	320	0.081	3950
Zn	490	0.093	5300

2. 差排觀念的提出(concept of dislocation)

利用圖 2.3 的刃差排模型，即可解釋實際強度甚低的原因，當刃差排由一個位置移動到下一個位置的過程僅須調整差排線附近原子的排列即得。若沒有差排，即屬於圖 2.2 的情形，上下原子面欲相互位移一個原子距離所需力量顯然須克服滑動面上所有鍵結的力量，所需之應力遠大於差排的幫助。

由表 2.1 可知，差排在週期性晶格中移動的阻力確實很小，關於此一效應可由圖 2.3 中地毯的移動現象得到基本體會，若地毯全部貼在地上移動，顯然須克服地面的摩擦力而覺得吃力，然而如果先在一端產生一個皺摺，則用很小的力量可將皺摺推進，當皺摺抵達另一端時，地毯即前進了一個距離(等於布格向量$\vec{b}$)。

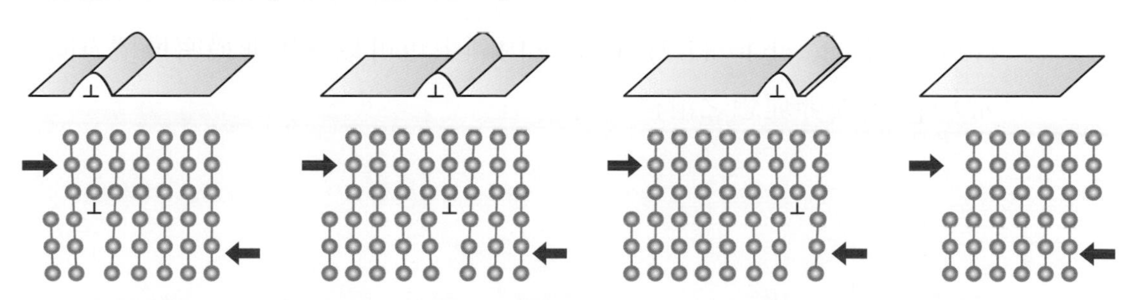

▲圖 2.3 刃差排移動一個原子距離過程中，只須局部原子作些微移動[R&M]

2.1.3 滑移系統(slip systems)

晶體的變形需藉助差排在**滑移面(slip plane)**的滑移而達成，滑移面是由差排線與布格向量($\vec{b}$)所構成，而差排的**滑移方向(slip direction)**則平行於布格向量($\vec{b}$)。並不是所有的晶格面皆適合作爲滑移面，同樣地也不是所有的晶格方向可作爲滑移方向，實際上常被觀察到的滑移面與滑移方向只屬特定的晶面與晶向。

一般而言，晶格中最密堆積的原子面是最主要的滑移面，而最密堆積方向是最主要的滑移方向。這是由於最密堆積方向的布格向量($\vec{b}$)最小，而差排線的能量與其布格向量(b^2)成正比，約爲 Gb^2，所以差排爲了傾向於最低能量，差排將會沿著最密堆積方向來滑移，而滑移面爲最密堆積平面是由於最密堆積面之間距最大，使得差排滑移時阻力最小，因而成爲最優先的滑移面。

表 2.2 列出常見晶體之主要滑移面與滑移方向，一個滑移面與其上的一個滑移方向組合成爲一個**滑移系統(slip system)**。例如對 FCC 晶體而言，因爲有四個獨立的{111}滑移面，而每個滑移面上共有三個可能的滑移方向$<\bar{1}10>$，所以共有 12 個滑移系統。

圖 2.4 顯示 FCC 晶體的三組滑移系統，圖中的最密堆積面(111)上的滑移方向是平行於最密堆積方向$<\bar{1}10>$(即$\overrightarrow{AC}$、$\overrightarrow{AE}$、$\overrightarrow{CE}$)，另外也可以看到布格向量 ($\vec{b}$)= $(1/2)<\bar{1}10>$。由圖中也可以看出非最密堆積方向的$\overrightarrow{AD}=[11\bar{2}]$並非理想之滑移方向。

例 2.1　列出(1)圖 2.4 中 FCC 晶體的(1)三個滑移系統，及其(2)布格向量($\vec{b}$)。(3)為何 FCC 晶體之塑性加工性較其他晶體佳？

解　(1) 由圖中可知差排的滑移面是=(111)，滑移方向分別是：$\overrightarrow{AC}=[10\bar{1}]$、$\overrightarrow{AE}=[01\bar{1}]$、$\overrightarrow{CE}=[\bar{1}10]$，所以三個滑移系統分別是：

$(111)[10\bar{1}]$、$(111)[01\bar{1}]$、$(111)[\bar{1}10]$

(2) 布格向量($\vec{b}$)分別是：$\overrightarrow{AB}=(1/2)[10\bar{1}]$、$\overrightarrow{AF}=(1/2)[01\bar{1}]$、$\overrightarrow{CD}=(1/2)[\bar{1}10]$

(3) FCC 晶體具有很多(12 個)完美滑移系統，這些滑移系統是由空間最密堆積平面與方向所構成，其他晶體之滑移系統均不如 FCC，所以 FCC 之塑性加工性較其他晶體佳。

▼表 2.2　FCC、BCC 與 HCP 金屬的滑移系統[R&M]

金屬	滑移平面	滑移方向	滑移系統數
面心立方			
Cu, Al, Ag, Au, Ni Pb, γ-Fe	$4\times\{111\}$	$3\times\langle\bar{1}10\rangle$	12
體心立方			
α-Fe, W, Mo, β-Brass	$6\times\{110\}$	$2\times\langle\bar{1}11\rangle$	12
α-Fe, W,Na	$6\times\{211\}$	$2\times\langle\bar{1}11\rangle$	12
α-Fe, K	$12\times\{321\}$	$2\times\langle\bar{1}11\rangle$	24
六方最密堆積			
Ti,Cd, Zn, Mg, Be	$1\times\{0001\}$	$3\times\langle\overline{11}20\rangle$	3
Ti, Mg, Zr	$1\times\{10\bar{1}0\}$	$3\times\langle\overline{11}20\rangle$	3
Ti, Mg	$2\times\{10\bar{1}1\}$	$3\times\langle\overline{11}20\rangle$	6

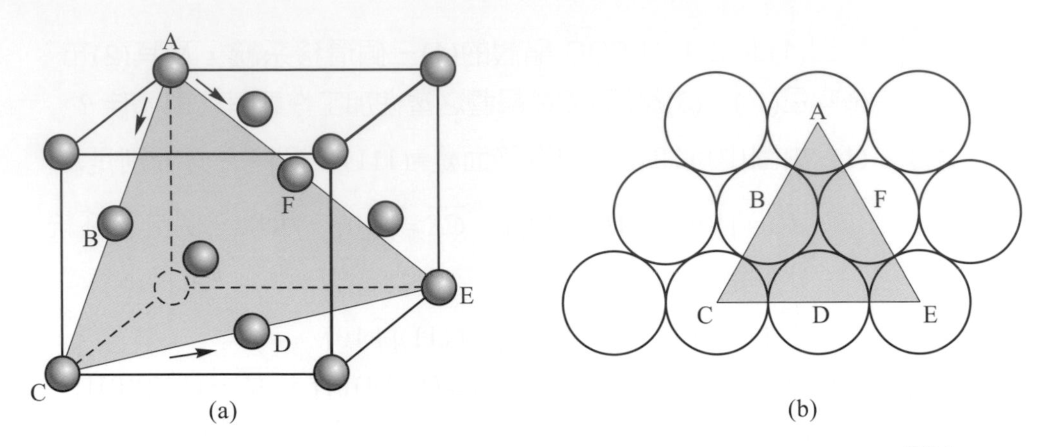

▲圖 2.4 (a)FCC 晶體的三個滑移系統、(b)最密堆積面上的滑移系統[R&M]

同理 BCC 晶體{110}<$\bar{1}$11>的滑移系統也共有 12 個。但 BCC 金屬晶體其最密堆積方向<$\bar{1}$11>雖是空間中最密的堆積方向，但其最密堆積面{110}並非空間中最密的堆積平面，以致包含最密堆積方向<$\bar{1}$11>的平面，如{211}、{321}等也容易被激發成爲滑移平面。

HCP 金屬晶體之{0001}及<$\bar{1}\bar{1}$20>滑動系統雖然是空間中最密堆積面與方向之組合，但由於 c/a(c = 柱面邊長、a = 基面邊長)之比值並非固定的理想值(=1.63)，所以造成最密堆積面的間距隨不同金屬而有差異，進而影響差排滑移阻力，故除{0001}及<$\bar{1}\bar{1}$20>之外，可能有其他晶面與晶向成爲主要滑移平面與滑移方向。

晶體最少需要 5 個以上的獨立滑移系統才能作任意變形。因此若一個金屬可用的滑移系統低於 5 個，則其多晶材料的延展性通常不好。

例如 HCP 金屬 Zn 及 Mg 在室溫下只有{0001}<$\bar{1}\bar{1}$20>三個滑移系統，在變形時，晶界面將容易產生應力集中而破裂，故其延性及加工性甚差；而 FCC 及 BCC 之滑移系統遠超過 5 個，可作任意變形，故其延性及加工性較好。尤其是 FCC 晶體的 12 個滑移系統均是空間中最理想的滑移系統，所以 FCC 金屬之塑性加工性特別好。

2.1.4 塑性變形機構二：雙晶變形(twin deformation)

除了藉由差排的滑移造成晶體變形外，尚有另一種塑性變形機構，即藉由**機械雙晶(mechanical twin)**或稱**變形雙晶(deformation twin)**的形成而得到變形效果。在受力下，藉由原子的規則移動可以形成雙晶，如圖 1.26 所示，圖中虛圓圈及相對應的圓圈分別代表形成雙晶時移動前及移動後的位置，可看出原子移動的距離與離雙晶界面的距離成正比關係。

當晶體降伏於剪應力的作用，會發生滑移變形及(或)雙晶變形，這兩種變形具有不同的特徵，如圖 2.5 所示：

1. 差排滑移變形時，相鄰滑移面原子的滑移距離爲原子間距的倍數。而雙晶變形之滑移距離小於一個原子間距。(差排每次滑移一個布格向量$\vec{b}$，但雙晶每次滑移小於$\vec{b}$)
2. 差排滑移變形後，滑移面的原子排列位置與滑移前相同，如圖 2.5(a)所示。但雙晶變形後，滑移面的原子排列位置與滑移前不同，且成鏡像對稱，如圖 2.5(b)所示。

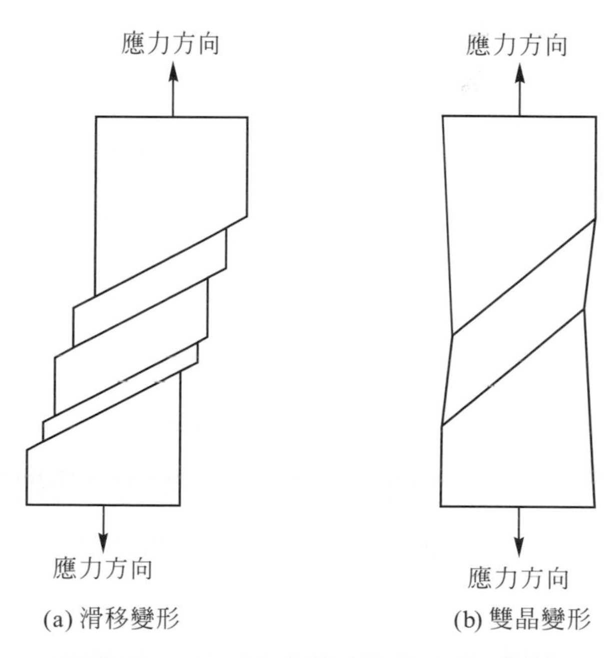

▲圖 2.5 材料塑性變形機構示意圖[R&M]

雙晶變形機構通常是在差排難以滑移的情況下被激發出來。另外，須注意的是金屬高於再結晶溫度之變形，並不以上述的兩種變形機構進行變形，而常以**擴散潛變(diffusion creep)**或**晶界剪滑移(grain-boundary sliding)**兩種變形機構進行變形。

2.2 材料之強化

材料強化即意謂塑性變形時晶體對差排滑移或雙晶變形有較大的阻擋力，爲了簡化說明，本節將僅以差排滑移來說明強化機構。

材料之強化是因差排在晶體內的不易滑移所造成的。而**“強化”(strengthening)**與**“硬化”(hardening)**往往是互通的兩個名詞，此兩名詞常通用而不加以區分。

金屬材料強化的方法有很多種，包括**固溶強化(solution)**、**細晶強化(fine grain size)**、**應變強化(strain)**、**散布強化(dispersion)**、**共晶強化(eutectic strengthening)**、**析出強化(precipitation)**、**麻田散鐵強化(martensite)**、**織構強化(texture)**、及**複合(composite)**強化等等。

上述的固溶強化與細晶強化已分別在 1.3.1 與 1.3.3 節介紹過，麻田散鐵強化將於 3.33 節介紹，而織構強化具有方向性，是因微結構方向排列差異所造成(如圖 5.13(a))，於此都不多贅述。

2.2.1 應變強化(strain strengthening)

應變強化也稱加工強化(work)，可定義爲冷加工時(低於再結晶溫度-5.9 節)，隨加工程度的增加，材料會漸漸強化的現象。

加工強化可藉圖 2.6(a)之拉伸曲線來了解，金屬在 a 點開始發生塑性變形，此時降伏強度爲(σ_a)，若繼續變形到 b 點除去負荷後，再重新加負荷，金屬將在 b 點才會開始發生塑性變形，此時降伏強度爲(σ_b)，很明顯的 $\sigma_b > \sigma_a$，也就是金屬經冷加工(ε_b)後，發生強化現象。

圖 2.6(b)表示鋁合金在冷加工時機械性質之變化曲線，隨冷加工程度的增加，降伏強度及抗拉強度皆會隨之增加，然而延性逐漸減少，並趨近於零，若再進一步冷加工，則會斷裂。因此，對於一種材料，其冷加工的程度有一極限。

圖 2.6 中橫座標是冷加工量(%CW)，其定義如下：

$$CW(\%)=\frac{A_0-A_f}{A_0}\times 100\% \tag{2.6}$$

其中 A_0 與 A_f 分別是材料變形前後的橫截面面積。

由於板材之冷(輥軋)加工過程之寬度(w_0)受摩擦力限制，並未因加工量的增加而加寬，所以冷(輥軋)加工之加工量 CW(%)也可表示爲板材變形之厚度減少量，即：

$$CW(\%)=\frac{t_0-t_d}{t_0}\times 100\% \tag{2.7}$$

其中 t_0 是材料未受輥軋變形時的厚度，t_d 則爲輥軋變形後的厚度。

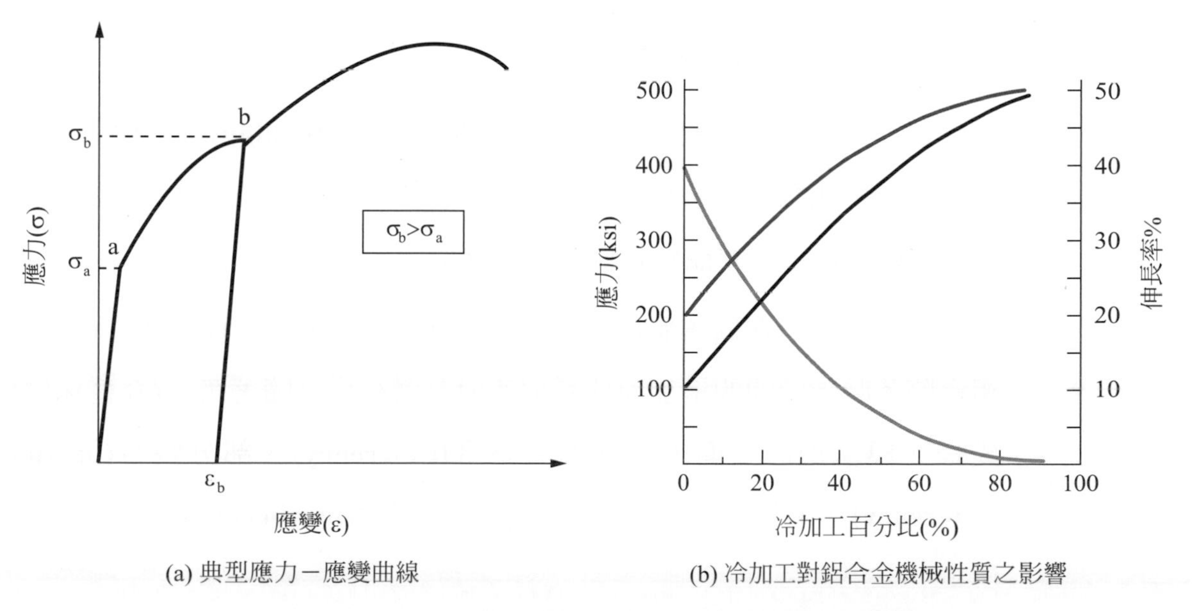

(a) 典型應力－應變曲線　(b) 冷加工對鋁合金機械性質之影響

▲圖 2.6　低於在結晶溫度之多晶金屬之拉伸曲線[R&M]

微觀上，降伏強度就是讓差排滑移所需的最小應力，當金屬受到冷加工時，晶體內的差排、與雙晶及其他缺陷(例如空孔)將增加，而這些差排與差排間或差排與缺陷間將發生相互作用，使差排越來越不容易滑動，此時須增加外力才能使晶體繼續發生塑性變形，因而造成金屬的加工強化。

2.2.2 析出強化(precipitation strengthening)

析出強化也稱為**時效強化(ageing streng thening)**，它是利用熱處理使過飽和的溶質原子在軟的**基地(matrix)**內，產生一種均勻分布的微細且硬脆的第二(介穩)相析出物，來達到強化材料之方法，這些析出物與基地間的界面會形成**整合或部分整合(coherency or partial coherency)**。

利用析出強化，有些材料的強度可提高五至六倍，因而析出強化是十分重要的強化機構，是很多實用結構材料主要的強化機制之一。它們包括鋁合金、鈦合金、鎂合金、超合金、麻時效鋼、銅鈹合金及一些不鏽鋼等。

1. 析出強化與散布強化之區別

由於析出強化與**散布強化(dispersion strengthening)**皆是使微細且硬脆的第二相粒子分布在晶體(軟質)基地內來達到強化效果，故須先分辨兩者的不同點，才能對它們的強化機構作深入的瞭解。

析出強化是在固溶體中析出微細的第二(介穩)相，而此第二(介穩)相會隨著時效時間的增加而成長與改變晶體結構，隨著第二(介穩)相的成長，與基地的界面依序會形成**整合(coherency)**、**部分整合(partial coherency)**、**半整合(semi-coherency)**或**非整合(incoherency)**，如圖 2.7 所示。

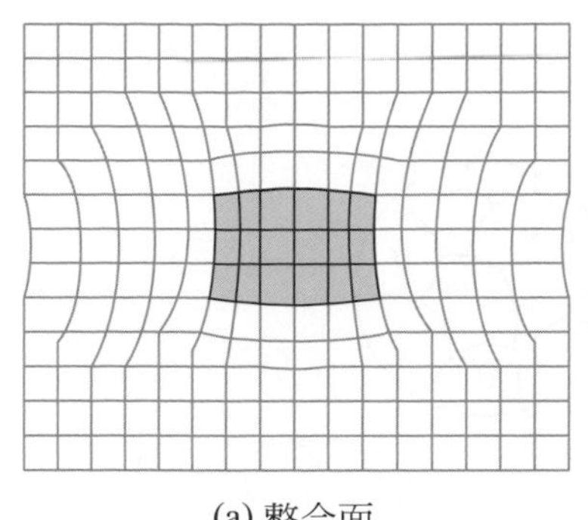

(a) 整合面

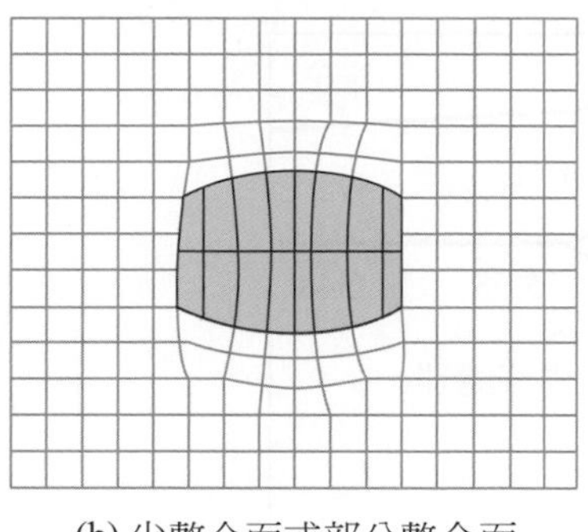

(b) 半整合面或部分整合面

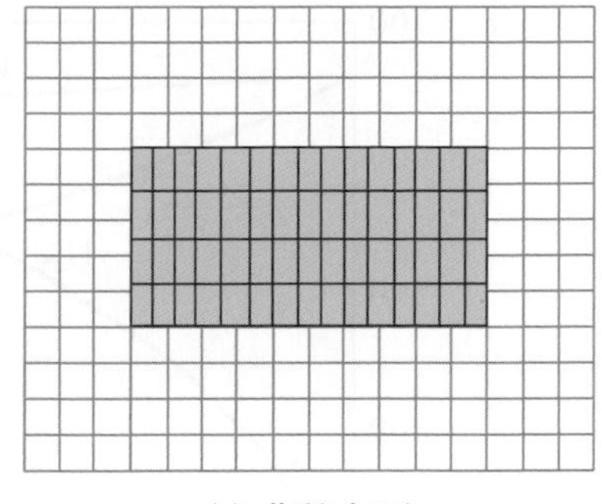

(c) 非整合面

▲圖 2.7 析出相與基地之界面的關係[R&M]

而散布強化是一種廣義的用語，它亦指第二相所造成的強化現象，但此第二相爲安定相，且與基地間並沒有整合性存在，如圖 2.7(c)所示即第二相非整合存在於基地上，例如在碳鋼的回火麻田散鐵中，球狀碳化物(Fe_3C)存在於肥粒鐵基地中，便是一例。

2. Al-Cu 合金之析出強化熱處理(precipitation strengthening treatment)

Al-Cu 合金是最早被發現具有時效強化之合金，時效過程中，與基地界面整合的析出物；GP 帶(GP zone，即 GP[1])首先在銅過飽和的鋁基地中析出，隨著時效時間的增加，GP [1]晶體結構會改變與成長，其變化依序爲：GP[1](整合)→θ"(部分整合或半整合)→θ '(部分整合或半整合)→θ(非整合)，其中的 GP[1]、θ '、θ"等析出相爲介穩過渡相，θ相爲平衡相，這些析出相之晶體構造並不同，但組成均爲 $CuAl_2$。

(1) **析出強化熱處理步驟(steps of precipitation strengthening treatment)**

析出強化熱處理的基本的過程包含下列三步驟：**固溶處理(solution treatment)**→**低溫淬火(quenching)**→時效處理或稱**析出處理(aging or precipitation treatment)**。如圖 2.8 所示。

固溶處理是將材料升溫到固溶線以上之單相區一段時間，使介入析出強化之合金元素，全部溶於基地中而成爲單一固溶體；低溫淬火則將此單一固溶體淬火到固溶線以下溫度，使呈**過飽和固溶體(super saturation solid solution)**；時效處理則再將此過飽和固溶體置於適當溫度與時間，使其逐漸析出第二(介穩)相而造成性質之變化。

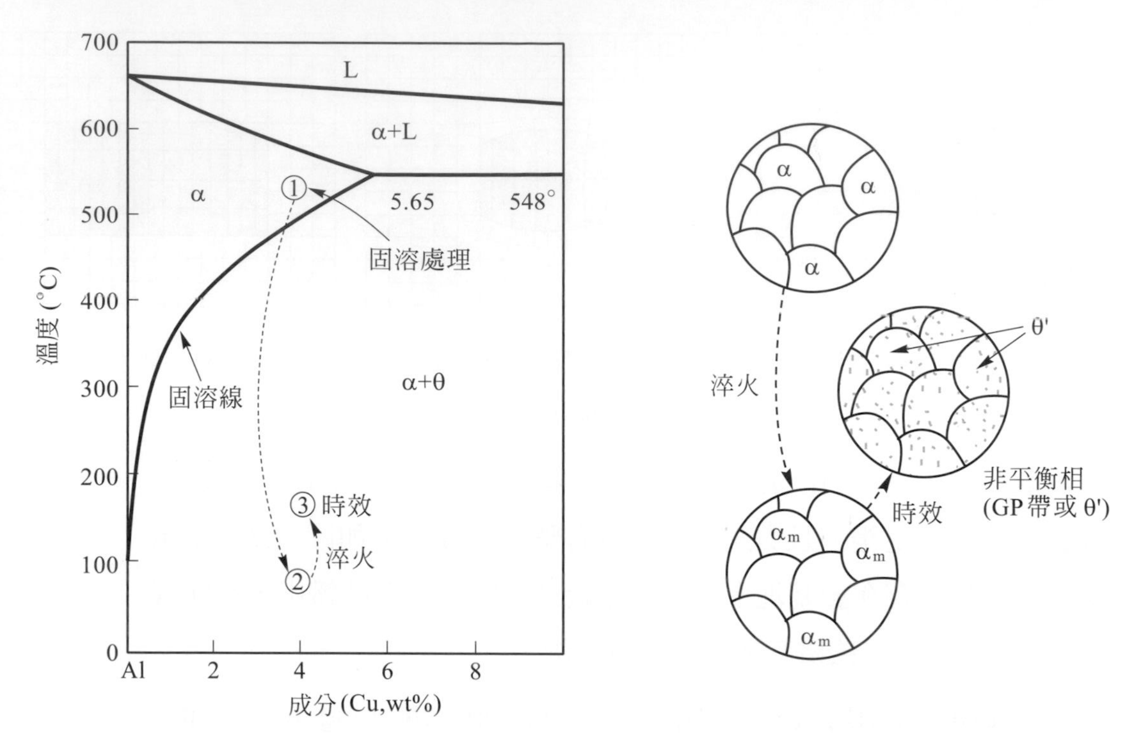

▲圖 2.8　Al-Cu 二元相平衡圖及時效處理之程序所得微結構示意圖[R&M]

上述的析出強化熱處理可以圖 2.8 簡單表示，在圖中之鋁銅合金，銅含量約為 4.5 wt%。它首先在 α 單相區 1，而後淬火於的 α + θ兩相區 2，並在 3 作時效處理。

時效處理又分為**自然時效(natural aging，NA)**與**人工時效(artificial aging，AA)**兩種，自然時效是在室溫下進行，而人工時效則在高於室溫下來處理。

(2)　時效曲線

圖 2.9 顯示 Al-(2~4.5)% Cu 合金在 130℃之時效曲線，圖中也標示出析出物之種類，由圖中可知，當析出時間增加時，析出物愈粗大且與基地整合性愈低(如θ "或θ)，其強度就愈低。當強度超過**頂時效(peak-aging)**之強度時，就發生**過時效(over-aging)**的現象，合金之強度隨時效時間的增加而逐漸降低。

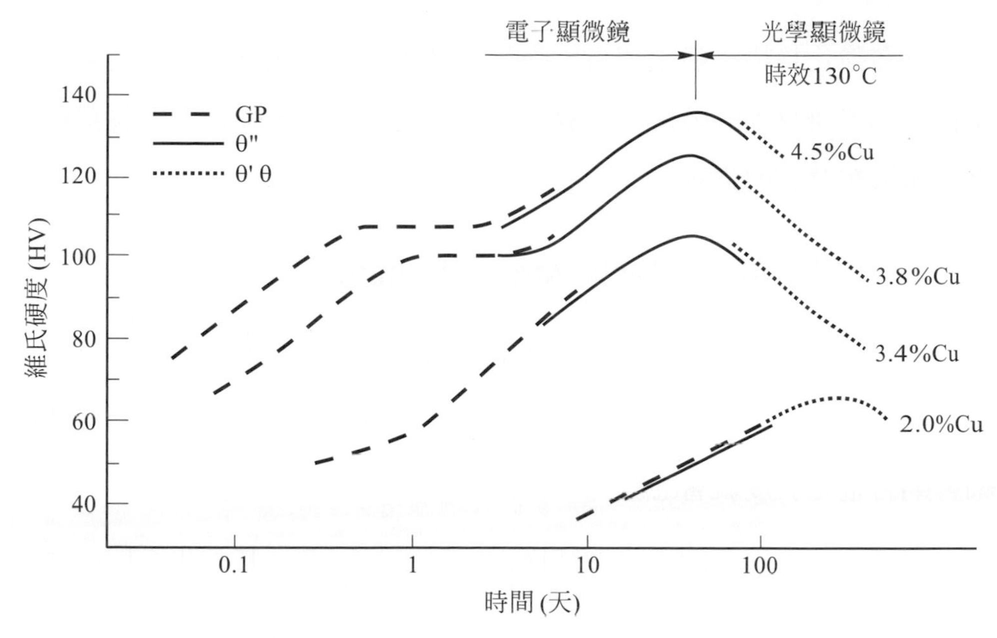

▲圖 2.9　Al-Cu 合金在 130℃之時效曲線[R&M]

通常時效溫度愈高，原子擴散速率愈快，將促進析出速率，以致其硬化速率較低溫快，但是由於高溫之析出成核數較少，將造成析出物分布較粗疏，其頂時效硬度反而較低溫時效爲低。

而 Cu 含量愈多，過飽和度愈大，析出**驅動力(driving force)**也就愈大，對析出速率，成核數目及析出體積而言，皆有提高的作用，且頂時效硬度也愈大。

2.2.3　散布強化(dispersion strengthening)

散布強化與析出強化相同，都是由第二相造成基地強化的現象，但散布強化中的第二相(也就是散布相)是安定相，且與基地間的界面爲不具有整合性。

常見的散布強化例子很多，如前述所提及的碳鋼中的球狀碳化物(Fe_3C)存在於肥粒鐵中，又如金屬基地中均勻分布的氧化物或陶瓷顆粒等複合材料等。例如，在鎢絲中加入細顆粒，可大大的提高鎢絲的抗高溫潛變能力。

散布強化機構一般是與析出強化機構所描述的相同，也就是第二相顆粒作爲差排移動的障礙物，故在此種情況下，析出強化之理論都可用來描述散布強化的過程。

2.2.4 共晶強化(eutectic strengthening)

大部分的共晶微結構具有**層狀(lamellar)**結構，共晶的數量、尺寸和分布對強度均有影響。若共晶數量愈高、板層間距愈低、共晶的晶粒愈細，則合金之強度就會愈強。

同樣的，大部分的共析微結構也具有層狀結構，其強化原理與共晶強化相似。

例 2.2 為何(1)合金之晶粒愈細，其強度愈高？(2)圖 1.24 的黃銅(Cu-30Zn)合金常溫拉伸試驗中，顯示不同應變量(2%、4%、8%)下的變形應力與晶粒直徑(d)的關係，試說明圖中黃銅之『強化機制』。

解 (1) 低於再結晶溫度時，晶界之強度較晶粒內部高，所以晶粒愈細，則晶體之界面缺陷愈多，材料塑性變形時，差排受到界面的阻力就愈大，造成細晶強化效果。

(2) 黃銅之強化是結合細晶強化與應變強化兩種機制達成。

2.2.5 複合材料強化(composite strengthening)

所謂複合強化是指將各單獨材料相互結合成複合材料，而使材料的強度增加，依據此種定義，複合材料的強化便可視爲是由於第二相(或更多相)的加入到基地相中所引致材料強化的一種現象。但一般所謂的複合強化僅限於“複合材料的平均性質，可由每個相的個別性質來決定”的範疇內。

所以如前所述的散布強化或析出強化並不能視為複合強化的一種，在散布強化或析出強化中，第二相顆粒通常較小且數量少，其直徑一般是在 10～100 nm 之間，當材料受荷重時，基地承受較大部分的負荷，第二相則是作為阻礙差排移動之用。

在複合強化中，散布相一般都較為粗大且數量多，例如切削用刀具的 WC-Co 複合材料。其特性是由硬脆的第二相(WC)提供硬度，由較軟的金屬基地(鈷 Co)提供韌性，這些特性的決定無法由原子或分子的層次來說明，而須用**混合法則(rule of mixing)**來解釋。

2.3 材料性質的表示法

由於材料工程或熱處理涉及到很多實作，量測材料機械性質或其他材料特性時，所得到的數值總會有某些分散性，並非一固定值，所以將介紹材料性質的表示法作為這一章的結尾。

2.3.1 量測數據變異性的表示法(variability of material properties)

在顯示材料性質時，通常利用平均值來表現(需注意有效數不能大於測量值)，而分散性的大小則以**標準差 S (standard deviation)**來表現。在數學中，表示某一數的平均 ($\overline{y}$) 及標準差 (s)可由(式 2.8)求得。

$$\overline{y} = \frac{\sum_{i=1}^{n} y_i}{n} \tag{2.8a}$$

$$s = \left[\frac{\sum_{i=1}^{n} (y_i - \overline{y})^2}{n-1} \right]^{1/2} \tag{2.8b}$$

其中 n 是量測的次數，y_i 是量測值。

例 2.3 若量尺之最小刻度為 0.1 公分，當測量一個盒子的長度與寬度時，長度恰巧與量尺的 14 公分對齊，而寬度恰巧與量尺的 11.3/11.4 公分之中間對齊，分別寫出盒子之長度與寬度。

解 由於量尺最小刻度爲 0.1 公分，因此讀數可以到 0.01 公分。

∴(1)長度 $= 14.00$ 公分；(2)寬度 $= 11.35$ 公分

例 2.4 四根拉伸試棒經拉伸試驗，測得其拉伸強度 (UTS)分別為 620 MPa、612 MPa、615 MPa 及 622 MPa，試計算 (1)平均拉伸強度 (UTS)；(2)標準差 (S)；(3)拉伸強度的表示法，及 (4)此拉伸機之最小刻度是多少？

解 利用(式 2.8)：

(1) $UTS = (620 + 612 + 615 + 622) / 4 = 617.25$，

取有效數，則 $UTS = 617\ \text{MPa}$

(2) $S = \{(620-617)^2 + (612-617)^2 + (615-617)^2 +$

$(622-617)^2\}^{1/2} / (4-1) = 2.65\ \text{MPa}$，

取有效數，則 $S = 3\ \text{MPa}$

(3) 拉伸強度的表示法：617(3)MPa

(4) 10 MPa

2.3.2 設計因子與安全因子 (design and safety factors)

若預估材料在使用時，所須承受的最大應力值爲 σ_C，則在設計上，其設計應力 σ_d **(design stress)**須大於 σ_C，即設計因子 N_d **(design factor)** 須大於 1，表示如下：

$$\sigma_d = N_d \sigma_C \tag{2.9a}$$

另一方面，也可以利用**安全應力或工作應力** σ_s **(safe stress 或 working stress)**來取代設計應力，安全應力的定義如下：

$$\sigma_s = \frac{\sigma_y}{N_s} \tag{2.9b}$$

其中 σ_y 是材料的降伏強度，N_s 是**安全因子 (safety factor)**，選擇適當的 N_s 是必須的，太大的 N_s 將導致過當的設計，可依經驗、經濟、生命財產的損失等因素來考量選用的標準，一般安全因子是介於 1.2 到 4.0 之間。

2.3.3 延性的表示法

延性 **(ductility)**可以伸長率或斷裂面縮減率來表示。

(1) **伸長率 (elongation-%EL)**：當材料由原長度（l_0：**標距長 (gauge length)**)拉伸到 (l_f) 斷裂，材料的伸長率：

$$\%\mathrm{EL} = \left[\frac{l_f - l_0}{l_0}\right] \times 100\% = \varepsilon_f \times 100\% \tag{2.10}$$

(2) **斷裂面縮減率 (reduction area-%AR)**：斷裂處面積 (A_f) 與原截面積 (A_0) 的差再與 (A_0) 相除求得：

$$\%\mathrm{AR} = \left[\frac{A_0 - A_f}{A_0}\right] \times 100\% \tag{2.11}$$

由圖 2.10 可以發現材料的延性 (%EL)與試片的標距長 (l_0) 有關，標距愈短則延性愈大，這是因為當材料受力大於拉伸強度(UTS)時，塑性變形將被限制在頸縮區所導致的結果。所以在表示材料延性時，需同時指出所選用的標距長才有意義。工程應用上，常選用 50 mm(2 in)作為標距長。

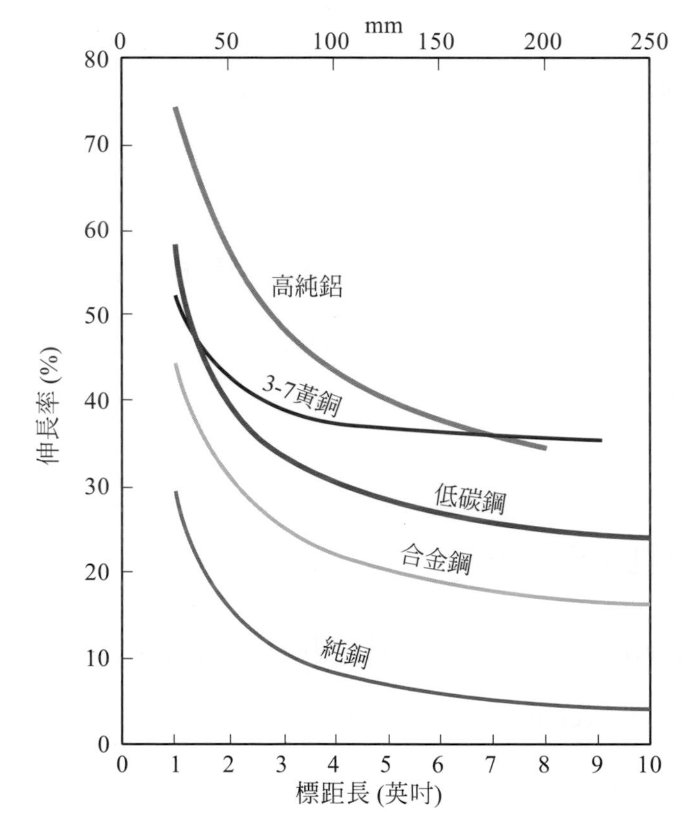

▲圖 2.10　拉伸試驗之伸長量隨標距長而改變[R&M]

例 2.5 試說明材料之伸長率 (%EL)如何受試片標距長 (l_0) 的影響？

解 (1) 材料拉伸到 UTS 時將發生頸縮，則材料之伸長量 $(l_f - l_0)$ 可分成兩部分：$(l_u - l_0)$ = 均勻變形量，$[(l_f - l_u) = \alpha]$ = 頸縮變形量

$$l_f - l_0 = (l_u - l_0) + (l_f - l_u) = (l_u - l_0) + \alpha$$

$$\%EL = \left[\frac{l_f - l_0}{l_0}\right] \times 100\% = \left[\frac{(l_u - l_0) + \alpha}{l_0}\right] \times 100\% = \left[\varepsilon_u + \frac{\alpha}{l_0}\right] \times 100\%$$

(2) 對特定材料，均勻變形伸長率 ε_u 與頸縮 (α) 均是定值，由上式可知：%EL 隨 (α / l_0) 而變化，即 l_0 愈小，則伸長率愈大。

例 2.6 伸長率 (%EL)和斷裂面縮減率 (%AR)間可加以相互轉換否？

解 假設拉伸過程，體積不變。

(1) 若應力小於 UTS 時，此時 (%EL)和 (%AR)間可以相互轉換，其關係為：

$$\%EL = \left[\frac{l_f - l_0}{l_0}\right] \times 100\% = \left[\frac{\%AR}{1 - \%AR}\right]$$

(2) 但若應力大於 UTS 時，將發生頸縮，此時 (%EL)和(%AR)間不存在轉換關係。

[註]：除了第一、二章外，一些基礎材料科學範疇也分散於本書中的各章節中，如 2.4 節的相變化、4.5 節的再結晶退火、5.4 節的合金成形性、6.4.3 節的離相解離等，讀者都可依實際需要選擇閱讀。

習　題

2.1 (1)差排觀念是如何被發現的？(2)差排與晶體之塑性變形有何關係？(3)差排與晶體材料之強化有何關係？

2.2 下列晶體受到塑性變形時，請列出其滑動系統：

(1)面心立方單晶(**FCC single crystal**)

(2)體心立方單晶(**BCC single crystal**)

(3)六方最密堆積單晶(**HCP single crystal**)

(4)鋁爲一面心立方(FCC)晶體，其**晶格參數(lattice parameter)**是 3.2×10^{-10}m，試寫出其**完整差排(perfect dislocation)**之**布格向量(Burgers vector)**之方向與大小。

2.3 列出下列四種晶格的差排之**布格向量(Burgers vector)**：**簡單立方(simple cubic)**、**體心立方(body center cubic)**、**面心立方(face center cubic)**與**六方晶系(hexagonal)**中。

2.4 金屬之塑性變形需藉由差排的滑移與(或)雙晶的形成來完成，試藉由面心立方晶體(FCC)來說明兩者晶格變形前後之區別。

2.5 試列舉影響固溶強化的兩項因素。

2.6 有一鋁合金，共有四根拉伸試棒經拉伸試驗，測得其拉伸強度值(TS)分別爲 620MPa、612 MPa、615 MPa 及 622 MPa，試計算(1)平均拉伸強度(TS)及(2)標準差(S)。

2.7 強度與延性是材料特性：

(1)在表示拉伸試驗所獲得之伸長量數據(即材料之延性)時，需同時將試片之**標距長度(gage-length)**標示出來否？請說明原因？

(2)在表示拉伸試驗所獲得之強度數據時，需同時將試片之截面積標示出來否？請說明原因？

(3)有一中碳鋼，共有四根拉伸試棒經拉伸試驗，測得其拉伸強度值(TS)分別爲 812 MPa、818MPa、820MPa 及 822 MPa，試計算(a)平均拉伸強度(TS)* 及(b)標準差(S)。

補充習題

2.8 鋁爲一面心立方(FCC)晶體，其**晶格參數(lattice parameter)**是 3.2×10^{-10}m，試寫出其**完整差排(perfect dislocation)**之**布格向量(Burgers vector)**之方向與大小。

2.9 爲何表 2.2 中列出 BCC 的 α-Fc 的二組不同滑動系統，並不侷限在最密堆積平面與最密堆積方向組合的滑動系統？

2.10 合金晶體之低溫與高溫之塑性變形機構各是什麼？

2.11 相較於 BCC 晶體或 HCP 晶體，具 FCC 晶體之塑性加工性一般均較佳，試說明其原因。

2.12 爲何差排之**滑動系統(slip system)**一般是發生在晶體中的最密堆積平面與最密堆積方向上？

2.13 如何以差排理論來解釋晶體材料之強化現象？

2.14 析出強化與散布強化有何異同？如何實施析出熱處理？析出強化合金需具備哪些條件？

2.15 請列出：

(1)金屬合金析出強化熱處理製程。

(2)具有析出強化之合金所需具備之特性。

(3)在圖 1.24 的黃銅(Cu-30Zn)常溫拉力試驗中，三個不同應變量

(2%、4%、8%)下的變形應力與晶粒直徑(d)的關係，請說明圖中鈦金屬之『強化機制』。

(4)是什麼原因造成碳鋼之**麻田散鐵(Martensite)**又硬且脆？如何降低其脆性？

2.16 爲何合金之晶粒愈細化，其強度愈高？

2.17 哪些因素會影響析出硬化速率及最高時效硬度？

2.18 略述設計因子與安全因子對材料使用時的意義。

2.19 若量尺之最小刻度爲 0.1 公分，當測量一個盒子的長度與寬度時，長度恰巧與量尺的 14 公分對齊，而寬度恰巧與量尺的 11.3/11.4 公分之中間對齊，分別寫出盒子之長度與寬度。

2.20 洛氏硬度機上之最小刻度爲 0.5，在量測兩個鋼鐵試片之洛氏 C 尺度硬度值(RC)時，若硬度機之指針分別指在(1)RC51 與(2)RC64/R64.5 之中間時，分別寫出其硬度值。

3

鋼鐵熱處理原理

3.1 Fe-C 合金相圖

3.2 凝固相變化

3.3 鋼鐵合金之相變化

3.4 鋼鐵之 TTT 圖與 CCT 圖

3.5 鐵碳合金相變化與機械性質的彙整

習題

由於鋼鐵相變化與其熱處理是金屬熱處理的基礎，所以本章將先介紹 Fe-Fe_3C 二元相圖，再探討共析鋼的相變化，並討論鋼鐵之**恆溫相變化曲線(isothermal transformation curve, 簡稱 IT 或 TTT)**與**連續冷卻曲線(continuous cooling curve, 簡稱 CCT)**等。

雖然熱處理的**相變化(phase transformation)**常常是非平衡的，且比相平衡圖多考慮一個時間因素，但對相圖充分地瞭解將有益於預測熱處理後可能獲得的微結構。

3.1 Fe-C 合金相圖

鋼鐵是使用最多的一種金屬材料，而鋼鐵中最重要的合金元素是碳，因此須對 Fe-C 與 Fe-Fe_3C 二元相圖有所了解外，也須知道其平衡冷卻時之微結構變化，才能對鋼鐵材料做較深入探討。

3.1.1 Fe-Fe_3C 二元相圖(Fe-Fe_3C phase diagram)

圖 3.1 爲 Fe-Fe_3C(雪明碳鐵)二元相圖，爲 Fe-C(石墨)二元相圖的一部分(參考圖 7.20)。Fe-Fe_3C 相圖是鋼鐵材料中最基本的相圖，其中的共析反應(圖中 H 點)對於鋼鐵材料相變化提供顯微結構變化的依據。共析鋼(0.76wt%C)由 FCC 的沃斯田鐵相(γFe) 經『共析反應』相變化成 BCC 的肥粒鐵(αFe)與金屬間化合物的雪明碳鐵(Fe_3C)，共析鋼的平衡顯微結構爲一層狀結構，稱爲**波來鐵(pearlite)**。

嚴格來講，雪明碳鐵僅是一介穩相。也就是說在 $Fe\text{-}Fe_3C$ 所顯示的 Fe_3C 並非一眞正的安定相，因爲在高溫下(如 700℃)，Fe_3C 經數年後將會慢慢分解成αFe(肥粒鐵)與 C(石墨)。但因 Fe_3C 之分解速度相當緩慢，幾乎所有鋼鐵材料中的碳元素均以 Fe_3C 存在，而不是以石墨存在。因此圖 3.1 的 $Fe\text{-}Fe_3C$ 二元相圖爲一實用之相圖，圖中各點線的意義說明如下：

A　純鐵熔點，1538℃。

BC　包晶線，於包晶點(0.17wt%C，1493℃)發生包晶反應。

$$L(0.54\%C) + \delta Fe(0.09\%C) \rightleftarrows \gamma Fe(0.17\%C) \quad (3.1)$$

D　純鐵之同素異型相變化點(1394℃)，δFe ⇄ γFe。也稱爲 A_4 變態點。

E　Fe(沃斯田鐵)在共晶溫度(1147℃)處之碳的飽和度(2.14%C)。

F　共晶點(4.30%C，1147℃)發生共晶反應。

$$L(4.30\%C) \rightleftarrows \gamma Fe(2.14\%C) + Fe_3C(6.67\%C) \quad (3.2)$$

G　純鐵之同素異形相變化點(912℃)，γFe ⇄ αFe。也稱爲 A_3 變態點。

GH　αFe 初析線(A_3 變態線)

H　共析點(0.76%C，727℃)發生共析反應。

$$\gamma Fe(0.76\%C) \rightleftarrows \alpha Fe(0.022\%C) + Fe_3C(6.67\%C) \quad (3.3)$$

PH　共析變態溫度(A_1 變態線)

EH　Fe_3C 初析線，稱爲 A_{cm} 變態線，就是溫度低於 EH 曲線時於γFe 內會析出 Fe_3C。

* Fe_3C(雪明碳鐵)、與αFe(肥粒鐵)之磁性變態溫度分別稱爲 A_0(210℃)、與 A_2(760℃)

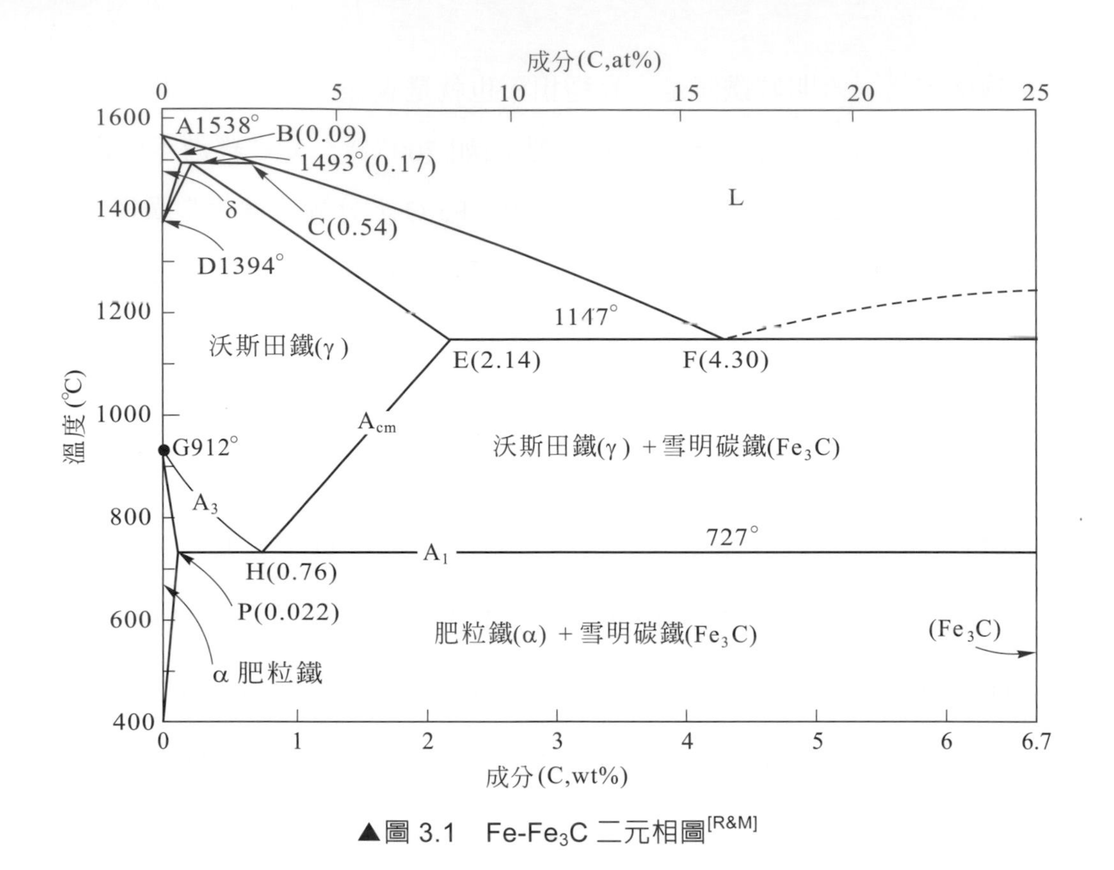

▲圖 3.1　Fe-Fe_3C 二元相圖[R&M]

由圖 3.1 之 Fe-Fe_3C 二元相圖中，可以發現固態純鐵受熱或冷卻過程中，於 D 點(1394℃)與 G 點(912℃)發生**同素異形相變化(allotropic phase transformation)** (請參考圖 1.11)。由於 δFe 與αFe 除了存在的溫度範圍不同外，其結構與性質幾乎完全相同，所以在一大氣壓下，純鐵因溫度的變化，會有四種相的改變(氣相、液相、及兩個固相)。

3.1.2　鐵碳合金平衡冷卻微結構(equilibrium cooling of Fe-C alloys)

Fe-C 合金由沃斯田鐵(γ相區冷卻到低溫時，所產生的相變化類似於共晶系統，例如圖 3.2 中的共析合金(Fe-0.76%C)，由γ相區(圖中 A 點)冷卻，在共析溫度(727℃)前沒有產生任何相變化，當溫度到達或低於共析點 B 時，γ相發生共析相變化(式 3.3)。

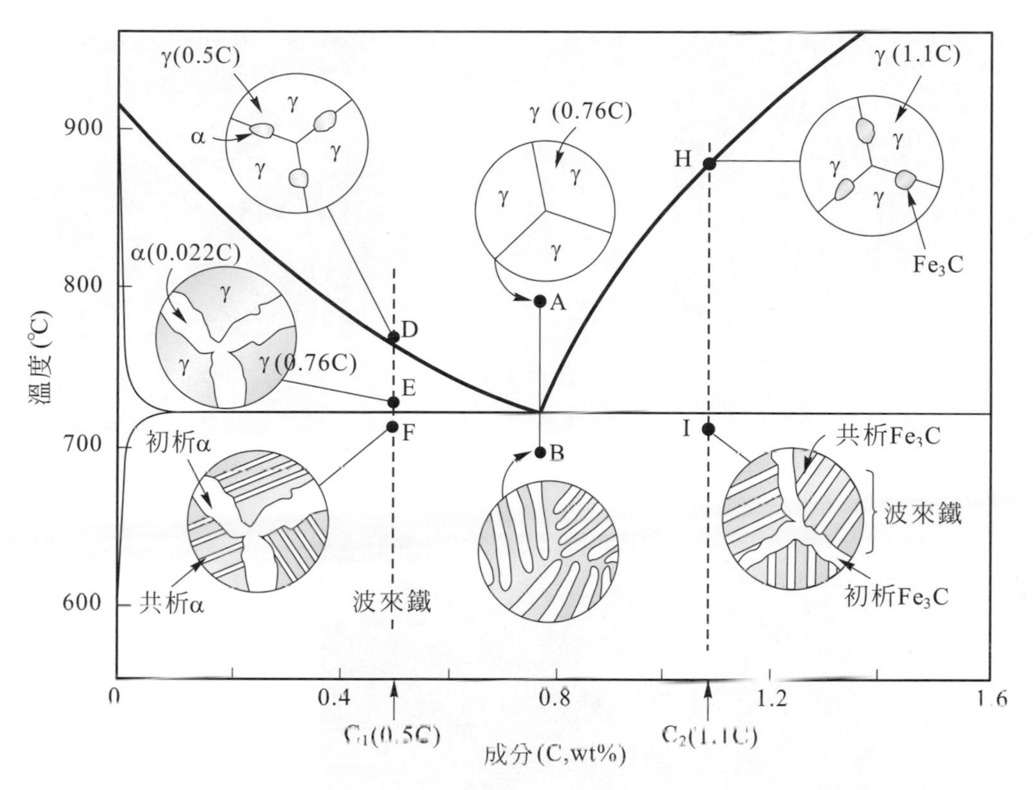

▲圖 3.2　局部 Fe-Fe_3C 相圖顯示不同溫度下之平衡微結構[R&M]

1. **共析鋼平衡冷卻與波來鐵**(equilibrium cooling of eutectoid steel and pearlite)

共析鋼(eutectoid steel，成分 0.76% C)平衡冷卻通過共析溫度所產生的微結構為交錯的肥粒鐵(αFe-白色)與雪明碳鐵(Fe_3C-暗黑色)之層狀組織，如圖 3.3(a)所示，由槓桿法則可知，αFe 與 Fe_3C 的重量比約為 8：1，由於 αFe 與 Fe_3C 之密度相近，所以此一層狀組織厚度大約也是 8：1，圖 3.3(a)所示的微結構，由於其外觀與**珍珠(pearl)**殼的紋路非常相似所以稱為**波來鐵(pearlite)**。

波來鐵中αFe 和 Fe_3C 交錯形成層狀組織的原因與共晶結構非常相似(圖 1.42)。由於共析相變化時，合金中碳原子需重新分布，碳原子由 0.022%的αFe 區域擴散到 6.67 wt%的 Fe_3C 層區域。波來鐵的形成原因是由於此種層狀組織可以減少碳原子的擴散距離所致(詳如 3.3.2 節)。

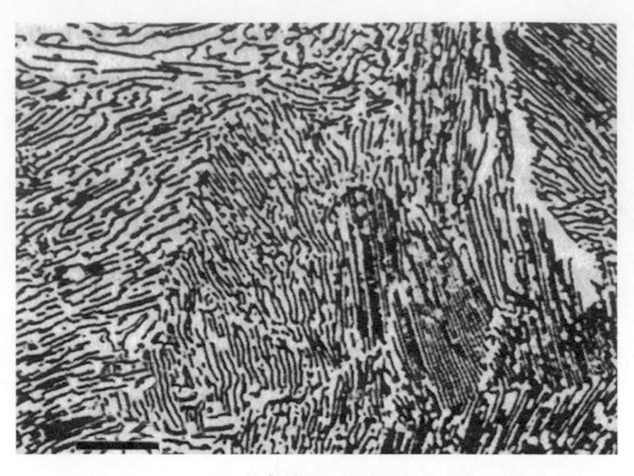

(a) 共析鋼(0.75wt%)

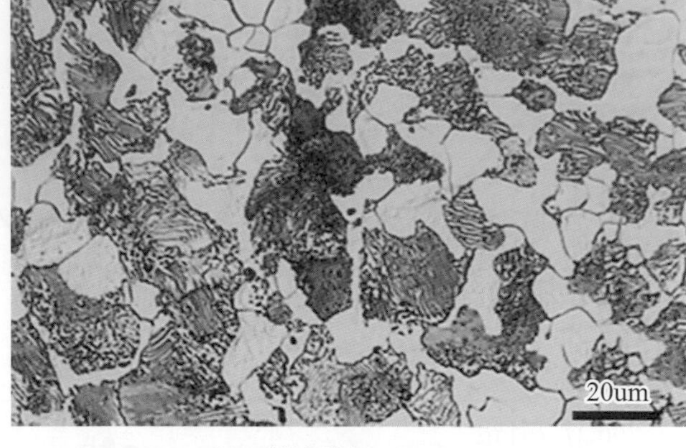

(b) 亞共析鋼(0.45wt%C)

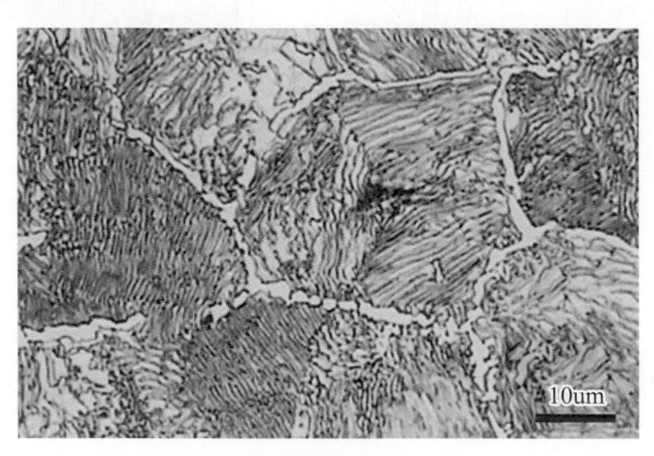

(c) 過共析鋼(1.4wt%C)

▲圖 3.3 碳鋼之微結構圖，(a)共析鋼顯示波來鐵為交錯層狀的肥粒鐵(白色)與 Fe_3C 雪明碳鐵(暗黑色)，(b)亞共析鋼呈現白色塊狀的初析 α 相與層狀的波來鐵，(c)過共析鋼呈現白色網狀初析 Fe_3C 與層狀的波來鐵[CHIU]

另外當層狀物方向相同時，形成一個波來鐵的晶粒，稱爲**群集(colony)**，由一個群集到另一個群集其層狀物方位會變化。波來鐵微結構中，由於 Fe_3C 較薄，因此相鄰界面不易分辨，在此種倍率下的 Fe_3C 便會於微結構中顯出暗黑色，而αFe 則爲明亮層。

例 3.1 稍低於共析溫度時，共析鋼(Fe-0.76C)之微結構中，試求肥粒鐵(αFe)與雪明碳鐵(Fe_3C)之重量百分比。

解 由 Fe-Fe_3C 相圖(圖 3.1)與槓桿法則，可知；

%肥粒鐵＝(6.67 – 0.76)/(6.67 – 0.022)×100%＝89%

%雪明碳鐵＝(0.76 – 0.022)/(6.67 – 0.022)×100%＝11%

2. **亞共析鋼平衡冷卻**(equilibrium cooling of hypo-eutectoid steel)

現在考慮圖 3.2 共析點左邊(亞共析鋼)介於 0.022 和 0.76% C 之間的 C_1 成分，當合金由γ相區冷卻到 A_3 溫度(D 點)時，α相開始在γ相的晶界析出，此時的α相稱爲**初析肥粒鐵(proeutectic ferrite)**，且α相的含量隨著溫度的下降而漸漸增加。在兩相區(α+γ)內，α相與γ相的含碳含量可由適當的結線來決定。

當亞共析鋼 C_1 剛好冷卻到共析溫度上方的 E 點時，此時藉由通過 E 點的結線，可以得知α相與γ相的碳含量分別爲 0.022 與 0.76%。當溫度下降到剛好低於共析溫度的 F 點時，所有在 E 點形成的γ相，將依據(式 3.3)發生共析反應轉換成波來鐵。此時合金中的α相將以在波來鐵中的共**析肥粒鐵(eutectoid ferrite)**與初析肥粒鐵兩種方式存在。

圖 3.3(b)是 Fe-0.45%C 合金之微結構圖，較白色亮區爲初析肥粒鐵，而層狀組織則爲波來鐵。許多波來鐵顯示出黑色是因爲放大倍率不足以解析層狀α相與 Fe_3C 之故(粗大 Fe_3C 可參考圖 3.10)。

3. **過共析鋼平衡冷卻**(equilibrium cooling of hyper-eutectoid steel)

最後考慮共析點右邊成分的 C_2(圖 3.2)合金，即介於 0.76%C 和 6.67%C 間之過共析鋼。當 C_2 合金由圖中γ相區冷卻到 A_{cm} 溫度(H 點)時，Fe_3C 開始在相區的晶界析出，此時的 Fe_3C 稱爲**初析雪明碳鐵(pro-eutectoid Fe_3C)**，且 Fe_3C 的含量隨著溫度下降而漸增。

由相圖可知，當溫度下降時，Fe_3C 的成分保持不變(6.67%C)，但是 γ相的成分則會沿著 A_{cm} 的曲線而變化。當溫度冷卻到剛好通過共析溫度的 I 點時，所剩下的γ相將轉換成波來鐵。圖 3.3(c)為 Fe-1.4%C 合金之微結構圖，值得留意的是初析雪明碳鐵呈白色網狀。這是由於其厚度較大，所以其界面可以在顯微鏡下充分解析之故。

例 3.2 在一 Fe-Fe_3C 二元合金中，室溫下其微結構中含有 30wt%Fe_3C 與 70wt%αFe，(1)求此合金之碳含量，(2)它是屬於亞共析鋼還是過共析鋼？(3)初析相之 wt%？

解 由 Fe-Fe_3C 相圖與槓桿法則，並設此合金含(C_0)碳，且室溫下之 α Fe 幾乎不含碳，則

(1&2) $\dfrac{W_{Fe_3C}}{W_a} = \dfrac{C_0 - 0}{6.67 - C_0} = \dfrac{30}{70}$，解得 C_0=2.0wt%C，所以此合金是過共析鋼。

(3)其初析相為 Fe_3C，設為 ywt%Fe_3C，則

%初析 Fe_3C＝(2.0 – 0.76)/(6.67 – 0.76)×100%＝21%

%波來鐵＝ (6.67 – 2.0) /(6.67 – 0.76)×100%＝79%

3.1.3 合金元素對 Fe-Fe_3C 相圖之影響(alloy effect on Fe-Fe_3C phase diagram)

合金元素的添加會使 Fe-Fe_3C 二元合金相圖產生十分戲劇性的改變，圖 3.4 是 Fe-Fe_3C 二元相圖中的共析溫度(727℃)與共析組成(0.76%C)受合金元素影響的圖示。

由圖 3.4 中可以發現，由於合金元素的添加將改變共析點的位置，也會改變鋼鐵材料中各個組成相的相對分率。例如，當增加 Cr 時，對 Fe-Fe_3C 二元相圖之γ相區將造成限縮的現象，如圖 3.5(a)與後面圖 7.1 所示，由圖 3.4 也可預期 Ti、Mo 等元素限縮γ相區的效應將大於 Cr。

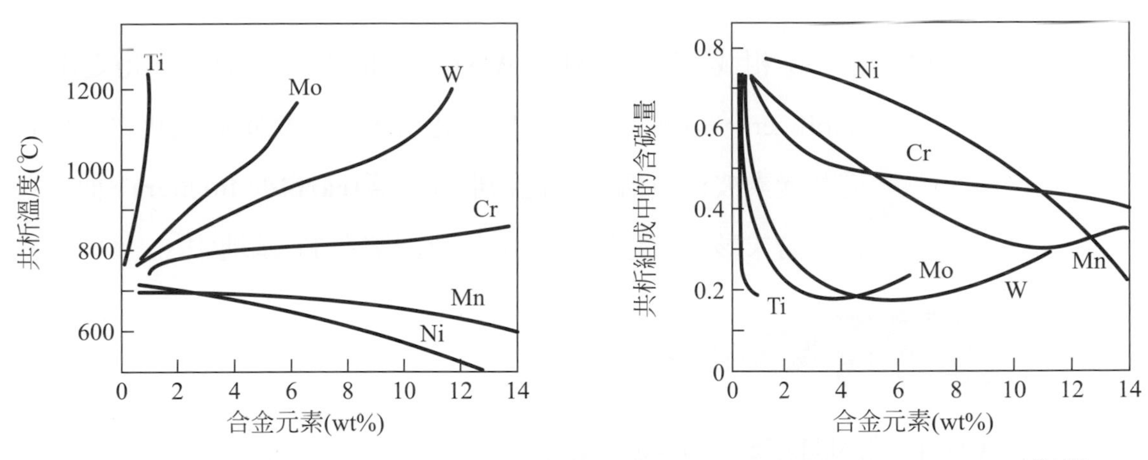

▲圖 3.4　元素對 Fe-Fe_3C 相圖之(a)共析溫度與(b)共析組成中的含碳量之影響[BAIN]

同樣的，當增加 Mn(與 Ni)的含量時，對 Fe-Fe_3C 二元相圖之γ相區將造成擴張現象(可參考圖 3.5(b)與後面圖 7.2)。因此，當合金元素添加到碳鋼後，將使得鋼鐵材料發展出各式各樣的合金鋼，大大的擴大了鋼鐵材料的用途。

綜合言之，鋼鐵材料中的合金元素大致可以被分爲兩類：

(1) 擴大 γ 相域：如 Mn、Ni、Cu 等，稱爲 **γ 穩定劑(γ-stabilizer)**，這些元素並不會與碳化合，而是固溶在 Fe 基地中。

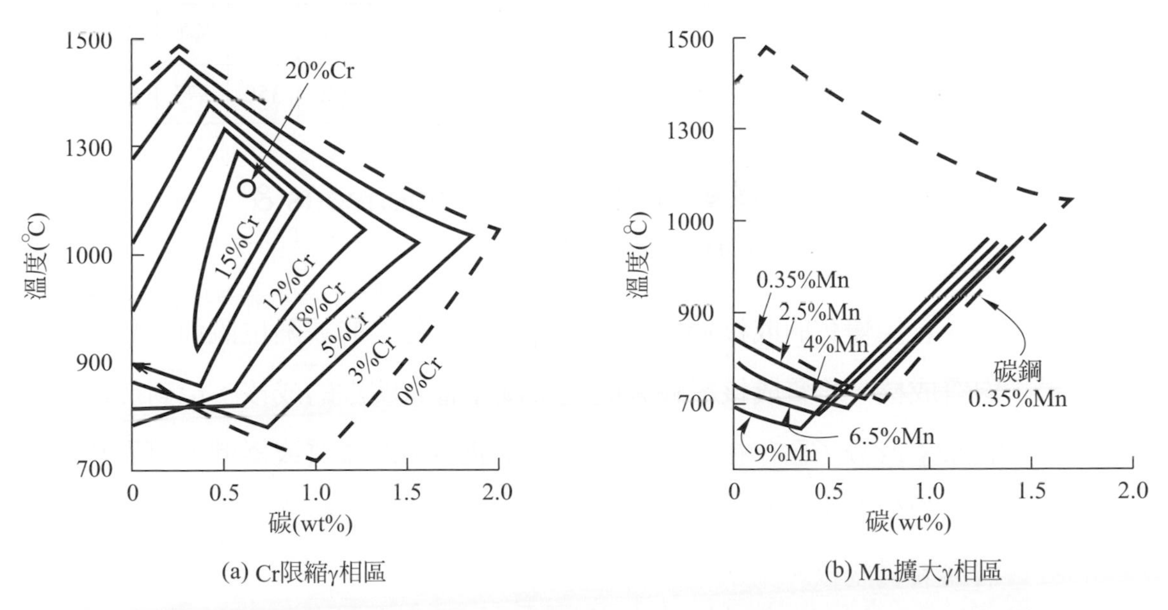

▲圖 3.5　(a)Cr、與(b)Mn 的含量對 Fe-Fe_3C 二元合金 γ 相區之影響[BAIN]

(2) 縮小γ相域：如 Ti、Mo、W、Cr、Nb、V 等，稱爲 α-穩定劑(α-stabilizer)，這些元素容易與碳化合，形成穩定的碳化物，所以這些元素被也被稱爲**碳化物形成元素(carbide former)**。而這些元素若未形成碳化物時，則也會固溶在 Fe 基地中。

3.2 凝固相變化

3.2.1 凝固相變化與過冷度

凝固溫度(T)低於熔點(T_e)時，當溫度(T)愈低，過冷度($\Delta T = T_e - T$)就愈大，液體固化的驅動力就愈大，即凝固的速度愈快。而當溫度非常接近熔點 T_e時，過冷度(ΔT)就愈小，固化的速度就非常慢。

要有明顯的固化速率通常需要適當的**過冷(supercooling)**，即溫度要低於熔點(T_e)一段距離才能明顯固化，目前一些金屬所獲得凝固時之可能最大過冷度如表 3.1 所示：

▼表 3.1　一些材料凝固時所發生的最大過冷度ΔT(˚C)

材料	水	汞	鉛	鋁	錫	銀	金	銅	鐵	鈦	鉑	鉬	鎢
ΔT	48	88	153	160	187	227	230	236	286	350	375	520	601

3.2.2 均質成核與異質成核(homogeneous & heterogeneous nucleation)

若相變化的成核過程無須藉由任何液體中的缺陷位置而成核，稱爲均質成核，均質成核需較大的過冷度才會有明顯的成核。但對於液體中的原子或分子已存在的某些缺陷，如液體中的雜質或器壁，可做爲成核之理想位置，這些界面，可使成核所需的表面能較小，而較容易成核，稱爲異質成核。

乾旱季節在集水區的人造雨就是一個異質成核的例子。其過程是將碘化銀或乾冰撒播到雲層中的過冷水滴層，可使過冷水滴凝固為冰晶，經由冰晶成長過程，終至掉落成雨。

例 3.3　如何提高凝固相變化之成核速率？

解　藉由異質成核與增大過冷度就可以降低相變化之活化能，因而促使相變化之成核速率增加。

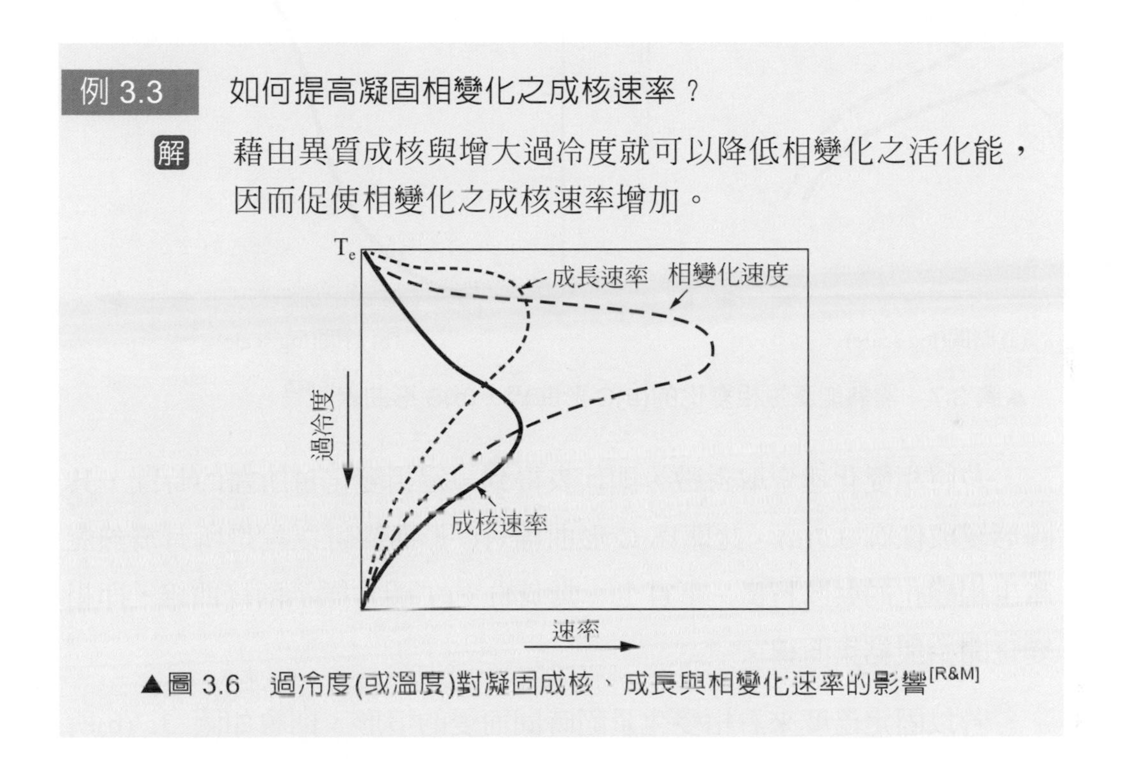

▲圖 3.6　過冷度(或溫度)對凝固成核、成長與相變化速率的影響[R&M]

3.2.3　凝固相變化速率(phase transformation rate of freezing)

凝固相變化過程包含成核與成長兩部分，所以凝固過程的相變化速率是由(1)成核速率與(2)成長速率相乘獲得，如圖 3.6 所示。

當溫度太高(即接近熔點 $T \le T_e$)或溫度太低($T<T_e$)時，成核速率、成長速率與相變化速率三者都很小。太高溫時雖然熱能大，但熱力學上相變化的驅動力不夠，所以反應慢；太低溫時雖然驅動力大但熱能少，亦難以造成相變化。因此在不太低溫而有適當過冷度時，才可得到最大的相變化速率。

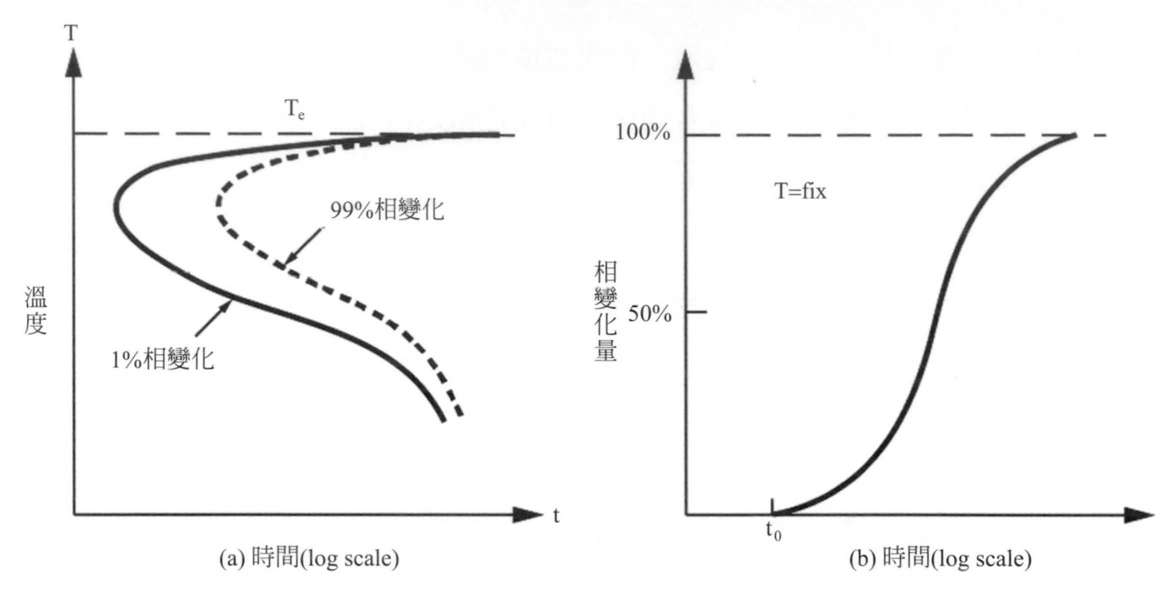

▲圖 3.7　需熱能產生相變化的(a)C 形曲線，(b)S 形曲線[R&M]

若將相變化速率取對數，即代表得到一定相變化量所需的時間，其圖形變成像圖 3.7(a)，此即為 C 形曲線。C 形曲線可以說是所有需熱能產生相變化的共同特徵。事實上，典型的 TTT 圖常顯示兩條曲線，即相變化開始與結束曲線。

若以固定溫度來看相變化量隨時間而變的情形，則會如圖 3.7(b)所示的 S 形曲線，通常要隔一段時間(圖中之 t_0)才開始產生相變化，此段時間稱為**潛伏期(incubation time)**；然後相變化速率漸加快；約一半相變化量時，速率最快；而後相變化速率逐漸減緩，直到完全相變化。

3.2.4　固相間之相變化

以上所介紹的液/固間的相變化現象，如過冷、相變化速率等均可以應用於固相間的相變化。

圖 1.11(b)顯示純鐵於αFe/γFe 間加熱與冷卻過程中，溫度與長度變化的關係，圖中顯示，加熱時的變態起始溫度約為 915℃(A_{c3} 點)，冷卻時的變態起始溫度約為 890℃(A_{r3} 點)，圖中顯現加熱時過熱現象並不明顯，但冷卻則有較顯著的過冷。

3.3 鋼鐵合金之相變化

從相圖知道共析碳鋼(0.76% C)在 727℃會由沃斯田鐵變成波來鐵，由於波來鐵是由肥粒鐵(α-Fe)與雪明碳鐵(Fe_3C)所組成，其成分跟沃斯田鐵(γ-Fe)都不一樣；所以沃斯田鐵分解成肥粒鐵與雪明碳鐵的相變化過程需要原子的擴散，是屬於**擴散型相變化(diffusional transformation)**；原子需擴散移動很長的距離(與原子間距比較)重新組合成新相，需相當時間來進行此種相變化。

另一類型的相變化稱爲**無擴散相變化(diffusionless transformation)**，屬於非平衡相變化；相變化過程原子間相對位移少於原子間距，相變化的速率就非常快，如沃斯田鐵很快冷卻(即**淬火，quenching**)，則碳原子之擴散受到抑制，致使波來鐵相變化不易發生，則在低溫時就可能出現此種無擴散相變化，稱爲**麻田散鐵相變化(martensitic transformation-圖 3.12)**。

3.3.1 鋼鐵之基本分類與常用名稱(steel types)

鋼鐵的主成分是鐵，碳是最重要合金元素，也含有微量 Si,S,P,Mn 四個基本元素，稱爲碳鋼。另外，爲了特殊目的，也添加了一些特殊的合金元素，如 Ni,Cr,Mo,等，而成爲合金鋼，實用上鋼之碳含量很少超過 1.0wt%，鑄鐵之碳含量通常不會高於 4.3wt%。一些基本的分類與常用名稱略述如下(參考圖 1.2)

1. **鐵、鋼、與鑄鐵的定義：**

   (1) 鐵：係指元素態或工業用純鐵而言，其雜質總量不高於 0.08wt%，亦即純度在 99.9%以上。不會發生共析反應。純鐵也可視爲鋼。

   (2) 鋼：含碳量低於 2.0wt%，能發生共析反應，高溫(γ 相)時碳可以完全溶入鐵中，也稱爲碳鋼。

(3) 鑄鐵：含碳量大於 2.0wt%，能發生共晶反應。

2. **鋼鐵的分類法很多，歸納如下：**

(1) 依含碳量(wt%)：低碳鋼(C<0.25%)、中碳鋼(0.25-0.6%)、高碳鋼(C > 0. 6%)三種

(2) 依相圖：亞共析鋼(C<0.76%)、共析鋼(C＝0.76%)、過共析鋼(C > 0.76%)三種

(3) 依是否含特殊合金元素：碳鋼、合金鋼。

(4) 依合金含量：低合金鋼(合金總量<5%)、高合金鋼(合金總量>5%)。

3. **合金鋼的分類：也可依用途分為兩類**。

(1) 結構用合金鋼： 供建築及機械等結構用，又可分爲兩種型態。

(a) 非熱處理型：軋延或銲接狀態使用之低碳鋼，如高強度低合金鋼(HSLA)。

(b) 熱處理型：碳>0.25%的 Ni、Cr、Mo 鋼，可藉由淬火與回火熱處理獲得強度與韌性。

(2) 特殊用途合金鋼： 如不鏽鋼、工具鋼、耐熱鋼等。

[註] (1) HSLA 雖可藉析出碳化物來強化，但其主要強化機構是肥粒鐵的細晶強化，所以常被歸類爲『非熱處理型鋼』(詳見第 6.4.3 節)。

(2) 彈簧鋼、滲碳鋼、氮化鋼也歸屬於結構用合金鋼。

▼表 3.2 碳鋼與一些低合金鋼之代號與成分(wt%)[R&M]

AISI/SAE* 代號	UNS 代號	成分			
		Ni	Cr	Mo	其他
10xx 碳鋼*	G10xx0				
11xx 易削鋼	G11xx0				0.08～0.33S
12xx 易削鋼	G12xx0				0.2S～0.08P
13xx	G13xx0				1.60～1.90Mn
40xx	G40xx0			0.20～0.30	
41xx	G41xx0		0.80～1.10	0.15～0.25	
43xx	G43xx0	1.65～2.00	0.40～0.90	0.20～0.30	
46xx	G46xx0	0.70～2.00		0.15～0.30	
48xx	G48xx0	3.25～3.75		0.20～0.30	
51xx	G51xx0		0.70～1.10		
61xx	G61xx0		0.50～1.10		0.10～0.15V
86xx	G86xx0	0.40～0.70	0.40～0.62	0.15～0.25	
98xx	G98xx0	0.85～1.15	0.7～0.9	0.2～0.3	0.20～0.35Si

*xx 代表碳含量、碳鋼之磷＜0.035%，硫＜0.04%，錳＜1.0%，0.15%＜矽＜0.35%
**除表中之特定合金外，磷，硫，錳，矽含量均與碳鋼相同。
***AISI(American Iron and Steel Institute)與 SAE(Society of Automotive Engineers)

4. 鋼鐵的代號(steel designation)：鋼鐵種類繁多，茲以低合金鋼簡略說明鋼鐵之代號

表 3.2 是一些常用碳鋼與低合金鋼的彙整表，低合金鋼最常用的代號是依 AISI 與 SAE 來規範，例如 4360 合金鋼，其前兩位數(43)代表合金中主要的合金元素是 Ni、Cr、Mo，而後兩位數(60)代表含有 0.6 wt% 的碳。

表 3.2 中的 **UNS(Unified Numbering System)**規範，是由一個英文字母和其後的五個數字組成，英文字母代表鋼的種類和特點，如 G 代表鍛鋼、S 代表不鏽鋼與耐熱鋼、F 代表鑄鐵、J 代表鑄鋼、T 代表工具鋼等，字母後的五個數字中的第一位數字是區別鋼的類型，後四個數字表示順序，除特殊狀況外，UNS 一般是採用類似 AISI 之編號。

由表中可以看出鋼鐵分類之含意，例如 4340 既是(構造用熱處理型)合金鋼也是中碳鋼，又是低合金鋼。而 1080 是碳鋼也是高碳鋼，又是低合金鋼。

3.3.2 波來鐵相變化(pearlite transformation)

研究波來鐵相變化通常都是用**恆溫相變化(IT：isothermal transformation)**的方法，準備兩個**鹽浴爐(salt bath，參考圖 3.2)**，第一個是高於共析溫度(727℃)，用來將小試片(Fe-0.76C，共析鋼)變成沃斯田鐵；第二個是低於 727℃，用來求取各個溫度相變化所需的時間。

1. 恆溫相變化圖(IT 圖或 TTT 圖)之製作

以許多共析鋼的小試片(如五圓銅幣大小)懸吊在第一個鹽浴中，使其完全變成沃斯田鐵，再取出數個小試片迅速移入第二個鹽浴(如 680℃)內，每隔幾秒鐘取出一個小試片立刻淬火於冷水(如 20℃)中。由於波來鐵在室溫是穩定相不再改變，但未相變化的沃斯田鐵則轉變成麻田散鐵；從浸蝕後的金相試片中，可以看出較易浸蝕、色澤較暗的是波來鐵，而得知有多少部分變成波來鐵。因此即可繪出恆溫變態曲線，如圖 3.8(a)所示-的 S 形曲線。

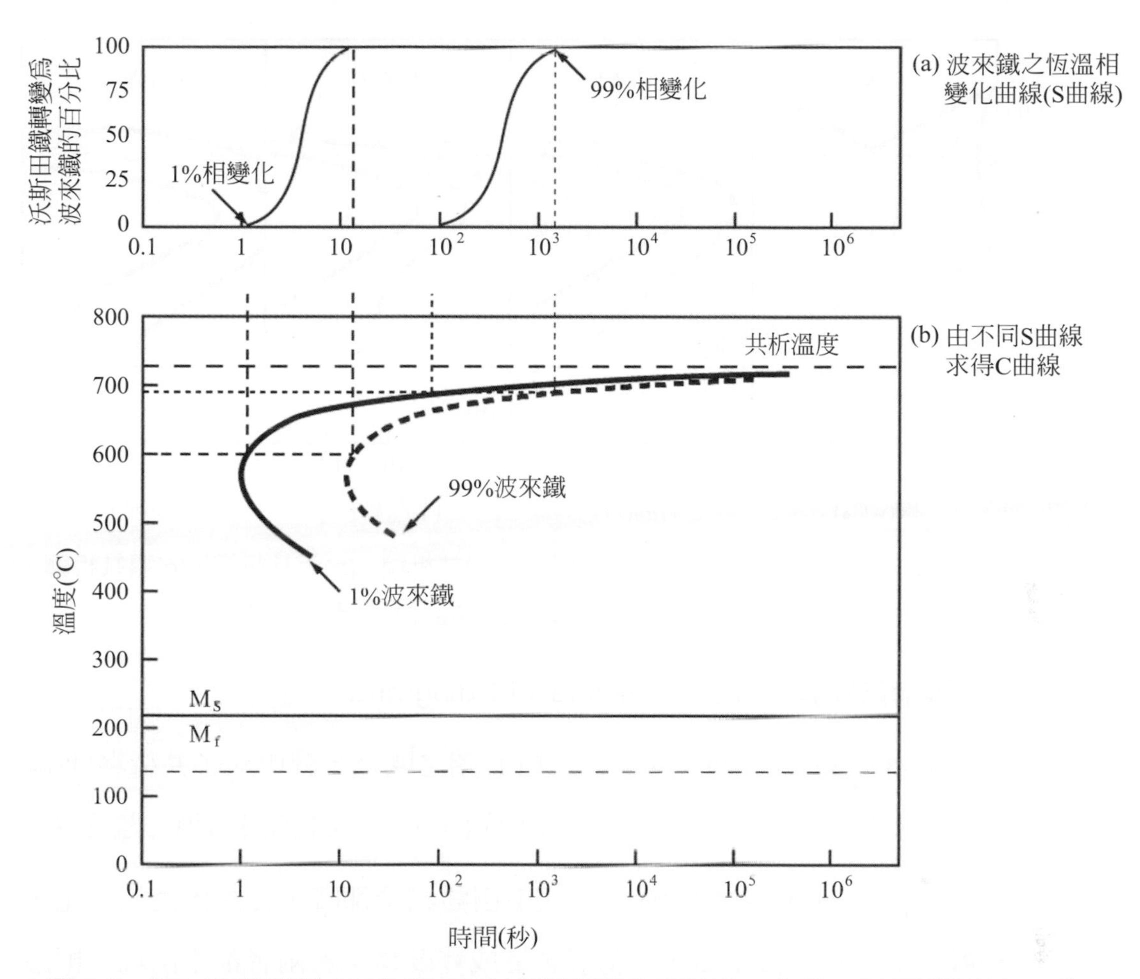

▲圖 3.8　圖(a)為波來鐵 600˚C與 680˚C恆溫相變化之反應 S 曲線；由不同溫度之 S 曲線求得圖(b)之 TTT 圖[BOYER&M]

由不同溫度的恆溫相變化反應曲線(例如 600℃、680℃)，可以得到圖 3.8(b) 的**時間-溫度-相變化圖 (time-temperature-transformation diagram)**，簡稱 C 形曲線、IT 圖或 TTT 圖。注意到靠近平衡溫度(共析溫度：727℃)時，相變化需很長時間；而過冷度較大時，反應較快。

圖 3.8 顯示，在 550℃以下，不再產生波來鐵，而產生另一種相變化(變韌鐵相變化)。所以波來鐵的 TTT 圖只畫到 550℃附近，550℃也是波來鐵反應最快的溫度，不到 1 秒鐘即有波來鐵出現，形成 C 曲線的「**鼻端(nose knee)**」。

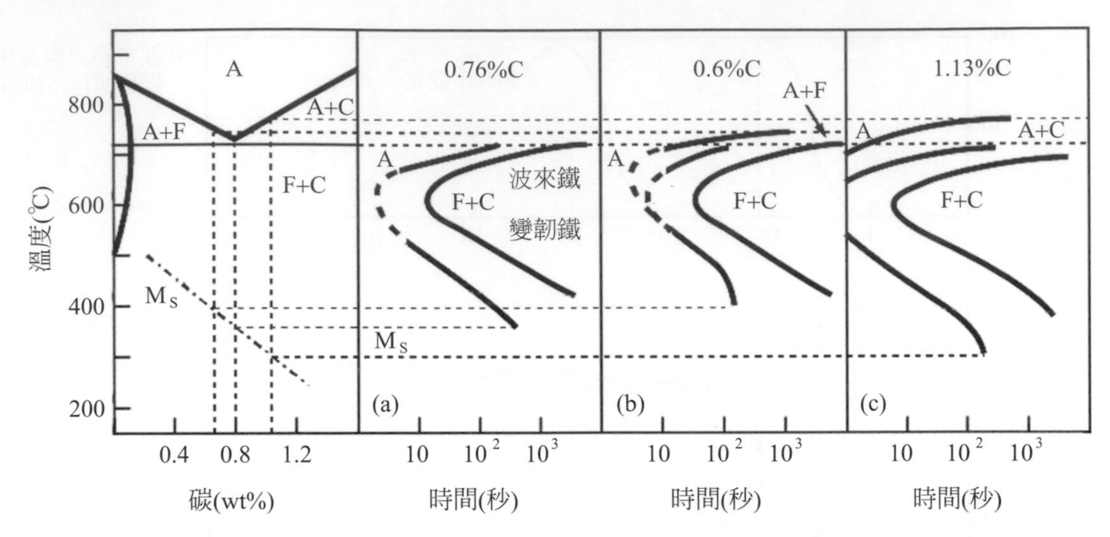

▲圖 3.9　碳鋼 TTT 曲線與相圖之關係，(a)共析鋼，(b)亞共析鋼，(c)過共析鋼，(A：沃斯田鐵，F：肥粒鐵，C：Fe_3C)[KRAUSS2&M]

2. 碳鋼之完整 TTT 圖(complete TTT diagram)：

圖 3.9 顯示碳鋼的相圖與其 TTT 圖之關係，圖中除了共析鋼外(圖 a)，也繪有亞共析與過共析鋼之 TTT 圖(圖 b,c)，3.4 節將有進一步介紹。

由圖 3.9(a)，共析鋼從高溫沃斯田鐵相冷卻時，經由恆溫相變化，在較高溫會形成波來鐵，較低溫會形成變韌鐵；若兩者都不出現，則產生麻田散鐵。在 550℃以上沃斯田鐵完全變成波來鐵；在 550～450℃波來鐵與變韌鐵混合出現；在 450～215℃只有變韌鐵形成，若急速冷卻則產生麻田散鐵，溫度愈低，麻田散鐵量愈多。

3. 波來鐵之微結構與機械性質

波來鐵是肥粒鐵與雪明碳鐵交替的**層狀結構(lamellar structure)**，如圖 3.3(a)與 3.10 所示，較高溫恆溫相變化所形成的波來鐵(如 700℃)，由於碳原子擴散快，加上反應時間長，碳原子能擴散到較遠位置而形成粗波來鐵，層狀間距較大，硬度較低，延性較高；反之，較低溫形成的細波來鐵(如 550℃)，則較微細，硬度較高，延性較低，如圖 3.11 與後面的圖 3.17 及圖 3.21 所示。

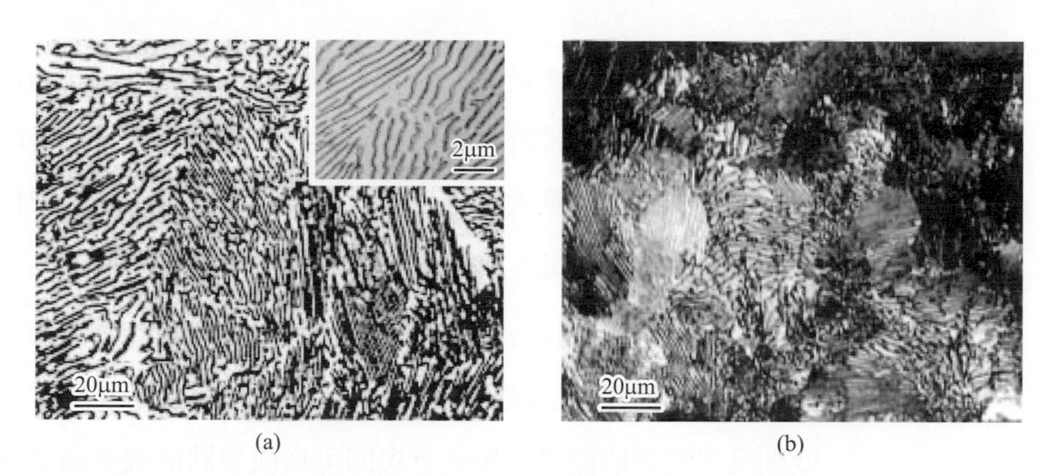

▲圖 3.10　共析鋼之(a)粗波來鐵(插圖為局部放大)，(b)細波來鐵[CHIU]

4. 層狀波來鐵相變化過程：

層狀波來鐵相變化過程可簡述如下：

(1) 波來鐵的成核是異質成核於沃斯田鐵晶界上或第二相上，一般認爲是波來鐵中的**雪明碳鐵(cementite，Fe_3C)**先出現在晶界上(也有研究認爲是α肥粒鐵先出現在晶界上)。

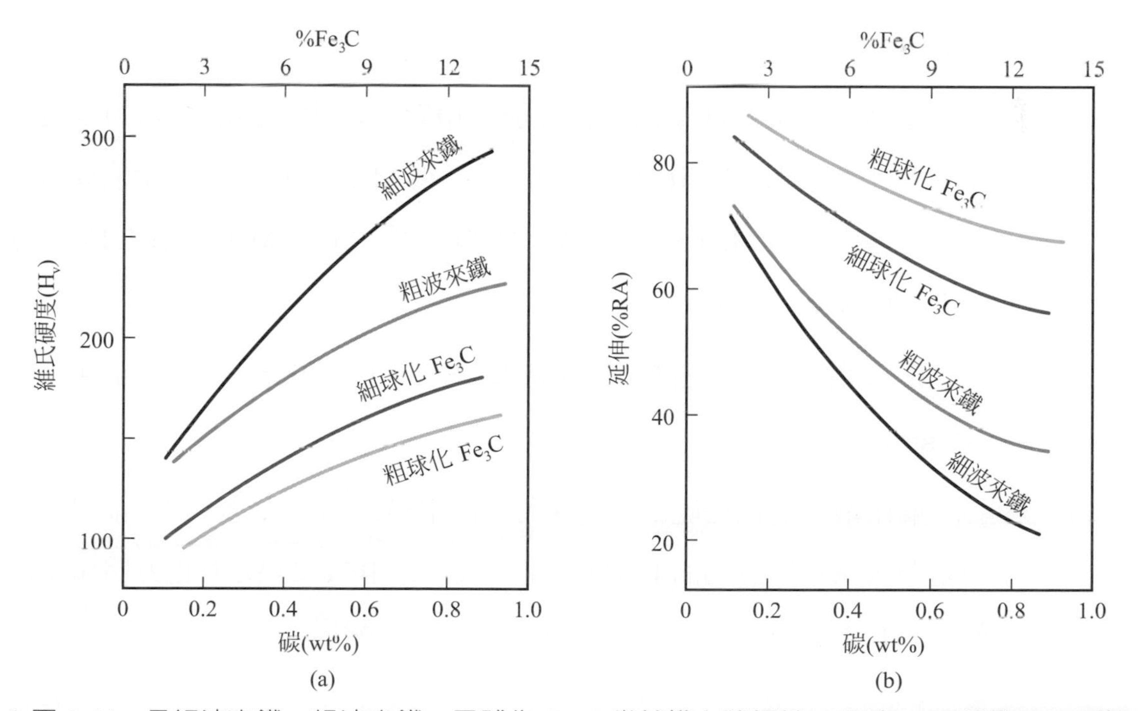

▲圖 3.11　具細波來鐵、粗波來鐵、及球化 Fe_3C 微結構之碳鋼其(a)硬度、(b)延性(%RA)與碳濃度之關係圖[R&M]

(2) 由於雪明碳鐵的碳含量(6.67%)遠超過原來沃斯田鐵的 0.76%，所以當雪明碳鐵成長時會取走其周圍沃斯田鐵的碳，而造成周圍的沃斯田鐵碳含量大量減少，故促進肥粒鐵的出現(因肥粒鐵幾乎不含碳，約 0.02%)。

(3) 當肥粒鐵成核出來以後，隨著肥粒鐵的成長，多餘的碳勢必被排擠到周圍的沃斯田鐵中，而使其含碳量增多；增加到某一程度則又出現雪明碳鐵，如此重複即可形成層狀的波來鐵結構。

3.3.3 麻田散鐵相變化與回火熱處理(martensitic transformation and tempering)

共析鋼由沃斯田鐵緩慢冷卻到 727℃以下，若有足夠時間讓碳原子擴散，就可形成波來鐵(或變韌鐵)；但若快速冷卻通過 TTT 曲線的鼻端，則來不及產生波來鐵，而隨著溫度降低，在 215℃左右開始出現一種稱爲麻田散鐵的非平衡相變化。

當溫度更低，沃斯田鐵相更加不穩定，產生麻田散鐵相的量也增多。開始產生麻田散鐵(約 1 %)的溫度稱爲 M_s (～215℃)；完全變成麻田散鐵的溫度稱爲 M_f (～－40℃)。通常均會將 M_s 與 M_f 標示在 TTT 曲線圖上(圖 3.9 與 3.16a)。

1. 班氏變形與麻田散鐵微結構(Bain-distortion and martensitic structure)

麻田散鐵是甚麼呢？它是保留沃斯田鐵母相的成分，但其晶體結構不是原來沃斯田鐵相的 FCC，而是變成接近 BCC 的 BCT(正方體)結構，如圖 3.12 所示，圖中的晶格變形，稱爲班氏變形。

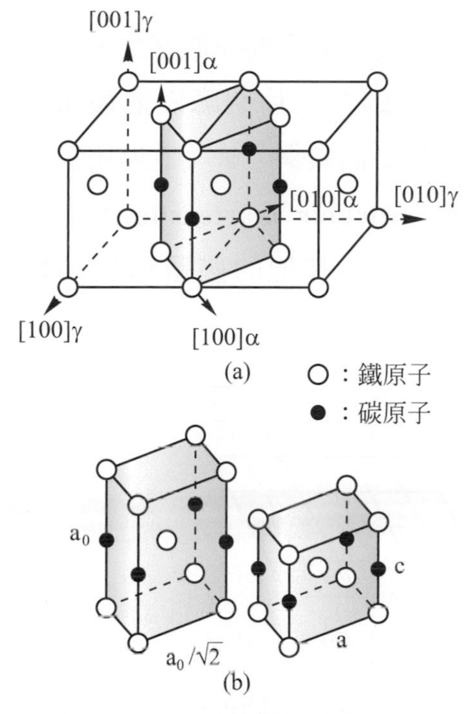

▲圖 3.12 沃斯田鐵變成麻田散鐵的晶胞關係，(a)FCC 沃斯田鐵母相可看成 BCT，(b)比較沃斯田鐵之 BCT 與麻田鐵之 BCT[R&M]

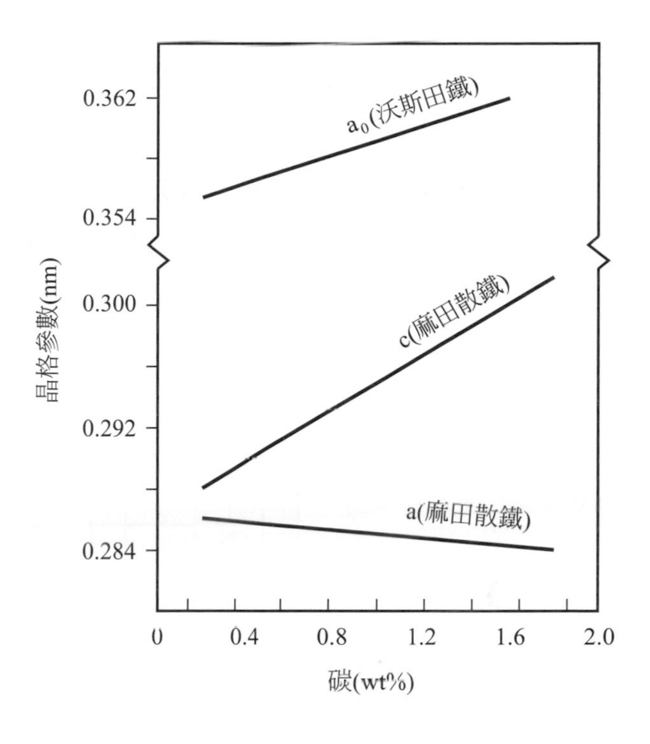

▲圖 3.13 沃斯田鐵與麻田散鐵之晶格參數與碳含量之關係圖[ROBERS]

班氏變形是一種無擴散的剪變形，FCC 可以『暫時』被看成如 BCT 的結構般(圖 3.12(a))，原先分布在 FCC 體心及邊線中央的碳原子在變成麻田散鐵時，並未重新分布，所以大都在 BCT 的 c 軸上，因而使 c 軸拉長(如圖 3.13)。麻田散鐵晶格參數(c,a)與沃斯田鐵晶格參數(a_0)均隨碳含量 x(wt%)而改變，碳原子愈多，c/a 比值就愈大，其關係爲(單位：nm)：

$$c = 0.28661 + 0.0166x、a = 0.28661 - 0.00124x$$
$$與\ a_0 = 0.3555 + 0.0044x \quad (3.4)$$

由於(剪)變形是藉由**差排的滑移與雙晶(dislocation-slip and twinning)**兩種機構完成，而班氏變形會造成晶格明顯變形，如圖 3.14 所示，爲了維持**不變的變形(invariant deformation)**，也需藉由**差排的滑移與雙晶(slip and twinning)**來調整，如圖 3.14(c)(d)所示，所以，可以預期麻田散鐵微結構中主要的缺陷是差排與雙晶，差排與雙晶都需藉由高倍放大的 TEM 才能被觀察到，圖 3.15 是由光學顯微鏡所觀察到較低倍下之微結構，分別是『具差排缺陷的』低碳鋼之**片狀麻田散鐵(lath martensite)**，如圖 3.15(a)；與『雙晶缺陷的』高碳鋼之針葉狀麻田散鐵(plate martensite)(也稱**透鏡狀麻田散鐵-lenticular martensite**)，如圖 3.15(b)所示。圖 3.15(b)中也可以觀察到白色基地的**殘留沃斯田鐵(retained austenite)**的存在。

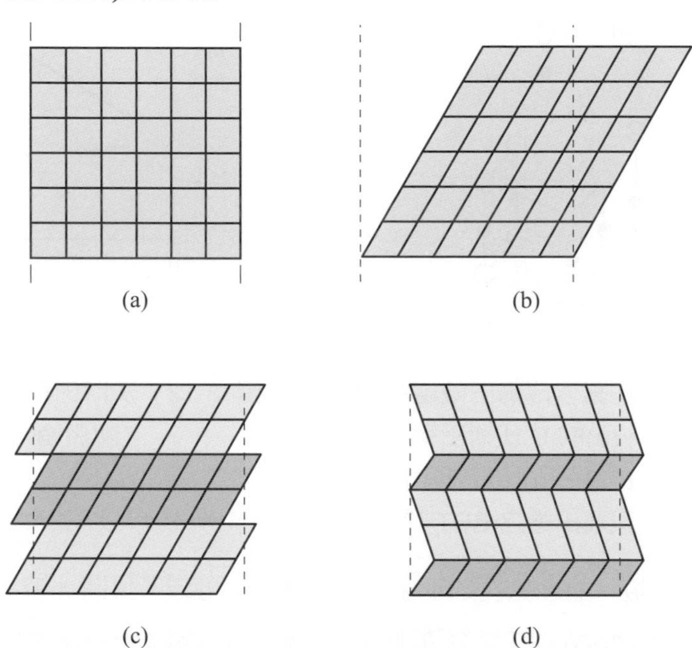

▲圖 3.14 (a)未相變化之母材、(b)發生麻田散鐵相變化之晶格剪變形、(c)差排的滑移、與(d)雙晶之晶格剪變形[(14)[BILLY&M]]

▲圖 3.15 光學顯微鏡下觀察麻田散鐵微結構(a)片狀(Fe-0.11% C)、與(b)針狀(Fe-1.4% C)，亮區為殘留沃斯田鐵[CHIU]

例 3.4 試計算室溫下，含 1.0wt%C 的沃斯田鐵變成麻田散鐵之體積改變量。

解 碳含量爲 1%的碳鋼(參考圖 3.13)，

沃斯田鐵晶格參數：$a_0 = 0.3555 + 0.0044(1.0) = 0.3599$，

沃斯田鐵單位晶胞(BCT)的體積是：

$$V_A = a_0 \times (a_0/\sqrt{2})^2 = (0.02331 nm^3)$$

麻田散鐵晶格參數：

$$a = 0.28661 - 0.00124(1.0) = 0.28537$$

$$c = 0.28661 + 0.0166(1.0) = 0.30321$$

麻田散鐵單位晶胞體積是：$V_M = c \times a \times a = 0.02469 nm^3$

∴ 因此體積的變化量：

$$\Delta V = V_M - V_A = 0.02469 - 0.02331 = 0.00138\ nm^3$$

* 設麻田散鐵於室溫下是由沃斯田鐵轉換而來，則體積之相對變化量是：

$$\Delta V/V_A = 0.00138/0.02331 = 6\ percent$$

* 長度的變化量大約等於體積變化量的三分之一，因此，

$$\Delta L/L = V/(3V_A) = 2\ percent$$

2. 合金元素對麻田散鐵相變化之影響

幾乎所有的元素(除了 Co、Al 外)都會阻礙沃斯田鐵相變化爲波來鐵與麻田散鐵，阻礙沃斯田鐵相變化爲波來鐵，即代表如後面圖 3.23 的 TTT 圖向右延遲之意：而阻礙沃斯田鐵相變化爲麻田散鐵，即代表 M_s 與 M_f 溫度降低之意，需藉由溫度的降低來增加麻田散鐵相變化的驅動力。固溶合金元素對 M_s 之影響，可以下式表示：

$$M_s(^\circ C) = 539 - 423(\%C) - 30.4(\%Mn) - 17.7(\%Ni) - 12.1(\%Cr) - 7.5(\%Mo)(wt\%) \quad (3.5)$$

由(式 3.5)可知，Mn 對於降低鋼鐵 M_s 之效應遠大於其他置換型元素。

對於含高碳(約 1～1.2 wt%)的錳鋼，約需 13～15 wt%的錳就能獲得室溫下完全安定的沃斯田鐵，稱爲哈得非錳鋼(Hadfield 鋼，或稱高錳鋼)具有優秀的韌性與高表面加工硬化性，極具抗磨耗性，常被使用在怪手齒牙等需抗高耐磨之器具上。

圖 3.16(a)標示出 Fe-C 合金中，當碳含量低於 0.6%時，麻田散鐵爲具差排缺陷之**片狀(lath)**，而碳含量高於 1.0 wt%時，麻田散鐵爲具雙晶缺陷之**針葉狀(plate)**，這個現象同樣可歸因於高碳時，高溫沃斯田鐵相變化爲麻田散鐵的困難度所致，而晶體剪變形時，是以差排的滑移爲主，但當變形困難度增加時，便會引發雙晶變形，這也可以解釋爲何低碳鋼的片狀麻田散鐵主要缺陷是差排，而高碳鋼的針葉狀麻田散鐵主要缺陷是雙晶的原因。

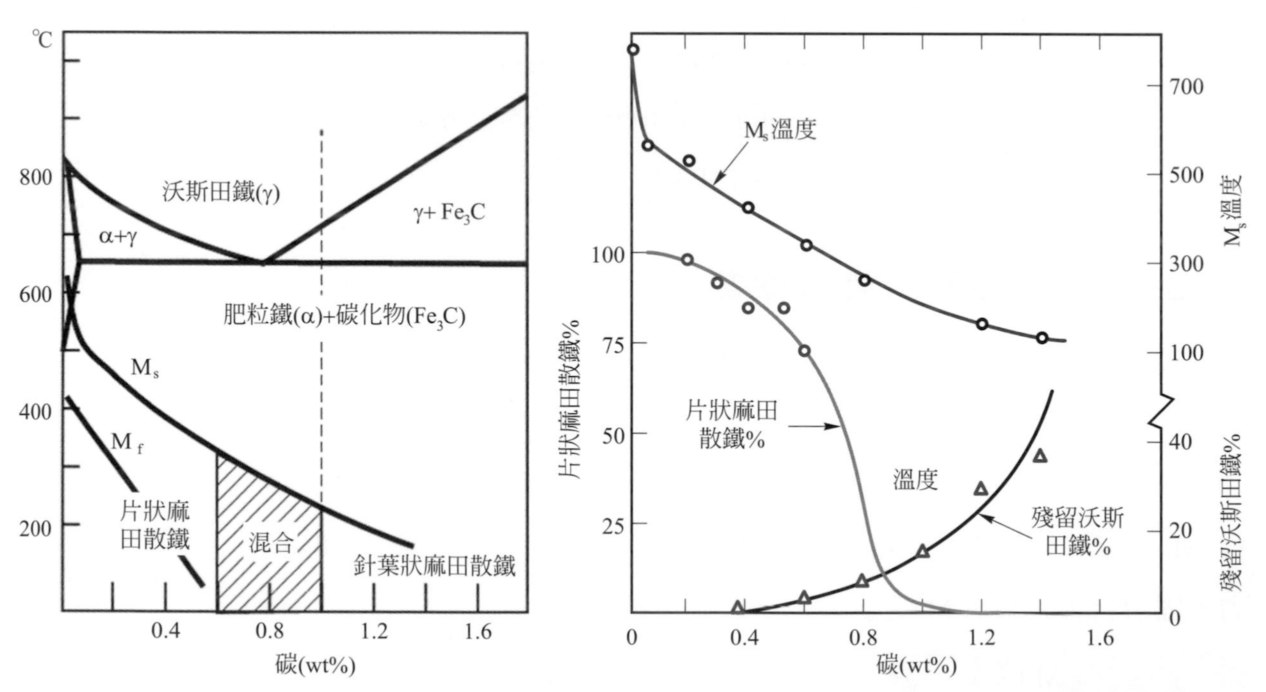

▲圖 3.16 (a)M_s、M_f溫度隨碳含量的增加而下降，圖中也顯示形成片狀與針葉(或透鏡)狀麻田散鐵之碳含量範圍[KRAUSS1&M]

(b)碳鋼由沃斯田鐵水淬至室溫之片狀麻田散鐵含量與碳含量之關係圖[SPEICH&M]

由圖 3.16(a)也可看出，當含碳量大於 0.6%時，M_f溫度將低於室溫，所以當共析鋼由沃斯田鐵相的高溫淬火到室溫時，將會有殘留沃斯田鐵存在，且其含量隨含碳量增加而增多。殘留沃斯田鐵可以藉由**深冷(subzero cooling)**處理來消除或減少，也就是將鋼鐵冷卻到比室溫更低的一種處理方式。

當碳鋼由沃斯田鐵相淬火到室溫時，含較高碳的碳鋼，雙晶化麻田散鐵占有較大體積百分比，而片狀麻田散鐵之含量則隨含碳量之增加而減少，如圖 3.16(b)所示，圖中也顯示殘留沃斯田鐵含量隨含碳量之增加而增加。

3. 鐵碳合金之麻田散鐵強化機構

鋼鐵材料由沃斯田鐵相淬火時，藉由無擴散的剪變形轉換成麻田散鐵，是鋼鐵最普遍的強化過程。圖 3.17 顯示麻田散鐵的硬度(及強度)隨含碳量改變的情形。

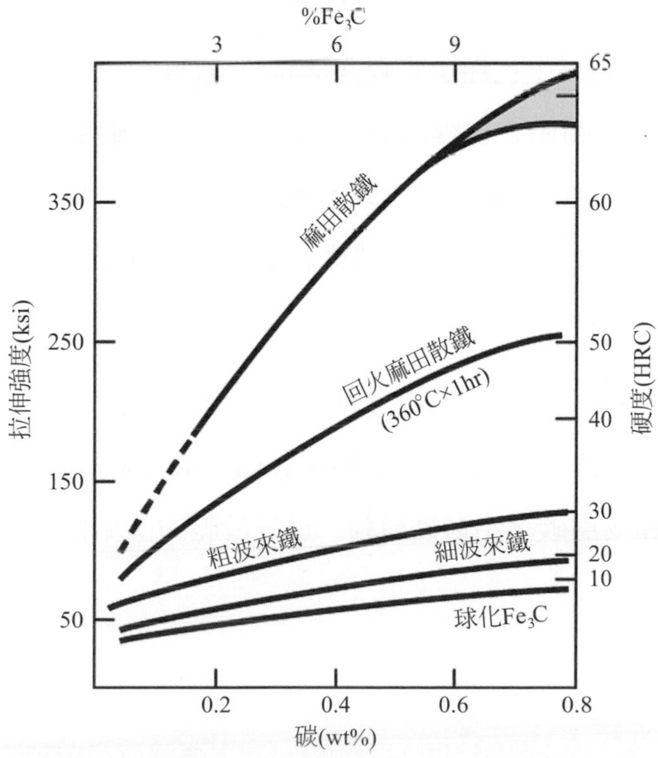

▲圖 3.17　碳鋼中不同微結構的拉伸強度與硬度[Bain&M]

圖中對回火麻田散鐵、波來鐵及球狀 Fe_3C 微結構之機械性質一併作比較，很明顯的具有麻田散鐵微結構之碳鋼其強度較諸其它微結構高出很多。麻田散鐵的強化機構可歸因於三個因素：

(1) 碳固溶於麻田散鐵所造成的固溶強化

由於由高溫『淬火』，所以麻田散鐵中的碳原子呈現嚴重過飽和現象，這種極高的碳過飽和造成很大的固溶強化效果。

(2) 麻田散鐵內的高差排(或高雙晶)密度所造成的應變強化

由於『剪變形』相變化係藉由差排滑移或雙晶來完成，所以低碳麻田散鐵(稱爲片狀麻田散鐵)，是以差排爲主要的缺陷，差排密度很高，約在 10^{11} 至 10^{12} cm/cm^3 之間，而高碳麻田散鐵(稱爲針葉(或透鏡)狀麻田散鐵)，是以高密度雙晶爲主要缺陷。

(3) 麻田散鐵的 BCT 結構的滑動系統太少，導致加工硬化顯著。

另外，圖 3.17 中也顯示當碳含量高於 0.6%時，麻田散鐵的硬度數據顯得極爲散亂(圖中之斜線部分)，可合理假設高碳部分數據的散亂，是由於不同量的殘留沃斯田鐵所致，當測試位置不同時，其硬度將會有差異，因此，曲線之上限硬度數據應該是麻田散鐵硬度，其硬度隨著碳的增加而連續升高。

4. 麻田散鐵的回火(tempering of martensite)

麻田散鐵兼具加工強化與固溶強化，且 BCT 結構之滑動系統少，以致麻田散鐵成爲碳鋼中最硬最強、也是最脆的微結構，通常需回火才能使用。

麻田散鐵是一種**介穩相(metastable phase)**，在室溫下看不出明顯相變化，但是若加熱到一低於 A_1 的高溫(如 200℃～500℃)，則麻田散鐵會分解成肥粒鐵與雪明碳鐵，而大幅提升韌性，此種熱處理稱爲**回火(tempering)**，爲了改善其脆性，麻田散鐵常需進行不同程度的回火，回火後之微結構稱爲回火麻田散鐵。

回火麻田散鐵之微結構依其回火程度而有不同，輕微的回火，可獲得低碳麻田散鐵、肥粒鐵與雪明碳鐵之微結構組合，而嚴重之回火，其微結構則爲球化 Fe_3C 散布於肥粒鐵基地中(參考後面的圖 3.27)。

其強度範圍可從最硬的麻田散鐵到最軟的球化 Fe_3C(參考圖 3.17)。這些回火麻田散鐵使許多零組件，兼具有強度高、韌性佳、抗磨耗能力強等特性。

事實上，在其它金屬甚至高分子材料及陶瓷材料亦有麻田散鐵相變化，只要是不需原子擴散而只有晶格扭曲、剪移、旋轉成一新相的相變化，都可稱爲麻田散鐵相變化。

例 3.5　就：(1)含碳量、(2)剪變形機制、(3)微結構內之缺陷，說明片狀麻田散鐵與針葉(或透鏡)狀麻田散鐵之區別。

解　列表比較如下

	含碳量	剪變形機制	缺陷
片狀麻田散鐵	碳低於 0.6%	滑動變形	差排
針葉狀麻田散鐵	碳高於 1.0wt%	雙晶變形	雙晶

3.3.4 變韌鐵相變化(bainite transformation)

共析鋼冷卻到 550℃以下的恆溫相變化時，不再形成波來鐵，而出現另一種相變化，稱爲變韌鐵相變化。變韌鐵與波來鐵都是一種雙相結構，由肥粒鐵與碳化鐵(Fe_3C)構成。在純粹鐵碳合金中，波來鐵與變韌鐵相變化的 TTT 曲線會重疊(圖 3.9)；但是若合金中含有一些置換型合金元素，則常可以將兩種相變化曲線分開而易於研究(如後面的圖 3.24)。

1. 變韌鐵微結構之特性

變韌鐵相變化具有雙重特性，在許多方面它與波來鐵相變化一樣，是一擴散控制相變化，具有典型的成核、成長過程；不過，它同時亦具備麻田鐵相變化的剪變形(針狀)微結構特徵(圖 3.19(b)與 3.20(b))。

在變韌鐵相變化過程，均勻分布在沃斯田鐵的碳會濃縮到高碳含量的局部區域，形成碳化鐵，而留下幾乎沒有碳的 (肥粒鐵) 基地。所以變韌鐵的形成含有成分的改變，需藉助碳原子的擴散。

圖 3.18 說明上變韌鐵與下變韌鐵微結構之形成過程與差異，相變化發生時，在較高溫下，碳原子擴散快，會被排出肥粒鐵外，擴散進入沃斯田鐵，最終細長的 Fe_3C 碳化物便析出在**片狀(lath)**肥粒鐵界面間，而形成上變韌鐵，在較低溫下，碳原子除了會被排出肥粒鐵外，也會在肥粒鐵內析出，而形成下變韌鐵。

2. 上變韌鐵與下變韌鐵(upper and lower bainite)

圖 3.19 顯示 4360 合金鋼(含 0.6wt%C 之 NiCrMo 合金鋼)在 495℃下進行不完全的變韌鐵恆溫相變化後淬火，所獲得上變韌鐵與麻田散鐵兩種混合微結構，在穿透電子顯微鏡(高倍)下，可以清楚看到細長 Fe_3C 存在於**片狀(lath)**肥粒鐵間的上變韌鐵結構，如圖 3.19(a)所示，這些碳化物由於太細小，在光學顯微鏡(低倍)下，並無法觀察到，圖 3.19(b)是上

述試片研磨後經化學浸蝕的光學顯微鏡影相圖，變韌鐵為片狀(lath)，由於變韌鐵內的 Fe_3C 與肥粒鐵界面容易被浸蝕，所以變韌鐵呈現暗色，而麻田散鐵基地呈現亮色。

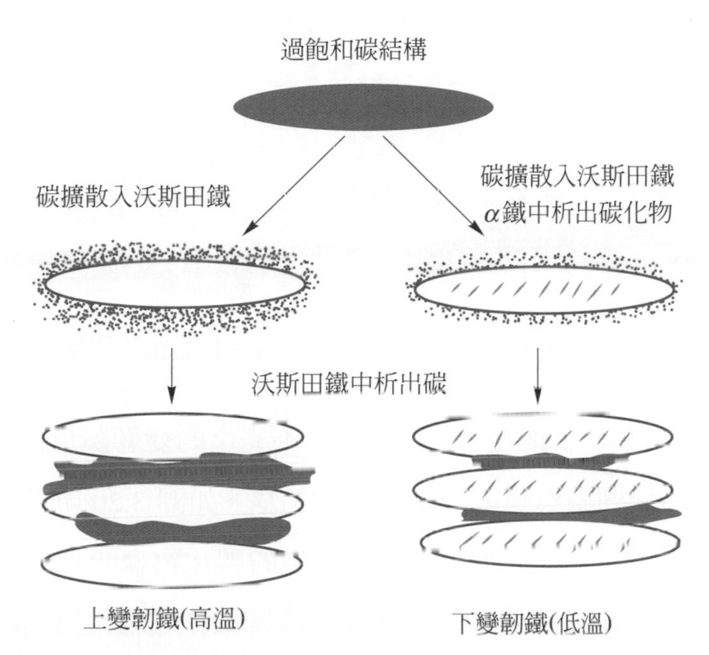

▲圖 3.18　上變韌鐵與下變韌鐵微結構之形成過程(γ：沃斯田鐵、α：肥粒鐵) [HONEYCOMBE1&M]

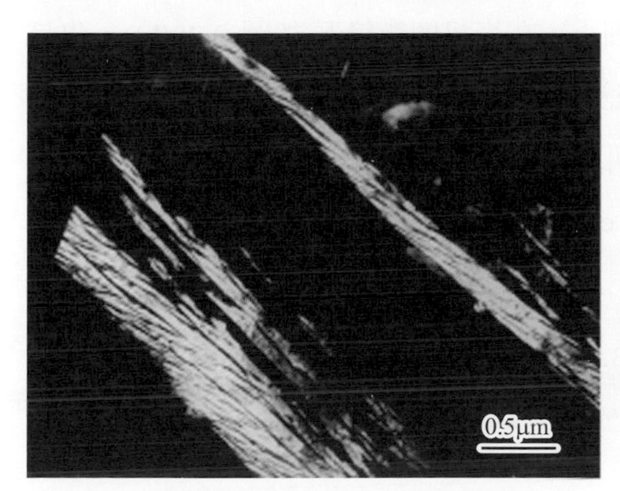

(a) TEM–暗視圖顯現Fe_3C(白色)存在於片狀肥粒鐵(暗色)間

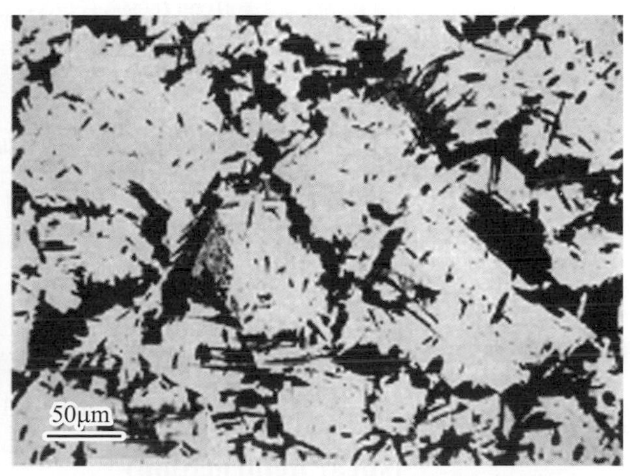

(b) 上變韌鐵微結構(OM)，亮區為麻田散鐵

▲圖 3.19　Fe-0.43C-2Si-3Mn(wt%)合金鋼在 495°C恆溫相變化的上變韌鐵微結構 [CHIU&YANG1]

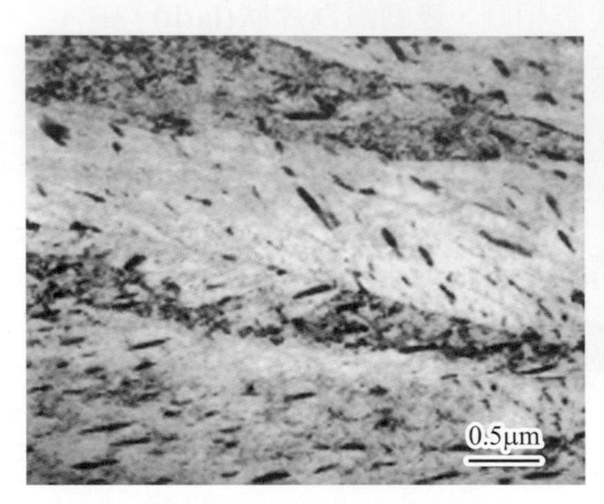

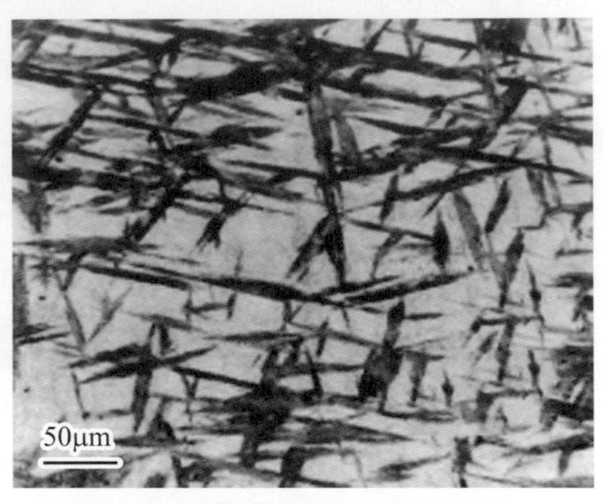

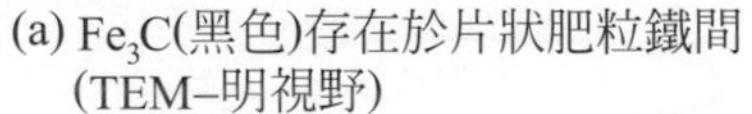

(a) Fe_3C(黑色)存在於片狀肥粒鐵間(TEM–明視野)

(b) 針葉狀下變韌鐵微結構(OM)，亮區爲麻田散鐵

▲圖 3.20　Fe-0.3C-4Cr(wt%)合金鋼在 395℃恆溫相變化的下變韌鐵微結構(CHIU&YANG1)

若 4360 合金鋼在 300℃下進行不完全的變韌鐵恆溫相變化後淬火，可獲得下變韌鐵與麻田散鐵混合微結構，如圖 3.20 所示。由於低溫碳原子的擴散不易，可以預期下變韌鐵中的碳化物會較上變韌鐵爲細，由圖 3.20(a)的穿透電子顯微鏡影像中，可以看到極細緻之 Fe_3C 存在於肥粒鐵內，與上變韌鐵的細長 Fe_3C 存在於**片狀(lath)**肥粒鐵間是很不一樣的。同樣的，這些碳化物由於太細小，在光學顯微鏡下(如圖 3.20(b))，也是無法觀察到。圖中也看到下變韌鐵之外觀與**板狀(plate)**麻田散鐵相似，均呈針葉狀(如圖 3.20(a))。研究也發現，當溫度較低時，下變韌鐵中的碳化物常會是過渡碳化物(如 epsilon carbide：HCP 結構、含 8.4%C)，並非平衡的 Fe_3C。

另外，在圖 3.19(a)與圖 3.20(a)中，也可以觀察到肥粒鐵中充滿著差排，這也證明了變韌鐵的相變化有類似麻田散鐵相變化的**剪變形機制(shear deformation)**。

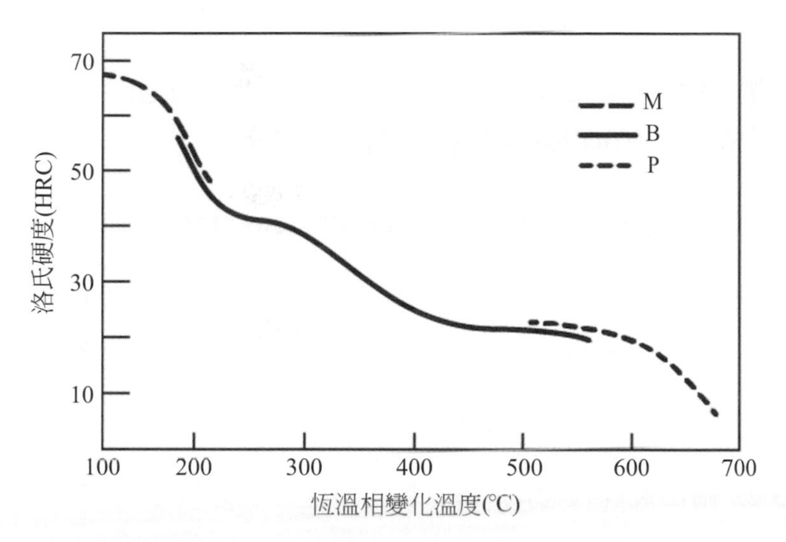

▲圖 3.21 共析鋼恆溫相變化之硬度(M：麻田散鐵；B：變韌鐵；P：波來鐵)[R&M]

3. 變韌鐵之機械性質

由於下變韌鐵具有極爲細化的碳化物微結構，通常其強度與韌性均會較上變韌鐵佳。由其微結構的特徵，也可猜測出變韌鐵的機械性質，基本上是介於波來鐵與麻田散鐵之間，亦即其強度比波來鐵大，而韌性比麻田散鐵高，是一種強韌的微結構，如圖 3.21 所示。

3.4 鋼鐵之 TTT 圖與 CCT 圖

圖 3.22 的恆溫相變化圖(簡稱 IT 或 TTT 圖)，是描述『恆溫下，材料相變化的開始與結束的一種圖』，而實務上的相變化過程，溫度並非恆溫，而是連續冷卻的情形，稱爲**連續冷卻圖(continuous cooling transformation diagram)**，簡稱 CCT 圖，所以 CCT 圖是『描述連續冷卻下，材料相變化的開始與結束的一種圖』。

3.4.1 恆溫相變化圖(IT 或 TTT 圖)(isothermal transformation diagram)

1. **共析鋼之 TTT 圖(TTTdiagram of eutectoid steel)：**

共析鋼從高溫沃斯田鐵相冷卻時，經由恆溫相變化，在較高溫會形成波來鐵，較低溫會形成變韌鐵；若兩者都不出現，則產生麻田散鐵，可以畫出如圖 3.22 之完整共析鋼 TTT 圖。

圖 3.22 繪出幾條任意的時間-溫度路徑，藉以瞭解 TTT 圖的使用原理。先將試片在高於 727℃進行沃斯田鐵化後再冷卻：

路徑 1：急速冷卻到 160℃，並維持一段時間。由於冷卻太快，無法形成波來鐵，仍為不穩定的沃斯田鐵相，通過鼻端後即開始產生麻田散鐵，到 160℃大約一半沃斯田鐵形成麻田散鐵。由於恆溫下的麻田散鐵數量固定，所以一段時間後，麻田散鐵的含量仍然是 50%左右。

路徑 2：在 250℃維持 100 秒，由於時間尚不足以形成變韌鐵，所以再淬火到室溫時則完全變成麻田散鐵。此種冷卻稱為**中斷淬火(interrupted quench)**，可以使試片表面及中心幾乎達到同一溫度，較不易淬裂。

路徑 3：在 300℃維持 100 秒以上，產生一半變韌鐵及一半殘留沃斯田鐵；再淬火到室溫，則得到一半麻田散鐵與一半變韌鐵。若一直在 300℃恆溫保持到完全變成變韌鐵(如 5000 秒)，然後再冷卻到室溫，此一處理即稱**沃斯回火(austempering)**。

路徑 4：在 580℃維持 8 秒，即能將沃斯田鐵完全(99%)變成微細波來鐵，此一結構為穩定相，所以冷卻到室溫時，得到微細波來鐵的結構。

路徑 5：在 650℃維持約 500 秒，即能將沃斯田鐵完全變成粗波來鐵，同樣的，冷卻到室溫時，得到粗波來鐵的結構。

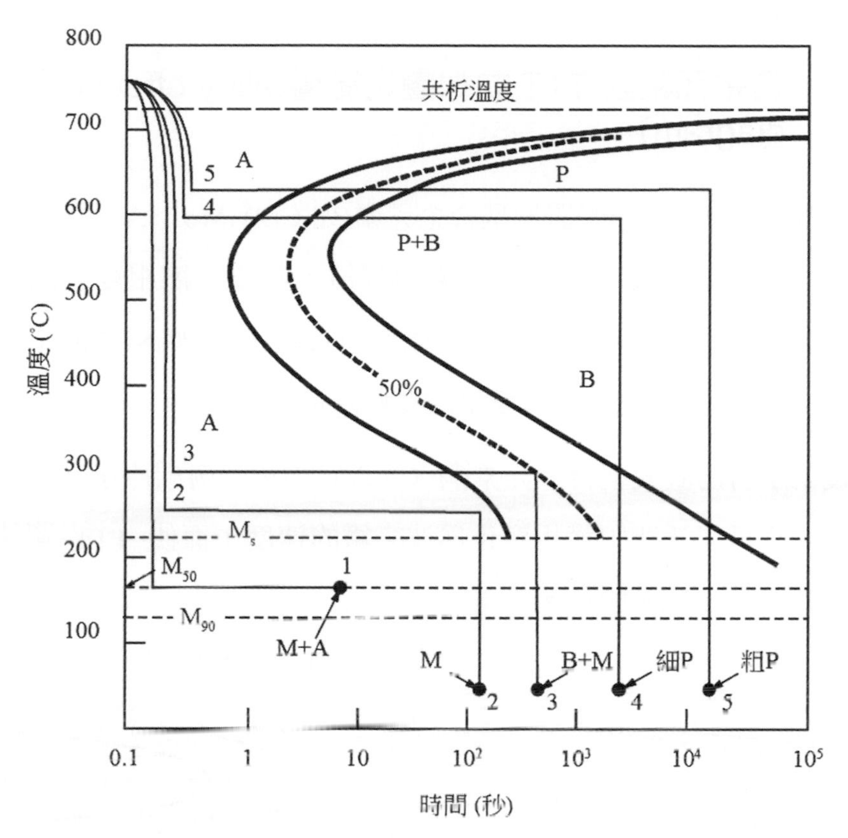

▲圖 3.22 共析鋼的 TTT 曲線，圖上並畫出數條冷卻曲線
(A：沃斯田鐵；M：麻田散鐵；B：變韌鐵；P：波來鐵)[R&M]

2. **非共析成分的碳鋼**(TTT diagram of non-eutectoid steel)：

對於非共析成分的碳鋼也同樣可作出其 TTT 曲線圖(如圖 3.9(b,c))。與共析鋼的 TTT 曲線比較，有兩個重要不同。第一點是非共析碳鋼的波來鐵反應比共析鋼快；第二點是非共析鋼在形成波來鐵之前有**初析(proeutectoid)**產物。即亞共析鋼有初析肥粒鐵先產生；過共析鋼有初析雪明碳鐵先出現。另外值得注意的是碳含量愈高，麻田鐵愈難形成，其 M_s、M_f 溫度愈低(圖 3.16(a))。

3.4.2 合金元素對 TTT 曲線圖之影響(alloy effect on TTT diagram)

由圖 3.4 中已知一些置換型合金元素(如 Cr,W,Mo,Ti,V 等)會升高 A_1 溫度，所以含此種置換型合金元素的鋼鐵，其波來鐵相變化溫度會提高，如圖 3.23 所示。反之，若所含置換型合金元素(如 Ni, Mn, Cu 等)會降低 A_1 溫度，則其波來鐵相變化溫度會降低。

幾乎所有的置換型合金元素(除 Co 外)，均會阻礙碳原子在鐵中的擴散，因而降低了沃斯田鐵相變化為波來鐵的速度，而使 TTT 圖往右移動，如圖 3.23、3.24 所示。

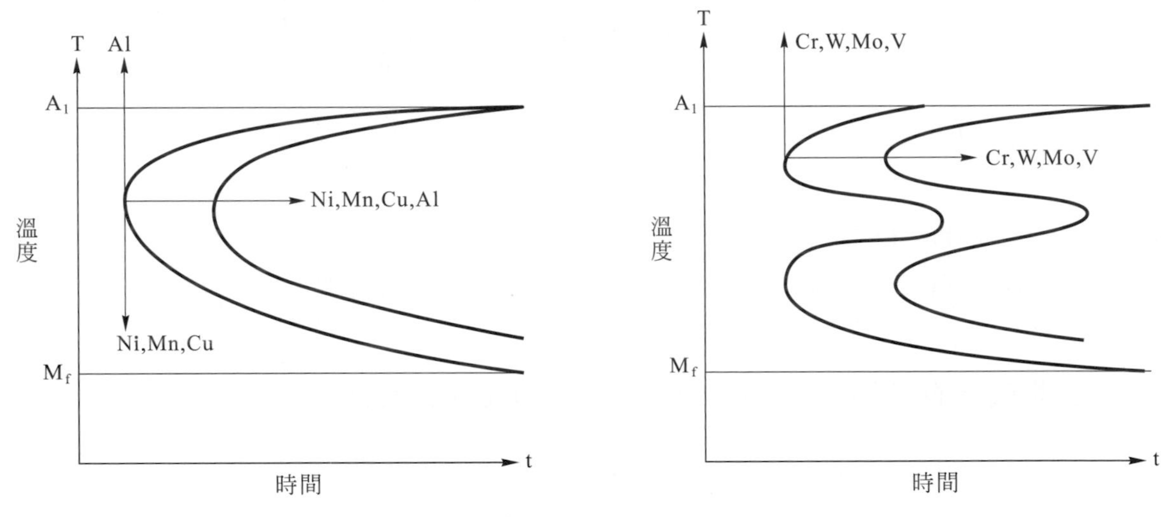

▲圖 3.23 合金元素對鋼鐵合金 TTT 圖之影響[R&M]

例 3.6 相變化涉及成核與成長兩個過程時，其成核與成長速率對溫度之曲線圖(如圖 3.7)均會有一鼻端出現，試定性說明其理由。

解 太高溫時熱能高，但熱力學上相變化的驅動力不夠，所以反應慢；太低溫時驅動力大但熱能少，亦難以造成相變化。因此在不太低溫而有適當過冷度時，才可得到最大的相變化速率。

例 3.7 為何圖 3.23(a)與(b)的 TTT 圖中，分別顯現出一個鼻子與兩個鼻子？

解 置換型合金元素又可分為兩類：

(1) 若屬於**碳化物形成元素(carbide former)**，如 Cr,W,Mo,V,Nb 等，在波來鐵相變化的溫度下會重新分布(partition)，聚集而形成碳化物，但在變韌鐵相變化的溫度下，這些合金元素並不重新分布，亦即肥粒鐵與碳化鐵中的置換型合金元素的數量都一樣。因此造成波來鐵相變化較變韌鐵相變化慢，而使 TTT 圖中可分辨出波來鐵相變化與變韌鐵相變化，所以其 TTT 圖可顯現出兩個**鼻子(nose)**，如圖 3.24 的 4340NiCrMo 合金鋼。

(2) 而另一類非碳化物形成元素，如 Ni,Mn,Cu 等，無論是在波來鐵相變化或變韌鐵相變化，均不會有合金元素(明顯的)重新分布，所以其 TTT 圖只顯現出一個鼻子。如圖 3.22 的共析鋼。

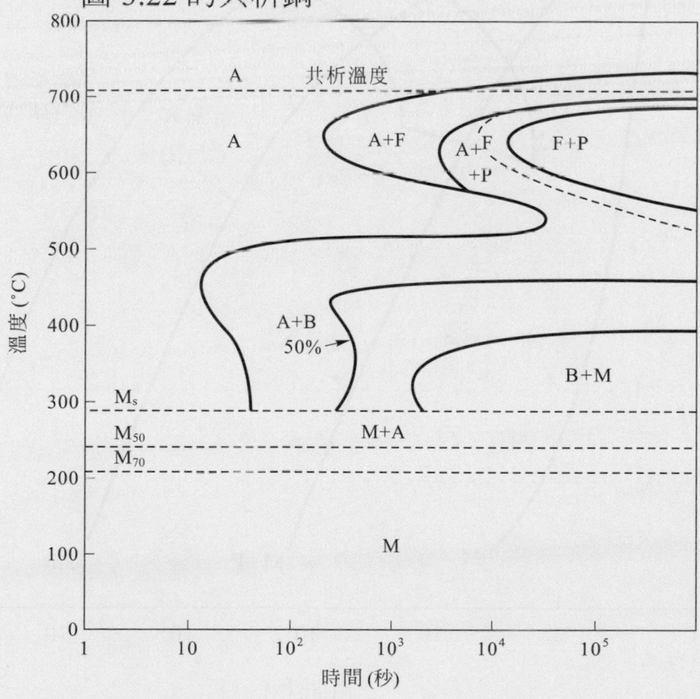

▲圖 3.24 4340-NiCrMo 合金鋼之 TTT 圖 (A：沃斯田鐵、B：變韌鐵、F：肥粒鐵、P：波來鐵、M：麻鐵散鐵) [DOYER]

3.4.3 連續冷卻相變化圖(CCT 圖) (continuous cooling transformation diagram)

大部分鋼鐵的相變化熱處理過程是一種連續冷卻的情形，所以 CCT 圖更接近實務。圖 3.25 爲共析鋼的 CCT 圖，圖上尚用虛線畫出 TTT 圖，兩相比較可看出有兩點不同。

1. CCT 圖在 TTT 圖的右下方，亦即連續冷卻需更久的時間才能變成波來鐵。因爲連續冷卻過程必定有段時間花在較高溫處，而較高溫要產生波來鐵需較久的時間，所以 CCT 圖較 TTT 圖慢一些。

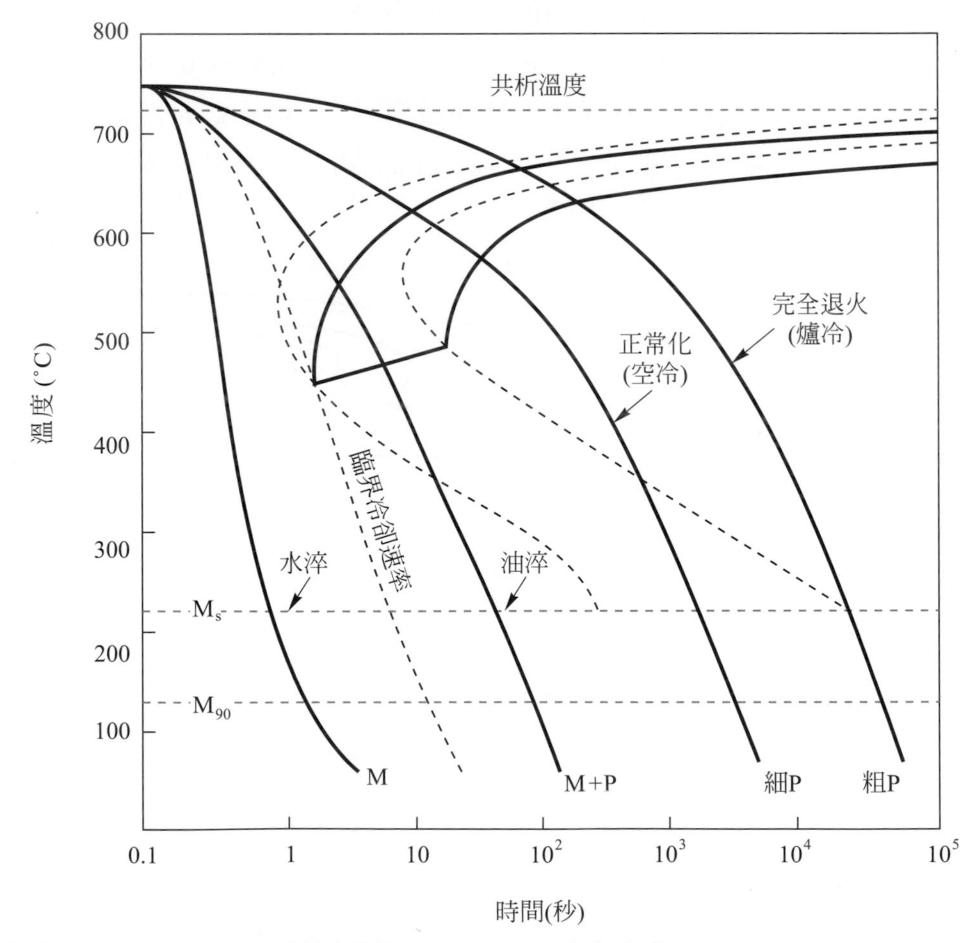

▲圖 3.25 共析鋼的 CCT 圖(虛線是 TTT 圖)，圖上並畫出數種冷卻方法得到的微結構[R&M]

2. CCT 圖沒有變韌鐵相變化的部分，這是因碳鋼中波來鐵與變韌鐵相互重疊之故，冷卻較慢則完全形成波來鐵；冷卻較快，則因待在變韌鐵區域時間太短，仍無法產生變韌鐵。但若有大量置換型合金元素存在，例如 4340NiCrMo 合金鋼，則可使變韌鐵的 TTT 圖向左移而與波來鐵分開，此時 CCT 圖就會有變韌鐵相變化產生，如圖 3.26 所示。

圖 3.25 中標出數條不同冷卻曲線來說明不同冷卻速率如何產生不同的微結構，分別爲；

1. **完全退火(full annealing)**：(爐冷)可獲得粗波來鐵結構。

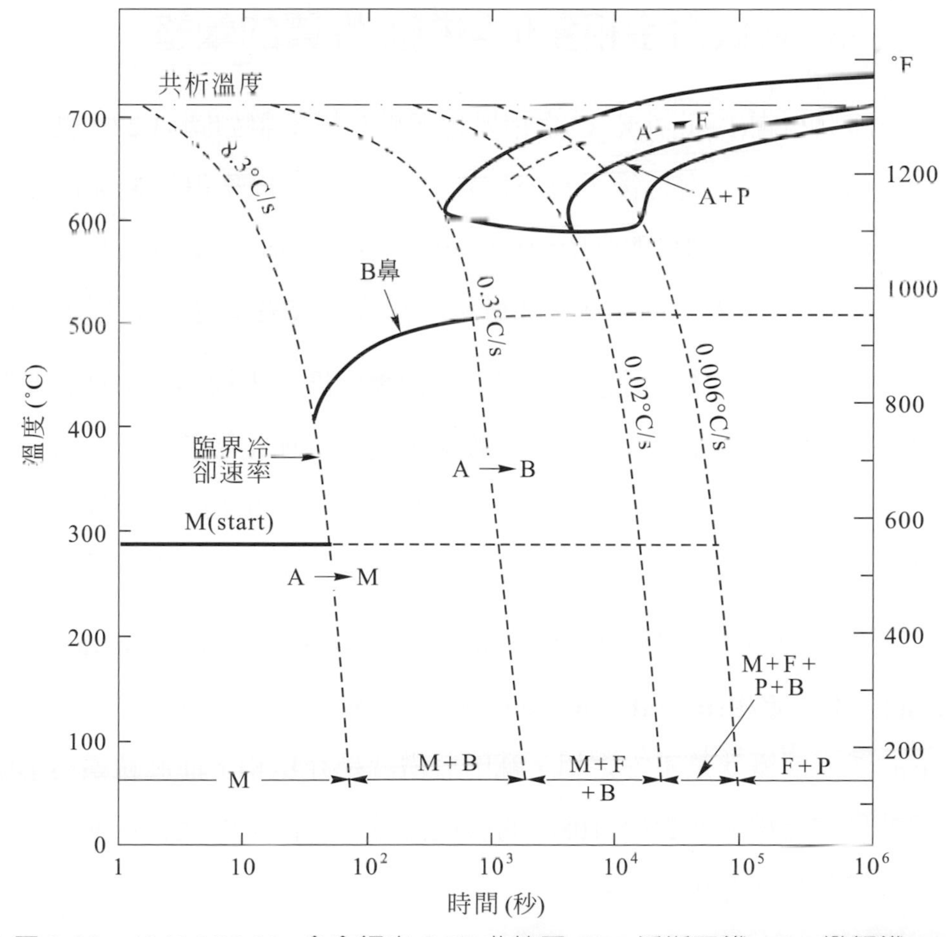

▲圖 3.26 4340-NiCrMo 合金鋼之 CCT 曲線圖 (A：沃斯田鐵、B：變韌鐵、F：肥粒鐵、P：波來鐵、M：麻鐵散鐵) [McGANNON1&M]

2. 正常化**(normalizing)**：(空冷)可獲得微細波來鐵結構。
3. 油淬：可獲得細波來鐵與麻田散鐵混合結構。
4. 水淬：可獲得全部麻田散鐵結構。

圖 3.25 中的虛線是代表產生完全麻田散鐵的臨界冷卻速率，冷卻速率快於此則全部變成麻田散鐵；慢於此臨界冷卻速率，則無法得到完全麻田散鐵，此一臨界冷卻速率的大小直接關係到此鋼鐵材料的**硬化能(hardenability)**，將在第 4.2 節詳述之。

3.5 鐵碳合金相變化與機械性質的彙整

茲將共析鋼(Fe-0.76% C)之相變化與微結構彙整如圖 3.27，共析鋼經高溫沃斯田鐵化處理後，以不同速度冷卻，可以獲得平衡態的波來鐵、與介穩態的變韌鐵與麻田散鐵三種不同微結構，再經充分球化或回火處理(溫度低於 A_1)，則上述三種微結構都會形成最安定的球化微結構。

值得注意的是『平衡態的』波來鐵相變化為『平衡態的』球化微結構之難度遠大於『介穩態的』麻田散鐵相變化為球化微結構。一般要球化波來鐵，需在稍低於 A_1 溫度之下持溫數天才可以完成，而要球化麻田散鐵，則在相同溫度下，只需持溫數小時(1～5 小時)便可完成。

另外，需充分瞭解**安定相(stable phase)**、**介穩相(meta-stable phase)**、**不安定相(unstable phase)**的區別，例如對 1040 的碳鋼而言，室溫下的沃斯田鐵就是不安定相，麻田散鐵就是介穩相，而肥粒鐵與雪明碳鐵就是安定相。而對於 1080 的碳鋼而言，室溫下的殘留沃斯田鐵與麻田散鐵都是介穩相。

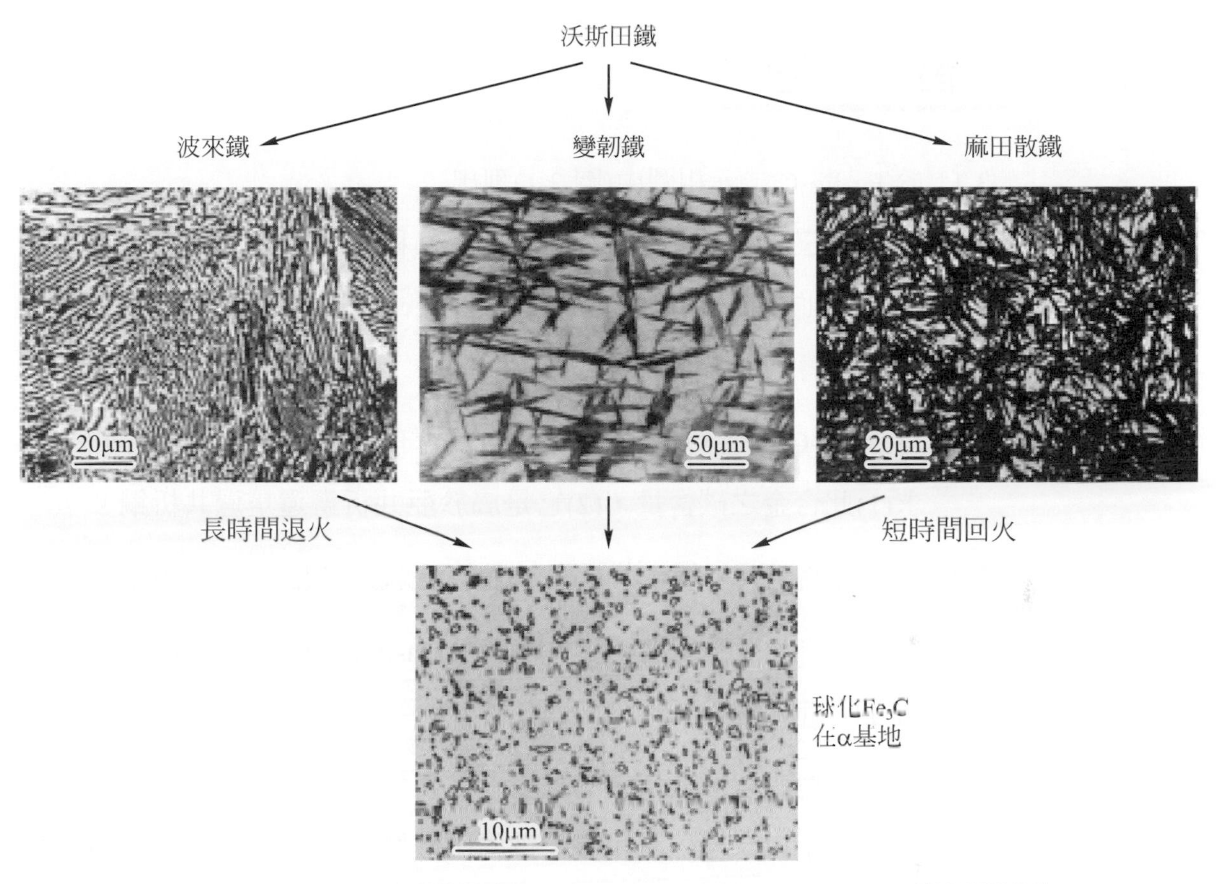

▲圖 3.27 共析鋼之相變化與微結構之彙整，變韌鐵中的亮區為麻田散鐵[CHIU&YANG1]

習　題

3.1 於 Fe-Fe_3C 二元相圖中(圖 3.1)列出：

(1)所有三相反應點之組成、溫度、名稱與反應式。

(2)繪出並解釋碳鋼經**包晶反應(peritectic reaction)**非平衡冷卻後可能之鑄態微結構。

3.2 有一 Fe-C 合金，室溫下其微結構中含有 20wt%Fe_3C 與 80wt%α，求(1)此合金之碳含量，(2)它是屬於亞共析鋼還是過共析鋼。

3.3 簡略說明亞共析鋼、共析鋼、過共析鋼於室溫下之平衡微結構。

3.4 何謂麻田散鐵相變化與**班氏變形(Bain-distortion)**。鋼鐵材料回火處理的目的是什麼？

3.5 (1)何謂雙晶變形？何謂滑移變形，有何差異？

(2)碳素鋼由沃斯田鐵相變化爲麻田散鐵的過程中，其剪變形機制是什麼？它們將在麻田散鐵中製造何種缺陷？

3.6 說明鋼鐵由高溫沃斯田鐵相變化爲下列鋼鐵時之相變化過程之異同：(1)波來鐵與變韌鐵、(2)變韌鐵與麻田散鐵。

3.7 重繪共析鋼之恆溫轉換圖(圖 3.22)，並於圖中繪製熱處理路徑，以產生以下三種爲結構：(1)100% 粗波來鐵(2)100%回火麻田散鐵、與(3)50% 細波來鐵＋25% 變韌鐵＋25%麻田散鐵。

3.8 何謂恆溫轉換圖與連續冷卻轉換圖？兩者有何差異？

3.9 說明**安定相(stable phase)**、**介穩相(meta-stable phase)**、**不安定相(unstable phase)**的區別。對於 1040 的碳鋼而言，室溫下的沃斯田鐵、麻田散鐵、肥粒鐵與雪明碳鐵各屬於何種相？

補充習題

3.10 對 Fe-0.5wt%C 合金而言，當溫度由 γ 相冷卻到稍低於共析溫度時，計算其(1)初析肥粒鐵與波來鐵的重量百分率，(2)肥粒鐵與雪明碳鐵(Fe_3C)的重量百分率，(3)波來鐵中，共析肥粒鐵與雪明碳鐵之重量百分率，(4)共析肥粒鐵之重量百分率。

3.11 簡述鋼鐵材料之分類，並說明低合金鋼代號的意義。

3.12 合金元素如何影響鋼鐵材料之：(1)鐵-合金元素二元相圖、(2)Fe-Fe_3C 二元相圖、(3)恆溫轉換圖。

3.13 (1)由能量觀點說明需要過冷，才會發生液態鐵相變化爲固態鐵。(2)由能量觀點說明不需要過熱，就會發生固態鐵相變化爲液態鐵。

3.14 鋼鐵熱處理時之相變化涉及成核與成長兩個過程，其成核與成長速率對溫度之曲線圖(如圖 3.7(a))均會有一鼻端出現，試定性說明其理由？

3.15 共析鋼在共析反應時，爲什麼會形成包含(肥粒鐵+雪明碳鐵)兩相交錯層狀微結構？碳原子擴散所需要的驅動力是什麼？

3.16 共析鋼由沃斯田鐵變成波來鐵時，如何經下列製程獲得粗波來鐵與細波來鐵？(1)恆溫冷卻，(2)連續冷卻。

3.17 沃斯田鐵變成麻田散鐵時體積有所變化，室溫下含 1.0wt%C 的沃斯田鐵晶格常數 a＝0.3592 nm；而麻田鐵晶的格常數 a＝0.2848 nm，c＝0.2977 nm。試計算室溫下沃斯田鐵變成麻田散鐵之體積改變量。

3.18 計算 Fe-0.2wt%C 合金的沃斯田鐵變成麻田散鐵之體積變化量。

3.19 就：(1)含碳量、(2)剪變形機制、(3)微結構內之缺陷，說明**片狀麻田散鐵(lath martensite)**與**板狀(或針狀)麻田散鐵(plate martensite)**之區別。

3.20 說明下列原因，(1)碳鋼中碳含量愈高，麻田散鐵相變化溫度[M_s(與 M_f)]愈低(圖 3.16a)，(2)合金元素的添加幾乎都會降低鋼鐵之麻田散鐵相變化溫度[M_s(與 M_f)]，(3)塑性變形下，麻田散鐵相變化開始溫度(Md)高於麻田散鐵相變化開始溫度(M_s)

3.21 圖 3.17 中顯示當碳含量高於 0.6wt%時，爲何麻田散鐵的硬度數據顯得極爲散亂？

3.22 說明 **哈得非錳鋼[Hadfield manganese steel** (Fe + 14 % Mn + 1.4%C)]之特性。

3.23 說明上變韌鐵與下變韌鐵微結構之形成過程與差異。

3.24 對於 Fe-0.76wt%C 共析鋼而言：

(1)波來鐵、麻田散鐵、球形 Fe_3C 三種微結構中，哪一種結構最安定？哪一種結構最不安定？請說明其原因。

(2)在 600℃下，可以由波來鐵相變化成球形 Fe_3C，或由麻田散鐵相變化成球形 Fe_3C，哪一種比較容易進行？爲什麼？

3.25 參考共析鋼之恆溫轉換圖(圖 3.22)，下列三種不同熱處理會獲得何種微結構，假設合金皆於 760℃持溫一段長時間：(1)急冷至 400℃並持溫 10000 秒，然後淬至室溫。 (2)急冷至 200℃並持溫 100 秒，然後淬至室溫。(3)急冷至 700℃並持溫 10 秒，再急冷至 400℃並持溫 10000 秒，然後淬至室溫。

3.26 共析鋼由 900℃以下列的方法冷卻到室溫，列出它們在室溫下的的微結構：

(1)爐冷(完全退火)、(2)空冷(正常化處理)、(3)油冷、(4)水冷。

3.27 含碳量的高低對於碳鋼的(1)麻田散鐵/沃斯田鐵微結構比例、(2)麻田散鐵相變化溫渡(M_s與 M_f)、與(3)麻田散鐵硬度有何影響？

3.28 何謂合金元素的**重新分布(partition)**？元素的重新分布對鋼鐵合金之 TTT 圖會造成何種影響？

3.29 說明含**碳化物形成元素(carbide former-如 Cr,W,Mo,V 等)**之合金鋼，其 TTT 圖會顯現兩個鼻子之原因。而含**非碳化物形成元素(carbide former-如 Ni,Mn,Cu 等)**之合金鋼，其 TTT 圖只顯現一個鼻子之原因。

4

鋼鐵淬火與回火熱處理

麻田散鐵是碳鋼中最硬的微結構，爲了提升其韌性，麻田散鐵常需施予回火熱處理，依使用的需求，進行不同程度的回火，所獲得的回火麻田散鐵微結構，其強度涵蓋範圍從最硬的麻田散鐵到最軟的球化 Fe_3C。

工業上所使用的許多零組件，如齒輪、軸承等，需具有強度高、韌性佳、抗磨耗能力強等特性。爲了獲得上述特性，首先需要獲得麻田散鐵微結構，才能談下一步的回火熱處理。也就是把鋼淬火時，要能容易相變化爲麻田散鐵，也就是要有高的硬化能力，才有使用上的價值。

鋼的硬化能力就是『鋼鐵合金相變化成麻田散鐵的能力』，本章首先將介紹不同微結構的碳鋼之硬度變化，爾後將介紹硬化能的量測方法、與影響硬化能的因素，最後將介紹鋼鐵回火與其脆化現象。

4.1 碳鋼之碳含量與硬度

在第 3 章中，已經介紹過碳鋼的麻田散鐵具有加工硬化與固溶強化雙重強化機構，所以在圖 3.17 中，對於含碳量相同的碳鋼而言，麻田散鐵之硬度遠遠高於波來鐵與球化結構。且不論何種微結構，當含碳量增加時，其硬度也隨之增加。對於波來鐵與球化結構而言，含碳量增加就會使碳化物(Fe_3C)增加，硬度也就隨之增加。關於麻田散鐵之強化機構請參閱第 3.3.3 節知說明。

4.2 鋼的硬化能力

因為鋼的硬化能力就是『鋼鐵合金相變化成麻田散鐵的能力』，因齒輪、軸承等零組件需具有強度高、韌性佳、抗磨耗能力強等特性，為了獲得這些特性，鋼於淬火時，要能容易相變化為麻田散鐵，也就是要有高硬化能力，才比較有使用上的價值。

但高的硬化能力對鋼並不是完全必要，例如應用於銲件之大型結構鋼料，當銲接時，銲道處金屬發生熔融，而鄰近銲道處某個距離，鋼會被加熱到沃斯田鐵區域。如果金屬的硬化能很高，在冷卻時，熱流快速地由受熱區流向母材，其冷卻速度極快，造成銲道處形成硬脆的麻田散鐵，而這些硬脆的麻田散鐵又無法藉由回火處理來改善。所以用於橋樑、建築物和船舶等的結構鋼，通常都被設計成中等的硬化能。

如果鋼鐵在某一淬火條件下，能完全變態成麻田散鐵，則藉由後續的回火處理，可得到最佳的機械性質(強度和延性)組合。在某些情況下，如果 M_f 溫度低於室溫，則必須將金屬進行**深冷處理(subzero cooling)**，冷至室溫以下溫度，以便消除大部分殘留沃斯田鐵。鋼鐵材料之硬化能力受合金元素、沃斯田鐵晶粒、與冷卻速率等因素的影響，鋼鐵硬化能力測試所獲得之數據是選用鋼料的重要依據。

4.2.1 硬化能力試驗

從 TTT 曲線及 CCT 曲線，知道冷卻速率愈快，愈容易得到麻田散鐵，硬度也愈大。但每一種鋼料的 TTT 曲線不同，獲得全部是麻田散鐵的難易程度也不同。硬化能較大的鋼種，較慢的冷卻速率也可得到完全的麻田散鐵，較大的零件也容易全面硬化；硬化能較小的鋼種，需較快冷卻才能得到麻田散鐵，只有截面較小的試片才可能全面硬化；截面太大時，內部的冷卻速率較慢，不易硬化。

一個鋼種的硬化能大小雖可以從 TTT 或 CCT 曲線的資料獲得；但在實用上，則以簡易的**爵明立端面淬火法(Jominy end-quench test)**，直接測出其硬化能曲線。另外，也可以利用**葛樂士明(Grossmann)**圓棒法所測得的**(ideal critical diameter)『理想臨界直徑』**來表示硬化能的大小。

1. **爵明立端面淬火法**(Jominy end-quench test)

此法的裝置如圖 4.1 所示，將一直徑爲 25.4 mm，長爲 100 mm 的標準試棒，先加熱到淬火溫度(與完全退火之溫度相似，昇溫時間約 30 分鐘)後；保持約 20 分鐘，立即裝在淬火架上，一端固定，另一端以水柱上噴淬火 10 分鐘，待完全冷卻後；將鋼棒側面磨出一平面，而從淬火端開始，每隔一段距離測其硬度值，而可以得到硬度隨位置而變化的曲線，稱爲**硬化能曲線(hardenability curve)**，如圖 4.2 所示。

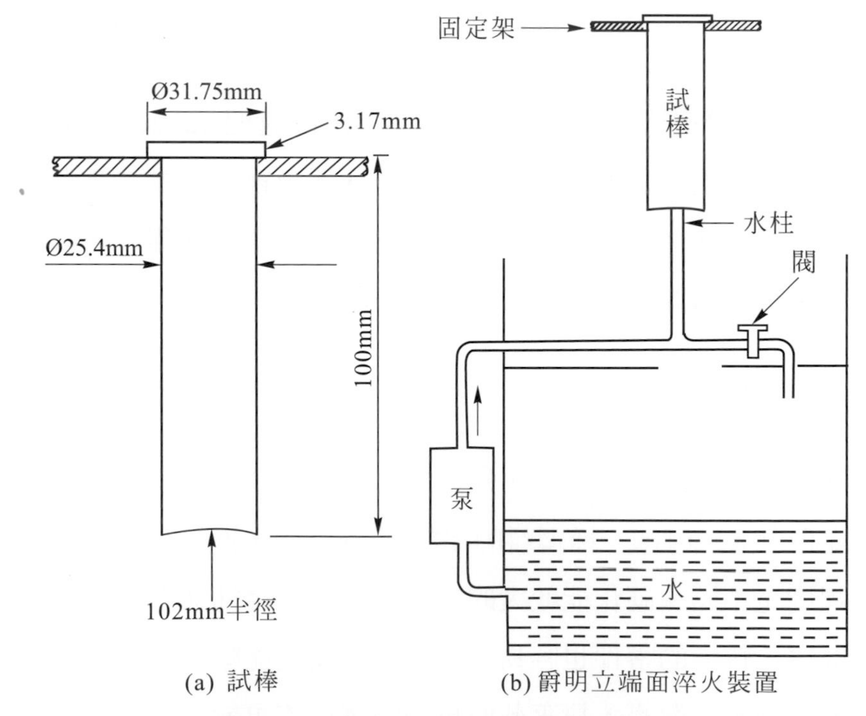

▲圖 4.1 爵明立端面淬火法[McGANNON2&M]

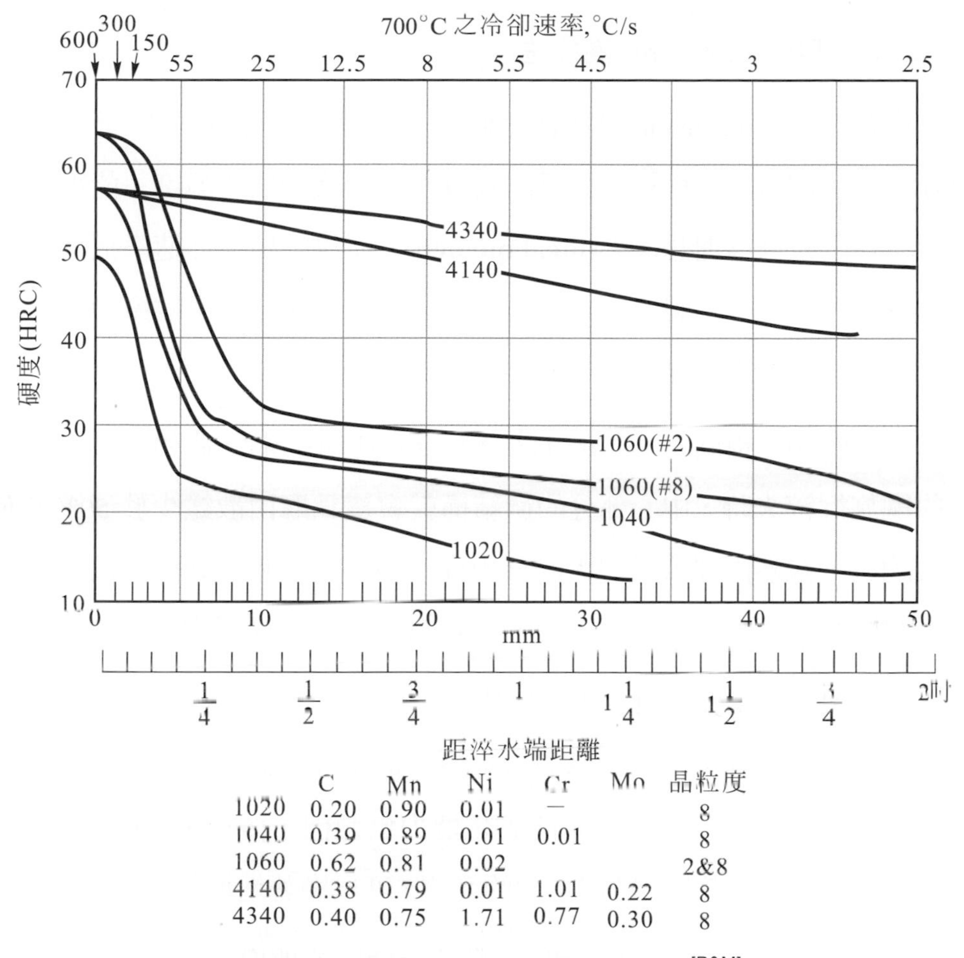

	C	Mn	Ni	Cr	Mo	晶粒度
1020	0.20	0.90	0.01	—		8
1040	0.39	0.89	0.01	0.01		8
1060	0.62	0.81	0.02			2&8
4140	0.38	0.79	0.01	1.01	0.22	8
4340	0.40	0.75	1.71	0.77	0.30	8

▲圖 4.2　幾種低合金鋼的硬化能曲線[R&M]

圖 4.1 的爵明立端面淬火法測量鋼之硬化能力的裝置，對所有碳鋼及低合金鋼(合金總含量少於 5%)而言，因主要成分是鐵，其熱傳導可視爲相同，亦即各種低合金鋼的硬化能試棒各位置的冷卻速率都類似。以淬火端直接水淬的冷卻速率最快，而距離淬火端愈遠，冷卻速率愈慢。因此相同位置不同鋼種所呈現的硬度大小，就是指特定冷卻速率下，鋼種所得到的淬火硬度。從硬化能曲線中，可以獲得某一鋼種在已知的冷卻速率下之硬度爲若干；反之，已知某一鋼料的硬度時，則可推算其冷卻速率。

2. 葛樂士明(Grossmann)圓棒法

葛樂士明(Grossmann)圓棒法是假想一種理想的冷卻方法，而以此冷卻方法冷卻鋼料時，鋼料表面瞬間就會冷卻到冷卻液的溫度，能得到這種條件的淬火稱爲**理想淬火(ideal quench)**。而以這種冷卻速率把某一直徑的鋼施行淬火時，假如中心部分的微結構剛好含有麻田散鐵 50%，這個直徑就叫做理想臨界直徑，通常用 D_I 表示。

鋼的種類不相同時，臨界直徑 D_I 的大小也不一樣，假如把直徑大於 D_I 的鋼施行淬火時，中心部分的微結構就會變爲麻田散鐵少於 50%。而 D_I 大的鋼，雖然直徑或尺寸大的零組件，中心部分也比較容易硬化。D_I 小的鋼假如它的直徑或尺寸大時，中心部分就不容易硬化。

熱處理用合金鋼，因爲所含的特殊元素不同，它的 D_I 也不一樣。想要求出含有特殊元素的合金鋼之 D_I 時，把相同含碳量的碳鋼之 D_I(即 D_{IC}，圖 4.3)乘上圖 4.4 中所示的**硬化能力倍數因子(multiplying factor)**就可以求出。硬化能力倍數因子大的元素，可以顯著地增加鋼的硬化能。

從圖 4.4 可知，Mn、Mo 和 Cr 等元素會顯著地增加硬化能力，Ni、Si 的效果比較低，鋼中含有 Ni、Cr、Mo、Mn 等數種元素時，把各元素的硬化能力倍數因子，依次乘上含相同碳量的碳鋼之 D_{IC}，就可以得到這種合金鋼的 D_I ，就是：

$$D_I = D_{IC} \times 2.21 \times (\%Mn) \times 1.40(\%Si) \times 3.275 \times (\%Mo) \times 2.13(\%Cr) \times 1.49(\%Ni)\ (wt\%) \quad (4.1)$$

上式中的 D_I 與 D_{IC} 分別是理想臨界直徑(單位 mm)、與含相同碳量的碳鋼之理想臨界直徑。由圖 4.3 可知沃斯田鐵晶粒粗細是影響鋼鐵硬化能力的重要因素。

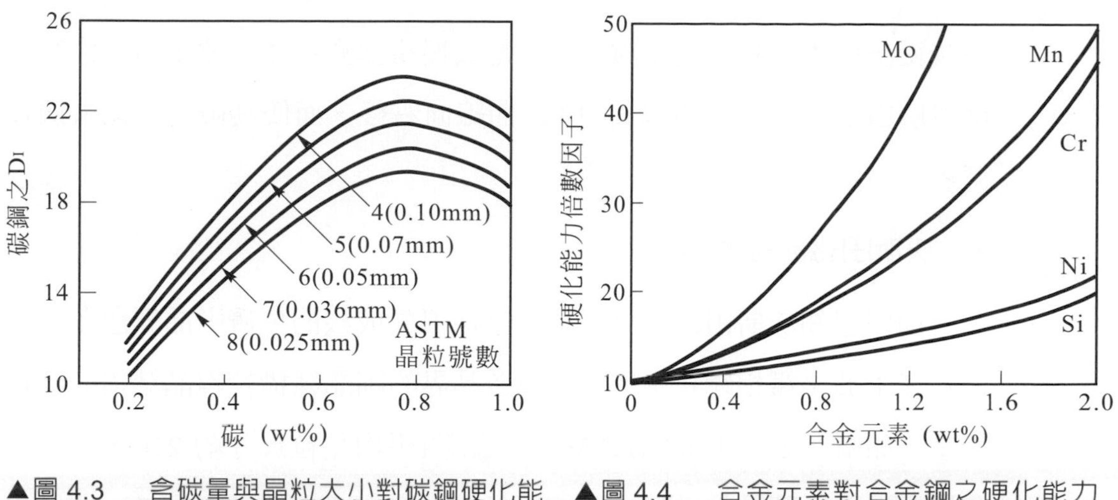

▲圖 4.3 含碳量與晶粒大小對碳鋼硬化能力之影響[MOSER&M]

▲圖 4.4 合金元素對合金鋼之硬化能力倍數因子之影響[MOSER&M]

4.2.2 影響硬化能之因素

由以上的討論與圖 4.2 中的幾種低合金鋼的硬化能曲線，可歸納出影響硬化能曲線的三個因素。

1. 碳含量：

碳鋼的碳含量在共析成分以下時，碳愈多則愈容易硬化，如圖 4.3 所示，比較 1020、1040 與 1060 三條硬化能曲線，可看出碳愈多，硬化能愈好。此可從亞共析鋼的 TTT 曲線比共析鋼者容易產生波來鐵相變化而得知，因為碳愈多需擴散重新分配的時間也愈長。在圖 4.3 也可以看到碳含量對硬化能之效應。

2. 合金元素：

如圖 4.2 所示，比較 4340 與 1040 兩條硬化能曲線，可看出同樣含 0.40%C，而 4340 的硬化能遠優於 1040。事實上純碳鋼的硬化能都不好，需在極快冷卻才能完全硬化。

合金元素的作用主要是形成波來鐵時，合金元素亦需重新分配，而合金元素大多為置換型元素，其擴散速率遠比插入之碳原子慢許多，因而減緩沃斯田鐵變成波來鐵，也就是較慢冷卻亦不產生波來鐵。即容易產生麻田鐵相變化，所以其 TTT 曲線向右移，而使其硬化能比碳鋼好許多。

3. 沃斯田鐵晶粒大小：

前面已知沃斯田鐵晶界處是波來鐵優先成核的位置，晶界愈多就愈容易產生波來鐵相變化，所以有較多晶界的細晶結構較粗晶結構的硬化能差。如圖 4.2 中 1060 碳鋼的 8 號晶粒(平均晶粒尺寸約 25μm)，其硬化能曲線在 2 號晶粒(晶粒約 160 μm 大小)的硬化能曲線的下方，即硬化能較差，而圖 4.3 也顯示相同的現象。

而試驗前的微結構與加熱溫度也會影響到硬化能曲線，試驗前的微結構若是正常化、或麻田散鐵微結構，則沃斯田鐵化速度較快，其硬度就較高。而球化或經完全退火之微結構，沃斯田鐵化速度較慢，其硬度就較低。另外，若加熱溫度太高，造成淬火時需發散的熱量較大，以致減緩了冷卻速率，有可能影響到麻田散鐵的形成，因而使硬度降低。所以進行硬化能實驗前，常需先施以正常化熱處理，且加熱溫度不宜過高。

4.3 鋼之淬火

把鋼加熱到適當溫度(亞共析鋼 A_{C3} 以上 30～50°C，共析鋼和過共析鋼 A_{C1} 以上 30～50°C)，保持適當的時間後急冷，則可阻止 A_{r1} 相變化(波來鐵相變化)而得到高硬度的麻田散鐵微結構。這種操作叫做淬火。淬火溫度過高時，沃斯田鐵晶粒會成長而變粗，所以淬火後的機械性質不良，甚至發生裂痕，此外淬火後的變形量較大，氧化和脫碳作用也較明顯。假如沃斯田鐵全部變爲麻田散鐵時，淬火鋼的硬度最高。冷卻速率比這速率慢時，就不能全部變爲麻田散鐵，硬度便會降低。

由於鋼的 TTT 曲線之鼻部約在 500-600°C，所以在 500°C 附近很快就發生波來鐵相變化，表示沃斯田鐵從高溫冷卻時，在 500-600°C 附近的冷卻速率要夠快，才能阻止在這溫度發生波來鐵(或變韌鐵) 相變化，而使沃斯田鐵狀態能被維持到低溫，然後在 M_s 溫度以下發生麻田散鐵變態而得到麻回散鐵微結構。例如就圖 3.25 與圖 3.26 來講，爲了要得到麻田散鐵組織，冷卻速率曲線所示的臨界冷卻速率夠快才行。這種臨界冷卻速率，因鋼料而有不同，可由 CCT 曲線看出。

4.3.1 冷卻曲線與冷卻劑

高溫的材料投入水或油等冷卻劑時，其冷卻過程可以分爲四個階段(圖 4.5)，圖 4.5(b)顯示將直徑 10mm 的銀試片從 800°C 淬火到 20°C 的蒸餾水中時之表面的冷卻曲線，茲說明如下：

1. 階段 I(AB 範圍)： 剛投入冷卻液中後，接觸材料的液溫急速昇到沸點，材料表面的熱量很快被吸取，表面溫度將急速下降。
2. 階段 II(BC 範圍)：材料表面很快就被蒸氣膜包覆，而此蒸氣膜有絕熱作用，冷卻速率將減緩。
3. 階段 III(CD 範圍)：爾後接觸材料的液體激烈沸騰，而產生大量氣泡，此時液體被攪拌，材料會和冷的液體接觸，開始發生顯著的溫度變化。此階段是淬火是否會成功的重要關鍵區域，稱做「臨界區域」，也是冷卻液的**淬火冷卻能(quenching severity)**數值大小的指標。
4. 階段 IV(DE 範圍)：過了臨界區域，淬火液不再沸騰，而液體開始對流，此階段冷卻緩慢，但是過冷沃斯田鐵會在此溫度區域變爲麻田散鐵，稱做「危險區域」。

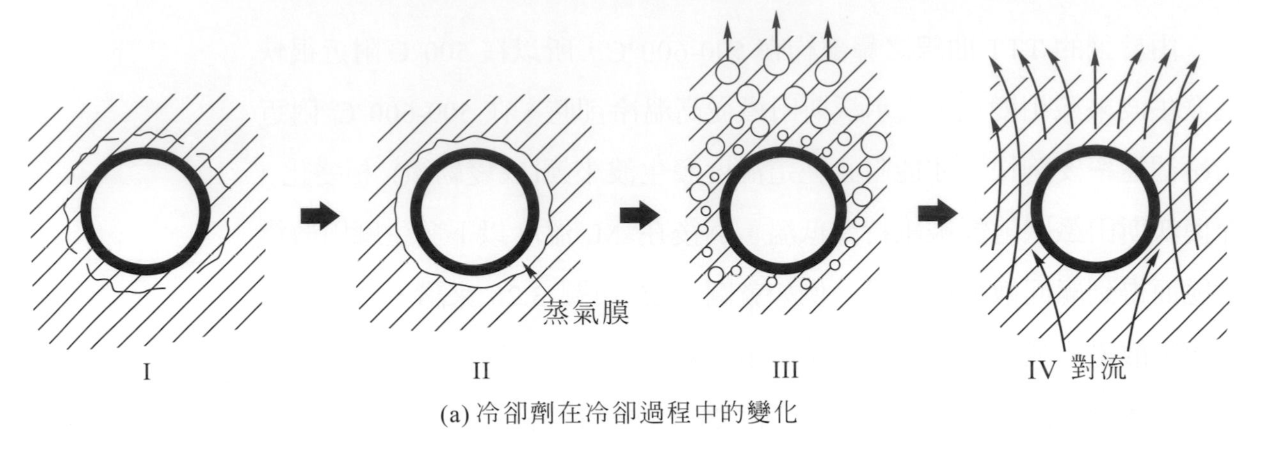

(a) 冷卻劑在冷卻過程中的變化

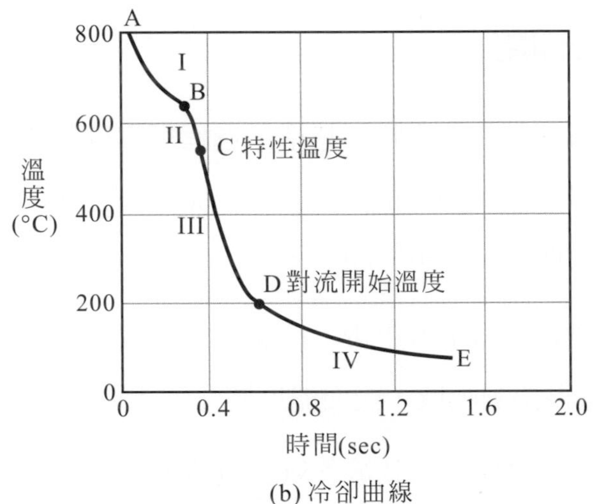

(b) 冷卻曲線

▲圖 4.5　10mm 直徑的銀試片從 800℃淬火到 20℃的水中之(a)冷卻劑在冷卻過程中的變化、與(b)表面的冷卻曲線

水是最常用的冷卻劑，且其冷卻能力也很大，但當水溫超過 30℃時，冷卻能力會降低，因此宜在 30℃以下使用，且需充分攪拌，若攪拌不足時，會引起淬火不均勻。水在「臨界區域」的冷卻速度快，所以可以抑制波來鐵的相變化。但其在「危險區域」的冷卻速度也很快，所以容易發生脆裂。水中加入食鹽或 NaOH 等，可以縮短蒸氣膜的生成時間而增加冷卻速率。除了水外，空氣、鹽浴冷卻劑(含硝酸鹽、或亞硝酸鹽的混合鹽類)都是常用之冷卻劑。

4.3.2 冷卻能 H 與 $H-D_I-D_C$ 關係圖

冷卻劑的種類或條件(例如是否攪拌)不同時，其冷卻效果就不一樣。為了能簡單地表示冷卻劑的冷卻特性，通常採用冷卻能(H 值)來表示冷卻劑的強度。表面溫度 T_2 的物體淬火到溫度 T_1 的冷卻劑內時，單位時間物體所失去的熱量 Q，可以用下式表示：

$$Q=\alpha(T_2-T_1) \tag{4.2}$$

式中 α 是從物體表面把熱傳到冷卻劑時的**熱傳係數(heat transfer coefficient)**，如果鋼的**導熱度(thermal conductivity)** 是 λ，則冷卻劑的**淬火冷卻能(quenching severity)**H 是依照下式所定義：

$$H=\alpha/2\lambda \tag{4.3}$$

由於低碳鋼或低合金鋼的 λ 值大致相同，因此 H 值會和 α 成正比。表 4.1 顯示各種冷卻劑的 H 值。由表可知，攪拌能有效提高 H 值。

在第 4.2 節已經說明過理想臨界直徑 D_I 的概念。求 D_I 時所用的淬火條件是採用**理想淬火(ideal quench)**，也就是 H=∞時的淬火。然而由表 4.1 可知，實際上實施淬火時，H 值並非無窮大，會因冷卻劑和攪拌情況不同而變化，因此在實務上，所測得淬火後之材料的中心部位，雖具有 50%麻田散鐵+50%細波來鐵的淬火直徑(D_C)，D_C 並非 D_I 值。因此 D_C 只能定性的表示材料的硬化能的良否。此時可以利用 $H-D_I-D_c$ 之間的關係曲線(圖 4.6)求得 D_I。由圖可知，D_I 和 H 已知時就可以求出 D_C 值。或者由實驗得到某一材料的 $H-D_C$ 關係時，就可以求出理想臨界直徑 D_I 。

▼表 4.1　各種冷卻劑的冷卻能 H[GROSMANN&M]

攪拌程度	空氣	油	水	食鹽水
靜止	0.02	0.25～0.30	0.9～1.0	2
輕微攪拌		0.30～0.35	1.0～1.1	2～2.2
緩微攪拌		0.35～0.40	1.2～1.3	
中度攪拌		0.4～0.5	1.4～1.5	
強度攪拌	0.05	0.5～0.8	1.6～2.0	
激烈攪拌		0.8～1.1	4	5
Jominy 噴水			2.5	

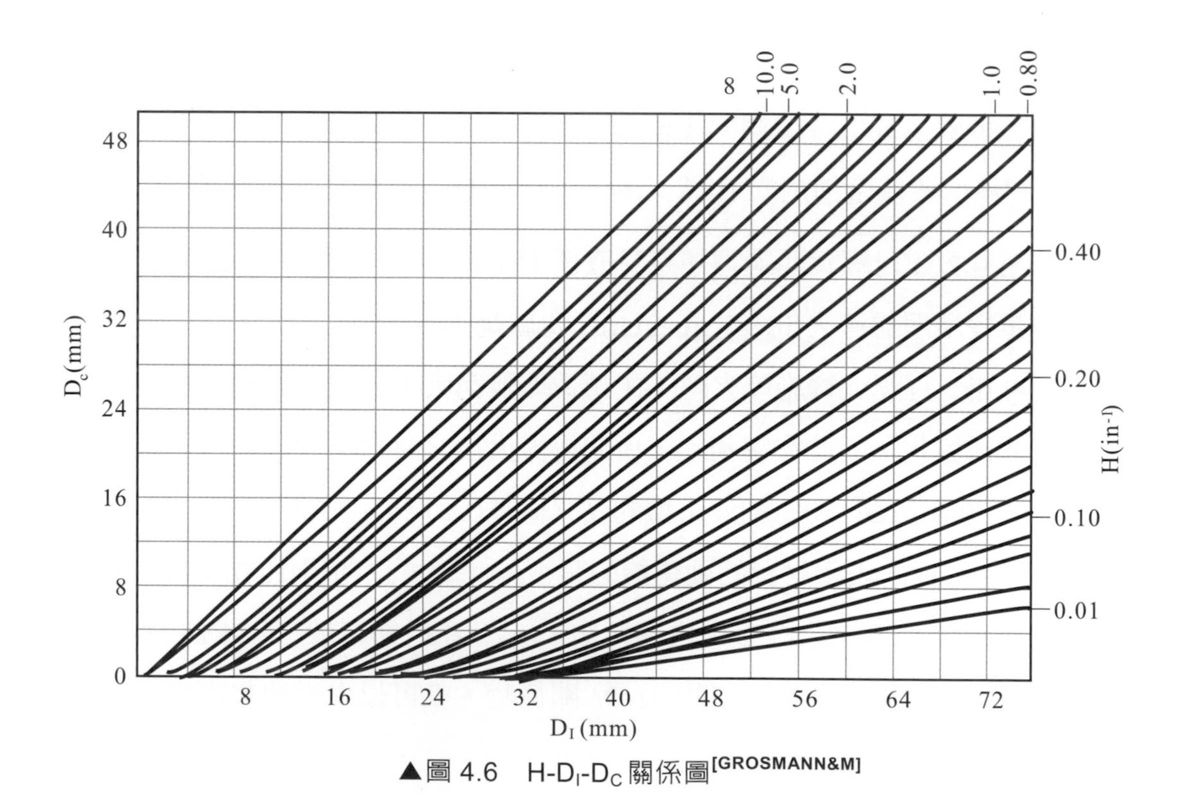

▲圖 4.6　H-D_I-D_C 關係圖[GROSMANN&M]

4.3.3 淬火鋼的質量效應與體積變化

尺寸較大的鋼料實施淬火時，其表面之冷卻速率較快，容易產生麻田散鐵，但是中心部分的冷卻速率較慢，容易發生波來鐵而強度不高，所以鋼鐵的尺寸過大或者斷面太厚時，不能使全截面都得到完全淬火硬化的效果，這現象稱做**質量效應(mass effect)**，圖 4.7 顯示含 0.45% C 的不同直徑之碳鋼施行淬火時，直徑方向硬度之變化情形，由圖可以看出質量效應的影響。

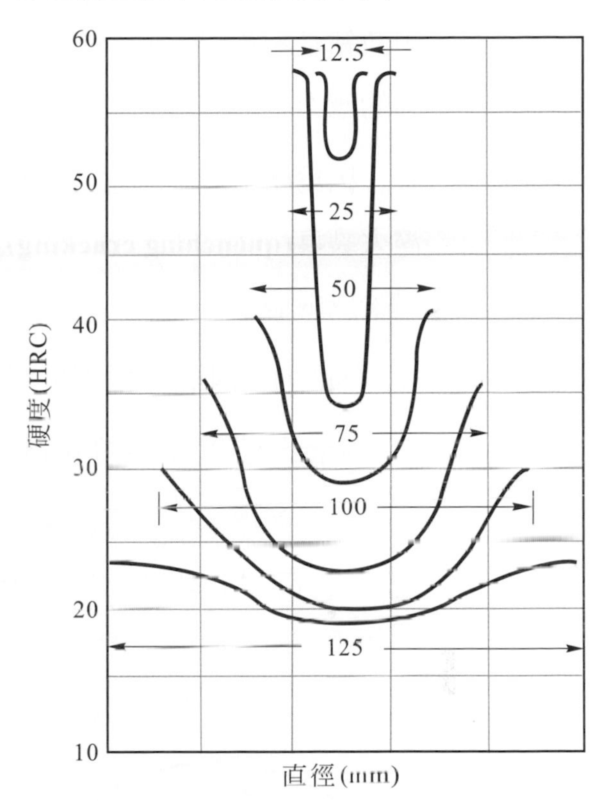

▲圖 4.7　不同直徑 Fe-0.45%合金淬火後直徑方向之硬度變化圖[GROSMANN&M]

爲了降低質量效應，開發了各式的合金鋼，合金鋼淬火時，冷卻速度常不需很快，也可以得到最高硬度的淬火微結構，所以不但可以使材料中心部分充分的硬化，而且因爲冷卻速率可以較慢，材料內外的溫度差較小，因此不容易發生變形或淬裂。

當沃斯田鐵轉換成麻田散鐵時，其體積會產生變化，該變化量可藉由**班氏變形(Bain distortion)**、以及沃斯田鐵和麻田散鐵的晶格參數來計算，例如碳含量爲 1%的碳鋼轉換成麻田散鐵時，其體積增加大約 6.0%，(請參考例 3.4 之說明)。

4.3.4 淬火裂痕

淬火時，若冷卻到 M_s 點以下的溫度後，冷卻速率仍然很快的話，容易引起材料內各部分的冷卻速率不均，而使材料內各部位所生成的麻田散鐵量不相同，而這種不均勻的麻田散鐵變態會使材料內部產生不均勻的應力。

因爲麻田散鐵很脆，所以這種不均勻的應力容易使材料變形或發生**淬火裂痕(quenching cracking)**，鋼鐵在淬火過程中所導入的內應力，可歸納成兩個來源：

1. 熱應力：因鋼鐵表面和內部的不同冷卻速率所引起。
2. 相變化應力：因沃斯田鐵轉變爲其它微結構之體積變化所引起。

淬裂的產生是因爲試棒表面呈現張應力的結果，如圖 4.8(a)所示，圖 4.8(b)是結合熱應力與相變化應力所顯示的試棒應力狀態圖，一開始中心和表面溫度相等，隨之差異漸增，因而在表面造成殘留的張應力，而許多鋼鐵是落在這個表面爲張應力狀態的範圍內。

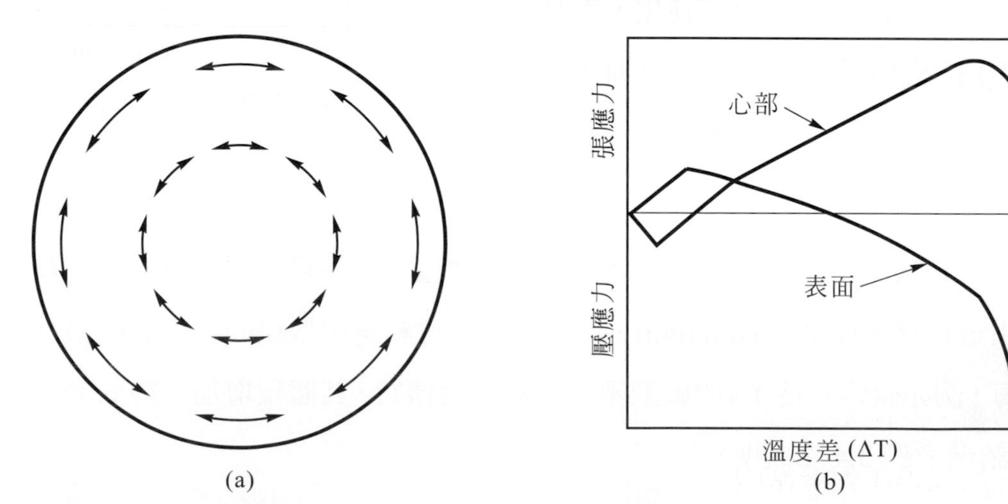

▲圖 4.8　(a)淬火圓柱鋼之切面應力圖(表面為壓應力、心部為張應力) (b)圓柱鋼淬火後之殘留應力分布與溫度差ΔT 之關係圖[ABBASCHIAN&M]

很重要的一點是在整個大試片直徑範圍內，表面張應力大小隨內外溫差增大(即冷卻速率差異的增大)而增加。對於一固定冷卻速率而言，當增加直徑就會增加殘留應力的大小。但是，如直徑相當大時，其表面可能得到殘留壓縮應力。事實上，應力分布的最後結果，端視圓棒表面和心部的相對冷卻速率(即溫度差ΔT)而定，如圖 4.8(b)所示。

當然溫度差ΔT 又是圓棒尺寸和淬火速率的函數，當這兩個參數的乘積很大時(大的直徑和快的冷率，即大的溫度差)，雖然中心仍然在很高的溫度下，但表面已硬化了，此時，熱收縮的量很大，換言之，熱收縮常常超過麻田散鐵變化的體積膨脹，此時表面呈壓應力、心部成張應力。

當表面和心部間冷卻速率的差異只是中等程度(即差異不大)，則表面硬化後，中心溫度只稍高於表面。表面硬化後中心區域的熱收縮因此小於麻田散鐵形成所產生的膨脹。

因沃斯田鐵從 M_s 溫度開始才會相變化成麻田散鐵，而當相變化成麻田散鐵的溫度愈高，則麻田散鐵形成時所引起的體膨脹率愈小，所以 M_s 溫度高的鋼鐵，其比體積變化較小，結果形成淬火裂痕的傾向降低。由此可知，高碳鋼以及包含那些會降低 M_s 的合金元素者，就較容易受到淬火裂痕。

4.3.5 深冷處理

急冷到常溫的鋼鐵，常含有未相變化的殘留沃斯田鐵，假如把它繼續冷卻到常溫以下的 M_f 點，未相變化的沃斯田鐵就會繼續轉變爲麻田散鐵，而在 M_f 點以下溫度全部變爲麻田散鐵。這種把材料冷卻到 0℃以下的操作叫做**深冷處理(subzero cooling)**。

一般淬火後的高碳鋼，在麻田散鐵中含有 10-30%的殘留沃斯田鐵，而這些沃斯田鐵隨著長期使用會發生相變化，所以尺寸精度要求嚴格的量具、軸承、精密機械零件，需進行深冷處理，其目的是要減少或消除殘留沃斯田鐵。冷卻到預定的深冷溫度後，不一定要保持某一段時間，但是一般採用 30min/25mm 的保持時間。深冷處理後可以放置空氣中讓零件的溫度上昇，但是以作業性或消除殘留應力的立場來講，放置在水中或溫水中比較好。

4.4 碳鋼之回火

淬火所得到的麻田散鐵與殘留沃斯田鐵，在常溫是介穩定的微結構，其原因是：

1. 麻田散鐵為非平衡過飽和固溶體：體心正方晶格(BCT)內溶有過飽和的碳原子。
2. 麻田散鐵中存在非平衡的殘留沃斯田鐵。
3. 麻田散鐵中儲存高應變能與界面能：高差排密度具有高應變能、且片狀晶界與雙晶具有界面能。

回火過程中，上述的(1)(2)過飽和碳原子與殘留沃斯田鐵是形成碳化物與肥粒鐵的驅動力，而第 3 點的儲存能則是**回復與再結晶(recovery and recrystallization)**的驅動力。

▼表 4.2 不同微結構錳鋼(Fe-1.5Mn-0.2C(wt%))之儲存能[BHADESHIA]

微結構	儲存能(J/mole)
肥粒鐵＋石墨＋雪明碳鐵	0
肥粒鐵＋雪明碳鐵	70
肥粒鐵＋雪明碳鐵(錳偏離)	385
碳過飽和之肥粒鐵	1414
麻田散鐵	1714

回火驅動力的大小決定於回火前之微結構偏離平衡微結構之程度，偏離愈遠，代表合金中之之**儲存能(stored energy)**愈大，其回火驅動力就愈大。表 4.2 顯示錳鋼(Fe-1.5Mn-0.2Cwt%)在不同微結構下之儲存能大小，表中假設最安定的微結構狀態是具有肥粒鐵＋石墨＋雪明碳鐵的合金，這是假設經過無限長的時間回火後之微結構。

事實上，鋼鐵幾乎在平衡回火狀態是無法獲得石墨的，所以肥粒鐵＋雪明碳鐵的儲存能會稍高於肥粒鐵＋石墨＋雪明碳鐵，70 J/mole ；而錳原子在平衡回火狀態的肥粒鐵＋雪明碳鐵中含量不同(**錳偏析 partition**)，所以爲阻止錳元素在肥粒鐵與雪明碳鐵中的**錳偏析 (partition)**，需具有較大儲存能(385 J/mole)；而大的儲存能是因肥粒鐵中的碳原子過飽和所致(1414J/mole)； 麻田散鐵則因多了剪變形而儲存能最大。

由淬火所得到的介穩定微結構，在常溫下有變爲安定結構的趨勢。但在常溫下，原子擴散速度非常慢，所以不容易達到安定狀態，需藉由回火熱處理，以較高溫度來增加原子之擴散速度。所以淬火鋼回火時，有許多因素影響到微結構的變化，機械性質亦隨之變化。因爲高碳和低碳麻田散鐵微結構上的差異，其衍生的回火也會有所不同，因此本節將高碳鋼和低碳鋼的回火分開來說明。

4.4.1 高碳鋼的回火

淬火鋼(麻田散鐵＋殘留沃斯田鐵)回火過程中，一些基本的相變化依其發生的順序及趨勢，略述如下，其中許多現象有某些程度的重疊，表 4.3 中列出高碳鋼淬火與回火過程中所涉及的結構變化相關資料。

1. 碳原子在麻田散鐵內發生偏析凝聚於差排或雙晶面等缺陷處，大約在低於 100℃以下發生。(圖 4.9 與 4.10 與表 4.4 之階段 2)

2. 過渡性 ε 或 η 碳化物的析出，ε 碳化物為 HCP 晶體，而 η 碳化物是斜方體。過渡性碳化物析出後，鐵基地(為低碳麻田散鐵)內仍然含有過飽和碳原子，而這些碳原子也會偏析凝聚於差排或雙晶面等缺陷處，約在低於 250℃以下發生(階段 3)。

3. 殘留沃斯田鐵分解成肥粒鐵和雪明碳鐵的混合物，約在 200℃-300℃之間發生(階段 4)。

4. 過渡碳化物與偏析碳原子變成小桿狀的雪明碳鐵，約在 200℃-350℃之間發生(階段 5)。

5. 桿狀雪明碳鐵產生球狀雪明碳鐵以減小表面能，約在高於 350℃時發生。

▼表 4.3　高碳鋼淬火後之回火過程所涉及的結晶相關資料[CHENG]

相	結構	晶格參數(Å)	單位晶胞鐵原子個數
麻田散鐵	BCT	a = 0.28664 − 0.0013 wt% C c = 0.28664 + 0.0116 wt% C	2
肥粒鐵	BCC	a = 0.28664	2
沃斯田鐵	FCC	a = 0.3555 + 0.0044 wt% C	4
ε 碳化物	HCP	a = 0.2735；c = 0.4335	2
η 碳化物	Orthomhobic	a = 0.4704；b = 0.4318；c = 0.2830	4
雪明碳鐵	Orthomhobic	a = 0.45234；b = 0.50883；c = 0.67426	12

6. 肥粒鐵微結構之回復。

7. 肥粒鐵微結構之再結晶。

8. 雪明碳鐵的粗化。在此過程，藉由消耗較小顆粒雪明碳鐵成長成較大雪明碳鐵，以進一步降低表面能。

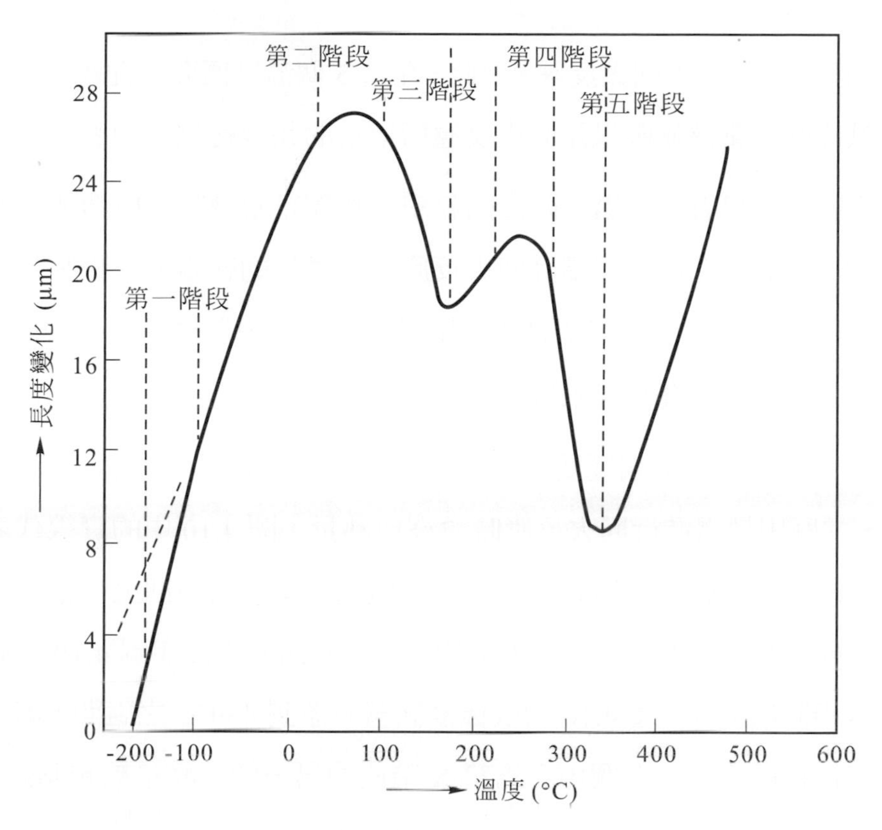

▲圖 4.9　Fe-1.13% C 合金二次淬火後，由 －196°C加熱到 450°C之長度變化曲線[CHENG]

以下將說明碳含量 1.13%之高純度碳鋼的回火過程，這種鋼的 M_f 溫度低於室溫，因此，可觀察到此鋼自沃斯田鐵溫度(842°C)鹽水淬火到室溫，所得的微結構包含了約 15%的殘留沃斯田鐵。然而，接著將之淬入液態氮(77K 或−196°C)，將可減少殘留沃斯田鐵的體積至 6%。以下所探討的數據是取自經鹽水和液態氮雙重淬火的試片，這些試片的回火反應將使用膨脹儀和示差熱分析(DTA)來研究探討。

圖 4.9 顯示二次淬火試片以每分鐘 10°C 的速率，由液態氮溫度 −196°C (77K)加熱到 450°C 時的恆溫速率膨脹曲線。在圖 4.9 中介於第一階段和第二階段間的曲線部分，其曲線斜率是僅由鋼的正常熱膨脹所造成，代表在此溫度區間並沒有明顯回火反應。也就是說圖中標示第一至第五階段的五個溫度區間，其斜率所發生的偏差代表在這些溫度區

間，麻田散鐵已發生回火反應。因此，在這 5 個溫度區間內曲線的斜率，是由試片的正常熱膨脹以及回火反應所衍生的長度變化等兩者所決定。

由圖 4.9 可看出，第一階段的斜率比單獨正常熱膨脹所造成者要來得陡峭，即意味在此溫度區間回火反應造成試片的膨脹，此膨脹是因爲二次淬火到−196°C，所殘留之沃斯田鐵變態成麻田散鐵所造成的結果。同樣的，也可看到在每一階段均發生相對大的收縮量。

碳含量 1.13%碳鋼經雙重淬火所得之示差熱分析(DTA)曲線示於圖 4.10，當麻田散鐵進行回火反應時會釋放熱量，圖 4.10 中的實線代表相變化時的放熱(以溫度差ΔT 來表示)，而虛線爲不同階段回火反應的放熱波峰，每個波峰代表不同的回火階段。圖中的四個階段與圖 4.10 之膨脹曲線是相同的。由於圖 4.10 的數據僅涵蓋室溫到 450°C 之區間，第一階段沒有被描繪出來。在圖中定爲第 X 階段的另一個波峰也被觀測到。

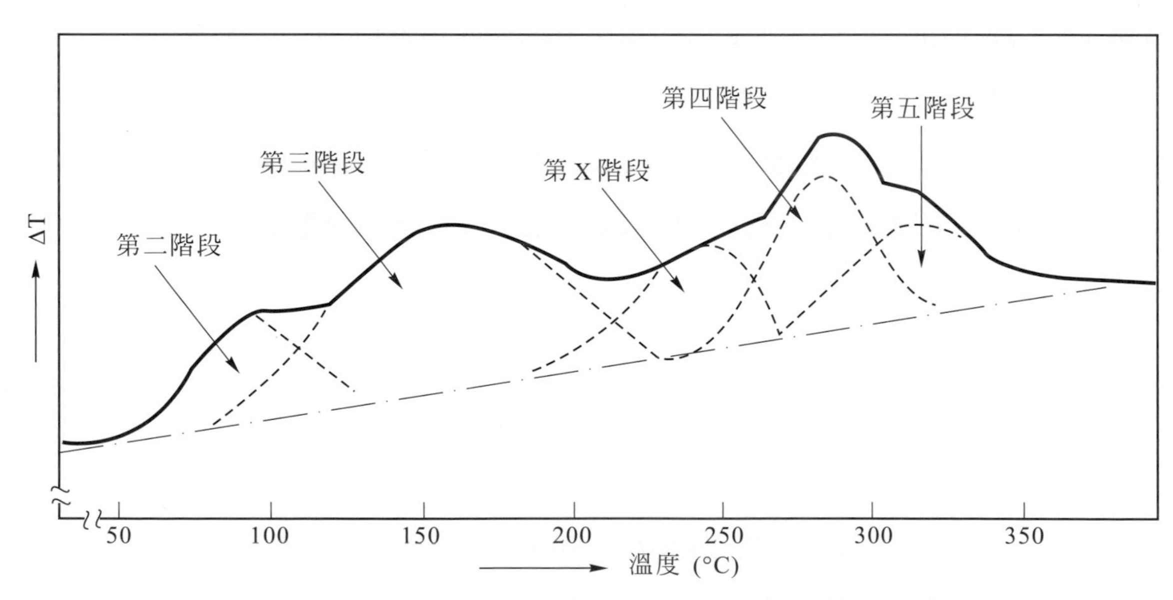

▲圖 4.10　如圖 4.9 之試片於室溫到 450°C 間的示差熱分析(DTA)曲線(加熱速率為 20°C／分鐘、ΔT 是麻田散鐵試片和參考試片間的溫差) [CHENG]

經過仔細研究歸納後，圖 4.9 與圖 4.10 各個回火階段之相關數據彙整如表 4.4 所示。在表中的第 X 階段(圖 4.10)，被認爲可能是由於 Haggs 碳化物析出的結果。如此即顯示有另一種型式的過渡碳化物形成，它出現的溫度不同於(ε 與 η)碳化物。

▼表 4.4 回火 Fe-1.13%碳鋼之過渡碳化物(ε/η)析出[CHENG]

階段	溫度(˚C)	過程
1	−180 到−100	殘留沃斯田鐵轉換成麻田散鐵的變態相變化
2	低於+100	碳原子之凝聚
3	低於 250	(ε / η)過渡碳化物之析出
4	200-300	剩餘的殘留沃斯田鐵分解成肥粒鐵和雪明碳鐵
5	200-350	凝聚的碳和過渡碳化物轉換成雪明碳鐵
x	200 到 270	Haggs 碳化物的析出
	高於 350	雪明碳鐵球化並粗化、肥粒鐵再結晶

而在較高溫度之下，桿狀碳化物約在 400°C 或更高溫時會被球狀 Fe_3C 所取代，雪明碳鐵將產生球化，並進一步粗化(參考圖 3.27)，而肥粒鐵基地也將發生回復及再結晶，使整體自由能降低。

另外，圖 4.9 與圖 4.10 中的 5 個回火階段並未顯示出以下微結構之變化：桿狀雪明碳鐵產生球狀、肥粒鐵微結構之回復與再結晶、雪明碳鐵的粗化等階段，這是因爲這些微結構的改變在體積或能量釋放上，相對於前述的 5 個回火階段甚爲微小之故。

4.4.2 低碳鋼的回火(Tempering of a Low-Carbon Steel)

高碳鋼回火期間所發生的幾個過程，在正常下不會出現在低碳鋼的回火。由圖 3.16 可看出，含碳量 0.6%以下的鋼，其麻田散鐵完成溫度 M_f 在室溫以上，所以這些鋼由沃斯田鐵區域淬火後，其殘留沃斯田鐵量應該很少。事實上，碳含量低於 0.4%時，殘留沃斯田鐵的體積百分比接近零。因此表 4.4 中第一與第四階段在含碳量低於約 0.4%的鋼中就不會產生。

由於低碳鋼之 M_s 溫度遠高於室溫，當麻田散鐵開始形成時，仍處於高溫下，以致冷卻過程中，高溫下已形成的麻田散鐵將同時發生碳原子偏析凝聚於麻田散鐵內的差排處，甚至析出桿狀碳化物，如圖 4.11 所示，這種現象稱爲**自動回火(auto-tempering)**，所以表 4.4 中的第二階段於回火過程中就不會發生。而差排對這些偏析凝聚的碳子有很強束縛力，以致於回火過程中不易形成過渡碳化物顆粒，所以表 4.4 中的第三階段也有很大的可能性不會產生。

▲圖 4.11　Fe-0.2% C 合金自動回火析出桿狀碳化物[BHADESHIA]

低碳鋼的自動回火現象可藉由量測淬火後的鋼材之電阻變化獲得證實，圖 4.12 中的兩條虛線，是以電阻對鋼的碳含量繪製而成的。由於碳原子固溶於麻田散鐵時，因大量固溶碳所形成的點缺陷，造成高電阻。相對的，若碳原子發生偏析(即凝聚)，則麻田散鐵內之點缺陷減少，造成麻田散鐵的電阻降低。

圖 4.12 顯示，當碳低於 0.2%時，幾乎 90%的碳原子發生偏析。當碳高於 0.2%C 時，碳原子幾乎不發生偏析。所以經淬火的低碳鋼，當碳濃度等於或大於 0.2%時，將含有過飽和的碳原子。此一結果使得碳含量等於或大於 0.2%的低碳鋼，才有可能有過渡碳化物的析出。所以對於碳含量少於 0.2%的鋼中，表 4.4 的回火各階段將僅剩第五階段。

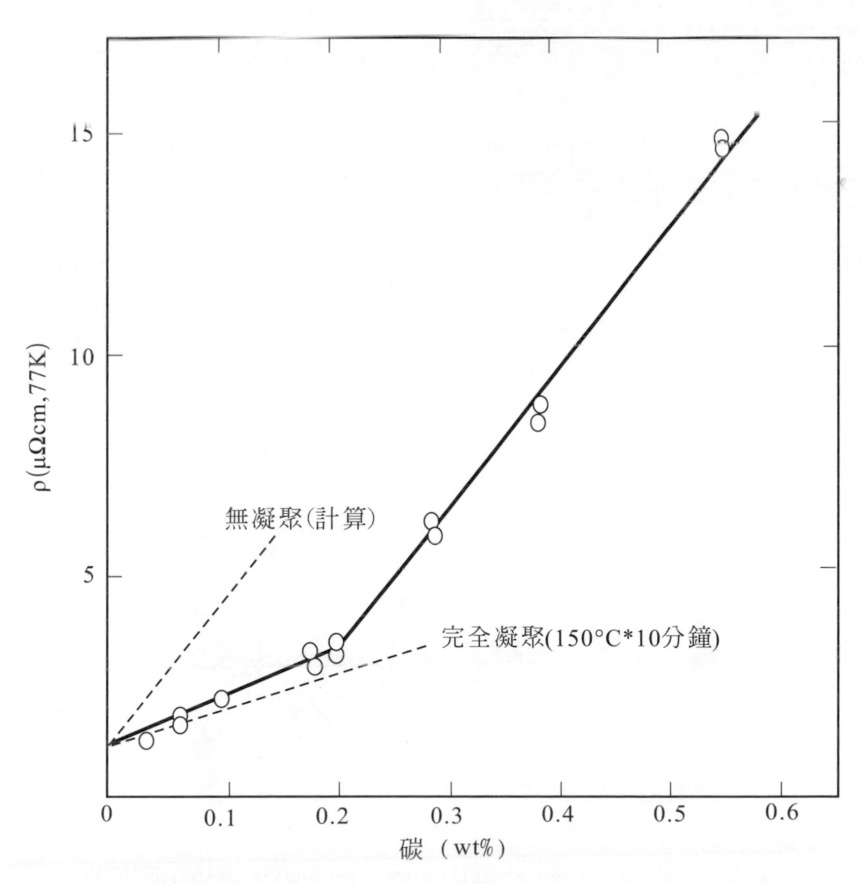

▲圖 4.12 碳鋼由沃斯田鐵相淬火後之電阻率(ρ)與碳含量之關係[SPEICH1&M]

在 500°C 到 600°C 間回火，在片狀邊界上開始回復，將產生一低差排密度的針狀肥粒鐵。再進一步加熱到 600°C 到 700°C 時，針狀肥粒鐵發生再結晶，形成等軸肥粒鐵微結構。碳含量愈高，碳化物顆粒對肥粒鐵邊界的鎖住作用更強，以致再結晶就愈困難。

圖 4.13 表示 Fe-0.2 C 合金在回火過程中，片狀麻田散鐵基地變化的情形。由圖 4.13(a)可看出，在 400℃回火 15 分鐘，片狀麻田散鐵與淬火時沒太大的不同。圖 4.13(b)顯示在 700℃回火 2 小時，片狀麻田散鐵粗化，且雪明碳鐵在先前麻田散鐵鐵晶界或包**(packet)**內。在 700℃回火 12 小時(圖 4.13(c))，則等軸肥粒鐵晶粒開始形成。

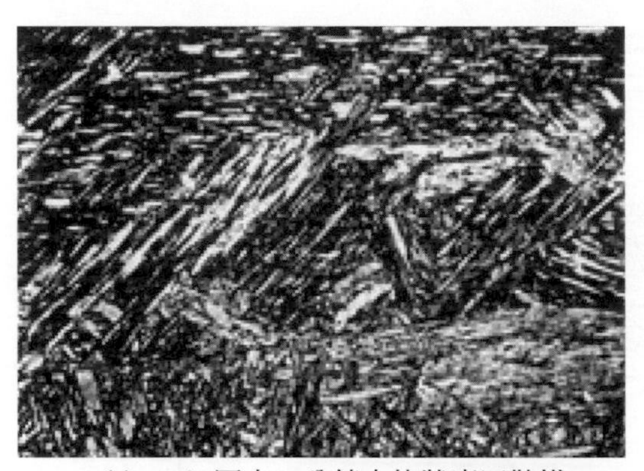

(a) 400℃回火15分鐘之片狀麻田散鐵

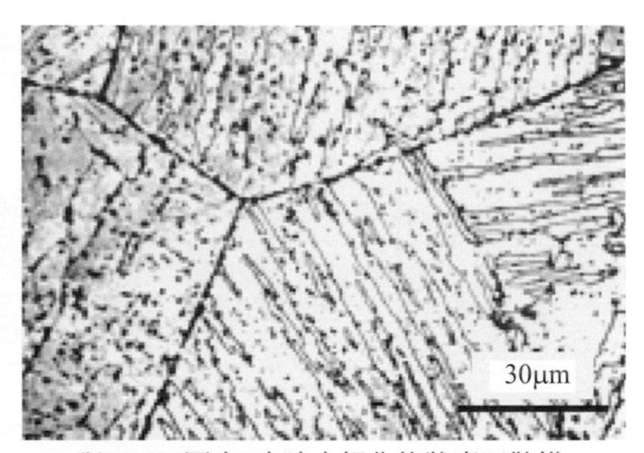

(b) 700℃回火2小時之粗化片狀麻田散鐵

(c) 700℃回火12小時等軸肥粒鐵晶開始形成

▲圖 4.13　Fe-0.2% C 麻田散鐵之回火微結構變化[CARON]

4.4.3 回火對碳鋼機械性質之影響

回火時顯微組織的變化，大大地改變了鋼鐵的各種性質，圖 4.14 的曲線，其硬度(回火熱處理後在室溫量測)繪成回火溫度的函數，圖中之回火時間設定爲 1 小時。

中碳和高碳鋼的曲線示於圖 4.14(a)，回火之前，使用的試片被冷凍至-196°C，以使淬火後金屬的殘留沃斯田鐵減低至可忽略的微量，因此，圖 4.14(a)所繪的結果能眞正代表回火麻田散鐵的效應。當高碳鋼(1.4%)的回火溫度大約到達約 150℃峙，可觀察出其硬度有少許的增加。無疑地這與(ε / η)碳化物的析出有關。

在低碳鋼(0.4%)中就不會觀察到類似的增加，因爲在此組成下，只能析出非常微量的(ε / η)碳化物。應該一提的是雖然 ε 碳化物的析出對鋼的硬化有所貢獻，但可預期的，回火造成碳在麻田散鐵內的被消耗也貢獻了軟化的分量。因此，所觀察的硬度正反應了這兩個效應的結果。

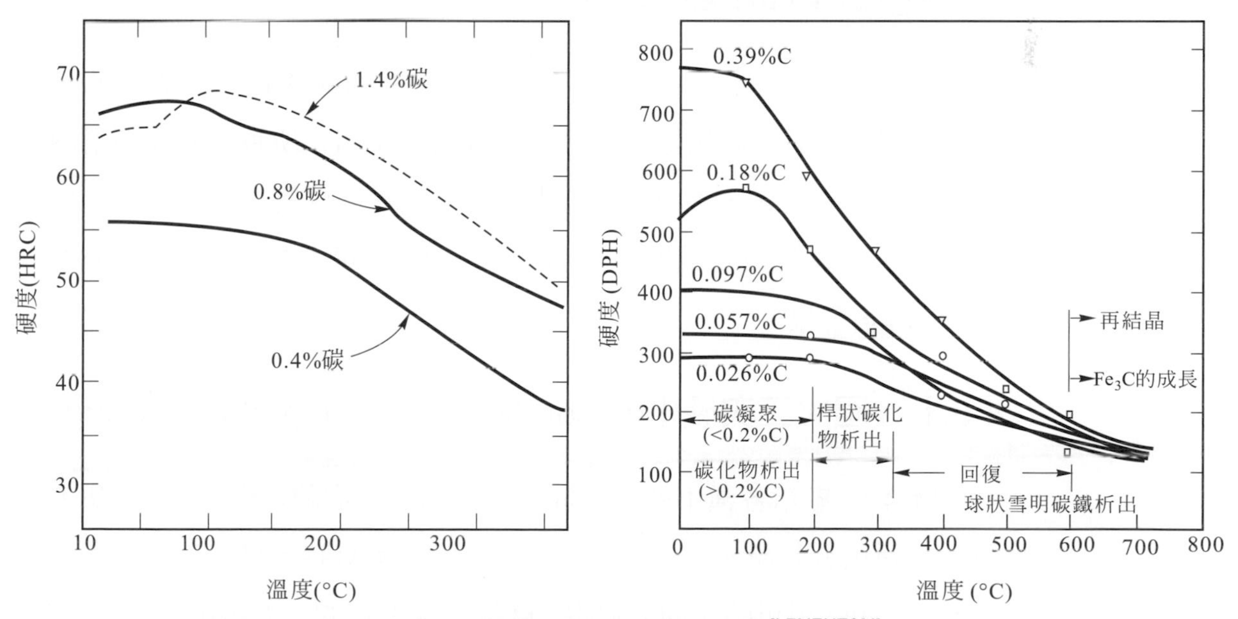

▲圖 4.14 (a)回火對不同碳含量碳鋼硬度之影響[LEMENT&M]
(b)回火對中、低碳鋼鐵硬度之影響(1 小時)(12)

但當雪明碳鐵形成時(第四階段)所衍生的反應變得有點明顯時，則試片將產生一相當程度的軟化，硬度大約在 200°C 開始明顯下降可證明此點。在此階段的早期部分，ε 碳化物的溶入以及碳由麻田散鐵(成爲低碳麻田散鐵)內移走都會軟化金屬。不過，雪明碳鐵析出物會對硬化效應有所貢獻。

當鋼得到一簡單肥粒鐵和雪明碳鐵結構後，雪明碳鐵的粗化將造成進一步的軟化。此種由於顆粒大小的成長和雪明碳鐵顆粒數減少所引起的軟化將持續不斷，而當愈接近共析溫度(727°C)軟化愈迅速。事實上，這意味著在固定回火時間之下，回火溫度愈接近共析溫度，回火麻田散鐵的硬度將愈低。圖 4.14(a)的曲線只繪出回火溫度低於 375°C 的部分，高於此溫度到 727°C 可預期三條曲線上的硬度將持續下降，其斜率約略和 200°C 到 375°C 溫度範圍內所出現的一樣。圖 4.14(b)顯示回火對中碳鋼與低碳鋼硬度之影響，圖中也顯示回火其間所發生之微結構變化。

4.5 合金鋼之回火

碳鋼會隨著回火溫度的升高，而快速軟化(圖 4.14)，其軟化的主要原因是在回火時，麻田散鐵的分解與雪明碳鐵粗化所致。但在碳鋼內添加碳化物形成元素，不但可以防止軟化，且在高溫時產生細小合金碳化物的析出，硬度反而會增加，此種現象稱爲回火二次**硬化(secondary hardening)**現象。

4.5.1 回火二次硬化(secondary hardening of tempering)

圖 4.15 顯示各種不同含鉬量之合金鋼的二次硬化現象，鉬含量愈多則二次硬化愈明顯。由圖中可知鉬合量達 0.47%時，雖然沒有明顯的二次硬化尖峰，但可防止回火軟化。貢獻二次硬化的主要析出物爲 Mo_2C，而 Mo_6C 一般是在高於 700℃時析出，但因粗化較快，而喪失硬化效果。

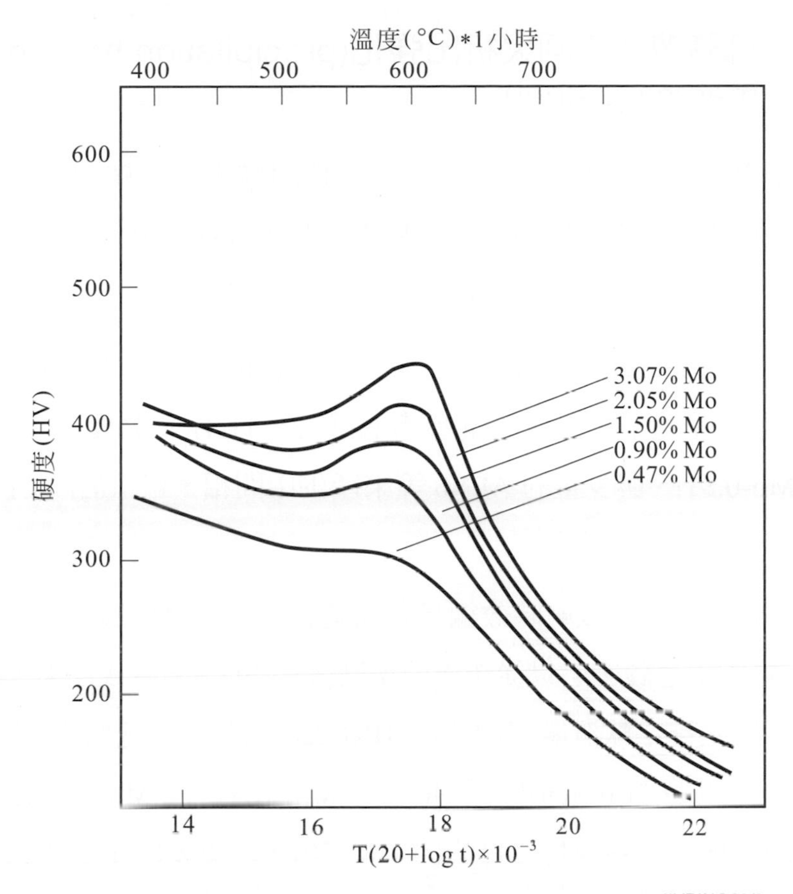

▲圖 4.15　鉬對 Fe-0.1% C 合金鋼回火硬度之影響[IVRING&M]

因爲合金碳化物的形成，需藉由**碳化物形成元素(carbide former)**的擴散，而這些元素均爲置換型元素，需在高溫下才有足夠動力來擴散，所以二次硬化現象只有在高溫時才會發生。這些元素除了可以在高溫下形成微細合金碳化物外，尚可固溶入雪明碳鐵中，而防止雪明碳鐵的粗化，增加鋼鐵的高溫硬度，強度和潛變阻力。

影響回火後機械性質的二大參數是回火溫度與回火時間，所以圖 4.15 中可以**回火參數 P(temper parameter)** = $T(20 + \log t) \times 10^{-3}$ 或溫度(T)爲橫座標，其中 T 表示絕對溫度，t 表示時間(小時)。

4.5.2 麻時效鋼之回火析出強化(precipitation hardening of maraging steel)

合金鋼之回火二次硬化的主要原因是因細小合金碳化物之析出所致，所以只要能在麻田散鐵中有恰當的中間化合物析出，並不一定非要有合金碳化物析出，同樣也會達到合金強化之目的。

麻時效鋼(maraging steel)幾乎是不含碳(<0.03%)的合金鋼，它的主要合金元素是含約 20wt%Ni(參考後面表 11.4)，次要合金元素是 10Co-4Mo-0.8Ti、與少量的 Al,Nb 等來產生中間相，若添加高 Cr 時，可以成爲不銹鋼型麻時效鋼。

由於含高鎳，所以麻時效鋼具有高硬化能，其 M_s 溫度可以降低到 150℃，且因不含碳，所以從沃斯田鐵區(約 820℃)空冷或淬火，可以獲得具高密度差排之軟質麻田散鐵(～HRC25)。當回火(或時效)溫度低於 500℃時，析出大量的微細中間相(如 Ni_3Mo,Ni_3Ti, Fe_2Mo)，室溫下，在麻田散鐵基地中達到強化之目的(～HRC50)，最重要的是它也具有優良的韌性與延性。

麻時效鋼是利用時效析出強化麻田散鐵基地，固溶處理冷卻後，可以切削加工；再加以時效硬化。由於變形少，強度高，銲接性良好，所以麻時效鋼用途很大，如飛彈外殼、飛機鍛件、高級大型彈簧、高級工具、模具等。

4.6 回火脆化

高強度鋼淬火後，薄片狀殘留沃斯田鐵存在於片狀麻田散鐵界面間，圖 4.16 顯示 Fe-10Cr-0.2C 合金鋼淬火後之麻田散鐵晶界上殘存著薄片狀殘留沃斯田鐵，當於約 300℃下回火時，將發生殘留沃斯田鐵分解成雪明碳鐵，以致在片狀麻田散鐵間形成薄片狀雪明碳鐵，這種薄片狀雪明碳鐵將導致穿晶回火脆斷。

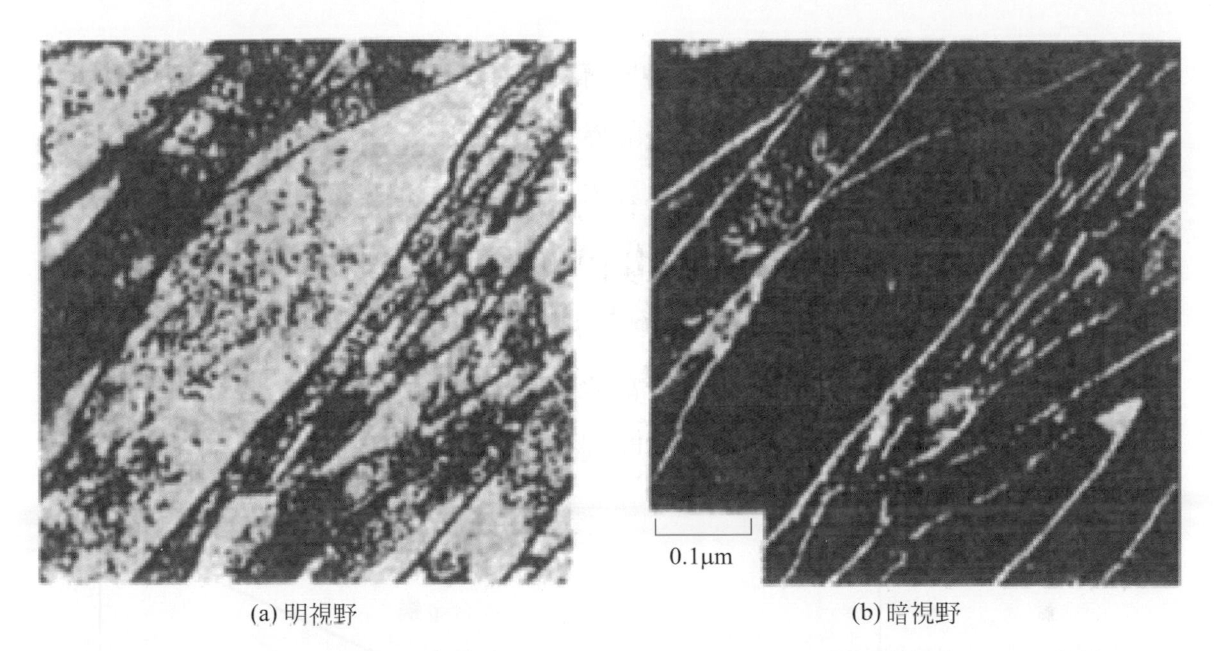

(a) 明視野　　　　(b) 暗視野

▲圖 4.16　Fe-10Cr-0.2C(wt%)合金由 1150°C淬火之薄片殘留沃斯田鐵存在於麻田散鐵晶界之 TEM 相片[BHADESHIA]

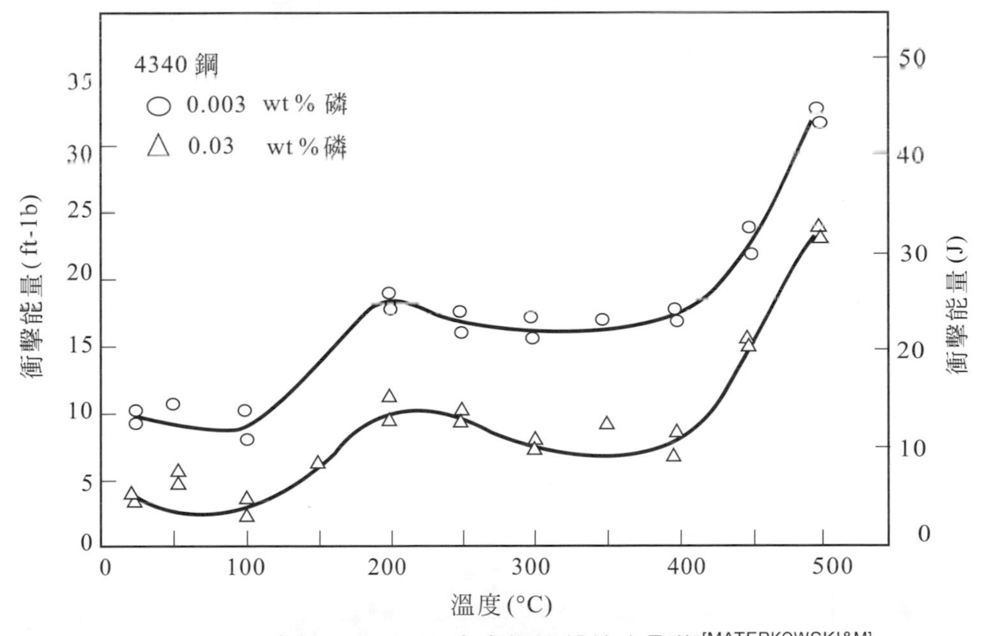

▲圖 4.17　磷對回火 4340 合金鋼衝擊值之影響[MATERKOWSKI&M]

圖 4.17 表示含不同磷量的 4340 鋼之回火脆化現象，由圖可知磷含量愈高，回火後衝擊韌性愈低。這是因爲鋼材在沃斯田鐵化時，磷易在沃斯田鐵晶界偏析，淬火後磷就存在於麻田散鐵的晶界。在回火過程

中，磷和雪明碳鐵交互作用，而導致晶粒間的破壞。所以回火脆化與雜質原子在淬火前之沃斯田鐵晶界偏析有關。藉由成分分析，發現合金雜質元素在斷裂面有明顯偏析現象，不純物與合金元素的交互作用，是導致不純物偏析的重要因素，進而引起晶界面的破裂。

由圖 4.18 可以很明顯看到合金元素除了能有效抑制回火軟化外，也可以改善回火韌性，尤其是當含有鉬時，更是明顯，這是因爲鉬能破壞麻田散鐵晶界上的薄片狀雪明碳鐵之故。

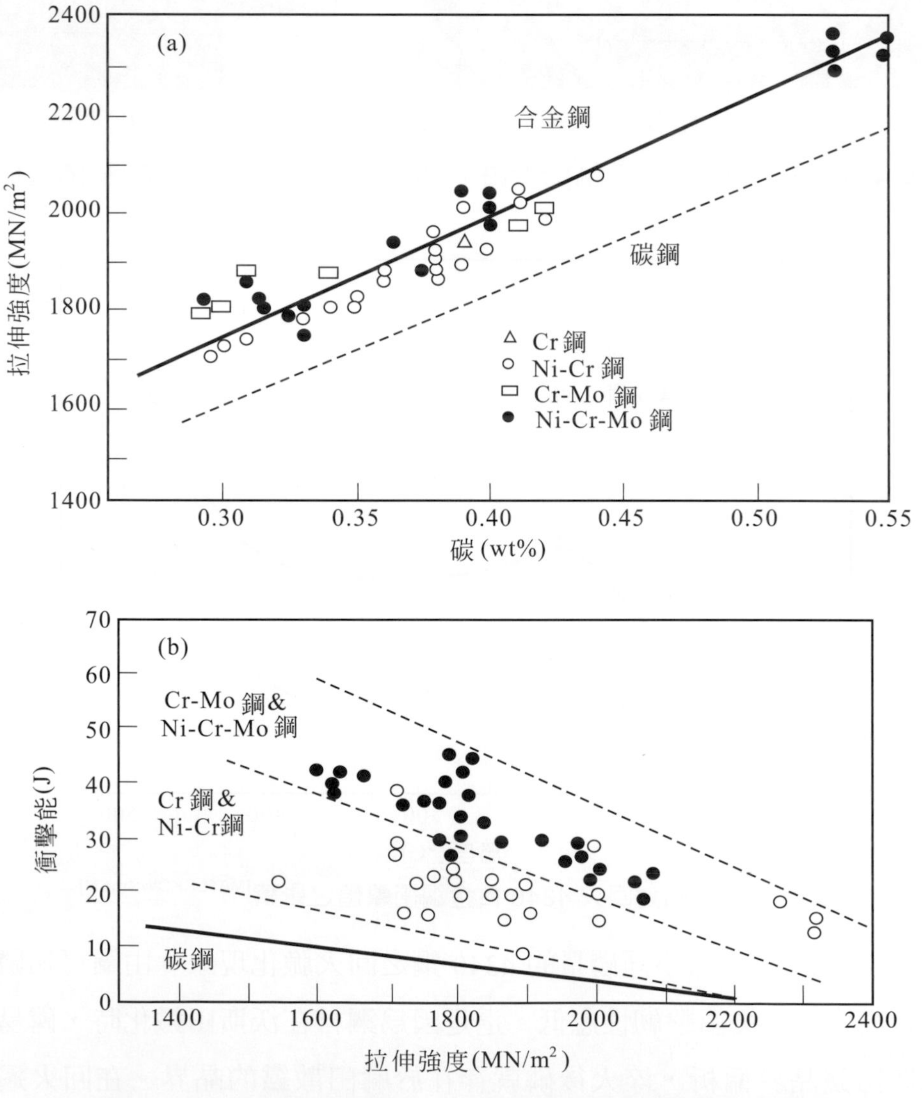

▲圖 4.18　合金鋼與碳鋼於 200℃下回火之機械性質[IVRING&M]

習　題

4.1 鋼的硬化能力與其硬度有何區別？

4.2 具備良好硬化能力的鋼鐵在使用上有何好處？何種鋼鐵不希望具備高的硬化能力？

4.3 對於含碳量相同的碳鋼，爲何麻田散鐵之硬度遠高於波來鐵與球化結構鋼？

4.4 列出影響鋼鐵材料硬化能之因素，並說明其原因。

4.5 影響鋼鐵材料淬火裂痕之因素是什麼？如何避免產生淬火裂痕？

4.6 淬火鋼鐵合金爲何是一種介穩定微結構？如何使其成爲安定微結構？

4.7 淬火碳鋼具有麻田散鐵結構，其回火時之驅動力是什麼？與其微結構有何關係？

4.8 碳鋼回火時，爲何其硬度會隨回火溫度的升高而快速軟化？而合金鋼回火時，爲何常會發生回火二次硬化？

補充習題

4.9 有一薄截面之共析鋼由沃斯田鐵相區(約 900℃)以空冷與水冷兩種方式冷卻到室溫，它們分別可以獲得什麼微結構？並以此微結構說明其強度之差異。

4.10 碳鋼具有以下微結構時，爲何其強度會隨含碳量增加而增加？
(1)波來鐵，(2)球化結構，(3)麻田散鐵。

4.11 碳鋼由沃斯田鐵相變化爲麻田散鐵，其過程爲一無擴散相變化，速度極快，說明其(1)相變化機制、與(2)可能存在之缺陷。

4.12 簡述鋼鐵硬化能之測試法。如何提高鋼鐵材料之硬化能？

4.13 計算具有 ASTM8 號晶粒的下列三種鋼鐵之理想臨界直徑(D_I)，它們的含碳量都是 0.4wt%：

(1)AISI-1040(Fe-0.4C)、(2)AISI-4140(Fe-0.9Cr-0.20Mo-0.4C)、(3)AISI-4340(Fe-1.80Ni-0.65Cr-0.25Mo-0.4C)。

4.14 解釋：理想淬火、**硬化能力倍數因子(multiplying factor)**、冷卻劑之冷卻能、**深冷處理(subzero cooling)**、**自動回火(auto-tempering)**，**二次硬化(secondary hardening)**。

4.15 將高溫鋼鐵投入水或油等冷卻劑時，說明在鋼鐵周圍之冷卻劑狀況與鋼鐵之冷卻曲線。

4.16 某一直徑 5 公分之碳鋼由沃斯田鐵淬火至強烈攪拌的鹽水中，測得試棒中心點結構具有 50％麻田散鐵+50％細波來鐵，藉由圖 4.6 與表 4.1，計算此一碳鋼之理想淬火直徑(DI)。

4.17 鋼鐵由高溫淬火時將導入內應力而引起淬火裂痕之可能，說明：(1)這些應力的來源。(2)淬裂之過程。

4.18 熱應力與相變化應力如何影響鋼鐵材料之淬裂？

4.19 有一圓柱形鋼鐵材料由沃斯田鐵淬火到室溫時，其直徑大小與淬火速率對該圓柱形鋼鐵材料之殘留應力將造成何種影響？

4.20 試說明高碳鋼與低碳鋼回火時之微結構變化，兩者有何差異？

4.21 如何利用導電度計量測碳鋼之碳原子凝聚現象？

4.22 高碳鋼與低碳鋼在不同溫度下回火，它們的機械性質(硬度)隨回火溫度之變化有何異同？

4.23 麻時效鋼幾乎是不含碳(<0.03%)的合金鋼，但卻具有析出強化特性，試說明其強化機制。

4.24 爲何鋼鐵回火熱處理時常會有回火脆化的現象發生？如何改善回火脆化？

5

鋼鐵退火熱處理

5.1　均質化退火

5.2　完全退火

5.3　正常化

5.4　球化退火

5.5　製程退火(或稱再結晶退火)

5.6　應力消除退火

習題

所謂**退火(annealing)**是指把鋼鐵材料加熱到適當的溫度，保持適當的時間後，慢慢冷卻的一種熱處理製程。由於慢慢冷卻，以致退火後的碳鋼微結構，均爲平衡結構的肥粒鐵與雪明碳鐵之混合物。因退火的目地不同，而使用不同的退火熱處理製程，因而造成此混合物不同的分布型態。

本章將介紹幾種常見的退火，包括**均質化退火(homogenizing)**、**完全退火(full annealing)**、**正常化(normalizing)**、**球化退火(spheroidizing)**、**製程退火(或稱再結晶退火)(processing annealing)**、**應力消除退火(stress relief annealing)**等退火之原理、目的與方法，圖 5.1 是一般鋼鐵合金的製造工程模式示意圖，退火在整個鋼鐵合金的製造流程中佔有極重要的角色。

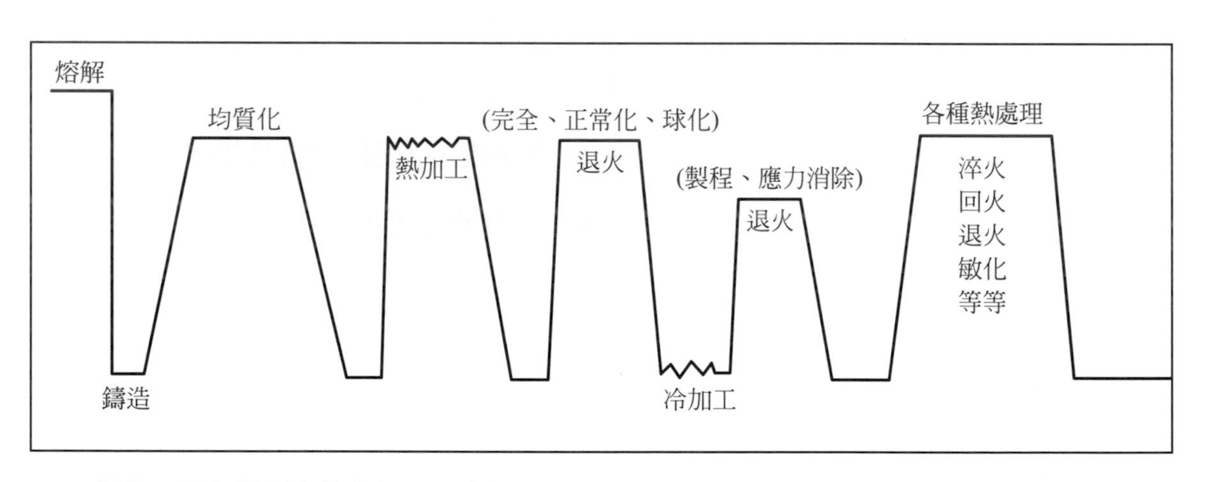

1. 鑄件：不包括圖中的熱加工、冷加工。
2. 鍛件：圖中的熱加工和冷加工分別是指在高溫和室溫進行軋延、擠型或鍛造之意。

▲圖 5.1　鋼鐵合金的製造工程模式[LEE1]

5.1 均質化退火

合金於鑄造過程中，無可避免會發生成分分配不均的**微偏析(micro-segregation)**現象，如圖 1.35 所介紹的**核心(coring)**與圖 1.44 所介紹的 $Fe\text{-}Fe_3C$ **合金包晶反應(peritectic reaction)**所造成的微偏析，因此當鋼鐵材料於鑄態時，合金元素會形成某些偏析相、或於晶粒內形成微偏析。

均質化退火的目的就是爲了降低(無法完全消除)這些偏析現象。利用擴散作用把鋼內的偏析降低，使化學成分均勻化後慢冷的作業。因爲溫度愈高愈能促進擴散，所以均質化溫度均極高，如碳鋼之均質化退火採用比 A_{C3}、A_{cm} 更高的溫度，約在 1000℃～1300℃的範圍實施，如圖 5.2 所示，於此溫度下，碳於鐵中的溶解度也是最大。而均質化時間一般都需數十小時。

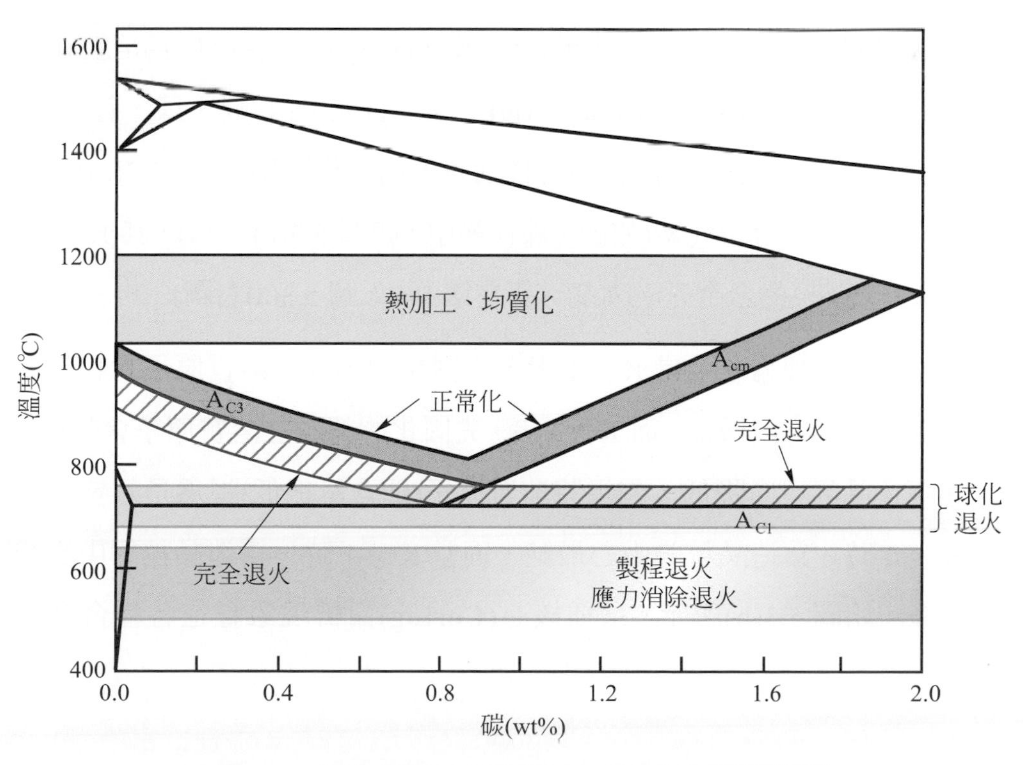

▲圖 5.2 碳鋼各種退火熱處理之溫度範圍[DIGGES & M]

均質化退火的擴散程度受到晶粒的大小、成分濃度的差異、加熱溫度等所影響。Ni、Cr、Mo 等置換型元素的擴散係數遠低於 C、N 等插入型元素。對於成分固定的合金而言，在某一溫度下進行均質化退火時，達到相同之均質化程度所需的時間，是與其鑄造晶粒的直徑平方成正比(參考習題 5.2)，所以細化的鑄態晶粒，將可大幅降低均質化退火時間。

鋼鐵材料的熱加工(如熱鍛、滾軋等)溫度與均質化退火溫度相同，但熱加工一般是在均質化退火後實施，以避免一些偏析相在高溫加工期間，會朝加工方向拉長，造成鐵基地中存在條紋狀微結構。

合金凝固時，其溶質在液態及固態**介面(interface)**上的分布是根據下式(參考圖 5.3(a))：

$$(C_s) = K(C_l) \tag{5.1}$$

這裡(C_s)及(C_l)分別表示溶質在固/液介面兩邊之濃度，K 為溶質在合金溶液中之**分布係數(partition ratio)**，因溶質元素(如碳、鎳、釕、鉺)加到溶劑原子時(鐵)，依溶質的特性而有不同的相圖出現(圖 5.3(a))，若是會降低熔點的合金元素(如碳、鎳在鐵中，如圖 5.3(a)左圖)，其 $K < 1$。若是會升高熔點的合金元素(如釕、鉺在鐵中，如圖 5.3(a)右圖)，其 $K > 1$。

根據以上理論，凡是 $K < 1$ 者，先固化的部分之溶質原子會較低，而逐漸往晶界方向增加。而 $K > 1$ 者，先固化的部分之溶質原子會較高，而逐漸往晶界方向降低，如果將溶質原子(即含量很低)視為是雜質，則當 $K < 1$ 時，鑄造晶粒的中心最純，而當 $K > 1$ 時，鑄造晶粒的中心雜質最多，如圖 5.3(b)所示。這種**核心(Coring)**偏析現象會在各種合金中發生。

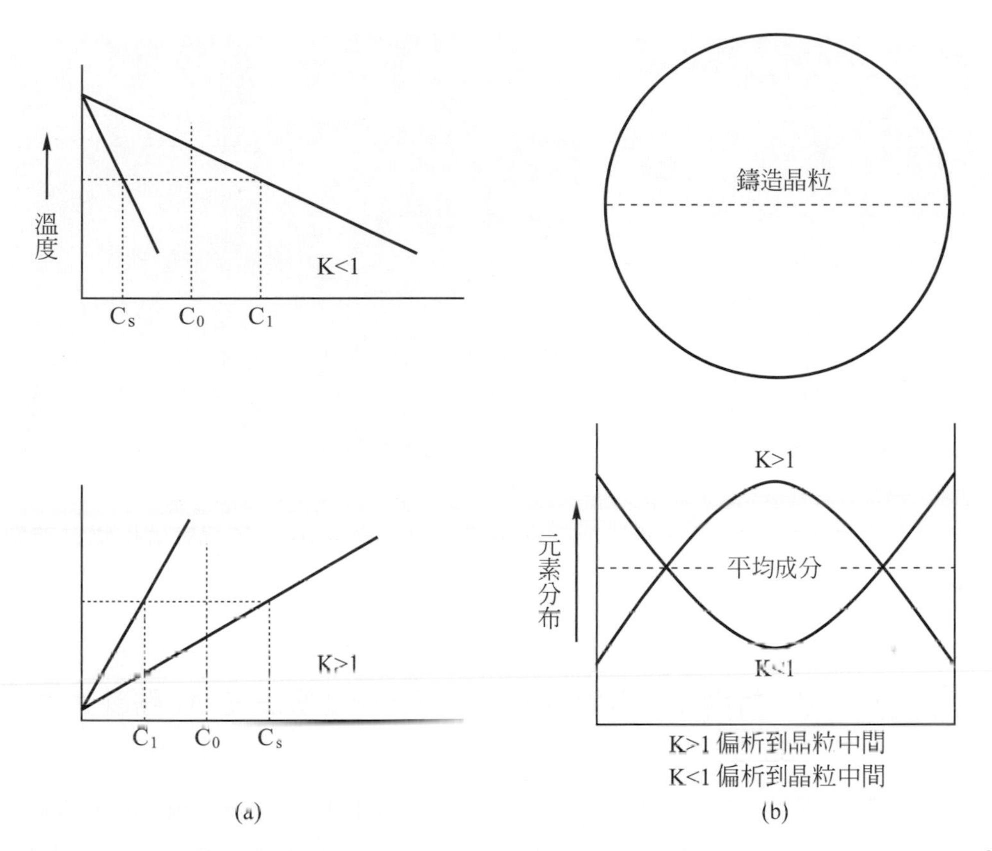

▲圖 5.3 (a)兩種分布比例($K = C_s/C_l$)之相圖，(b)鑄造微結構之核心(Coring)偏析[LEE1]

5.2 完全退火

完全退火主要目的是要將鋼鐵軟化，以便改善切削性或塑性加工性。碳鋼完全退火製程中的加熱溫度也示於圖 5.2，亞共析鋼加熱到 A_{C3} 點、共析鋼和過共析鋼加熱到 A_{C1} 點以上 30-50℃的溫度，保持充分的時間後(時間依厚度決定)，爐中(或灰中)慢慢冷卻到低於 A_{C1} 溫度，以完成退火製程(圖 5.2)。

圖 5.4(a)為 52100 軸承鋼(Fe-1C-1.5Cr(wt%))由沃斯田鐵單相區水淬後，所得到的網狀初析 Fe_3C 與麻田散鐵共存之微結構圖，圖中的網狀初析 Fe_3C 係析出於先前的沃斯田鐵晶界上，此種微結構若受到衝擊而斷裂時，為一沿晶(沿網狀初析 Fe_3C)脆性斷裂，如圖 5.4(b)所示。

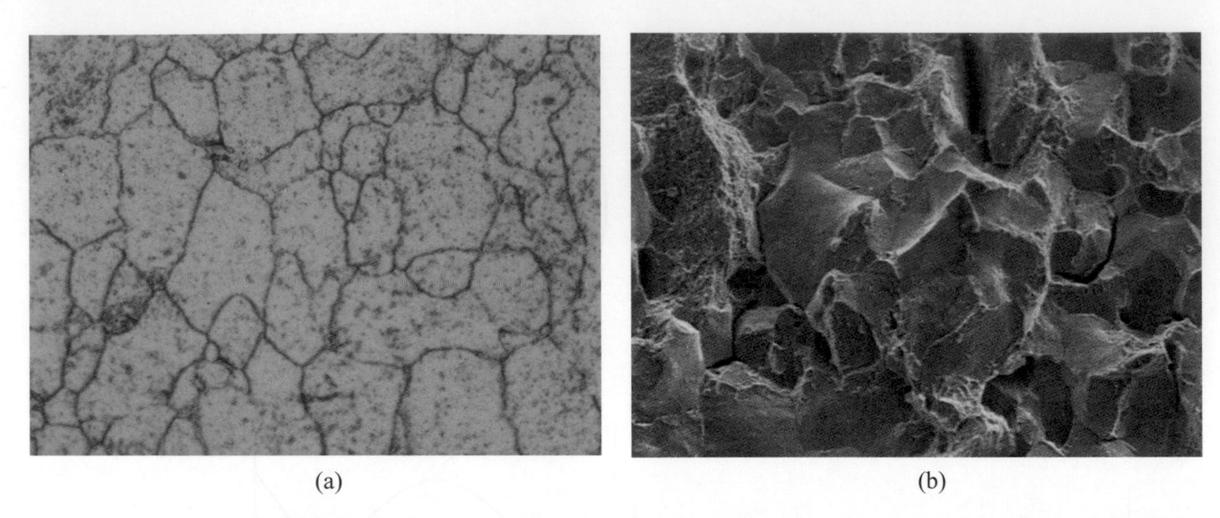

▲圖 5.4　52100 合金鋼之碳化物：(a)沿著原沃斯田鐵晶界析出(OM)，(b)沿著晶界碳化物之破裂面(SEM)[CHIU]

例 5.1　過共析鋼完全退火時，為何其加熱溫度是在 A_1 點以上 30～50℃？

解　過共析鋼加熱到($\gamma + Fe_3C$)兩相區是要球化初析 Fe_3C，其球化的驅動力是來自 Fe_3C 球化後而降低γ/Fe_3C 的界面能所致。若過共析鋼加熱溫度高於 A_{cm}, 而位於(γ)單相區時，則於爐冷過程中，沃斯田鐵晶界上會形成網狀的初析 Fe_3C，將脆化此過共析鋼。

完全退火的冷卻速率是另一項需要控制的重要製程，圖 5.5 是亞共析鋼的兩種退火製程(完全退火與正常化)的冷卻速率與 CCT 圖之結合圖示，當冷卻溫度穿越 A_{C3} 與 A_{C1} 之間時，相較於正常化退火，完全退火因冷卻較慢，所形成的初析肥粒鐵會較粗大，且當溫度低於 A_{C1} 時，相變化所形成的波來鐵間距也會較大(即形成粗波來鐵)，這些較粗大之微結構都將造成此鋼材的軟化且具延性，以達到改善切削性或塑性加工性的完全退火目的。

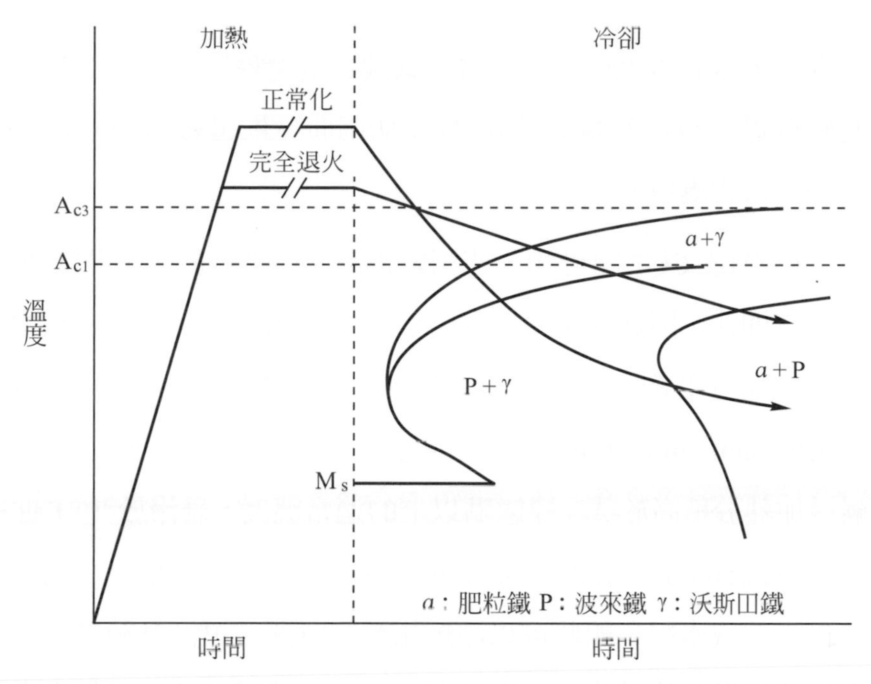

▲圖 5.5　亞共析鋼正常化與完全退火之溫度－時間曲線圖[COLORADO&M]

最適宜的冷卻速率，因鋼種和尺寸而不同，合金鋼或形狀大者需要慢冷，變態完全終了以後，若沒有變形的顧慮下，可以增加冷均速率。例如相變化完後在 550℃左右以下的溫度，為了節省時間通常從爐中取出材料，而在空氣中冷卻，此種退火方式稱為兩段式退火，如圖 5.6 所示。

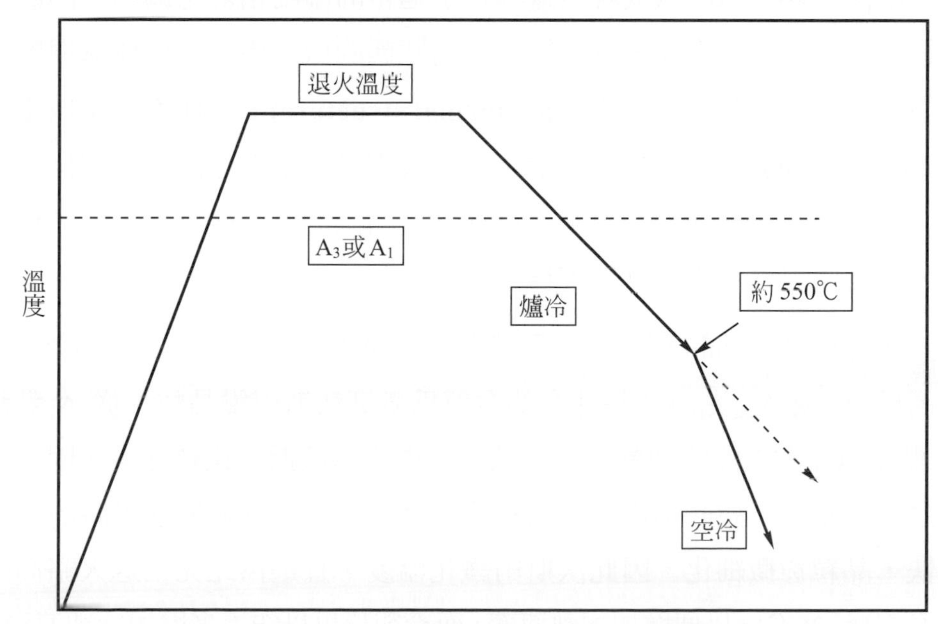

▲圖 5.6　碳鋼兩段式完全退火示意圖

對碳含量低於 0.20%的低碳鋼或低碳合金鋼實施完全退火時，因爲所得的硬度過低，反而會降低切削性使切削面發生起翹，這時宜採用 5.3 節所述的正常化處理。

從 TTT 圖或 CCT 圖可知，若相變化溫度僅稍低於 A_1，則波來鐵反應偏在長時間側，因此採用慢冷的方法來完成相變化，需要很長的冷卻時間，爲了縮短作業時間，提高生產力，可以採用恆溫相變化的**恆溫退火法(isothermal annealing)**。利用圖 3.22 所示的共析鋼恆溫退火作業圖，鋼料加熱於稍高於 A_{C1} 變態點以上的適當溫度，急冷於 TTT 曲線的鼻端溫度(約 550℃)上方爐內，而在爐內以恆溫狀態完成相變化成粗波來鐵後，再空冷或水冷，如此可以縮短相變化時間。由恆溫相變化所生成的波來鐵層間距離比較均勻，對切削性有利，機械構造用的低合金鋼製汽車零件常採用恆溫退火。

5.3 正常化

把鋼加熱至 A_{C3} 線或者 A_{cm} 線以上適當的溫度相變化爲均勻的沃斯田鐵後，在空氣中冷卻，可以得到平衡狀態的微結構。由這種處理所得的微結構，一般叫做**正常化結構(normal structure)**，這種處理叫做**正常化(normalizing)**，圖 5.2 也顯示了鋼的含碳量和正常化溫度的關係。正常化的目的是在改善鋼鐵熱加工後或一些鑄鋼的不良微結構，使晶粒細化，以獲得良好強度、韌性等機械性質。

正常化加熱期間，超過 A_1 點時在波來鐵中會產生沃斯田鐵的核，而在高於 A_3 或 A_{cm} 點時，基地全部會變爲微細沃斯田鐵晶粒。從 A_1 點到 A_3 點或 A_{cm} 點之間的加熱速率愈快，所產生的沃斯田鐵核愈多，因此晶粒愈會微細化。如此則從沃斯田鐵化溫度冷卻時，通過變態點時的速率愈快，晶粒愈微細化，因此沃斯田鐵化溫度，宜選擇比完全退火略高的溫度(約高 30℃)，以便增加加熱速率，而冷卻時也以空冷來增加冷卻速率。

高溫鍛造過的鋼鐵，容易使晶粒粗化，且**鍛造比(forging-ratio)**或鍛造終了溫度的變動，會使晶粒分布不均，或者引起碳化物的局部凝集和粗化，這些現象也經常存在於一般鑄鋼的鑄造微結構中。另外，析出肥粒鐵和碳化物時因較快的冷卻速率，而使得**初析肥粒鐵(proeutectoid ferrite)**形成**魏德曼微結構(Widmanstatten structure)**，如圖 5.7 所示。這些都是不良的微結構。

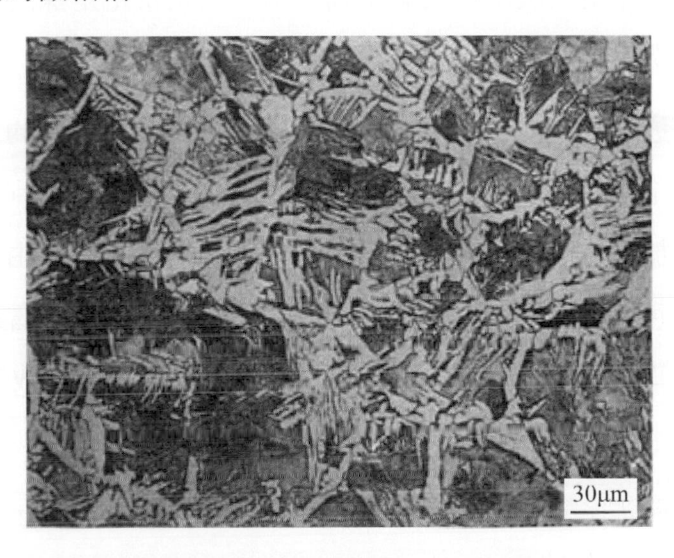

▲圖 5.7 初析肥粒鐵具有魏德曼微結構(Widmanstatten structure)之 Fe-0.4%C 合金[COLORADO]

把這些不良微結構加熱到 A_{C3} 或 A_{cm} 點以上變爲沃斯田鐵單相後，在空氣中冷卻時，在加熱期間的沃斯田鐵化和冷卻時的相變化當中，可以把上述的不良鑄造或鍛造結構改善，重新調整晶粒而變爲微細化，波來鐵也變爲較細的層狀組織(即細波來鐵)，因此其強度、韌性等機械性質被改良，殘留應力也可以消除。對於相同鋼鐵而言，相較於完全退火者，正常化之強度較高，而韌性則稍低。

對於過共析鋼而言，雖然正常化加熱溫度位於單相之沃斯田鐵區，理論上於空冷過程中會形成網狀 Fe_3C，但實務上，沃斯田鐵化溫度與時間相較於均質化爲低，並未完全將原先已存在之網狀初析 Fe_3C 回溶至沃斯田鐵中，如此反而將促使 Fe_3C 球化，而使鋼經正常化處理所得之微結構中，球化的初析 Fe_3C 存在於波來鐵之基地內。

鍛鋼件的過熱微結構或大型鑄鋼件的粗大結構，只做一次的正常化並不容易使它充分微細化，這時，假如實施兩次正常化就可以得到良好效果。第一次的正常化要在 A_{C3} 點以上 150～200℃的高溫加熱，主要目的是利用擴散作用來破壞粗大微結構。第二次正常化是採用普通正常化的條件，使微結構微細化。

除了上述以空冷方式的正常化退火製程外，可視試件的大小、複雜度而加以變化作業方法。例如對大型零件來講，爲了要得到微細組織，宜用風扇等加以強制空冷。對於小形零件在空冷時，假如由於冷卻速度過快致使硬度過高；或對於某些淬火性較佳的合金鋼，應其硬化能力高，工件表面會形成變韌鐵或麻田散鐵，就可以把零件放在灰或石灰中，或者爐中使它慢冷。

若零件形狀比較複雜，或者零件的斷面積變化較大時，在冷卻期間容易發生變形，因此須要採用能使零件全體均勻冷卻的方法。可採用如圖 5.6 所示的兩段式退火法，將其操作程序稍加修正，即從沃斯田鐵狀態以較快的冷速冷到 A_1 點以下的 550℃，然後於爐中或灰中慢冷時，就可以減輕變形，這種正常化製程並不會影響到最後的微結構。另外也可以利用恆溫退火(如圖 3.22 所示)，把鋼料從正常化溫度，用衝風急速冷到 TTT 曲線鼻端的溫度(約 550℃)，而在恆溫爐內使它恆溫相變化(550℃× 1 小時)爲細波來鐵後冷卻到室溫。

5.4 球化退火

球化碳化物均勻分布於肥粒鐵中的微結構，是鋼鐵材料中最安定的一種結構，具有最軟、延性最高的機械特性。球化結構的高延性是因爲連續肥粒鐵基地所致，相較於具波來鐵的層狀碳化物，其層狀碳化物比球狀碳化物更能有效阻擋塑性變形。圖 5.8 是 Fe-0.66C-1Mn 鋼之球化結構，它是由麻田散鐵經 704℃回火 24 小時所得。

對於中、低碳鋼而言，球化結構的高延性是冷加工製程的主要先決條件，而在高碳鋼，球化結構的低硬度，提供硬化熱處理前的易車削。所以球化退火的目的是要改善鋼鐵材料的切削性和塑性加工性，或者增加淬火後的韌性，以及防止淬火破裂等。

球化退火前之微結構是影響球化速率的主要因素，具有粗波來鐵的鋼鐵材料其球化速率最慢，圖 5.9 中顯示由波來鐵球化退火，完成的時間需要數百小時以上。但球化前之微結構若爲變韌鐵，其微結構爲極細

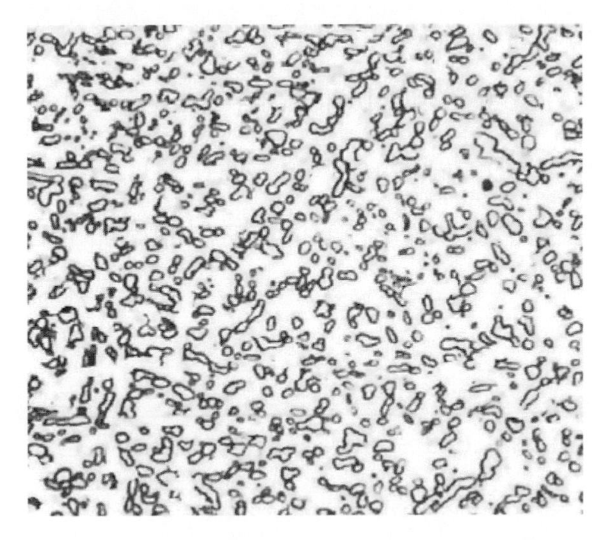

▲圖 5.8 Fe-0.68 C-1 Mn(Wt%)鋼之麻田散鐵經 700℃回火 24 小時所得之球化結構[CHIU]

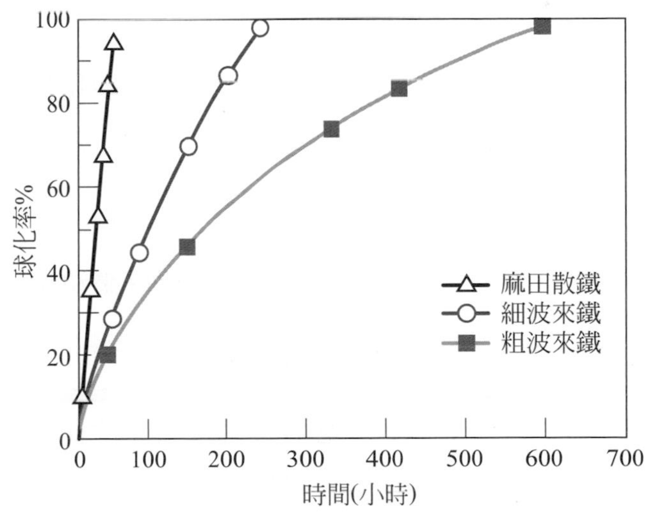

▲圖 5.9 共析鋼(Fe-0.76 C(wt%))於 700℃下球化率與時間之關係[R&M]

碳化物分布於肥粒鐵中，所以球化速率就會較快，若是含過飽和碳的麻田散鐵，其球化速度最快，約在幾小時內(1～5 小時)就可完成球化。

球化速率有這麼大的差異，主要是球化驅動力不同所致，當具波來鐵的層狀碳化物球化時，其球化驅動力是因層狀碳化物與肥粒鐵之界面能較球化碳化物與肥粒鐵之界面能為高，當球化退火時，所釋放的界面能即是球化的驅動力，因波來鐵與球化結構都是平衡相，僅藉由界面能的降低來驅動球化，所以其驅動力並不大。

但對於介穩相的麻田散鐵而言，當球化退火時，過飽和碳化物很快就會析出成安定的碳化物，微結構會成為平衡的球化碳化物與肥粒鐵，其球化驅動力是遠遠大於層狀碳化物的球化驅動力。另外，若鋼鐵中含有**強碳化物形成元素(carbide-forming-如 Mo、V 等)**時，將會大幅降低球化速率。

已球化的碳化物，會隨球化退火時間的增長而粗化，假如要增加加工性時，球狀碳化物較粗為宜。假如為了防止淬火破裂或增加韌性時，球狀碳化物要微細並且分布要均勻才好。因此隨目的不同要選擇適當的粗度，一般講，球狀碳化物的大小在 0.5～1.5μm 的範圍為宜。

一般碳鋼之球化溫度亦示如圖 5.2，圖 5.10 中顯示球化溫度與退火的各種作業方法，究竟要採用何種方法，就要看鋼種、材料的冷加工之程度和球狀化的程度來決定。

1. 長時間加熱法：

把鋼料長時間保持在 A_1 略下方的 650～700℃處，然後慢冷。這種方法適用於淬火過的鋼或冷加工過的鋼，加熱溫度愈高效果愈好。

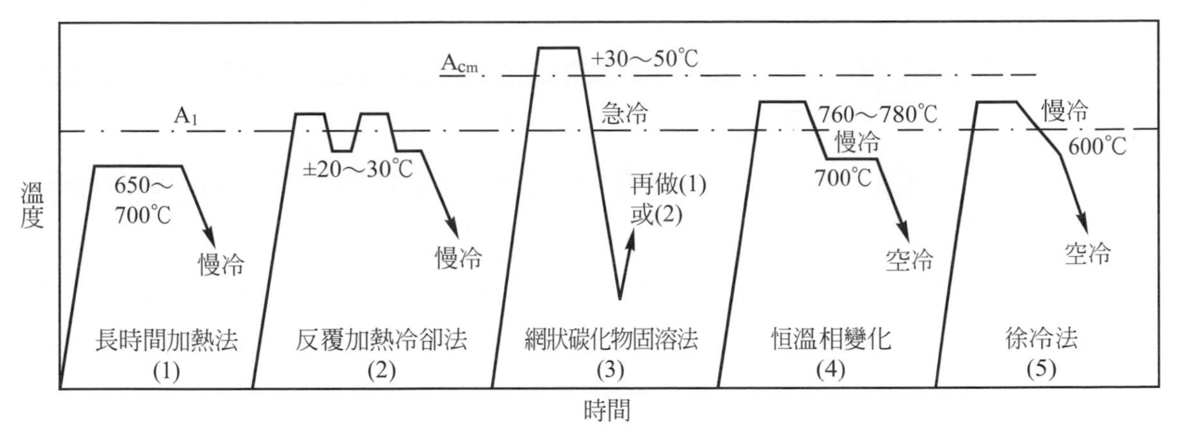

▲圖 5.10　鋼鐵材料之球化退火的各種作業方法

2. **反覆加熱冷卻法：**

以 A_1 相變化點爲基準，在其上方和下方 20～30℃的溫度，反覆加熱冷卻 2～3 次，然後慢冷。利用 A_1 相變化點上方的加熱來切斷層狀或網狀雪明碳鐵，在 A_1 下方的溫度來球化，一般亞共析鋼和共析鋼反覆 3 次，過共析鋼反覆 2 次就可得均勻的球化效果。

3. **網狀碳化物固溶法：**

把鋼加熱到 A_3 或 A_{cm} 線以上 30～50℃，使網狀碳化物完全固溶後，以急冷的方法防止再析出網狀碳化物，然後實施(1)或(2)的處理把碳化物球化。

4. **恒溫相變化法：**

首先把鋼加熱在 A_1 以上 A_{cm} 以下的 760～780℃之範圍，然後慢冷到 700℃，而在這溫度保持 3 小時左右，使相變化後空冷。

5. **徐冷法：**

如(4)的方式先把鋼加熱於 A_1 以上 A_{cm} 以下的 760～780℃之範圍後慢冷到 600℃左右，然後空冷。

例 5.2　球化溫度下，影響鋼鐵球化退火熱處理時間長短的主要因素是什麼？

解　球化速率有這麼大的差異，主要是球化活化能(驅動力)不同所致。

(1) 由介穩相的麻田散鐵相變化成球形 Fe_3C 最容易，其相變化成球形 Fe_3C 之活化能低，其球化驅動力遠遠大於層狀碳化物的球化驅動力，僅需數小時便可完成球化（第 3.3.3 節）。

(2) 由層狀波來鐵相變化成球形 Fe_3C 不容易，需數百小時，如圖 5.9 所示。

(a)因波來鐵的層狀 Fe_3C 與球化 Fe_3C 都是平衡相，僅藉由界面能的降低來驅動球化，所以其活化能極高，也就是驅動力低。

(b)細波來鐵較粗波來鐵易球化。

(3) 另外，若鋼鐵中含有**強碳化物形成元素(carbide-forming-如 Mo、V 等)**時，將會大幅降低球化速率。

5.5 製程退火(或稱再結晶退火)

金屬材料冷加工變形時，會產生加工硬化，韌性降低的現象。此時材料是處於一種介穩定狀態。冷加工到一定程度後，即無法進一步變形，否則會破裂。而退火則可將受到加工『製程』而硬化的材料軟化，如此即可進一步冷加工。此種退火稱爲**製程退火 (processing annealing)**，或簡稱退火。

5.5.1 冷加工與儲存能(cold working and stored energy)

冷加工時材料內部所導入如空孔、差排、雙晶等的大量缺陷，使材料含有應變能而儲存於材料內部。冷加工時所輸入的能量除了用於產生塑性變形外，其它大都以熱能形式散出，且有約有十分之一的加工能量會以上述的缺陷形式儲存在材料內部，如圖 5.11 所示。

冷加工材料，由於含有儲存能，與未加工材料相比，其自由能較高，此時材料爲一介穩狀態，因此若進行製程退火時將會導致原子重新排列，減少缺陷並釋放出儲存能，而變成較完美晶體的低能量安定狀態。所以儲存能的釋放是發生製程退火的動力。

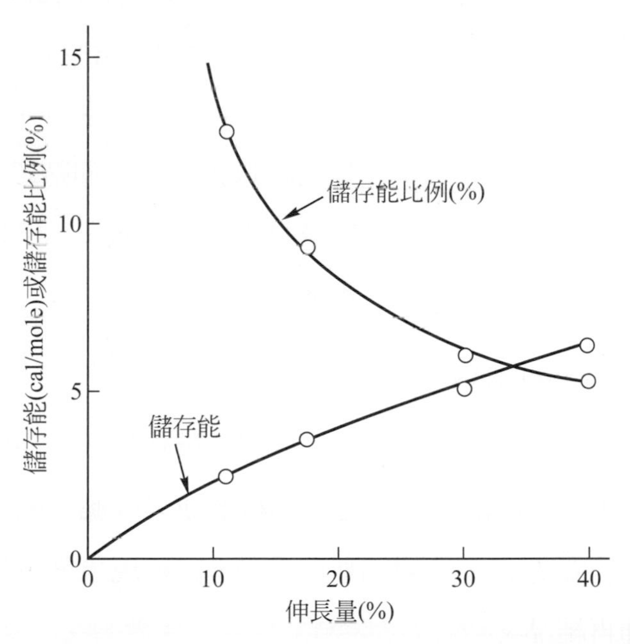

▲圖 5.11 冷加工量對高純銅之儲存能與儲存能比例之關係圖[GORDON&M]

5.5.2 製程退火(processing annealing)

依照微結構及性質的變化情形，製程退火可分爲三個步驟，即**回復(recovery)**、**再結晶(recrystallization)**、與**晶粒成長(grain growth)**，如圖 5.12 所示，最早發生的是回復，其次爲再結晶，最後是晶粒成長。

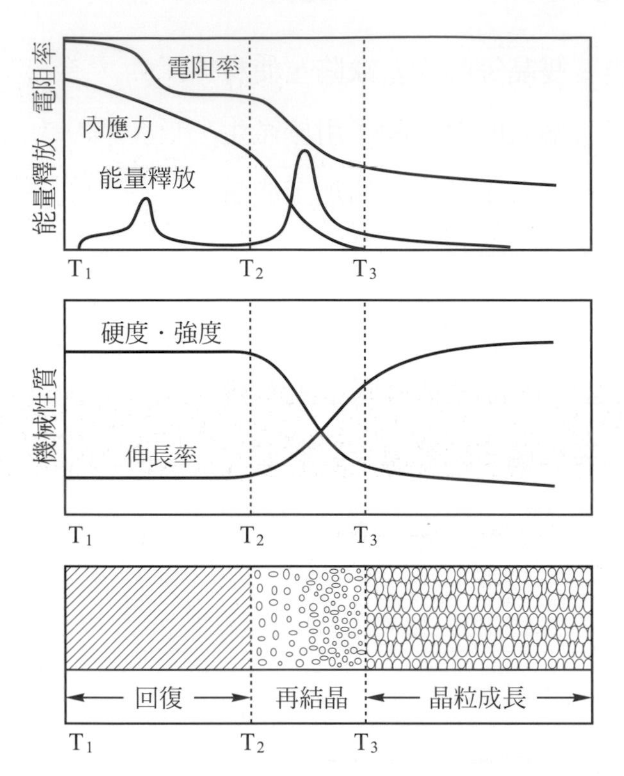

▲圖 5.12 冷加工材料的製程退火溫度和能量釋放、內應力、機械性質、電阻率、微結構(晶粒大小)關係圖[R&M]

1. 回復(recovery)：

由圖 5.12 可知，在(低)溫度 T_1～T_2 範圍，只有點缺陷(空孔)會移動而釋放應變能，致使內部應力顯著降低，這就是製程退火的第一個階段，即回復。此時機械性質變化很小，但是內應力減少很多。

2. 再結晶(recrystallization)：

經回復期後，從溫度 T_2 開始，以釋放差排缺陷之儲存能作爲退火之驅動力，會產生新的結晶核，而從結晶核形成未受應變的晶粒，逐漸取代舊晶粒，到了溫度 T_3 完全變爲新的晶粒。這種現象就是製程退火的第二個階段，即再結晶。

再結晶期間，晶體中的高差排密度(~10^{12}cm/cm^3)會大幅減少到(10^7~10^{12}cm/cm^3)，材料內部應力、強度、硬度顯著下降，延性增加，也就是回復加工前的狀態。

3. **晶粒成長**(grain growth)：

完成再結晶後，爲了降低界面能，晶界會移動而發生晶粒的併合，使晶粒變大，這現象是製程退火的第三個階段，即晶粒成長。

以光學顯微鏡來觀察 AA5083(Al-4.5Mg-0.7Mn)合金冷加工與在 450 ℃之退火微結構變化，如圖 5.13 所示，圖 5.13(a)是經 75%冷輥後，晶粒被嚴重變形成**織構(texture)**；圖(b)是 450℃下退火 10 分鐘，在變形織構中產生一些極微細的新晶粒；當退火時間增加到30分鐘時，由圖 5.13(c)中可清晰觀察到變形區域都由新晶粒取代；當退火時間增加到 3 小時，晶粒明顯進一步成長，如圖(d)所示。

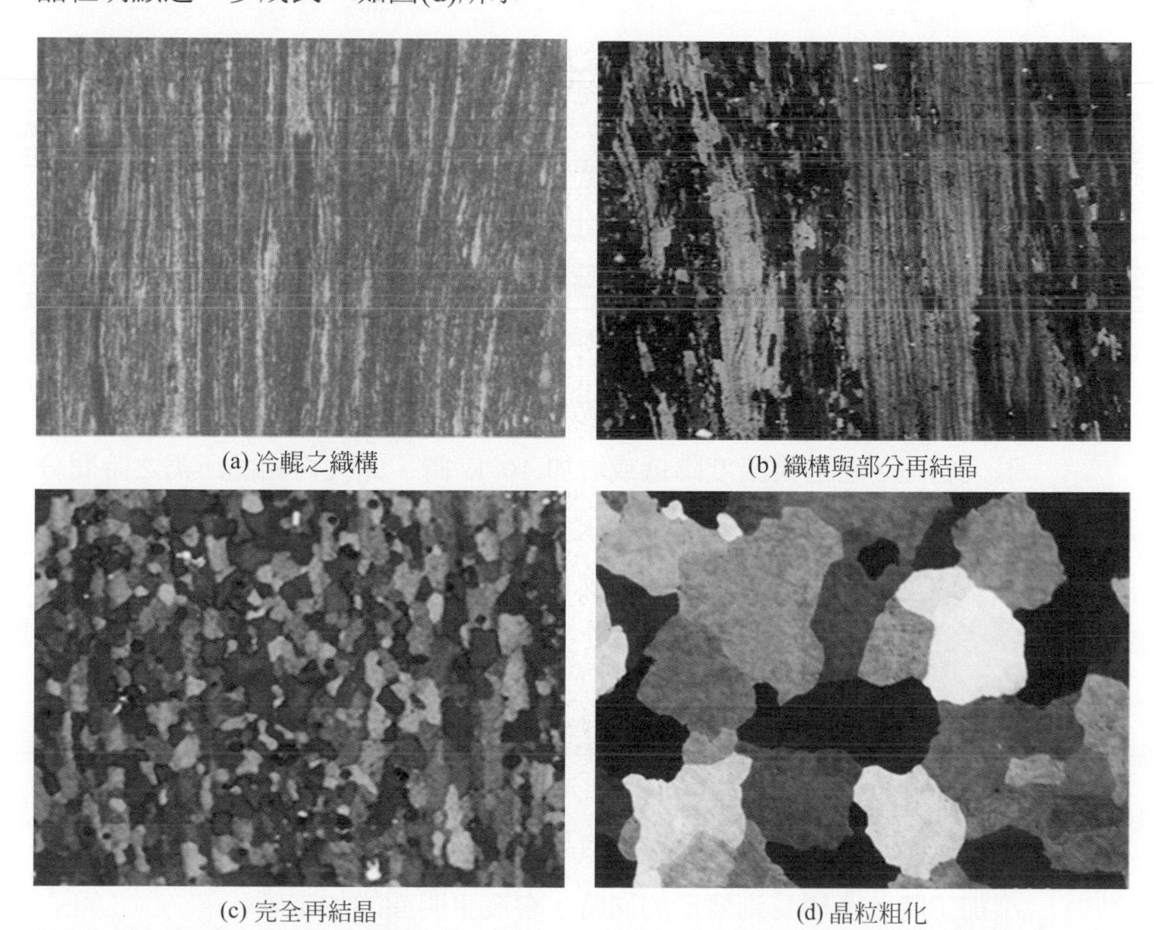

(a) 冷輥之織構　(b) 織構與部分再結晶

(c) 完全再結晶　(d) 晶粒粗化

▲圖 5.13　AA5083 (Al-4.5Mg-0.7Mn)合金冷加工與 450 ℃退火之微結構，(a)冷輥 75%、(b)退火 10min、(c)退火 30min、(d)450 ℃退火 3hr[LEE2]

例 5.3 退火回復階段，機械性質幾乎不變，但導電度與內應力有明顯的改變，略述其原因。

解

1. 由於回復過程中，差排數量(關係到機械性質)並未顯著減少，所以機械性質並無明顯改變；
2. 但點缺陷（空孔）卻容易移動而大量降低、趨於平衡狀態，而釋放應變能。
   (1) 因點缺陷(影響到電阻率)的大量消除，造成電阻率明顯的下降。
   (2) 因空孔移動導致原子移動，殘留應力可被消除，所以內應力也就明顯降低。

5.5.3 熱加工與冷加工(hot and cold working)

再結晶溫度(recrystallization temperature)可被定義為金屬經特定量的冷加工變形(如 70%)，可以在一定時間內(通常是 1 小時)完成再結晶的溫度。例如某一金屬，經 70%冷輥軋，在 600 K(再結晶溫度)下退火時，若完成再結晶之時間約為 1 小時，則其再結晶溫度就是 600 K。

金屬的再結晶對溫度極為敏感，例如上述的金屬，經冷輥軋後進行退火處理，當退火溫度降低或增加 10 K 時，完成再結晶所需之時間分別約為(590 K 時)2 小時與(610 K 時)0.5 小時，若增加 30 K 時(630 K)，則完成再結晶所需之時間將大幅下降到低於 5 分鐘。

所以當加工溫度大於再結晶溫度時(一般約高於 50 K)，稱為**熱加工(hot working)**，熱加工時，金屬受到變形的同時，將發生**動態再結晶(dynamic recrystallization)**，可避免明顯的加工硬化，因而提升金屬之加工性。而當加工溫度低於再結晶溫度時，稱為**冷加工(cold working)**，冷加工時，金屬受到變形的同時，會發生明顯的加工硬化。

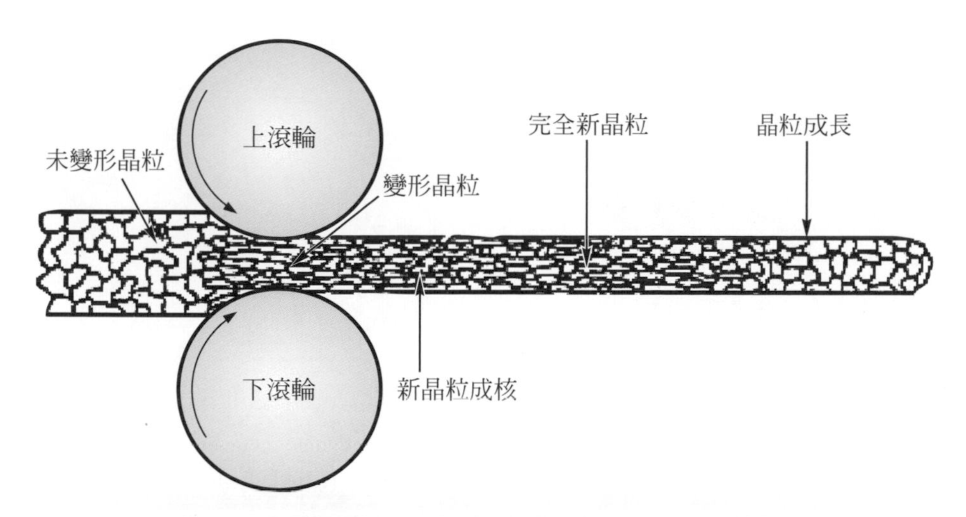

▲圖 5.14 熱輥軋下金屬發生動態再結晶之圖示[CAMP&M]

圖 5.14 顯示金屬在熱輥軋下微結構之變化，當金屬熱加工變形後，在很短時間內(3～10 分鐘)便可完成再結晶，如此對於需往復多道次的熱加工(如連續軋延)金屬而言，並不會有加工硬化累積的問題，因而大大提升了金屬之加工性。

5.5.4 晶粒成長之型態(grain growth types)

當變形結構完成再結晶後，即進入晶粒成長階段。晶粒成長可以分為**正常(normal)**成長，**異常(abnormal)**成長(也稱為**二次再結晶(secondary recrystallization)**)、與**無成長(no grain growth)**三種型態。

當有微細介在物(第二相粒子)存在基地時，這些微細介在物能抑制晶界移動，抑制力愈大，晶粒就愈不會成長，而抑制力很小時就會發生正常成長(圖 5.13)。圖 5. 15 是 Fe-Si 電磁鋼之晶粒異常成長現象，圖(a)顯示晶粒異常成長方向沿著**織構(texture)**的方向，這是因為冷加工將造成微細的介在物沿著織構方向排列，抑制了晶粒往垂直織構方向成長所造成的現象，而形成具有**優選方位(preferred orientation)**的異常晶粒，圖(b)則為自由成長下的粗大異常晶粒。

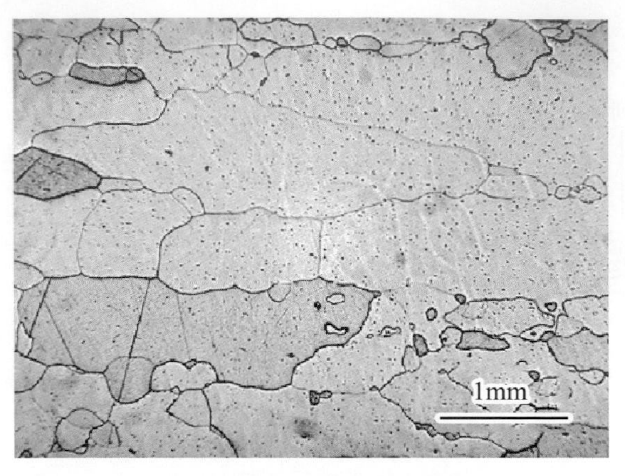

(a) 沿織構成長的異常晶粒

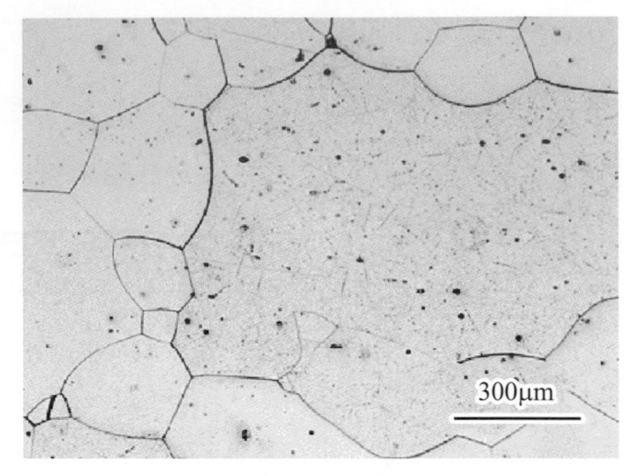

(b) 自由成長的異常晶粒

▲圖 5.15　85%冷加工之電磁鋼片(Fe-3.2 Si-0.11 Mn-0.075 S-0.045 Al(wt%))經 1200℃退火之晶粒異常成長[TIEN]

1. **晶粒成長過程：**

當變形結構完全被再結晶新晶粒取代時，即完成再結晶，此後進入晶粒成長階段。晶粒成長是藉晶界移動而將小晶粒合併於大晶粒之中；圖 5.16 顯示晶粒之成長過程，小晶粒逐漸被大晶粒所合併，若大晶粒方位相近時，其界面(圖 5.16 中之 ab 線)可視爲一次晶界，藉由晶粒稍微的旋轉便可合併成一顆更大的晶粒。

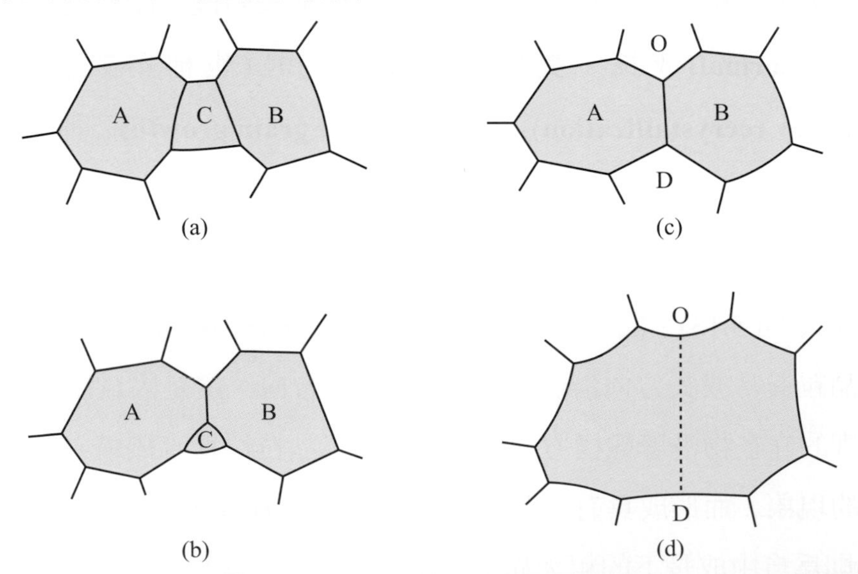

▲圖 5.16　晶粒成長示意圖：(a-c)AB 兩顆粗晶合併小晶粒 C、(d)若 AB 兩顆粗晶方位相近時將合併成一顆大晶粒[ABBASCHIAN&M]

圖 5.16 也顯示若晶粒的邊數小於六，則其晶界皆向外凸出，而大於六邊的晶粒，其晶界皆向內凹。這證明了一個事實，即二維空間下的晶粒，若其邊長由直線構成，則內角平均爲 120°，其形狀爲六邊形，通常六邊形之晶粒是一種較爲平衡的晶粒。

2.　晶粒成長速率

若 D 是平均晶粒直徑、t 是時間，則在某一恆溫下，晶粒的理想正常成長速率(dD/dt)與其直徑 D 成反比，即：

$$\frac{dD}{dt}=\frac{K}{D} \tag{5.2}$$

其中 K 是比例常數，積分（式 5.2）可得

$$D^2-D_O^{\ 2}=Kt \tag{5.3}$$

D_O 是觀察開始時(t = 0)的晶粒平均直徑。假設晶粒在成長初期直徑很小，則相對於 D，可忽略 D_O，則（式 5.3)可簡化爲：

$$D=kt^{1/2} \tag{5.4}$$

其中 $k = K^{1/2}$。根據 (式 5.4)，理想的正常晶粒成長之平均直徑與時間平方根成正比。事實上，晶粒成長過程中是會受到雜質等因素影響，所以在某一恆溫下，許多晶粒的成長速率可以下式表示：

$$D-D_O = kt^n \tag{5.5}$$

其中(晶粒成長)指數 n 一般小於理想正常成長的 1/2，此外，溫度愈高，n 值愈接近 1/2。且當晶粒尺寸大於材料厚度的十分之一時，晶粒幾乎是不會再成長了。

3.　細小第二相對晶粒成長之影響

影響晶粒成長的因素主要有溫度、溶質及細小之第二相介在物(小於 1 μm)。溫度愈高，原子運動愈快，晶粒成長也愈快；溶質可在差排附近

形成**溶質氛圍(atmosphere)**，在晶界附近亦有類似現象而阻礙晶界移動；細小第二相的存在能有效阻礙晶界移動，下一章將會對鋼鐵合金中的第二相抑制晶界移動做深入介紹，於此僅簡單說明如下。

細小第二相的存在能阻礙晶界移動，而使晶粒尺寸有一上限，這種情況可想像成晶界受到許多介在物牽絆，其表面張力無法克服介在物的牽制力所致。當介在物半徑爲 r，體積分率爲ξ時，則晶粒的平均半徑 R 爲：

$$R = \frac{4}{3}\frac{r}{\xi} \tag{5.6}$$

(式 5.6)說明了介在物存在於合金時，最終的晶粒尺寸直接決定於介在物的大小，介在物愈細小，阻礙晶界移動的效果愈明顯，晶粒的平均半徑 R 就愈小。

4. 試片尺寸對晶粒成長之影響

試片尺寸也會影響晶粒成長速率。在圖 5.17(a)所示線材中，晶界橫跨整個晶體而與自由表面交界，這種晶界沒有曲率，故沒有表面張力作用而無法移動，因此不可能發生進一步的晶粒成長。研究指出這些與自由表面交界的晶界會在自由表面處發生**熱凹現象(thermal grooving)**(圖(b))，圖 5.17(b)中的點 a 爲三個表面(晶界與點 a 左右兩側的自由表面)的交會線，爲了平衡這三個表面張力的垂直分量，必須形成一夾角爲 θ 的凹槽，並滿足下列關係式：

$$\gamma_b = 2\gamma_{fs}\cos(\frac{\theta}{2}) \tag{5.7}$$

其中γ_b是晶界的表面張力，γ_{fs}是兩個自由表面的表面張力。

晶界凹槽對晶粒成長有重要影響，因爲凹槽輕易就可以鎖定晶界的末端(與自由表面的交會處)，尤其當晶界幾乎垂直自由表面時，利用圖

5.17(c)、(d)的定性說明，來解釋這種鎖定晶界的效應。圖 5.17(c)爲晶界附著在凹槽上，而圖 5.17(d)則表示晶界脫離而向右移動的情形。

晶界脫離凹槽時會增加總表面積，因而增加總表面能，所以凹槽有限制晶界移動的效應。因此，若晶粒尺寸接近試片厚度時，預期其晶粒成長速率會降低。實驗數據顯示，若金屬板的晶粒尺寸大於厚度的十分之一時，其成長速率會大幅降低，以上所描述的自由表面限制晶粒成長的現像稱爲**自由表面效應(free surface effect)**。

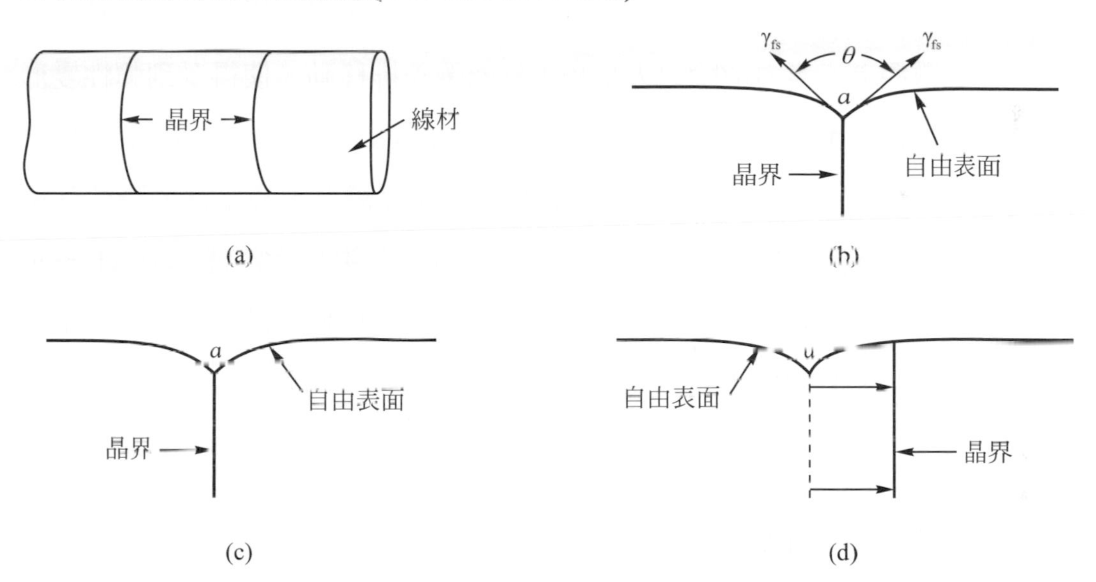

▲圖 5.17 自由表面對晶粒成長之限制：(a)穩定晶界、(b)表面熱凹、(c)與(d)幾乎垂直自由表面之晶界移動時增加表面能[ABBASCHIAN&M]

5.6 應力消除退火

許多熱、或冷加工製程都會對零組件導入殘留應力，殘留應力可被定義爲：『材料或工件在定溫及無外力作用與束縛下，爲達到力平衡而存在於物體內的彈性應力』。殘留應力會造成零組件於後續的熱處理、製造、或使用中產生變形、破裂等。所以消除殘留應力退火的目的就是要降低因殘留應力所造成對零組件的傷害。

鋼鐵之應力消除退火溫度是在低於 A_1 下進行，並不會有相變化發生。一般常會與製程退火重疊或稍低，如圖 5.2 所示，爲了避免退火過程中引發新的熱應力，所以其加熱與冷卻速度均需很慢。

應力消除退火主要是藉由回復機制，而不是藉由再結晶，此時鋼鐵之強度並不會有明顯下降(圖 5.12)。大約從 450℃起殘留應力就會開始消失，一般的強力退火大約加熱於 500～600℃保持所需時間後慢冷。含有冷加工的鋼鐵晶粒，若退火期間較長時，原子會發生再結晶而變軟。

微觀上，應力消除退火是藉由熱能讓差排移動，使得受到彈性變形的原子回復到平衡位置的一個製程。所以也常對工件施以機械法(如敲擊、振動應力)，當殘留應力加上所施加的機械力大於工件的降伏強度時，差排就能移動，也就能釋放殘留應力(稱爲**鮑辛格效應 Bauschinger effect**)。例如銲接後輕敲銲件，就是一種標準的應力釋放製程，甚至可釋放 90%的殘留應力，眞是施加小應力，發揮大功效。

習　題

5.1 有一碳鋼，說明下列退火製程之目的與其微結構：(1)均質化退火、(2)完全退火、(3)正常化退火、(4)製程退火(再結晶)、(5)球化退火、(6)應力消除等退火。

5.2 (進階題)推導均質化所需時間與晶粒直徑的平方成正比，即：$\tau = L^2/(\pi^2 D)$，式中 τ 是**均質化時間(relaxation segregation time)**、L 是鑄造晶粒直徑、D 是擴散係數。

5.3 **核心(coring)**與**包晶反應(peritectic reaction)**是兩種鑄鑄造過程中會發生成分分配不均的微偏析現象，這兩種偏析是(1)如何發生的？(2)其微結構有何差異？

5.4 在球化溫度下，影響鋼鐵材料球化退火熱處理時間長短的主要因素是什麼？

5.5 何謂再結晶溫度？何謂冷加工？何謂熱加工？材料冷加工時其微結構會發生什麼變化？

5.6 影響金屬再結晶溫度的因素是什麼？影響金屬晶粒成長的因素是什麼？

5.7 晶粒成長有幾種？為何會引起晶粒成長的差異？

補充習題

5.8 什麼是(1)『溶質在合金溶液中之**分配比例(partition ratio)**；K』？(2)它與相圖的關係是什麼？(3)對鑄造金屬晶粒的微偏析會造成何種影響？

5.9 碳鋼進行完全退火之目的是什麼？其加熱區是在哪些相區？為何需在這些相區持溫？

5.10 過共析鋼進行完全退火與正常化退火時：(1)它們的加熱區是在哪些相區？(2)退火微結構是什麼？有何異同？

5.11 在完全退火與正常化退火熱處理製程中，有時會採用『兩段式退火』或『恆溫退火』，試說明它們的熱處理方法與目的。

5.12 過共析鋼的正常化退火熱處理後之微結構，在理論上與實務上有何差異？

5.13 簡略說明兩種碳鋼之球化退火製程。

5.14 簡述製程退火時鋼鐵材料之微結構變化，可分爲幾個階段？每個階段的驅動力是什麼？

5.15 鋼鐵材料冷加工時，其儲存能大小與加工量有何關係？儲存能佔冷加工時所輸入能量的比例如何？

5.16 製程退火時的回復階段，微結構上變化不大，但導電度確有明顯的改變，略述其原因。

5.17 合金中的不純物(或雜質)會降低或增加再結晶溫度？

5.18 有一金屬，經 70%冷輥軋，在 600K 下退火時，完成再結晶之時間爲 1 小時，其活化能 $Q_r = 200$ kJ/mol，(理想氣體常數 R = 8.37 J/mol-K)，計算在(1)590 K、(2)610 K 與(3)620 K 下完成再結晶所需要之時間。

5.19 金屬冷加工退火時，**胞室結構(cell structure)**與次晶粒是如何形成的？熱加工時，疊差能對退火型態有何影響？靜態回復與動態回復有何區別？

5.20 爲什麼在二維空間下，(1)一般的平衡晶粒爲六邊形？(2)爲什麼在圖 5.16 中的小晶粒小於六邊、而大晶粒大於六邊？(3)爲何小晶粒邊界有外凸情形？

5.21 推導正常晶粒之成長公式(式 5.4)。$D = kt^{1/2}$

5.22 (進階題)推導(式 5.6)。 $R = \dfrac{4r}{3\zeta}$

5.23 簡述影響極限晶粒的因素？

5.24 應力消除退火與製程退火有何重疊性？

6

鋼鐵沃斯田鐵化處理與熱機處理

結合塑性加工和熱處理來改善機械性質的處理叫做熱機處理或**加工熱處理(TMT：thermo-mechanical treatment)**。實施塑性加工的時期可以選在(1)相變化前、(2)相變化中、(3)相變化完成後，塑性加工的時期不同所得的效果也不一樣。

大多 TMT 製程是根據恆溫轉換圖(TTT)來設定它的作業條件，圖 6.1 顯示鋼鐵合金各種 TMT 的加工方法，從圖中的作業曲線和 TTT 曲線的相對位置，可以了解鋼鐵在何種狀態下受到塑性加工，以及何種條件下發生相變化。

TMT 的目地是在改變材料形狀以及細化微結構，一項已經被廣泛應用在工業上的 TMT 技術是在 1200～1300℃(沃斯田鐵相區)的高溫區熱輥軋加工後，再依照應用需求，在不同溫度下逐步熱加工成各種外形的**熱輥軋或控制輥軋(hot rolling or controlled rolling)**，對於大量生產(1～50 噸)的鋼鐵是一項必要的製程。

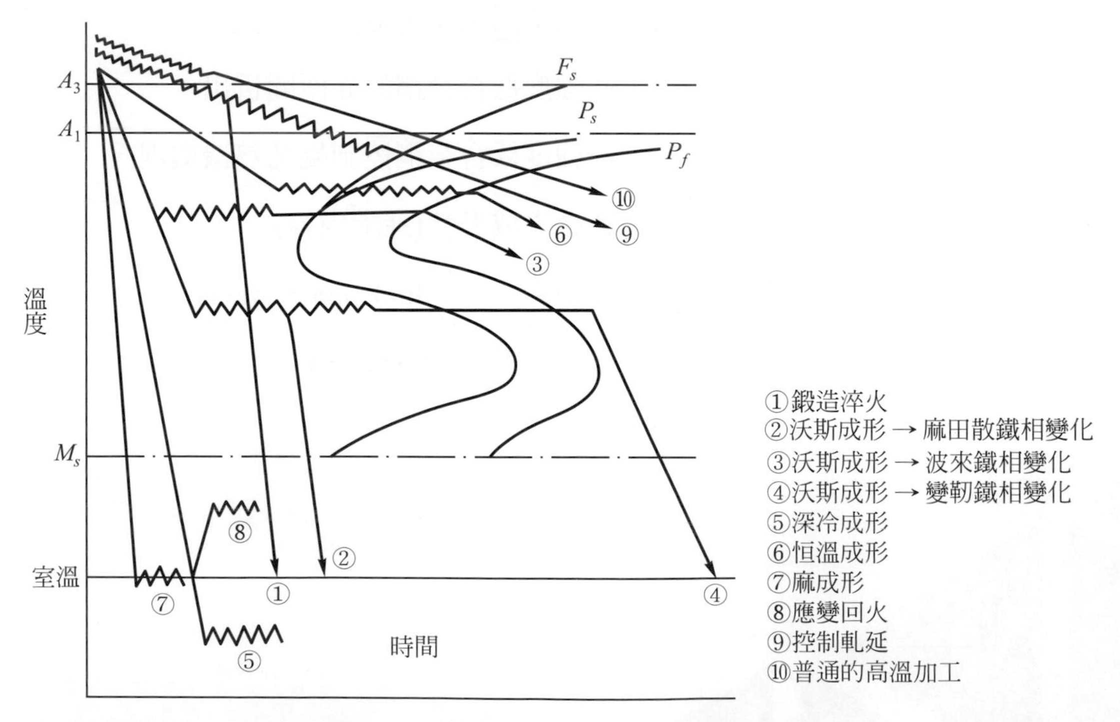

▲圖 6.1　各種熱機處理(TMT)的加工方法

6.1 汽車用鋼與製程簡介

如**軟鋼(mild steel)**、高強度低合金鋼(HSLA)等傳統的低碳鋼具有肥粒鐵爲主的微結構，具有易成形與高延性，這類傳統低碳鋼之降伏強度通常小於 550MPa，且強度增加將伴隨著延性的下降，如圖 6.2 所示，事實上，由圖 6.2 可以看出合金之**成形能力(formability)**，若合金具有高強度和高延性的良好組合，則其成形性能力就愈高(詳如 6.5 節)。

相對的，若強度高於 550MPa 的(低碳)鋼，則被歸類爲先進高強度鋼(AHSS)，AHSS 中的雙相鋼(DP)是目前使用量最大的車用先進高強度(低碳)鋼(AHSS)，它具有較複雜的多相微結構，藉由控制熱機處理製程，能產生高強度和高延性的良好組合，如圖 6.3 所示，且具良好的銲接性、成形性與高應變硬化能力等。現已開發出數十種 AHSS，本章後面將介紹雙相鋼(DP)、TRIP、TWIP 等 AHSS 鋼。

上述鋼鐵常以降伏強度與拉伸強度來表示，如圖 6.3 中的 DP350/600 表示此雙相鋼(DP)之降伏強度與拉伸強度分別爲 350 MP 與 600MPa。

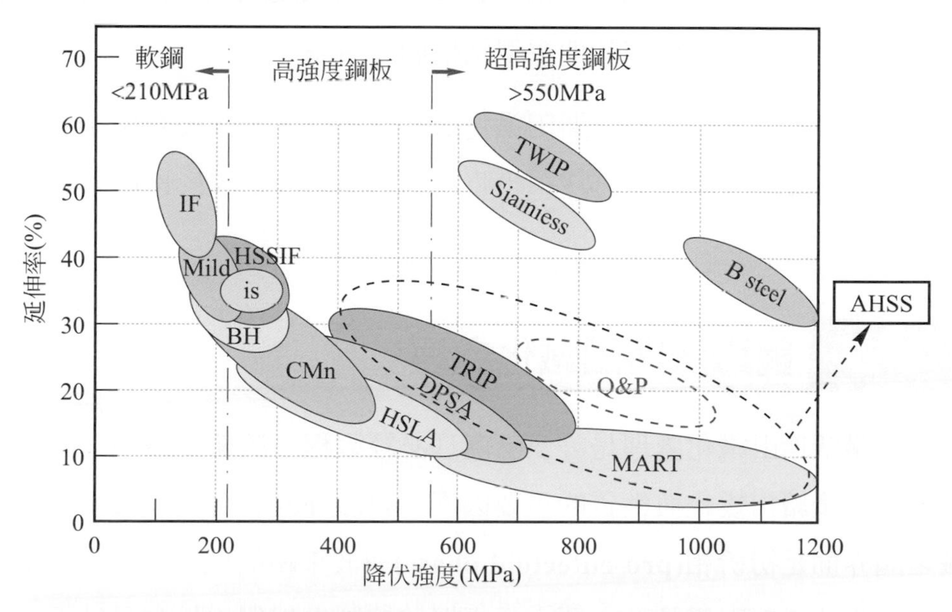

▲圖 6.2 車用鋼板之降伏強度與延性之關係圖[WORLD]

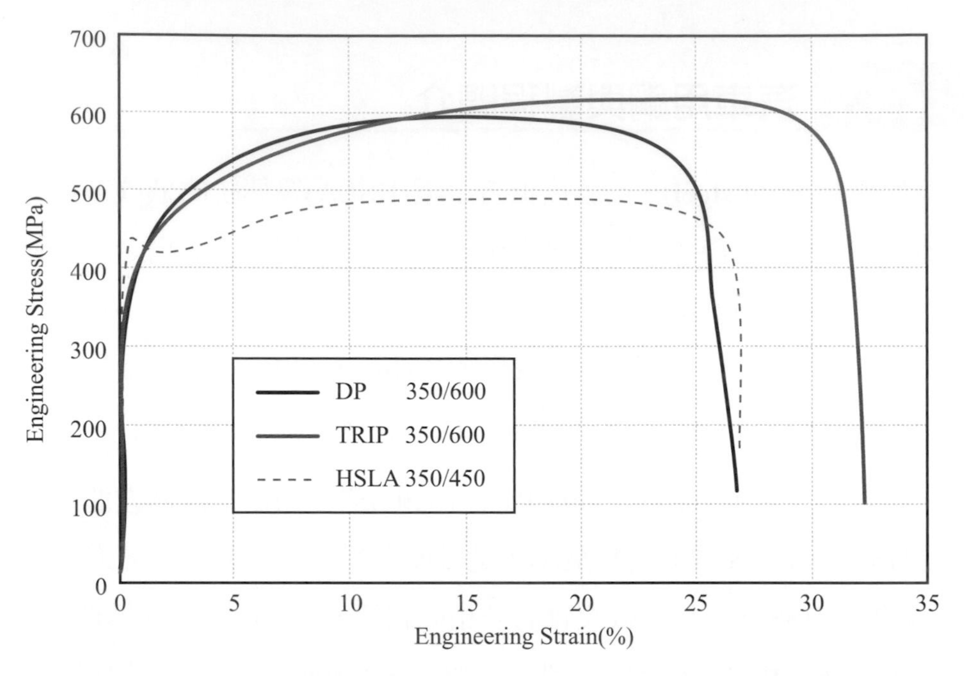

▲圖 6.3 TRIP 鋼在相同降伏強度(350MPa)的三種鋼板中具有最佳延性

軋延參數(溫度、應變、軋延次數等等)經過精細設定的『**控制輥軋-controlled rolling**』即是一種熱輥軋製程，是現今最重要的鋼鐵熱加工技術之一，尤其是對於高強度低合金鋼(HSLA)與先進高強度(低碳)鋼(AHSS)，其特色在於能夠製造出可靠度高的高強度鋼品，其產品用途包含有車板、橋樑、建物和其他重型結構體之用鋼等。

本章將首先介紹高溫沃斯田鐵化處理之相變化，爾後介紹 HSLA、AHSS 之熱處理與其 TMT 製程，也將介紹車用鋼板高成形性與高應變硬化能力之原理。

6.2 鋼鐵沃斯田鐵化處理

鋼鐵沃斯田鐵化處理是許多熱處理必經製程，沃斯田鐵相之晶粒尺寸是影響後續相變化與性質的重要因素。對於 Fe-C 合金而言，沃斯田鐵之晶界面是**初析相(pro-eutectoid phase)**與波來鐵的成核位置，因此，若較細化的沃斯田鐵晶粒，藉由元素擴散控制之相變化較容易進行，相對的也就抑制了**無擴散(diffusionless)**之相變化的進行。另外，較細化的沃斯田鐵晶粒也使得剪應變較為困難，這些因素均抑制了沃斯田鐵相變化成麻田散鐵的能力，換句話說，細化的沃斯田鐵晶粒將會降低合金之硬化能。

對於含低碳之 Fe-C 合金而言，較細的沃斯田鐵晶粒也可以使後續相變化獲得較細化的肥粒鐵與雪明碳鐵，對於正常化或退火處理之低碳鋼而言，肥粒鐵是其主要的微結構，若因細化之沃斯田鐵晶粒而獲得較細化的肥粒鐵，將可同時提升合金之強度與韌性，細化之沃斯田鐵晶粒，在 HSLA、AHSS 中的製程與性質中扮演極為關鍵的角色，本章後續會加以說明。

一些對韌性有害的微量元素(如 Sb、As、P 等)極易偏析於沃斯田鐵晶界上，因此，若合金具有細化之沃斯田鐵晶粒，將可稀釋這些有害元素在晶界上之濃度，因而提升了合金之韌性。利用上述雜質元素容易偏析於沃斯田鐵晶界上的特性，以一些特殊的浸蝕技術(參考：TMS-AIME, Warrendale, Pa., 1978. PP.316-333)，在室溫下便能觀察到相變化前之(高溫)晶粒，如圖 6.4 所示。

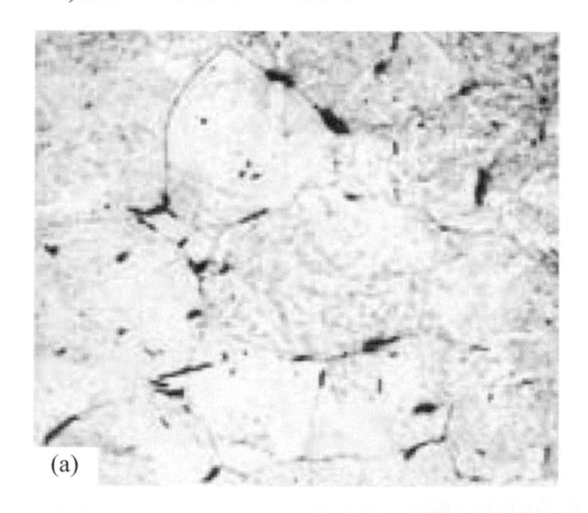

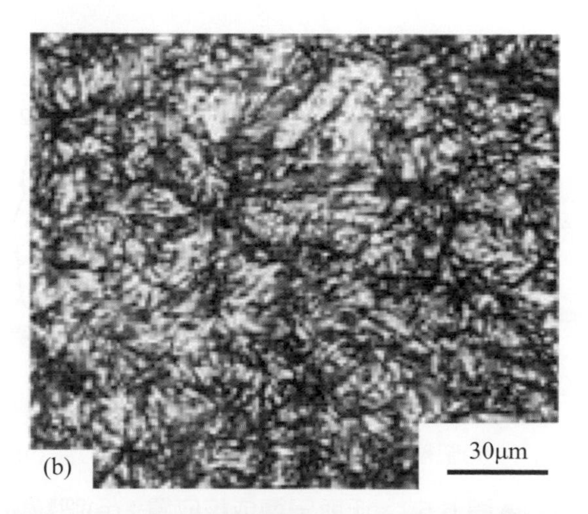

▲圖 6.4　Fe-1.22% C 合金經 890˚C沃斯田鐵化處理 2 分鐘後水淬微結構；(a)沃斯田鐵晶界，與(b)麻田散鐵與殘留沃斯田鐵[3]

6.2.1 沃斯田鐵化之成核與成長

沃斯田鐵化處理前的微結構，可能是肥粒鐵、球狀雪明碳鐵、層狀雪明碳鐵(即波來鐵)、麻田散鐵、或回火麻田散鐵等的一種或多種組合，其成核與成長的動力會有所差異，在圖 6.5 中顯示沃斯田鐵會在(1)肥粒鐵的晶界面或交界處(圖 6.5(a))、(2)雪明碳鐵或雪明碳鐵與肥粒鐵之界面上(圖 6.5(b))、或(3)波來鐵**島(colony)**界面上或層狀雪明碳鐵與肥粒鐵之界面上(圖 6.5(c))成核，圖 6.6 顯示環繞球狀雪明碳鐵處相變化成沃斯田鐵之成核與成長過程。

由於麻田散鐵爲一含過飽和碳的固溶體介穩相，碳原子均勻分布於合金中，當相變化成沃斯田鐵時，碳原子並不需要擴散，所以沃斯田鐵化速度極快，例如對具麻田散鐵微結構之 4340 合金薄鋼片而言，在約 800℃進行沃斯田鐵化處理，幾秒鐘內即可相變化完成。而球狀雪明碳鐵爲一極安定之平衡結構，沃斯田鐵化的速度決定於雪明碳鐵的**分解(dissolve)**與碳原子在沃斯田鐵中的擴散速度而定，其沃斯田鐵化速度慢很多。

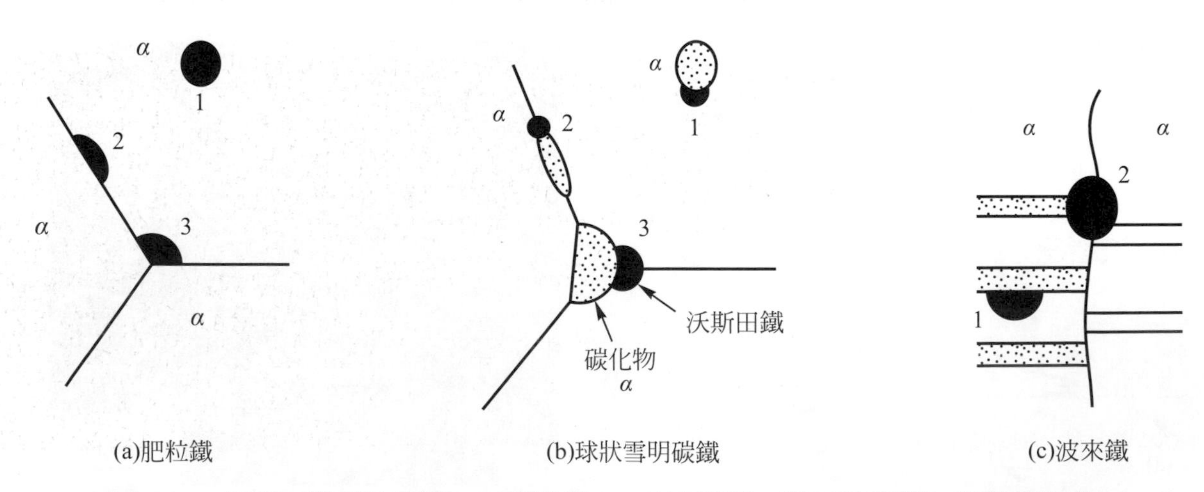

▲圖 6.5 沃斯田鐵成核位置：(a)肥粒鐵、(b)雪明碳鐵、與(c)波來鐵(α代表肥粒鐵，1、2、3 代表沃斯田鐵相變化發生處)[4]

至於回火麻田散鐵之微結構則視回火的程度而有不同微結構，在低回火程度下，為極細碳化物(相較於球狀雪明碳鐵)分布於肥粒鐵中，在高回火程度下，為極細碳化物分布於低過飽和碳之麻田散鐵中，所以其沃斯田鐵化時碳化物的分解速度較之於球狀雪明碳鐵快，且碳原子擴散距離也較短。

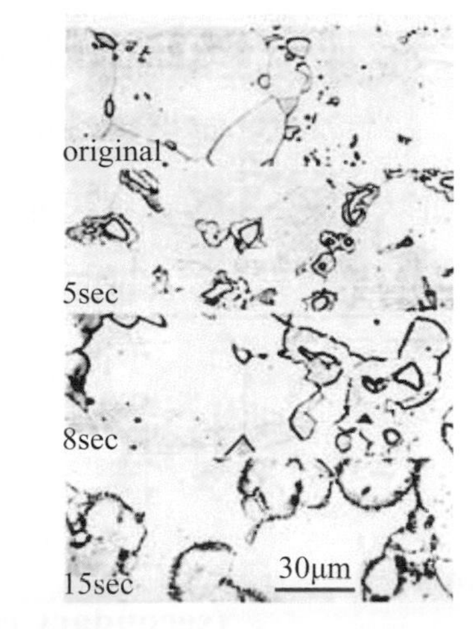

▲圖 6.6　環繞球狀雪明碳鐵之沃斯田鐵成核與成長過程[5]

所以在實務上，對於相同成分的碳鋼而言，若沃斯田鐵化處理之溫度相同，則沃斯田鐵化處理的速度依序為：麻田散鐵、回火麻田散鐵、層狀雪明碳鐵、球狀雪明碳鐵。

6.2.2　沃斯田鐵晶粒成長控制

煉鋼過程中可以加入鋁或矽來除氧，若以鋁除氧時，剩餘的鋁會與氮結合成 AlN 細顆粒，這些 AlN 細顆粒於鋼鐵製造過程中，會抑制晶粒之成長，而使鋼鐵成為具細晶之微結構，若以矽除氧時，則鋼鐵中並不存在抑制晶粒成長的顆粒，而為粗晶粒鋼鐵。細晶鋼鐵之晶粒粗細決定於(AlN)顆粒的數量與大小，當(AlN)顆粒愈多或愈細，抑制晶粒成長效果愈佳，則晶粒愈細。

1.　沃斯田鐵化處理之晶粒尺寸變化

圖 6.7 是此兩類鋼鐵進行沃斯田鐵化處理之晶粒尺寸變化圖，由圖中可以看到粗晶鋼鐵之沃斯田鐵晶粒會隨沃斯田鐵化的溫度升高而漸漸粗化，屬於**正常晶粒成長(normal grain growth)**，而細晶鋼鐵在低

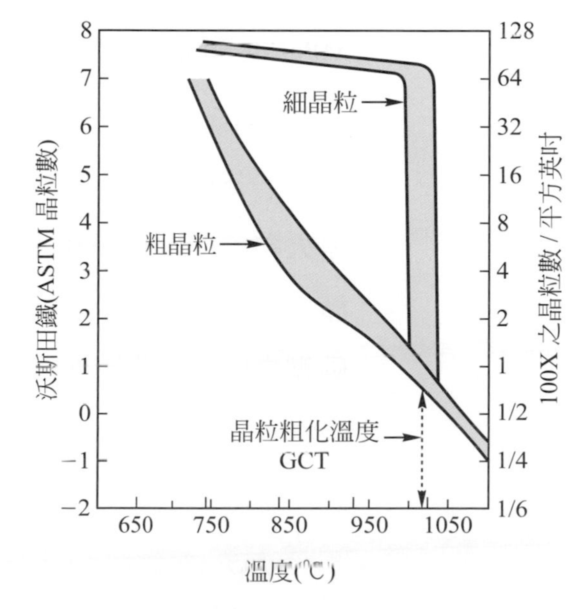

▲圖 6.7　兩類鋼鐵進行沃斯田鐵化處理之晶粒尺寸變化[6]

於**晶粒粗化溫度(grain-coarsening temperature，GCT)**時，沃斯田鐵晶粒幾乎是不會粗化，但當溫度達 GCT 時，沃斯田鐵晶粒會突然粗化，屬於**不正常之晶粒成長(abnormal grain growth)**，也稱爲**二次再結晶(secondary recrystallization-參考 5.5.4)**。

當(AlN)顆粒愈多或愈細，抑制晶粒成長的效果愈佳，但當溫度升高時，由於沃斯田鐵相中對合金(Al)的溶解度增加，造成部分(AlN)顆粒的分解、或粗化，致使其抑制晶粒成長效果減弱，以致引發**二次再結晶(secondary recrystallization)**。

2. **高強度低合金鋼**(HSLA)

鋼鐵合金中，一些過渡元素，如 Ti、V、Nb 等都是很強的**碳化物(與氮化物)形成元素(carbide former)**，可以在鋼鐵內形成抑制晶粒成長的散布強化細顆粒，其中最有名的例子是含有極微量(每種元素常低於 0.05 wt%)Ti、V、Nb 等的高強度低合金鋼(HSLA)，由於 HSLA 爲低碳鋼(C < 0.2 wt%)，其室溫微結構含有相當高的肥粒鐵，具有極佳銲接性，且因其具有細化的肥粒鐵晶粒與散布強化碳化物顆粒，其強度可高達 345-550 MPa(50-80 ksi)，遠高於含相同碳之 Fe-C 合金的 30 ksi(207 MPa)。

HSLA 已被廣泛應用於大型結構用件上，如橋樑、建築、汽車等結構件。若藉由一些如**界面間析出(interphase precipitation-6.3 節)**或**雙相退火熱處理(intercritical annealing-6.6 節)**等之特殊熱處理，可以製備具極佳強度與成形性之板材，是汽車車體的主要用材。表 6.1 顯示幾種低碳鋼之成分、機械性質與其應用。

▼表 6.1 幾種低碳鋼之成分、機械性質與其應用

代號*		成分(wt%)**			拉伸強度 [MPa(ksi)]	降伏強度 [MPa(ksi)]	延性 (%in 50 mm)	應用
AISI/SAE ASTM 編號	UNS 編號	C	Mn	其他				
碳鋼								
1010	G10100	0.10	0.45		325(47)	180(26)	28	汽車控制盤、鐵釘和鐵線
1020	G10200	0.20	0.45		380(55)	205(30)	25	管路：結構鋼及鋼片
A36	K02600	0.29	1.00	0.20Cu(min)	400(58)	220(32)	23	結構(橋樑及建築物)
A516 70 級	K02700	0.31	1.00	0.25 Si	485(70)	260(38)	21	低溫壓力容器
高強度低合金鋼(HSLA)								
A440	K12810	0.28		0.30Si(max)，0.20Cu(min)	435(63)	290(42)	21	用於螺栓或釘固定之結構
A633 E 級	K12002	0.22		0.30Si，0.08V，0.02N，0.03Nb	520(75)	380(55)	23	使用於低溫之結構
A6561 級	K11804	0.18		0.60Si，0.1V，0.20Al，0.015N	655(95)	552(80)	15	卡車結構體和火車
先進高強度(低碳)鋼(AHSS)								
DP700/1000					1000	700	12-17	車用材
TRIP450/800					800	450	26-32	
TWIP950/1200					1200	950		

*AISI，ASTM，UNS：見第二章緒言。

*ASTM

**另外含有：0.04P + 0.055S + 0.3 Si

6.3 高強度低合金鋼的界面間析出

界面間析出(interphase precipitation)也稱爲**恆溫時效熱處理(isothermal aging treatment)**，在高強度低合金鋼(HSLA)中是相當重要的一種析出熱處理型態。HSLA 鋼中因含有至少一種(釩、鈦、鈮、鉻、鉬、鎢等)可與碳(或氮)強烈化合的微量**碳(氮)化物形成元素(carbide (nitride)formers)**，將優先與碳(或氮)形成化合物"MC"，而不形成碳化鐵(Fe_3C)，因而降低了鐵中所溶解的碳含量，若溶解之碳低於肥粒鐵之溶解度時，則可以藉由圖 6.8(a)的 Fe-Fe_3C 二元相圖來說明高強度低合金鋼的界面間析出過程。

例 6.1 「界面間析出熱處理」係在圖 6.8(a)的α(肥粒鐵)單相區(d 點)進行，由圖中可(d 點)知幾乎不含碳(遠低於 0.022wt%)，但一般 HSLA 之含碳量會大於 0.1%(如 Fe-0.15% C-0.75% V)，卻可以進行界面間析出熱處理，試說明其原因。

解 因 HSLA 含有微量的碳化物形成元素(釩、鈦、鈮、鉻、鉬、鎢等)，可與碳強烈化合，如圖 6.8(b)，幾乎消耗了鐵中所溶解的碳，使合金基地中幾乎不含碳，所以便可利用圖 6.8(a)之程序來進行界面間析出熱處理。

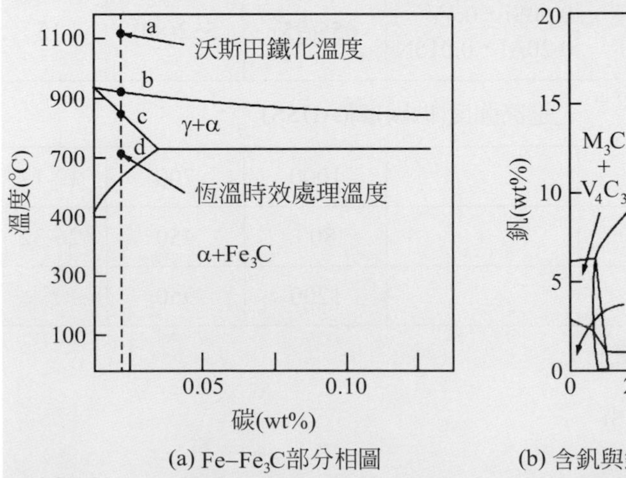

(a) Fe–Fe_3C部分相圖

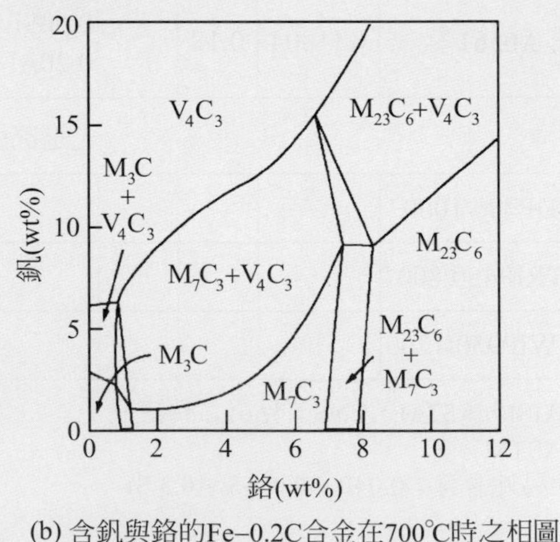

(b) 含釩與鉻的Fe–0.2C合金在700℃時之相圖

▲圖 6.8 (a)Fe-Fe_3C 相圖說明恆溫時效熱處理與 γ→α 相變化，(b)含釩與鉻的 Fe-0.2wt% C 合金在 700℃ 時之相圖[SHAW,R&M]

1. 界面間析出原理

現在來考慮含 V(或 Ti,Mo 等)的 HSLA 合金(例如 Fe-0.15% C-0.75% V)，當加熱到沃斯田鐵相時(圖 6.8(a)之 a 點)，持溫以獲得均勻的沃斯田鐵微結構後，急冷到 600-850℃之α(肥粒鐵)單相區進行**恆溫時效熱處理(isothermal aging treatment)**(圖 6.8(a)之 d 點)。

時效過程中，會發生γ→α相(即沃斯田鐵轉變為肥粒鐵)的恆溫相變化(圖 6.8(a))，且由圖 6.8(b)可知，在此溫度下，同時也會發生碳化物(V_4C_3)的析出，此析出物係成核於肥粒鐵與沃斯田鐵之界面上，也就是碳化物(V_4C_3)發生了**界面間析出(interphase precipitation)**。

2. 界面間析出物之形貌

沃斯田鐵與肥粒鐵之界面通常呈平面狀，且沃斯田鐵相變化為肥粒鐵時，主要係以台階(即碳化物之間距)式邊界移動，這些台階之高度將依恆溫相變化之溫度及合金組成而定。

碳化物間距約在 5-50nm 之間，當合金含 V(或 Ti,Mo 等)量愈高時，碳化物之含量就愈多，也就是碳化物愈密集，其間距愈小，另外合金於較低溫沃斯田鐵化時，碳化物析出較密集。相變化繼續進行時，台階移動橫過γ/α界面(圖 6.9(a))，合金就由沃斯田鐵轉變成肥粒鐵。

當台階前端移動時，析出物繼續生長，顆粒尺寸增大。沃斯田鐵變成肥粒鐵是一種重覆的過程，相變化繼續時，另外的台階會以規則方式出現，並且移動橫過界面，如圖 6.9(a)所示。

圖 6.9(b)顯示 Fe-0.06C-1.5Mn-0.1Si-0.1Ti-0.2Mo (wt.%)合金鋼經『1200℃沃斯田鐵化後淬火到 630℃時效 30 分鐘』的『界面間析出熱處理』，將析出(Ti,Mo)C 規則排列之微結構。

界面間析出是 HSLA 的重要強化熱處理方法，有關 HSLA 的強化機構可以參考習題 11.3 之說明。

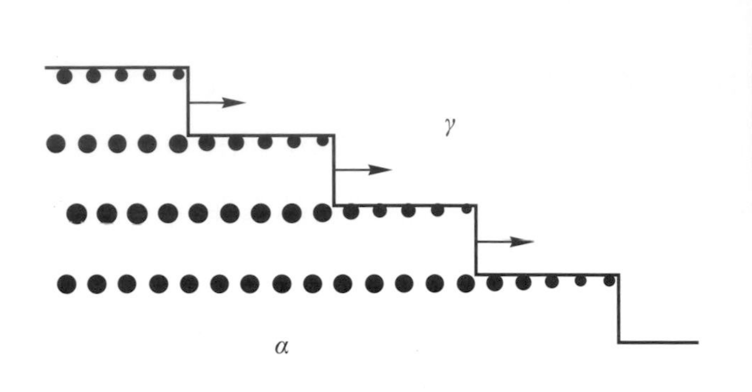

(a) 碳化物成核與成長

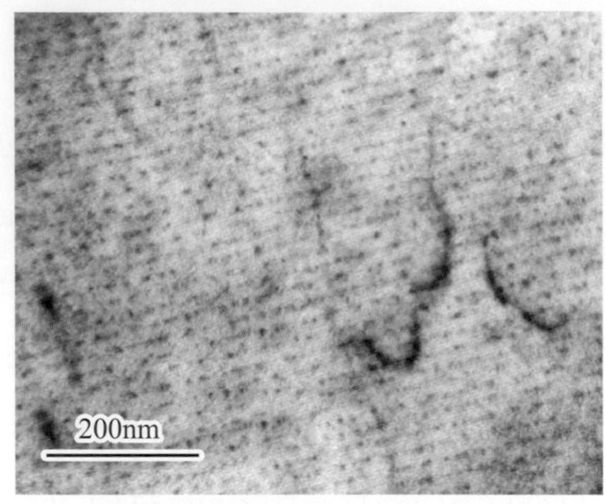

(b) 規則排列之合金鋼析出物

▲圖 6.9 (a)HSLA 合金碳化物於 α/γ 界面成核與成長示意圖[HONEYCOMBE2 & M]，(b)Fe-0.06C-1.5Mn-0.1Si-0.1Ti-0.2Mo (wt.%)合金鋼析出(Ti,Mo)C 之規則排列微結構[YANG2]

6.4 高強度低合金鋼控制輥軋熱機處理

在高強度低合金鋼(HSLA)被開發出來前，藉著碳含量達 0.4 wt%以及錳含量達 1.5 wt%之熱輥軋低合金 C-Mn 鋼，可使其降伏強度達 350～400 MPa(50～60 ksi)(圖 6.2)。然而，此種低合金 C-Mn 鋼主要由肥粒鐵-波來鐵組成，缺點是缺乏足夠的韌性。其韌性會隨著波來鐵結構中的碳化物增加而急遽降低(圖 6.10)。由於銲接是結構材使用時無法避免的製程，而銲接容易造成中、高碳鋼出現脆化破裂現象，因而無法做爲結構材使用，所以結構材一般只能使用低碳鋼。

低碳鋼是使用量非常大的鋼種，通常含少於 0.25 wt%的碳，因其硬化能力低，所以銲接或熱處理時並不會形成麻田散鐵，因其微結構主要是肥粒鐵與少量波來鐵，強度不高，所以，對於需要較高強度需求之結構鋼，需藉由容易與碳(或氮)化合的微量元素(如鈮、鈦、釩以及鋁等)之添加、及在沃斯田鐵高溫態下進行**控制輥軋(controlled rolling)**，來製作細化的肥粒鐵晶粒以提升強度。含這些微量元素的低碳鋼(即 HSLA)，其降伏強度可達 450～550 MPa(65～80 ksi)，並且其韌／脆轉換溫度低於零下 70℃。

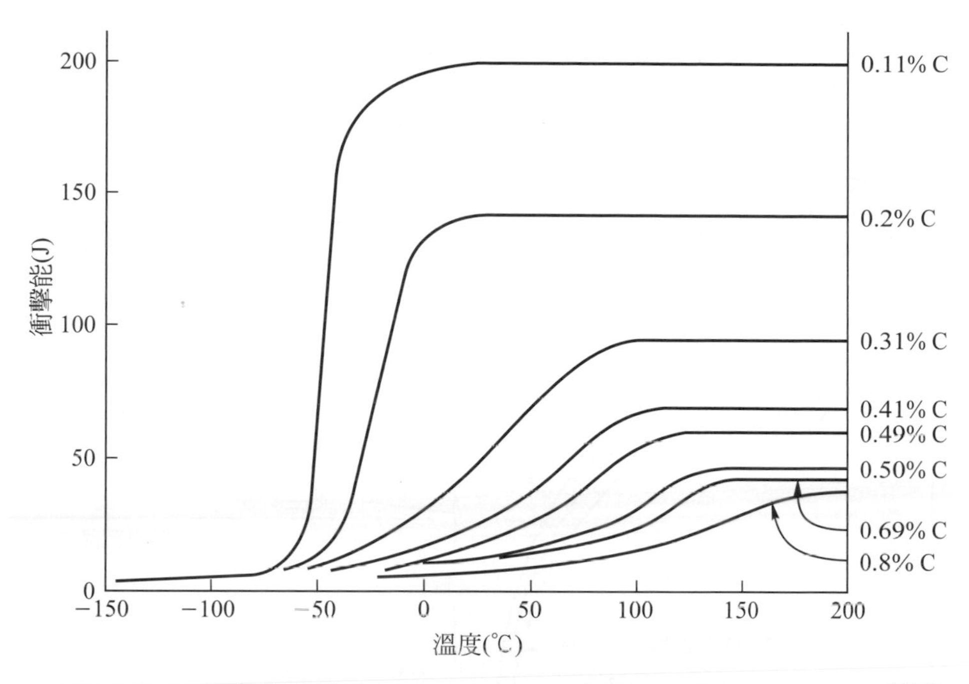

▲圖 6.10 具平衡微結構碳錳鋼之碳含量(wt%)對韌脆轉換溫度之影響[R&M]

圖 6.11 是細晶高強度低合金鋼(HSLA)板材製作程序圖，當開始熱輥軋時，因溫度遠高於 A_3，碳化物(或氮化物)幾乎可以完全溶到沃斯田鐵晶粒內，此時晶粒極爲粗大，隨著輥軋的進行，動態再結晶與晶粒成長幾乎同時發生，所以也無法大幅細化晶粒，且在未加工的延遲階段，更加發生晶粒粗化現象。

但當溫度冷卻到稍高於 A_3 時，由於沃斯田鐵相中對合金的溶解度降低，因而析出強化的細顆粒，此時經熱輥軋的沃斯田鐵不容易再結晶，僅發生部分再結晶或無再結晶，其微結構中存在有大量且細化的變形沃斯田鐵，當溫度介於 A_3 與 A_1 時，肥粒鐵會在這些變形沃斯田鐵晶界上大量成核，最終成爲具有極細化肥粒鐵的細晶結構，大大提升了 HSLA 之強度與韌性。

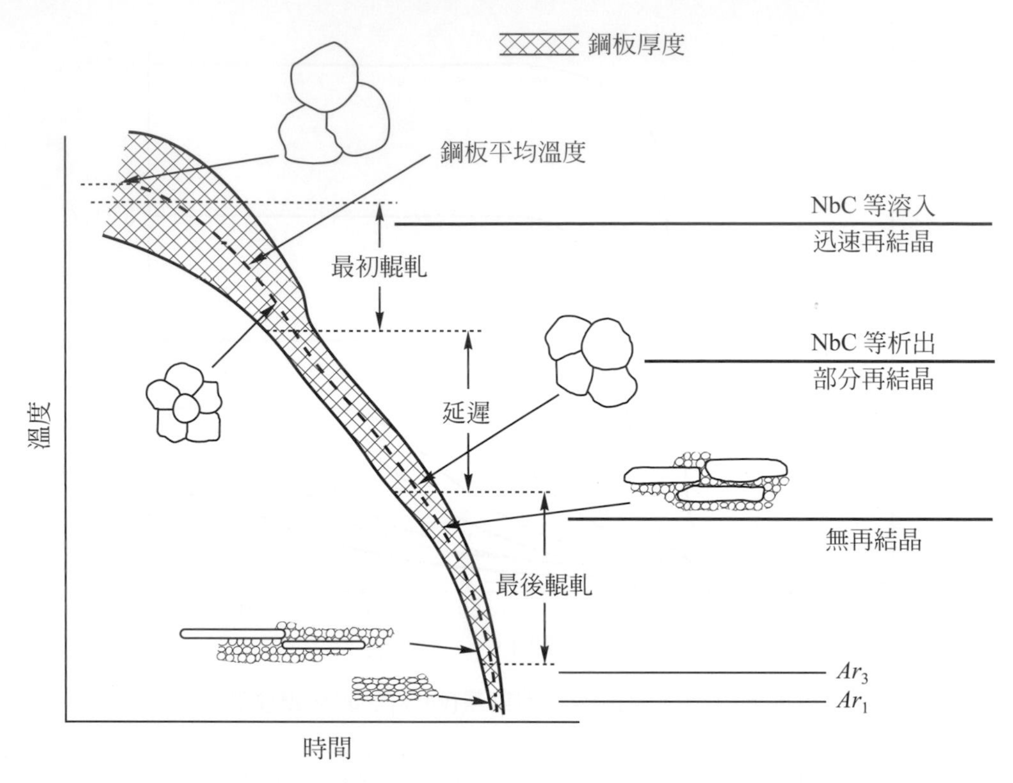

▲圖 6.11　細晶高強度低合金鋼板製作程序[BAIRD&M]

6.4.1　控制輥軋中的細晶強化

控制輥軋過程中，晶粒細化主因是熱加工過程中的動態再結晶所造成的，再結晶的過程會受到第二相析出物、溫度以及輥軋變形的大小所影響。一般碳鋼之高溫沃斯田鐵態因缺乏第二相，高溫熱輥軋時會造成明顯的晶粒成長，以至於在後續的加工過程中，無法獲得極細化的晶粒。

然而 HSLA 中含有微量易與碳(或氮)化合的元素(如鈮、鈦、釩以及鋁等，鋁只能夠形成氮化物)，這些元素極易與碳或氮形成高溫(低於 1200 ℃)下仍穩定的碳化物與氮化物的細小顆粒(圖 6.12)，由於這些細小的顆粒存在於沃斯田鐵的基地中，將能有效抑制高溫加工下的再結晶與晶粒成長。高溫沃斯田態下這些細小的顆粒越細則抑制再結晶與晶粒成長效果越好。當碳與氮都加入控制輥軋加工的鋼鐵中，氮化物會比碳化物更穩定。

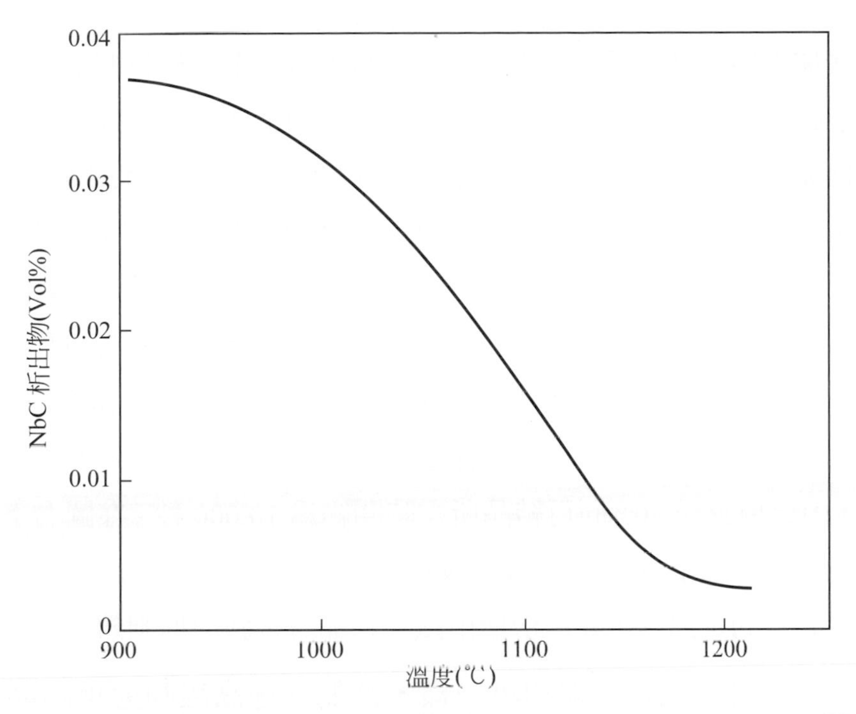

▲圖 6.12 Fe-0.15C-1.4Mn-0.04Nb(wt%)合金中的 NbC 在不同溫度下之體積分率[MCKENZIE&M]

另外，控制輥軋加工過程中，溫度會隨著輥軋的進行逐漸下降，此時在最高溫的沃斯田鐵態下，這些容易與碳(或氮)化合的微量元素需要有足夠高的溶解度才能夠在溫度下降過程中析出足夠的微細顆粒。碳化物及氮化物回溶到沃斯田鐵中將隨著溫度上升(900-1300℃)呈現緩慢的增加。

在沃斯田鐵溫度下，雖然鉻與鉬的碳化物比上述元素(鈮、鈦、釩等)有更高的溶解度，更容易溶入沃斯田鐵中，但這些元素的碳化物之析出溫度較低，直到溫度低於晶粒成長溫度時才會析出，以致在高溫下無法作爲有效抑制沃斯田鐵晶粒粗化的元素。

當加工溫度是在沃斯田鐵態的高溫時，微細第二相將抑制再結晶之晶界移動，導致再結晶不易發生(圖 6.13)，加工過程中的應變量得以累積，且加工溫度愈低，晶粒愈細化。圖 6.13 顯示四種合金鋼在 954℃的再結晶動力學，圖中每種鋼在容許再結晶之前，均在 954℃時受到約 50%的熱輥壓變形，圖中最左邊的曲線含有 0.09%碳和 1.90%錳的碳鋼(C-Mn)所獲得的曲線，此鋼在大約 10 秒內就已完全再結晶。往右的下一條曲線，標示著 0.0 wt%釩(V)，是與第一條曲線一樣有相同碳和錳含量的鋼，但多加了 0.03%鈮(Nb)所得到，注意此少量的鈮卻大大地延遲了再結晶過程，因此要獲得 90%的再結晶所需時間約為 10,000 秒。在圖右下角最後兩條曲線，顯示除了含 0.03% Nb 外，另外也含有一些釩。總之，圖 6.13 所顯示的是鈮與釩對於沃斯田鐵再結晶有很強的抑制效果。

由圖 6.13 也證實鈮和釩一樣，都能延遲高溫動態再結晶的發生。這些微合金元素能產生抑制再結晶的發生，這是由於它們傾向析出高溫穩定的微小顆粒狀析出物(碳化物、氮化物，和碳氮化物)的緣故，這些顆粒能與沃斯田鐵晶界相互作用。這些析出物顆粒能限制沃斯田鐵的再結晶以及晶粒成長。

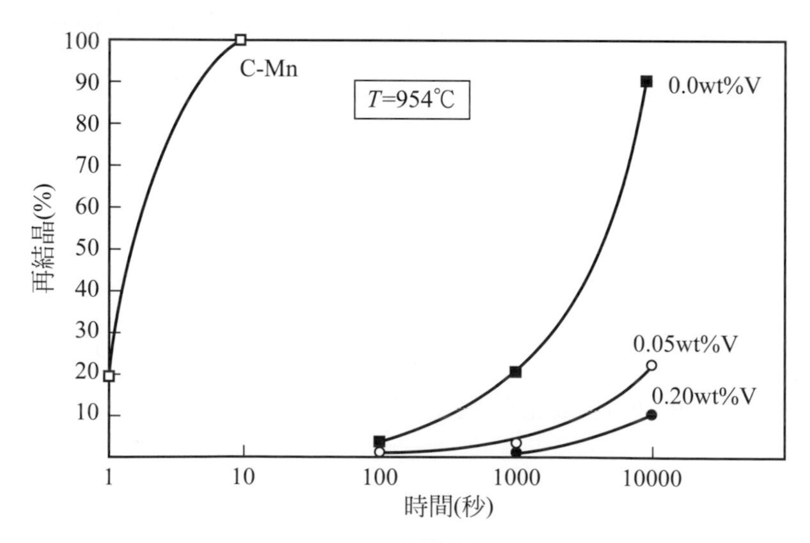

▲圖 6.13 Fe-0.1C-2.0Mn(wt%)合金鋼再結晶動力曲線。標示"C-Mn"為不含微合金，"0.0 wt% V"為含 0.03% Nb，其他兩條曲線均含 0.03% Nb 和不同 V 量[MICHAEL&M]

由圖 6.12 可知，當加工溫度愈低，析出物愈多，抑制再結晶效果愈明顯，更能細化沃斯田鐵晶粒。但是，當溫度高於 1150℃時，HSLA 合金元素重新溶入沃斯田鐵基地中，若加工溫度高於此溫度，沃斯田鐵晶粒會有明顯粗化的現象。

控制輥軋降溫過程中，沃斯田鐵已發生多次動態再結晶，當溫度冷卻到接近 $\gamma \rightarrow \alpha$ 相變化之溫度時會產生明顯的沃斯田鐵晶粒細化。在後續較低溫的沃斯田鐵加工過程中，甚至不會發生再結晶，以致受變形的沃斯田鐵直接相變化爲肥粒鐵。在控制輥軋的最後階段，更可以藉由急冷來(低於 A_1)抑制沃斯田鐵晶粒成長。

實務上，在鋼鐵 $\gamma \rightarrow \alpha$ 相變化過程以及在肥粒鐵結構下進行輥軋也相當普遍，鋼鐵在經過這種處理後會得到更細的晶粒及更高的降伏強度(圖 6.14)，缺點是輥軋機需承受更大的荷重。經過控制輥軋加工的低合金鋼，其肥粒鐵晶粒尺寸，一般業界標準大約爲 5~10 μm。而實驗室所做出來的肥粒鐵晶粒尺寸可達 1 μm，是目前利用控制輥軋加工製造出來最細的晶粒尺寸。

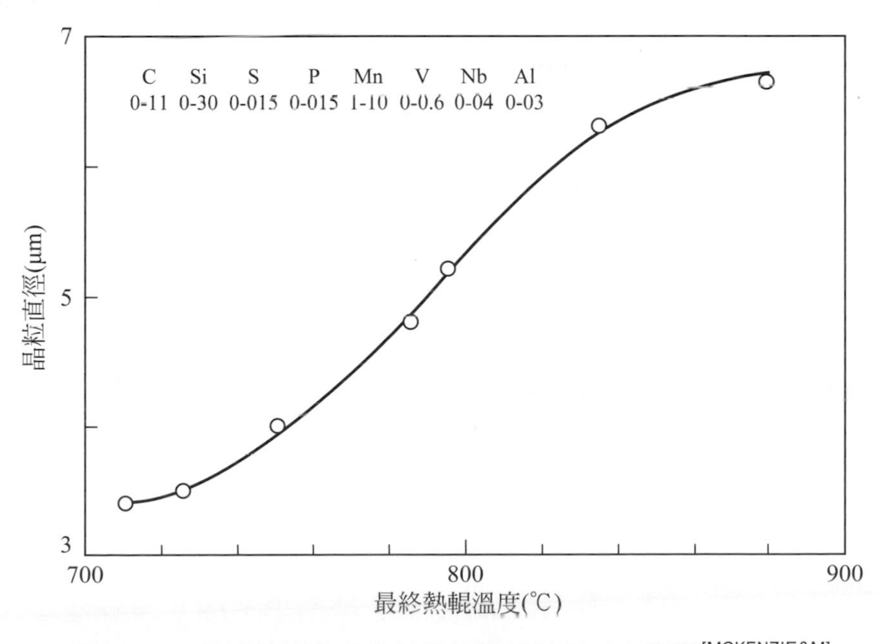

▲圖 6.14 最終熱輥軋溫度對肥粒鐵晶粒尺寸之影響[MCKENZIE&M]

儘管經過許多研究以及製程開發，業界中熱機處理製程所能達到的最細肥粒鐵組織粒度還是卡在 1 μm 的瓶頸，其主要因素爲**再輝效應 (recalescence)**，再輝效應是由於鋼鐵相變化時會釋放大量潛熱，短時間內難以藉由擴散而消散，因此造成鋼鐵溫度的上升，致使超細晶粒結構難以形成。以現今的熱機處理來說，因爲再輝效應的存在，使得晶粒難以小於 1 μm。

6.4.2 控制輥軋中的散布強化

當控制輥軋的溫度逐漸下降時，HSLA 鋼會逐步析出含鈮、鈦及釩等元素的碳化物和碳氮化物。這些析出物主要功能爲控制晶粒尺寸和形成散布強化相。強化程度取決於粒子的尺寸及粒子間距，當合金元素愈多、或析出溫度愈低時，析出物尺寸會越小、間距會越密。

碳化物和碳氮化物不僅是在沃斯田鐵相之溫度範圍內析出，而且在相變化爲肥粒鐵過程中也可以析出。HSLA 之 $\gamma \rightarrow \alpha$ 相變化溫度大約發生在 850-650℃，鈮、鈦及釩的碳(氮)化物逐漸在相變化過程中的**界面間析出(interphase precipitation，6.3 節)**，這些析出物會成爲排列整齊、且極爲細小，是 HSLA 鋼散布強化的主要來源。

若發生相變化時，冷卻速率夠快，將導致肥粒鐵中的微量合金元素過飽和，碳化物便會在晶粒中析出，析出的位置通常在肥粒鐵組織中的差排上，此現象由於含釩的碳化物在沃斯田鐵結構中有較高的溶解度所以最爲明顯，而鈦、鈮之效果則遞減。

6.4.3 高強度低合金鋼的強度

以控制輥軋製造出的 HSLA，至少存在三種強化機制影響其強度，這些強化機制取決於鋼鐵的成分以及熱機處理過程。圖 6.15 說明 Fe-0.2C-0.2Si- 0.15V-0.015 N(wt%)合金在以錳含量爲函數的情況下對於降伏強度的影響。

第一個強化機制是錳、矽以及未化合之氮等元素之固溶強化，第二個是細晶強化，這是影響 HSLA 降伏強度一個重要且明顯的因素，第三個是散布強化。最終所得到的鋼鐵降伏應力範圍大約爲 350-500 MPa(50～73 ksi)。

輥軋的最終溫度會大大影響鋼鐵晶粒尺寸及強度，在鋼鐵相變化爲肥粒鐵結構下進行輥軋已經是很普遍的加工方式，此方式能夠在肥粒鐵結構中獲得極細的次晶粒結構，並提升強度。

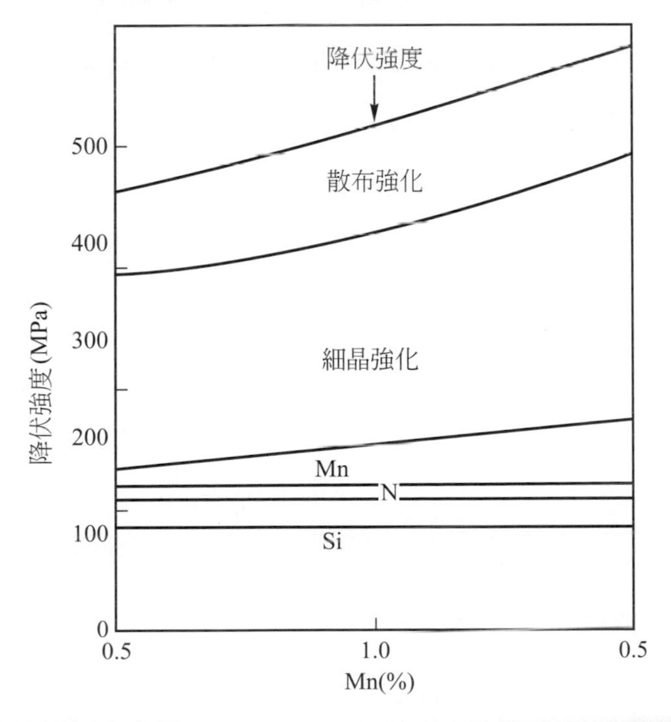

▲圖 6.15 高強度低合金鋼(Fe-0.2C-0.2Si-0.15V-0.15N(wt%)以錳含量為函數的降伏強度[GLADMAN&M]

6.5 合金之成形性(進階內容)

HSLA 或 AHSS 比同等級碳鋼擁有較佳的比強度，然而，其**冷壓(cold pressing)**的成形性並不好。大量使用的車用鋼鐵不僅需強度高，還需擁有低溫容易成形的特性，強度增幅(即拉伸強度與降伏強度之差)與均勻伸長量乘積之大小，可作爲合金成形性之評估。

通常合金降伏強度愈低、且加工硬化速率愈大時，則會擁有較高的拉伸強度增幅與(均勻)伸長量，此時合金將呈現較高之成形性，如即將介紹的雙相鋼(DP)、TRIP 鋼(相變化誘發塑變鋼)、TWIP 鋼(雙晶誘發塑變鋼)等，均具有很好的室溫高成形性。本節將首先介紹合金之成形性的基本理論。

6.5.1 應變硬化指數

每一種材料拉伸試驗時都有各自的應力-應變曲線，它們的型態受到很多因數的影響，如材料的組成、環境的改變等。圖 6.16 顯示幾種主要的眞應力-眞應變曲線(σ_t-ε_t 曲線)：

圖(a)表示一完全彈性變形的材料，它可能是如彈簧般的彈性體，也可能是一個相當脆的材料，如玻璃、陶瓷、鑄鐵等幾乎不會發生塑性變形。

圖(b)表示一個**剛性(rigid)**且**完全塑性的材料(perfectly plastic material)**對此理想化的材料而言，其拉伸應力到達降伏應力σ_y前，是完全剛性(彈性應變爲零)，因此該材料會在固定的應力下產生塑性變形，當去除應力時，沒有任何彈性回復會發生，這種行爲很類似延性金屬在高度冷加工的情形。

圖(c)是一具有彈性區且有應變硬化的材料，這種形式的曲線與一般的工程材料實際變形曲線較接近。

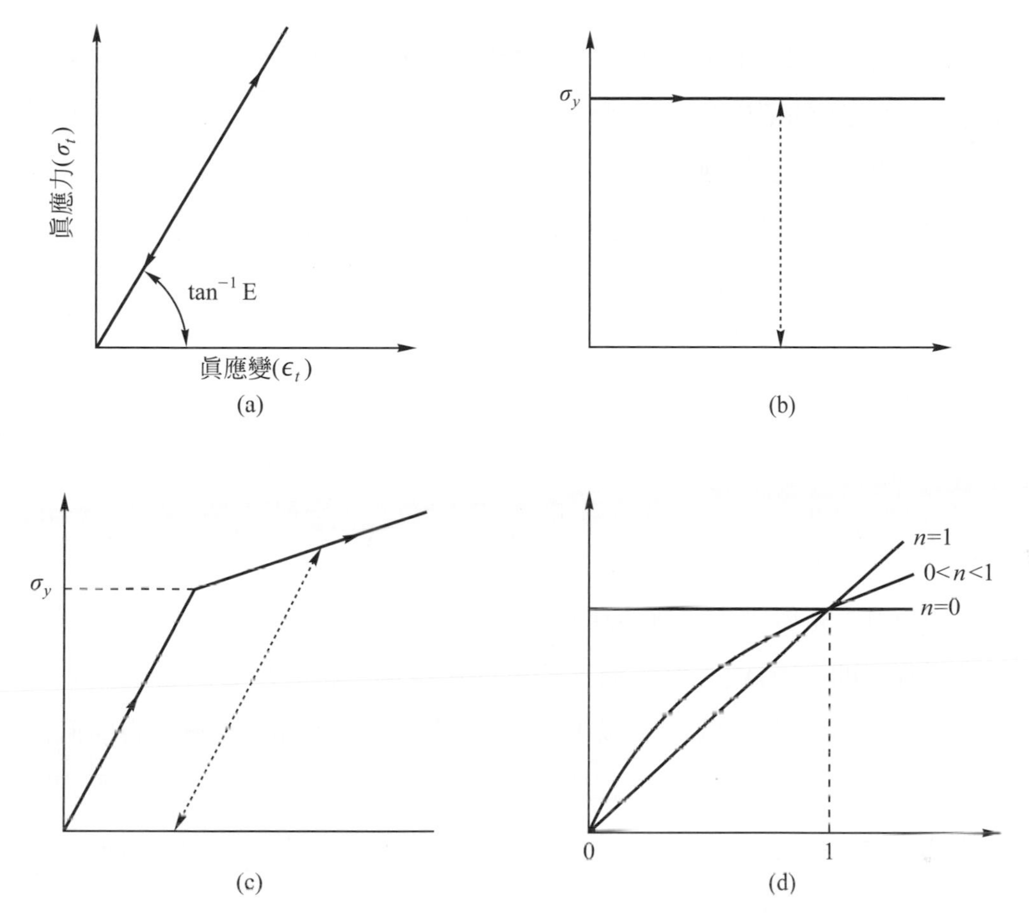

▲圖 6.16　合金之真應力／真應變曲線圖，(a)彈性體，(b)無加工硬化剛性，(c)具彈性與加工硬化，(d)彙整圖

上述的眞應力-眞應變曲線的型態，若是在均勻塑性變形區域內時(即拉伸應力小於拉伸強度 UTS 之應變量)，可以用下列簡單數學式表示。

$$\sigma_t = K\varepsilon_t^n \tag{6.1}$$

其中 n 是**應變-硬化指數(strain-hardening exponent)**，而 K 是當應變等於 1($\varepsilon_t = 1$)時的眞應力，稱爲**強度係數(strength coefficient)**，應變-硬化指數可從 n = 0(完美的塑性剛體)到 n = 1(完全彈性變形材料)，對大多數合金而言，n 値介於 0.1 至 0.5 之間，如圖 6.16(d)所示。實際的應力-應變曲線也常不依(式 6.1)而變化，所以在使用(式 6.1)時，需特別的留意。

由習題 5-23 可以得知合金之應變硬化指數(n)等於均勻變形的眞應變量(ε_u)，也就是說當拉伸試驗時，應變-硬化指數(n)愈大，均勻變形量愈大，整體延性也就愈高。

應變硬化速率($d\sigma_t/\varepsilon_t$)與應變-硬化指數(n)之關係爲：

$$n = \frac{d\ln\sigma_t}{d\ln\varepsilon_t} = (\frac{\varepsilon_t}{\sigma_t})(\frac{d\sigma_t}{d\varepsilon_t}) \tag{6.2}$$

應變-硬化指數(n)可藉由工程應力/應變曲線轉換成眞應力/應變曲線後求得(請參閱 G. E. Dieter. Mechanical Metallurgy. 3rd ed. P. 284)。

6.5.2 康氏準則(Considere's Criterion)

圖 6.17 是眞應力-眞應變曲線(σ_t-ε_t 曲線)和對應的工程應力-工程應變曲線(σ-ε曲線)所做的比較圖，於拉伸過程中，絕大部分的合金受到變形後都有加工硬化現象。所以根據試片標距長度(L_O)與未變形的橫截面積(A_O)所得到的工程應力-工程應變曲線，並無法眞正提供材料變形的特性。因此，根據合金在拉伸過程中，瞬時長度(L)與瞬時橫截面積(A)所得到的眞應力-眞應變(σ_t-ε_t)曲線是有必要的。

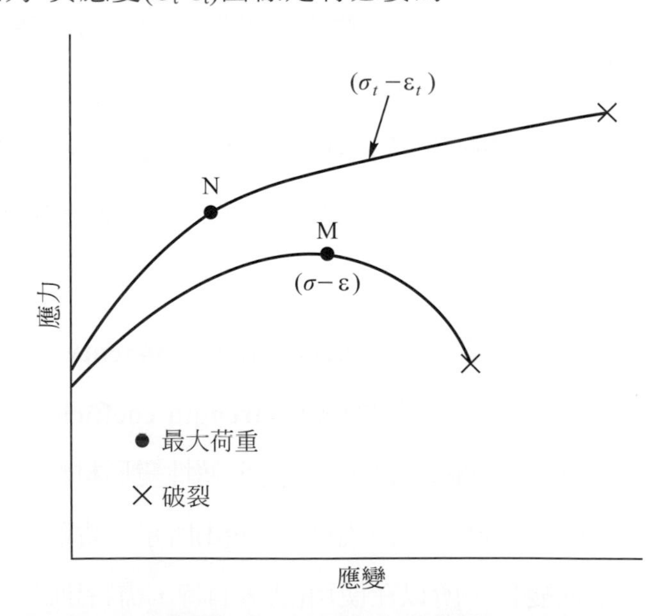

▲圖 6.17 工程應力-工程應變(σ-ε)與真應力-真應變(σ_t-ε_t)曲線之比較；M 與 N 點分別是發生頸縮的開始點

合金所承受之最大負荷 Pmax 是發生在工程應力-工程應變曲線圖的最高點上(圖 6.17 中之 M 點)，M 點所顯示的應力就是合金的拉伸強度(UTS)，若工程應變未超過 M 點，則合金變形爲**均勻變形(uniform deformation)**，若工程應變超過 M 點時，合金就發生**頸縮變形(necking)**，但在眞應力-眞應變曲線(σ_t-ε_t 曲線)上，則無法看出哪一點(圖中的 N 點)是發生頸縮變形的開始點。

由於合金變形時，負荷 P 是：

$$P = A\sigma_t \tag{6.3}$$

且頸縮變形是發生在最大負荷點 Pmax，因此

$$d(Pmax)_{neck} = 0$$

則 $$d(Pmax)_{neck} = (Ad\sigma_t + \sigma_t dA)_{neck} = 0 \tag{6.4}$$

將(式 6.4)重新整理後，可獲得：

$$(\frac{d\sigma_t}{\sigma_t})_{neck} = -(\frac{dA}{A})_{neck} \tag{6.5}$$

因爲塑性變形過程中，體積(V)可以假設不變，即

$$V = A \times L \tag{6.6}$$

則 $$dV = d(A \times L) = L \times dA + A \times dL = 0 \tag{6.7}$$

且 $$\frac{dL}{L} = d\varepsilon_t \tag{6.8}$$

將(式 6.7)重新整理後，可獲得：

$$-\frac{dA}{A} = \frac{dL}{L} = d\varepsilon_t \tag{6.9}$$

因此(式 6.5)成爲：

$$(\frac{d\sigma_t}{\sigma_t})_{neck} = -(\frac{dA}{A})_{neck} = (d\varepsilon_t)_{neck} \tag{6.10}$$

即 $$(\frac{d\sigma_t}{d\varepsilon_t})_{\text{neck}} = (\sigma_t)_{\text{neck}} \tag{6.11}$$

(式 6.11)即為**康氏準則(Considere's Criterion)**，由康氏準則可以在圖 6.17 的(σ_t-ε_t)曲線中求得合金發生頸縮變形的開始點，圖中的 N 點恰好是位於合金加工硬化速率($d\sigma_t/d\varepsilon_t$)等於眞應力(σ_t)的點上，也就是合金頸縮變形的開始點。

康氏準則也指出當合金加工硬化速率($d\sigma_t/d\varepsilon_t$)不小於眞應力(σ_t)時，即：

$$(\frac{d\sigma_t}{d\varepsilon_t}) \geq (\sigma_t) \tag{6.12}$$

合金將維持均勻變形，也就是高加工硬化速率，使合金足以克服頸縮的發生。而合金加工硬化速率($d\sigma_t/d\varepsilon_t$)小於眞應力(σ_t)時，合金將發生頸縮。

通常不易發生頸縮變形的合金，會擁有較高之延伸率。由(式 6.12)可知，若合金具有較低降伏強度時、則當加工硬化速率愈大(即($d\sigma_t/d\varepsilon_t$)愈高)，則合金將較會有高的強度增幅與均勻伸長量，此時合金將呈現較高之成形性(但也常有例外發生)。即將介紹的雙相鋼、TRIP 鋼、TWIP 鋼均具有降伏強度相對較低、加工硬化速率較大之特性，以致它們都具有良好的室溫成形性與機械特性(強度、延展性及韌性)，很適合作為車用板材。

6.6 雙相鋼(DP：dual-phase steels)

由於車用鋼板不僅需強度高，還需擁有低溫容易成形的特性，強度增幅與均勻伸長量乘積是鋼鐵成形性之評估依據，雙相鋼能滿足汽車工業之需求，它具有低降伏強度與高加工硬化特性，圖 6.3 顯示雙相鋼之**冷壓(cold pressing)**的成形性比一般 HSLA 為佳。

雙相鋼是一種擁有兩種相的低合金鋼，一相較軟、另一相較硬(圖 6.18)。含有錳與矽的**肥粒鐵-麻田散鐵型雙相鋼(ferrite-martensite dual-phase steels)**，不僅強度高而且成形性佳，其應力應變曲線中並無明顯的降伏點，總的來說擁有相對較低的降伏強度(300-350 MPa，44～50 ksi)。一般雙相鋼，其成分通常含有 0.08～0.2 wt%的碳、0.5～1.5 wt%的錳，也常加入極微量的釩，此外，有時也會加入鉻(0.5 wt%)及鉬(0.2～0.4 wt%)來控制微結構。

雙相退火熱處理(intercritical annealing)是獲得雙相微結構最常見的方法，將鋼鐵加熱於 A_1 及 A_3 之間的($\alpha + \gamma$)兩相區(約 790℃，參考圖 6.8)數分鐘後，在肥粒鐵結構中會形成少許局部的沃斯田鐵，此時急速冷卻至室溫以獲得肥粒鐵-麻田散鐵型雙相鋼。另外，若合金中添加 0.2～0.4 wt%的鉬及 1.5 wt%錳，將可提升沃斯田鐵的**硬化能力(hardenability)**，此時可以藉由兩相退火之後的空冷來獲得雙相鋼。

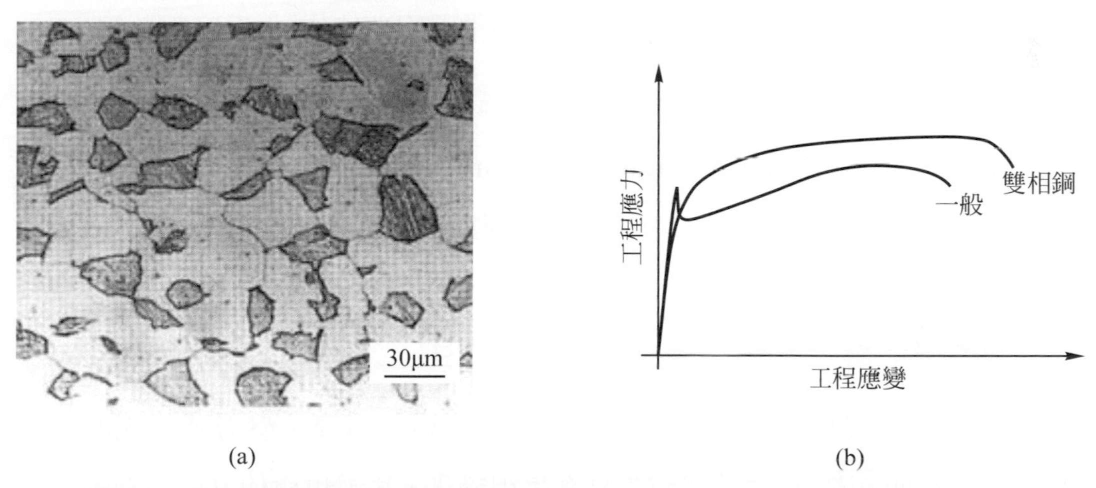

▲圖 6.18 雙相鋼微結構由肥粒鐵(白)與麻田散鐵(暗)所組成[ZACKAY]

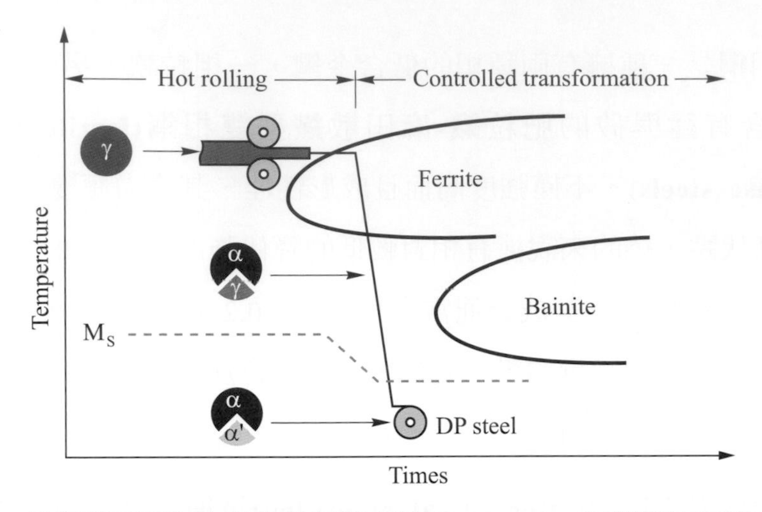

▲圖 6.19 控制軋延過程中製作雙相鋼之製程，γ、α、α'分別代表沃斯田鐵、肥粒鐵、與麻田散鐵

為了減少多餘的熱處理步驟，可以在控制軋延後的冷卻步驟中獲得雙相鋼結構，如圖 6.19 所示。通常，這些鋼鐵中含 0.5 wt%鉻及 0.4 wt%鉬。經過熱輥軋後溫度達 870℃時，此時約含 80%的肥粒鐵與 20%沃斯田鐵，經水冷、並於低於波來鐵(與肥粒鐵)轉換溫度的介穩態(510-620℃)下捲曲(coiled)，於冷卻過程中，沃斯田鐵將相變化為麻田散鐵(α')。

值得留意的是雙相鋼合金中之強碳化物形成元素(如釩)含量不宜太高，但需進行**界面間析出(interphase precipitation)**熱處理之 HSLA，則需含有較高之強碳化物形成元素，這是因為它們熱處理的方式不同所致。

6.7 沃斯成形(ausforming)

含有較高沃斯田鐵結構穩定元素(如錳、鉻等，參考式 3.5)的合金鋼，會明顯延遲 TTT 圖而不易發生相變化，甚至也會使其麻田散鐵起始溫度(M_s)低於室溫，大致上越多的合金含量，M_s 溫度就越低。在這種狀況下，沃斯田鐵相會成為室溫下介穩的微結構。利用以上特性，可以對合金鋼進行沃斯成形熱機處理來大幅提昇合金鋼之機械特性。

沃斯成形可以在室溫或較高溫下實施，若在室溫實施時，因合金具有沃斯田鐵微結構，所以具有相對低降伏強度；且因沃斯成形鋼含有高溶質原子，在成形過程中具有明顯加工硬化現象，造成具高強度增幅與高均勻變形之特性，所以室溫沃斯成形是一種成形性佳之製程，具有室溫沃斯成形之合金鋼，很適合作爲汽車用板材。

6.7.1 高溫沃斯成形

當合金鋼具有明顯延遲的 TTT 圖時，於沃斯田鐵態下就有足夠的時間進行沃斯成形加工(圖 6.1)，並累積大量變形後才完成相變化，沃斯成形能夠形成目前爲止最硬、韌性最高的鋼鐵，擁有優良的抗疲勞性。然而，這種鋼鐵需要加入較高比例、成本昂貴的合金元素，且加工中需要大量的形變，因而對輥軋機造成相當大的負擔。即使如此，若成本爲次要考量，仍會使用這種高比強度的鋼鐵。

它的應用例如飛機起落架、特殊用途的彈簧及螺栓等。另外，如含高鉻元素的合金鋼，如成分 0.4C-5Cr-1.3Mo-1.0Si-0.5V(wt%)的 H11 合金鋼，經由高溫沃斯成形其強度常超過 3000 MPa(430 ksi)，並可藉由一般熱處理過程來提升延展性。

6.7.2 室溫沃斯成形-相變化誘發塑變鋼(TRIP)

如第 3.3.3 節介紹的哈得非錳鋼(Hadfield 鋼，或稱高錳鋼)，當合金鋼中含有大量穩定沃斯田鐵結構之元素時，將使其麻田散鐵之起始溫度 M_s 溫度低於室溫，於是在室溫下，合金結構幾乎完全爲沃斯田鐵相；由於塑性變形可以促進沃斯田鐵相變化爲麻田散鐵，以致在室溫下若對上述合金鋼進行塑性變形，介穩態沃斯田鐵在室溫下就能相變化爲麻田散鐵，也就是由**應力而誘發麻田散鐵(Stress induced Martensite)**相變化，具有這種特性之合金鋼稱爲 **TRIP 鋼(TRIP steel：Transformation-Induced Plasticity)**。

TRIP 鋼於室溫加工過程中具有高加工硬化速率與高均勻變形量。例如含高合金的 Fe-0.3C-2Mn-2Si-9Cr-8.5Ni-4Mo(wt%)合金鋼在高溫(475℃)進行 80%沃斯成形後冷卻到室溫，沃斯田鐵爲室溫下介穩相，當進行室溫成形時，表現出優異的高成形性(延展性達 50%)，且會因伴隨受力而使沃斯田鐵相變化形成麻田散鐵而得到高強度(YS：1430MPa,UTS：1500MPa)。若合金鋼中添加像是釩(V)、鈦(Ti)之類的強碳化物形成元素時，更能提升降伏強度到約 2000MPa，且保有 20～25%的延展性。

6.7.3 室溫沃斯成形-類 TRIP 鋼(TRIP-assisted)

類 TRIP 鋼(TRIP-assisted)之沃斯田鐵相在室溫下並非是合金之主要微結構，但是受到應變時，沃斯田鐵相產生麻田散鐵相變化，類 TRIP 鋼較 TRIP 鋼之合金含量低很多，通常是低合金鋼，例如 Fe-0.12C-1.5Si-1.5Mn(wt%)合金鋼。

類 TRIP 鋼的微結構主要是肥粒鐵，另外含有 30-40%的較硬微結構，這些較硬微結構包含變韌鐵、麻田散鐵及富含碳化物的沃斯田鐵，如圖 6.20 所示。儘管類 TRIP 鋼的溶質含量較低，但在室溫下仍有沃斯田鐵被殘留下來，這是因爲變韌鐵生成的過程中，矽原子會抑制雪明碳鐵的析出，因而使合金部分區域富含碳原子，因而降低了此區域之 M_s 溫度，造成殘留沃斯田鐵的存在。類 TRIP 鋼主要做爲汽車用板材，如烤漆鋼材(例如車殼)及防撞擊之車廂結構材等。

類 TRIP 鋼有兩種類型，第一種是經過冷軋的鋼材，從室溫快速加熱至$\alpha+\gamma$兩相區(處於 A_{c1} 及 A_{c3}，見圖 6.21(a))，局部結構相變化爲沃斯田鐵，同時剩餘的肥粒鐵發生再結晶。接著，鋼鐵在控制冷卻速率條件下，一部分沃斯田鐵相變化成肥粒鐵，持續冷卻至較低溫時，部分殘留沃斯田鐵相變化爲變韌鐵，最後剩下的沃斯田鐵則是富含碳原子，以致能夠穩定維持在室溫下(圖 6.20)。

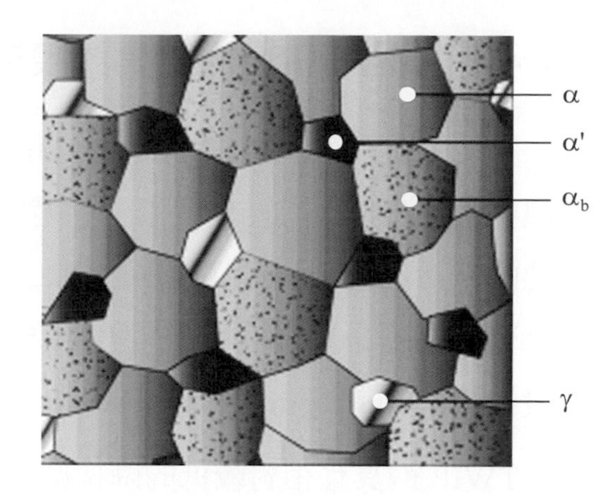

▲圖 6.20 類-TRIP 鋼微結構，由肥粒鐵(白)與殘留沃斯田鐵、肥粒鐵、變韌鐵、與麻田散鐵所組成，γ、α、α_b、α'分別代表殘留沃斯田鐵、肥粒鐵、變韌鐵、與麻田散鐵

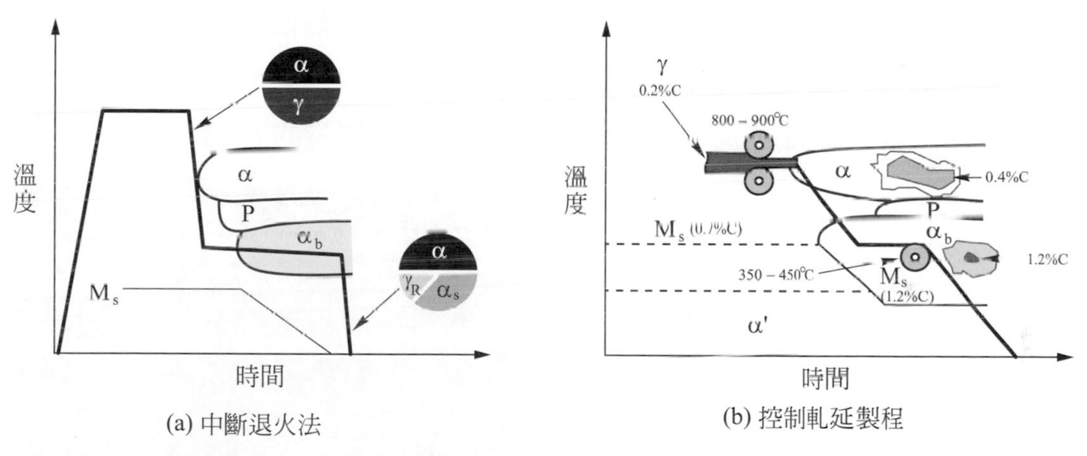

▲圖 6.21 兩種製作類-TRIP 鋼之方法， γ、α、α_b、α'分別代表沃斯田鐵、肥粒鐵、變韌鐵、與麻田散鐵

類 TRIP 鋼的第二種類型是經過熱軋處理後，合金鋼的高溫微結構完全為沃斯田鐵，接著在冷卻時會形成肥粒鐵、變韌鐵及麻田散鐵(圖 6.21(b))。優點是不必將合金加熱到兩相退火溫度，因此可降低成本。然而，熱軋機因為滾軋承載的限制，只能夠加工厚度約 3 mm 以上的鋼板，但一般來說，若要加工較薄的鋼材通需使用冷軋。

類 TRIP 鋼的均勻應變量大約是 15-30%。均勻拉伸性的提升是受到加工硬化上升所影響的(式 6.1)，而加工硬化係數上升是由於沃斯田鐵與麻田散鐵中導入的大量差排所致(圖 3.14)。

6.7.4　室溫沃斯成形-雙晶誘發塑變鋼(TWIP)

對於含高錳的合金鋼(如 Fe-25Mn-3Si-3Alwt%-碳、氮被視爲雜質)，常溫塑性變形時，其結構仍維持介穩的沃斯田鐵，所以在塑性變形下介穩態的沃斯田鐵相變化爲麻田散鐵之起始溫度(稱爲 M_d)仍低於室溫，此時之變形機構是藉由機械雙晶所導致，具有上述特性之合金鋼稱爲**雙晶誘發塑變(twinning-induced plasticity-TWIP)**鋼。

TWIP 鋼具有相對較低的降伏應力(200-300 MPa)與高應變硬化係數(式 6.1)，所以室溫變形時，因雙晶密度的增加，而有高加工硬化速率，造成材料擁有良好的均勻變形性，其均勻變形量佔總伸長量的 60-90%，拉伸強度可達到 1200 MPa，如圖 6.22(a)所示。然而雙晶效應除了增加鋼鐵的塑性變形能力外，且可以細化未雙晶變形之沃斯田鐵，如圖 6.22(b)所示，圖 6.22(a)中的 0.5 眞應變量約爲工程應變量的 60%。

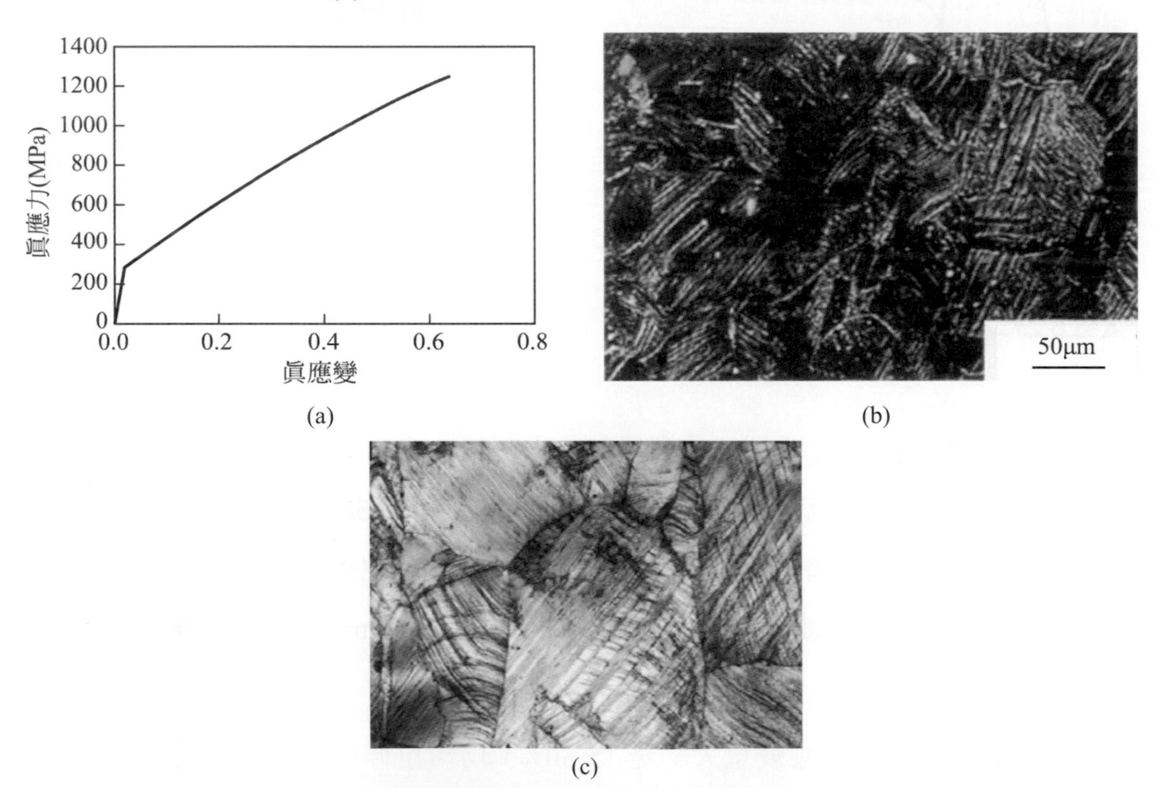

▲圖 6.22　TWIP 鋼之(a)典型真應力-真應變曲線圖，(b)Fe-22Mn-0.6C(wt%)合金室溫成形後之雙晶微結構[GUTIERREZ]

TWIP 鋼的一個重要優點就是它可以在低溫環境下(可低至-150℃)維持沃斯田鐵結構，且在高應變速率($10^3 s^{-1}$)下，具有良好變形能力，所以極適合用在需承受撞擊時吸收能量的汽車板件，以提升車輛的安全性。

習　題

6.1　何謂熱機處理？可以分為幾種？

6.2　根據 TTT 圖，繪製沃斯成形相變化與控制輥軋熱機處理的方法。

6.3　解釋：(1)**晶粒粗化溫度(grain-coarsening temperature，GCT)**，(2)**碳化物(與氮化物)形成元素(carbide former)**，(3)高強度低合金鋼(HSLA)，(4)**界面間析出-interphase precipitation**，(5)沃斯成形(ausforming)，(6)**恆溫時效熱處理(isothermal aging treatment)**，(7)**雙相退火熱處理(intercritical annealing)**，(8)雙相鋼，(9)TRIP 鋼，(10)類 TRIP 鋼，(11)TWIP 鋼。

6.4　為何結構用鋼鐵只能使用低碳鋼？最常使用何種結構用低碳鋼？高強度低合金鋼(HSLA)具有哪些特性？

6.5　高強度低合金鋼進行控制輥軋熱機處理時，造成細晶微結構之機制是什麼？

6.6　為什麼高強度低合金鋼熱機處理製程時，所能達到的最細化的肥粒鐵粒度約是 1μm，而無法更細化？

6.7　車用合金鋼板需具備哪些特性？如何評估合金鋼之室溫成形性？

6.8　雙晶誘發塑變鋼(TWIP)為何以雙晶作為塑性變形機構？為何 TWIP 鋼具有室溫高成形性？TWIP 有何特點？

補充習題

6.9 沃斯田鐵之晶粒尺寸如何影響後續相變化與性質？

6.10 爲何在室溫下便可以觀察到相變化前之(高溫沃斯田鐵)晶粒？

6.11 鋼鐵沃斯田鐵化時，會在哪些位置上發生成核？其沃斯田鐵化之時間與相變化前之微結構有何關係？

6.12 煉鋼過程中可以加入鋁或矽來除氧，對於後續沃斯田鐵化時之晶粒成長有什麼影響？

6.13 高強度低合金鋼如何實施界面間析出熱處理？其析出物之形貌與含量受哪些因素影響？

6.14 欲製作(1)界面間析出合金鋼、與製作(2)雙相鋼，它們各自的成分需具備什麼條件？

6.15 說明高強度低合金鋼在下列相區進行控制輥軋熱機處理時，其在室溫下之微結構。(1)在沃斯田鐵相區、(2)在沃斯田鐵與肥粒鐵兩相區、(3)在溫度低於 A_1 時。

6.16 高強度低合金鋼進行控制輥軋熱機處理時，再結晶如何受沃斯田鐵相區溫度之影響？若在γ/α相變態過程以及肥粒鐵結構下進行輥軋，會有什麼優缺點？

6.17 高強度低合金鋼進行控制輥軋熱機處理時，(1)合金含量，(2)沃斯田鐵化溫度，(3)析出溫度對其散布強化效果如何？

6.18 控制輥軋製造的高強度低合金鋼，其強化機制是什麼？何者是最主要的強化機制？

6.19 HSLA 被製作成雙相鋼之目的是什麼？如何進行熱處理？能夠在控制軋延後的冷卻步驟中獲得雙相鋼結構嗎？

6.20 圖 6.7 中的細晶粒合金在溫度低於晶粒粗化溫度(GCT)時，晶粒幾乎是不成長，但當溫度高於晶粒粗化溫度時，發生晶粒異常成長，試說明其原因。

6.21 爲什麼含有較高穩定沃斯田鐵結構元素(如錳、鉻等)的合金鋼，(1)會延遲 TTT 圖而不易發生相變化？(2)會降低 M_s 溫度嗎？

6.22 說明塑性變形下，介穩態的沃斯田鐵相變化爲麻田散鐵之起始溫度(M_d)會高於 M_s 溫度之原因。

6.23 證明應變-硬化指數(n)等於均勻變形的眞應變(ε_u)。也說明 n 値愈高，合金將顯現較高成形性之理由。

6.24 何謂**康氏準則(Considere's Criterion)**？有何用途？試推導康氏準則。

6.25 康氏準則[$(d\sigma_t/d\varepsilon_t) \geqq (\sigma_t)$]與合金成形性有何關係？

6.26 於室溫下拉伸試驗時，若合金之應變-硬化指數(n)愈大，爲什麼合金將同時顯現高強度增幅與高均勻拉伸變形量？

6.27 室溫下對介穩態的沃斯田鐵相進行塑性加工，爲什麼會有明顯加工硬化現象發生？

6.28 進行沃斯成形之合金鋼，需具備哪些條件？試由室溫下塑性變形介穩態沃斯田鐵相變化爲麻田散鐵之起始溫度(稱爲 M_d)之高低，舉例說明室溫沃斯成形合金鋼之種類。

6.29 相變化誘發塑變鋼(TRIP)與類 TRIP 鋼有何異同，各有何特性？

6.30 類 TRIP 鋼有幾種類型？其製程有何區別？類 TRIP 鋼的溶質很低，爲何在室溫下仍存在殘留沃斯田鐵？

7

高合金鋼鐵(不鏽鋼、工具鋼)與鑄鐵熱處理

由圖 1.2 可知，鋼鐵材料中，若主要合金元素總量超過 5%者稱爲高合金鋼，高合金鋼中爲了一些特殊用途不得不添加大量的合金元素。如不鏽鋼主要是添加鉻及鎳，以得到良好的耐腐蝕性；而工具鋼，則添加鎢、鉻、鉬，以增加硬度及耐熱能力。本章將介紹含合金量較高的兩種鋼(不鏽鋼與工具鋼)與鑄鐵之熱處理。

7.1 不鏽鋼之分類

一般鋼鐵價格便宜，機械性質良好，是很有用的金屬材料，但有一個很大的缺點，就是抗腐蝕能力差，容易生鏽。若在鋼鐵中添加大於 11%的鉻，可以使鋼鐵表面形成一層緻密的氧化膜，阻止金屬被進一步氧化，能有效提高耐蝕能力，稱爲不鏽鋼。不鏽鋼耐蝕性優良，在大氣中不易腐蝕和生鏽，用途廣泛，如化學工業、航太工業、醫療器具、家庭用品等。

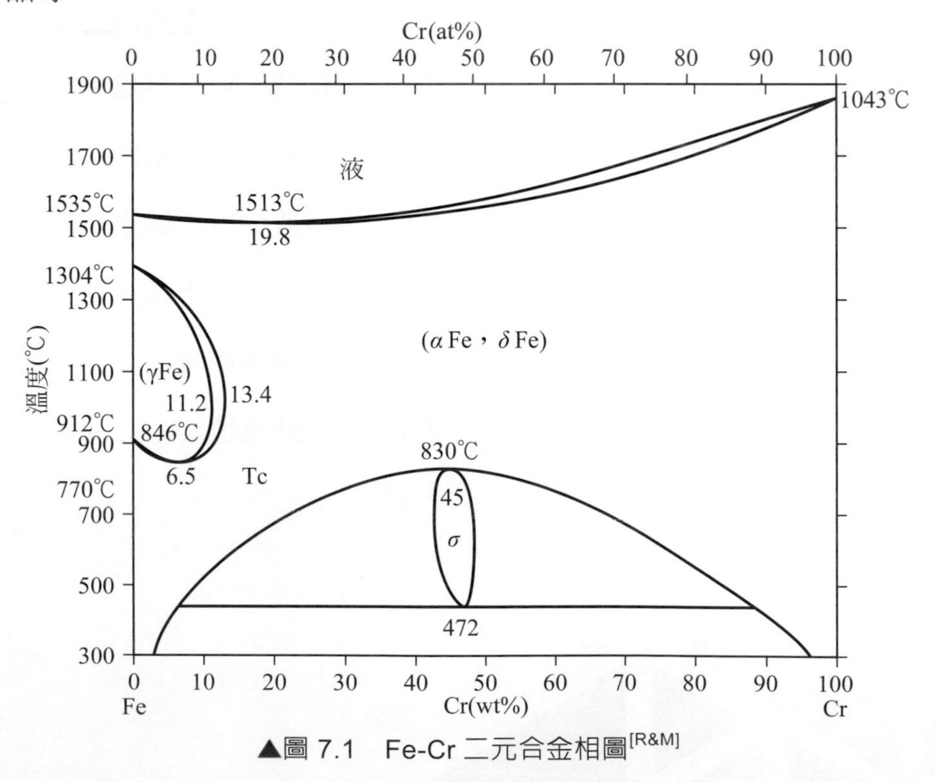

▲圖 7.1 Fe-Cr 二元合金相圖[R&M]

1. 不鏽鋼相關之相圖

圖 7.1 是 Fe-Cr 二元合金相圖，由圖中可知，當 Cr 含量達 13%時，在各種溫度下，只有肥粒鐵(αFe)會存在。不鏽鋼的合金元素除了鉻以外，也常添加其他元素改變其顯微結構或性質，鎳是最常添加的元素，如圖 7.2 所示，鎳會擴大鐵碳平衡圖的 γ 環(γ-loop)。當加入足夠的鎳(> 32 wt%)合金元素，不管處於穩定或介穩定狀態，即可在常溫下保留 FCC 的沃斯田鐵相區；鉻則相反，會趨向縮小 γ 環，並利於**肥粒鐵(ferrite)**之產生。其他元素也有類似的效應，如錳、鈷、碳、氮等，都會擴大沃斯田鐵相；而釩、鈦、矽、鋁、硼、鎢等則與鉻相同(也請參考 3.1.3 節)，會縮小沃斯田鐵相。若再加上碳含量及微量元素的影響，則可能產生麻田散鐵及析出強化，表 7.1 列出一些代表性的不鏽鋼類別與成分。

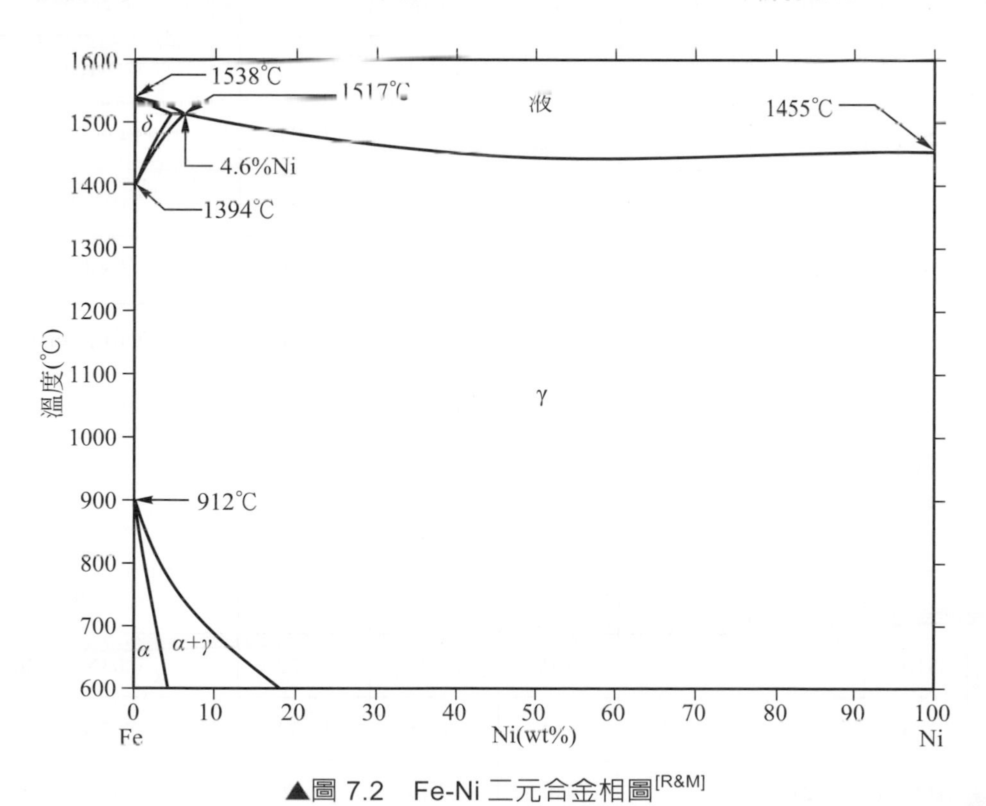

▲圖 7.2　Fe-Ni 二元合金相圖[R&M]

▼表 7.1　各種類別不鏽鋼之代號與成分(http：//www.matweb.com/search/DataSheet)

類別	代號			成分(wt%)			
	UNS	AISI	ACI[c]	C[d]	Cr	Ni	其他
肥粒鐵型	S43000	430		0.12	16.0-18.0		
	S44200	442		0.20	18.0-23.0		
	S44600	446	CC-50	0.20	23.0-27.0		
麻田散鐵型	S40300	403		0.15	11.5-13.0		
	S41000	410	CA-15	0.15	11.5-13.5		
	S43100	431	CB-30	0.20	15.0-17.0	1.25-2.50	
	S44004	440C		0.95-1.20	16.0-18.0		0.4-0.6Mo
沃斯田鐵型	S20100	201		0.15	16-18	3.5-5.5	5.5-7.5Mn
	S20200	202		0.15	17-19	4.0-6.0	7.5-10.0Mn
	S20500	205		0.12-0.25	16.5-18	1.0-1.75	14.0-15.5Mn
	S30100	301		0.15	16-18	6.0-8.0	0.03N,1.5Mn
	S30200	302		0.08	17-19	8-10	0.03N,1.5Mn
	S30310	303	CF-16F	0.15	17-19	8-10	0.03N,1.5Mn 0.6Mo
	S30323	303Se		0.15	17-19	8-10	0.15min Se
	S30400	304[e]	CF-3	0.08	18-20	8-10.5	
	S30403	304L	CF-8	0.03	18-20	8-12	
		304(N)		0.06	18-20	8-12	0.20N
	S31000	310		0.25	24-26	19-22	0.03N,1.5Mn
	S31600	316	CF-8M	0.08	16-18	10-14	2-4 Mo
	S32100	321		0.08	17-19	9-12	5*C = min Ti
	S34700	347	CF-8C	0,08	17-19	9-13	10*C = min Nb

▼表 7.1 各種類別不鏽鋼之代號與成分(續)

類別	代號			成分(wt%)			
	UNS	AISI	ACI[c]	C[d]	Cr	Ni	其他
雙相型	S31200	312		0.03	24-26	5.5-6.5	1.2-2.0 Mo/0.14-0.20 N
	S31500	315		0.03	18-19	4.25-5.25	2.5-3.0 Mo/0.05-0.10 N
	S32900	329		0.06	23-28	2.5-5.0	1.0-2.0 Mo
		IN744		0.05	26.0	6.5	0.3Ti
析出硬化型	S17400	17-4PH[a] 630[b]		0.07	15.5-17.5	3-5	3.0-5.0Cu/0.15-0.45Nb
	S17700	17-7PH[a] 631[h]		0.09	16-18	6.5-7.75	0.75-1.50Al
		A280[a] 660[b]		0.08	13-17	24-28	1.3Mo 2.1Ti 0.3V-0.1Al
			CB-7Cu-1	0.07	15.5-17.7	3.4-4.6	2.5-3.2Cu/0.2-0.35Mn 0.05N(max)
			CB-7Cu-2	0.07	14-15.5	4.5-5.5	2.5-3.2Cu/0.2-0.35Mn 0.05N(max)
			CD-4MCu	0.04	25-26.5	4.75-6.0	2.75-3.25Cu/1.75-2.25Mo
			HK 40	0.6	24-26	18-22	2.0Mn-2.0Si-0.5Mo(max)

註：(a)Armco Inc.商標名、(b)AISI、(c)成分相近之鑄造合金(ACI：Alloys Casting Institute)、(d)碳含量為極大值、(e)304 不鏽鋼就是俗稱的 18-8 不鏽鋼。

2. 不鏽鋼之分類

不鏽鋼因製造方式與應用面的不同，可分為鍛造、鑄造兩種不鏽鋼。也可依化學成分分成 Cr 系與 Cr-Ni 系兩大類，這兩大類再依室溫下之微結構可以細分為五種不鏽鋼(如下表，括號內為代表合金之成分-wt%)，Cr-Ni 系不鏽鋼具有優良的特性，是在常溫與高溫腐蝕環境下使用量最大的鋼鐵材料：

兩大系	分類
Cr 系不鏽鋼	1.肥粒鐵型(17Cr-0.1C)、2.麻田散鐵型(12Cr-0.1C，17Cr-1C)
Cr-Ni 系不鏽鋼	3.沃斯田鐵型(18Cr-8Ni-0.1C)、4.雙相型(肥粒鐵與沃斯田鐵-26Cr-5Ni-0.1C)、5.析出硬化型(17Cr-4Ni-3Cu-0.07C)

不鏽鋼在室溫下的微結構是依元素含量決定，圖 7.3 的 Schaeffler(史查夫勒)相圖是一個簡易判讀不鏽鋼種類的約略方法，圖中之 **Cr 當量(Cr equivalent)**、與 **Ni 當量(Ni equivalent)**分別為：

$$\text{Cr 當量} = \%Cr + \%Mo + (1.5 \times \%Si) + (0.5 \times \%Nb) \quad (7.1)$$

$$\text{Ni 當量} = \%Ni + (30 \times \%C) + (0.5 \times \%Mn) \quad (7.2)$$

由上式可知，C 對於沃斯田鐵相的安定化遠大於其他金屬元素。圖 7.3 顯示在室溫下會因鎳與鉻的當量變化，而產生不同相的微結構，如沃斯田鐵、肥粒鐵、麻田散鐵等不同相存在的區域。有一簡易方式約略來判別肥粒鐵型與麻田散鐵型不鏽鋼，即(%Cr-17×%C)，若大於 13，則屬於肥粒鐵型，若小於 13 則屬於麻田散鐵型。

3. 不鏽鋼之代號

鍛造不鏽鋼的代號主要是依 **AISI(American Iron and Steel Institute)** 規範，鑄造不鏽鋼則是依鑄造合金協會 **ACI (Alloys Casting Institute)**規範，另外 **UNS(Unified Numbering System)**規範則包含所有金屬材料的代號，因此 UNS 也包含鍛造及鑄造不鏽鋼，簡略說明如下：

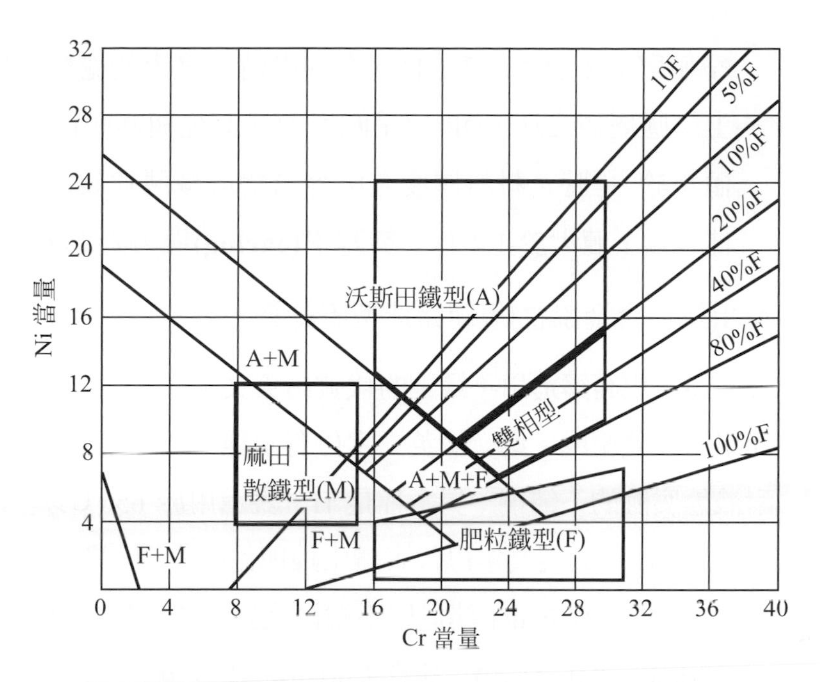

▲圖 7.3 Schaeffler diagram 顯示不鏽鋼之分類(A：沃斯田鐵，F：肥粒鐵，M：麻田散鐵) [R&M]

(1) AISI 規範鍛造型不鏽鋼

AISI 採用三位阿拉伯數字來表示不鏽鋼，第一位數字表示類別，第二、三位數字表示序號。規則與分類如下。

2xx：鉻錳鎳沃斯田鐵不鏽鋼；

3xx：鉻鎳沃斯田鐵不鏽鋼；

4xx：高鉻麻田散鐵不鏽鋼／低碳高鉻肥粒鐵不鏽鋼；

5xx：低鉻麻田散鐵不鏽鋼(主要爲耐熱鋼)；

6xx：耐熱鋼和耐熱鎳基合金，其中 63x 爲析出硬化型不鏽鋼。如 630 即爲 17-4PH 不鏽鋼。

【註】: 300 系不鏽鋼之加工硬化指數 n 值(6.5 節)、延伸率及抗拉強度較大，拉伸成形性較佳；400 系不鏽鋼的降伏強度一般高於 300 系，塑性應變比(r 值*)與極限深抽比(LDR*)較大，深抽成形性較佳(10.2.3 節)。

*r 值與 DR 值：r 值是材料在沖壓時寬度上的應變值與厚度上的應變值之比，DR 值是圓形板材直徑與衝頭直徑之比；r 值小於 1 時，材料厚度方向容易變形減薄致裂，深抽性不佳；當 r 值大於 1.4 時，**突耳率(earing)**顯著降低。

(2) ACI(鑄造合金協會)規範鑄造型不鏽鋼。

ACI 規範鑄造用不鏽鋼的代號由英文字母、數字及表示微量元素的代號組成。第一個英文字母有兩種：一種是 C，表示用於耐液態腐蝕的不鏽鋼：另一種是 H，表示用於 650℃以上的耐熱鋼。C 或 H 後的英文字母代表鋼中鎳與鉻的含量，其含量如圖 7.4 所示。所以 CB-7Cu-1 鑄造用不鏽鋼代表：使用於抗腐蝕(C)、17 Cr-4 Ni(B)、0.07%C(7)、與含 Cu(Cu)之不鏽鋼。

在 C 類的不鏽鋼中，在第二個字母後面之數字標出含碳量，在 C 類鋼號後面還有的標註字母，這個字母代表鋼中加入的其他元素的種類，如 C 表示加入 Cb = Nb，M 表示加 Mo，N 表示 N 等，後加 F 則表示該鋼種屬於易切削鋼。而 H 類的耐熱鋼並不標註含碳量，但爲提升高溫強度，含碳量會較 C 類高(> 0.2)，例如 HK40 含有 0.4%C。

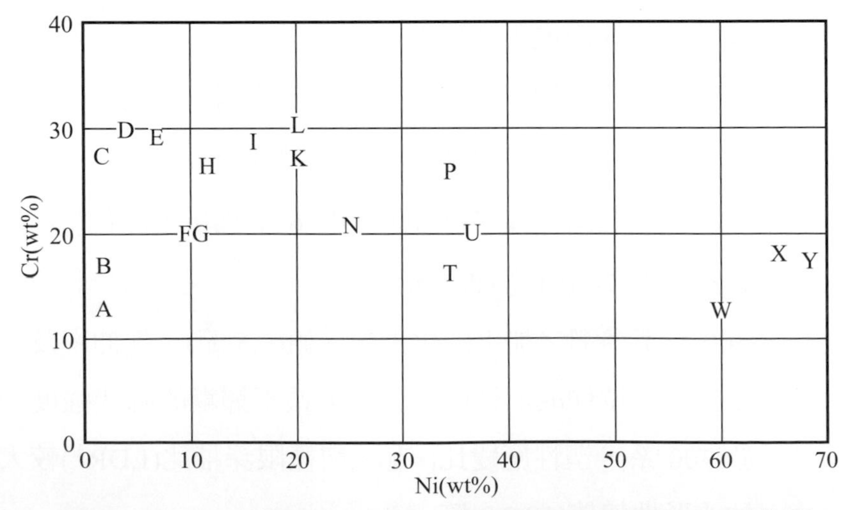

▲圖 7.4　ACI 規範鑄造不鏽鋼之鉻與鎳含量所代表的代號[R&M]

(3) UNS 規範：UNS 規範類似 AISI 規範，如『S1xxxx』代表析出硬化型不鏽鋼，其規則可參考第二章緒言之說明。

以下將依微結構型態：沃斯田鐵型、雙相型、肥粒鐵型、麻田散鐵型、析出硬化型不鏽鋼之順序，介紹其熱處理法。

7.2 沃斯田鐵型不鏽鋼熱處理

合金元素對於 Fe-Cr-Ni 不鏽鋼具有很大之影響，含(17-20%)的鉻系不鏽鋼對硫酸及鹽酸的耐蝕性不良，故添加(7-10%)的 Ni 來增進耐蝕性，這種 Ni-Cr 系不鏽鋼，其 C 含量一般會低於 0.20%，其中最具代表性的是含 18%Cr、8%Ni 之沃斯田鐵型不鏽鋼，是沃斯田鐵型不鏽鋼之基本型，稱為 18-8 不鏽鋼(即 304 不鏽鋼)。沃斯田鐵型不鏽鋼在常溫下為沃斯田鐵，耐蝕能力佳、質軟、富韌性，加工性也良好、且無磁性。

沃斯田鐵型不鏽鋼用途很大，像化工、食品工業、熱交換器、熱處理設備、核子工業等需耐蝕耐熱的地方都可能用得到，另外因為沃斯田鐵並無韌脆轉換溫度，具有極高的低溫衝擊韌性，而可用於超低溫，如液態氮的容器及幫浦。

沃斯田鐵型不鏽鋼可分為五類，如表 7.1 所示：(1)不施安定化處理之 201、202、301、302、303、304、305、308、309、310、314、316、317 鋼；(2)施安定化處理之 321、347、348 鋼；(3)極低碳之 304L、316L、317L 鋼；(4)加氮鋼之 304N、316N 及 201、202；(5)易削鋼之 303Se、309S、310S、316F。

沃斯田鐵型不鏽鋼並非高強度鋼，一般降伏強度(YS)約在 250MPa，而拉伸強度(UTS)大約是 500-600MPa 間，代表變形過程中，有足夠的空間發生加工硬化，且沃斯田鐵型不鏽鋼在拉伸測試中可達 50%的伸長量，比低碳鋼更能進行加工，顯現優異的韌性。

鉻鎳不鏽鋼具有優良的抗高溫氧化能力，但高溫強度偏低，添加鈦(Ti)與鈮(Nb)的 321 型與 347 型鋼能夠在熱處理時產生細小的碳化鈦或碳化鈮析出顆粒，並能與潛變產生的差排相互作用，最常用的例子爲在 25Cr-20Ni 鋼中添加鈦與鈮，在 700℃高溫下擁有不錯的抗潛變能力。

爲了增加高溫抗潛變能力，必須提升不鏽鋼在室溫時的強度，這能以析出硬化熱處理的方式來形成適當的合金中間相來達成，比如 $Ni_3(Al, Ti)$相的析出等。在表 7.1 中，析出硬化型的 A286(UTS = 1035MPa, YS = 760MPa)是經過 700～750℃的時效處理，與 304 型之類的一般標準不鏽鋼比較，經過析出硬化後，強度超過了兩倍。

7.2.1 鐵鉻鎳不鏽鋼簡介

鐵鉻平衡相圖已如圖 7.1 所示，當鉻濃度超過 13 wt%時，在熔點以下所有溫度的相皆爲肥粒鐵，另外，鉻濃度在 12 wt%～13 wt%時，會有狹窄的(α + γ)兩相共存區。此處的肥粒鐵也可稱爲 **δ 肥粒鐵(delta)**。另外，碳能夠擴大鐵鉻合金的 γ 環，當碳含量低於 0.4 wt%時，(α + γ)兩相共存區的寬度也會隨碳含量的增加而擴大，如圖 7.5 所示。

在不含碳的 Fe-18Cr 合金中，在溶點以下的所有溫度範圍，僅有肥粒鐵而不會有其他相變化發生(圖 7.1)。而含 0.05 wt%碳的 Fe-18Cr 合金鋼中，在約 1200℃時，會有(α + γ)兩相共存區(圖 7.5(a))，而碳超過 0.4 wt%時，Fe-18Cr 合金僅存在 γ 相(圖 7.5(b))。由圖 2.6 與圖 7.6 也可以看到當 Cr 含量降低時，γ 相區將擴大。

另外，由圖 7.5～圖 7.7 中也顯示由於碳的添加，於不鏽鋼中將引入碳化物：$C_1 = M_3C$、$C_2 = M_{23}C_6$、$C_3 = M_7C_3$。M 爲一種金屬或多種金屬的混合。在沃斯田鐵不鏽鋼中，$M_{23}C_6$ 是最重要的碳化物並且對抗腐蝕性有很大的影響(參考 7.2.2 節)。

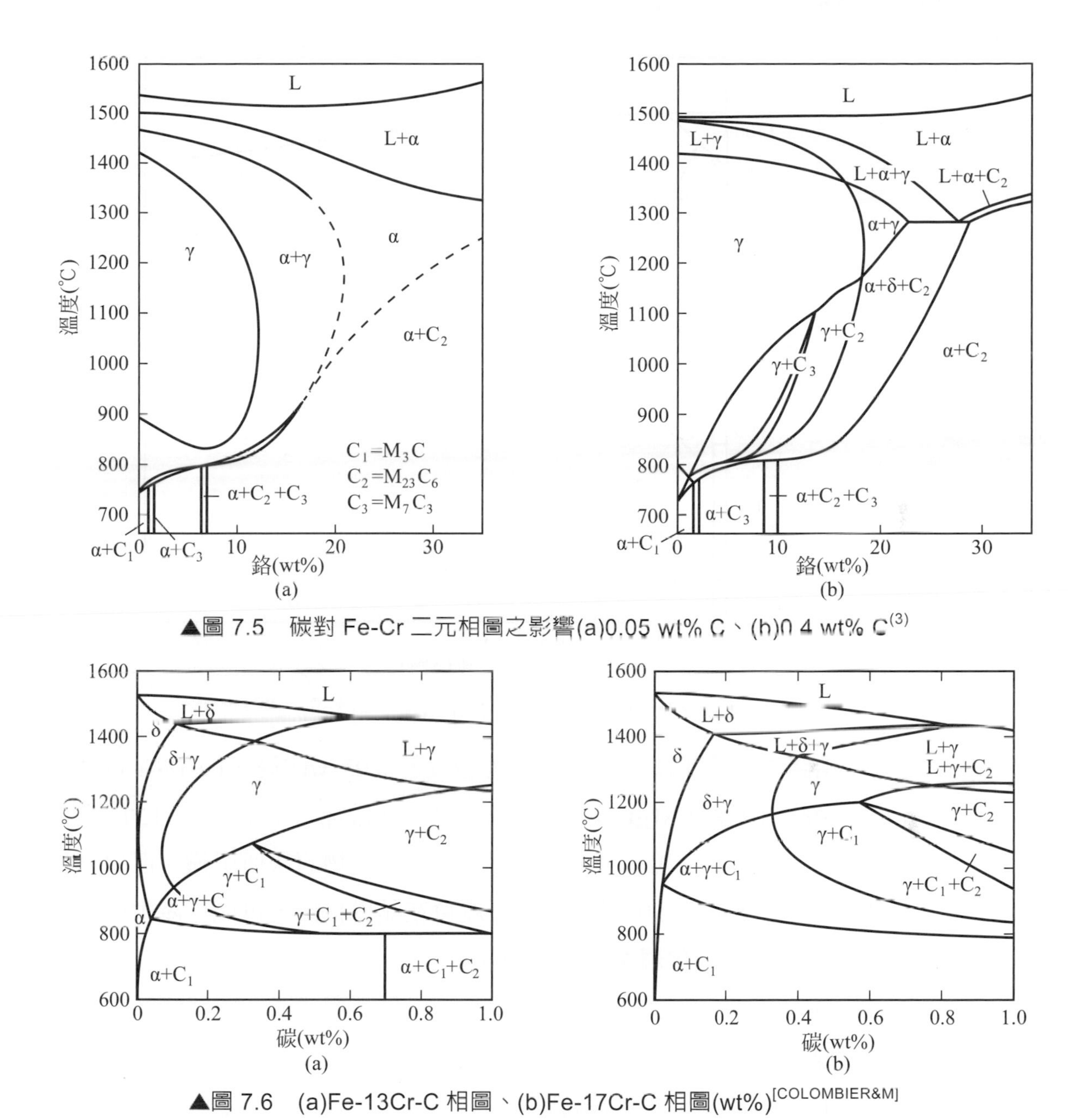

▲圖 7.5　碳對 Fe-Cr 二元相圖之影響(a)0.05 wt% C、(b)0.4 wt% C[3]

▲圖 7.6　(a)Fe-13Cr-C 相圖、(b)Fe-17Cr-C 相圖(wt%)[COLOMBIER&M]

若將鎳加入含有 Fe-18Cr-C 合金中，會擴大 γ 相區域，當鎳含量達 8 wt%時，形成標準的 18Cr-8Ni 系不鏽鋼(304 不鏽鋼)，如圖 7.7 所示，γ 相的區域會擴大至室溫(此時含有碳化物)。而當鉻濃度愈高時，鎳的最小需求量也需愈高。室溫下能保有穩定的沃斯田鐵，意謂麻田散鐵的 M_s 溫度低於室溫。所以 Fe-18Cr-8Ni 合金鋼需藉由液態氮冷卻才能獲得麻田散鐵微結構。

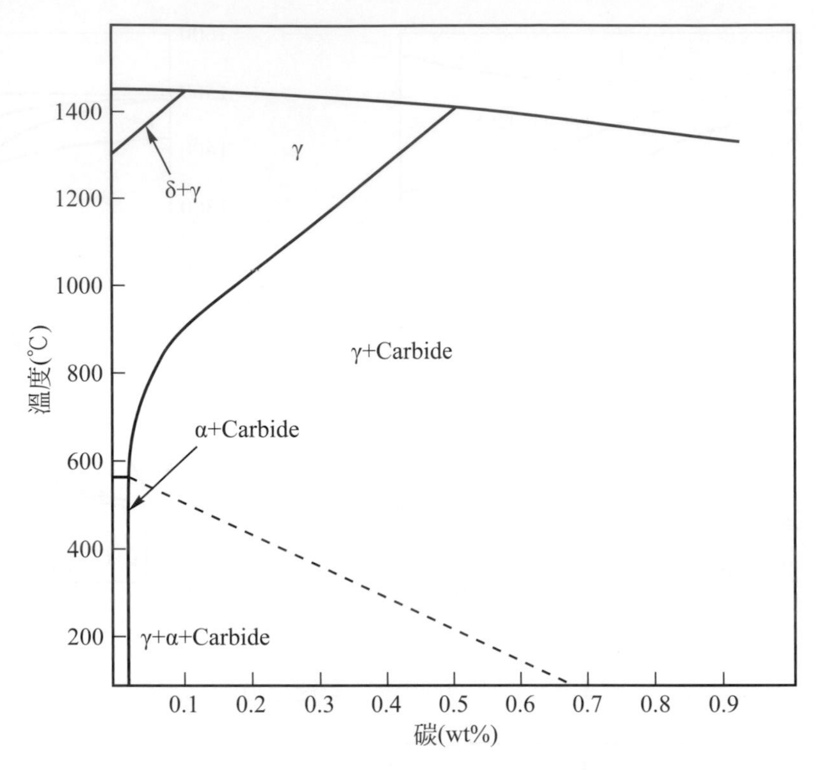

▲圖 7.7 碳對 Fe-18Cr-8Ni 相圖之影響[COLOMBIER&M]

由圖 7.5 與圖 7.7 也顯示當含碳量高於 0.03 wt%時，Fe-18Cr 合金在低於 900℃時會有 $M_{23}C_6$ 碳化物存在。然而，當加熱至 1100～1150℃時，碳化物會回溶到 γ 相，再淬火即可得到無析出物的沃斯田鐵。但如果再重新加熱至 550～750℃時，$M_{23}C_6$ 就會在晶界析出，可能會產生沿晶界腐蝕的現像(即**敏化現像(sensitizing)**)。

錳也能擴大 γ 環，並且能代替鎳，但是其形成沃斯田鐵的效力大概只有鎳的一半，所以須添加更高含量才可以，在沒有添加鉻的情況下，需以 15 wt%的錳來穩定較高碳濃度(約 1～1.2 wt%)的沃斯田鐵進而形成 Hadfield 鋼，或稱高錳鋼，若碳含量較低時，典型的鉻錳鋼需要 12～15 wt%的鉻及 12～15 wt%的錳才能在室溫下保留沃斯田鐵。

碳與氮皆是很強的沃斯田鐵形成元素(γ-former)，它們都以**插入型(interstitial)**的方式固溶在沃斯田鐵中，具有很好的固溶強化效果。因氮較碳不會造成晶界腐蝕的傾向，所以在要求固溶強化時非常有用，當氮固溶度達 0.25 wt%時，就能提高 Fe-Cr-Ni 沃斯田鐵合金鋼約兩倍降伏強度。

7.2.2 敏化與安定化處理

沃斯田鐵型不鏽鋼通常含有 18～30 wt%的鉻、8～20 wt%的鎳與 0.03～0.1 wt%的碳。碳的固溶極限在 800℃時約爲 0.05 wt%，在 1100℃時約爲 0.5 wt%。因此當進行 1050～1150℃的固溶處理時，碳原子會完全固溶，隨後急冷(水冷或油冷)即可在室溫下得到含過飽和碳原子的沃斯田鐵。然而若緩慢冷卻或重新加熱至 550～800℃時，即使碳含量很低(< 0.05 wt%)，碳也會從基地相中析出並形成富含鉻的碳化物 $Cr_{23}C_6$。

碳化物 $Cr_{23}C_6$ 會從沃斯田鐵晶界優先成核析出，這些析出物不僅會損害合金之低溫韌性，更嚴重的是因晶界碳化物 $Cr_{23}C_6$ 的析出，以致消耗晶界附近的鉻，而形成沿晶之**缺鉻區(Cr depletion zone)**，在此缺鉻區的沃斯田鐵含鉻量若低於產生保護層的最低含鉻量，將產生沿晶腐蝕(即敏化)現像，如圖 7.8 所示。晶界一旦受到腐蝕，嚴重時甚至會導致不鏽鋼結構的解體。這種敏化現像，在 Fe-12Cr 麻田散鐵不鏽鋼中也同樣會發生。

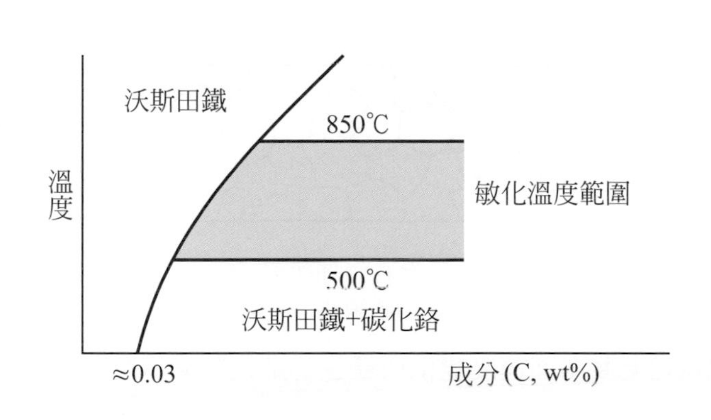

(a) 沃斯田鐵型 Fe-18%Cr-18%Ni 不鏽鋼的敏化溫度

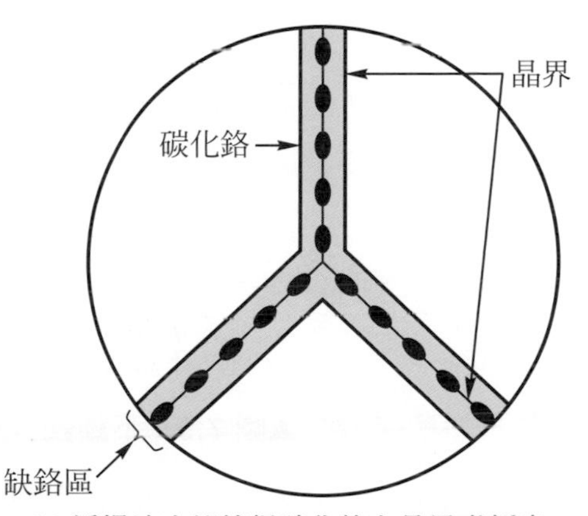

(b) 緩慢地冷卻使得碳化鉻在晶界處析出

▲圖 7.8 沃斯田鐵型不鏽鋼之沿晶腐蝕示意圖[FONTANA&M]

碳化鉻成核與成長的溫度爲 500～850℃之間，銲接過程的**熱影響區(HAZ, heat affected zone)**是無法避免此溫度區間，所以沃斯田鐵型不鏽鋼(如 304 不鏽鋼)是極易發生銲接件敏化，如圖 7.9 所示，因此，爲了避免不鏽鋼的敏化現象，瞭解 $Cr_{23}C_6$ 的形成動力學極爲重要，圖 7.10 是沃斯田鐵型不鏽鋼析出 $M_{23}C_6$ 的典型 TTT 曲線圖，在 850℃時，對某些沃斯田鐵型不鏽鋼而言，形成 $M_{23}C_6$ 的時間只需 100 秒，而當添加微量碳化物形成元素時(如 Nb、Ti 等)，則可抑制 $M_{23}C_6$ 的形成。

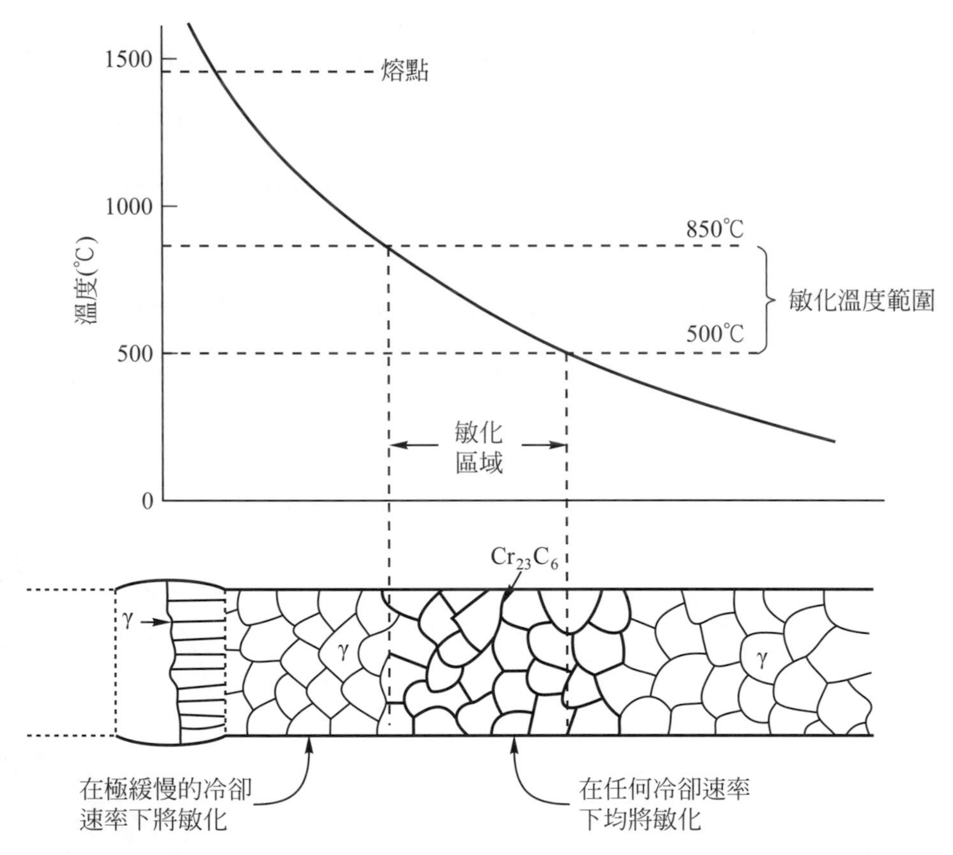

▲圖 7.9　不鏽鋼銲接區域之溫度冷卻速度變化所產生的敏化結構示意圖

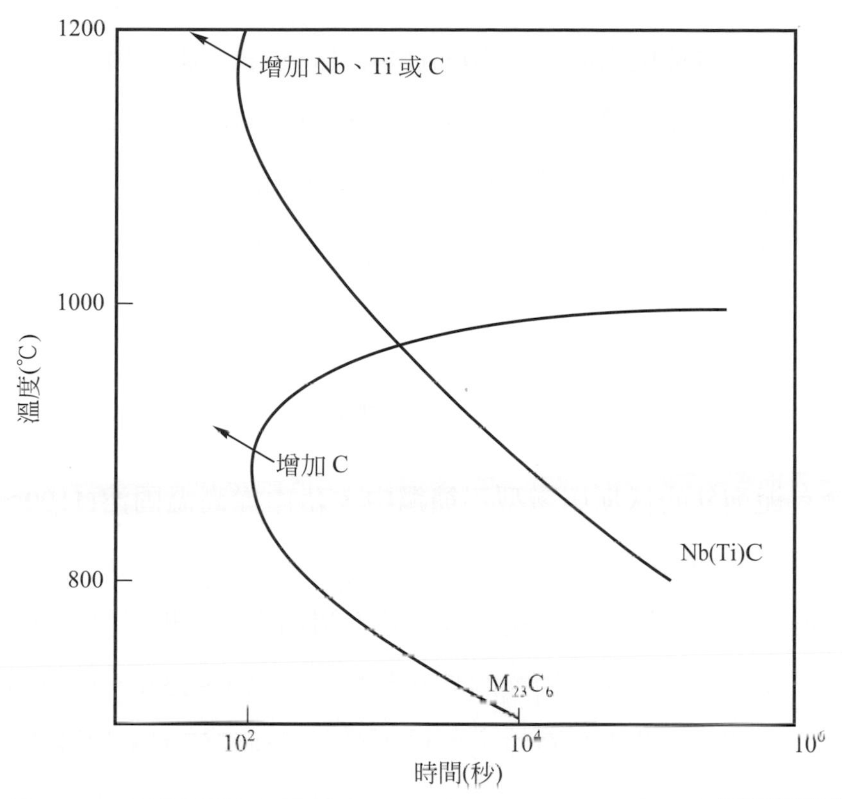

▲圖 7.10 沃斯田鐵型不鏽鋼析出 $M_{23}C_6$ 的典型 TTT 曲線圖[BHADESHIA&M]

爲了防止不鏽鋼銲接時的沿晶腐蝕，抑制敏化發生，就需減少 $M_{23}C_6$ 的析出，這種製程稱爲**安定化處理(stabilization)**，安定化處理可採用以下方法：

(1) 固溶處理：在銲接完成後，將整個銲件加熱到 950～1100℃，使 $M_{23}C_6$ 回溶至 γ 相，爾後急冷避開 TTT 曲線中的鼻端(敏化溫度範圍 500℃至 850℃)，來防止碳化物的析出。

(2) 減少碳含量：如果不鏽鋼的含碳量低於 0.03%(如 304L)，就不會形成碳化鉻，在具有抗腐蝕性的 18-8 不鏽鋼中，碳含量均不會超過 0.02 wt%。

(3) $M_{23}C_6$ 活化能的控制：在鉻鎳不鏽鋼中添加鉬(Mo)能明顯增加 $M_{23}C_6$ 析出時間。然而增加鎳含量時反而會促進 $M_{23}C_6$ 的析出。

(4) 添加強**碳化物形成元素(carbide former)**：鈮(Nb)、鈦(Ti)等強碳化物形成元素比鉻更容易形成穩定的碳化物，碳會傾向與這些元素形成碳化物而較不會形成 $Cr_{23}C_6$。

(5) 增加鉻含量：即使形成碳化鉻也不致於使晶界的含鉻量低於產生保護層的最低含鉻量。

7.2.3 鈮與鈦碳化物與氮化物的析出

含有鈮與鈦的沃斯田鐵型不鏽鋼中，藉由從高溫固溶(1100～1300℃)處理溫度急速冷卻至室溫的方式，於 650～850℃間進行時效，會析出極爲細化的碳化鈦或碳化鈮等散布於不鏽鋼中，這些碳化物具有 FCC 結構，其晶格參數與沃斯田鐵的晶格參數相差 20～25%。在 500～750℃的溫度範圍內，藉由散布強化能有效提升沃斯田鐵型不鏽鋼的強度。因此對於需抗高溫潛變沃斯田鐵型不鏽鋼而言，這些碳化物的散布特性是很重要的。

沃斯田鐵型不鏽鋼暴露於 600℃的空氣下，於氧化層下，其含氮量很高(> 1 wt%)，且會在晶界處形成不連續的層狀析出，該不連續的層狀析出區域常會在潛變應力作用下形成裂痕。鈦與鈮的存在，會與氮形成穩定的氮化物，這兩種氮化物(TiN 與 NbN)與碳化物具有相同晶型。合金經過高溫固溶並快速冷卻下，能在 650～850℃的溫度範圍時效析出碳(氮)化物。因此析出反應會在銲接或是潛變下的高溫狀態出現。

7.2.4 中間相析出與 σ 相脆化

碳化物雖可提升沃斯田鐵不鏽鋼之高溫強度，但因形成碳化物的元素在鋼中之溶解度不高，因而限制了碳化物的含量，且這些碳化物在高溫下，其韌性及穩定性也是令人擔憂的，爲了克服這些困難，常藉由含高合金量的沃斯田鐵不鏽鋼析出中間相，來發展高溫下具低潛變的高強度沃斯田鐵型不鏽鋼。

在各類的中間相中最重要的是不鏽鋼中觀察到的 FCC 的 $Ni_3(Al,Ti)$ γ' 中間相。γ'中間相析出物存在於如 Fe-20Cr-25Ni-(1～5)(Al + Ti)的不鏽鋼中，經由 1100～1250℃的固溶處理後淬火，並進行 700～800℃時效處理可獲得。由這個方法得到的析出相有兩個優點。

首先，析出顆粒與基地均具有 FCC 晶體結構與相同方向，而且晶格參數相近，所以界面能量(σ)較低，且與基地的界面具有**整合特性(coherency)**。因界面能量(σ)較低，所以大部分的析出顆粒穩定且不易粗化。

第二項優點是這些中間相具有(0.3-0.5 vol.%)的高體積分率，且具有高強度，可大幅提升合金強度與抗高溫潛變能力。

在沃斯田鐵型不鏽鋼中觀察到不少合金相中，sigma 相(σ)在室溫下對機械性質造成極大不良影響，σ 相爲正方體(BCT)結構，其 a = 8.799Å，c = 4.546Å。在鐵鉻平衡系統中會在鉻濃度 25～60 wt%時存在(圖 7.1)。在鉻鎳沃斯田鐵鋼中，鉻含量達 17 wt%時就會導致 σ 相的形成，若增加鎳濃度則會減少其形成。

σ 相的充分析出，需在約 750℃下進行長時間時效處理(> 1500 小時)。沃斯田鐵裡的肥粒鐵會大幅加速 σ 相的形成，且會在 α/γ 兩相的交界處成核(圖 7.11)，σ 相成長時會從(富鉻)肥粒鐵吸收 Cr 原子，由於 σ 相爲硬脆之中間相，其尺寸遠大於之碳化物，當存在於合金中時，將造成明顯室溫脆化現象。

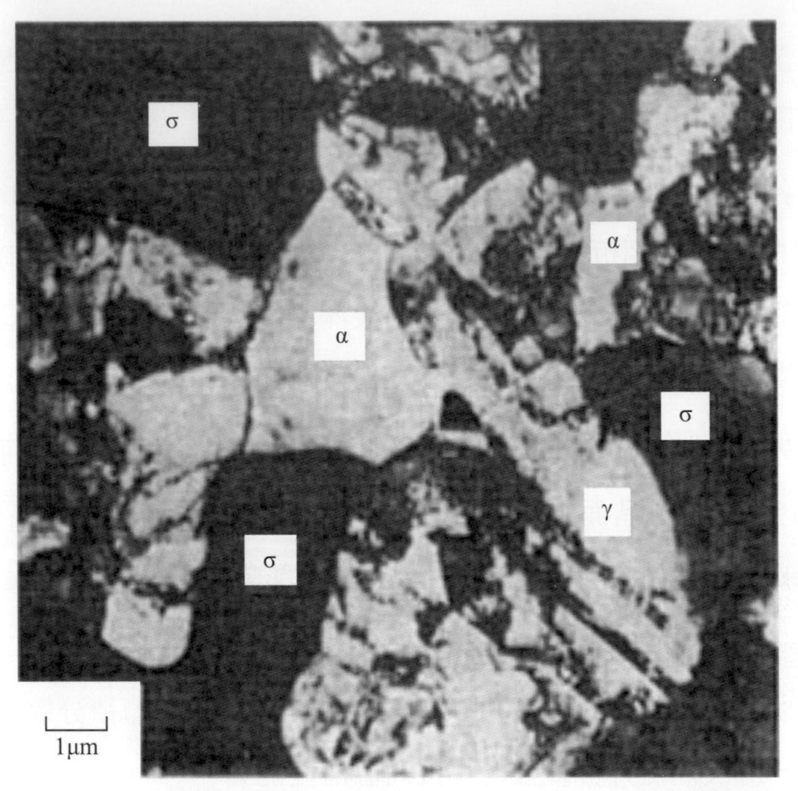

▲圖 7.11 位於 α/γ 兩相交界處之粗大 σ 相 TEM 圖[BHADESHIA]

7.2.5 固溶化(完全退火)處理

沃斯田鐵型不鏽鋼之固溶化處理，有時又稱完全退火處理，用以除去冷加工或銲接等所生成的內應力，使加工微結構再結晶，成爲軟化狀態，恢復延性；並可將熱加工或銲接時析出的鉻碳化物及 σ 相固溶回基地，提高耐蝕性。

加熱溫度因鋼種而異，約在 950～1150℃間加熱後空冷或水冷。實用之沃斯田鐵型不鏽鋼含碳量在 0.15%以下。由圖 7.7 之 18-8 不鏽鋼斷面相圖可知，碳化物通常爲$(Cr, Fe)_{23}C_6$，存在範圍很廣，以 0.1%C 爲例，溫度低於 900℃即有碳化物析出。若要將碳化物固溶，須加熱至 900℃以上。一般而言，加熱溫度愈高，碳化物愈易固溶，但晶粒易粗大化，導致其後加工之橘皮效應。加熱溫度太低則碳化物固溶不完全(碳化鉻之固溶頗緩)。

以抗敏化(即耐晶界腐蝕)爲目的而加 Ti 的 AISI 321、及加 Nb 的 AISI 347 等安定型沃斯田鐵型不鏽鋼而言，爲避免 Ti 或 Nb 碳化物在高溫分解，需於 955～1050℃進行固溶熱處理。AISI 347 中 Nb 對 C 的結合力比 Ti 強，所以加熱溫度可稍高於 AISI 321。

7.2.6 應力消除退火

沃斯田鐵型不鏽鋼之應力消除退火溫度爲 800～900℃，與上述安定化溫度重合。在這一溫度範圍以下處理，無法使殘留應力完全釋放。就應力腐蝕破裂的觀點而言，使用條件不苛刻而殘留應力的弊害不大時，通常的固溶化熱處理狀態，即可達到目的。不過，若不能忽視殘留應力的弊害時，就須對應於使用環境，而作適切的熱處理。

7.3 雙相型不鏽鋼熱處理

在 7.2.1 節中提到在沃斯田鐵與肥粒鐵相區域中，有一個雙相($\alpha + \gamma$)共存區，可藉此得到所謂**雙相型(duplex)**的不鏽鋼(圖 7.12)。這種微結構是藉由肥粒鐵形成元素(Mo, Ti, Nb, Si, Al)與沃斯田鐵形成元素(Ni, Mn, C, N)達成平衡所得到的，雙相型結構通常含鉻量大於 20 wt%。

雙相型不鏽鋼比一般的沃斯田鐵型不鏽鋼強度還高，這是因爲雙相結構較易晶粒細化所致。液態雙相不鏽鋼若經急冷凝固到室溫時，其微結構爲 100%的肥粒鐵，當溫度在 1350℃時，沃斯田鐵會在肥粒鐵晶界上成核、成長，同時沃斯田鐵相之安定元素(Ni、C、N、Cu 等)、與肥粒鐵相安定元素(Cr、Mo、W 等)分別擴散到沃斯田鐵與肥粒鐵中。因此要獲得沃斯田鐵及肥粒鐵混合的微結構，除了控制合金的成分外，還可藉由慢冷、退火、熱加工等，使得擴散加速促使肥粒鐵轉換成沃斯田鐵。

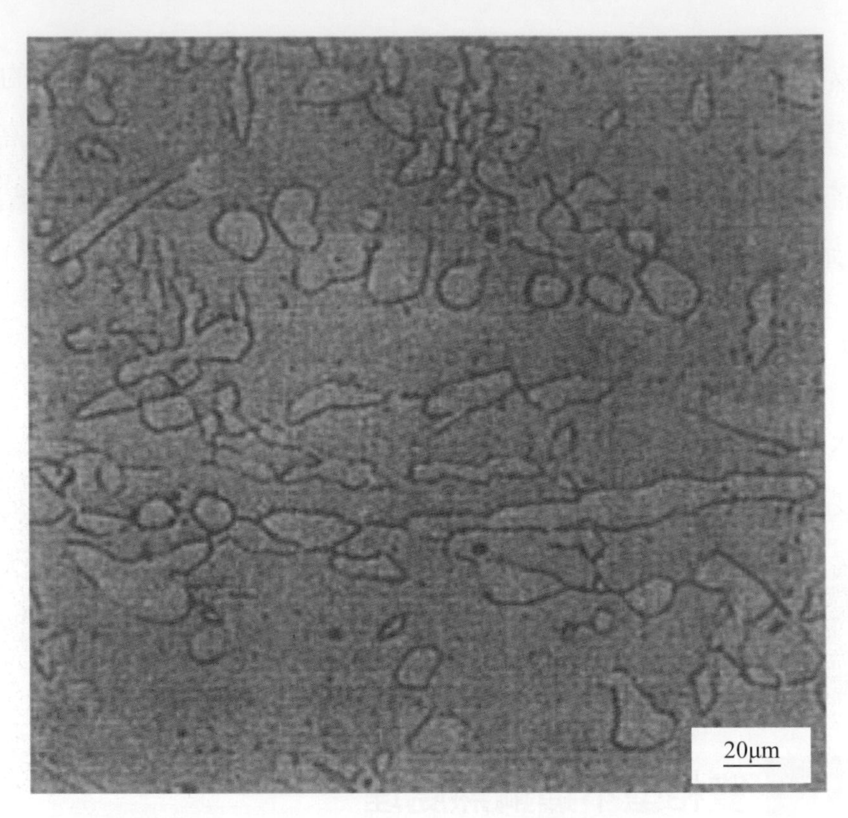

▲圖 7.12　Fe-26Cr-5Ni-1.5Mo-0.025C(wt%)不鏽鋼之雙相(α + γ)微結構[BHADESHIA]

雙相型不鏽鋼的抗腐蝕性質很好，且不易產生應力腐蝕，所以應用的範圍很廣，尤其是使用在儲油、儲氣、污染控制等工業。也經常使用在一些容易產生應力腐蝕的環境，以取代沃斯田鐵型不鏽鋼的使用。

超雙相型不鏽鋼(super-duplex stainless steel)，比一般的雙相型不鏽鋼具有更高的抗腐蝕性，因為內含有高濃度的鉻(Cr)、鉬(Mo)、氮(N)，所以對表面侵蝕有更強的抗腐蝕性。為了維持肥粒鐵與沃斯田鐵微結構的平衡，所以必須增加像是鎳的沃斯田鐵形成元素的含量，因此高耐蝕超雙相型不鏽鋼的成分通常是如 27Cr-7Ni-4Mo-0.3N wt%。

7.4 肥粒鐵型不鏽鋼熱處理

肥粒鐵型不鏽鋼比沃斯田鐵型不鏽鋼的強度還高，降伏強度大約為 300～400 MPa，但可加工硬化的量較少，因此拉伸應力接近，大概是 500～600MPa 之間。

從圖 7.1 中可以看出，加大於 13%Cr 於純鐵中可得到全 α 肥粒鐵(BCC)的微結構。但是鋼中一定有碳，會與 Cr 形成各式碳化物而消耗部分的 Cr，使基地中的 Cr 含量低於添加量，所以如表 7.1 所列的肥粒鐵型不鏽鋼，其鉻含量需要在 16%以上，通常含有 17～30 wt%的鉻，且含碳含量在 0.12%以下。由於肥粒鐵相存在於各種溫度，所以具有質軟易加工、耐蝕性優良的優點，且是不鏽鋼中最便宜者，雖然機械性質不強，但仍廣用於汽車內裝、廚房器具、機械零件上。

由於肥粒鐵型不鏽鋼無相變化發生，所以不易製作細化的肥粒鐵晶粒，在如銲接等高溫處理後的晶粒變得較粗，會導致韌脆轉換溫度的出現。且含高鉻的不鏽鋼有脆化傾向，本節將先介紹肥粒鐵型不鏽鋼之脆化，再介紹其熱處理製程。

7.4.1 肥粒鐵型不鏽鋼之 475℃脆化與 σ 脆化

圖 7.13 顯示含 18～50% Cr 之不鏽鋼加熱於 300 至 1100℃間經 100 小時及 1000 小時，冷卻後之硬度變化，由圖中可知 35% Cr 以下之鋼加熱 100 小時，只有在 475℃附近處有一個硬度尖峰，而 50% Cr 鋼則除 475℃處硬度尖峰外，在 550～900℃處還有另外一個硬度尖峰。加熱 1000 小時則 35% Cr 鋼也有第二個硬化尖峰，且兩個硬度尖峰值較加熱 100 小時者增大頗多。

C%	Si%	Mn%	Cr%	N%
0.02	0.55	0.07	17.9	0.016
0.02	0.50	0.12	28.4	0.024
0.01	0.71	0.16	34.9	0.020
0.011	0.61	0.15	50.6	0.028

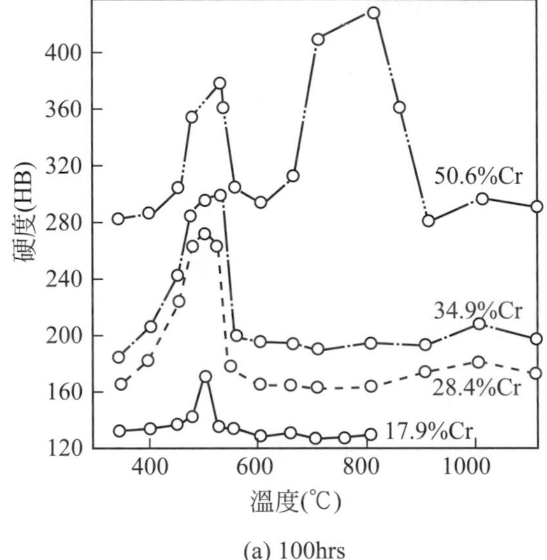

(a) 100hrs

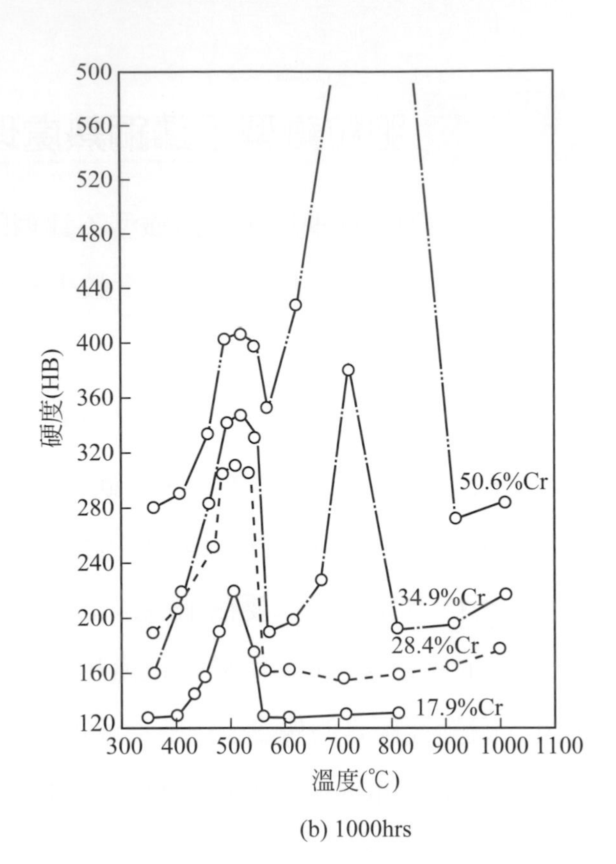

(b) 1000hrs

▲圖 7.13　含 18～50%Cr 之不鏽鋼於不同溫度加熱(a)100 小時及(b)1000 小時後徐冷之硬度變化

鋼之硬度大者脆性亦增，耐蝕性也降低。475℃處之硬度尖峰稱爲 475℃脆化，起因於 400 至 550℃溫度範圍內，其組織雖無變化而常溫韌性大減，耐蝕性亦甚差。脆化後加熱於 600℃以上 1 小時後速冷，可恢復原有性質。至於發生 475℃脆化現象的原因，有數種不同的理論，有一種理論認爲與在該溫度下會發生『**離相分解**』(**Spinodal decomposition**)有關，這可能是鐵鉻系合金中於兩相區析出很細的整合型富鉻相(BCC α')所致。

第二硬度尖峰起於 550 至 900℃間，係由於 σ 相之析出，σ 相爲含 20%至 75% Cr 之 Fe-Cr 中間相，當長時間加熱於 800℃以下時易產生。不鏽鋼長期使用於高溫後，σ 相析出的例子如圖 7.14 所示，σ 相的相變化過程已如 7.2.4 所述(圖 7.11)，對於含高鉻的肥粒鐵型不鏽鋼發生 σ 相脆化的機會比沃斯田鐵型不鏽鋼高，且在低於 600℃熱處理時即可被發現。

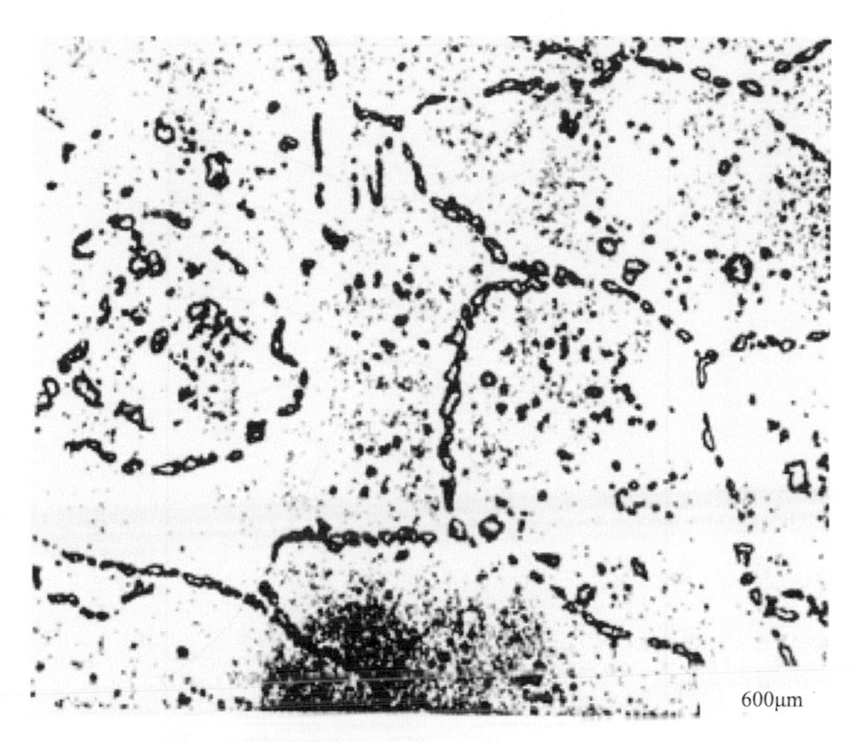

▲圖 7.14 熱滾軋 310 不鏽鋼板於 1066℃退火水冷後於 760℃放置 27 個月後於沃斯田鐵基地內析出 σ 相

7.4.2 肥粒鐵型不鏽鋼退火熱處理

肥粒鐵型不鏽鋼不能藉淬火來硬化，退火爲此系不鏽鋼唯一的熱處理方法，可以獲得最小硬度、最大延性與耐蝕性。肥粒鐵型不鏽鋼之退火處裡製程，一般約在 700～900℃間加熱後空冷或水冷。退火熱處理除軟化合金外，也用以除去常溫加工或銲接時之殘留應力，消除銲接或 475℃脆化時所產生的相變化產物，而獲得均勻組織。其退火溫度在 475℃脆化溫度以上，所以退火後有時須快速冷卻。此型不鏽鋼在高溫時可能有一部分相變化成爲沃斯田鐵，故冷卻後會有殘留沃斯田鐵或生成麻田散鐵。

圖 7.15 爲 18% Cr 不鏽鋼於不同溫度退火、持溫 30 分、空冷後之機械性質，退火於 800℃附近者最軟；加熱至 900℃以上則肥粒鐵一部分成爲沃斯田鐵，且晶粒粗化而碳化物分布變爲不均勻，故冷卻後有脆性。

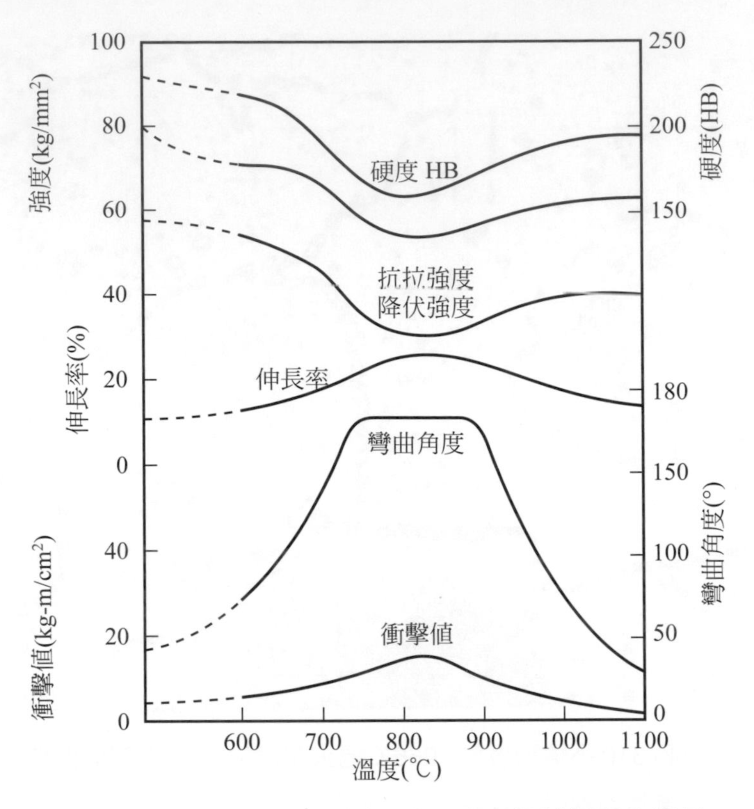

▲圖 7.15　18%Cr 不鏽鋼退火溫度與機械性質之關係

Cr 含量在 18%以上時肥粒鐵組織愈安定，雖加熱於高溫，亦不生成沃斯田鐵，但加熱至 900℃以上則晶粒粗化而脆化，不易用熱處理來恢復原狀，故不可過熱。Cr 含量高時，耐蝕性耐熱性皆甚優，可用爲耐熱鋼。

肥粒鐵型不鏽鋼極易氮化，同一條件下氣體氮化時，所得氮化層深度比沃斯田鐵型者大；對於需耐磨及表面硬度的場合，氮化法很有效。但氮化後耐蝕性會降低。

7.5 麻田散鐵型不鏽鋼熱處理

前述之高鉻不鏽鋼中，若碳含量較高(如 440C)或鉻含量不是很高時，(如 410)，則可以將它加熱到沃斯田鐵(γ)相區域內，如圖 7.6 所示，在 1250℃時，當碳含量達 0.4%時，Fe-17%Cr 不鏽鋼具有 100%的沃斯田鐵相，淬火到室溫後可得到麻田散鐵結構。由於合金含量高，所以硬化能力極佳。圖 7.16 爲 410 不鏽鋼的 TTT 曲線圖，由圖中可以看到甚至以空冷方式冷卻，也可以獲得完全麻田散鐵；此外，回火軟化很慢，如同高合金工具鋼一樣，也會有二次硬化現象發生。

麻田散鐵型不鏽鋼的耐蝕性較其他不鏽鋼差(因鉻減少且爲雙相)，但仍有硬度、強度、耐蝕、便宜的優秀組合。表 7.1 所列的 410 不鏽鋼一般常用於刀具、閥門、軸承、外科器具、彈簧；431 不鏽鋼則爲高強度用途；440 不鏽鋼則含高碳高鉻，淬火硬度很高，作爲耐磨、耐蝕的工具、刀具等。

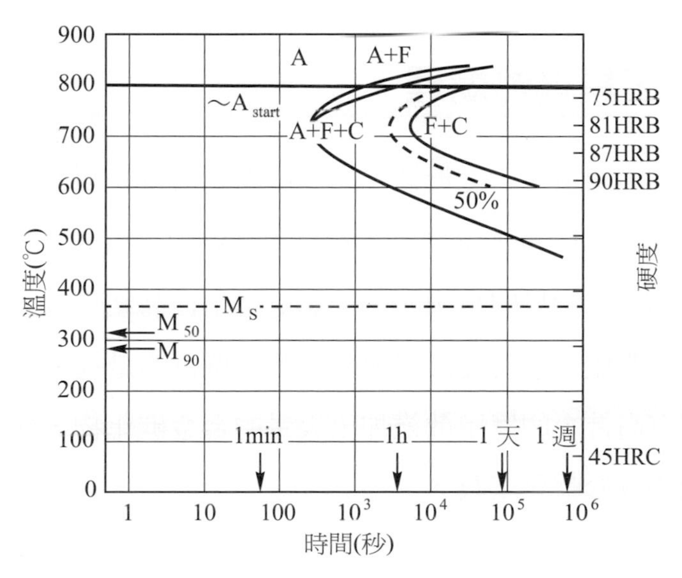

▲圖 7.16　410 不鏽鋼之 TTT 曲線圖(A：沃斯田鐵、F：肥粒鐵、C：碳化物)[R&M]

7.6 析出硬化型不鏽鋼熱處理

析出硬化型不鏽鋼屬於 Fe-Cr-Ni 系不鏽鋼，其中添加了銅、鋁、鉬、鈮、鈦等(表 7.1)，這種析出硬化型不鏽鋼可藉從麻田散鐵或沃斯田鐵基地中析出強化相而獲得高強度，即使碳很少也可得到很高的機械性質。

析出硬化型不鏽鋼從固溶處理冷卻後依麻田散鐵轉換溫度的高低，分為麻田散鐵型、半沃斯田鐵型和沃斯田鐵型不鏽鋼。麻田散鐵型析出不鏽鋼，如 17-4PH，其 M_f 溫度在室溫以上，固溶處理後水淬，可獲得幾乎 100%之麻田散鐵微結構，再施以時效熱處理；半沃斯田鐵型析出不鏽鋼，如 17-7PH，其 M_s、M_f 溫度皆低於室溫，需藉由深冷、或調質熱處理，才可獲得麻田散鐵組織。

沃斯田鐵型析出不鏽鋼，其 M_s 遠低於室溫，因此無法藉由麻田散鐵強化，其強化方式只有介金屬化合物的析出硬化。析出硬化型不鏽鋼由於強度高，耐蝕性優良，最常應用在航太工業與高科技產業。

7.7 工具鋼熱處理

工具鋼的範圍很廣，從最便宜的高碳鋼到最貴的高合金鋼，如高速鋼 T1 含 18W-4Cr-1V(wt%)(CNS 編號為 S80W1(HS))(表 7.2)，即是典型的工具鋼。高合金的目的有兩個，一個是為了提高硬化能力，淬火時可以緩慢冷卻，避免工具的變形或龜裂；第二個目的是提高回火軟化的抵抗性，因為有高合金的麻田散鐵加上大量的合金碳化物，使快速切削所產生的高溫不致於軟化工具。

7.7.1 工具鋼之分類

工具鋼依成分可分爲碳工具鋼、合金工具鋼、高速鋼；若依用途則可分爲切削用、耐衝擊用、耐磨用及熱加工用四種。表 7.2 列出幾種工具鋼的成分、用途及熱處理，表中 AISI 的編號，其中 W 是水硬工具鋼，O 是指油硬工具鋼，L 是指特殊用途低合金工具鋼，S 爲耐衝擊工具鋼，D 是冷加工之高碳高鉻型工具鋼，H 爲熱加工工具鋼，T 爲鎢系高速鋼，M 爲鉬系高速鋼。

▼表 7.2　部分工具鋼之成分與熱處理

成分別	用途別	編號			成分，wt%[a]								用途	退火 ℃	淬火 ℃	回火 ℃	淬火回火後硬度 RC
		CNS	AISI	JIS	C	Si	Mn	Ni	Cr	Mo	W	V					
碳工具鋼	切削	S120C (T)	W1 120C	SK1	1.10～1.30	< 0.35	< 0.50	≤ 0.25	≤0.20	—	—	—	車刀、銑刀、鑽頭、小衝頭、剃刀	750～780 緩冷	760～820 水冷	50～200 氣冷	> 63
碳工具鋼	切削	S75C (T)	W1 70C	SK6	0.70～0.80	< 0.35	< 0.50	≤ 0.25	≤0.20	—	—	—	字印、帶鋸、圓鋸、傘骨	740～760 緩冷	760～820 水冷	150～200 氣冷	> 56
合金工具鋼	切削	S105CrW (TC)	0.7	SKS2	1.00～1.10	< 0.35	< 0.50	—	0.50～1.50	—	1.00～1.50	—	螺紋攻、鑽頭、弓鋸、成型模	750～800 緩冷	830～880 水冷	150～200 氣冷	> 61
合金工具鋼	切削	S80NiCr1 (TC)	L6	SKS5	0.75～0.85	< 0.35	< 0.50	0.70～1.30	0.20～0.50	—	—	—	圓鋸、帶鋸	750～900 緩冷	800～850 油冷	450～500 氣冷	> 45
合金工具鋼	切削	S140Cr (TC)	W5	SKS8	1.30～1.50	< 0.35	< 0.50	—	0.20～0.50	—	—	—	銼刀	750～800 緩冷	780～820 油冷	100～150 氣冷	> 63
合金工具鋼	耐衝擊	S40CrW (TC)	S1	SKS41	0.35～0.45	< 0.35	< 0.50	≤ 0.25	1.00～1.50	—	2.50～3.50	—	鑿、衝頭、鉚釘頭模	770～820 緩冷	850～900 緩冷	150～200 氣冷	> 63
合金工具鋼	耐衝擊	S105V (TS)	W2	SKS43	1.00～1.10	< 0.25	< 0.30	≤ 0.25	—	—	—	0.10～0.25	鑿岩機內活塞	750～800 緩冷	770～820 水冷	150～200 氣冷	> 63

▼表 7.2　部分工具鋼之成分與熱處理(續)

成分別	用途別	編號			成分，wt%[a]								用途	退火 °C	淬火 °C	回火 °C	淬火回火後硬度 RC
		CNS	AISI	JIS	C	Si	Mn	Ni	Cr	Mo	W	V					
合金工具鋼	耐磨	S95CrW (TS)	—	SKS3	0.90～1.00	< 0.35	0.90～1.20	—	0.50～1.00	—	0.50～1.00	—	量規、螺絲、攻模、剪刀片	750～800 緩冷	850～900 油冷	150～200 氣冷	> 6
合金工具鋼	耐磨	S150CrMoV(TA)	D2	SKD11	1.40～1.60	< 0.50	< 0.50	—	11.00～13.00	0.80～1.20	—	0.20～0.50	螺紋滾筒、量規、成型模	850～900 緩冷	1000～1050 氣冷	150～200 氣冷	> 6
合金工具鋼	熱加工	S37CrMoV1(TH)	H11	SKD6	0.32～0.42	0.80～1.20	< 0.50	< 0.25	4.50～5.50	1.00～1.50	—	0.30～0.50	衝床模及壓鑄模	820～870 緩冷	1000～1150 氣冷	530～600 氣冷	< 5
合金工具鋼	熱加工	S37CrMoV2(TH)	H13	SKD61	0.32～0.42	0.80～1.20	< 0.50	< 0.25	4.50～5.50	1.00～1.50	—	0.80～1.20	衝床模及壓鑄模	820～870 緩冷	1000～1050 氣冷	530～600 氣冷	> 5
高速鋼	切削	S80W1 (HS)	T1	SKH2	0.70～0.85	< 0.35	< 0.60	≤ 0.23	3.50～4.50	4.00～6.00—	6.00～7.00	—	高速車刀、鑽頭、銑刀	800～880 緩冷	1200～1240 氣冷	540～570 氣冷	> 6
高速鋼	切削	S80WMo (HS)	M2	SKH51	0.70～0.90	< 0.35	< 0.60	≤ 0.23	3.50～4.50	4.00～6.00—	6.00～7.00	—	高速車刀、鑽頭、銑刀	800～880 緩冷	1200～1240 氣冷	540～570 氣冷	> 6

註：(a) P < 0.030%，S < 0.030%，Cu ≤ 0.25%

7.7.2　碳工具鋼熱處理

碳工具鋼的用途很廣，含 0.6～1.5%C、0.35%以下的矽及 0.50%以下的錳；其優點是價格便宜，淬火方法簡單，硬度也可以很高，鍛造、加工也很容易；缺點則有硬化深度淺，不耐高溫。至於成分則工具鋼都是高級鋼，需從全靜鋼錠鍛造(圖 1.29)，其磷、硫雜質含量都很低。作爲工具及刀具，不但要求硬度高，耐磨性也要好。

從耐磨性的觀點，最好的微結構是低溫回火麻田散鐵上散布一些球狀雪明碳鐵，因爲碳鋼淬火到常溫時，若含碳量在 0.6%以上，其淬火硬度大致相同，所以用高碳鋼製作工具時，爲了達到此種微結構，需先設法將多於 0.6%的碳變成球狀雪明碳鐵；再加熱於高溫，使沃斯田鐵中含 0.6%C，然後淬火於室溫，即可得到 0.6%碳含量的完全麻田散鐵；因剛淬火的麻田散鐵太脆，並不是最耐磨，所以需進行回火處理。且因工具鋼重視硬度，所以回火溫度很低，大約在 150～200℃回火，以保留硬度及增進耐磨性。

高碳鋼的正常化微結構，如圖 7.17(a)所示，在波來鐵的晶界上存在著網狀雪明碳鐵，假如這種狀況的鋼加熱到沃斯田鐵再淬火時，網狀雪明碳鐵容易殘留在鋼中，而使鋼質變脆，不容易得到上述的理想微結構，所以含碳量高的工具鋼，在淬火前需先作球化處理。

(a) 正常化微結構

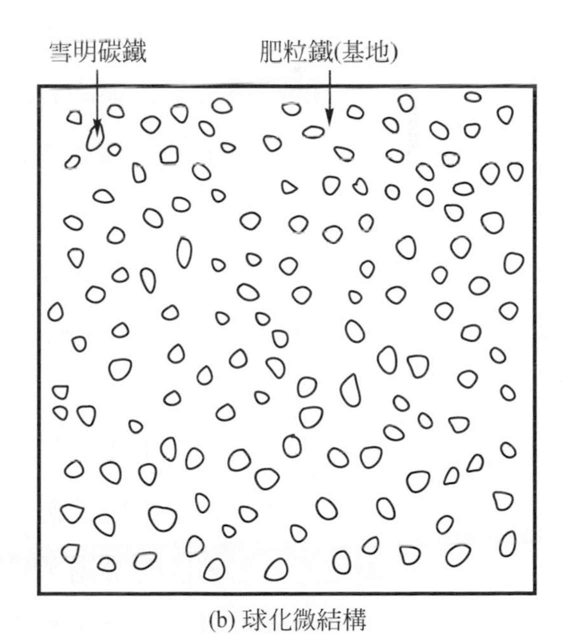

(b) 球化微結構

▲圖 7.17　高碳鋼(a)正常化微結構顯示網狀雪明碳鐵存在於波來鐵的晶界上，(b)球化微結構

碳化物的球化處理有很多種(參考圖 5.10)，例如將鋼加熱到 A_1 溫度與 A_{cm} 溫度之間，或在 A_1 溫度上下約 50℃間來回熱處理數次，使一部分初析雪明碳鐵與波來鐵中的雪明碳鐵在高於 A_1 溫度時溶入沃斯田鐵中，而留下一部分的雪明碳鐵，當溫度稍低於 A_1 溫度時，固溶在沃斯田鐵中的碳會集中在未溶入沃斯田鐵中的殘留雪明碳鐵處析出，而變為球狀雪明碳鐵，圖 7.17(b)是碳工具鋼球化微結構之示意圖。

碳工具鋼的用途從碳含量較高的硬質車刀、銼刀到碳含量較低的帶鋸、衝模皆可見，只要是較小型較便宜的工具皆可用。

7.7.3 合金工具鋼熱處理

合金工具鋼是在碳工具鋼中加入 Cr、W、Mo、V、Mn、Si，以(1)增進硬化能，(2)析出特殊碳化物以增加耐磨性，(3)增進回火軟化抵抗性。依用途可區分為切削、耐衝擊、耐磨及熱加工四種。

切削合金工具鋼中有添加 Cr、Cr-W(Cr-WV)及 Ni 者，添加 Cr 者如 140Cr(TC)，比相同碳含量的碳工具鋼有較高的硬度及耐磨耗性，主要用來製造高級銼刀。添加 Cr-W 者，是切削合金工具鋼的大宗，因 W 可形成特殊碳化物，能增加淬火硬度及高溫硬度，而提高耐磨及切削性，但 W 因形成碳化物，對硬化能不太能提高，所以需再添加 Cr 來提高硬化能而可以用油淬；也可添加一些 V，其作用與 W 類似。主要用途有切削刀具、螺絲攻、鑽頭、弓鋸及冷抽線模。添加 Ni 者主要是增加鋼的強度及韌性，常用來製造需韌性的圓鋸、帶鋸；也再添加一些 Cr 來增進硬化能。需韌性的帶鋸、圓鋸，需回火於 450～500℃高溫外，切削合金工具鋼都在低溫回火，如表 7.2 所示。

耐衝擊合金工具鋼，主要用來製造承受衝擊力的鑿、衝頭、鉚釘頂模等工具。為了提高韌性，耐衝擊合金工具鋼有三種類型：(1)將碳含量降低，如 S40CrW(TS)，(2)添加 V 使晶粒細化，降低硬化能，使淬火時只表層硬化，而內部保持韌性，如 S105V(TS)，(3)前兩者共同使用者，如 S80 CrWV(TS)。

耐磨合金工具鋼，可分低合金，如 S95CrW(TS)及高合金，如 Sl50CrMoV(TS)。前者等於將切削合金工具鋼 S105CrW(TC)的 Mn 增加，C 及 W 減少，以增加硬化能；而後者的硬化能相當好，大型的成形滾筒也能氣冷硬化，熱處理變形小又富韌性。

熱加工合金工具鋼主要用來製造高溫加工用的衝模、壓鑄用模，最具代表性的是表 7.2 所列的 S37CrMoV(TH)，這些鋼的碳含量較低，但具有高溫的強度與耐磨性，即使在 500～600℃也不容易軟化，又有耐氧化性。

7.7.4 高速鋼熱處理

高速鋼不但有優秀的紅熱硬度及耐磨性，如圖 7.18 所示，又有良好的機械性質，除用爲高速切削工具外，也用於模具、滾筒、耐磨零件等，最先發展出來的是鎢系高速鋼含 Fe-0.8%C-18%W-4%Cr-1%V(T1)。但因第二次世界大戰 W 的短缺，而發展含鎢較少的鉬系高速鋼，鉬系高速鋼尙有較韌的優點。另外高速鋼也有再添加 Co，以進一步提高高溫硬度，但 Co 太多，則鋼質太脆反而不利間斷切削。

高速鋼的熱處理比較特殊，以淬火來說，發展初期的 T1(S80 Wl(HS))合金，在 900℃淬火後，硬度只有 50 HRC，因爲高合金鋼，其相圖已與鐵碳完全不同，900℃沃斯田鐵化時，沃斯田鐵大約只含 0.3%C，所以淬火後只得 50 HRC 的低碳麻田散鐵而已；若將沃斯田化溫度提高到 1250℃，則可溶 0.6%碳，淬火後可得到 64 IIRC 的麻田散鐵。但是要注意太高溫沃斯田鐵化，一不小心就可能有液相出現，而嚴重損壞鋼質。

在回火方面，高速鋼也很特別。一般淬火後高速鋼含有 60～70%麻田散鐵及 20～30%殘留沃斯田鐵及 5～15%未固溶碳化物。在 400～550 ℃回火時，麻田散鐵會有合金碳化物析出而產生二次硬化，如圖 7.18 所示；殘留沃斯田鐵也會在基地內析出碳化物而使固溶碳濃度降低，進而提高 M_s 溫度，冷卻時殘留沃斯田鐵會再變成麻田散鐵，稱爲二次麻田散鐵。

因此第一次回火所得的硬度是由(1)麻田散鐵回火的二次硬化，(2)殘留沃斯田鐵回火冷卻所形成的二次麻田散鐵，(3)回火期間殘留沃斯田鐵析出的碳化鐵，三者共同貢獻。假使不作第二次回火，則無法使二次麻田散鐵貢獻出二次硬化的效果。另外，二次回火不見得能使殘留沃斯田鐵完全變成麻田散鐵，所以有時需作三次以上的多次回火。圖 7.18 也顯示幾種鋼鐵合金在不同溫度下回火之硬度變化，相較下，T1 高速鋼(18 W-4 Cr-1 V(wt%))具有優秀的二次回火硬化特性。

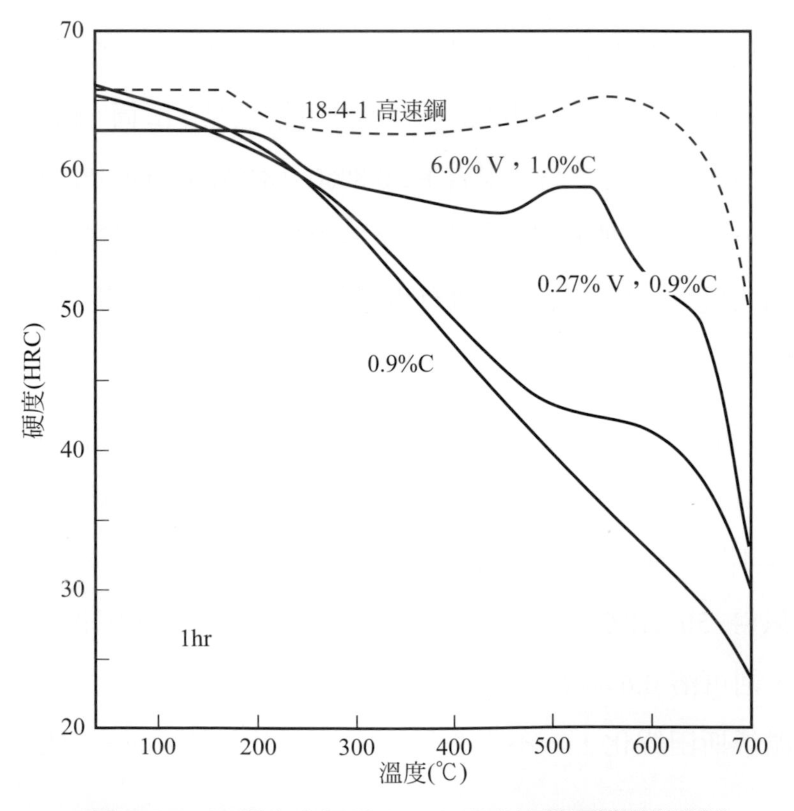

▲圖 7.18　四種合金鋼鐵之回火硬度比較圖[HOUDREMONT&M]

7.8 鑄鐵熱處理

鑄鐵的應用在材料中僅次於鋼的地位，算是一個最古老的合金，因爲鑄造成形比鍛造、切削成形省很多加工步驟，可以節省成本，且近代機械的發達，對鑄鐵的強度逐漸重視，因而發展出一些優秀機械性質的鑄鐵，也就可以有很多零件用鑄鐵來取代鍛造品。卡車引擎中有 95%是灰鑄鐵與延性鑄鐵作成的，如引擎本體、凸輪軸、活塞環、挺桿、歧管都是灰鑄鐵；而曲柄軸、搖臂、變速箱則是延性鑄鐵。

7.8.1 鑄鐵之分類

鑄鐵通常不以成分而以強度或伸長率來規範，表 7.3 列出一些鑄鐵的成分、性質及用途，這是 AISI 的規範，灰鑄鐵標出其抗拉強度爲多少 ksi；延性鑄鐵則標出抗拉、降伏強度爲多少 ksi 及伸長率爲多少%；而展性鑄鐵則標出抗拉強度(MPa)及伸長率。

▼表 7.3 鑄鐵的成分、性質及用途

名稱	成分(wt%)	狀態	抗拉強度 ksi	降伏強度 ksi	伸長率 %	勃氏硬度 HB	用途
非合金白鑄鐵	3.5C．0.5Si	剛鑄	40	40	0	500	耐磨零件
灰鑄鐵							
肥粒鐵型 25 級	3.5C．2.5Si	剛鑄	25	20	0.4	150	管、衛生器具
波來鐵 40 級	3.5C．2Si	剛鑄	40	35	0.4	220	機械工具
淬火麻田散鐵型	3.5C．2Si(b)	淬火後	80	80	0	500	
波來鐵 65 級(c) (CGI)	3.5C．2.4Si		65	25	1		氣缸體、歧管、飛軸
延性（球墨）鑄鐵							

▼表 7.3　鑄鐵的成分、性質及用途(續)

名稱	成分(wt%)	狀態	抗拉強度 ksi	降伏強度 ksi	伸長率 %	勃氏硬度 HB	用途
肥粒鐵型 (60-40-18)	3.5C・2.5Si	退火後	60	40	18	170	強力管
波來鐵型 (80-55-06)	3.5C・2.2Si	剛鑄	80	55	6	190	曲柄軸
淬火型 (120-90-02)	3.5C・2.2Si	淬火再回火後	120	90	2	270	高強度機械零件
展性鑄鐵							
肥粒鐵型 (35018)	2.2C・1Si	退火後	53	35	18	130	五金、配件
波來鐵型 (45010)	2.2C・1Si	退火後	65	45	10	180	管接頭、連結器
淬火型 (70002)	2.2C・1Si	淬火再回火後	100	80	2	250	高強軛
特殊合金鑄鐵							
沃斯田鐵型灰鑄鐵	20Ni・2Cr[c]	剛鑄	30	30	2	150	排氣歧管
沃斯田鐵生成型灰鑄鐵	20Ni[c]	剛鑄	60	30	20	160	幫浦外殼
高矽型灰鑄鐵	1.5Si・1C[d]	剛鑄	15	15	0	470	鐵架
麻田散鐵型白鑄鐵	4Ni・2.5Cr[e]	剛鑄	40	40	0	600	耐磨零件
	20Cr・2Mo・1Ni	熱處理後	80	80	0	600	

註：a. 6.9MPa = 1ksi = 0.703g/mm^3　b. 1%Ni・1%Cr・0.4%Mo　c. 3%C・2%Si
d. 3.2%C・0.8%Si　e. 2.7%C。

通常鑄鐵含 2～4%的碳，含 1～3%的矽，有時爲了改變與控制性質，也加入其他元素。由鐵-碳相圖可知，鑄鐵是在共晶區域附近，即熔點特別低，以利鑄造。碳在鑄鐵中的存在形式有三種，即(1)固溶於肥粒相或沃斯田鐵相內，(2)以石墨方式析出，(3)與其他元素化合(即化合碳)，如雪明碳鐵(Fe_3C)。

石墨的形狀分爲片狀、球狀或不規則(菊花)狀三種，含石墨的鑄鐵分爲**灰鑄鐵(gray cast iron)**、**延性鑄鐵(ductile cast iron)**及**展性鑄鐵(malleable cast iron)**。另外一種鑄鐵，碳不以石墨存在而全部以雪明碳鐵存在者，其斷裂面呈明亮的白色，爲**白鑄鐵(white cast iron)**；再加上特殊合金鑄鐵，一共有五種。圖 7.19 是白鑄鐵、灰鑄鐵、延性鑄鐵、展性鑄鐵、及縮墨鑄鐵的典型微結構，其中基地之微結構可以經由熱處理加以改變。

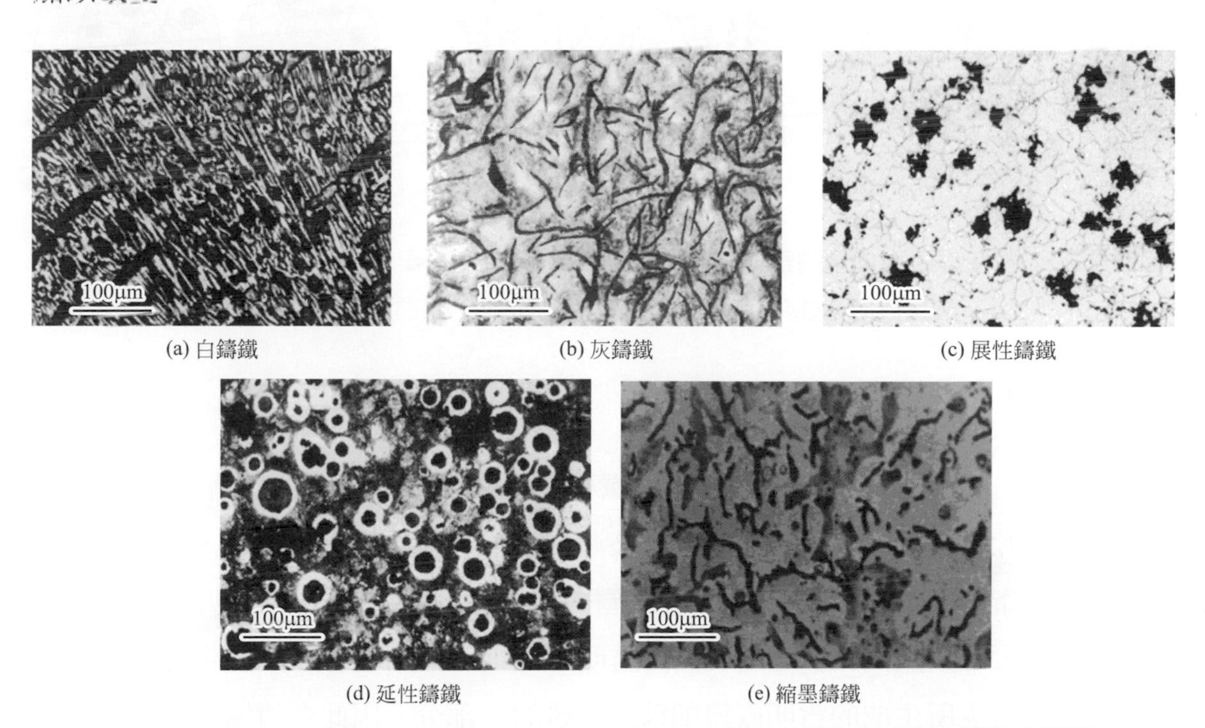

(a) 白鑄鐵　(b) 灰鑄鐵　(c) 展性鑄鐵

(d) 延性鑄鐵　(e) 縮墨鑄鐵

▲圖 7.19　白鑄鐵、灰鑄鐵、展性鑄鐵、延性鑄鐵及縮墨鑄鐵的典型微結構 [CHIU & HSU1]

藉由 Fe-C 相圖的協助，很容易瞭解當合金之成分變化與進行熱處理時，所能獲得的商用鑄鐵種類與其微結構，如圖 7.20 所示，茲分別說明如下：

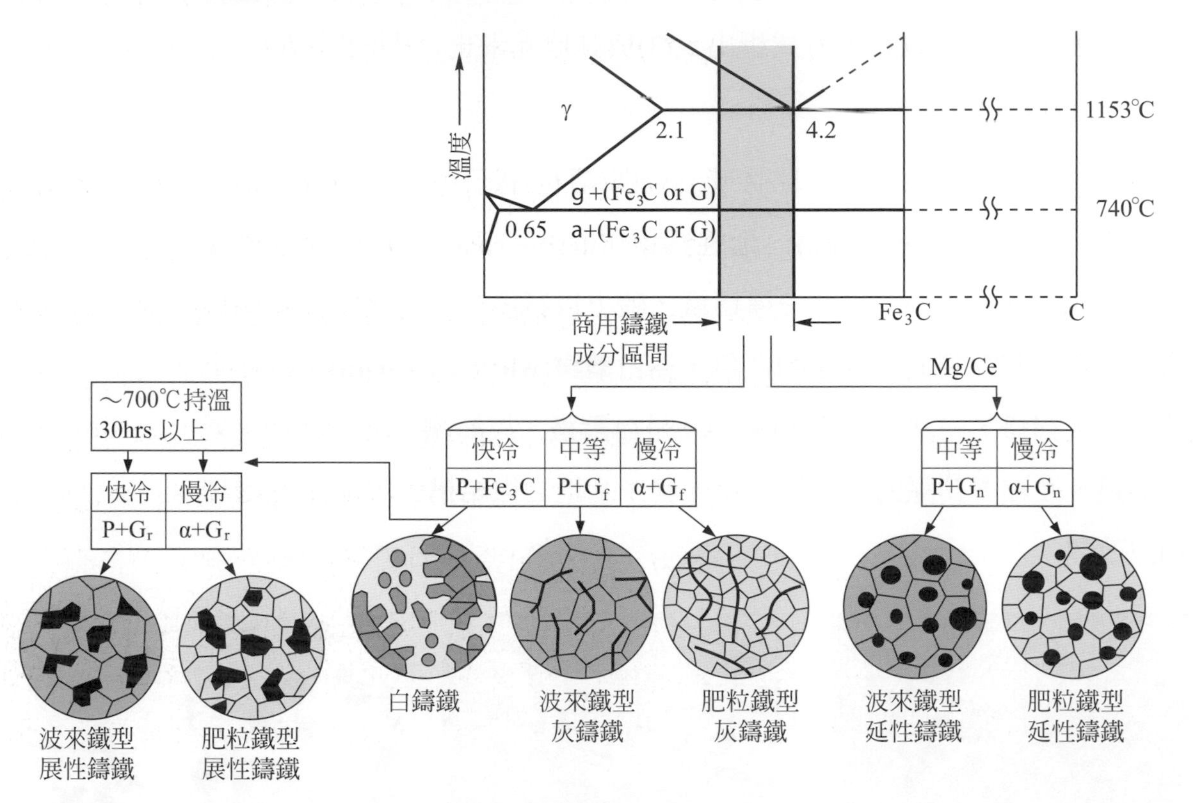

▲圖 7.20 製造程序對商用鑄鐵與其微結構之影響(α：肥粒鐵、P：波來鐵、G_f：片狀石墨、G_n：球狀石墨、G_r：菊花狀石墨)[R&M]

7.8.2 白鑄鐵之分類

白鑄鐵基本上是由肥粒鐵相與雪明碳鐵相構成，如圖 7.19(a)與圖 7.20 所示，其中之雪明碳鐵來源有三，即共晶反應所產生、共析反應所產生及共晶到共析的溫度範圍內析出者。共晶產生的雪明碳鐵量多且大；共晶到共析溫度析出的雪明碳鐵則直接附著於共晶產生者；而共析反應所生成的雪明碳鐵則爲波來鐵的一部分。因此白鑄鐵含有大量的硬脆雪明碳鐵，造成白鑄鐵是一硬而脆的材料，且因其斷裂時，雪明碳鐵相之斷裂面極爲明亮，故稱爲白鑄鐵。

白鑄鐵中常加入一些合金元素，如 Ni、Cr、Mo，以增加硬化能力及促進耐磨性，如表 7.3 的特殊合金鑄鐵中麻田散鐵型白鑄鐵，就是屬於此類。由於合金添加量不少，所以很容易得到麻田散鐵之基地，這類白鑄鐵主要用在耐磨用途，如水泥工業及採礦工業設備中所用襯筒、磨球，以及軋鋼所用的滾筒等。

7.8.3　灰鑄鐵熱處理

灰鑄鐵是最普遍的鑄鐵，它含有促進石墨化的(1～3%)Si 元素，在金相上(圖 7.19(b)與圖 7.20)看到的片狀石墨，事實上是一立體的扇狀葉片，經由二度空間橫切下來即變成個別的條狀。有時候在金相照片上可以發規在石墨條聚集的孕核中心即可證明。可以利用**接種(inoculation)**或較快冷卻來增加更多的孕核位置，以細化石墨結構，而得到較佳的機械性質。

灰鑄鐵的這些石墨板片極爲脆化，稍受變形即會斷裂而如同一些小裂隙一樣的作用，造成應力集中，所以灰鑄鐵的抗拉強度不高，伸長率也低於 1%。一般灰鑄鐵是以抗拉強度來分等級，英制是以 ksi 來分類，而公制則以 kg/mm^2 來分類(1 ksi = 0.703 kg/mm^2 = 6.9 MPa)。一般灰鑄鐵之抗拉強度可以從 20 ksi 到 80 ksi。

灰鑄鐵的基地可以是鋼鐵微結構的任何一種，可以控制鑄造的冷卻條件及鑄造後再熱處理來得到不同的基地，如圖 7.20 所示。

一般灰鑄鐵雖然強度及延展性不是很好，但它仍有許多吸引人的性質，石墨片在受壓力狀態並不會有應力集中現象，所以適當的設計，灰鑄鐵也可承受很大負荷；灰鑄鐵的切削性是一流的，石墨片可使切屑變細；滑動磨耗性質也很好，石墨可以吸附潤滑劑且本身也可當作自潤劑；灰鑄鐵還具有很好的振動吸收能力，尤其是石墨較粗大時。因此一般灰鑄鐵常用來作引擎本體及工具母機的本體。

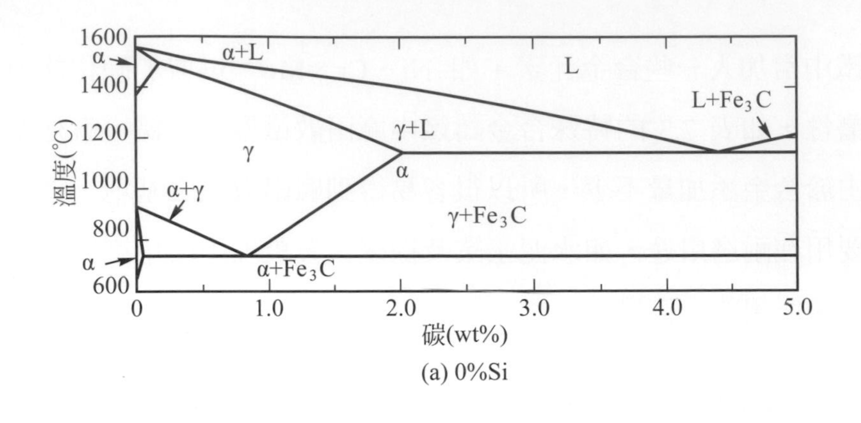

(a) 0%Si

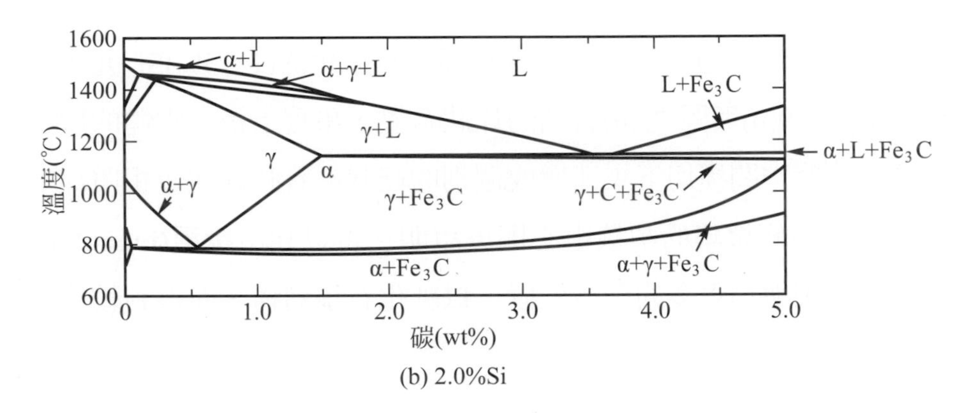

(b) 2.0%Si

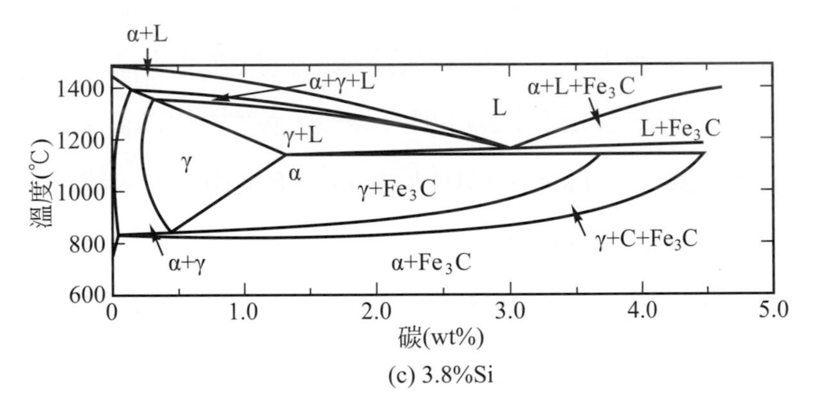

(c) 3.8%Si

▲圖 7.21 Fe-C-Si 三元定成分截面相圖[R&M]

灰鑄鐵熱處理時，假如冷卻速度很慢，Si 便會使波來鐵中的共析雪明碳鐵石墨化。又 Si 含量較多時，不但會使沃斯田鐵內 C 的溶解度曲線向低碳邊移動，同時變態溫度又移高，而使沃斯田鐵區域變窄，如圖 7.21 所示，這些將增加淬火作業的困難。鑄鐵內的片狀石墨在組織內部形成多數凹痕，假如鑄件的形狀複雜，而且同一鑄件內的厚薄相差很大時，淬火的冷卻速率就不均勻，使各部分的硬化程度發生差異，結果從凹痕處容易發生淬火裂痕。所以普通的灰鑄鐵很少施行淬火、回火熱處理。形狀比較簡單，而 Si 含量較低的鑄鐵有時也施行淬火和回火，這時鑄鐵中通常添加一些其他合金元素。

1. **退火：**

退火是灰鑄鐵最普通的熱處理，灰鑄鐵的退火可以分為應力消除退火和軟化退火，應力消除退火的主要目的在於消除鑄造時所產生的內部應力，而軟化退火的主要目的是要改善機械切削性和消除冷硬部分。

一般鑄件，由於各部分的冷卻無法完全均勻，在冷卻過程中鑄件內部會發生熱應力，而引起局部的永久變形，這種鑄件內各部分的不均勻應變會殘留到常溫，而引起內部應力，這種內部應力會使鑄件的強度下降，引起變形，又假如應力太大時會引起破裂。因此內部應力較大時，必須實施應力消除退火把大部分的應力去除後才使用。

應力消除退火溫度愈高，內部應力的減小率愈大，但是由於加熱時，發生波來鐵的分解和球化等，機械強度則會降低。因此應力消除退火時，須要適當選擇加熱溫度和保持時間，使鑄件的內部應力儘量減少，但是儘量要避免機械性質的變化。

應力消除退火溫度一般採用 500～550℃，加熱速率和冷卻速率太快時，會引起較大的變形，有時會發生破裂，一般加熱速率宜採用 100～150℃/hr，冷卻速率為 50℃/hr 以下。

軟化退火是為了改善機械切削性或消除冷硬部分，把鑄件加熱於沃斯田鐵變態溫度範圍的上方或略下方，使波來鐵或游離的 Fe_3C 分解成肥粒鐵與石墨的微結構，可以分為(1)低溫退火(或肥粒鐵化退火 700～760℃)，(2)中溫退火(或完全退火 790～900℃)與(3)高溫退火(900～960℃)。

2. 淬火和回火：

一般的灰鑄鐵由於實施淬火時容易發生破裂，所以對形狀簡單的鑄件，有時才實施淬火、回火。淬火、回火的主要目的是要改善耐磨耗性，有時也想要改善機械性質。淬火溫度，一般採用比相變化溫度高約 50℃。普通鑄鐵的相變化溫度可以用下式計算：

$$\text{相變化溫度(℃)} = 730 + 28(\%Si) - 25(\%Mn) \tag{7.3}$$

升溫時爲了防止破裂，在 600～650℃以前要慢，此後可以急速昇溫。淬火液大多使用油，形狀簡單的小鑄件才可以使用水。

經淬火的鑄件之強度、硬度均高，耐磨耗性也優良，淬火過的鑄件，必要時，可以回火到 180～400℃間的適當溫度，以增加韌性。經過淬火、回火的鑄件，它的片狀石墨變化很少，但是基地會變爲細波來鐵、粒狀波來鐵或麻田散鐵。

3. 恆溫回火和麻淬火：

灰鑄鐵也可以實施恆溫回火或麻淬火。假如選擇適當的鹽浴溫度和保持時間，可以得到良好的機械性質，又因爲不採用急冷，所以變形小，破裂的機會也少。這種熱處理很適合灰鑄鐵。

恆溫回火時的淬火加熱溫度大致與淬火溫度相同，鹽浴溫度依照鑄鐵的化學成分和所要的硬度不同而適當選擇，一般在 230～450℃的範圍。麻淬火時，從沃斯田鐵範圍急冷到 M_s 點略上方的溫度之鹽浴內，而鑄件冷到鹽浴溫度後立刻拉出來在空氣中冷卻，使它變爲麻田散鐵。麻淬火後爲了減少脆性，再加熱於 M_s 點下方的溫度。

7.8.4 縮墨鑄鐵

縮墨鑄鐵(Compacted Graphite Iron，簡稱 CGI)是一個比較新的鑄鐵，含有 3.1～4.0 wt%C 與 1.7～3.0 wt%Si，Si 是作爲促進石墨化之元素。圖 7.19(e)顯示一個典型的 CGI 之微觀結構，CGI 合金具有蠕蟲狀與(小於 20%)球狀兩種石墨，是介於灰鑄鐵(圖 7.19a)和延性鑄鐵(圖 7.19d)間的一種微結構，蠕蟲狀石墨的特色是不再具有如灰鑄鐵片狀石墨的鋒利邊緣，如此可以提升材料韌性與抗疲勞破裂。

縮墨鑄鐵也需添加鎂或鈰，但其含量低於球墨延性鑄鐵，鎂、鈰或其他元素添加的控管較其他鑄鐵嚴格，以便有效控制蠕蟲狀石墨與球狀石墨的比例，此外，根據熱處理，可以製作具波來鐵或肥粒鐵之基地相。

縮墨鑄鐵之抗拉強度遠比灰鑄鐵高，可比擬延性鑄鐵與展性鑄鐵，而延性則介於灰鑄鐵與延性鑄鐵之間，如表 7.3 中所示，縮墨鑄鐵之機械性能與其微結構息息相關，如果石墨的球化率增加，則其強度和延性均會提高。

與其他鑄鐵相比，縮墨鑄鐵具有較高的熱傳導率、更好的抗熱震性能、與較佳的抗高溫氧化性，縮墨鑄鐵常被用於包括柴油發動機氣缸體、排氣歧管、變速箱殼體、高速火車刹車盤和飛輪等。

7.8.5 展性鑄鐵熱處理

展性鑄鐵是將非合金白鑄鐵利用**展性化(malleablizing)**熱處理來得到(圖 7.20)，就是將白鑄鐵在固化所產生的雪明碳鐵相變化爲菊花狀之石墨(稱**回火碳，tempered carbon**)，而使展性鑄鐵具有良好強度與延展性。

要獲得展性鑄鐵，首先要求白鑄鐵的碳當量[= C% + (1/3)(Si%)]需在 3%附近，以免一開始固化就有石墨產生，也使形成的碳化物能在短時間即可相變化爲石墨。

展性鑄鐵化熱處理可分三階段：第一階段是引起石墨孕核，即在往展性化熱處理的高溫加熱過程及高溫維持的早期產生分解的孕核位置；第二階段是維持在 900～970℃高溫，稱爲**第一期石墨化(first stage graphitization)**，本來的沃斯田鐵與雪明碳鐵逐漸變成沃斯田鐵與石墨，即其中的雪明碳鐵(Fe_3C)的碳擴散到石墨孕核位置上，變成石墨塊而留下沃斯田鐵變成基地，然後再降溫到 725～740℃之間預備進入第三階段；第三階段就是緩慢冷卻通過共析溫度(760～700℃)，稱爲第二期石墨化(2nd stage graphitization)。

展性鑄鐵比白鑄鐵及灰鑄鐵兩種鑄鐵有更好的延展性，隨著後來發展出延性鑄鐵，展性鑄鐵的使用逐漸被延性鑄鐵所取代，但仍有許多薄鑄件使用展性鑄鐵。

7.8.6 延性鑄鐵熱處理

延性鑄鐵又稱爲**球墨鑄鐵(nodular cast iron)**，是將碳當量較高的鐵水加鎂或鈰(Ce)處理(圖 7.20)，固化時得到球狀石墨，1949 年才由**米力斯(Millis)**及**加內明(Gagnebin)**發現，其強韌性差不多和鋼相近。

延性鑄鐵之鑄造處理需三個步驟：第一步驟是先去硫，因硫促成片狀石墨而非球狀，可選擇低硫原料或用 CaO 除硫；第二步驟**是球狀化(nodulizing)**，加鎂除去任何殘留的硫或氧，且使鐵水中仍含 0.03%的鎂來球狀化，加入溫度約 1500℃，但鎂在 1150℃會蒸發，所以常用 Ni-Mg 母合金(約 40～80%Ni、8～50%Mg、0.5～1.5%Ce)，且要盡量避免攪動太厲害；另外也需用加壓方法避免表面的鎂跑掉。加鎂後幾分鐘內就要澆鑄否則也會失效。

事實上鎂是碳化物穩定元素者，球狀化凝固下來是白鑄鐵結構，即使有很小的石墨孕核準備形成球狀石墨，但基本上是沒有石墨的，因此需加作第三步驟。第三步驟是**接種(inoculation)**，在球狀化步驟後要加入矽鐵合金(50～85%Si，少量 Ca、Al、Sr、Ba)促成石墨孕核成長，但接種也會隨時間而漸失效。

球狀石墨鑄鐵有最好強度、韌性組合，是鑄鐵中最好的一種，如與相似成分與基地的灰鑄鐵比較，延性鑄鐵大約有灰鑄鐵的兩倍強度，二十倍的伸長率。

就鑄造狀態來講，延性鑄鐵中低 Si、高 Mn 者，基地多呈波來鐵微結構，如圖 7.22(a)所示，它的伸長率在 5%以下，鑄造狀態的抗拉強度大於 45kg/mm^2。高 Si、低 Mn 者基地多成爲如圖 7.22(b)所示的微結構，石墨的周圍有肥粒鐵。這種組織叫做**牛眼組織(bull's eye structure)**。假如 Si 愈多、Mn 愈少時會成爲如圖 7.22(c)所示的微結構，基地全部變爲肥粒鐵，而它的強度降低到 30 kg/mm^2 左右，但是伸長率會增加到 10～20%。

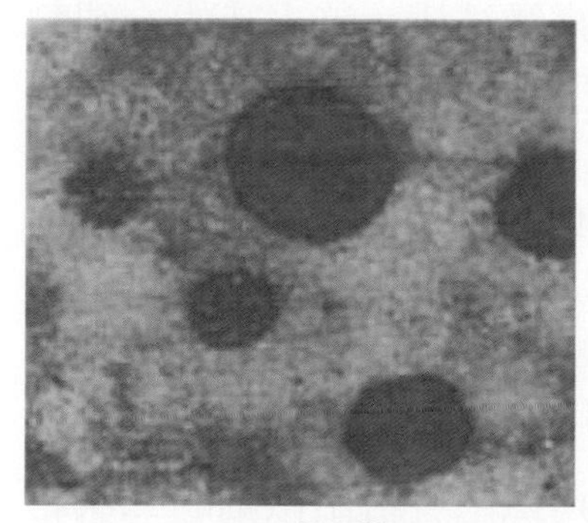
(a) 波來鐵

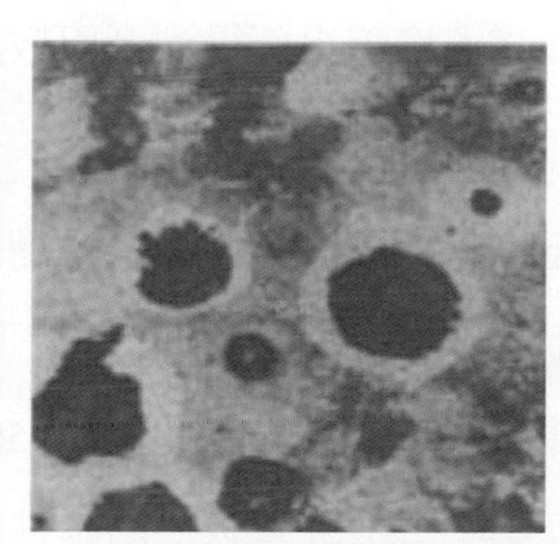
(b) 波來鐵＋肥粒鐵

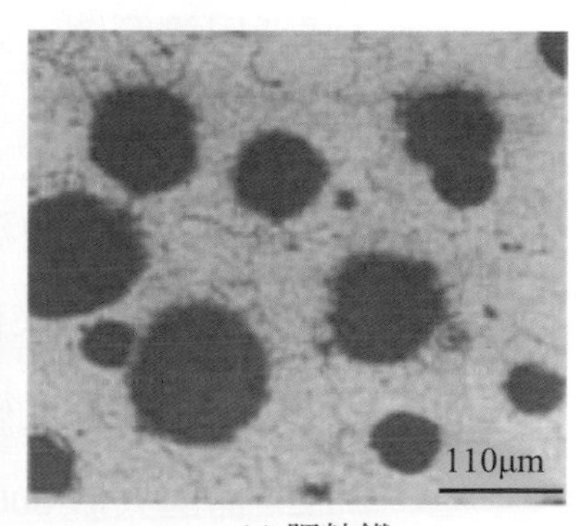

(c) 肥粒鐵

▲圖 7.22　延性鑄鐵基地微結構：(a)波來鐵、(b)波來鐵 ＋ 肥粒鐵、(c)肥粒鐵[R&M]

一般延性鑄鐵的熱處理有退火、淬火與回火等熱處理：

1. 退火

延性鑄鐵鑄件冷卻到常溫時，和灰鑄鐵鑄件一樣會產生殘留應力，因此爲了消除不適當的殘留應力也要實施應力消除退火，作業的要領大致和灰鑄鐵相同，加熱溫度在500～600℃的範圍，加熱後爐冷。

鑄件的薄肉部或角部變爲白鑄鐵組織而難於加工時，或者基地組織中的波來鐵和游離 Fe_3C 的量過多，而超過所需硬度時，要實施軟化退火。

牛眼組織的延性鑄鐵實施正常化退火時，可以把基地變爲均勻的微細波來鐵組織，而改善抗拉強度和硬度。正常化時，將合金從沃斯田鐵範圍的保持溫度空冷之。

2. 淬火和回火

延性鑄鐵也和碳鋼一樣，實施淬火、回火時可以改善衝擊韌性、耐磨耗性等，爲了增加硬化能通常要添加合金元素。淬火時把鑄件加熱於沃斯田鐵範圍，從這溫度淬火而得到麻田散鐵微結構。淬火時的冷卻劑一般使用油。

淬火狀態的延性鑄鐵，和碳鋼一樣，衝擊韌性很低，硬度高，所以通常不直接拿來使用，而在共析相變化以下的適當溫度回火，增加韌性，並降低硬度後供給使用。一般回火於 500℃左右時可得最高衝擊韌性，而回火於 600℃時，含 Si 量較高的延性鑄鐵則會析出微細的二次石墨，而使韌性和伸長率降低。

延性鑄鐵也有回火脆性，而高矽(> 2.3%)、高磷(> 0.03 %)時尤其顯著。因此要回火於 450℃以上時，回火脆性溫度範圍須要空冷。

習　題

7.1 不鏽鋼為什麼不會生鏽？不鏽鋼可以分為幾類？

7.2 藉由相圖說明 304 不鏽鋼在常溫下是屬於哪一類不鏽鋼？

7.3 沃斯田鐵型不鏽鋼可分為哪幾類？在沃斯田鐵型不鏽鋼中添加鈦(Ti)與鈮(Nb)元素時，有何作用？

7.4 何謂不鏽鋼的敏化？敏化對 18Cr-8Ni 系不鏽鋼有何影響？如何避免敏化？

7.5 一般含 11%Cr 以上的鋼就被稱為不鏽鋼，為何肥粒鐵型不鏽鋼鉻含量需要在 16%以上才有比較可靠的抗蝕能力？

7.6 工具鋼一般為高合金鋼，其目的是什麼？工具鋼如何分類？

7,7 鑄鐵如何分類？有哪幾種？

7.8 如何獲得波來鐵基地與肥粒鐵基地之展性鑄鐵？

補充習題

7.9 說明 Cr 與 Ni 兩種元素對不鏽鋼種類的影響，什麼是 **Cr 當量(Cr equivalent)**與 **Ni 當量(Ni equivalent)**？

7.10 **史查夫勒(Schaeffler)**相圖是什麼？有何用途？

7.11 說明 18Cr-8Ni 系不鏽鋼(304 不鏽鋼)在下列溫度下的微結構，(1)室溫，(2)77K。

7.12 如果 18Cr-8Ni 系不鏽鋼(304 不鏽鋼)中含有 0.08 wt%的碳原子時，說明在下列溫度下的微結構，(1)室溫，(2)77K。

7.13 為何沃斯田鐵不鏽鋼(如 304 不鏽鋼)極易發生銲接件敏化？如何避免銲接敏化？

7.14 沃斯田鐵不鏽鋼之碳化物與中間相析出物各有何優缺點？

7.15 為何不鏽鋼中的 sigma 相(σ)造成室溫脆化？

7.16 說明沃斯田鐵型不鏽鋼之固溶化處理之目的。

7.17 為何雙相型不鏽鋼比一般的沃斯田鐵型不鏽鋼強度還高？(超)雙相型不鏽鋼具有哪些特性？

7.18 說明肥粒鐵型不鏽鋼之 475℃脆化與 σ 脆化之機制。

7.19 何謂**離相解離(spinodal decomposition)**相變化？

7.20 為何麻田散鐵型不鏽鋼不需水冷就可以獲得完全麻田散鐵？

7.21 析出硬化型不鏽鋼如何分類？簡述其特色。

7.22 如何進行碳工具鋼之熱處理來提升其耐磨性？

7.23 合金工具鋼有哪幾種？為何需含大量合金元素(Cr、W、Mo、V、Mn、Si 等)的添加？

7.24 高速鋼有何特性？如何對其進行回火熱處理？

7.25 如何獲得波來鐵基地與肥粒鐵基地之延性鑄鐵？如何獲得牛眼結構之延性鑄鐵？

7.26 白鑄鐵含有大量的硬脆雪明碳鐵，簡略說明其雪明碳鐵之來源。

7.27 灰鑄鐵中含有促進石墨化的(1～3%)Si 元素，它對灰鑄鐵熱處理製程有何影響？

7.28 說明縮墨鑄鐵之微結構，其機械特性如何？

7.29 簡述延性鑄鐵之鑄造過程。

8

表面硬化處理與輝面熱處理

表面處理的對象非常廣泛，從傳統到新科技產業，從金屬到塑膠、非金屬等的表面，表面處理使材料更耐腐蝕、更耐磨耗、更耐熱、更長使用壽命，此外也改善材料表面之特性(如散熱)、光澤美觀等提高產品之附加價值，所有這些改善材料表面之物理、機械及化學性質之加工技術統稱爲**表面處理(surface treatment)**或稱爲**表面加工(surface finishing)**。另外，爲了避免由氧化或者脫碳所引起的各種缺點，高溫處理鋼鐵時，多設法控制加熱爐內的氣體，使鋼鐵表面不致產生氧化膜或者發生脫碳，這種處理稱爲**輝面熱處理(bright heat treatment)**。

本章之表面處理法並不限定在鋼鐵材料範疇，且將以硬化材料表面之原理與技術作爲介紹主題。

8.1 表面硬化處理

表面硬化處理技術種類繁多，如表 8.1 所示，主要是要求內部強韌而表面強硬的組合，如高速工具鋼車刀、機械軸承或齒輪，需用強韌鋼來製造，再將其表面硬化，使表面接觸部分或齒面能耐磨；另外表面硬化也較能抵抗疲勞破壞，因爲疲勞破壞多是從表面開始。隨著零件的使用目的不同，選用適當的方法來達到所需的目的，(鋼鐵)材料表面硬化處理法大略可分爲四大類：

1. 表面層變成法：

表面化學組成不變的表面硬化法，使鋼鐵表層急速受熱再急冷，包括**火焰硬化法(flame hardening)**、**高週波硬化法(induction hardening)**等，此法是利用鋼鐵本身之高含碳量，於表層產生淬火效果而硬化。

2. **表面層變成法：**

表面化學組成改變的表面硬化法，包括**滲碳法(carburizing)**、**氮化法(nitriding)**、**滲碳氮化法(carbonitriding)**、**滲硫法(sulfurizing)**、**金屬滲透法(cementation,包括矽化法、鉻化法、鋁化法等)**、**硼化法(boronizing)**、**蒸氣處理(homotreatment，又稱氧化處理法)**。這些方法是利用擴散現象使 B、C、N、O、S 等原子滲透進入金屬表層，並與合金原子作用而產生硬化層(如滲碳、氮化、硼化等法)；或者利用化學反應在金屬表層產生一保護膜(如蒸氣處理、鉻化法及鋁化法等)。

3. **表面被覆法：**

被覆一層硬質材料的表面硬化法，包括金屬被覆法，如**加硬面熔覆法(hardfacing)**、**鍍硬鉻法(face lining-hard chromium plating)**；蒸鍍被覆法，如碳化物(VC、NbC 或 TiC)，氮化物(VN、NbN 或 TiN)之被覆；非金屬被覆法，如陶瓷材料被覆法等。

4. **表面加工硬化法：**

包括**珠擊法(shot peening)**及**輥軋法(rolling)**，是一種將金屬表層冷加工使其硬化的方法。

表 8.1 所列的各種表面硬化法之中，工業上比較常實施的有滲碳、氮化滲碳氮化、高週波淬火等；滲碳是將零件升到高溫(900℃以上)，再把碳滲入鋼鐵表面，使表面碳含量增多；然後實施淬火，高碳表層部分變成麻田散鐵，硬度很高；但內部碳含量低，淬火後微結構不變，仍具有韌性。

▼表 8.1　表面硬化處理技術

<table>
<tr><th colspan="2" rowspan="2">分類說明</th><th colspan="4">主要的表面處理技術</th></tr>
<tr><th colspan="2">分類</th><th colspan="2">一般的名稱</th></tr>
<tr><td rowspan="14">表面層變成法</td><td rowspan="9">從金屬表面滲透擴散元素，而改變表面層的化學成分</td><td rowspan="9">以滲透擴散的元素加以分類</td><td>C</td><td colspan="2">滲碳法</td></tr>
<tr><td>N</td><td colspan="2">氮化法</td></tr>
<tr><td>N, (C)</td><td colspan="2">軟氮化法</td></tr>
<tr><td>C, N</td><td colspan="2">滲碳氮化法</td></tr>
<tr><td>S</td><td colspan="2">滲硫法</td></tr>
<tr><td>S, N</td><td colspan="2">滲硫氮化法</td></tr>
<tr><td>B</td><td colspan="2">硼化法</td></tr>
<tr><td>O</td><td colspan="2">水蒸氣處理</td></tr>
<tr><td>金屬元素</td><td colspan="2">金屬滲透法</td></tr>
<tr><td rowspan="5">不改變金屬的化學成分只改變表面層的微結構</td><td rowspan="5">以加熱方法加以分類</td><td>火焰</td><td colspan="2">火焰淬火</td></tr>
<tr><td>高週波</td><td colspan="2">高週波淬火</td></tr>
<tr><td>電漿</td><td colspan="2">電漿表面硬化法</td></tr>
<tr><td>雷射</td><td colspan="2">雷射表面硬化法</td></tr>
<tr><td>電子束</td><td colspan="2">電子束表面硬化法</td></tr>
<tr><td rowspan="12">表面被覆法</td><td rowspan="7">金屬被覆</td><td colspan="2" rowspan="2">熔融金屬的熔著</td><td colspan="2">hardfacing 硬面熔覆</td></tr>
<tr><td colspan="2">facelining 硬面漿覆</td></tr>
<tr><td colspan="2">熔融．半熔融金屬的熔射</td><td colspan="2">熔射法</td></tr>
<tr><td colspan="2" rowspan="2">利用放電的熔著</td><td colspan="2">放電硬化處理</td></tr>
<tr><td colspan="2">推銲</td></tr>
<tr><td colspan="2" rowspan="2">水溶液中的電鍍</td><td colspan="2">電鍍</td></tr>
<tr><td colspan="2">電鍍擴散法</td></tr>
<tr><td rowspan="4">蒸著被覆</td><td colspan="2">利用氣體的化學反應蒸著</td><td colspan="2">CVD 法</td></tr>
<tr><td colspan="2" rowspan="3">在眞空中蒸發金屬的蒸著</td><td rowspan="3">PVD 法</td><td>眞空蒸著</td></tr>
<tr><td>離子鍍覆</td></tr>
<tr><td>濺射</td></tr>
<tr><td>非金屬被覆</td><td colspan="2">陶瓷．瓷金(cermet)等的被覆</td><td colspan="2">熔射法</td></tr>
</table>

氮化是指含容易與氮化合的 Al、Cr 等元素之合金鋼，在無水 NH_3 氣流中長時間加熱於 500-550℃，使氮滲入表面層形成鋁、鉻氮化物，具有極高硬度。通常氮化前已先淬、回火，所以氮化後不必急冷且氮化溫度較低，因此氮化的變形很小。高週波或火焰硬化法，先將鋼製零件先淬火、回火成強韌微結構後，利用高週波或火焰將表層迅速加熱到沃斯田化溫度，而內部溫度仍然不高時，再迅速水冷，得到表層硬化內部強韌的微結構。

表面被覆法是用適當的方法在金屬的表面被覆硬質皮膜，一般用這種方法所得的被覆層都很硬，用於如車削刀具等特殊用途上。

由於表面處理方法繁多，本章僅大略綜合介紹外，將著重於鋼鐵材料之各種氮化處理原理，也將針對一般材料的硬質鍍膜與蒸鍍被覆法作一簡單介紹。

8.2 鋼鐵氮化法

氮化法是一種將氮原子導人鋼鐵表面的表面硬化熱處理技術，工作溫度一般爲 500～550℃，由於此作業是在鋼鐵的**肥粒鐵(ferrite)**範圍，不需加熱至沃斯田鐵相，且處理後不須採用淬火、回火等處理，所以變形量小，尺寸控制容易達成，形成的氮化層硬度高(Hv950～1150)，耐磨性佳，抗蝕性亦優越，常被用做飛機、輪船或是汽車機械零件的表面硬化處理，但是，由於較低的處理溫度，需較長的處理時間才能獲得需要的氮化層厚度，且必須採用含有 Al、Cr、Ti、V、Mn 或 Si 等元素的特殊鋼才能獲得顯著的硬化效果，限制了氮化技術的發展及應用面。近來由於機械的高速化與需求量遽增，更有效率且獲得耐磨性和耐疲勞性更佳工件的新氮化技術，如利用輝光放電實施氮的離子氮法，在工業界漸漸被重視。

氮化法是一種需熱處理、且表面化學組成改變的表面硬化法，增加溫度可以提高氮原子擴散進入工件的表面和工件內部的速率，擴散的深度與時間(t)和溫度(T)相關，可以式 8.1 表示：

$$氮化深度 \propto K \times t^{1/2} \quad (8.1)$$

其中 K 是**擴散常數(diffusivity constant)**，與溫度、鋼鐵的化學組成和氮原子的濃度梯度有關，一般而言，K 值會隨著溫度的增加呈現指數形式的增加，濃度梯度則根據不同的表面動力學和特定製程的反應而有所不同。

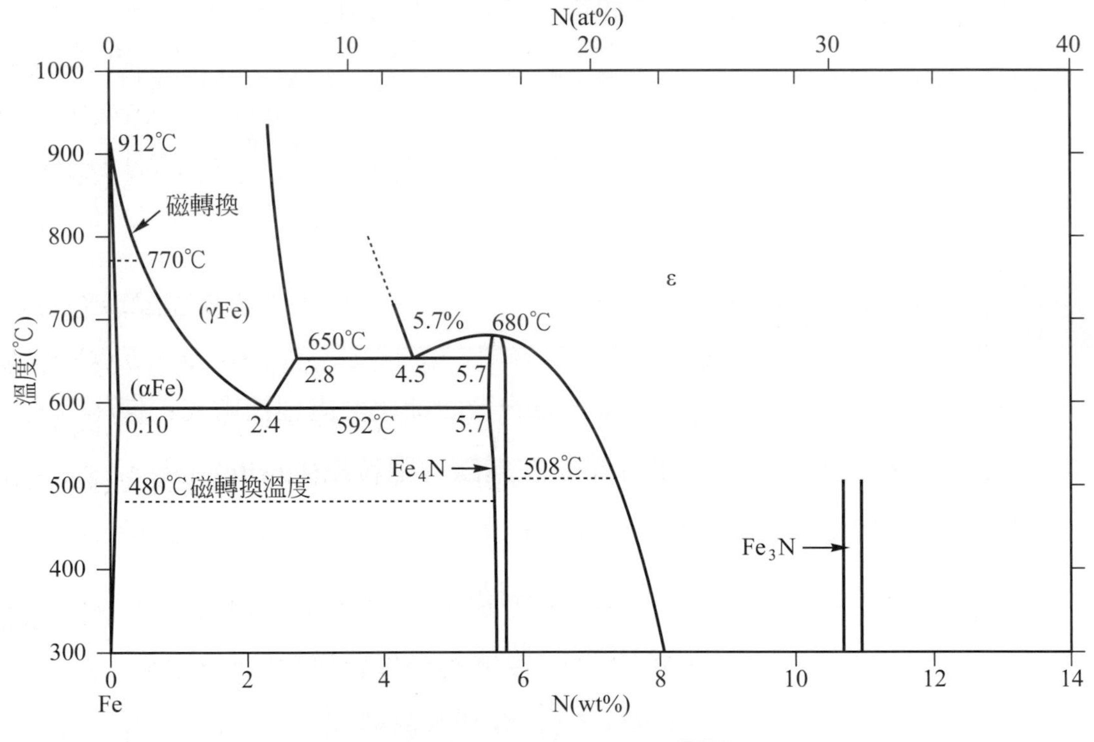

▲圖 8.1 Fe-N 二元相圖[R&M]

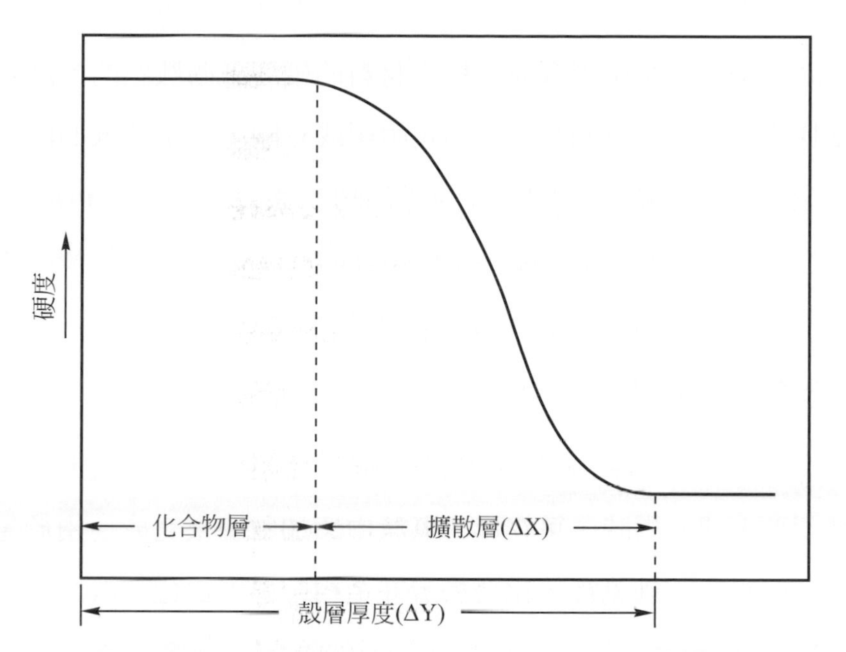

▲圖 8.2　影響氮化鋼硬化曲線的因素：ΔX 受合金元素的種類和濃度影響：ΔY 隨溫度增加而增加，但隨著合金元素濃度的增加而減少[R&M]

由 Fe-N 平衡相圖(圖 8.1)可知，氮含量低於 6 wt%時，可在肥粒鐵相中形成固溶相，氮含量在約 6 wt%時會形成 γ'相(Fe_4N，Cubic)，當氮含量超過 8 wt%時便會生成 ε 相($Fe_{2\text{-}3}N$，HCP)。氮化鋼的**殼層(case)**結構一般包括了**擴散層(diffusion zone)**，在其外層根據添加合金元素的種類和濃度以及在特定製程中處理的時間和溫度，或有或無**化合物層(compound zone)**的形成，如圖 8.2 所示。

化合物層的硬度不受合金含量的影響，但是擴散層的硬度與易形成氮化物的元素(Al、Cr、Mo、Ti、V、Mn)有關，氮化層的擴散層和化合物層的特徵如下：

1. **氮化層的擴散層**：

氮化層中的擴散區可視爲原有的基材中，因氮原子的導入而形成固溶強化和**析出強化(precipitation strengthening)**的區域，以鋼鐵材料爲例，氮原子固溶在插入型位置直到超過氮在鐵中的溶解度(0.4wt.%N)，此區的固溶強化只稍微提升原本核心材料的硬度。擴散區的深度與氮原子濃度梯度、溫度、時間和工件的化學組成有關，當工件表面的氮原子濃度持續增加至超過其溶解度時，非常細小、**整合性(coherent)**的析出物(氮化物)會形成，此析出物可以存在晶界或是晶粒本身的晶格結構中，造成晶格扭曲和限制差排的移動，進而提升此材料的硬度。

2. **氮化鋼的化合物層：**

化合物層是 γ'相(Fe_4N)和 ε 相($Fe_{2\text{-}3}N$)介金屬化合物形成的區域，若應用時須要形成 ε 相時，可在氮化氣氛中添加甲烷來完成。由於氮化材料的截面經拋光、蝕刻後，化合物層在金相中呈現白色，故此層又稱爲**白層(white layer)**。

常見的鋼鐵氮化法有**氣體氮化法(gas nitriding)**、**液體氮化法(liquid nitriding)**、**填封式氮化法(pack nitriding)**和**離子氮化法(ion(or plasma)** nitriding)，其中離子氮化法由於與傳統表面處理技術相較，具有許多優點，故在工業界的應用漸漸增加，可以用以處理各種不同的鋼製零件，例如：**機軸(crank shaft)**、**齒輪(gear)**、**軸承(bearing)**、**沖模(die)**和切削工具等。

8.2.1 氣體氮化法

氣體氮化法是一種將鋼鐵合金置於含氮氣氛中，在低於 Ac_1 的溫度(495～565℃)下將 N 原子導入工件表面的一種表面硬化製程，使用的氣氛通常是採用氨氣(NH_3)，處理後不須經淬火處理即可獲得硬化的外殼層。

使用 NH_3 氣氛的氣體氮化所產生的化合物區爲 γ'和 ε 組成的雙相混合化合物，此混合結構的產生與化合物層形成過程中的**氮勢(nitriding potential：氮原子導入工件表面的速率)**有關。在傳統的氣體氮化中，初

生態(nascent)氮原子的產生是藉由導入 NH_3 到加熱的工件表面上，在此狀況下，NH_3 被金屬表面催化分解釋放出初生態的氮原子和氫氣，反應如下：

$$NH_3 \rightarrow N + 3H \quad (8.2)$$

初生態氮原子反應性很強，由工件表面擴散進入鋼鐵內部後固溶在其中或是形成氮化物，而 H 原子形成氫氣回到爐子的氣氛中，氮勢與工件表面上的 NH_3 濃度和其分解的速率有關，在此氣體氮化製程中，氮勢的變動很顯著，使得氮化殼層中的結構控制不易。

此 γ'和 ε 共存的雙相混和層，有兩個特徵使得在應用時容易損壞破裂，(1)γ'和 ε 相的介面鍵結弱；(2)兩個相的熱膨脹係數不同。當此雙相層特別厚或是工作環境的溫度變動較大時，將使得工件更容易毀損，此外，氣體氮化法所生成的白層最外部是多孔性的結構，爲應用上的另一個缺點。

8.2.2 液體氮化法

液體氮化亦稱爲**鹽浴氮化法(salt-bath nitriding)**，是爲了改善氣體氮化法的缺點而發展出來的方法，實施的溫度與氣體氮化法相近，但可以縮短氮化時間。一般是將工件浸入 510～580℃的熔融態氰化物鹽浴內使工件表面形成氮化層，由於使用氰化物，故又被稱爲**液體氰化法(liquid cyanding)**，常用的鹽浴以 Na 或 K 的氰化鹽和氰酸鹽爲主體，如 NaCN、KCN、KCNO 等。

8.2.3 填封式氮化法

填封式氮化法與填封式滲碳法類似，利用含有氮元素的有機化合物作爲氮原子的來源，經由加熱來滲氮。製程中採用的化合物會形成參與氮化反應的生成物，此生成物在 570℃以下相對穩定，在氮化溫度下將會緩慢分解提供氮原子。氮化處理時，將工件與氮原子源化合物一起填封在以玻璃、陶瓷或是鋁製的容器內，容器以鋁箔覆蓋後加熱至氮化所需溫度，一般氮化時間在 2～16 小時之間。

8.2.4 離子氮化法

離子氮化法起初稱爲**輝光放電氮化法(glow-discharge nitriding)**，現在一般稱之爲離子或是電漿氮化法。離子氮化屬於離子衝擊熱處理技術，是在低壓環境下利用輝光放電的一種氣體氮化法，在眞空中，施加高電壓可產生電漿，電漿中的氮離子會被加速後撞擊工件表面，離子轟擊不但可加熱工件，亦可以清潔工件表面和提供活化的氮原子，此法可在低於傳統氮化的溫度下實施，易於控制化合物層的組成和厚度，進而提升抗疲勞性質。離子氮化法不僅可處理各類鋼鐵、鑄鐵外，對於傳統氣體氮化或是鹽浴氮化難以處理的鋁合金、鈦合金或是不鏽鋼亦可以此法氮化處理。

在離子氮化製程中，採用氮氣(N_2)取代氣體氮化中使用的 NH_3，使其在輝光放電下分解產生初生態氮原子或是高能氮離子(N^+)，在此情況下，氮勢可以藉由調整製程氣體中氮氣比例得到準確的控制，使得整體氮化殼層的組成易於掌控：可以形成 ε 或 γ'的單相層，亦或完全抑制白層的形成，圖 8.3 爲典型離子氮化處理鋼的氣體組成對其微結構影響的示意圖。

離子氮化實施時，將待處理工件置於眞空反應爐內的陰極，如圖 8.4 所示，以反應爐體作爲**陽極(anode)**，抽眞空將爐內壓力降至約 10^{-4} torr 後，通入 N_2 和 H_2 的混合氣體，依製程所需調整爐內至適當壓力，一般爲 1～10 torr，在兩極之間通以 400～1000 V 的直流電時發生輝光放電產生高溫電漿；待處理工件被電漿所包覆，使電壓在接近工件時會急速下降，氮離子因而被加速以高速衝擊工件表面，一方面可移除表面生成的氧化物或是汙染物，另一方面可將工件加熱至氮化所需溫度，一般控制在 340～565℃之間，而處理的時間約為傳統氣體氮化所需時間的一半。

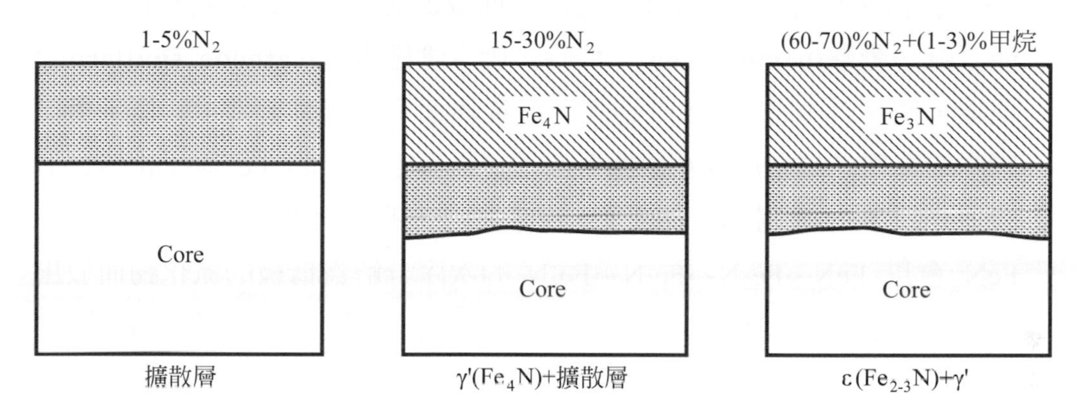

▲圖 8.3 典型離子氮化處理鋼的氣體組成對其微結構影響的示意圖(2)

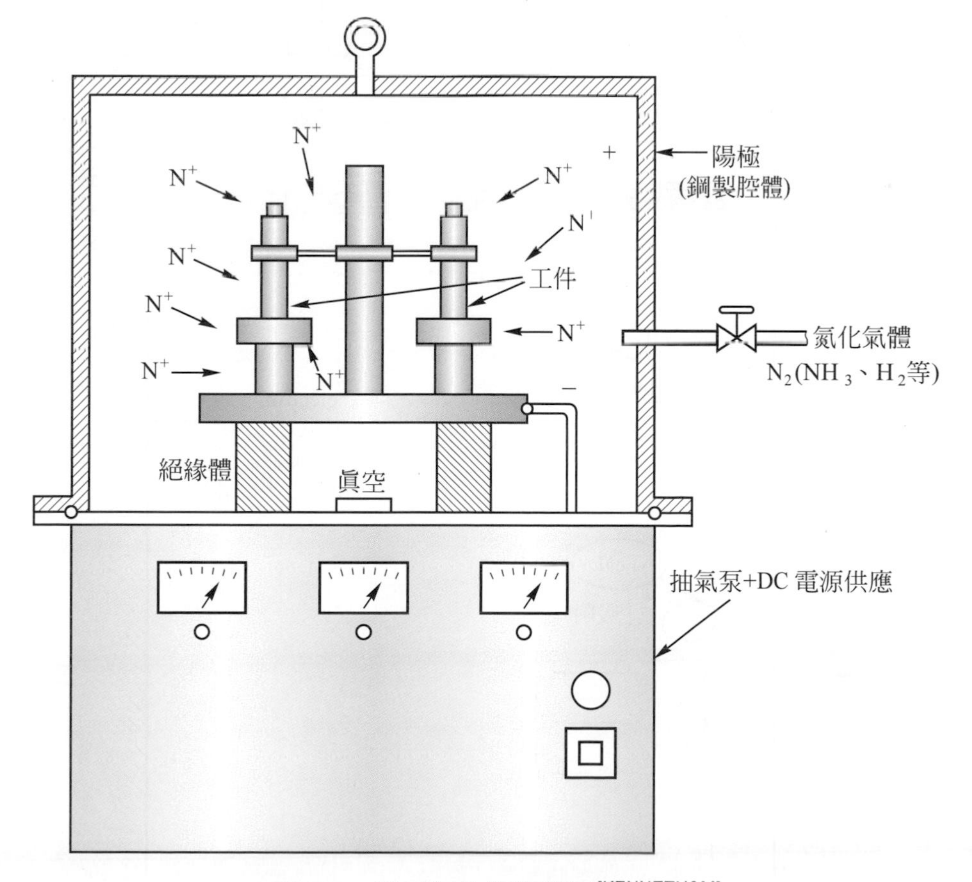

▲圖 8.4 離子氮化爐簡略圖[KENNETH&M]

電漿中的氮離子可藉由兩種途徑進入工件中：(1)高速帶正電的氮離子撞擊到工件表面後與電子結合形成反應性大的初生態氮原子，擴散進入工件中，與工件內各種不同的合金元素，如 Al、Cr、Mo、Ti、V、Mn 或是 Fe 形成氮化物產生硬化的表面或殼層。(2)以鋼鐵材料爲例，高能氮**離子轟擊(bombarding)**工件時，發生**陰極濺散(cathode sputtering)**現象，使材料中的電子和 Fe、C、O 從表面飛濺出來，當中的電子與電漿中的氮離子結合形成初生態氮原子，再與飛濺出的 Fe 原子相結合形成氮化鐵(FeN)吸附在工件表面，由於表面在離子的轟擊下呈現高溫態，FeN 會以 $FeN \rightarrow Fe_2N \rightarrow Fe_3N \rightarrow Fe_4N$ 的次序分解爲低級的氮化物而放出氮，一部分的氮會滲入工件表面層，另一部分則返回電漿中，如圖 8.5 所示。

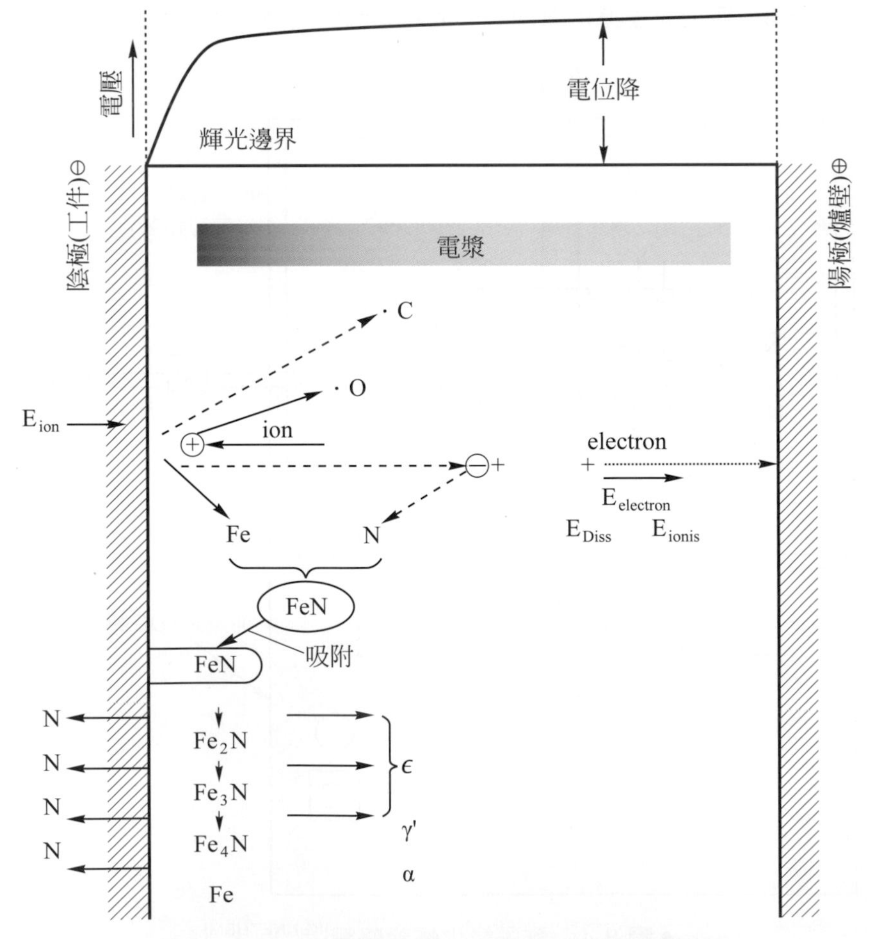

▲圖 8.5　輝光放電電漿離子氮化機制示意圖[R&M]

離子氮化處理後的零件，具備優越的**黏著磨耗(adhesive wear)**阻抗，可以有效改善因來回移動造成的磨損，且已經被證明可成功延長沖模和工具、汽車零組件、鍛造模、加壓擠桿或擠型模、輕軋機的傳動裝置、渦輪機變速器的使用壽命。

8.2.5　合金元素對氮化的影響

應用上需要獲得高硬度的氮化殼層時，需添加易形成氮化物的元素，如 Al、Cr、Mo、Ti、V、Mn 等，圖 8.6(a)顯示於 Fe-0.35C-0.3Si-0.7Mn 基之鋼鐵中，添加不同合金元素對其氮化層表面硬度的影響，Al 有最大的影響，Ti 次之，之後依序為 Cr、Mo 和 V，添加 Ni 對表面硬度雖然沒有影響，但可提高鋼鐵心部的強度和韌性，而在鋼鐵中同時添加多種不同的合金元素，可獲得較單獨添加時更高的硬度值。

合金元素含量增加時，氮化深度會隨之減少，如圖 8.6(b)所示，由於 Al 和 Ti 最容易和氮結合形成氮化物，故對硬度的提升最顯著，但在形成氮化物的同時也降低氮原子在材料中的擴散速率，使得氮化深度明顯的減少，Cr 和 V 的影響則較小。

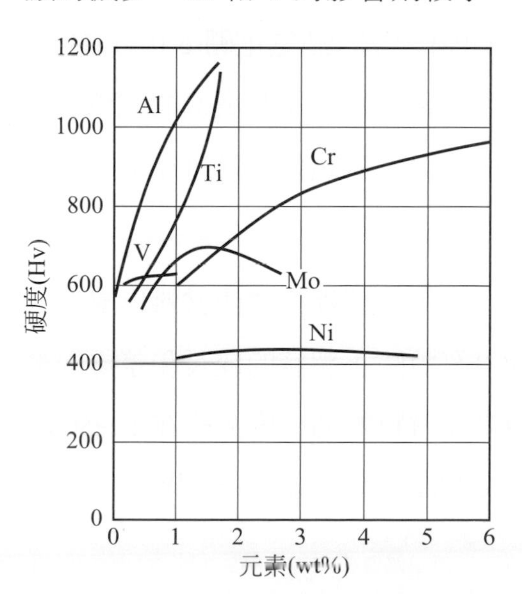

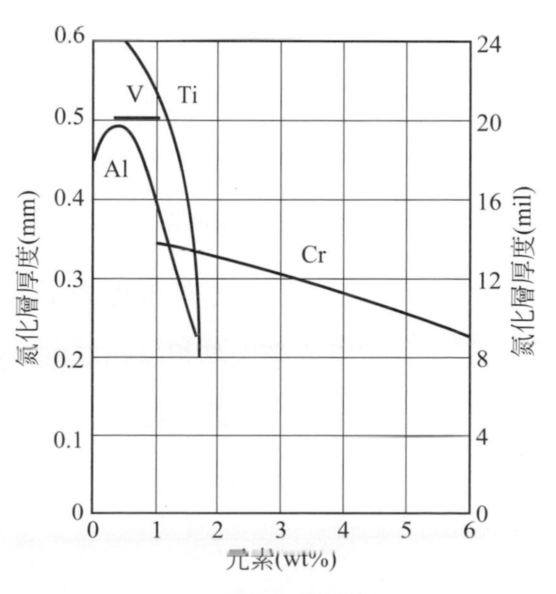

▲圖 8.6　合金元素對鋼鐵氮化層：(a)表面硬度、與(b)氮化深度之影響[R&M]

8.3 硬質薄膜表面處理法

硬質薄膜已經成功地被用來以提升切削工具的壽命，爲了達到保護作用，薄膜本身須具有一些重要的性質，如高硬度、耐磨耗、抗腐蝕、與基板附著性佳、高溫抗氧化等，尤其在高速切削的過程中，工具尖端的溫度高達 1000℃，因此高溫熱穩定性對工具壽命特別重要。

早期發展的硬質薄膜材料爲 TiC 和 TiN 類型，爲提高硬度，後來選擇立方氮化硼(CBN)和鑽石、類鑽碳(DLC)膜，CBN 所用的原料硼烷有毒，且需在高溫高壓的環境中製備，而鑽石類膜雖具有摩擦係數低、硬度高、耐磨性好等特點，但在刀具之應用上，由於鑽石中的碳在鐵還有其他金屬元素中具有高的溶解度，以致結合力差、易脫落、不易作爲切削鋼鐵類材料之刀具，目前硬質薄膜已朝具**奈米結構(nanostructure)**之超硬薄膜發展。

8.3.1 硬質薄膜之分類

硬質薄膜可分爲兩大類，第一類爲**本質性的(intrinsic)**，本身就是硬度很高的材料，如鑽石(Hk = 70～90 GPa)、立方晶氮化硼(c-BN) (Hk = 48GPa)，由於這類材料本身具有強的共價鍵，短的鍵長與高的配位數，故本身具有高硬度。但如上一節所述的缺點，這類薄膜材料在工業上的應用有其限制性。

第二類是**外延性的(extrinsic)**，主要是控制製程方法使材料形成奈米結構或**奈米晶相(nanophase)**，此時便可有效防止裂縫的成長和差排的滑移與增加，間接提升硬度與韌性，奈米晶材料的晶粒度大約在 1～50nm 之間，如圖 8.7 所示，其性質與晶粒較大時相比有顯著的差異。

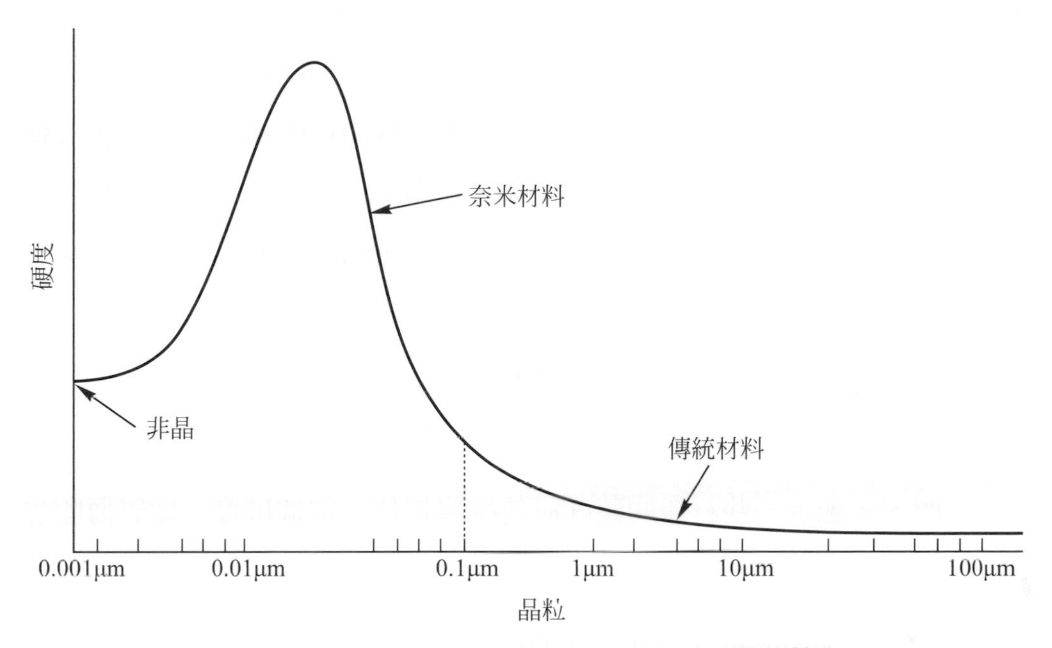

▲圖 8.7　材料晶粒大小與硬度值的關係圖[ZHANG&M]

奈米結構的硬膜可以兩種形式來表現：**多層結構(superlattice)**與**奈米複合結構(nano composite, nc)**。多層膜是利用不同層膜間不同的彈性模數與層和層間的**整合性應變(coherency strain)**來達到高硬度，如氮化物多層膜(如 TiN/VN、TiN/NbN、TiN/CNx、ZrN/CNx)、碳化物多層膜(如 Ti C/VC、TiC/NbC)等，雖然多層膜可以達到高硬度，但每層的週期難以控制且高溫時會有界面擴散問題，故傾向利用單層多相之奈米複合材硬膜的方式來避免此問題。奈米複合材硬膜指的是單層膜，但在沉積時可以是雙相、三相甚至是更多相，此種薄膜展現獨特的高塑性硬度、高彈性回復以及對裂縫生成與生長的高抵抗力。

根據晶粒大小來分類可將材料大致分爲兩類，如圖 8.7 所示，晶粒大於 100 nm 爲一般傳統材料，而晶粒小於 100 nm 爲奈米材料，奈米材料薄膜晶粒大小(d)與硬度(H_f)的關係遵守 Hall-Petch 關係：

$$H_f = H_0 + Kd^{-1/2} \tag{8.3}$$

H_0爲單晶塊材硬度，K 是一個常數。因此縮小晶粒尺寸能夠有效提升薄膜硬度，但是當晶粒尺寸小於**臨界尺寸(critical size)**時，**晶界滑移(grain boundary sliding)**取代差排滑移成爲主要變形機構，此時利用晶粒細化阻檔差排滑移的強化效果減弱使**反向(reverse)**Hall-Petch 現象發生，而使材料呈現軟化的現象。此時幸好奈米晶相因爲含有兩相以上的結構，相與相之間可以有強的凝聚力或互相牽引的附著力而使晶界強度提升，如 TiN/a-Si_3N_4、TiN/a-TiB_2等(a 代表非晶)。

圖 8.8 顯示一些材料的硬度與其發展年代，依據硬度，硬質薄膜也可被分爲以下三類：

1. **硬膜(hard coating)**：Hk < 40 GPa
2. **超硬膜(superhard coating)**：40 GPa < Hk < 80 GPa
3. **超高硬膜(ultrahard coating)**：Hk > 80 GPa，以下將分別介紹此三種硬膜的特性與例子。

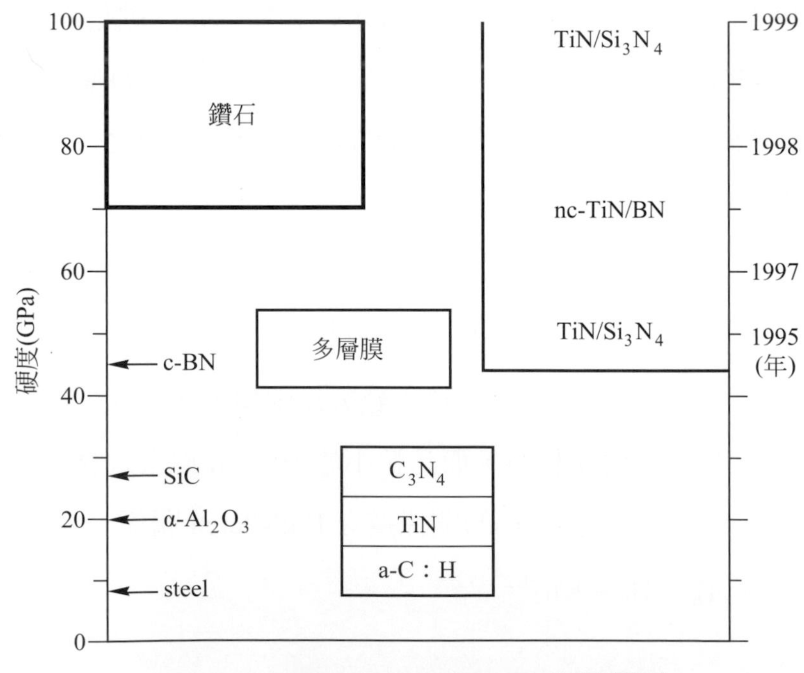

▲圖 8.8　薄膜硬度與其發展年代[VEPREK&M]

8.3.2 製備硬質薄膜

硬質薄膜表面處理法是藉由氣相物質在基板上的沉積凝聚過程，根據凝聚條件的不同，可以形成非晶態膜、多晶膜或單晶膜。若在眞空環境下，對靶材施以熱能或動能，使欲沉積的材料發生蒸發、解離成爲氣態(原子或原子團)，爾後沉積在物件表面上，這種沉積凝聚過程稱爲物理氣相沉積(PVD)，**蒸鍍(evaporation)**和**濺射(sputtering)**是物理氣相沉積的兩種基本鍍膜技術。以此爲基礎，又衍生出**反應鍍(reactive deposit)**和離子輔助鍍。其中反應鍍在技術和設備上變化不大，可以認爲是蒸鍍和濺射的一種應用；而離子輔助鍍在技術上變化較大，所以通常將其與蒸鍍和濺射並列爲另一類鍍膜技術。

濺鍍依所使用的電源不同，可以區分爲**直流(direct current)**和**射頻(radio frequency)**濺鍍法兩種，若其中加入適當的磁場則稱爲磁控濺鍍，若通入反應性氣體則稱爲反應式濺鍍。以下將分別介紹反應式直流濺鍍法與陰極電弧離子蒸鍍法(AIP)兩種 PVD 濺鍍製備硬質薄膜的原理與方法。

化學氣相沉積(CVD)是另外一種製備薄膜的表面處理法，將反應源以氣體形式通入反應腔中，藉由氧化、還原或與基板反應之方式進行化學反應，生成固態的生成物，並沉積在物件表面的一種薄膜沉積技術。其優點是沉積組成較精確、有較佳階梯覆蓋能力，有利於窄線寬多層數的製程。是半導體製程中最主要的薄膜沉積法。

8.3.3 反應式直流濺鍍法

直流濺鍍法是在眞空環境中，施加電場使兩極間的游離電子被加速，這些加速電子會與腔體內已通入的惰性氣體碰撞，使惰性氣體原子分解成更多電子與離子而發生輝光放電現象，加速電子與氣體碰撞的過程會產生許多反應，例如彈性碰撞、非彈性碰撞、游離、附著、再結合等，這些產生的離子、電子及中性質點所組成部分游離的電中性氣體統稱為**電漿(plasma)**，並維持電中性的狀態。許多濺鍍製程均在電漿環境中進行。

濺鍍過程中，電子持續碰撞惰性氣體而產生帶正電的離子，受到陰極吸引撞擊位於陰極的靶材，靶材表面原子受到入射離子的動量轉移，使靶材表面原子被碰撞出去最後終於沉積在位於陽極的基板上形成薄膜。為了維持金屬電極間的持續輝光放電，所以直流濺鍍僅使用金屬靶材。

為了鍍製化合物薄膜，除了使用化合物靶材，也可以利用反應式濺鍍，反應式濺鍍是在濺鍍一般金屬靶材時，除了通入一般的工作氣體外，同時也通入反應氣體，使濺射出來的金屬原子能夠與所添加的反應氣體產生反應形成化合物薄膜，於濺鍍過程中，反應會在靶材表面、基材表面及氣相中進行，但反應主要仍在基材表面與靶材表面進行。

反應式濺鍍法有個缺點，由於通入的反應性氣體除了會與濺鍍原子反應外，還會與靶材表面的金屬原子反應形成化合物，而降低濺鍍速率，此稱為**靶材毒化(target poisoning)**。但對於如 8.2 節所述的的離子氮化而言，反應性氣體(N_2)與鋼鐵表面原子反應形成 FeN 化合物，反而是有助於鋼鐵表面之硬化目的。

8.3.4 陰極電弧離子蒸鍍法(AIP)

陰極電弧離子蒸鍍法(AIP = Arc Discharge Ion Plating)是目前極為廣用的一種製作硬質薄膜技術，AIP 比其他氣相沉積法製程可以有較高之鍍膜速率、較高之附著性以及高密度之品質。因而此鍍膜技術已被廣泛應用來濺鍍單一種類之硬質薄膜以增加品質及壽命。而對於電弧離子鍍膜技術已有許多相關之改良製程被發展出來：可應用於高品質之化合物薄膜之製作；包括有類鑽薄膜(DLC)、TiAlN 鍍膜產品以及 TiN/AlN、ZrN/AlN 多層複合膜等。

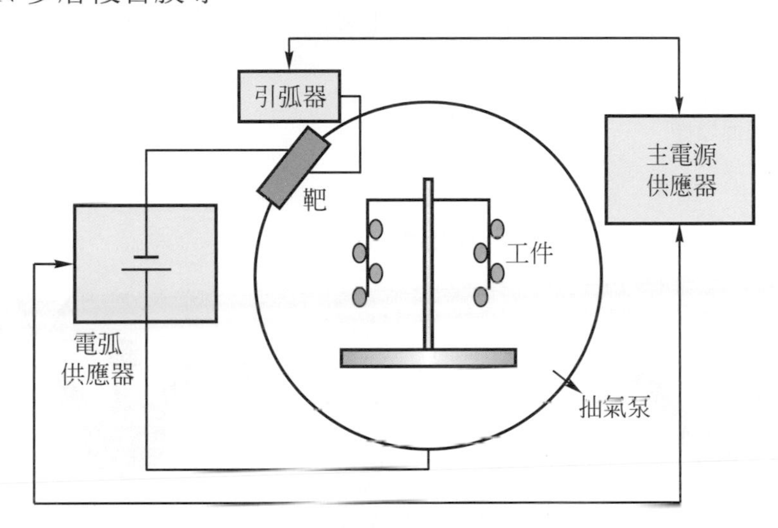

▲圖 8.9　電弧離子鍍膜系統[LI&M]

電弧離子鍍膜系統之示意如圖 8.9 所示，由**引弧器(trigger)**在靶源附近引發陰極電弧和電漿流，並施加負偏壓於基材上，將由靶材解離的離子引向基材而沉積，並同時通入反應氣體，以形成所需的鍍膜。在電弧產生離子的過程中，電弧提供能量給靶材激發出原子和部分離子；原子進入電漿區後受電子撞擊而電離成爲離子態，在電場作用下沉積於帶負電之工件表面形成薄膜。

電弧離子鍍膜原理是使用**陰極電弧(cathodic arc)**，在眞空中以高電流、低電壓產生**輝光放電(glow discharge)**，在陰極靶材表面上蝕刻一個直徑爲 1～20μm 的坑洞，稱爲**陰極弧點(cathode spot)**。當陰極弧點產生後，由於局部溫度升高、膨脹、爆炸，而在弧點表面形成**微坑洞(micro-crater)**，產生溫度約 2000℃的熔池，圖 8.10 顯示隨著時間的增長，陰極弧點產生坑洞之過程示意圖。由於高溫熔融使靶材上的熔池放射出離子、原子、電子和微粒子等，如圖 8.11 即爲靶材離子和原子釋放、解離之示意圖，其中部分離子能克服電位能障而沉積於基材表面。

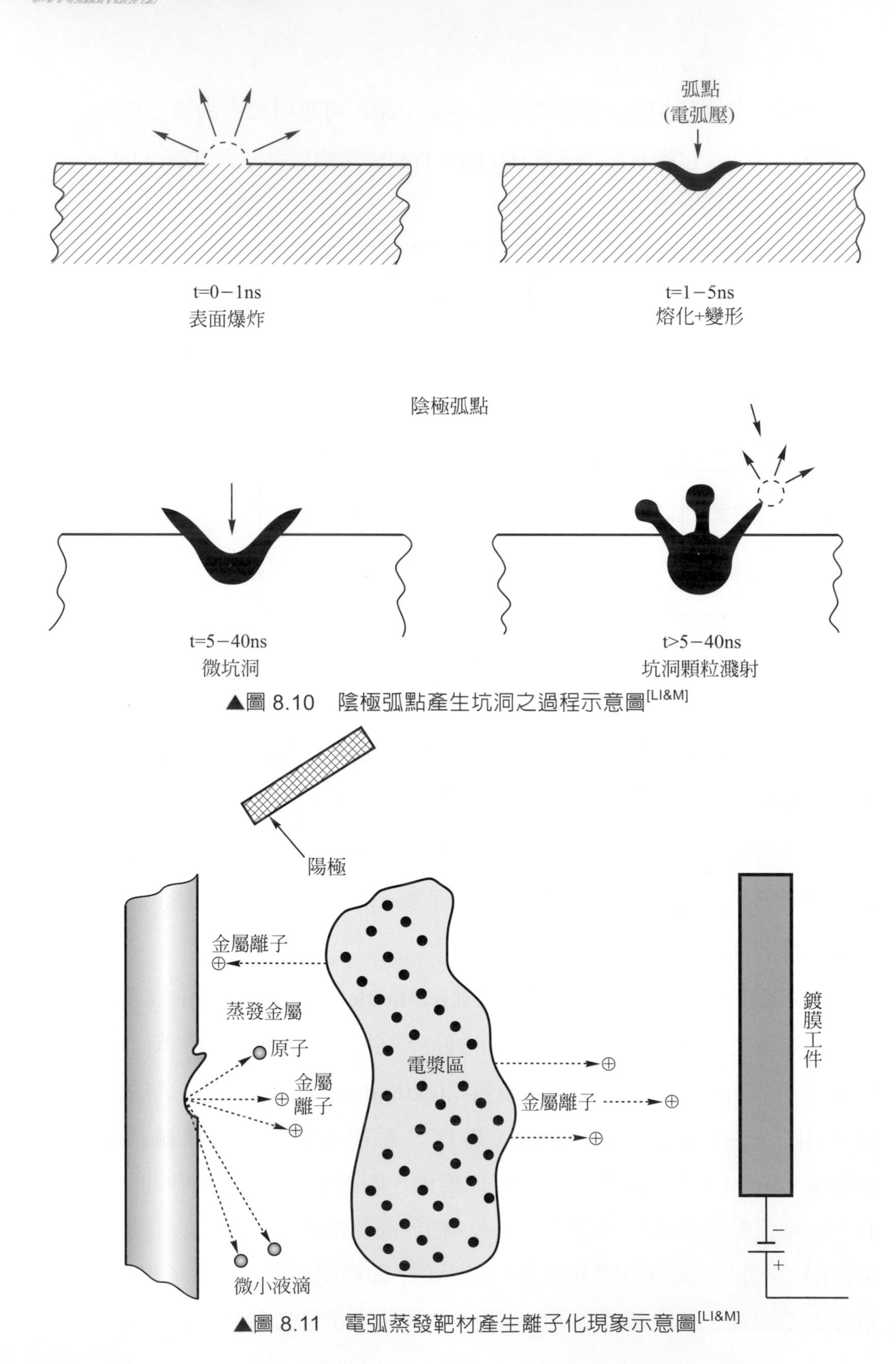

▲圖 8.10　陰極弧點產生坑洞之過程示意圖[LI&M]

▲圖 8.11　電弧蒸發靶材產生離子化現象示意圖[LI&M]

TiAlN 硬質鍍膜之抗氧化性優良，可不斷產生 Al_2O_3 保護膜使其工作溫度達到 700℃，因此可應用於高速切削或硬質金屬之加工，此外 TiAlN 鍍膜具有極高的殘留壓應力，在某些承受摩擦壓力的環境(滾動接觸疲勞)下可表現此特性的優點，因而具有應用價值，對於 TiAlN 鍍膜的製作，電弧離子鍍膜技術可說是最適當的製程，因爲電弧離子的輸入能量大，可以克服鈦與鋁蒸氣壓不同產生的沉積速率差，再者電弧離子法因離子化程度高，鍍膜覆著性較高，可避免因 TiAlN 殘留應力大所導致的鍍膜剝落現象。

與所有 PVD 製程比較，雖然電弧離子鍍膜製程之鍍膜特性，相對有較高之附著性及高密度之品質，然而電弧離子鍍膜技術尙未能被廣泛應用於製作奈米級厚度之多層薄膜，其主因乃薄膜於濺鍍過程中會有一些金屬顆粒隨之產生，此顆粒之大小極有可能遠超過奈米級厚度之單層薄膜厚度(< 0.05 μm)，造成濺鍍薄膜之表面粗糙以及機械性質劣化等不良情況，使此電弧離子鍍膜製程應用於濺鍍奈米級厚度多層薄膜之機會受到極大限制。因此，若能善用此電弧離子鍍膜製程技術之優點，並有效降低金屬顆粒之數量及大小，未來將有可能在製作奈米級厚度多層薄膜材料領域，發展出更好或更新的應用。

8.4 輝面熱處理

在高溫加熱鋼鐵時，如果周圍的氣體中含有空氣、O_2、H_2O、CO_2 等時，鋼鐵表面就會發生氧化，而形成氧化膜，另外 O_2、H_2O、CO_2、H_2 等氣體也會使鋼鐵發生脫碳。爲了避免由氧化或者脫碳所引起的各種缺點，高溫處理鋼鐵時，都設法控制加熱爐內的氣體，使鋼鐵表面不致產生氧化膜或者發生脫碳，而熱處理後表面仍然保持它的光輝。同時並把鋼鐵的內部微結構調整到所要求的狀態，而得到所需要的機械性質。

這種熱處理叫做**輝面熱處理(bright heat treatment)**。

實施輝面熱處理時，通常把預先控制的氣體，就是所謂**控制爐氣(controlled atmosphere, protective atmosphere)**送到加熱爐內，使它包圍鋼鐵，而利用高溫鋼鐵和控制爐氣之間所發生的**物理化學反應(physic-chemical reaction)**來防止氧化和脫碳，以便達到熱處理的目的。這些控制爐氣可以用 NH_3、煤氣、碳化氫和木炭等爲原料來製造。

輝面熱處理，除了上面所講的在控制爐氣中加熱的方法以外，還有下面的各種方法：(1)在眞空中加熱，(2)埋在鑄鐵削片中或是含碳劑中加熱，(3)浸漬於熔融金屬浴或者熔融鹽浴中加熱。這些方法都是利用熱處理時，在高溫下鋼鐵和周圍介質之間所發生的物理化學反應來達到目的。因此實施鋼鐵輝面熱處理時，最先要考慮的問題，是如何控制包圍鋼鐵的氣體，液體，或者固體之成分，其次是在控制介質中加熱鋼鐵時，如何利用高溫鋼鐵和這些控制介質之間所發生的物理化學反應來達到防止氧化和脫碳的目的。

上面所述的各種輝面熱處理法，各有它的特色。然而近來大量生產時，通常把金屬材料加熱於適當的控制爐氣中，使它的表面不氧化或不脫碳，而達到輝面熱處理的目的。

習　題

8.1 簡述材料表面處理與鋼鐵合金之輝面熱處理之目的。

8.2 鋼鐵之氮化法有何優點？實施氮化之鋼鐵需含有哪些元素？如何實施氮化處理？傳統氮化處理技術有何缺點？

8.3 鋼鐵合金之氣體氮化法有何優缺點？相較於氣體氮化法，液體氮化法有何優點？

8.4 依據特性，硬質薄膜如何分類？依據硬度，硬質薄膜又如何分類？

8.5 何謂物理氣相沉積(PVD)與化學氣相沉積(CVD)？反應式直流濺鍍與陰極電弧離子蒸鍍(AIP)是屬於何種沉積法？

8.6 說明鋼鐵合金之輝面熱處理之目的與方法。

補充習題

8.7 簡述鋼鐵表面硬化處理技術的分類，何謂表面層變成硬化法？請舉例說明之。

8.8 略述鋼鐵合金之氮化**殼層(case)**微結構，並由其微結構說明氮化鋼的表面硬化機制。

8.9 爲何氮化鋼的化合物區也稱爲白層？爲何化合物層的硬度不受合金含量的影響？

8.10 鋼鐵合金之氣體氮化法如何實施？何謂**氮勢(nitriding potential)**？氮勢對氣體氮化有何影響？氣體氮化硬化法有何優缺點？

8.11 略述離子氮化法相較於(氣體氮化法、液體氮化法、填封式氮化法等)傳統的氮化法之優點。

8.12 簡述離子氮化法之機制，如何控制氮化層之微結構？氮離子如何進入工件中？

8.13 略述硬質薄膜之用途與其發展方向，TiC、TiN、立方氮化硼(cBN)和鑽石、類鑽碳(DLC)膜等在製造或使用上有何缺點？

8.14 何謂奈米材料？晶粒尺寸如何影響合金之硬度？奈米結構硬膜如何分類？如何達到強化之目的？

8.15 何謂**靶材毒化(target poisoning)**反應？對於濺鍍過程有何優缺點？

8.16 陰極電弧離子蒸鍍法(AIP)是一種被工業廣用的濺鍍硬質薄膜技術，略述其鍍膜之特性與濺鍍製程。爲何 AIP 無法被用來濺鍍奈米級厚度之多層薄膜？

9

鋁合金熱處理

9.1 鋁合金分類與熔鑄技術

9.2 加工與熱處理之質別代號

9.3 析出強化熱處理

9.4 析出強化熱處理實務

9.5 殘留應力的消除

9.6 鋁矽鑄造合金熱處理

習題

鋁是地殼中蘊藏量最豐富的金屬元素，其總儲量約占地殼重量的 7.45%，佔整個金屬元素重量的 1/3。鋁是銀白色輕金屬，爲面心立方晶體，密度僅鐵的三分之一，爲 2.69872 g/cm^3，熔點爲 660.4℃。鋁及鋁合金的產量在金屬材料中僅次於鋼鐵材料而居第二位，是非鐵金屬(或稱有色金屬)中用量最多(註：中國將金屬分爲兩大類，**黑色金屬(ferrous metal)**與有色金屬)、應用範圍最廣的材料。1886 年美國化學家 Charles Hall 與法國化學家 Paul Heroult 同時發表以冰晶石(Na_3AlF_6)助熔氧化鋁(Al_2O_3)，並以電解法高溫(950℃)解離出純鋁後，鋁及鋁合金即憑著其優良的特性，很快地被應用於各項用途。

工業上純鋁的提煉是以**水礬土礦(bauxite,** Al_2O_3-H_2O)爲原料，精煉出 Al_2O_3，然後將 5～10%的 Al_2O_3 放進冰晶石(Na_3AlF_6)中熔解，利用直流電在約 950℃溫度下電解 Al_2O_3，純鋁會以熔融狀態析出在電解槽的底部(陰極)，經過濾處理去除雜物(如氧化物、石墨粒等)，這時可以得到純度 99.5～99.8%的工業電解純鋁；這種純鋁中含有由原料或電解用碳電極板(陽極)所帶進的各種不純物，主要是 Fe 與 Si。再經三層**熔液電解法(hoopers cell)**製得 99.99%之工業高純鋁。使用**區域精煉(zone refining)**或有機溶液電解法可製取純度在 99.999%以上的高純鋁。

鋁具有很好導電性與導熱性，僅次於銀、銅、金，已廣被應用於導電體散熱器與熱交換器，具有輕而成本較低的優點，並可作爲電場及電磁波屏蔽的材料，如電器、電子產品的外殼，鋁不具毒性，加工性及耐蝕性又好，已被大量用於汽水、果汁、啤酒等易開罐、食品之包裝材料以及家庭烹調器具等。純鋁的強度很低，但添加合金元素產生**固溶強化(solution strengthening)**、**析出強化(precipitation strengthening)**以及利用加工產生**應變硬化(strain hardening，或稱加工硬化)**，可獲得各種低、中、高強度的鋁合金。

9.1 鋁合金之分類與熔鑄技術

常見的鋁及鋁合金**代號(designation)**為美國**鋁業協會(aluminum association)**所製定，分為**鍛造(wrought)**鋁合金與**鑄造(casting)**鋁合金兩大類，鍛造鋁合金以 4 位數表示，鑄造鋁合金以 3 位數表示，如圖 9.1 所示；不論是鍛造鋁合金或鑄造用鋁合金，依其是否可析出硬化熱處理來提高強度，又分為**熱處理型(heat treatable)**與**非熱處理型(non-heat treatable)**，熱處理型鋁合金主要是藉析出硬化來提高強度，包括 2000、6000、7000、200、300、700、及部分 8000 系等，而其他系列鋁合金則為非熱處理型鋁合金，它們主要是靠固溶強化及應變硬化來達到強化(或硬化)效果。

UNS(Unified Numbering System)規範之鋁合金代表號與鋼鐵相同，也是由一個英文字母(A)和其後的五個數字組成，英文字母後面的第一位數字若是 0，代表鑄造鋁合金，9 代表鍛造鋁合金，例如 A96061 與 A03560 分別代表 6061 與 356.0 鋁合金。

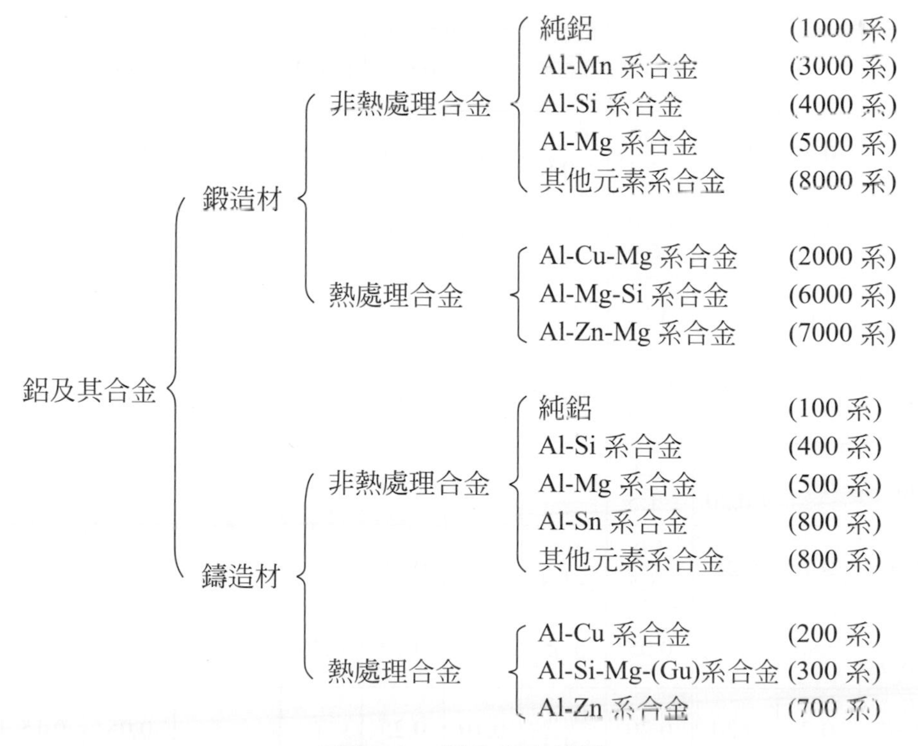

▲圖 9.1　鋁合金之分類

9.1.1 鍛造鋁合金

鍛造鋁合金共有 8 個系統，1000 系爲純鋁(≧99.0%)，而 2000 至 8000 系爲鋁合金。第二位數字用來區分舊型合金與改良合金，通常以 0 代表最早開發者，而 1、2、3、4…則代表改良合金，通常指雜質含量較少的合金。第三、四位數字主要用來區別同一系統合金成分上的差別，但對純鋁而言，後兩位數字代表純度百分比小數點後兩位，表 9.1 爲一些典型鍛造鋁合金之代號及其成分之彙整。

▼表 9.1　鍛造鋁合金之代號及成分(wt%)[R&M]

AA代號	Si	Fe	Cu	Mn	Mg	Cr	Zn	Ti	特定微量元素	其他元素		Al
										單一	總量	
1050	0.25	0.40	0.05	0.05	0.05				(a)	0.03		99.5min
1060	0.25	0.35	0.05	0.03	0.03	0.03	0.05	0.03	(a)	0.03		99.6min
1100	0.95 Si + Fe		0.05 ~0.20	0.05			0.10			0.05	0.15	99.0 min
1199	0.006	0.006	0.006	0.002	0.006		0.006	0.002	(b)	0.002		99.99 min
2014	0.50 ~1.2	0.7	3.9 ~5.0	0.40 ~1.2	0.20 ~0.8	0.10	0.25	0.15		0.05	0.15	Rem.
2024	0.50	0.50	3.8 ~4.9	0.30 ~0.9	1.2 ~1.8	0.10	0.25	0.15		0.05	0.15	Rem.
2218	0.9	1.0	3.5 ~4.5	0.20	1.2 ~1.8	0.10	0.25		(c)	0.05	0.15	Rem.
2219	0.2	0.30	5.8 ~6.8	0.20 ~0.40	0.02		0.10	(d)	(e)	0.05	0.15	Rem.
3003	0.6	0.7	0.05 ~0.20	1.0 ~1.5			0.10			0.05	0.15	Rem.
3004	0.30	0.7	0.25	1.0 ~1.5	0.8 ~1.3		0.25			0.05	0.15	Rem.
4041	4.5 ~6.0	0.80	0.30	0.05	0.05		0.10	0.20		0.05	0.15	Rem.
5005	0.30	0.7	0.20	0.20	0.50 ~1.1	0.10	0.25			0.05	0.15	Rem.

▼表 9.1 鍛造鋁合金之代號及成分(wt%)[R&M](續)

AA代號	Si	Fe	Cu	Mn	Mg	Cr	Zn	Ti	特定微量元素	其他元素		Al
5052	0.25	0.40	0.10	0.10	2.2~2.8	0.15~0.35	0.10			0.05	0.15	Rem.
5082	0.20	0.35	0.15	0.15	4.0~5.0	0.15	0.25	0.10		0.05	0.15	Rem.
5182	0.20	0.35	0.15	0.2~0.5	4.0~5.0	0.10	0.25	0.10		0.05	0.15	Rem.
5083	0.4~0.7	0.40	0.10	0.40~1.0	4.0~4.9	0.05~0.25	0.25	0.15		0.05	0.15	Rem.
5183	0.4~0.7	0.40	0.10	0.50~1.0	4.3~5.2	0.05~0.25	0.25	0.15		0.05	0.15	Rem.
5283	0.30	0.30	0.03	0.50~1.0	4.5~5.1	0.05~0.25	0.10	0.15	(f)	0.03	0.15	Rem.
5383	0.25	0.25	0.20	0.70~1.0	4.0~5.2	0.25	0.4	0.15	(g)	0.15	0.15	Rem.
5086	0.40	0.50	0.10	0.20~0.7	3.5~4.5	0.05~0.25	0.25	0.15		0.05	0.15	Rem.
5456	0.25	0.40	0.10	0.50~1.0	4.7~5.5	0.05~0.20	0.25	0.20		0.05	0.15	Rem.
6005	0.6~0.9	0.35	0.10	0.10	0.40~0.6	0.10	0.10	0.10		0.05	0.15	Rem.
6060	0.30~0.6	(h)	0.10	0.10	0.35~0.6	0.05	0.15	0.10		0.05	0.15	Rem.
6061	0.40~0.8	0.7	0.15~0.40	0.15	0.8~1.2	0.04~0.35	0.25	0.15		0.05	0.15	Rem.
6063	0.20~0.6	0.35	0.10	0.10	0.45~0.9	0.10	0.10	0.10		0.05	0.15	Rem.
7005	0.35	0.40	0.10	0.20~0.70	1.0~1.8	0.06~0.20	4.0~5.0	(i)	(j)	0.05	0.15	Rem.
7050	0.12	0.15	2.0~2.6	0.10	1.9~2.6	0.04	5.7~6.7	0.06	(k)	0.05	0.15	Rem.
7075	0.40	0.50	1.2~2.0	0.30	2.1~2.9	0.18~0.28	5.1~6.1	0.20		0.05	0.15	Rem.
7475	0.10	0.12	1.2~1.9	0.06	1.9~2.6	0.18~0.25	5.2~6.2	0.06		0.05	0.15	Rem.

▼表 9.1 鍛造鋁合金之代號及成分(wt%)[R&M](續)

AA代號	Si	Fe	Cu	Mn	Mg	Cr	Zn	Ti	特定微量元素	其他元素		Al
7055	0.10	0.15	2.0~2.6	0.05	1.8~2.3	0.04	7.6~8.4	0.06	(l)	0.05	0.15	Rem.
7079	0.3	0.40	0.40~0.80	0.10~0.30	2.9~3.7	0.10~0.25	3.8~4.8	0.10		0.05	0.15	Rem.
7095	0.10	0.12	2.0~2.8	0.05	1.4~2.0	-	8.6~9.8	0.06	(m)	0.05	0.15	Rem
7178	0.40	0.50	1.6~2.4	0.30	2.4~3.1	0.18~0.28	6.3~7.3	0.20		0.05	0.15	Rem.
8020	0.10	0.10	0.005	0.005			0.005		(n)	0.03	0.10	Rem.
8090	0.20	0.30	1.0~1.6	0.10	0.6~1.3		0.25	0.10	(o)	0.05	0.10	Rem.

(a) V < 0.05%、(b) Ga < 0.005%, V < 0.005%、(c) (1.7~2.3%)Ni、(d) (0.02~0.10%)Ti、(e) (0.10~0.25%)Zr, (05~0.15%)V、(f) Zr < 0.05%, Ni < 0.03%、(g) Zr < 0.2%、(h) (0.1~0.3%)Fe、(i) (0.01~0.06%)Ti、(j) (0.08~0.20%)Zr、(k) (0.05~0.15%)Zr、(l) (0.08~0.25%)Zr、(m) (0.08~0.15%)Zr、(n)(0.10~0.50)Bi, (0.10~0.25%)Sn、(o) (0.04~0.16%)Zr, (2.2~2.7%)Li

9.1.2 鑄造鋁合金

通常由合金之化學組成可以很明確地分辨鑄造合金與鍛造合金；鑄造合金之原料有兩個來源，一種是於電解鋁中添加元素而得，另一種是由回收的廢鋁中獲得，大約超過 50%的鑄鋁成品是由回收鋁料做成的。每個國家常各自發展本身鑄造鋁合金的命名和設計，且各國間並沒有統一且通用的系統。

美國**鋁業協會(Alumimum Association)**以 4 位數字(xxx.x)系統來命名鑄鋁合金。如 356.0、A356.1、B356.2、C357.1 等，其中第一位數字表示主要的合金元素(圖 9.1)。在 1xx.x 系列，小數點左邊兩位數表示最小的鋁含量。例如 190.x 表示純鋁的鋁含量在 99.90%；小數點右邊的數字表示產品形式，0 表鑄件，1、2 表鑄錠。從 2xx.x 到 9xx.x 系列，小數點左邊兩位數並沒有特定的意義，僅用以辨別在其系列中不同的合金；而小數點右邊的數字與 1xx.x 系列相同，是表示產品的形式。在 xxx.x 之前加字母則用來區分雜質或微量元素的差別，表 9.2 列出常見鑄造鋁合金之代號及其成分。

▼表 9.2　鑄造鋁合金之代號及成分(wt%)[R&M]

AA代號	產品	Si	Fe	Cu	Mn	Mg	Cr	Ni	Zn	Sn	Ti	其他元素		Al
												單一	總量	
100.1	I	0.15	0.6~0.8	0.10	(a)		(a)		0.05		(a)	0.03(c)	0.10	99.0 min
130.1	I	(b)	(b)	0.10	(a)		(a)		0.05		(a)	0.03(c)	0.10	99.3 min
150.1	I	(c)	(c)	0.05	(a)		(a)		0.05		(a)	0.03(c)	0.10	99.5 min
201.0	S	0.10	0.15	4.0~5.2	0.20~0.50	0.15~0.55					0.15~0.35	0.05(d)	0.10	rem
201.2	I	0.10	0.10	4.0~5.2	0.20~0.50	0.20~0.55					0.15~0.35	0.05(d)	0.10	rem
A201.0	S	0.05	0.10	4.0~5.0	0.20~0.40	0.15~0.35					0.15~0.35	0.03(d)	0.10	rem
206.0	S,P	0.10	0.15	4.2~5.0	0.20~0.50	0.15~0.35		0.05	0.10	0.05	0.15~0.30	0.05	0.05	rem
206.2	I	0.10	0.10	4.2~5.0	0.20~0.50	0.20~0.35		0.03	0.05	0.05	0.15~0.25	0.05	0.15	rem
A206.0	I	0.05	0.07	4.2~5.0	0.20~0.50	0.20~0.35		0.03	0.05	0.05	0.15~0.25	0.05	0.15	rem
319.0	S,P	5.5~6.5	1.0	3.0~4.0	0.50	0.10		0.35	1.0		0.25		0.50	rem
A319.1	I	5.5~6.5	0.8	3.0~4.0	0.50	0.10		0.35	3.0		0.25		0.50	rem
B319.1	S,P	5.5~6.5	1.2	3.0~4.0	0.8	0.10~0.50		0.50	1.0		0.25		0.50	rem
356.0	S,P	6.5~7.5	0.6(e)	0.25	0.35(e)	0.20~0.45			0.35		0.25	0.05	0.15	rem
356.1	I	6.5~7.5	0.50(e)	0.25	0.35(e)	0.25~0.45			0.35		0.25	0.05	0.15	rem
356.2	I	6.5~7.5	0.13~0.25	0.10	0.05	0.30~0.45			0.05		0.20	0.05	0.15	rem
A356.0	S,P	7.0	0.20	0.20	0.10	0.25~0.45			0.10		0.20	0.05	0.15	rem
B356.0	S,P	6.5~7.5	0.09	0.05	0.05	0.25~0.45			0.05		0.04~0.20	0.05	0.15	rem
C356.0	S,P	6.5~7.5	0.07	0.05	0.05	0.25~0.45			0.05		0.04~0.20	0.05	0.15	rem
F356.0	S,P	6.5~7.5	0.20	0.20	0.10	0.17~0.25			0.10		0.04~0.20	0.05	0.15	rem
357.0	S,P	6.5~7.5	0.15	0.05	0.03	0.45~0.6			0.05		0.2	0.05	0.15	rem

▼表 9.2　鑄造鋁合金之代號及成分(wt%)[R&M](續)

AA代號	產品	Si	Fe	Cu	Mn	Mg	Cr	Ni	Zn	Sn	Ti	其他元素		Al
357.1	I	6.5~7.5	0.12	0.05	0.03	0.45~0.6			0.05		0.2	0.05	0.15	rem
A357.0	S,P	6.5~7.5	0.20	0.20	0.10	0.40~0.7			0.10		0.04~0.20	0.05(f)	0.15	rem
B357.0	S,P	6.5~7.5	0.09	0.05	0.05	0.40~0.6			0.05		0.04~0.20	0.05	0.15	rem
C357.0	S,P	6.5~7.5	0.09	0.05	0.05	0.45~0.7			0.05		0.04~0.20	0.05(f)	0.15	rem
D357.0	S	6.5~7.5	0.20		0.10	0.55~0.6					0.10~0.20	0.05(f)	0.15	rem
390.0	D	16.0~18.0	1.3	4.0~5.0	0.10	0.45~0.65			0.10		0.20	0.10	0.20	rem
390.2	I	16.0~18.0	0.6~1.0	4.0~5.0	0.10	0.50~0.65			0.10		0.20	0.10	0.20	rem
A390.0	S,P	16.0~18.0	0.50	4.0~5.0	0.10	0.45~0.65			0.10		0.20	0.10	0.20	rem
B390.0	D	16.0~18.0	0.3	4.0~5.0	0.50	0.45~0.65		0.10	1.5		0.20	0.10	0.20	rem
413.0	D	11.0~13.0	2.0	1.0	0.35	0.10		0.50	0.50	0.15			0.25	rem
A413.0	D	11.0~13.0	1.3	1.0	0.35	0.10		0.50	0.50	0.15			0.25	rem
B413.0	S,P	11.0~13.0	0.50	0.10	0.35	0.05		0.05	0.10		0.25	0.05	0.20	rem
514.0	S	0.35	0.50	0.15	0.35	3.5~4.5			0.15		0.25	0.05	0.15	rem
514.1	I	0.35	0.40	0.15	0.35	3.6~4.5			0.15		0.25	0.05	0.15	rem
514.2	I	0.30	0.30	0.10	0.10	3.6~4.5			0.10		0.20	0.05	0.15	rem
713.0	S,P	0.25	1.1	0.40~1.0	0.6	0.20~0.50	0.35	0.15	7.0~8.0		0.25	0.10	0.25	rem
713.1	I	0.25	0.8	0.40~1.0	0.6	0.25~0.50	0.35	0.15	7.0~8.0		0.25	0.10	0.25	rem
850.0	S,P	0.7	0.7	0.7~1.3	0.10	0.10		0.7~1.3	(g)	6.25	0.20		0.30	rem
850.1	I	0.7	0.50	0.7~1.3	0.10	0.10		0.7~1.3	(g)	6.25	0.20		0.30	rem

I：鑄錠、S：砂模鑄造、P：永久模鑄造、D：壓鑄用材、(a)(Mn + Cr + Ti + V) < 0.025%、 (b)(Fe/Si) > 2.5、 (c) (Fe/Si) > 2.0、(d)(0.4~1.0)Ag、(e)如果 Fe > 0.45%，則需 Mn > (Fe/2)、(f)0.04~0.07%Be、(g)(0.55~7.0%)Sn

鋁鑄件有很多鑄造方法，大量生產可選用壓鑄、砂模鑄造和永久模鑄造；小量生產則可選用塑膠模或蠟模鑄造。鑄鋁合金亦可分爲可熱處理及不可熱處理兩類。在鑄造狀態，鑄件可以合金數字字尾後接 F 來確定，熱處理可促進鑄件的機械性質，同樣的，也可以用 O，T4，T5，T6 和 T7 等質別代號(參考 9.2.1 節)來分辨不同的熱處理方式。對於壓鑄件而言，除非以眞空製程來成形，一般大氣下之壓鑄件，鑄件內溶有大量空氣與氫，因而在固溶溫度範圍(500～550℃)極易起泡，所以壓鑄件通常不再做熱處理。

9.1.3 鋁合金相圖

鋁合金元素的添加影響到熱處理製程、微結構變化，所以藉由相圖來瞭解鋁合金熱處理原理是最簡易的方法；圖 9.2 顯示一些常用鋁合金的(二元)相圖，一般元素的添加，可分成兩種(圖 5.3)，一種是**分布係數(partition ratio)**小於 1(K < 1)時的添加元素，如表 9.3 所示的 Si、Fe、Mn、Cu、Zn 等，這些元素將使合金熔點隨元素的添加而降低，鑄造時將發生共晶反應，而偏析在晶界上，形成低熔點的共晶相。另一種是分布係數大於 1(K > 1)時的添加元素，如 Ti、Zr、Cr、V 等，這些元素將使合金熔點隨元素的添加而增高，鑄造時將發生包晶反應而偏析在晶粒內，形成高熔點的散布相，對於高強度鋁合金(如 7055)，這些高熔點散布相將可抑制晶粒的粗化。

▼表 9.3　添加於鋁合金中的合金元素於凝固時之分布係數(K)

元素	Si	Fe	Mn	Cu	Ti	Cr	Zr	V	Zn
K 值	0.09～0.5	0.12～1	0.5	0.14～0.17	＞1	0.5～2	1.5～2.6	3.7	0.01～0.03

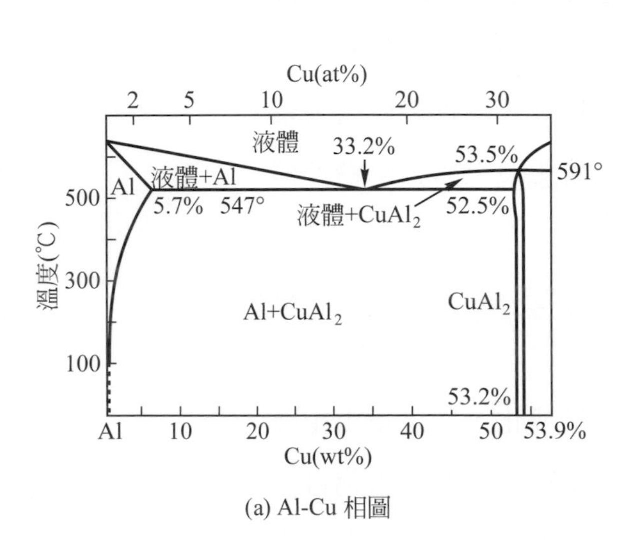

(a) Al-Cu 相圖

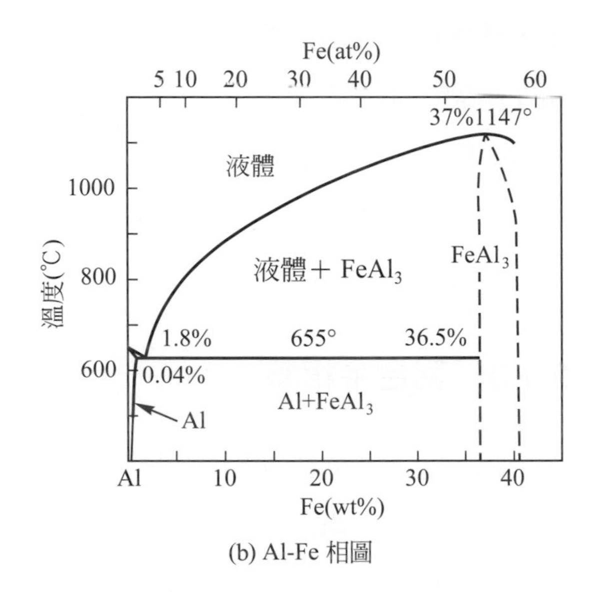

(b) Al-Fe 相圖

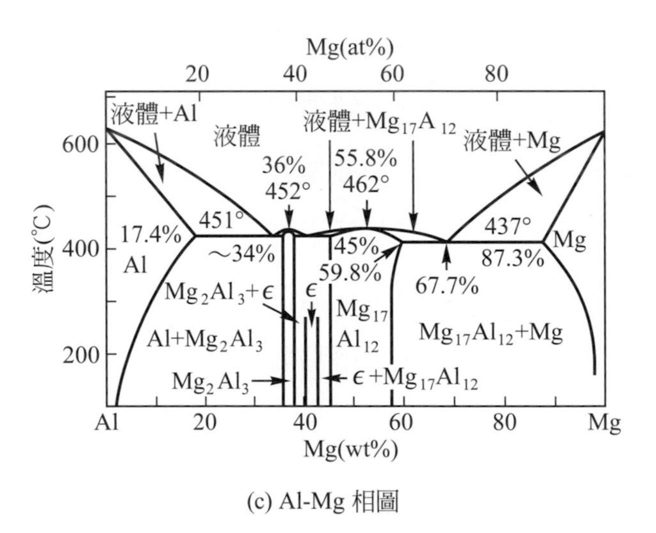

(c) Al-Mg 相圖

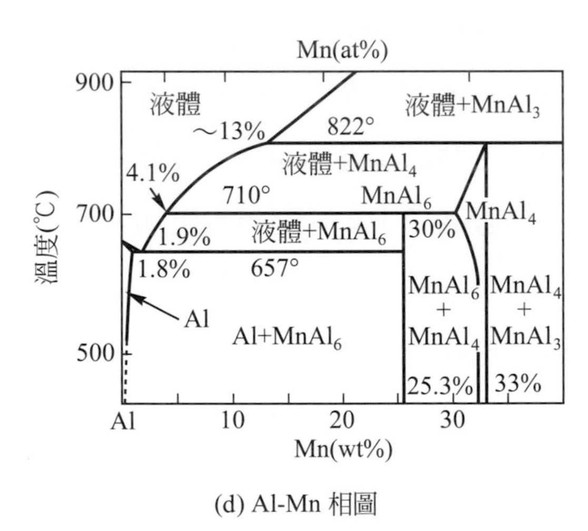

(d) Al-Mn 相圖

▲圖 9.2　鋁合金二元相圖

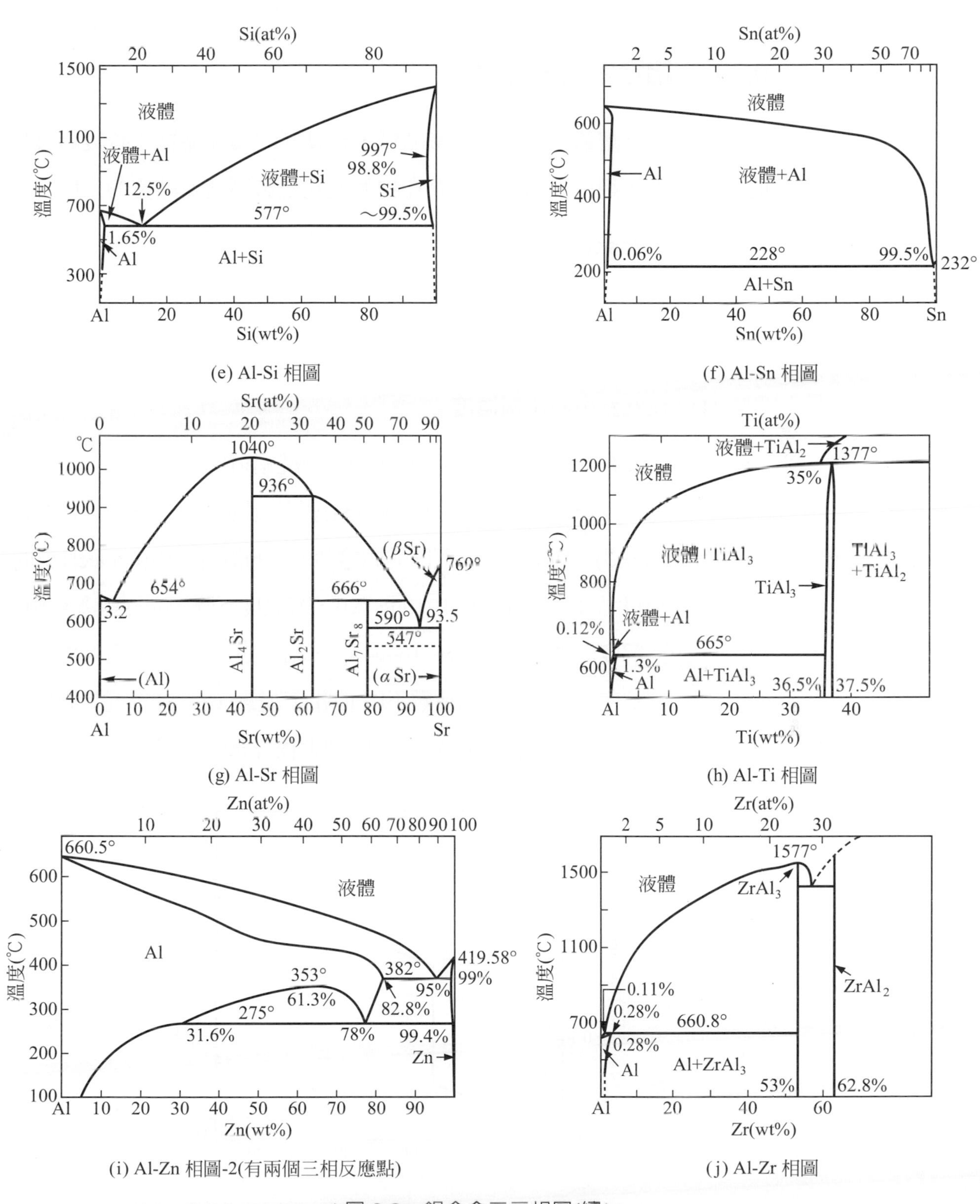

(e) Al-Si 相圖

(f) Al-Sn 相圖

(g) Al-Sr 相圖

(h) Al-Ti 相圖

(i) Al-Zn 相圖-2(有兩個三相反應點)

(j) Al-Zr 相圖

▲圖 9.2　鋁合金二元相圖(續)

9.1.4 鋁合金之鑄塊品質

鋁合金之熔鑄技術決定鑄塊品質，有良好的鑄塊品質才有後續良好的合金特性，鑄塊中的非金屬介在物與氣孔是影響鑄塊品質的主因。

1. 氣孔(porosity)

氫是唯一可溶解在鋁中的氣體，氫不會與鋁反應生成化合物，而是以插入型原子狀態存在於固體鋁的結晶中。

(1) 氫在鋁中的平衡濃度

在 1 大氣壓下，鋁(99.9985%的純鋁)中氫的平衡溶解度如圖 9.3 所示，溫度愈高氫的溶解度也愈高，由圖 9.3 可知，在熔點時(660℃)，純鋁由液態凝固成固態時，氫的溶解度由(0.69ccH/100g Al)大幅下降爲(0.04ccH/100g Al)，若溫度下降到 400℃時，氫的溶解度更降爲(0.004ccH/100g Al)，相差約 20 倍。鋁合金中氫的溶解度會依合金元素種類不同而略有改變，Cu、Si 等元素會略微降低鋁熔湯中氫的溶解度，Mg 卻會提升氫的溶解度。

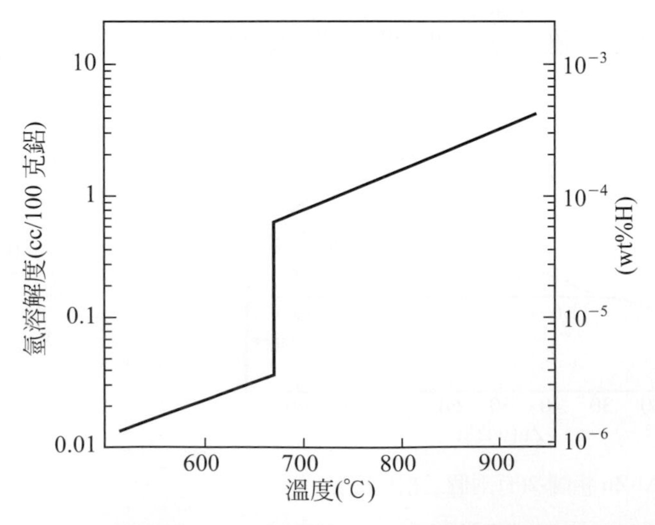

▲圖 9.3 純鋁在一大氣壓下之氫元素溶解度(EASTWOOD&M)

(2) 氣孔的生成

鋁合金在凝固時候會在樹枝狀晶間產生**縮孔(shrinkage)**(圖 9.4(a))、氣孔(圖 9.4(b))、或混合微縮孔(圖 9.4(c)(d))。由於氫原子在液態與固態鋁中的溶解度相差約 20 倍，若合金於熔解過程中溶入高含量的氫而未充分去除，則於鑄造凝固過程中，因氫溶解度大幅下降而將多餘的氫釋出，這些氫原子將會擴散到縮孔處而形成氫分子，所以在圖 9.4 中的孔洞不論是縮孔或是氣孔幾乎都是充滿著氫氣。這些氣孔在後續的熱處理、塑性加工、表面處理等都將對鋁合金造成不良影響，圖 9.5 顯示氫含量與氣孔對 A356 合金機械性質之影響。

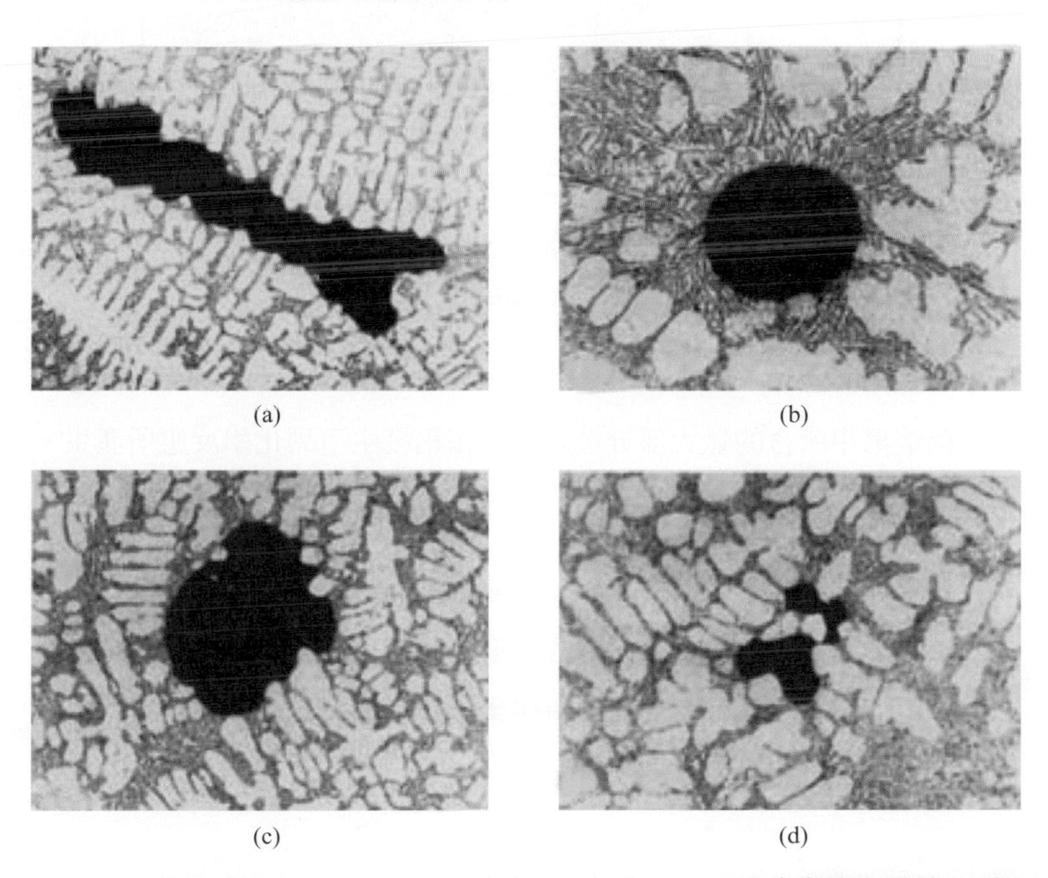

▲圖 9.4 鑄造鋁矽合金之孔洞：(a)縮孔、(b)氣孔、(c)(d)混合微縮孔(縮孔 + 氣孔)[ENTWISTLE]

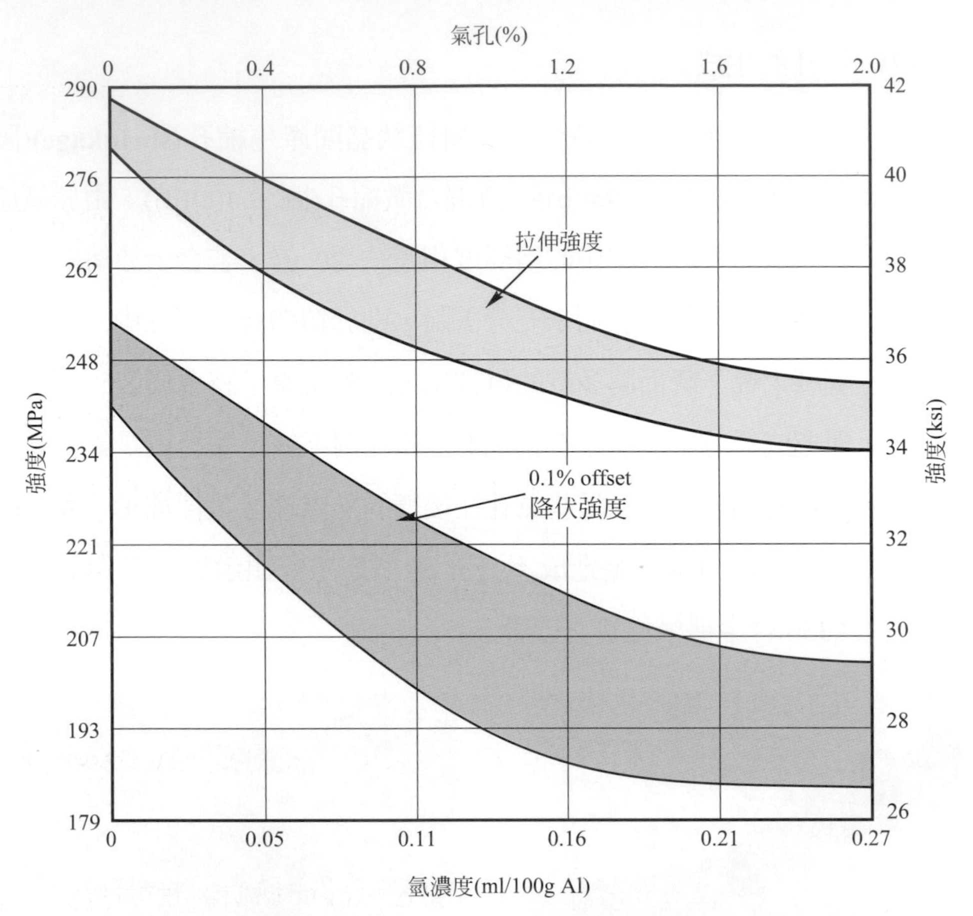

▲圖 9.5　氫濃度對 A356 鑄造鋁合金拉伸性質之影響[OWENS&M]

(3)　氫的來源

鋁熔湯中所含的氫大部分是來自水和鋁發生下列化學反應所產生。

$$2\,Al + 3\,H_2O \rightarrow Al_2O_3 + 6\,H \qquad (9.1)$$

鋁的熔解通常在大氣中進行，大氣中充滿著水氣，溫度愈高，大氣中的水分與鋁反應愈激烈，鋁中含氫量也就愈增加。所以若熔解鑄造在高溫多濕的環境下進行時，若除氣作業不徹底的話，常常造成氫含量過高的問題。

在大氣中溶湯表面所造成的氧化皮膜對於熔湯有某種程度的保護作用，可抑制大氣中的水分與熔融鋁產生反應。爲了防止熔湯中氫的增加，在熔解鑄造過程中，應該盡量避免熔湯表面的攪亂，特別是經過除氣處理完後的熔湯，在到達鑄模之前的流路中，應盡量防止亂流，是獲得良好鑄件的一個重要關鍵。

除了上述所提到來自大氣的氫源外，鋁熔湯中的氫也可能由鋁及鋁合金的熔解原料、熔解時所使用的燃料、甚至透過熔湯與爐壁接觸而帶來。

(4) **除氣(degasing)**

鋁合金除氣方法很多，其中**旋轉噴氣除氣法(SNIF-Spinning Nozzle Inert Flotation)**(圖 9.6)已被廣泛採用，由旋轉噴嘴噴出惰性(氮、氬)氣體，或者是含有微量氯的惰性氣體，在熔湯中形成分散式氣泡，由於此微小氣泡的噴出，不但增加氣泡與熔湯的接觸面積，而且微小氣泡停留在熔湯中的時間會比大氣泡長，熔湯處理也就顯得比較有效率。這些氣泡的產生，一方面可除氣，另一方面也可以經由氣泡與介在物的碰撞、吸收，達到除去部分介在物的效果。

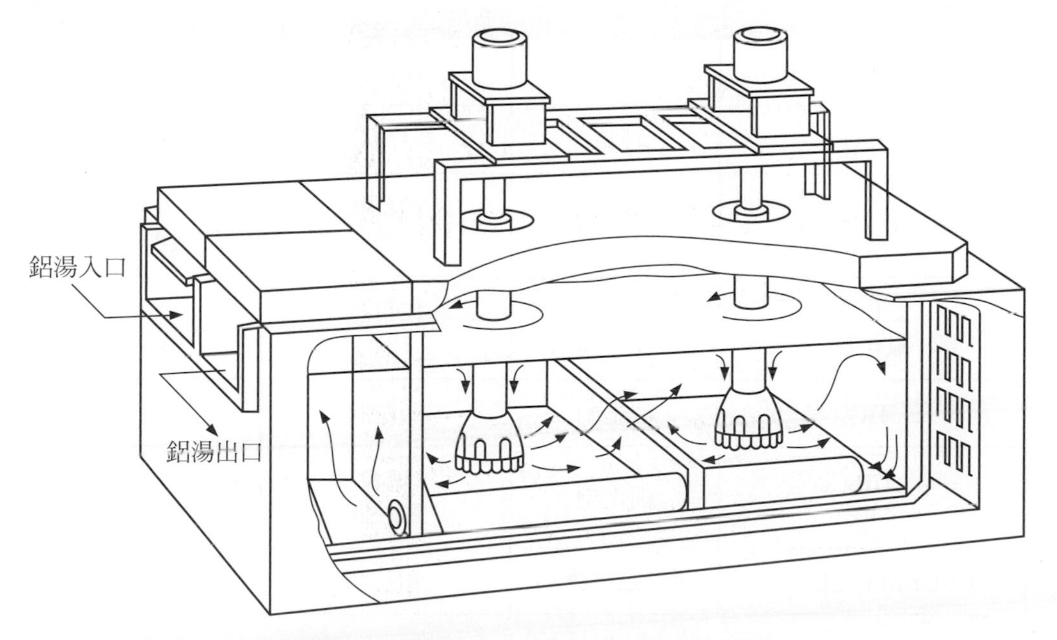

▲圖 9.6　旋轉噴氣(SNIF)除氣法[LINDE&M]

2. 非金屬介在物(或稱爐渣)

鋁合金中的非金屬介在物一般有兩個來源：合金外及合金內，源於合金外的非金屬介在物包括來自爐體上的不純物，如鋁、矽及碳矽化合物，通常爲坩堝或爐子剝落及侵蝕所造成，其顆粒範圍相當廣泛，從 1μm 至數 mm 都有。

源於合金內部的非金屬介在物爲合金化學反應所造成，或是特別加入金屬的材料所引起如助燃劑、細化劑等，在表 9.4 中列出一些常見之非金屬介在物，從表 9.4 中發現金屬介在物可以是分散式的小顆粒，聚集式小顆粒或片狀之形式，而氧化物一般是以分散式小顆粒或者是薄片狀形態存在。當然，介在物也可以是金屬化合物，不論是何種介在物或何種形狀，只要太粗大，對於合金之性質均會造成很不良之影響，尤其是延性之減損更爲明顯。

▼表 9.4　鑄鋁合金中介在物的種類[GRULENSKI]

種類	來源	形狀	大小(μm)
Al_2O_3(氧化鋁)	浮渣	顆粒狀	0.2～30
MgO	浮渣	片狀	10～5000
$MgAl_2O_4$(冰晶石)	浮渣坩堝	顆粒狀 片狀	0.1～5 10～500
氯化物 氟化物	助熔劑	顆粒狀 片狀	0.1～5 10～5000
TiC	細化劑	顆粒狀	0.1～5
TiB_2 AlB_2	細化劑	聚會 顆粒狀	1～30 0.1～3
Fe-Cr-Mn(沈積物)	壓鑄之反應物	顆粒狀	1～50

鋁熔湯表面很容易氧化，這些氧化膜若被捲入熔湯中，有可能成為顆粒狀，也有可能成為如圖 9.7 所示的**薄膜(thin film)**狀。由於除氣作業並無法有效去除介在物，所以常在熔爐與鑄模之間增設**過濾(filter)**除渣裝置來濾除介在物，其過濾效率受到濾網孔洞大小所決定，濾網孔洞愈小，濾除介在物效率就愈高，合金性質就愈好，但濾網孔洞太小，也將造成鑄造時的熔湯不易流動之困擾，圖 9.8 顯示鋁銅鎂合金熔湯經過濾處理後，可以獲得較佳之強度與延性。

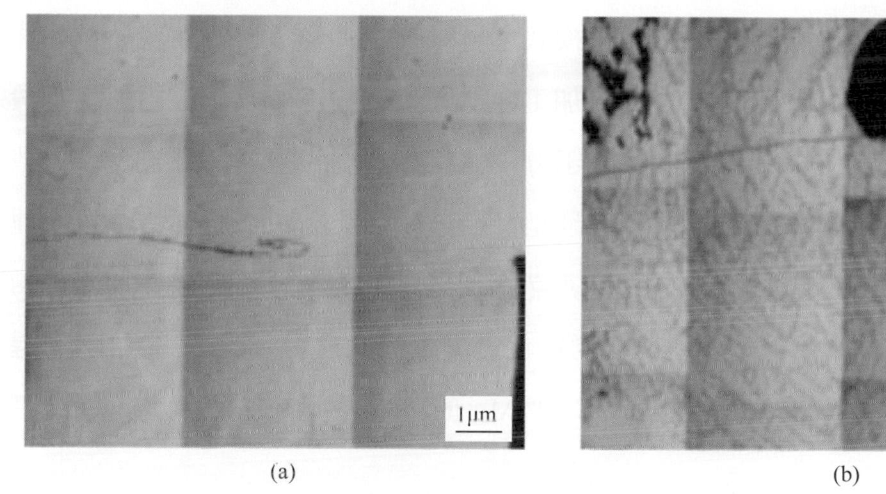

▲圖 9.7　A356 鑄鋁合金中觀察到的 Al_2O_3 膜，(a)未蝕刻、(b)蝕刻[CHUNC1]

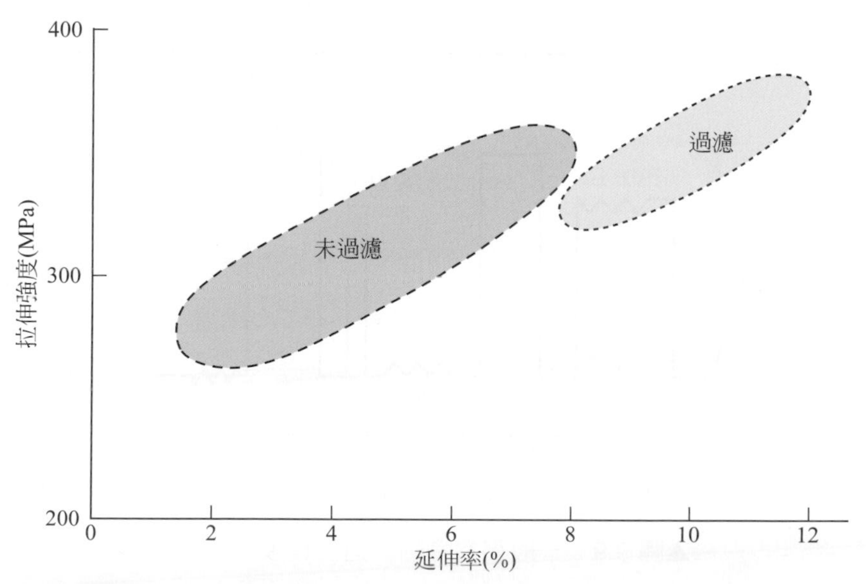

▲圖 9.8　介在物對 Al-4.5 Cu-1.5Mg 合金拉伸性質之影響

9.2 加工與熱處理之質別代號

鑄造後的鋁合金存在很多缺陷，如晶粒較粗大、元素的**微偏析(segregation)**、粗大且脆的**晶出物(constituents)**、以及縮孔、**氣孔(porosity)**等，造成鑄造物的強度、韌性、延展性、耐腐蝕性等的低落，往往無法當成品使用，為了改善鋁合金的各種特性，鑄件需依其用途施以均質化、加工、時效等處理。

一般鋁合金的製造工程模式，可以圖 9.9 表示，若鋁製品是鑄件，製造工程則不包括圖中的熱加工、退火及冷加工部分；若鋁製品是鍛造材，則圖中的熱加工和冷加工分別是指在高溫和室溫進行軋延、擠型或鍛造之意。又合金若屬熱處理型，則最後必須經固溶處理和時效處理才可以成為製品；而合金若屬非熱處理型，最後的製品可能是加工後的狀態(若是鑄件則是鑄造後或均質化處理後的狀態)、或加工後再加上退火處理後的狀態。對於含大於 3%Mg 的 5000 系合金也常須施以安定化處理。

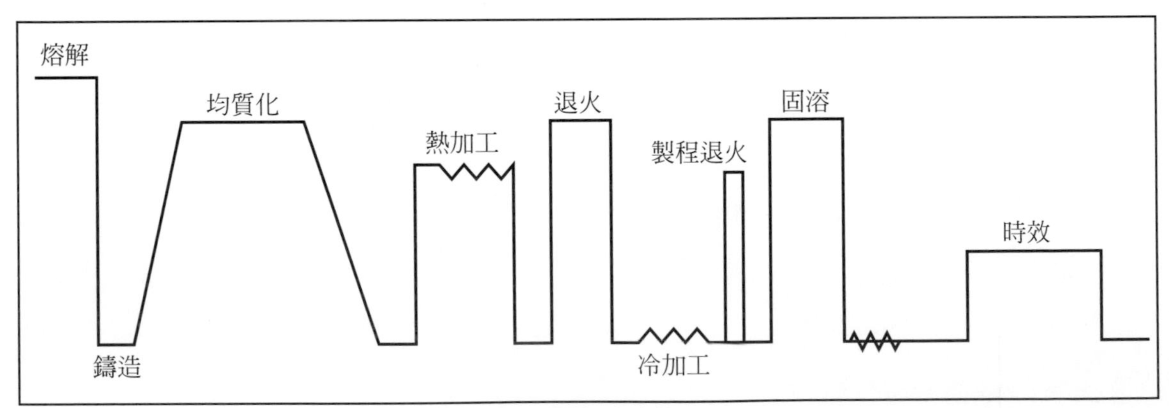

1. 鑄件：不包括圖中的熱加工、退火及冷加工。
2. 鍛件：圖中的熱加工和冷加工分別是指在高溫和室溫進行軋延、擠型或鍛造之意。

▲圖 9.9　一般鋁合金的製造工程模式[LEE1]

9.2.1 質別代號(tempered designation system)

在合金代號之後，可連接適當的代號來表示該合金所經歷的加工處理或熱處理，即質別代號，美國鋁業協會對此類代號規定如下：

F　　經加工成形者，加工成形過程中未特別控制應變硬化程度或熱處理條件，其機械性質沒有特定限制

O　　完全退火者

H　　應變硬化者(H1～H4)

H1　　僅應變硬化者

H1x　　x 表示應變硬化程度(H12-1/4 硬(～15%)、H14-1/2 硬(～35%)、H16-3/4 硬(～55%)、H18-全硬(～75%))

H19　　超硬化處理(加工量大於 H18，H18 加工量約爲 75 ± 5%，H19 > 80%)

H112　未控制應變量，但須滿足最低機械性質

H116　Al-Mg 合金經安定化處理後，施以應變硬化者，並通過機性與抗蝕，(註:5083：安定化處理(～210℃ *1～2hr)且通過抗蝕(ASTMG66& G67 規範)試驗)

H2　　應變硬化後經部分退火者

H2x　　應變硬化後經部分退火者(H12、H14、H16、H18)

H3　　應變硬化後作安定化處理者(常用於 Al-Mg 合金、150～200℃安定化且通過機性要求)

H3x　　Al-Mg 合金經應變硬化後安定化處理者(H32、H34、H36、H38)(安定化 + 通過機性要求)

H321　Al-Mg 合金經應變硬化後，施以安定化處理，並通過機性與抗蝕(類似 H116 處理，但加工量大於 H116，製造難度較高)

H323、H343　Al-Mg 合金之特殊應變硬化、耐腐蝕處理者

H4　應變硬化後作塗裝處理而軟化者

T　熱處理者。除 F、O、H 以外所作熱處理(有些包括應變硬化)以得(較)安定之狀態

(1) T 後可接 1～10 數字分別表示不同之基本處理方式

T1　高溫加工成形後自然(室溫)時效至相當安定之狀態

T2　退火處理者(僅適用於鑄件經退火改善延性及尺寸安定性)

T3　固溶處理後冷加工(而後自然時效)

T4　固溶處理後自然時效至相當安定狀態

T5　高溫加工成形後人工時效

T6　固溶處理後人工時效

T7　固溶處理後過時效處理者至相當安定狀態

T8　固溶處理後冷加工及人工時效

T9　固溶處理及人工時效後再冷加工

T10　高溫加工成形及人工時效後再冷加工(用於擠型品等)

(2) T 可接額外之數字進一步表示應力消除之歷程(參考後面的圖 9.28)

T3x　T3 處理之冷軋量爲 x%，如 T31、T36、T37

T41　指 100℃(或比 T6 時效低溫)時效之 T4 (強度低於 T4)

T42　合金經由 O 或 F 處理狀態作 T4 處理，固溶處理前須完成「成型」者。而其性質(如腐蝕性、疲勞性、或任一機械性質)與 T4 處理有明顯差異者。

T61　指 100℃(或低於 T6 時效溫度)時效之 T6(強度低於 T6)。

T62　使用者或製造者將合金經 O 或 F 處理後，作 T6 處理而其性質與 T6 處理有明顯差異。

T71　指 100℃(或低於 T7 時效溫度)時效之 T7(強度低於 T7，參考圖 9.28)。

T72　合金經 O 或 F 處理後，作 T7 處理，固溶處理前須完成「成型」者。而其性質與 T7 處理有明顯差異。

T73　低溫人工時效後再高溫人工時效以得更安定態(過時效)通常用於 7000 系合金，其強度低於 T6 處理，但抗應力腐蝕性遠高於 T6 處理。

T76　如同 T73 處理，但過時效之程度較小，通常用於 7000 系合金，當抗腐蝕性為主要需求時。

T77　亦稱為 RRA，合金經 T6 處理後，於高溫下(190℃～200℃)進行(短暫(30min))**重熔(Retrogression)**後，再施以 T6 **再時效(Re-aging)**處理者，合金除可維持 T6 高強度外，尚可改善應力腐蝕性。

T8x　T8 處理之冷軋量為 x%，如 T81、T86、T87。

T9x　T9 處理之冷軋量為 x%，如 T91、T94、T913。

(3) Tx51 固溶處理後或高溫成形後快速冷卻後，利用**延伸(stretching)**加工(1.5～3%的塑性變形)，來消除淬火所造成的殘留應力。例如 T351、T651、T751 等(請參考 9.5 節)。

Tx51　合金固溶處理前，須經高冷加工變形(如精抽)者。

Tx510　經延伸而消除應力後，不再作額外整直處理(不要求直度)。

Tx511　經延伸而消除應力後，並在容許限度內作微量整平(要求直度)。

Tx52　經壓延而消除應力，指固溶處理後利用壓延(1～5%的塑性變形)來消除應力者。

Tx54　經延伸及壓延而消除應力，用於**壓鍛(die forgings)**，回到壓鍛模具中再作一次冷鍛。

(4) W 固溶處理者(指合金僅經固溶處理後放置室溫時效一段時間而未達安定態者，通常用於 7000 系合金。此代號必須標示自然時效時間才有意義，如 W1/2 hr)。W51、W510、W5ll、W52 W 指僅固溶處理者，而 51、510、511、52 之意義與 T51、T510、T511、T52 之後接數字相同。

9.2.2 鑄塊的均質化熱處理

鑄塊**均質化熱處理(homogenizing)**也稱爲**浸熱(soaking)**或**預熱(preheating)**，其主要目的有三：(1)凝固所造成之成分微偏析均質化，(2)凝固時過飽和固溶元素的析出，及(3)凝固時生成的**介穩相(meta-stable phase)**朝安定相的轉換。

1. 微偏析的均質化

由 5.1 節之介紹可知，鑄造所產生的晶粒成分之微偏析可分成兩種(圖 5.3(b)、表 9.3)，一種是分布係數小於 1(K < 1)，另一種是分布係數大於 1(K > 1)。

對於 K > 1 的添加元素，鋁合金於鑄造時將發生共晶反應，其鑄造晶粒的晶界處溶質原子濃度較中心高。

圖 9.10 顯示 AA5083(Al-4.5Mg-Mn)合金鑄態時之晶界 Mg 元素偏析現象，甚至在晶界處晶出共晶結構中間化合物，如圖 9.11(a)所示的 A201.0 鑄造合金，很清楚的看到在晶界上偏析著大量的共晶 $CuAl_2$ 相。合金之共晶微偏析可藉由均質化熱處理來減輕，但並無法完全消除，圖 9.11(b)顯示 A201.0 合金(Al-4.5Cu-0.3Mg-06Ag)經過 500℃均質化處理 10 小時後，其晶界上偏析之共晶 $CuAl_2$ 相幾乎已消除。

另一種是具包晶反應之合金元素鑄造結晶粒(即分布係數 K > 1)，則在晶粒中心處溶質原子濃度較高。這類元素在均質化時，會形成高溫穩定相(如 $ZrAl_3$、$Al_{18}Cr_2Mg_3$)，而分布於晶粒內。

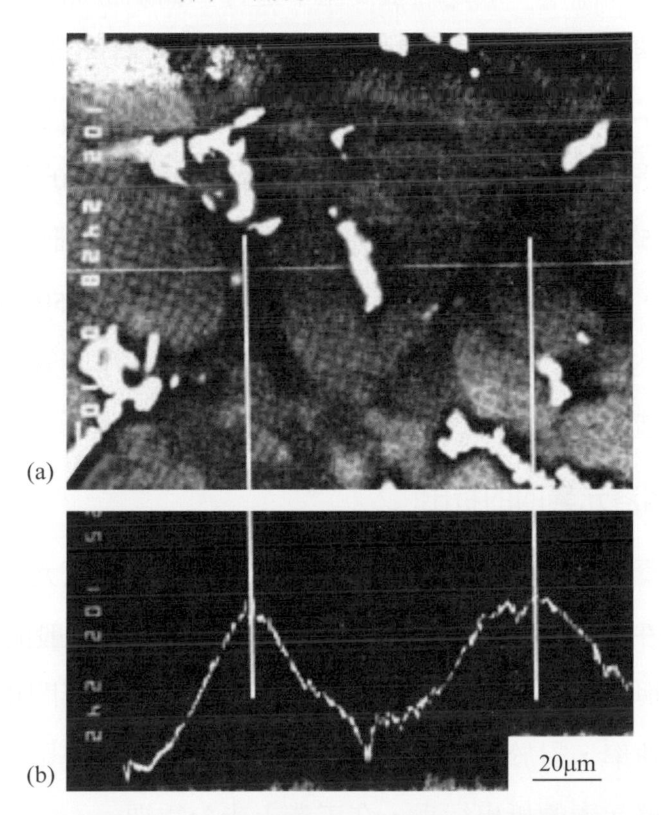

▲圖 9.10　鑄態 AA5083(Al-4.5Mg-Mn)合金晶界之 Mg 元素偏析：(a)BEI 影像，(b)Mg 的線掃瞄，圖中之亮點為 $MnAl_6$ 相[LEE3]

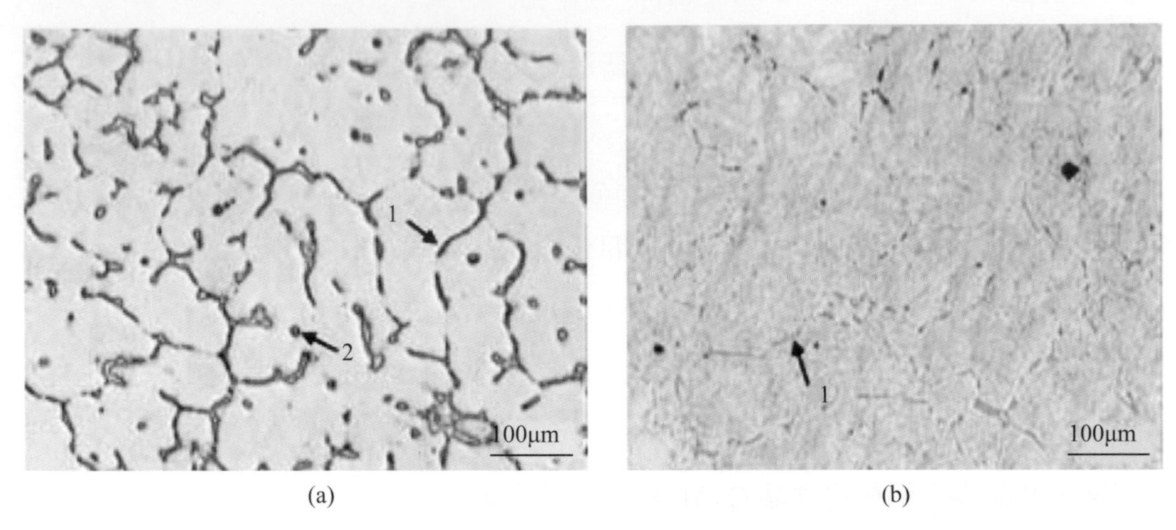

(a) (b)

▲圖 9.11 (a)A201.0(Al-4.6Cu-0.5Mg-0.5Ag)(wt%)鑄造合金經(b)均質化處理後之微結構，(箭頭 1：共晶 $CuAl_2$、箭頭 2：S 相(AlCuMg)[CHANG]

均質化處理溫度一般是在很高溫下進行，但須低於共晶溫度，否則會造成晶界熔化的**過燒(overheating)**現象，均質化時間可長達 10 小時以上，有時爲了晶粒內能生成較細化的高溫穩定相，或爲了加速消除共晶相，而採兩段式均質化處理，如 AA7075 合金加熱至 430℃持溫 5 小時，再升溫至 475℃持溫 12 小時後爐冷，則晶粒內將生成細化的 Al_3Zr 散布高溫穩定相，將有益於後續的抑制晶粒粗化。又如 AA5083 合金可以先加熱至 430℃持溫 2 小時，再升溫至 520℃持溫 10 小時等。對於某些析出硬化型鑄造鋁合金，均質化常合併固溶處理同時進行。

2. 過飽和固溶元素的的析出

鑄造後凝固速率快時，則 Fe、Mn、Cr、Zr 等過渡元素固溶在鋁中的量會超過平衡濃度，這些元素擴散速度很慢，在一般的均質化溫度下，可能會與 Al 形成金屬間化合物而析出，這些金屬間化合物的分布狀態及析出速率，對於加工後的金屬組織乃至機械性質影響甚大，所以控制過渡金屬元素的析出行爲，在工業上十分重要。

3. 介穩相的相變化

凝固時生成的介穩相，在均質化處理時會產生相變化。Al-Fe 合金的 **DC(direct chill)**鑄塊，在鑄造時會生成 Al_6Fe 或 AlmFe 的介穩相，會隨著均質化處理時加熱溫度的升高而回溶到基地中，同時在鑄造晶粒的晶界上、或介穩相與基地的介面上，會生成 Al_3Fe。合金中若有 Al_6Fe 存在時，則陽極處理後會變成黑色，而若是 Al_3Fe 存在時，則呈現乳白色。所以對用於建材上的 Al-Fe 合金而言，鑄造時的凝固速度及均質化處理溫度控制就十分重要。

其他例如在鑄塊加熱時，若有低熔點的共晶化合物存在的話，會產生共晶化合物熔解現象。另外，高純度的鋁鑄塊在高溫加熱時，原本固溶在鑄塊中的過飽和氫原子會擴散到晶界，因此形成**裂孔(cavity)**，在後續的熱輥軋進行時，就容易造成破裂或退火時造成表面凸起等，所以鑄塊的氫含量必須嚴格加以控制。

9.2.3 冷加工與(製程)退火

鋁合金冷加工與製程退火之微結構變化與詳細原理說明可參考 5.5 節之介紹，一般合金經冷加工時會產生加工硬化現象(圖 9.12a)，加工量愈大，硬度(與強度)愈高。但有時對於一些高純度的鋁或 Al-Fe 系合金而言，即使是施予冷加工，非但不會使硬度上昇，反而會有輕微加工軟化現象發生，一般認爲這是與基地中溶質原子之析出有關。

非熱處理型鍛造鋁合金雖然可以利用加工提升合金之強度，但延性也隨之下降，且材料處於一種相對較不安定狀態，所以常需施以製程退火的回復與再結晶來改善。退火時溫度上升，冷加工導入的差排重新排列，形成**差排胞(cell)**，並進而產生次結晶組織，此爲回復階段。若溫度再高時，則在原晶界或在第二相粒子附近形成異於原結晶方位的新結晶

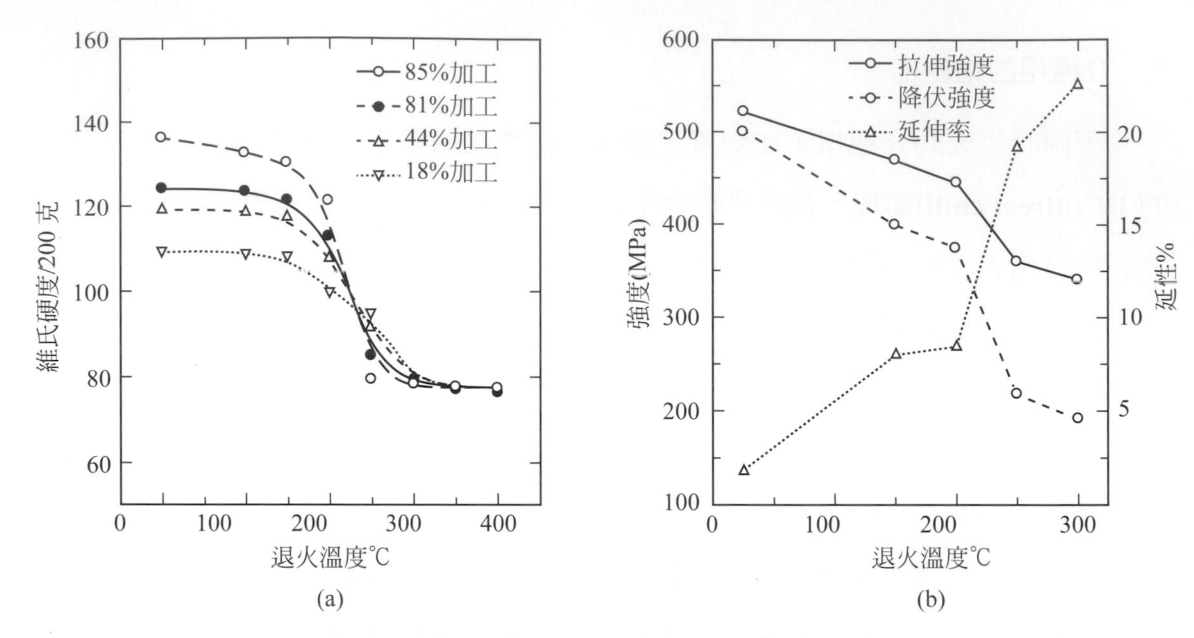

▲圖 9.12　AA5083 鋁鎂合金經低溫加工(浸泡於液態氮 15 分鐘後冷輥)之(a)退火溫度與硬度關係，(b)加工 85%後，退火溫度與延性、強度關係[CHUNG2]

晶粒，此即為再結晶階段。再結晶開始時，硬度、拉伸強度會急遽下降，到一定強度後會保持安定至再結晶結束，如圖 9.12 所示。

若是再給予高溫退火，則會有晶粒成長或二次再結晶的現象。圖 9.13 顯示冷軋延後的 AA5083 合金板材再結晶開始及結束的微結構變化，可以看到沿著冷加工方向之**纖維狀(textured)**微結構圖(圖 9.13(a))，與完全再結晶之晶粒(圖 9.13(b))。

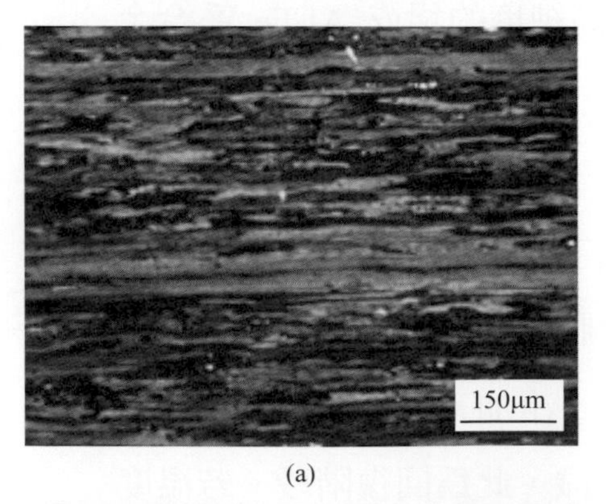

(a)

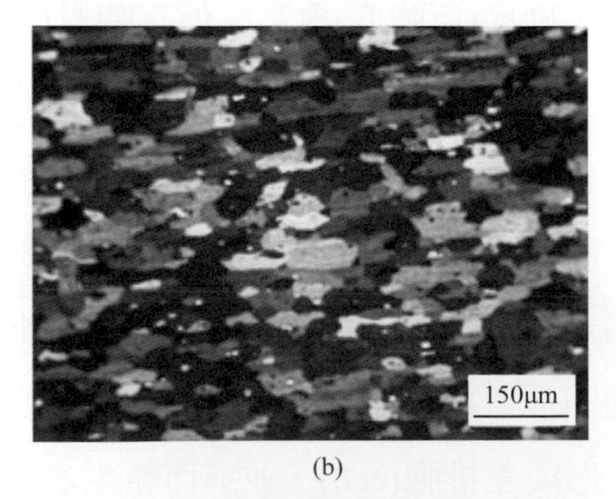

(b)

▲圖 9.13　60%冷軋之 5083 合金退火熱處理：(a)200°C*1hr 顯示再結晶開始、及(b)350°C*1hr 顯示 100%再結晶[CHUNG2]

影響晶粒成長的因素與影響差排運動速率的因素相關，主要有溫度、溶質及第二相(介在物、或析出物)。溫度愈高，原子運動愈快，晶粒成長也愈快；溶質可在差排附近形成**溶質氛圍(atmosphere)**，在晶界附近亦有類似現象而阻礙晶界移動；細小第二相的存在更能有效地阻礙晶界移動，所以像鋁合金中常加入少量 Cr、Mn、Zr 之類的元素，形成微細的**介金屬化合物(intermetallic compound)**(～0.1 μm)，而能有效抑制晶粒成長，得到較細的晶粒結構。

微量錳、鉻元素添加到 Al-5Mg 合金時，均質化處理將造成細小第二相($MnAl_4$ 與 $Al_{18}Cr_2Mg_3$ 等)析出，這些析出相能有效抑制晶界面之移動，圖 9.14 顯示 Al-5Mg 合金經冷加工後，於 500°C 下退火 1 小時所觀察到的晶粒成長現象，當合金元素含量較高時，晶粒幾乎沒有成長的現象，合金元素含量稍低時，晶粒就會發生正常或異常成長，合金元素含量更低時，晶粒就會發生正常成長。

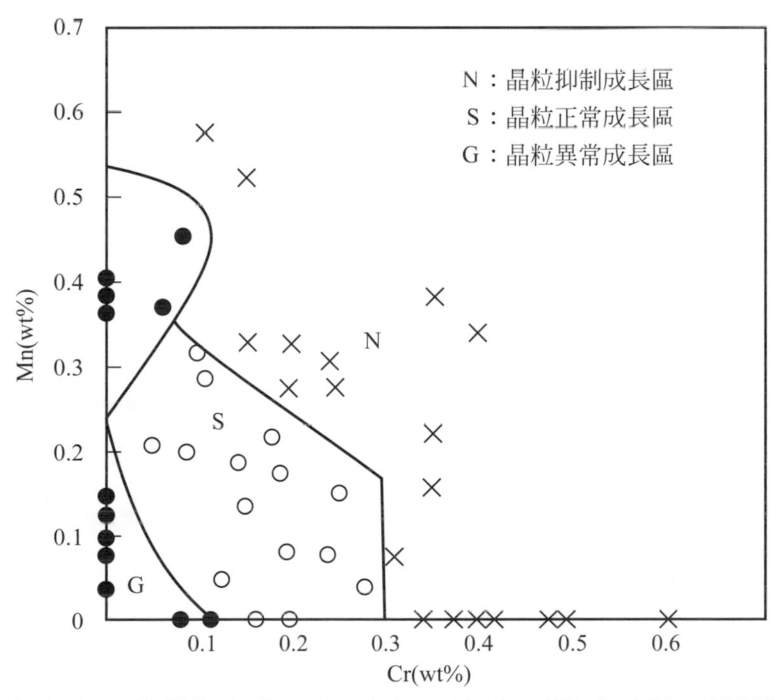

▲圖 9.14　500°C 下微量 Mn 與 Cr 對冷加工 Al-5Mg 合金製程退火晶粒成長之影響 [KYOJI&M]

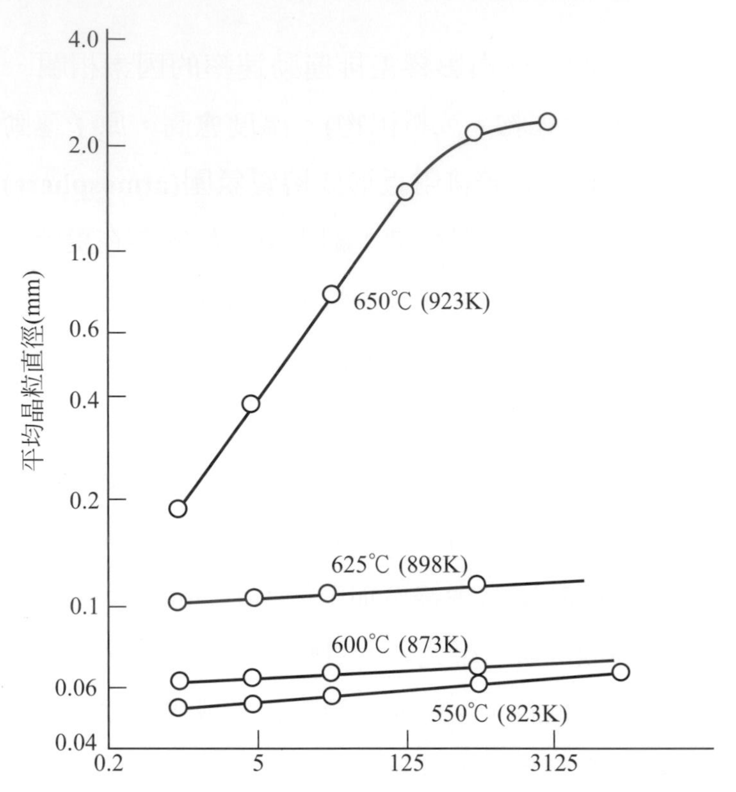

▲圖 9.15　介在物($MnAl_6$)對 Al-1.1%Mn 晶粒成長之影響[BECK&M]

同樣的，不同溫度下進行(製程)退火之 Al-1.1Mn 合金晶粒成長之情形如圖 9.15 所示，藉由 Al-Mn 二元相圖(圖 9.2(d))，可以得悉當溫度超過 650℃時，合金中抑制晶粒成長的細小第二相($MnAl_6$)將回溶到鋁基地，合金將成爲單相固溶體，此時晶粒成長就很快速，其晶粒成長指數(N = 0.42，式 5.5)十分接近理論值的 0.5。而當退火溫度低於 625℃時，晶粒幾乎完全停止成長，其晶粒成長指數只有 0.02。另外，圖中也顯示在 650℃的退火時間增長時，晶粒成長速度有明顯減緩現象，這可歸因於如圖 5.17 所示的幾何效應所致。

9.2.4　Al-Mg 合金安定化處理

加工硬化後的 Al-Mg(Mg > 3%)系合金置於室溫下(如烈日)，β 相(Mg_2Al_3)於 66～180℃間會於晶界處析出，造成固溶強化的減損，隨著時效時間的增加而強度下降，形成「時效軟化」的問題，圖 9.16 顯示

Al-6%Mg 冷加工後，合金於室溫下的時效軟化現象；時效軟化的程度，隨冷加工度和鎂含量的增加而增大，為了保證製品強度之穩定，避免使用過程中的軟化現象，工業上的做法是先加熱至 120～175℃之間進行安定化處理，讓 β 相(Mg_2Al_3)先析出，雖然會造成若干強度的下降，但可避免時效軟化的發生，這種方式的調質代號為 H3n。

Al-Mg 合金 β 相電位(–1.24V)低於鋁基地電位(–0.87V)，雖然 Al-Mg 合金安定化處理避免合金於使用過程中的軟化，但於此溫度區間，會造成 β 相(Mg_2Al_3)於晶界處形成『連續』析出，於腐蝕環境下，將造成晶粒剝落腐蝕(即敏化現象)， 若合金被要求抗蝕下，則常施予較高溫(～210℃)的安定化熱處理(H116 或 H321)， 此時 β 相(Mg_2Al_3)於晶界處會形成『不連續』析出，雖然會減損些許強度，但卻可大大的提升合金之耐蝕性。

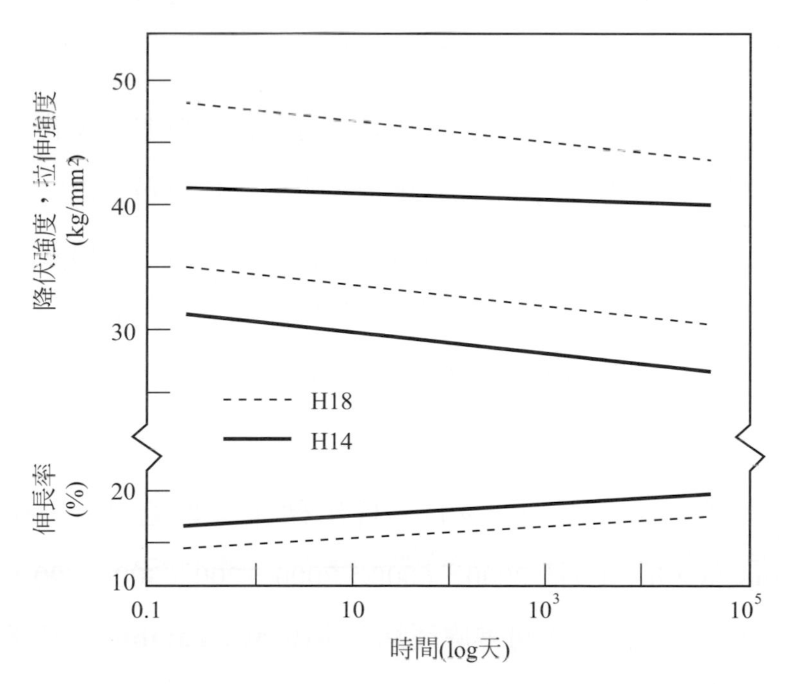

▲圖 9.16 Al-5.6Mg 合金冷加工後於室溫下之時效軟化現象[LEE1]

9.2.5 完全退火

對於熱處理型與非熱處理型鍛造鋁合金，進行完全退火熱處理時(質別爲『O』)，可獲得最軟、最有延性、與最有加工成形性之鋁合金，完全退火將使合金之溶質原子充分析出，可避免自然時效硬化的發生；一般完全退火所採取之溫度均較高，約在 350℃～415℃之間。

9.3 析出強化熱處理

如第 2.2 節所述，金屬材料的強化(或稱硬化)方法有很多種，包括固溶強化、應變強化(或稱加工強化)、晶粒強化、析出強化(又稱時效強化)、散布強化、麻田散鐵強化等，其中析出硬化(第 2.2.2 節)直到 20 世紀初期才被發現並加以利用，可說是最晚爲人類所發現並加以利用的一種強化方法，當時所實驗的合金與所謂的**杜拉鋁(duralumin)**即 2017 合金，成分爲 Al-4%Cu-0.5%Mg-0.7%Mn)很接近。

此合金經高溫淬火後放置於恆溫(室溫或較高溫)即呈現時效硬化現象，隨時間增長，硬度及強度逐漸增加，由於這種材料強度／密度比值很高，便立即被生產(商名爲杜拉鋁)並用於軍事裝備、飛機及飛船等用途。其強化原理直至 1930 年代後期，才由 Guinier 及 Preston 兩人利用 X-光繞射法測定出微細析出物的存在，並於 1950 年代電子顯微鏡的直接觀察，理論更形確立。

商用鋁合金系列中(圖 9.1)，析出**硬化型鋁合金(precipitation hardenable Al alloys)**包括 2000、6000、7000、200、300、700、及部分 8000 系等，它們又被稱爲**可熱處理鋁合金(heat-treatable)**，意指可藉析出硬化熱處理而達到強化的效果，其它系列鋁合金則爲非析出硬化型鋁合金或非可熱處理鋁合金，它們主要是靠固溶強化及應變硬化來達到強化效果。很顯然地，析出硬化型鋁合金較非析出硬化型鋁合金具有更高強度，前者爲中、高抗拉強度(30～50ksi、50～80ksi)，而後者爲低、中抗拉強度範圍(10～30ksi、30～50ksi)。

實用的結構材料有很多是藉析出硬化來強化，包括鋁合金、鈦合金、鎂合金、超合金、麻時效鋼、銅鈹合金及一些不鏽鋼等，有些材料經析出硬化後其強度可提高 5 至 6 倍，因而析出硬化是十分重要的強化機構，析出硬化最基本的原理就是靠過飽和基地中微細析出物的析出，阻止差排之運動而達到強化基地的作用。在 2.2.2 節已對析出強化原理作初步介紹，本節將延續介紹一些原理與實務上的時效作業方法。

9.3.1 析出強化之要件

並非所有的鋁合金都可析出強化。能滿足下列四個條件的鋁合金於熱處理期間才有眞正的析出強化反應。

(1) 相圖必須顯現固溶度有隨溫度降低而降低的傾向(參考圖 2.8)。換句話說，合金在加熱到固溶線溫度之上時必須是單相，冷卻時則進入兩相區。

(2) 相較之下，基地必須是軟且具延性，而析出物應是硬且脆性，多數的可析出硬化合金，其析出物是硬且脆的金屬間化合物。

(3) 合金必須具有良好**可淬火性(quenchable)**，經淬火處理，合金會形成過飽和固溶體；某些合金不論以多快的速率淬火都無法阻止第二相析出，此時，合金之淬火性就不好，也就是具有較高的**淬火敏感性(quench sensitivity)**之合金就不易獲得過飽和固溶體。

(4) 能產生微細且密集的介穩相析出物，且所形成的析出物須與基地的結構整合或部分整合，才能發展出高的強度和硬度。

9.3.2 析出強化熱處理的基本過程

析出強化熱處理的方法有很多種，但最基本的過程需包含下列步驟：**固溶處理(solution treatment)→低溫淬火(quenching)→時效處理或稱析出處理(aging treatment or precipitation treatment)**，其中固溶處理是將材料升溫到固溶線以上之單相區一段時間，使介入析出強化之合金元素，全部溶於基地中而為單一固溶體；而低溫淬火則將此單一固溶體淬火到固溶線以下溫度，使呈過飽和固溶體；時效處理再將此過飽和固溶體放置適當溫度與時間，使其逐漸析出而造成性質之變化，如強度、硬度、韌性、伸長率、疲勞強度、抗應力腐蝕性、導電性等。

時效處理又可區分為**自然時效(natural aging，NA)**與**人工時效(artificial aging，AA)**兩種，自然時效是在室溫下進行，而人工時效則在高於室溫下來處理。上述的析出強化熱處理可以圖 2.8 簡單表示出來，在圖中之鋁銅合金，銅含量約為 4.5 wt%。它首先在單相區(α)1，而後淬火於的兩相區($\alpha + \theta$)2，並在 3 作時效處理。

9.3.3 鋁銅合金之析出強化機構

為了說明析出強化機構，將對 Al-4 wt%Cu 合金之析出過程作詳細的說明(參考圖 2.8)；一般而言，強度的增加即意謂著差排的移動變得較不容易，而在 Al-4 wt%Cu 合金中，因為有析出物的存在，而阻擋了差排的運動，此析出物是當合金淬火後所得的過飽和固溶體放置在室溫或較高溫度進行時效處理，逐漸在基地內析出來而造成強度增加，但若溫度太高，則將直接析出平衡相，通常其分布較粗大而疏鬆，對差排運動阻力不大，對強度之提高很有限，缺乏實用價值；因此時效溫度常較低，以達到析出強化的作用。

實際上，此種低溫時效強化之發生是由於細小且緻密的介穩過渡相析出，而這些介穩過渡析出相與基地相界面間爲**非整合或部分整合(incoherency or partial coherency)**，對差排阻力大，故能造成析出強化效果，過渡相會隨著時效時間的增長，依序相變化爲 GP(zone-帶)、θ"、θ'相，而最後成爲平衡相 θ。

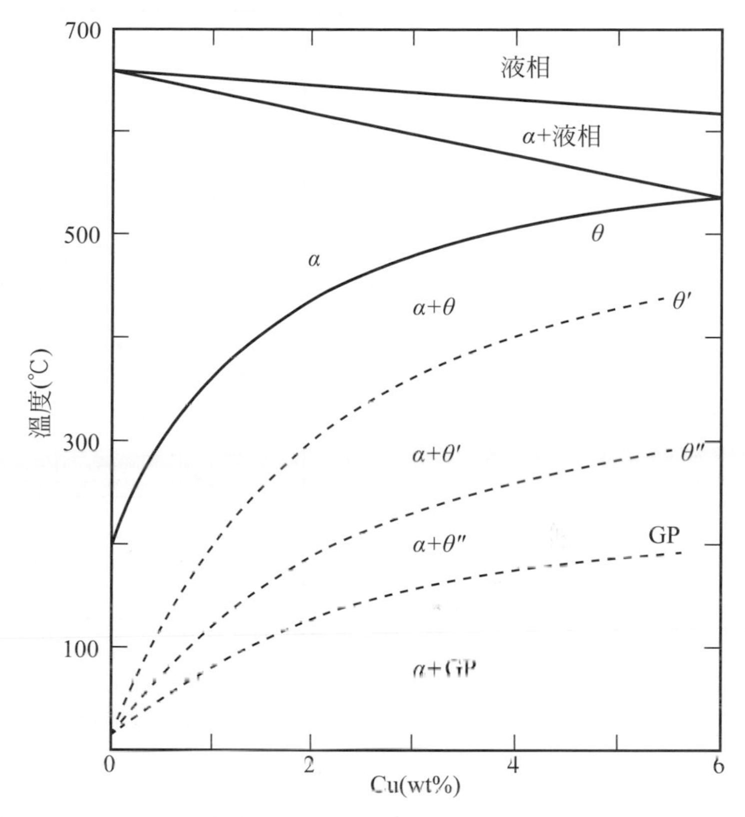

▲圖 9.17 Al-4wt%Cu 部分相圖顯示 GP、θ 及 θ'相之準平衡固溶線[BETON&M]

隨合金成分及時效溫度之不同，初期過渡析出相會有所差異，圖 9.17 的 AlCu 相圖中除了顯示平衡相 θ 的固溶線外，也標示了過渡相 GP、θ"、θ' 等之固溶線，由圖中可知 Al-4Cu 合金時效溫度 130℃時，其初期析出物爲 GP，隨時效時間增長，其**析出序列(precipitation sequence)**爲：過飽和固溶體→GP→θ"→θ'→θ；時效溫度爲 190℃時，析出序列則爲：過飽和固溶體→θ"→θ'→θ。

而時效溫度爲 350℃時，析出序列則爲：過飽和固溶體→θ'→θ。由於析出序列的差異，時效硬化曲線之形狀亦有差異，GP 及 θ"相皆有使析出強度提高的作用，因此初期析出爲 GP 時，其硬化曲線爲**二段式上升曲線(two-stage aging curve)**，初期析出物爲 θ" 時，則爲**單段式上升曲線(single-stage aging curve)**，而時效溫度爲 350℃時，隨時效時間之增長，硬化曲線逐漸下降，如圖 9.18 所示。由圖 9.18 亦可知硬度下降是由於**過時效(overaging)**或高溫時效造成 θ" 相之消失及 θ' 相與 θ 相析出所致的結果。

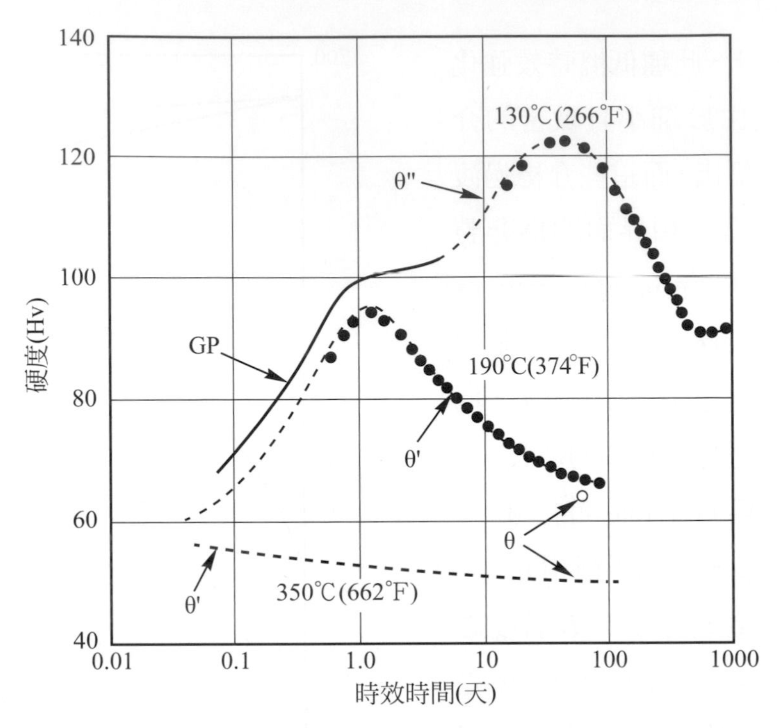

▲圖 9.18　鋁-4%銅合金在不同溫度下之析出硬化曲線示意圖[SILCOCK&M]

溫度除影響上述析出序列及時效曲線形狀外，對析出硬化速率及最高時效硬度亦有很大影響，通常溫度愈高，擴散速率愈快，促進析出速率，以致其硬化速率亦較低溫快，但是由於其析出成核較少，析出物分布粗疏，其最高時效硬度反而較低。Cu 含量愈多，對硬化速率有正面影響，且最高時效硬度也愈大，因為 Cu 含量愈多，過飽和度愈大，析出**驅動力(driving force)**也就愈大，無論是對析出速率，成核數目及析出體積而言皆會提高，如圖 2.9 所示。

9.3.4　析出強化理論

由上一節之討論可知，析出強化的機構是由與鋁基地具有整合界面(或部分整合、半整合)的細微第二相析出物與差排交互作用，使得差排在塑性變形過程中移動不易所致的一種現象。由圖 2.7(a)可以瞭解**整合(coherency)**的意義，當析出合金經固溶處理後，形成過飽和固溶體，而當時效處理後析出相之晶格平面與基地相之晶格平面是互相連續的，但因溶質與溶劑原子半徑不同，析出相的存在將會造成基地相與析出相兩地均受到應變。且此應變量將隨析出物的增大而加大。實際上，此加大的應變量不可能無限制的增加，而是可能藉由脫離與基地晶格的連續關係，而在兩者之間形成一晶界，此時析出物與基地便爲**非整合界面(incoherency interface)**如圖 2.7(c)所示。此時界面之應變也會被降低或消失，此時析出強化效果也會下降。在圖 2.7(b)所示的是**半整合或部分整合界面(semicoherency/partial coherency)**。它的界面由差排及連續晶格所組成。而非整合界面係由差排所組成。一般析出物在析出的初期爲整合性界面，隨著析出物的成長，會經由部分整合界面，而至非整合界面。

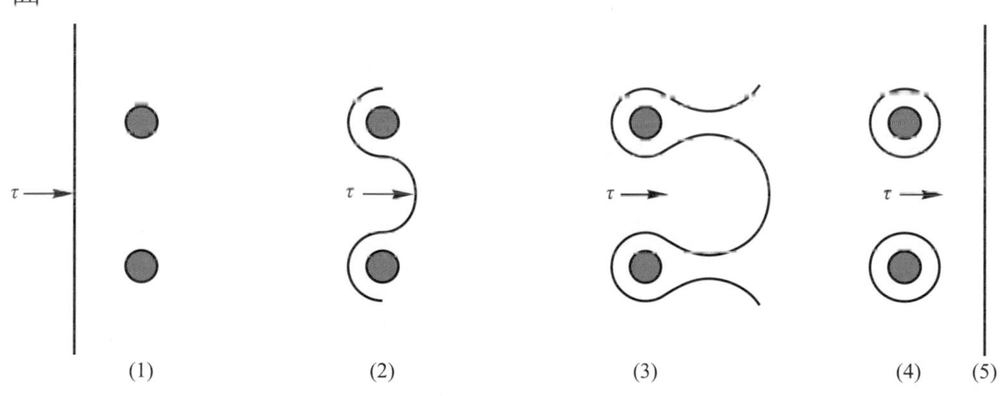

▲圖 9.19　差排繞過析出物過程之圖示圖

隨析出物型態的不同，差排通過析出物的阻擋可能是採繞過的方式通過，也可能是採切過的方式通過，此兩種方式的強化效果有所差異，在此僅就差排繞過析出物時所產生材料強化加以討論，圖 9.19 所示的機構中所示的差排移動方向係由左向右，降伏應力決定於使差排線在相隔 d 距離之兩顆析出物間成弓狀所需的剪切應力。圖中的第一階段表示直的差排線接近兩顆粒。第二階段差排線開始彎曲。第三階段差排線達到臨界曲率，然後能夠向前移而不再減少差排的曲率半徑，則此時的曲率

半徑為最小值，而為

$$Rmin = (\frac{d}{2}) \quad (9.2)$$

依差排理論，欲彎曲此差排使其具有的曲率半徑。並通過兩析出顆粒所須之剪應力 τ_p 為：

$$\tau_p = (\frac{2Gb}{d}) \quad (9.3)$$

其中 G 為剪力模數、b 為布格向量。(式 9.3)是一個極為簡化而有用的公式，由式中可知欲使差排彎曲而繞過析出粒子，最後留下一個差排環繞著析出物(階段 4)，而繼續往前移動(階段 5)，其降伏應力須大於或等於 τ_p。

由於析出相為散亂分布於基地內，假設其體積分率為 f，半徑為 r，則可求得析出相顆粒之平均距離 d：

$$d = (\frac{2\pi}{3f})^{\frac{1}{2}} r \quad (9.4)$$

由(式 9.3)及(9.4)可知析出相顆粒之距離(d)愈小或是半徑(r)愈小則析出強化愈明顯。反之，則析出強化較小。此外析出相之體積分率(f)增多時，也愈強化。

9.3.5 其他系列鋁合金之析出強化

2000 系 Al-Cu 合金之析出強化機構已如 9.3.3 節所述，其析出序列為 GP→θ "→θ '→θ，亦列如表 9.5 所示，當鋁合金中添加不同合金元素時，其析出相種類也就會不同，表 9.5 中顯示當 Al-Cu 合金中加入微量 Mg 原子時，其析出相除了 θ 相($CuAl_2$)外，還多了一個 S 相($CuMgAl_2$)，其析出序列則多了一項：GP→S '→S。

表 9.5 中除了 2000 系合金外，也包括了 6000 系(Al-Mg-Si 及 Al-Mg-Si-Cu)及 7000 系(Al-Zn-Mg 及 Al-Zn-Mg-Cu)等合金之強化相析出序列及其結構與基地整合性，這些合金除了強化析出相種類不同外，其析出機構與 Al-Cu 合金相似，由表中可看出合金元素愈多，其析出相種類就愈多。

Al-4.6Cu-0.3Mg 合金中添加微量 Ag 時(如 A201 合金)，其強化析出相除了 θ'相($CuAl_2$)與 S'相($CuMgAl_2$)外，還多了一個 Ω($CuAl_2$)相，Ω 相具較佳之熱穩定性與強化效果，Ω 相之結構爲**面心斜方體(face-centred orthorhombic)**，晶格參數爲 a = 0.496 nm, b = 0.859 nm, c = 0.848 nm，析出時與鋁基地{111}整合，由於{111}面是鋁主要之滑動面，使得 Ω 相對於鋁合金機械性質強化效果極佳，這也是造成 A201 合金(Al-4.5Cu-0.25Mg-0.6Ag)成爲鑄鋁合金中具最高強度者之原因。

▼表 9.5 不同鋁合金之時效析出相序列、形狀、結構等特性

合金系	析出序列	形狀	結構	析出面 (habit plane)	方位關係	整合性
Al-Cu	GP Zone ↓	板	FCC	$\{100\}_M$		C
	θ"(Al_2Cu) ↓	板	Tetragonal a = 4.04Å c = 7.8Å	$\{100\}_M$	$(100)_{\theta'}\|(100)_M$ $[001]_{\theta'}\|[001]_M$	P ↓
	θ'(Al_2Cu) ↓	板	Tetragonal a = 4.06Å c = 5.8Å	$\{100\}_M$	//	S
	θ(Al_2Cu)	塊	Tetragonal a = 6.07Å c = 4.87Å		//	I

▼表 9.5　不同鋁合金之時效析出相序列、形狀、結構等特性(續)

合金系	析出序列	形狀	結構	析出面 (habit plane)	方位關係	整合性
	GP Zone	針	FCC	$\langle 100 \rangle_M$		C
	(或 GPB					
	Zone)	板條	Orthorhombic			
	↓		a = 4.0Å			P
	θ"		b = 9.2Å	$\{210\}_M$	$[100]_{S'}\|\|[100]_M$	↓
Al-Cu-Mg	S'(Al_2CuMg)	?	c = 7.1Å	$\langle 100 \rangle_M$	$[010]_{S'}\|\|[021]_M$	S
	↓↓			?	$[001]_{S'}\|\|[012]_M$	
	θ'					
	S'(Al_2CuMg)					
	↓					I
	θ (Al_2Cu)					
	GP Zone	針	FCC	$\langle 100 \rangle_M$		C
	↓					
	β'(mg_2Si)	棒	Hexagonal	$\langle 100 \rangle_M$	?	P
	↓					?
Al-Mg-Si	Cubic	立方體	Cubic	每面	$(100)_{cubic}\|\|(100)_M$	
	phase		(a = 6.33Å)	$\|\|\{100\}_M$	$[001]_{cubic}\|\|[001]_M$	I
	↓	板			$(100)_\beta\|\|(100)_M$	
	β(Mg_2Si)		Antifluorite	$\{100\}_M$	$[001]_\beta\|\|[011]_M$	
			(a = 6.35Å)			
	GP	球	FCC			C
	↓					
	η'($MgZn_2$)	板	Hexagonal	$\{111\}_M$	$(001)_{\eta'}\|\|(111)_M$	P
	↓		a = 6.96Å		$[100]_{\eta'}\|\|[110]_M$	↓
Al-Zn-Mg	η($MgZn_2$)	板，板	c = 8.68Å		$(001)_\eta\|\|(110)_M$	S
		條	Hexagonal	$\{100\}_M$	$[121]_\eta\|\|[111]_M$	↓
			a = 5.18Å	$\{111\}_M$	共 12 種	I
			c = 8.52Å	$\{110\}_M$		

註：C：coherent(整合性)，P：partial coherent，S：semicoherent，I：incoherent 或 noncoherent

Ω 相可以提升合金之熱穩定性與強度，其析出序列爲：GP→Ω($CuAl_2$)→θ，圖 9.20 顯示含 Ag 之 Al-4.6Cu-0.3Mg 合金經固溶淬火處理(515℃ × 2 hr + 525℃ × 8 hr→淬火)後，以示差掃描熱量計(DSC)

偵測其析出相之析出序列，DSC 曲線上波峰與波谷分別代表各析出相之析出放熱與回溶吸熱之反應；由圖中析出波峰的位置與大小可約略看出各析出相波峰溫度與析出放熱量，進而了解合金的析出過程；由圖 9.20a 之不含銀之合金(0.0 Ag)曲線可以清楚看出 Al-5Cu-0.3Mg 合金的析出過程，首先是 GP 的析出(區域 I)，爾後發生 GP 的回溶(區域 II、III)以及 θ" 相的析出(區域 II)，θ" 相則於區域 III 開始回溶。

當溫度繼續升高時，主要的強化相 θ'與平衡相 θ 便相繼析出(區域 IV、V)，當溫度更高時，強化相便發生回溶的現象(區域 VI)；(0.0 Ag)合金於 100 到 150℃附近的放熱波峰代表 GP 的析出；0.3 Ag、0.6 Ag 與 0.9 Ag 合金於此溫度附近亦有相同析出波峰，但析出波峰大於 0.0 Ag 合金，其中 0.9 Ag 合金的析出波峰最大。這是因爲 Al-Cu-Mg-Ag 合金於時效初期，迅速產生 Ag-Mg **聚集(co-cluster)**，此聚集成爲 Ω 相的成核點，導致 Ω 相大量析出。

由於 GP 與 Ag-Mg 聚集皆可於低溫時效析出，且 0.0 Ag 合金不含 Ag，並沒有 Mg-Ag 的聚集產生，於 100 到 150℃之區域僅爲單純的 GP 析出放熱反應，故可判斷 0.3 Ag、0.6 Ag 與 0.9 Ag 合金之 DSC 曲線中 100 到 150℃區域之析出波峰爲 Ag-Mg 聚集與 GP 析出的放熱反應，且高銀含量的 0.9 Ag 合金產生最大量的 Ag-Mg 聚集。

圖 9.20(b)與圖 9.20(c)分別是圖 9.20(a)中的 0.3 Ag 與 0.9 Ag 合金於 150～350℃間之 DSC 曲線重疊放大圖，其中 0.0 Ag 合金之 DSC 曲線中於 255℃附近的析出波峰代表強化相 θ'與平衡相 θ 的析出放熱反應；0.3 Ag 合金與不含銀(0.0 Ag)合金的 DSC 曲線已略有不同，210℃附近隱約可看見 Ω 相析出之放熱反應。隨著銀含量的增加，0.6 Ag 合金在 213℃則已有一明顯 Ω 析出反應，而 0.9Ag 合金於 213℃之 Ω 析出波峰高度幾乎與 0.6 Ag 合金相同。

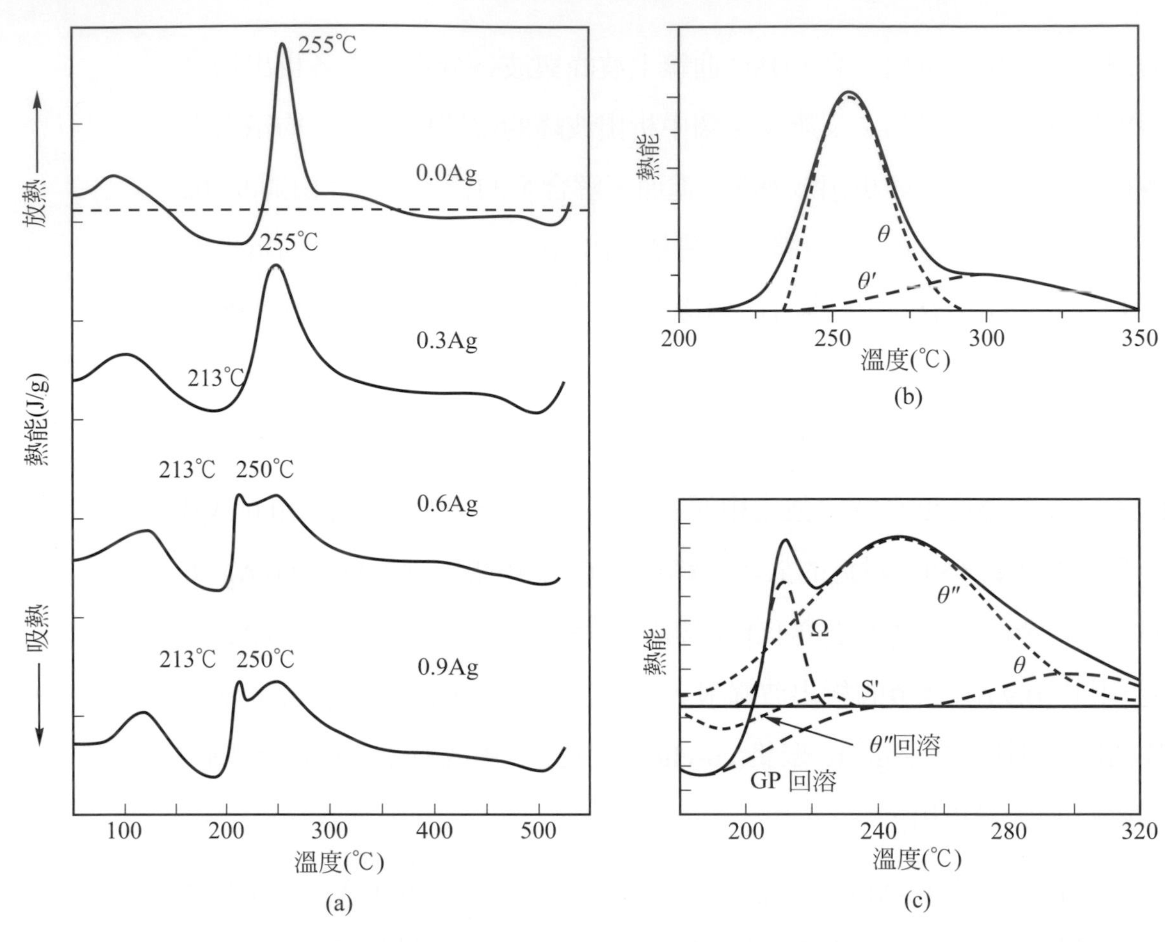

▲圖 9.20 (a)Ag 對 Al-4.5 Cu-0.3 Mg 合金強化相析出序列之影響，(b)0.3Ag 之 IV 區解析，(c)0.9 Ag IV 區解析-I-GP 析出，II-GP 回溶及 θ"相析出，III-GP 回溶及 θ"相開始回溶，IV、V-θ'與 θ 相繼析出，VI-θ 回溶[CHANG1]

圖 9.20 中應該仍有少量的 S'相存在。此一區域(約 200℃到 350℃)之間存在的 Ω、S'、θ '與 θ 相之析出放熱反應的波峰呈現部分重疊的現象，有時是無法加以區分的。

9.4 析出強化熱處理實務

實用之析出強化(或稱析出硬化)熱處理作業，可用圖 9.21 概括之，其流程包括(1)固溶處理(2)淬火延遲(3)中段淬火或直接淬火(4)一段時效(自然時效或人工時效)或二段時效。此外，時效前或時效後經常施以冷加工，流程中的每一步驟對材料最終的性質影響都很大，例如固溶溫度選取不當，淬火速率不夠，時效溫度、時間不恰當皆可能造成性質上之損失，因此欲充分發揮熱處理效果以達所需性質，對每一步驟之影響因素，應有充分瞭解。

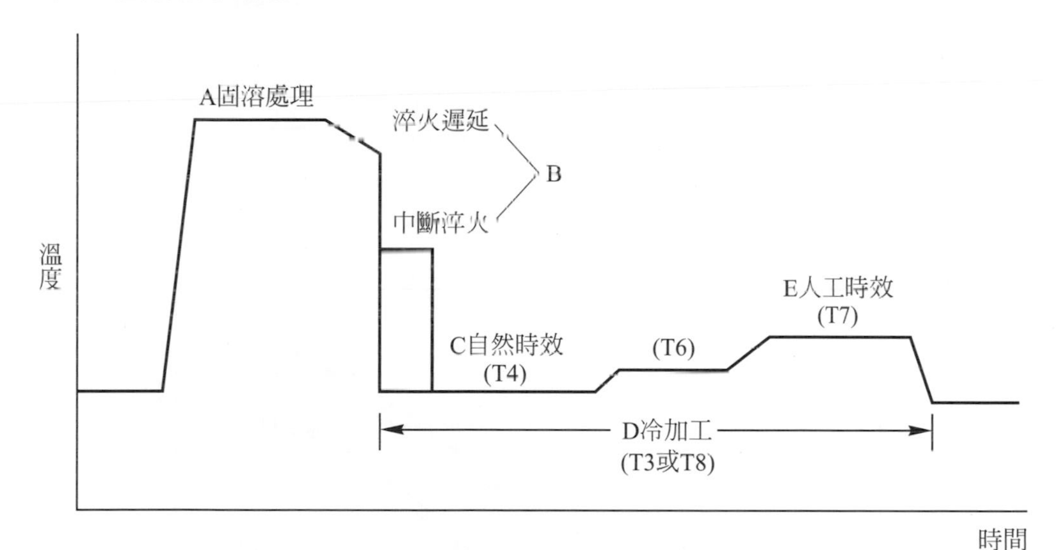

▲圖 9.21 實用之析出硬化熱處理作業流程(A)固溶處理，(B)淬火延遲及中段淬火或直接淬火，(C)自然時效，(D)冷加工，(E)人工時效(1 段或 2 段時效)

9.4.1 固溶處理溫度之影響

固溶處理的目的是要儘可能得到完全的單一固溶體，亦即固溶處理溫度之下限需高於固溶限溫度，以使所有析出強化元素溶入鋁基地中，而固溶處理溫度之上限不能超過共晶溫度，否則將發生沿晶熔解現象，冷卻時會有脆性共晶膜生成，這種脆性微結構無法藉再熱或其他方法消除。

在固溶處理溫度區間內，溫度愈高則其原子擴散速率愈快，溶質溶入愈加完全，將使得淬火後，過飽和量及時效析出物體積比增加，析出硬化的效果自然提高，如圖 9.22 所示。雖然較高溫有促進晶粒成長的作用，但商用析出硬化型合金皆含有 Cr、Mn、Zr 等細晶元素，它們在高溫對晶界移動的牽制性仍然很強，故此顧慮一般是可免除。固溶處理之時間隨鑄件厚度而增加，須足以讓溶質原子全部溶入基地。表 9.6 爲一些商用鋁合金之固溶溫度範圍。

▼表 9.6　幾種鋁合金之固溶處理溫度

鋁合金	固溶溫度(°C)	鋁合金	固溶溫度(°C)
2014	496～507	6066	516～543
2024	488～499	7075	460～480
2219	529～541	7079	438～468
6061	516～552	7178	460～499

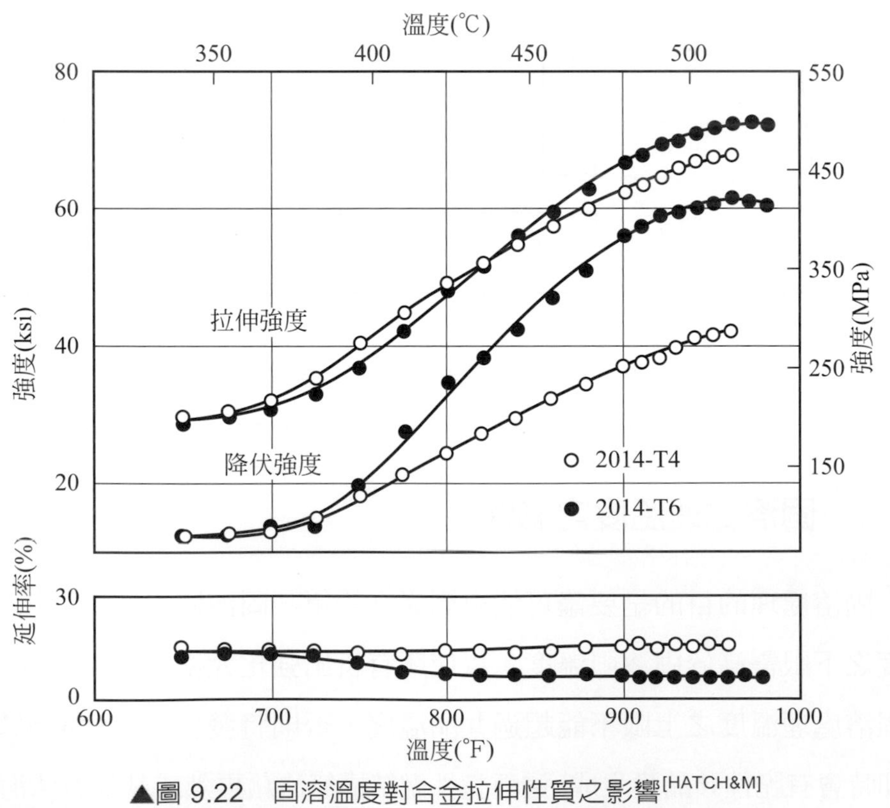

▲圖 9.22　固溶溫度對合金拉伸性質之影響[HATCH&M]

9.4.2 淬火速率之影響(淬火敏感性)

淬火是一個很重要的步驟，對於高合金含量的鋁合金，固溶處理後淬火速率愈快愈好，一方面可造成高過飽和度，提高析出體積比，二方面能將高溫時高濃度之**空孔(vacancy)**凍結下來，此高濃度之空孔已被證實對 GP Zone 的形成速率有大幅的促進效果，也就是使析出硬化速率增快。但對於低合金含量的鋁合金，其**淬火敏感性(quenching sensitivity)**較小，可採用較緩和的淬火方式如熱風或熱水淬火。其目的在於減少淬火扭曲現象及內應力。以下進一步說明與淬火相關細節。

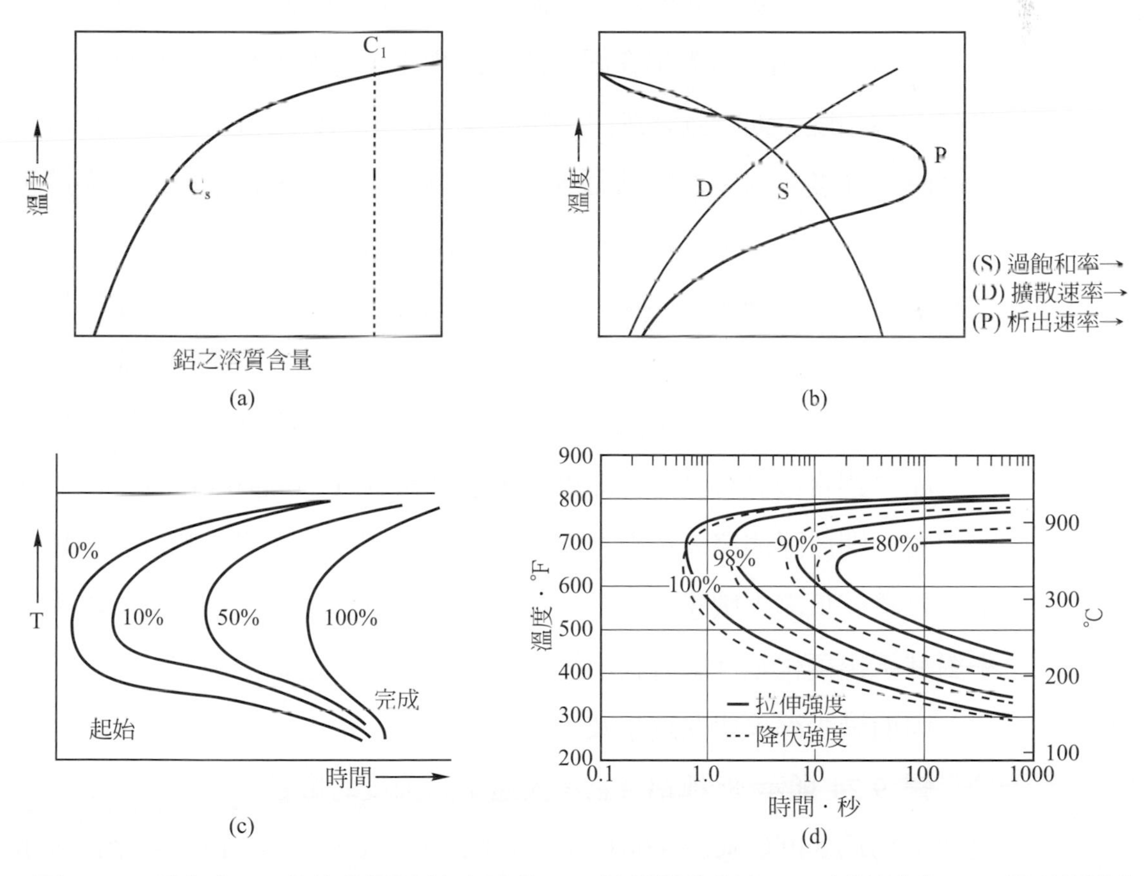

▲圖 9.23 鋁合金(C_1 成分)經固溶淬火時效：(a)溶質過飽和度、(b)析出速率、(c)析出相變化 C 曲線、(d)7075 鋁合金中段淬火對時效強度之影響[HATCH&M]

由相變化理論，可知相的析出速率是**成核速率(nucleation rate)**與成長速率的乘積，兩者皆受到溶質過飽和度及擴散速率的影響，也就是說過飽和度愈大，擴散愈快，析出速率就愈高，圖 9.23 說明鋁合金(C_1 成分)經固溶處理淬火後於不同溫度時效，其析出速率與溫度的關係，由圖 9.23(a)可知淬火後之合金，固溶原子在鋁基地之過飽和度[(S)與圖中的(C_1-Cs)]成正比，也就是淬火溫度愈低，過飽和度(S)就愈高。但若析出過程中的溫度愈低，原子擴散速率(D)也就愈慢，如圖 9.23(b)所示，故在中間溫度才具有最大的析出速率。所以此一時效析出相變化之關係爲 C 型曲線，如圖 9.23(c)所示之恆溫變態的 TTT 曲線。

由圖 9.23(c)可以看出在固溶淬火過程中，若發生高溫析出則無法獲得高過飽和度，則時效時無法獲得大量過渡相的析出量，也就是無法獲得高時效強度。圖 9.23(d)即說明此一現象，將 7075 合金中段淬火於不同恆溫下，經放置不同時間後再行淬火及時效至最高時效強度。可得強度與溫度時間的關係，此關係類似 TTT 曲線圖形。因此對於連續冷卻淬火，欲得到完全的析出強度，勢必快速通過析出最快的溫度範圍，以圖 9.23(d)爲例，此淬火速率約爲 430℃/sec 以上，才不致與 C 曲線鼻端相交。

如果鋁合金具有良好可淬火性，也就是其 TTT 曲線(圖 9.23(c、d))較偏右，則於固溶淬火過程中就容易獲得固溶原子的過飽和度，這種合金便是具有低淬火敏感性。對於具低淬火敏感性之鋁合金而言，淬火速率對其析出硬化強度影響較小，可以較慢的冷卻速率得到完全的析出硬化，因而減少淬火扭曲現象及內應力。

圖 9.24 顯示 8 種鋁合金淬火速率對強度的影響，7178-T6 臨界淬火速率約爲 540℃/sec，6061-T6 約爲 38℃/sec，顯示 7178 合金淬火敏感性遠高於 6061 合金。商用 AA7075 鋁合金，因含有 Cr 原子，形成非整合 E 相($Al_{18}Cr_2Mg_3$)顆粒，會嚴重提高淬火敏感性，爲了降低 7000 系鋁合金淬火敏感性，常選擇 Zr 原子取代 Cr 原子。

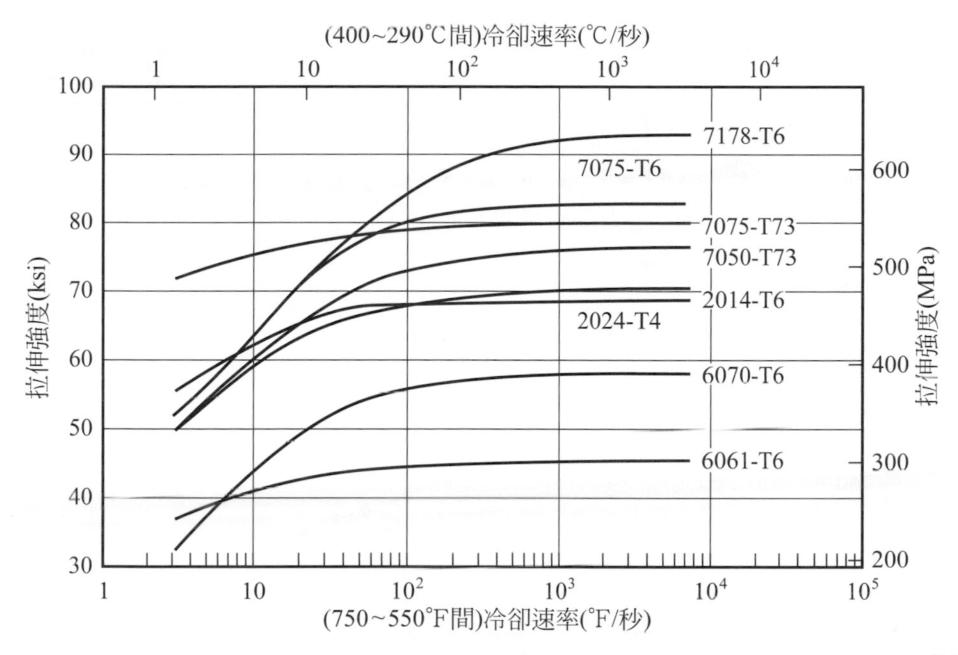

▲圖 9.24 淬火速率對鋁合金強度之影響[HATCH&M]

7000 系合金在工業鋁合金中具有最高強度，廣用於飛機等結構用材上，對於厚度需求之構件而言，在固溶並淬火時，由於心部冷卻較表面慢，若合金之淬火敏感性太高，往往於冷卻過程中，粗大的平衡 η 相($MgZn_2$)會在構件心部析出，以致心部無法獲得高過飽和的鋁基地，於時效時其強度就會低於表面，造成整體構件強度的下降。

由圖 9.24 可以看到含有 Cr 元素的 7178、7075 合金具有較高淬火敏感性，而含 Zr 的 7050 合金則有較低之淬火敏感性；探究其原因，主要是 7178、7075 合金基地中散布著非整合性中間化合物 E 相(Cr_2Mg_3Al)，淬火過程中，平衡 η 相($MgZn_2$)極易在 E 相處異質成核而析出，但對於不含 Cr 而含 Zr 之 7050 合金，基地中散布著整合性的中間化合物 $ZrAl_3$，淬火過程中，會抑制溶質原子析出，因而降低淬火敏感性。

圖 9.25 是分別含 0.2wt%Zr 與 0.2wt%Cr 的 Al-5.6Zn-2.5Mg-1.6Cu 合金(AA7075 合金)，於 470℃固溶處理後，利用圖 4.1 所示的爵明立端面淬火法來評估合金之淬火敏感性，可以很清楚的看到含 Cr 合金之淬火敏感性明顯高於含 Zr 合金。

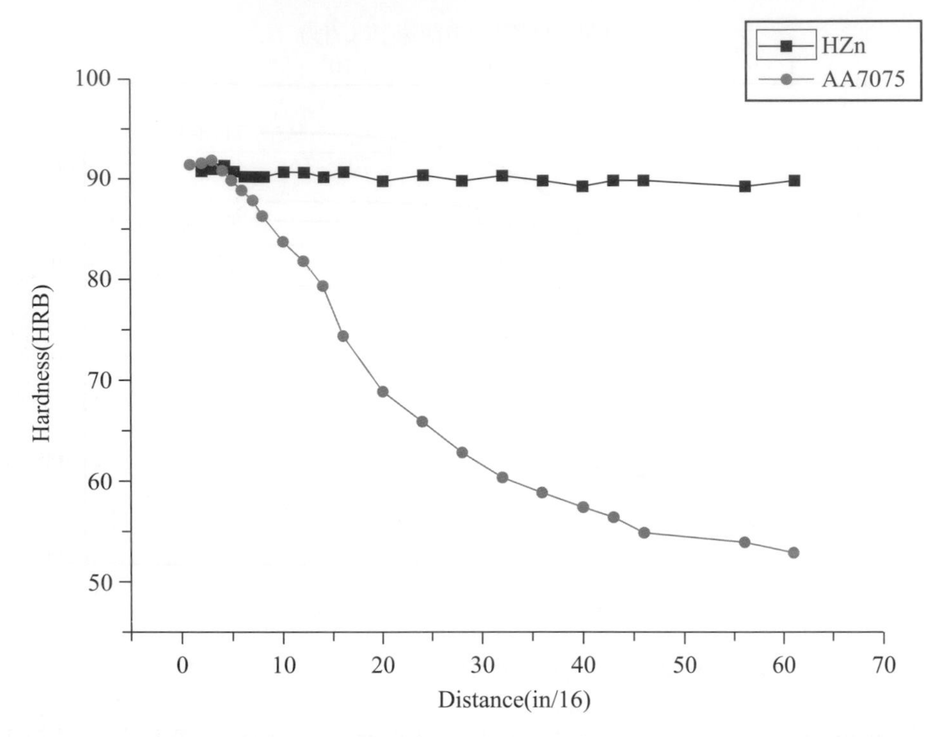

▲圖 9.25　含 0.2Cr(●)與 0.2Zr(■)之 Al-5.6Zn-2.5Mg-1.6Cu 合金淬火敏感性測試

由於商用鋁合金析出最快的溫度範圍爲 400℃～290℃間，爲了得到良好的淬火效果，須符合兩項要求：(1)從爐中移至淬火液間必須避免在空氣中冷卻至 400℃；(2)在淬火介質中須快速通過 400℃～290℃。然而實際操作上，測量冷卻速率是很困難的，通常以最大淬火延遲時間爲控制手段。最大淬火延遲時間與物件厚度有關，愈厚則允許的淬火延遲時間較長，但一般需控制在 5～15 秒內。

要達到完全的析出強度，常須施以快速冷卻淬火(如水淬)。但是實際上，此種淬火幾乎避免不了某種程度的扭曲及殘留應力，通常淬火後都必須施行應力消除與矯正整平工作；近年來業界已開發出新型淬火液，即在水中添加適當濃度的**聚亞烷基二醇(polyalkylene glycol)**，此一淬火液能在工作物上立即產生均勻而薄的導熱層，使散熱均勻而快速，當工作物溫度降至 75℃以下，此一導熱薄膜會回溶於水溶液中。

9.4.3 自然時效與人工時效對性質之影響

淬火後的過飽和固溶體，可以放置在室溫中或利用人工加溫兩種方式，使合金發生時效析出及性質上的變化，前者稱爲**自然時效(natural aging)**，後者稱爲**人工時效(artificial aging，AA)**。

1. 自然時效對機械性質的影響

不同的鋁合金，自然時效的速率不同，如圖 9.26 比較數種鋁合金之自然時效性質變化曲線，可發現 2024 合金在 4 天後，即已達到相當安定的性質，6061 合金則約需 1 個月，但 7075 合金則無法達到安定性質(即使經過很多年)，因此 2024、6061 合金有時未經人工時效，而以自然時效狀態加以應用，此即所謂的 T3 或 T4 處理。

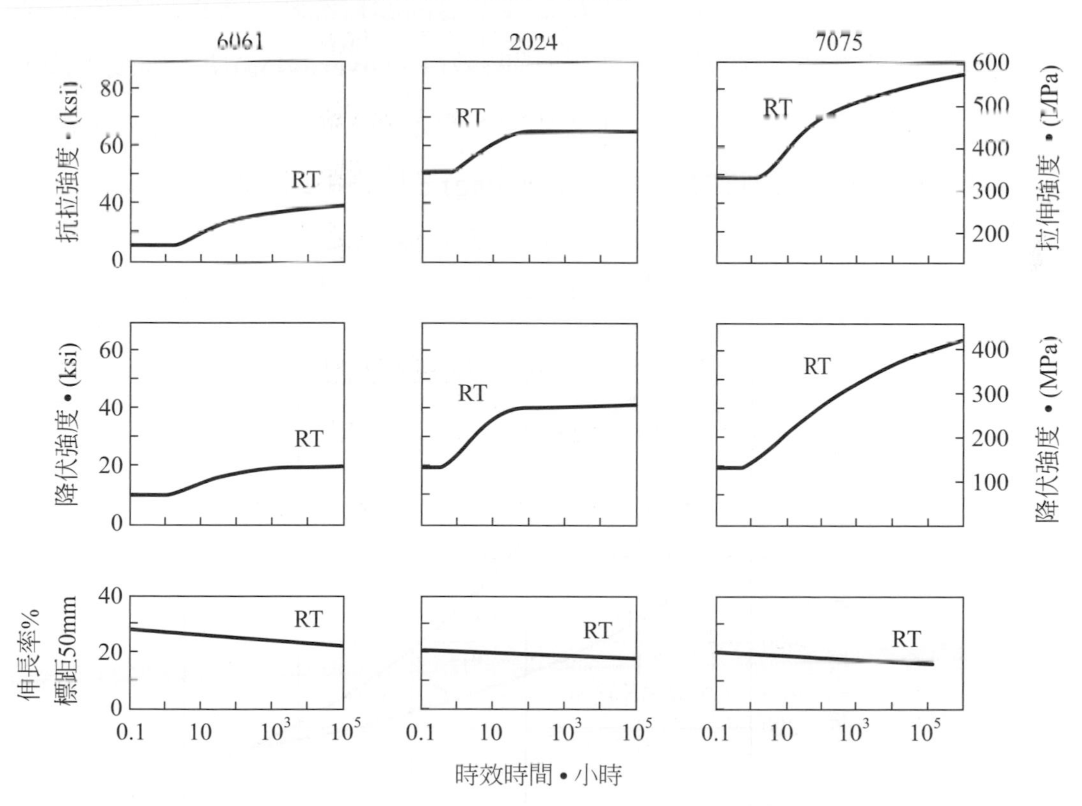

▲圖 9.26 三種鋁合金(2024、6061、7075)在自然時效之機械性質變化[18]

而 7075 合金則必須經人工時效至更安定態才加以應用，由於未經人工時效，其性質一直快速變化，故淬火後之 7075 合金需用 W 代號表示，且須按時間加以標示，如 W-10hr。

淬火後的固溶狀態，合金強度低，延性很好，最適於作加工或成形處理，爲了抑制室溫自然時效所導致的加工性變差，可施以**冷凍處理(refrigeration)**，例如將工作物放在乾冰的箱子中或冷凍櫃中來抑制析出硬化。

2. 人工時效對機械性質的影響

藉由人工時效，過飽和固溶體才能在較短時間內得到安定態，由於人工時效之析出序列與析出相分布異於自然時效，其性質之變化也因此不同，明顯的差異就是人工時效之強度遠高於自然時效，但伸長率反而較差，由圖 9.27 可看出此一趨勢。**過時效(T7、overaging)**使得強度下降，伸長率有些回升現象，但是其回升量不如強度之損失量，也就是說對同樣的強度而言，**頂時效(T6、underaging)**之伸長率比過時效大。

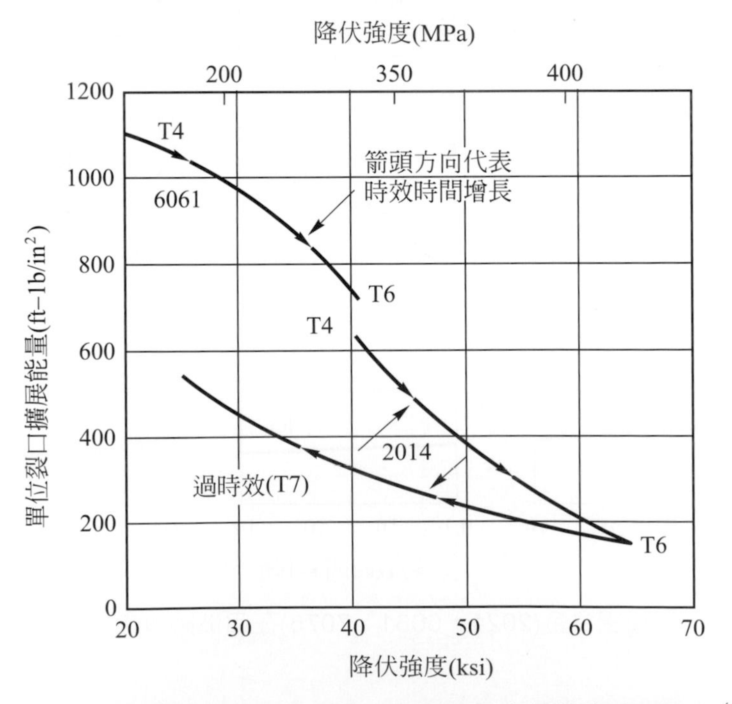

▲圖 9.27 鋁合金(2014 及 6061)時效過程之韌性與強度變化[19]

圖 9.27 中**單位裂隙擴展能量(unit crack propagation energy)**是一種韌性指標，可看出隨時效時間增加(W→T4→T6→T7)降伏強度增加，T6 時達最高強度，T7 強度下降，但韌性則與該強度趨勢相反，T6 時達最低點，T7 有回升現象，但是回升很慢，對同一強度而言，過時效之韌性低於初時效。(從斷裂面研究，過時效 352 之脆性沿晶斷裂量較多)，因此除非是爲了增加抗應力腐蝕性或增加高溫安定性才施行過時效處理外，通常都是採 T6 熱處理。

3. 時效對應力腐蝕性的影響

在使用高強度鋁合金時，常會面臨**應力腐蝕破裂(stress corrosion cracking, SCC)**的考驗，圖 9.28 顯示 AA7000(AlZnMgCu)系合金固溶淬火後，時效處理對合金硬度、導電度與抗 SCC 之影響，圖中顯示隨著時效時間(溫度)的增加，合金之導電度與抗 SCC 都會增高，通常爲了增加抗 SCC，合金均須施行過時效(T7)熱處理。

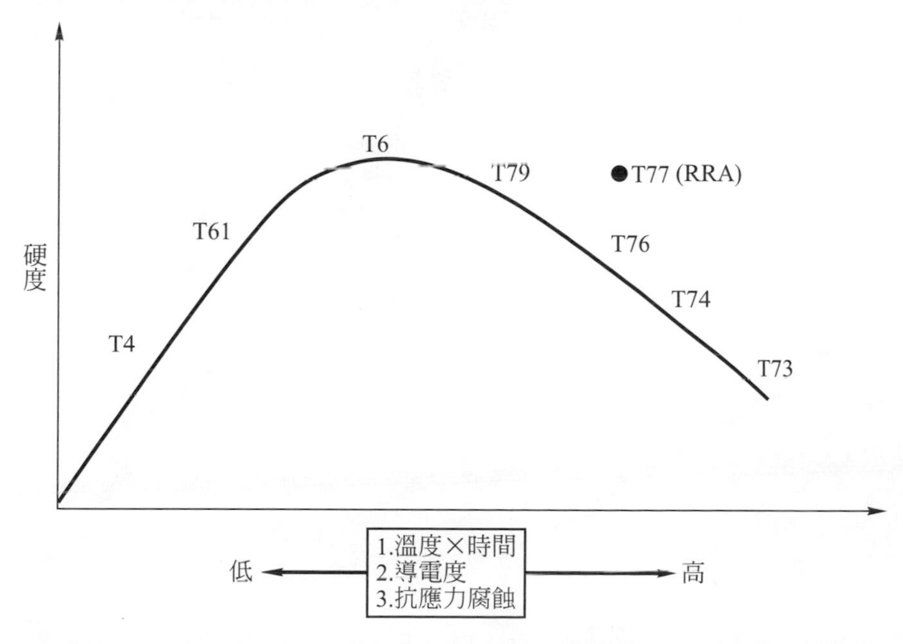

▲圖 9.28　高強度 7000 系合金經不同時效熱處理後之性質變化圖示

AA7000 系合金經頂時效(T6)與過時效(T7)熱處理後，鄰近晶界的析出形貌如圖 9.29 所示，兩者最大的區別是經 T6 熱處理後，η-$MgZn_2$ 析出相呈連續狀，而 T7 則呈不連續狀，且 η-$MgZn_2$ 析出相電位(–0.86V)低於鋁基地(–0.68V)與**無析出帶(precipitation free zone，PFZ,** –0.57V)，所以在腐蝕環境下，η-$MgZn_2$ 相將被優先腐蝕，所以在 T7 下，η-$MgZn_2$ 的不連續狀析出將可以阻擋破裂路徑，而大幅提升合金之抗 SCC。圖 9.28 中也顯示經 T77(RRA：Retrogression-Re-Aging)處理，可以獲得如 T6 強度與良好抗 SCC 之合金。

但值得注意的是對於 AA2000(AlCuMg)合金，PFZ 電位(–0.78V)低於 $CuAl_2$ 相(–0.53V)與鋁基地(–0.75V)，所以爲了提升抗 SCC，就不宜實施 T6 或 T7 熱處理，以避免 PFZ 的生成，例如 AA2024 合金常施以 T3 熱處理，就是一個常見的方法。若需要施以 T8 處理，爲了避免 PFZ 的生成，宜在固溶淬火後，於室溫下自然時效(約 1～2 天)後再施以 T6 熱處理。

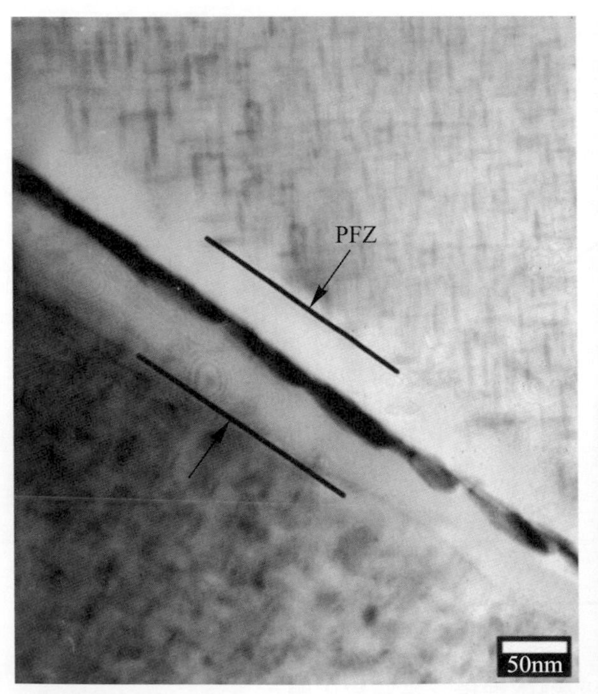

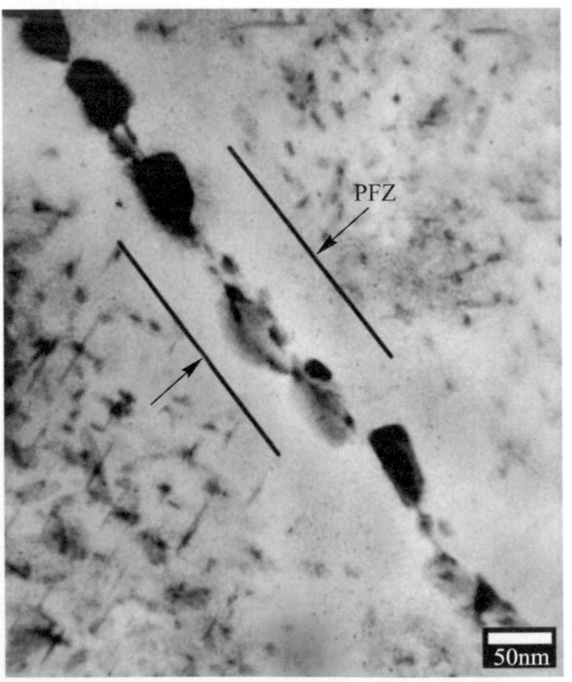

▲圖 9.29 AA7075 合金經(a)T6(120℃×24hrs)與(b)T76(T6+158℃×6.5hrs)熱處理後晶界 η-$MgZn_2$ 析出形貌

9.4.4 自然時效對人工時效之影響

圖 9.30 之人工時效前已先施行自然時效，因此人工時效初期，產生性質回復現象，強度下降而伸長率回升，這是因為自然時效的析出物在人工時效溫度時不穩定，而很快**回溶(reversion)**於基地中，造成軟化的現象，此一現象同樣發生在其它二段處理，例如 7075 合金經 120℃ T6 處理後再移至 150℃處理。

在實際作業中，除非淬火後立即人工時效，否則先自然時效而後才人工時效是常發生的事，但是自然時效對爾後性質是否有益，則須加以評估，才能作適當取捨。圖 9.30 中比較自然時效對三種鋁合金(7178，7075，7079)之 T6 強度的影響，可發現 7178 合金不宜自然時效，應立即人工時效；7075 合金亦然，尤其在 4～30 小時之間更形糟糕；7079 合金則放置 10 小時以上反而有所助益，約 5 天為最恰當時間。

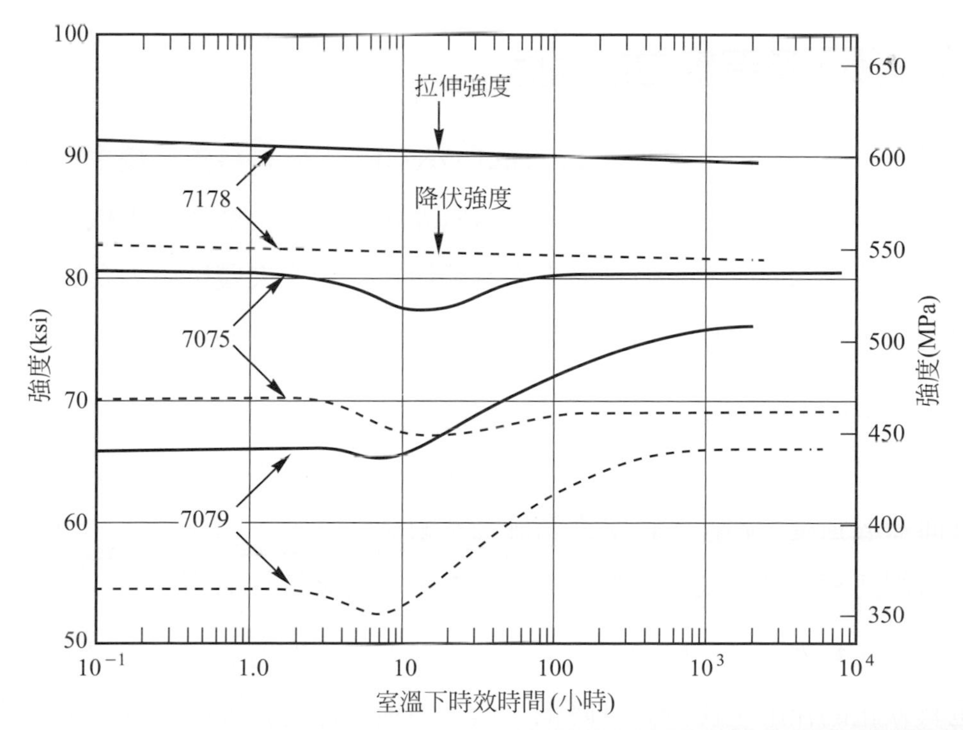

▲圖 9.30 自然時效對鋁合金(7178，7075 及 7079)T6 強度之影響[HATCH&M]

同樣地，自然時效對 6061-T6，6063-T6 之反應亦不同，6061 合金不宜自然時效，6063 合金則有助益，以上不同合金所呈現的反應有所不同，其原因尚有待進一步研究，相信與析出物分布的改變有所關連。上述回溶的現象所伴隨的強度下降、延性增加現象，常被用來提高已自然時效工作物的加工性，不過加工後，通常須作人工時效，才能回復好的析出強度。

9.4.5 冷加工之影響(T8)

2000 系鋁合金在時效前若施以冷加工，其析出硬化速率及最高強度將提高，而 7000 系鋁合金並沒有此一現象，其強度增加很小。因此 2000 系鋁合金常被施以 T8 處理，即淬火後施以冷加工再人工時效。冷加工所引入之差排結構能增加析出相成核，使析出相更爲細小緻密，而達更佳的強化。

9.5 殘留應力的消除

殘留應力又稱爲**內應力(internal stress)**是由於材料內部發生不均勻塑性變形，析出硬化型鋁合金在固溶處理階段能完全地消除因機械加工作業所造成的內應力，但是淬火作業卻使它重新帶來殘留應力及變形扭曲現象，以致在應用以前仍必須設法將之作某種程度的消除。

殘留應力之消除有很多方法，對於低淬火敏感性之合金，可以採用較慢的淬火速率，但是對於具高淬火敏感性之合金，較慢的冷卻速率卻反而造成強度、韌性、抗應力腐蝕性及耐蝕性下降，因此如何採用較慢的冷卻速率而又不太損失材料性質是要依合金之特性而定。

退火熱處理是一般金屬用來作消除殘留應力的方法，當然退火同時也有軟化的作用，使得強度降低，但幸運地，適當程度的消除應力所費時間比完全退火所須時間短很多，退火消除應力的基本原理，就是使得材料降伏強度及潛變強度降低，而使得高殘留應力的區域發生塑性變形，而達到鬆弛應力的效果。

深冷處理法(subzero treatment)也可有效消除部分殘留應力，例如將工作物在沸水 100℃及乾冰酒精混合液 38℃間來回浸漬數次，不過最好的方式是剛淬火後即作深冷處理，(此時降伏強度最低)而後放置沸水中再冷卻即可，如此可消除約 25%的殘留應力。**回溫淬火法(uphill quenching)**，可消除約 83%的殘留應力，且對性質沒有不良影響，此法是將淬火後的工作物深冷至液態氮(沸點：−196℃)後用水蒸氣噴射淬火。

熱處理消除應力法因爲對強度及其他性質有減少的現象，故不能適用於高強度鋁合金，而深冷處理及回溫淬火的方法由於設備較麻煩且難大量生產，故主要限於複雜形狀的鍛件、鑄件，而機械處理法不但能有效消除內應力，不損失材料性質，且能大量生產，因此是最廣泛應用的應力消除方法。

微觀上，應力消除的過程是藉由熱能讓差排移動，使得受到彈性變形的原子回復到平衡位置的一個製程，所以機械法消除應力最基本的方法就是在室溫下施以微量塑性變形，當殘留應力加上所施加的機械力大於工件的降伏強度時，差排就能移動，也就能釋放殘留應力(稱爲**鮑辛格效應(Bauschinger effect)**)。機械法消除應力，其方法包括**拉伸(stretching:Tx51)**、**壓延(cold compression:Tx52)**、**軋平(roller leveling:Tx511 或 Tx521)**等。

9.6 鋁矽鑄造合金熱處理

鋁矽鑄造合金具有優良的鑄造性、耐蝕性，且可被加工和銲接，其使用量佔所有鋁鑄件的 85%以上，鋁矽合金依其含矽量的多寡，可分爲亞共晶、共晶、過共晶三種，其相圖與微結構如圖 9.31 所示，由圖中可以看到共晶鋁矽鑄造合金是由共晶(α 鋁＋矽)所組成，亞共晶之鋁矽鑄造合金是由初晶(α 鋁)與共晶(α 鋁＋矽)所組成，過共晶鋁矽鑄造合金則是由初晶(矽)與共晶(α 鋁＋矽)所組成。

鋁矽合金的微結構主要由合金成分和鑄造方法來控制。在壓鑄時因冷卻速率快，可得到細化的共晶結構及細小樹狀晶粒；在永久模或砂模鑄造時因為冷卻速率慢，需要使用如鍶或鈉等改良劑才可得到較細的共晶矽；而過共晶合金是加入磷以細化初晶矽結構，在鋁矽合金中加入晶粒細化劑將可細化晶粒。

當添加 Mg、Cu 等微量元素時，鋁矽鑄造合金具有可熱處理性，其熱處理原理與 9.3 節所介紹的相同，有鑑於 AlSi 鑄造合金的被大量使用，所以本節將就其**共晶改良(eutectic modification)**方法與對合金性質之影響略加介紹，同時也將說明其熱處理之作業方式。

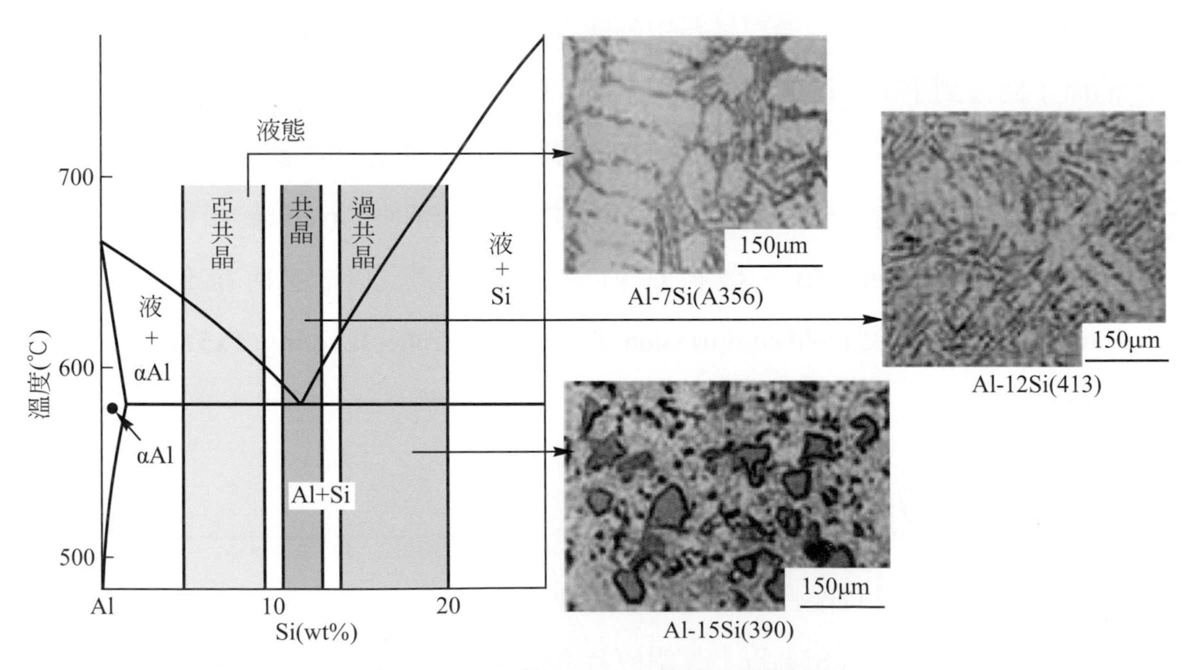

▲圖 9.31　鋁矽合金二元相圖與其微結構

9.6.1 鋁矽鑄造合金之共晶改良

不論是亞共晶、共晶、或過共晶鋁矽合金，其微結構均含有共晶矽，用微量鍶(約 0.03 wt%)處理過(即改良)的與未處理過(即未改良)的鋁矽合金具有相當不同的微結構，圖 9.32 顯示 A356(Al-7Si-0.3Mg)合金之差異，可清楚看出合金中沒有加入鍶時，矽呈粗大針狀構造。

這種未改良的粗針狀矽粒子，當受到塑性變形時，因爲幾乎沒有塑性變形能力，因而容易成爲應力集中處，成爲提供合金破裂的路徑，而經鍶處理後成爲細纖維狀結構，這種較細之矽粒子，能提供較高的拉伸強度和延伸率，共晶矽從粗針狀到細纖維狀矽晶結構的轉變即稱爲**改良(modification)**，它會提高鋁矽鑄造合金的機械性質，如圖 9.33 所示。

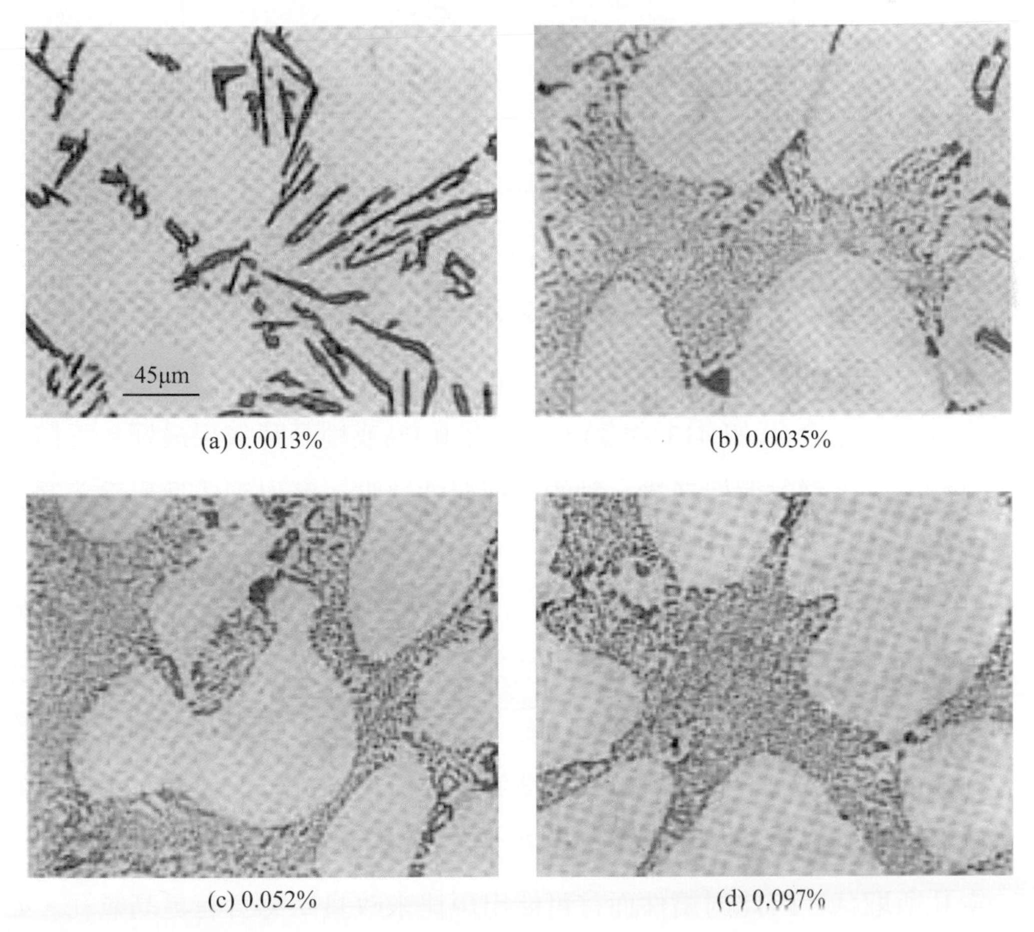

(a) 0.0013% (b) 0.0035%

(c) 0.052% (d) 0.097%

▲圖 9.32 鍶含量對 A356 鑄鋁合金微結構之影響[CLOSSET]

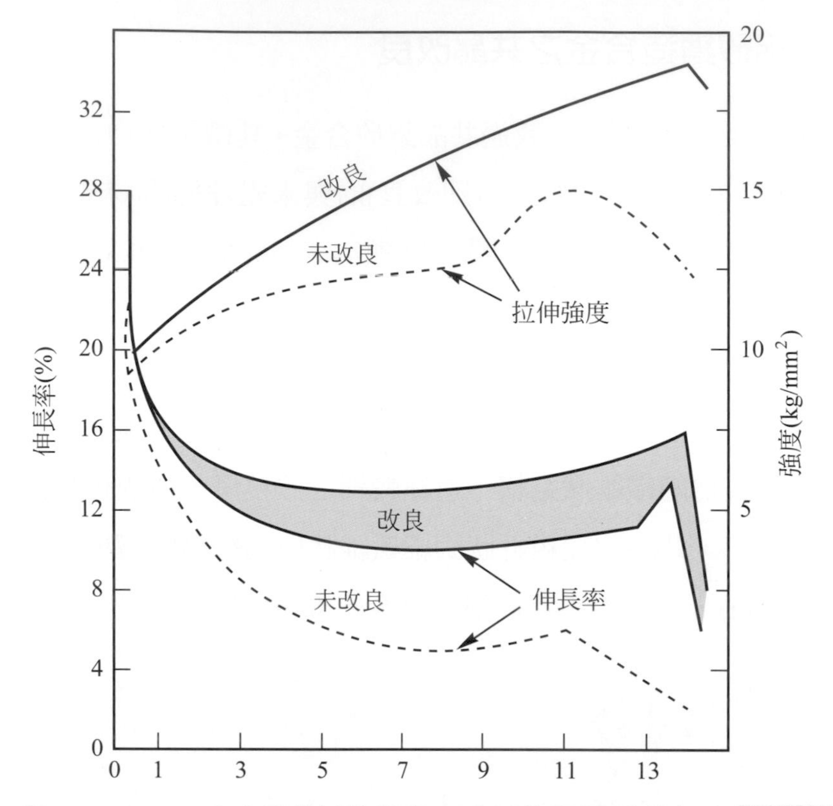

▲圖 9.33 Al-Si 合金的機械性質與 Si 含量的關係(砂模鑄造)[KEMPF&M]

目前商用改良劑只有 Na、Sr、Sb 三種，每種元素添加量由合金之含矽量決定，較高的矽含量需要較多的改良劑。鈉含量約 0.005～0.01%；鍶含量約 0.02%即可足夠改良含 7%矽的合金(如 A356)，但要到 0.04%才能改良共晶合金(如 413 合金)，而銻在 0.1%或稍高時效果最好。三種改良劑中，因銻的環保考量、鈉的高揮發性缺點，所以鍶成為最為普遍被使用的改良劑。

以銻作為改良劑時，由於銻與氫會發生化學反應，生成 SbH 化合物而降低熔鋁中的含氫量，因而降低鑄件氣孔。另外鑄造人員常誤認為以鈉或鍶改良後的鑄件有更多的氣孔，這是因為鈉與鍶會降低熔融鋁矽合金表面張力，鑄造凝固過程容易使氫氣孔成核晶出，而使改良後合金的微結構空孔分布發生改變。**大空孔(macroporosity)**被細小且廣泛分布的空孔所取代，因此對鑄件而言可能出現比未改良狀態含有更高氣孔，如圖 9.34 所示，但無論如何，改良後的合金其機械性質是優於未改良之合金。

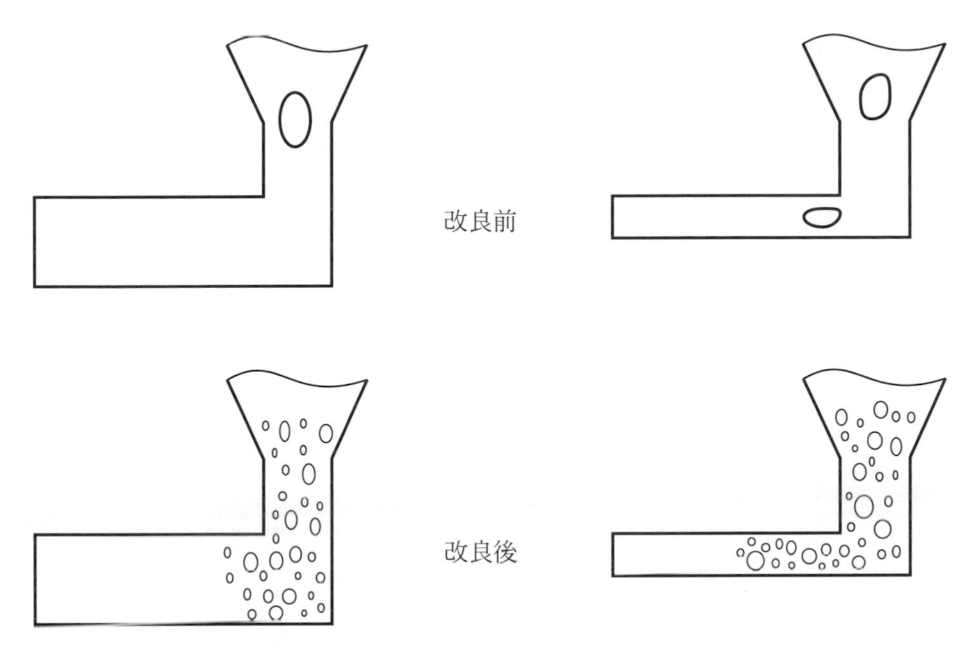

圖 9.34 改良對鑄件孔隙分布的影響[GRULENSKI&M]

結合強度和延性的**品質指標(Quality index-Q)**，比單獨以拉伸強度或延伸率更能眞實描述鑄件的拉伸性質；品質指標 Q 的觀念是考慮 Al-Si-Mg 合金的拉伸強度(UTS)，延伸率和降伏強度的相互關係；將 A356 合金的這些因素繪於圖 9.35 中。在描述改良處理效應時，品質指標相當有用的。品質指標定義成：

$$Q = UTS + (K)\log(\text{延伸率}) \tag{9.5}$$

對 A356、A357 合金而言，K = 150，品質指標是有應力單位的(MPa)。

當鑄件愈**緻密(soundness)**、或微結構愈細緻，則鑄件品質愈好(即品質指標愈高)；改良或固溶處理、與高凝固速率都會使合金之共晶矽更爲細緻，因而提高了合金之 UTS 和延伸性，如圖 9.35 所示。而有些因素，如鎂含量的高低、是否淬火處理、或時效(溫度、時間)等並不會改變鑄件的緻密性與微結構的細緻度，所以也就不會影響鑄件品質。

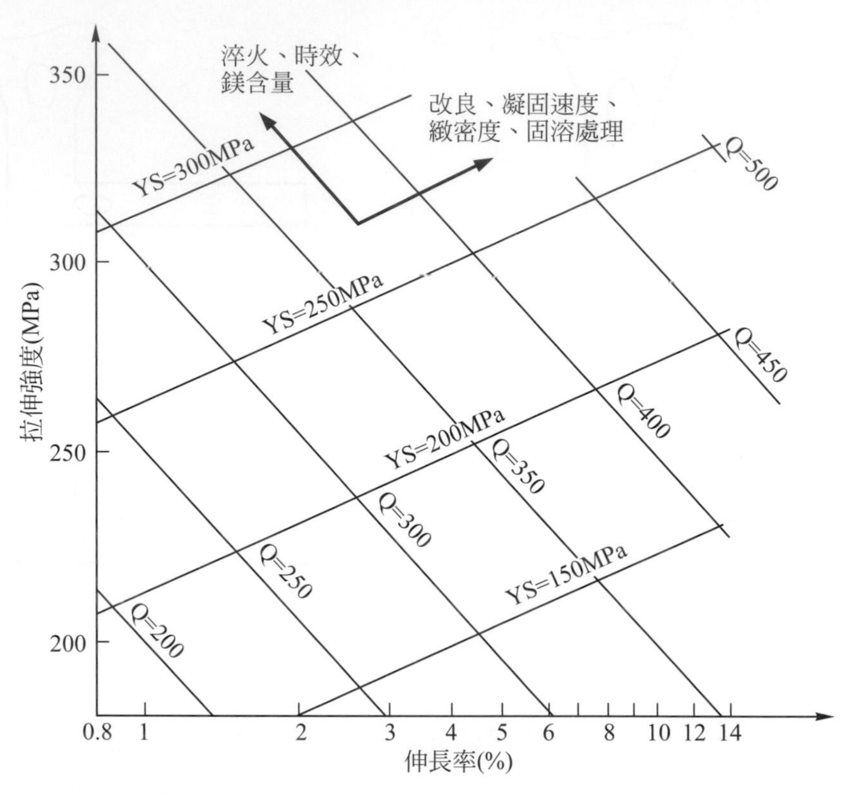

▲圖 9.35　Al-7Si-Mg 合金之拉伸強度、伸長率、降伏強度及品質指標關係
[DROUZY&M]

由圖 9.35 可知，影響品質指標的變數，可以相互調整而獲得具相同品質指標的合金，例如藉由快速凝固但未改良的微結構，與藉由較慢凝固但較優的改良微結構兩者會有相類似之品質指標；也就是在不改變品質指標值的情況下，合金拉伸性質的 UTS 與延伸率有不同的組合，例如 A356 合金在具有 Q = 400MPa 情況下，若其 UTS = 290MPa、延伸率 = 5.5%，如果想得到 8%的延伸率，則可藉由改變時效時間來達到，此時，UTS 降到 265MPa，降伏強度則比 200MPa 略低。

9.6.2 鋁矽鑄造合金之析出強化熱處理

當鋁矽鑄造合金中添加微量 Mg、Cu 等元素時，合金便會具有可熱處理性，其熱處理方法、原理與 9.3.3 節介紹的 AlCu 合金相同。在圖 9.31 中已提及亞共晶鋁矽鑄造合金之微結構為初晶鋁與共晶(鋁矽)混合結構，也就是在鋁基地中會存在共晶矽，如圖 9.36 所示。

圖 9.36 顯示含不同鎂元素之 Al-7Si(如 A356(0.3Mg)、A357(0.6Mg) 合金)定成分相圖及其時效處理程序所獲得之微結構示意圖，當 Al-7Si-Mg 合金於高溫固溶處理時(圖中①)，在 Al 基地內(含有共晶矽)溶有部分的矽與鎂原子，由圖中可知，合金中的 Mg 原子幾乎完全溶入 Al 基地。當淬火處理時(圖中②)，將形成含矽與鎂的過飽和的 Al 基地。時效處理時(圖中③)，將析出細小緻密之過渡介穩 Mg_2Si 第二相，其析出序列與 6000 系的 Al-Mg-Si 合金類似，兩種系列合金皆是藉由過渡介穩 Mg_2Si 第二相的析出而達到強化目的。

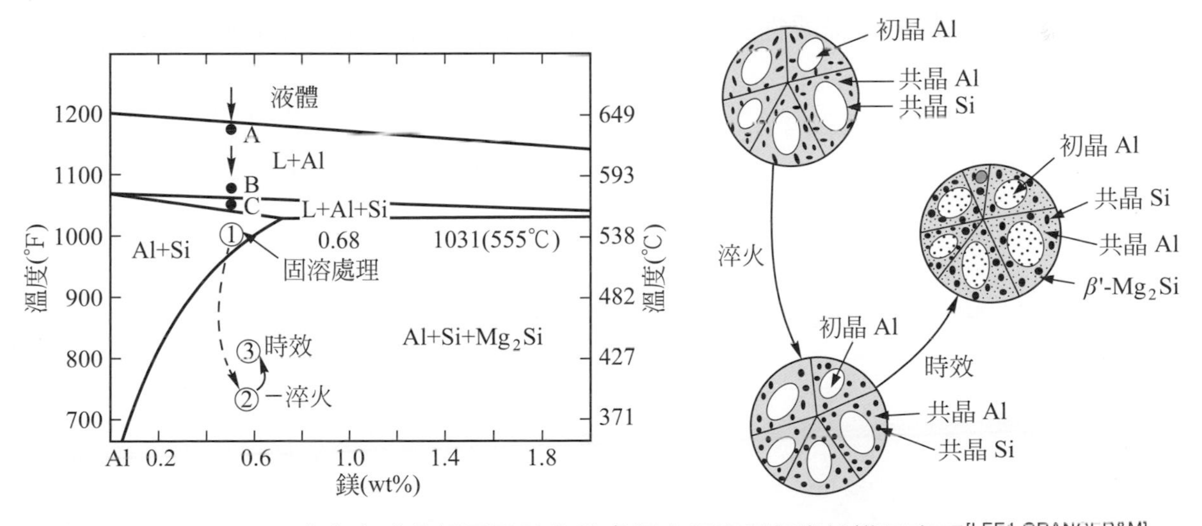

▲圖 9.36 Al-7Si-Mg 合金定成分相圖及時效熱處理之程序所得微結構示意圖[LEE1,GRANGER&M]

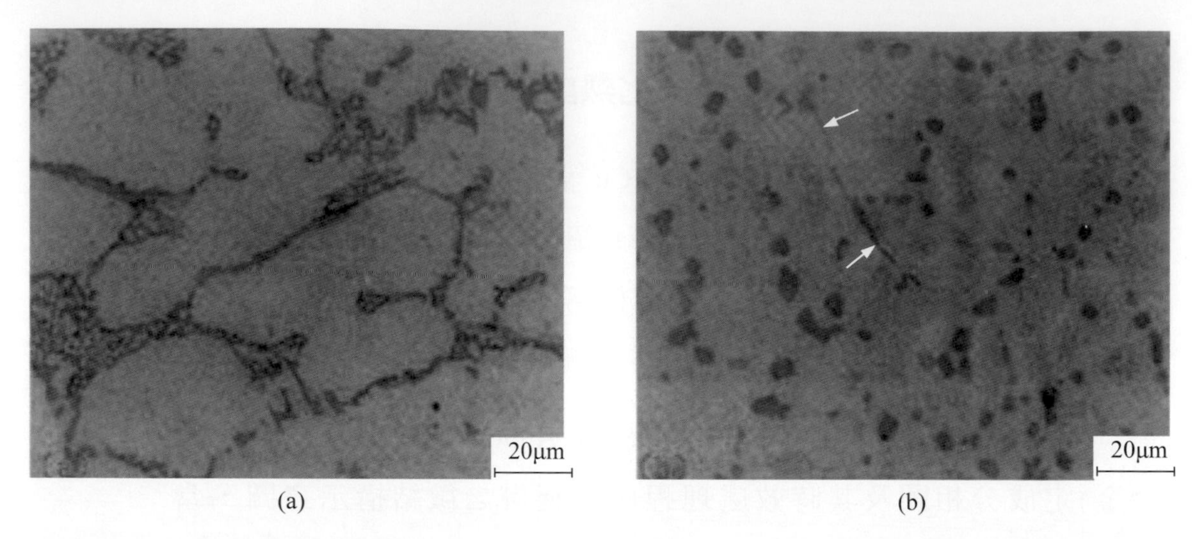

▲圖 9.37　A357(Al-7Si-0.6Mg-0.05Be)合金之(a)鑄造、(b)固溶淬火後之微結構，箭頭所示為 $FeAl_3$ 中間相[TAN]

圖 9.37 顯示以鍶改良的 A357(Al-7Si-0.6Mg-0.05Be)合金具有細小纖維狀的共晶矽，經 520℃固溶處理 10 小時後，其室溫微結構很明顯顯現共晶矽粗化的現象。所以對於未經改良處理之鋁矽鑄造合金，也可以藉由高溫固溶處理來球化粗大針狀的共晶矽，從而改善鋁矽鑄造合金之機械性質，但需要很長時間，實務上還是以改良合金爲佳。

習　題

9.1 簡述鋁合金之分類，如何命名？何謂熱處理型與非熱處理型鋁合金？

9.2 鋁合金中氫氣來源是什麼？爲何熔配鋁合金時需充分除氫？如何除氫？

9.3 說明 Al-1.1Mn 合金進行(製程)退火時，當退火溫度低於 625℃時，晶粒呈未成長現象，而當退火溫度高於 650℃時，晶粒則呈正常成長，且當 650℃的退火時間增長時，晶粒成長速度有明顯減緩現象。

9.4 何種鋁合金需實施安定化熱處理？如何進行安定化熱處理？與合金之腐蝕敏化有何關係？如何改善敏化問題？

9.5 何謂鋁合金之**可淬火性(quenchable)**？它與淬火敏感性有何關係？與鋁合金之析出 TTT 圖又有何關係？

9.6 鋁合金之析出強化熱處理的基本過程包含固溶處理、低溫淬火、時效處理三個步驟，說明每個步驟之目的。

9.7 時效溫度與固溶元素含量對於 AlCu 合金析出硬化曲線的形狀有何影響？

9.8 何謂自然時效與人工時效？自然時效對人工時效有何影響？如何避免自然時效之發生？

9.9 不同的改良劑對鋁矽鑄造合金之微氣孔有何影響？試說明其原理。

9.10 略述(1)鋁合金均質化溫度的限制，(2)高強度鋁合金(例如 AA7075)常施行兩段式均質化熱處理之原因。

9.11 如何藉由熱處理來提升高強度鋁合金(例如 AA7075、AA2024)之抗應力腐蝕破裂(SCC)？

補充習題

9.12 略述鋁合金中的非金屬介在物之來源，這些非金屬介在物對鋁合金的性質有何影響？如何去除非金屬介在物？

9.13 鋁合金質別代號中的 H116 與 H321 各代表什麼？T3、T4、T6、T7、T8、W 各代表什麼？

9.14 說明 Al-4.5Cu 合金鑄塊的微偏析，均質化熱處理可以完全消除此種微偏析嗎？均質化熱處理還有其它目的否？

9.15 若 Al-5Mg 合金含有微量錳、鉻元素時，經冷加工退火處理後，在 500℃高溫下退火，合金元素含量較高時，晶粒幾乎沒有成長，合金元素含量稍低時，晶粒就會發生正常或異常成長，說明其原因。

9.16 何謂可熱處理鋁合金與非可熱處理鋁合金？析出強化鋁合金需具備哪些條件？析出強化熱處理的基本過程是什麼？

9.17 含 4 wt%銅的鋁合金經固溶淬火後，分別於在 130℃、190℃、與 350℃進行時效熱處理，試以 AlCu 二元相圖來說明在不同溫度下之析出硬化現象。

9.18 說明析出與散布強化之異同，時效時為何需要有過渡介穩相的存在？何謂過時效？

9.19 推導式(9.3)，$\tau_p = (2Gb/d)$。

9.20 推導式(9.4)，$d = (2\pi/3f)^{1/2} r$。

9.21 在散布強化或析出強化中，若差排切過第二相顆粒，這種情況下，試討論其強化效果。

9.22 商用純鋁的降伏強度 = 90 ksi。若有體積分率為 0.05，直徑 100nm 的 Al_2O_3 顆粒加到純鋁中。試計算其降伏強度。對純鋁而言，其剪力模數 $G = 6.9 \times 10^{11}$ dynes/cm^2，而差排之布格向量 b = 0.272 nm。

9.23 說明鋁-4.5 wt%銅合金經固溶淬火後，分別於在 130℃、190℃、與 350℃進行時效熱處理之析出系列。

9.24 說明 Al-4.5Cu 0.3Mg 合金與 Al-4.5Cu-0.3Mg-0.6Ag 合金經固溶淬火後，在 130℃進行時效熱處理之析出系列。

9.25 說明 6061(Al-1.0Mg-0.6Si)鋁合金與 A357(Al-7Si-0.6Mg-0.05Be)鋁合金經固溶淬火後，在 130℃進行時效熱處理之析出系列。

9.26 為何鋁合金固溶處理溫度會有上下限之範圍？固溶處理溫度之高低對鋁合金時效處理時的析出強度有何影響？

9.27 具有低淬火敏感性之鋁合金，在析出硬化實務中有何優勢？在 7000 系(AlZnMg)鋁合金中，為何含微量 Zr 之合金較含微量 Cr 之合金具有較低之淬火敏感性？

9.28 為何 7000 系鋁合金固溶淬火後，需經人工時效或加以冷凍處理才加以應用？而 2000、6000 系鋁合金則常在自然時效狀態下就被應用？

9.29 冷加工對鋁合金之時效強化有何影響？

9.30 鋁合金固溶淬火常招致某種程度的扭曲及殘留應力，如何來消除這些殘留應力？

9.31 鋁矽鑄造合金具有何優點？依含矽的不同，其鑄態微結構有何差異？

9.32 鋁矽鑄造合金中的粗針狀共晶矽對機械性質有何不良影響？如何改善？

9.33 鋁矽鑄造合金的共晶矽改良劑有哪些？添加多少量才會有改良效果？各有何優缺點？

9.34 何謂品質指標？品質指標對於鋁矽鑄造合金有何用途？哪些因素會影響品質指標？哪些因素不會影響品質指標？

9.35 略說明鋁矽鎂鑄造合金於析出硬化過程中的微結構變化。

9.36 (進階)鋁合金鑄件常於較厚截面處出現『類似白斑』的缺陷，此種缺陷是什麼？如何改善？

9.37 (進階)如何提升 A356 鋁鑄件之導電度與車削後之表面亮度？

9.38 (進階)以 Sr 改良鋁矽鑄件時，鑄件較厚截面處易產生『孔洞』的現象，試說明其原因？

9.39 (進階)鋅比鋁重，若於 750℃下熔配 A1-5% Zn 合金時，於淨置過程中是否會發生鋅沉積的巨觀偏析？

9.40 略述美國鋁業協會以 4 位數字系統來命名鑄鋁合金之方法。

9.41 元素添加到鋁時，對其相圖會有影響？對鋁合金之偏析現象又有何影響？

10

銅合金熱處理

銅僅次於銀，是導電及導熱第二高的金屬，常被應用在導電及導熱用材上，且銅與很多元素(如鋅、錫、鎳、鈹、鋁等)的互溶度大，可形成各種不同用途的銅合金，這些銅合金可以分爲導電材料、耐蝕材料、彈簧材料、軸承材料等。

10.1 銅合金相圖

一些常用銅合金的二元相圖如圖 10.1 所示。

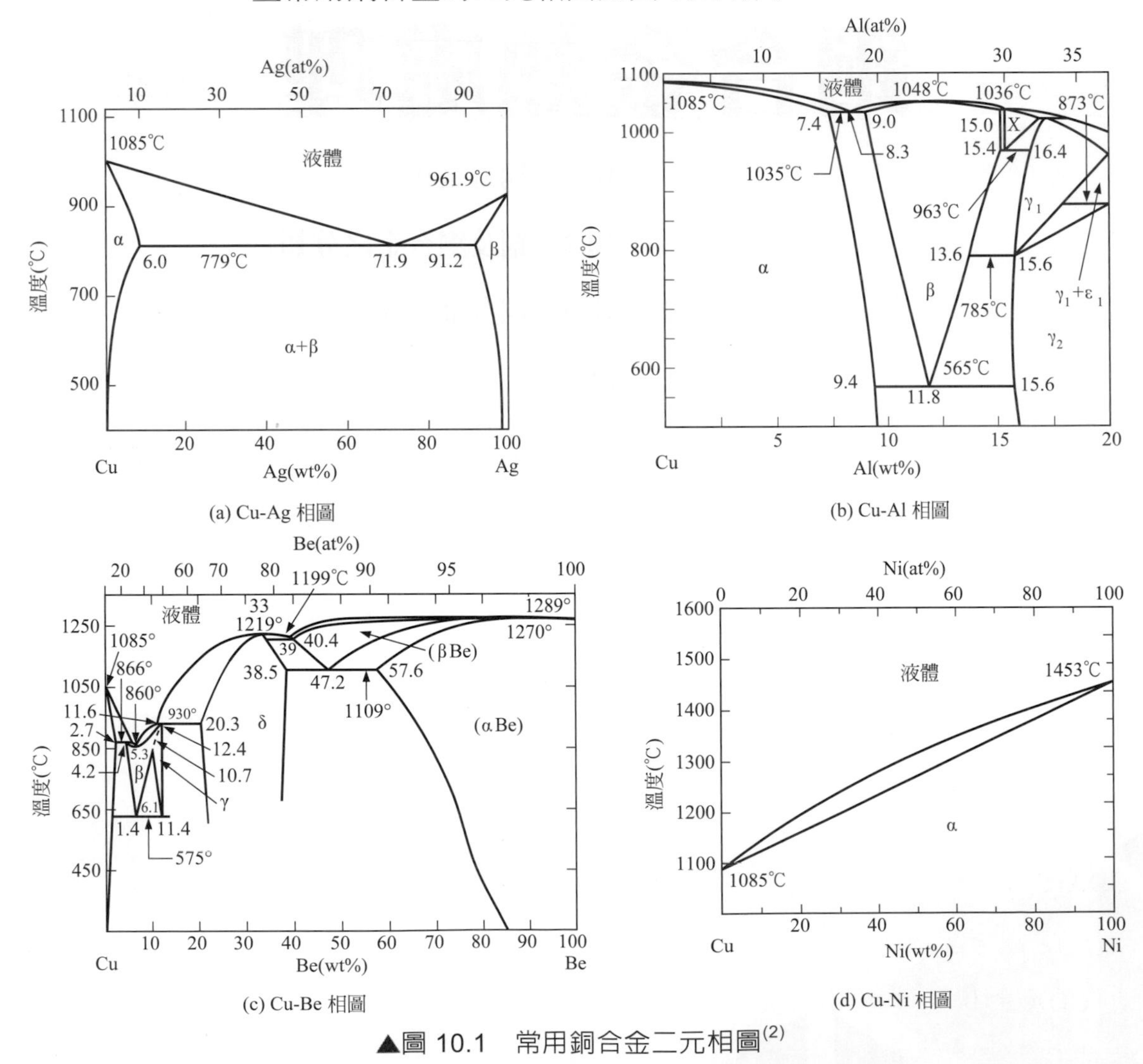

▲圖 10.1　常用銅合金二元相圖[2]

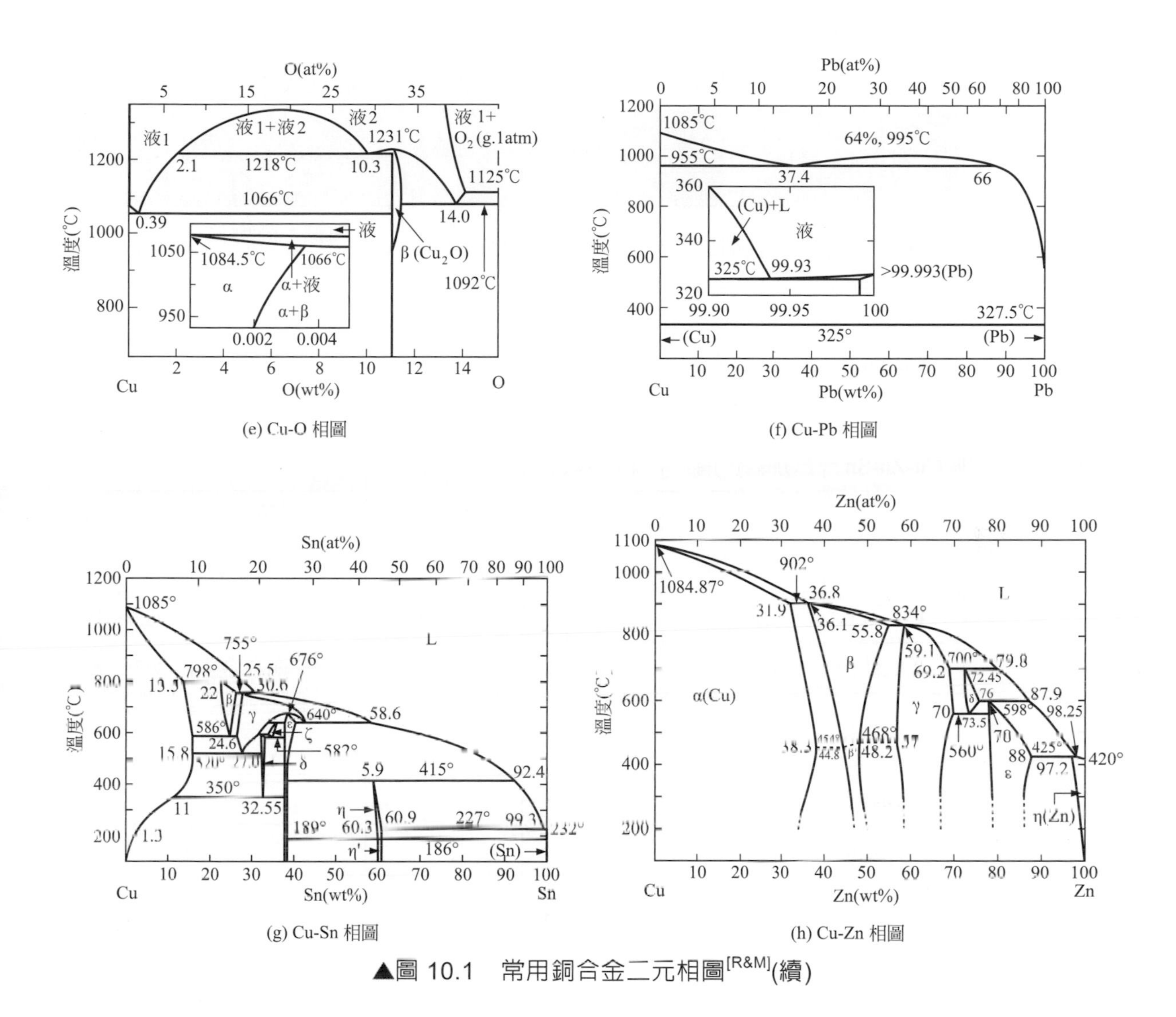

(e) Cu-O 相圖

(f) Cu-Pb 相圖

(g) Cu-Sn 相圖

(h) Cu-Zn 相圖

▲圖 10.1 常用銅合金二元相圖[R&M](續)

10.2 銅及銅合金之分類

實用的銅及銅合金可分為鍛造用與鑄造用兩大類，美國**銅發展協會 CDA(Copper Development Association)**根據化學成分採用 3 位數字來命名，表 10.1 顯示採用此種方式之分類；而 UNS 與 ASTM 的分類方式是在 CDA 的代碼下加兩位數字，而以 5 位數字來分類，一些典型銅合金之成分、機械特性與應用如表 10.2 所示。

▼表 10.1　銅合金名稱、成分、與 CDA 之代碼

鍛造材			鑄造材		
成分	名稱	代碼	成分	名稱	代碼
Cu*	純銅	101～155	Cu，Cu + X	純銅，高銅合金	801～828
Cu + X**	高銅合金	162～195	Cu-Zn	各種黃銅	833～868
Cu-Zn	黃銅等	205～282	Cu-Si-Zn	矽青銅	872～879
Cu-Zn-Pb	加鉛黃銅	314～386	Cu-Sn	青銅	902～945
Cu-Zn-Sn	加錫黃銅	405～485	Cu-Al	鋁青銅	952～958
Cu-Sn-P	磷青銅	501～524	Cu-Ni-Fe	銅鎳	962～966
Cu-Sn-Pb	加鉛青銅	534～548	Cu-Ni-Zn	洋白，白銅	973～978
Cu-Al	鋁青銅	606～642	Cu-Pb	鉛銅	982～988
Cu-Si	矽青銅	647～661	Cu + X	特殊銅合金	993～997
Cu-Zn + X	特殊黃銅，高力黃銅等	664～698			
Cu-Ni	銅鎳	701～725			
Cu-Ni-Zn	白銅	732～799			

*Cu ≥ 99.3%，**99.3% > Cu > 96%

▼表 10.2 常用銅合金之成分、機械特性與應用[R&M]

合金	UNS*	組成	狀態	UTS MPa(ksi)	YS MPa(ksi)	EL (%、2in)	應用
鍛造合金							
電解韌煉銅	C11000	0.04O	退火	220(32)	69(10)	45	電線、鉚釘、襯墊、盆子、螺釘、覆頂
鈹銅	C17200	1.9Be 0.20Co	析出硬化	1140～1310 (165～190)	690～860 (100～125)	4-10	彈簧、風箱、鎖、墊圈、閥、膜片
彈殼黃銅(七三黃銅)	C26000	30Zn	退火 H04	300(44) 525(76)	75(11) 435(63)	68 8	自動散熱器、罩火零件、電燈架、信號燈框架、啓動板
磷青銅	C51000	5Sn 0.2P	退火 H04	325(47) 560(81)	130(39) 515(75)	64 10	風箱、離合器圓盤、保險絲夾片、彈簧、銲接用線
鎳銅	C71500	30Ni	退火 H02	380(55) 515(75)	125(18) 485(70)	36 15	冷凝器和熱交換器零件、鹽水管路
鑄造合金							
鉛黃銅	C85400	29Zn 3Pb 1Sn	鑄態	234(34)	83(12)	35	家具器具、散熱片、燈架、釘夾
錫青銅	C90500	10Sn 2Zn	鑄態	310(45)	152(22)	25	軸承、襯墊、活塞環、分配板、齒輪
鋁青銅	C95400	4Fe 11Al	鑄態	586(85)	241(35)	18	軸承、齒輪、蝸輪、墊圈、閥座保護網

UNS*：Unified Numbering System

10.2.1 純銅及高銅合金

銅的導電性很容易受到少量添加元素(或雜質)的影響，而銀與磷是銅中最常存在的添加元素與雜質，這是因為銀對銅之導電性影響最小(圖 10.2)，所以儘量不傷害導電性下，為了強化與提高純銅之再結晶溫度，常於純銅中加入微量銀：而磷是精煉銅時的除氧劑，極易殘存在銅基地內，但磷卻會大幅降低銅的導電性。

商用純銅(Cu>99.3%)用於導電用途者有三種，分別是(1)**電解韌煉銅(ETPC-electrolytic tough-pitch copper)**、(2)**去氧低磷銅(DPC-deoxidized low phosphorus copper)**、(3)**無氧電子銅(OFHC-oxygen free coductivity copper)**。

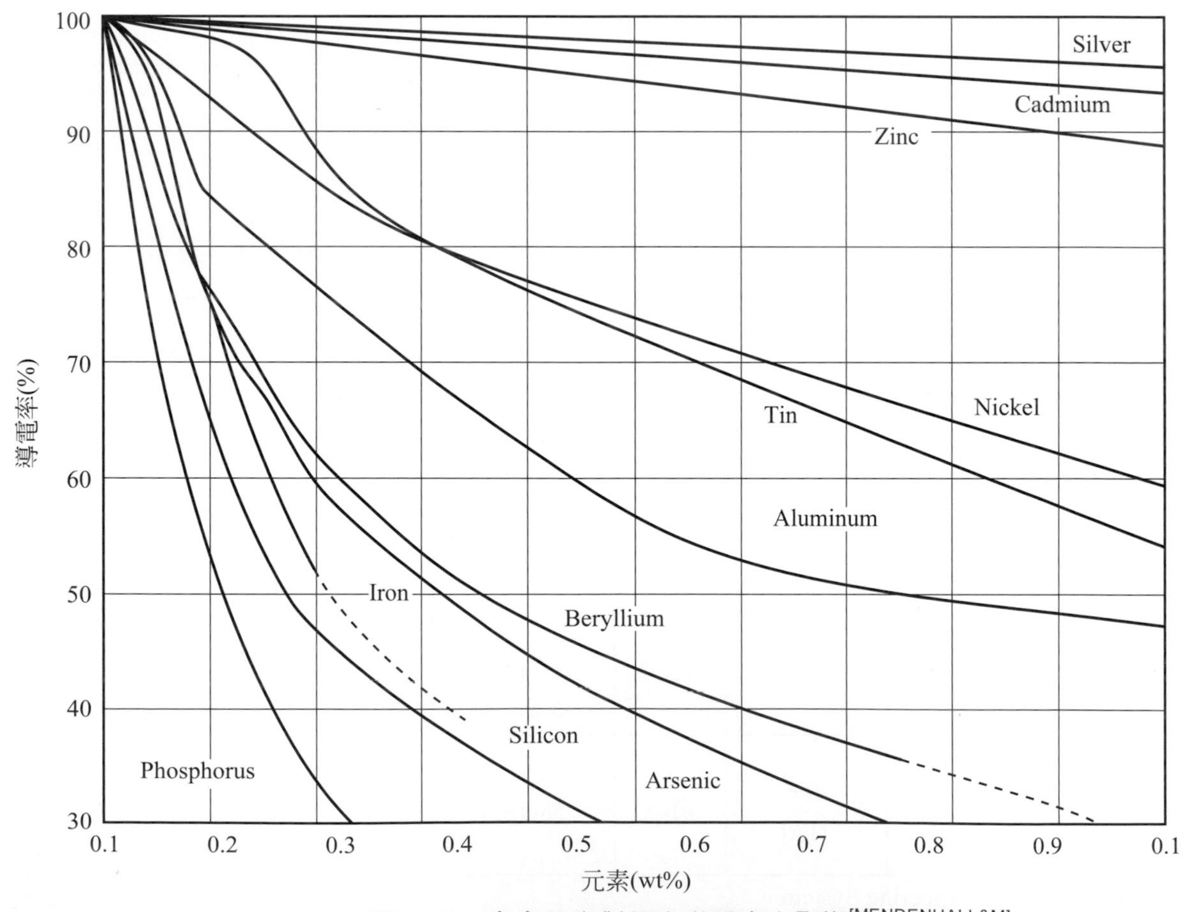

▲圖 10.2 合金元素對銅之導電率之影響[MENDENHALL&M]

電解韌煉銅(ETPC-C11000)常用在汽車散熱器、襯墊、壓力容器，ETPC 中之含氧量低於 0.05wt%，在鑄態下，如果氧含量低於共晶含量(0.39%)，其微結構是由初晶 αCu 和共晶成分(αCu + βCu_2O)所構成，如圖 10.1(e)所示，由於在共晶溫度下(1066℃)，Cu 的最大溶氧量低於 0.004 wt%，若熔融合金中溶有多餘的氧時，凝固時會有 Cu_2O 介金屬顆粒形成，這些顆粒會散布在共晶微結構間，如圖 10.3(a)所示，圖中顯示了典型的 ETPC 鑄態微結構，亮區爲 αCu 基地，暗區爲共晶組成(αCu + βCu_2O)。當合金經熱輥軋塑性變形並退火後，Cu_2O 將形成稍細長的夾雜物，如圖 10.3(b)所示，這些顆粒雖可以強化基地，但也會造成銅的脆化。

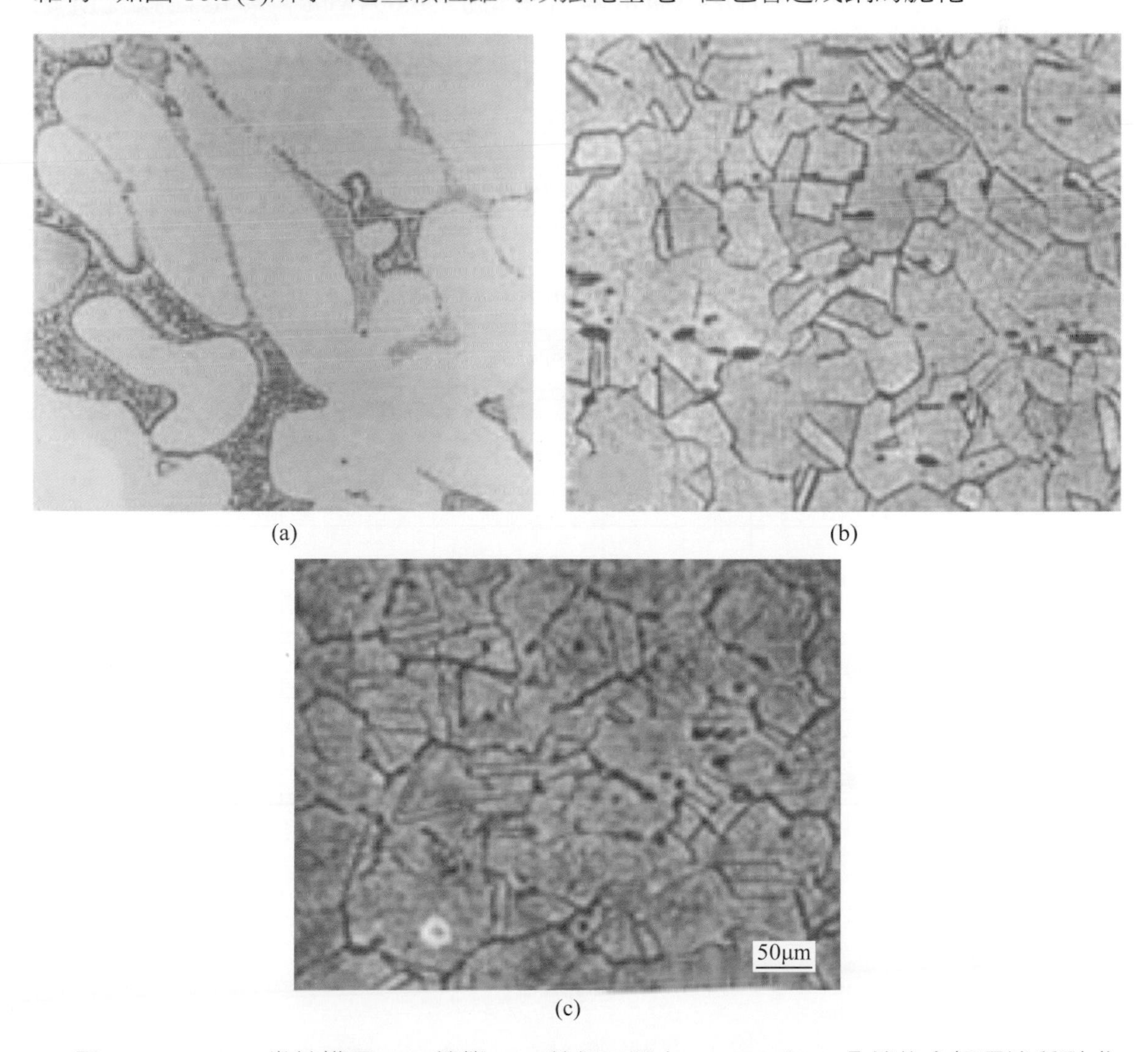

▲圖 10.3　ETPC 微結構圖，(a)鑄態、(b)熱加工退火、(c)850℃*2 分鐘的含氫環境所形成的氣孔[REEDHILL&SAMANS]

在 ETPC 中有兩個理由不希望 Cu_2O 存在，第一個理由是在溫度高於 400℃的含氫環境下，氫很容易分解成 H 原子而擴散入銅，而與 Cu_2O 產生以下反應：

$$2H + Cu_2O = 2Cu + H_2O \tag{10.1}$$

而造成銅內存在大量氣孔，如圖 10.3(c)所示，這些氣孔對於合金之機械性質傷害極大。另一個理由是 Cu_2O 造成 ETPC 不容易製造成形，尤其是在冷加工成形。

去氧低磷銅(DPC)通常磷含量低於 0.004wt%，導電性較電解銅(ETPC)大約低 15%(表 10.3)，主要用於非導電的管線用材。無氧電子銅(OFHC)是在一氧化碳氣氛下熔鑄，其含氧量低於 0.001wt%，Cu 含量大於 99.99%，用於電氣上，其導電性近似於電解銅，常用於電動馬達或**整流器(commutator)**。

▼表 10.3　三種純銅與含銀銅之氧含量與性質[DAVIDSON]

	銅(wt%)	氧(wt%)	其他(wt%)	電阻(20°C) $m\Omega/mm^2$	導熱(°C) (W/m°C)	硬度(RF)
ETPC	99.0 min (Cu + Ag)	0.04～0.05	－	58.6	226	40
DPC	99.90	0.01	0.004～0.012P	49.3	196	40
OFHC	99.99 min	0.001max	－	58.6	226	40
含銀銅	99.90	－	0.03～0.05Ag	58.0	226	40

上述三種純銅因不同之用途，其所含之合金含量均有嚴格限制，這些合金均可以大量冷加工，只是純銅再結晶溫度太低(約140℃)，常加入微量銀(低於 0.05wt%)來提高再結晶溫度，其導電率幾乎不會下降，但再結晶溫度卻可提高到 300℃以上，如圖 10.4 所示。

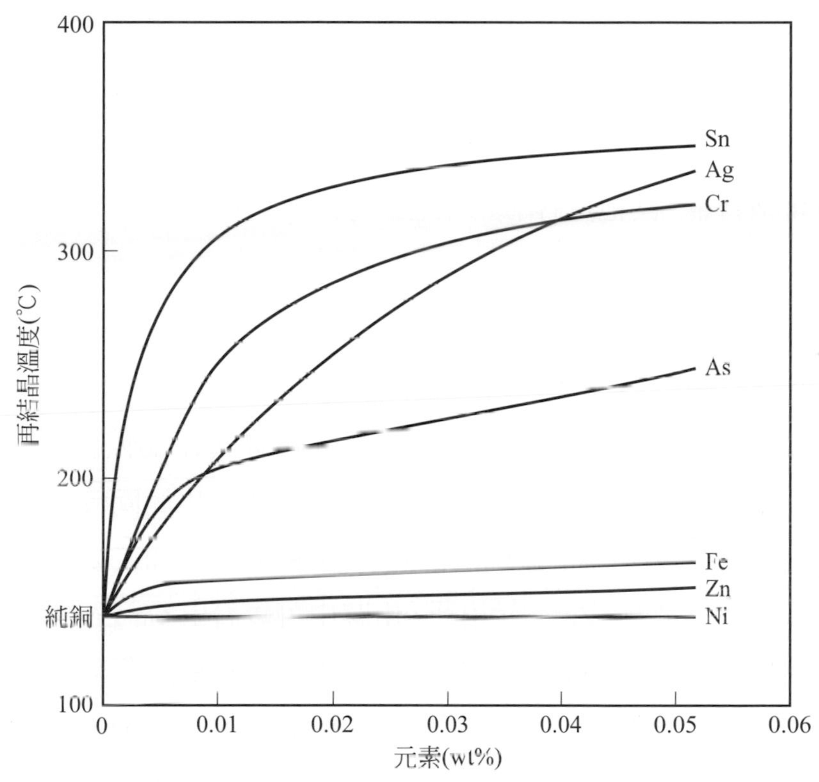

▲圖 10.4　元素對銅合金再結晶溫度之影響[BUTTS&M]

另外，純銅中之含鉛量需低於 0.005%，在圖 10.1(f)的 Cu-Pb 二元相圖中可以得悉 Cu-Pb 合金之共晶點為(325℃，99.93%Pb)，且由 Cu-Pb 相圖中也可以發現在任何溫度下，鉛在固態銅中幾乎沒有溶解度(事實上在溫度高於 325℃時，銅中約可溶入 0.007%Pb)。由於純銅熱加工區間為 500-900℃，若銅中鉛含量高於 0.007%時，多餘的鉛將會以液態存在於固態銅之晶粒間，這些液態鉛將造成純銅的**熱脆裂(hot shortness)**效應，熱脆裂將造成銅合金於熱加工過程中發生崩裂分解。

10.2.2 高銅合金

一般鍛造用銅合金中如果銅含量若介於 96～99.3%者，鑄造用銅合金中銅含量高於 94%者，被分類爲高銅合金。這些合金，主要是爲了改良純銅的某種特定性質而添加合金元素者，這類的實用合金種類很多，例如鈹銅(C17200)是利用析出硬化現象來改良強度的材料，爲實用銅合金中具有最大強度者。鉻銅是在不減損導電度下，改良耐熱性和強度的析出硬化型合金。其他還有耐熱導電銅材料如 Cu-Cd、Cu-Ni-Si、Cu-Zr、Cu-Cr-Zr 等。

10.2.3 銅鋅合金

一般 Cu-Zn 二元合金中(圖 10.1(h))，Zn 含量低於 20%以下者稱爲紅黃銅，含 30%以上者稱爲**黃銅(brass)**，紅黃銅的利用範圍較小，而黃銅是銅合金中應用最廣的合金，它具有良好的耐蝕性、加工成形性及機械性質。圖 10.1(h)是 Cu-Zn 二元相圖，由圖中可以看出 Cu-Zn 合金依含鋅量的增加而含有 α、β、β'、γ、δ、ε 等中間相，而商用黃銅鋅含量一般不超過 45%，Zn 介於 0～36%之黃銅爲 α 相(FCC 固溶體)，稱爲 α 黃銅，隨鋅含量增加，色澤由紅變黃，鋅含量介於 36～45%者，含 β 及 β' 相，稱爲(α + β)黃銅。

鋅含量對銅合金機械性質的影響，如圖 10.5 所示，當鋅增加時，強度及伸長率均會增加，以含 30%Zn 的黃銅之伸長率最大，含 42%Zn 黃銅之抗拉強度最大，就機械性質組合而言，Cu-30%Zn 合金具有最大的延性，加工性最好，已廣泛被應用於板、棒、管、線等加工材及各種加工成型品，俗稱七三黃銅或 70-30 黃銅或**彈殼黃銅(cartridge brass)**，Cu-40%Zn 合金由於 β 相的存在，使強度達到最高値，但延性、加工性變差，須在約 700℃作熱加工，主要用於強度要求較高的閥、桿、螺栓、螺帽及管件等，俗稱六四黃銅或 60-40 黃銅或**孟慈合金(Muntz metal)**。

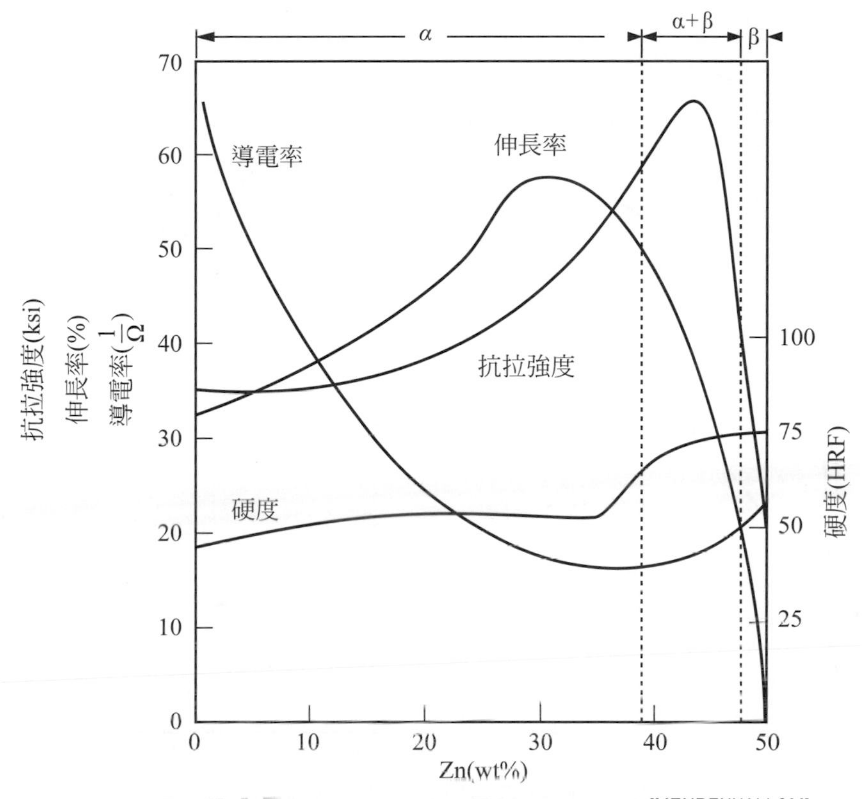

▲圖 10.5 鋅含量對退火銅合金機械性質的影響[MENDENHALL&M]

圖 10.6 顯示銅與七三黃銅之室溫拉伸曲線，由於鋅原子的固溶強化，使得七三黃銅比銅具有較高之降伏強度，且因七三黃銅具有低疊差能(約 15mJ/m^2, 純銅爲 70mJ/m^2)，所以在拉伸過程中差排較不容易滑移，以致容易誘發雙晶變形，導致變形過程中產生較高之硬化速率，而獲得高強度增幅與高延性，由 6.5.2 節的康氏準則可知，七三黃銅將會比純銅顯現更高強度增幅與延性，如圖 10.6 所示。

銅與 α 黃銅具有優良的成形性，可以施以如**深抽(deep drawing)**的高成形製程，如圖 10.7 所示，爲了避免深抽過程產生(頸縮)破裂，圓形板材直徑與沖頭直徑有一定的**深抽比(drawing ratio)**，深抽比就是圓形板材直徑與衝頭直徑的比值，深抽比愈大，代表合金之**深抽能力(drawability)**愈高。

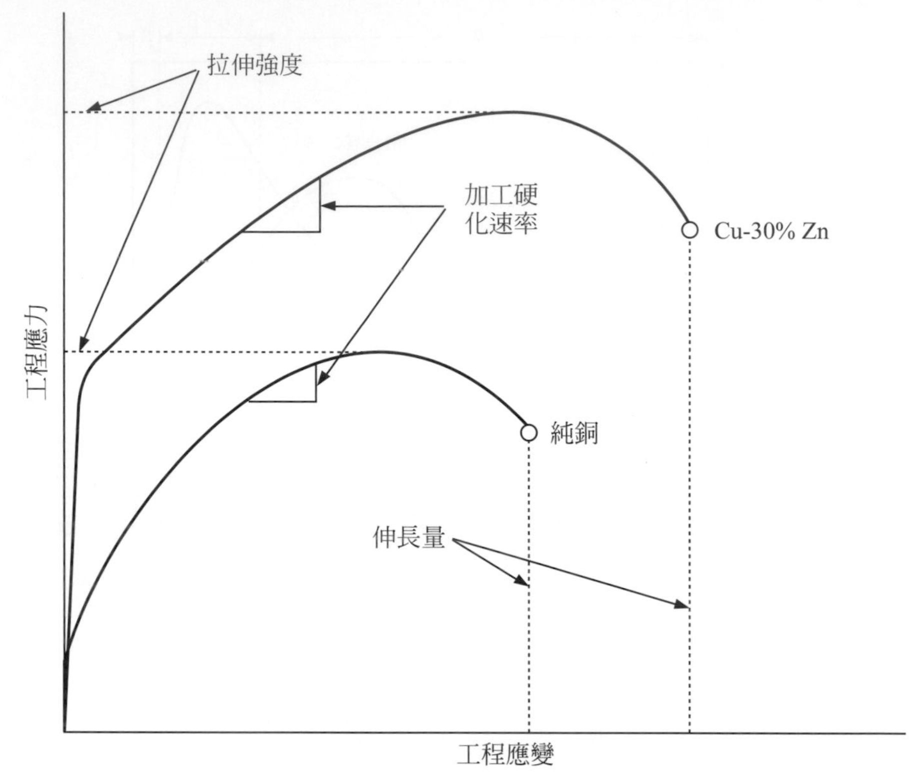

▲圖 10.6　銅與彈殼黃鋼之室溫拉伸曲線[BROOKS&M]

對於具相同厚度的圓形板材而言，深抽時當直徑增加則需要將更大體積的金屬擠入相同大小的模徑內，在成形過程中，管壁厚度維持固定，所以需施以足夠的應力來產生金屬的縱向流動變形，深抽比大時，其施力就大，合金就需具有足夠之硬化速率來承受施力(參考 6.4 節)，且要有足夠延性，才能避免深抽過程產生(頸縮)破裂或皺紋。銅與七三(彈殼)黃銅再退火或冷加工狀態下，均具有優良的深抽能力，其深抽比通常會大於 2。

圖 10.8 顯示七三黃銅室溫拉伸時，當合金之初始晶粒尺寸與試片厚度接近(或稍超過)時，幾乎很少或沒有晶界去抑制差排滑動，無助於加工硬化速率的提升，以致隨著晶粒尺寸愈增加，合金之伸長率愈低，所以控制拉伸(或成形加工)前的晶粒尺寸是很重要的。

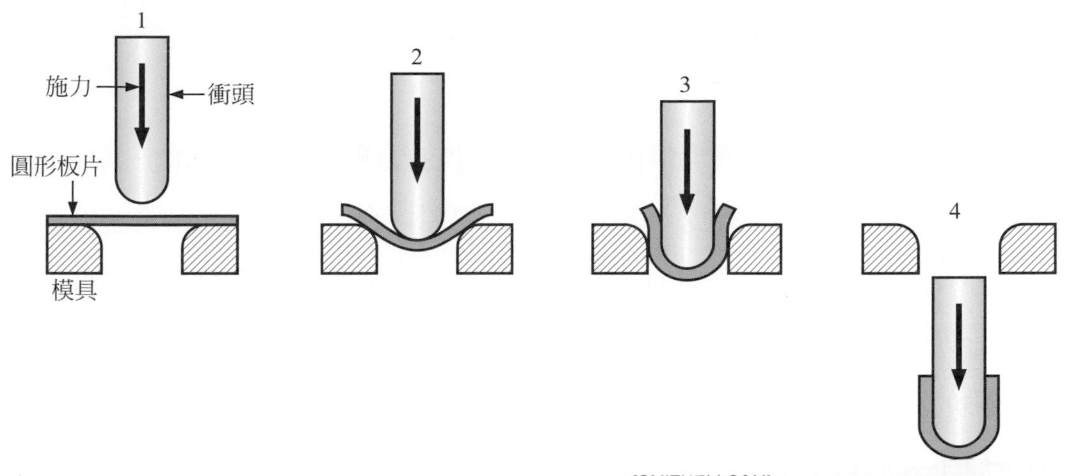

▲圖 10.7 深抽製程示意圖[SMITHELLS&M]

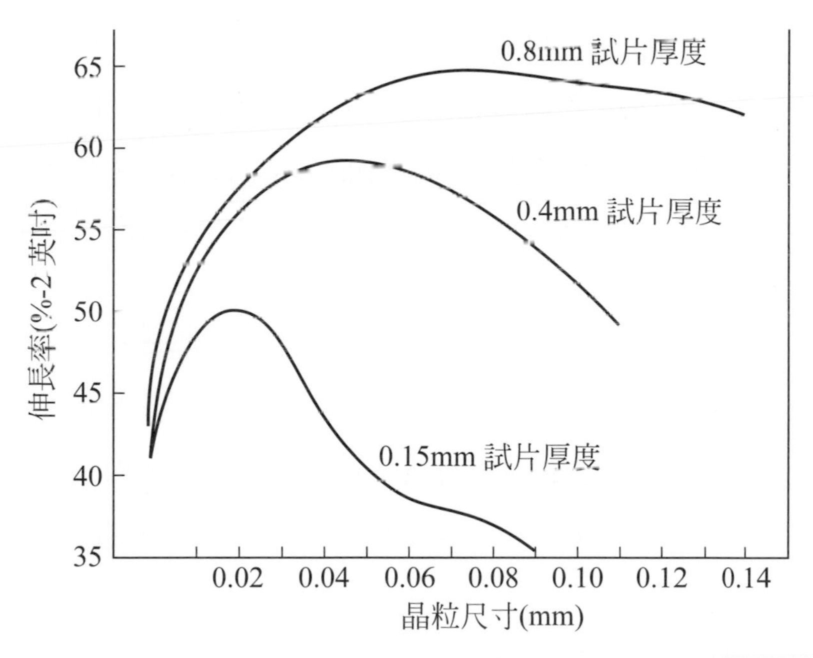

▲圖 10.8 晶粒尺寸與試片厚度對七三黃銅室溫拉伸延性之影響[MENDENHALL&M]

添加 Pb 的黃銅稱為**易切削黃銅(free cutting brass)**，這是由於 Pb 幾乎不固溶於合金中，以致大量細緻 Pb 顆粒的作用而使切削性大幅提升。α 黃銅或(α + β)黃銅中添加 0.5-2%的 Fe、Mn、Ni、Sn、Si、Pb 等合金元素而改良黃銅特性者，稱做**特殊黃銅(special brass)**，可以增加強度，多用於機械零件。

10.2.4 銅錫合金

Cu-Sn 合金俗稱**青銅(bronze)**，但目前青銅之名稱已廣用於其他銅合金，因此稱呼青銅時最好指明所含之主要合金元素；Cu-Sn 合金的鑄造性及耐蝕性很好，又具有耐磨性及強度，故被廣泛用爲銅合金鑄件，部分則用於鍛製品。圖 10.1(g)是 Cu-Sn 合金二元相圖，圖中顯示 Sn 在 Cu 中的固溶度在 520℃時可達 15.8%Sn，在室溫則幾乎爲零，但由於 Sn 的原子大而重，不易擴散，故鑄造或熱處理時，ε 相(Sn)的析出很緩慢，因而 Sn 的室溫固溶度可視爲 15.8wt%。

青銅中添加 Pb 者，對鐵的潤滑性優良，切削性也良好，多用爲軸承用材料。Cu-Sn 合金作爲鍛造材時，因爲它的強度、韌性大，所以用於需要強度的零件，例如彈簧等。磷青銅(Cu-8%Sn-(0.03～0.35)%P)是具有代表性的彈簧材料。Cu-Sn 合金的耐蝕性也優良，而再添加其他元素時更可改良其耐蝕性。

10.2.5 銅鋁合金

Cu-Al 合金稱爲鋁青銅，當 Al 含量爲 5%時，其色澤與 18K 金相似，可用於裝飾品；圖 10.1(b)爲 Cu-Al 合金部分二元相圖，隨著 Al 含量的增加而有 α、α + β、α + γ_2、β 等相；實用的 Cu-Al 二元合金中常添加適當量的 As、Fe、Ni、Mn、Sn、Si 等。

鍛造用 α 單相合金的耐蝕性、冷溫加工性好；β 相的高溫加工性佳，常溫強度大；β 相在共析變態溫度以下會分解爲 α + γ_2 相而使材料脆化，且因爲析出 γ_2 相時會顯著降低耐蝕性，所以實用材料中添加 Fe、Mn、Ni、Sn 等元素以延遲 β 相的分解來改善耐蝕性；熱處理時也須選擇適當條件以避免 β 相的分解。鋁青銅鑄件的強度和耐磨耗性大，耐蝕性也好，常以砂模鑄造船用螺旋槳、泵、閥等。

10.2.6 銅鎳合金

Cu-Ni 合金稱為鎳青銅，兩者元素可以任意比例構成固溶體(圖 10.1(d))，而不產生固態相變化，因此其性質與成分之關係呈連續性之變化，常用之鎳青銅略述如下：

(1) **白銅(cupronickel)**：白銅之鎳含量介於 10～30%，色澤呈白色，由於耐蝕性優良，且延性、加工性好，加工後具有相當的強度，故用於高性能冷凝管、熱交換器等。

(2) 40～50%Ni 合金：由於 45%Ni 附近有最大的電阻及最小的溫度係數，故此成分適用於電阻材料，如交流電量測器、通信、配電盤、汽車暖氣用電阻線。著名的**康史登銅(Constantan)**即為此合金的商名。

(3) **蒙納合金(Monels)**：蒙納合金含約 65%Ni、30%Cu 以及其他元素，由於它們具有極優良的耐蝕性及中等強度，加工的板、棒、線、管以及鑄件有相當廣泛的用途，尤其在化工機械及裝置方面。

10.3 銅合金熱處理

銅合金之熱處理有(1)均質化熱處理、(2)製程(軟化)退火、(3)應力消除退火、(4)有秩結構強化熱處理(CuZn)、(5)析出硬化熱處理、(6)相變化硬化熱處理等，本節中將就熱處理對微結構與機械性質影響之原理加以介紹，其個別合金之熱處理詳細製程可以參考熱處理手冊(如 metal handbook 9th ed., vol.4)。

10.3.1 均質化熱處理

均質化熱處理的主要目的，是要消除鑄塊在鑄造時所形成的微偏析，因此和其他熱處理比較時，它的加熱溫度高，加熱時間也長；一般黃銅和鋁青銅系的鑄件，因爲它的凝固溫度範圍狹窄，所以偏析程度低，大多採用普遍的退火就可以消除偏析。

但是青銅(CuSn)和銅鎳合金較其他的銅合金難於均質化，青銅因爲凝固範圍廣，且 Sn、Ni 原子不易擴散，所以很容易發生偏析，尤其含 Sn 8%以上時會析出多量的 δ 相($Cu_{31}Sn_8$)，冷溫加工前須實施均質化熱處理，把δ相消除；爲此目的，普通要加熱於比退火的最高溫度高約 100°C 左右的溫度。

10.3.2 製程(軟化)退火

製程(軟化)退火的目的，是要把受冷溫加工而硬化的合金加熱於再結晶溫度以上，使它再結晶。有時加熱於更高溫度使它發生晶粒成長。表 10.4 顯示受冷加工的銅合金之(製程)退火溫度。退火時的溫度和時間對退火的效果有很大影響。圖 10.9(b)表示受 50%冷輥軋的 ETPC 與 OFHC 兩種純銅在不同溫度下退火 1 小時之機械性質變化曲線。

▼表 10.4 銅合金之製程、應力消除、固溶、時效溫度(℃)[R&M]

合金代碼	名稱	製程退火	應力消除退火 (1hr)	固溶 (0.5～3hr)	時效 (1～3hr)
C10200	OFHC	425～650			
C11000	ETPC	250～650			
C12000	DPC	375～650			
C17000	鈹銅	775～925		775～800	300～330
C17500	鈹銅	775～925		900～925	455～480
C23000	紅銅	425～725	230		
C26000	彈殼黃銅	425～750	260		
C28000	海軍黃銅	425～800	205		
C51000	磷青銅	475～675	205		
C61300	鋁青銅	750～875	345		
C65500	高矽青銅	475～700	345		
C70600	銅線	425～600	260		
C75200	鎳銀銅	600～825	260		

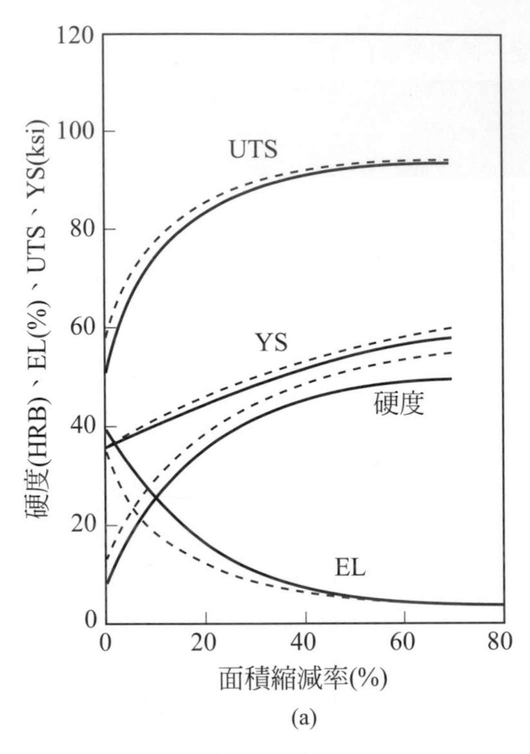

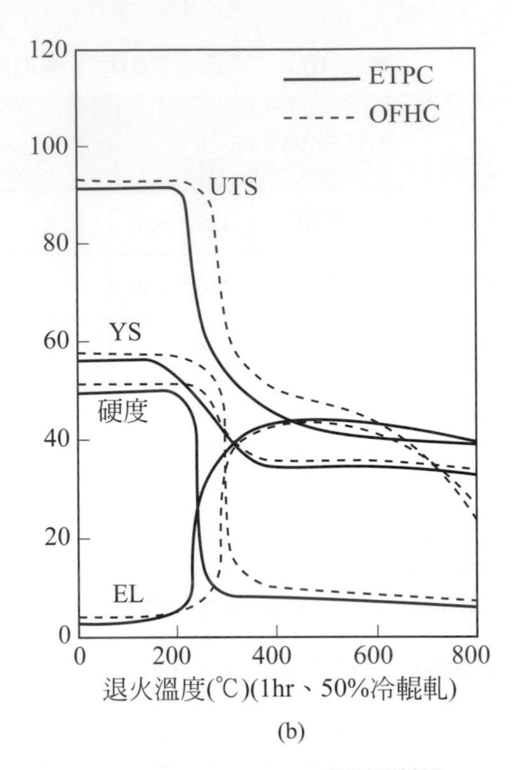

▲圖 10.9 (a)冷輥軋與(b)退火對 ETPC 與 OFHC 銅合金機械性質之影響[WILKINS&M]

10.3.3 應力消除退火

應力消除退火的目的是要消除殘留應力，它的方法是把合金加熱於再結晶溫度以下。銅合金有殘留拉應力時，不但會降低設計的安全性，又對應力腐蝕破裂產生敏感性。另外磷青銅或銅鎳等對應力腐蝕破裂不大敏感的材料來講，有殘留應力時可能會發生**加熱破裂(fire cracking，**把材料急速加熱時會發生破裂的現象)，因此儘可能要除去殘留應力才行。

實施應力消除退火時，為了不讓原來的機械性質劣化，儘可能在低溫處加熱。因此溫度的控管要嚴格，通常控制在±3℃內。一些銅合金的應力消除退火溫度也如表 10.4 所示。

10.3.4 銅鋅合金有秩結構強化熱處理(order structure strengthening)

含 β 相的高鋅(Zn≧40wt%)銅合金(圖 10.1(h))相變化較 α 銅合金複雜，且具有良好的熱加工性。β 相是一種金屬間固溶體，具有 BCC 結構，其基本化學計量是 CuZn，由圖 10.1(h)可知在 800℃時，β 相含有 39%～55%的鋅，此含量範圍隨著溫度降低而減少，於 500℃鋅含量爲 45%～48%。

β 相在約 470℃以上時，銅和鋅原子在晶格位置上是隨機排列，然而隨著溫度降低，熱振動減少，當低於某臨界溫度時，晶格振動的強度就無法克服銅原子和鋅原子間的吸引力，銅和鋅原子將有秩序的在晶格中排列，稱爲**長程有秩(long-range ordered)**，或是**超晶格(superlattice)**的 β'相，其晶體結構如圖 10.10 所示，圖中之成分約爲 Cu-49 wt%Zn，銅和鋅原子之個數恰好相等，銅原子位於圖中單位晶胞的中心。

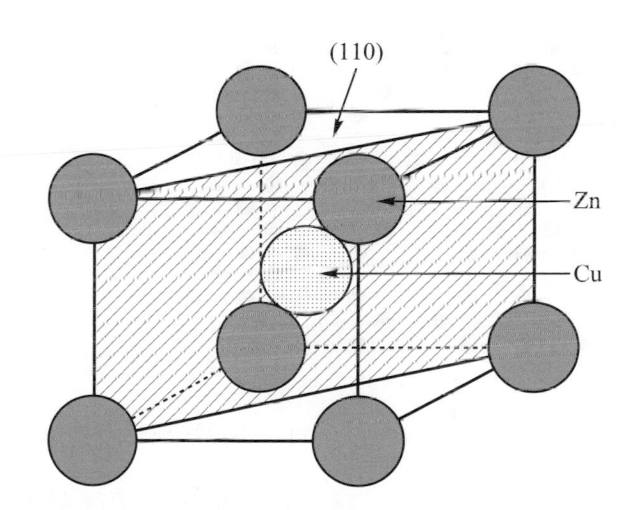

▲圖 10.10 具有BCC結構之β'－有秩 CuZn 超晶格
(本圖顯示 Cu 原子位於單位晶胞中心)

有秩化過程的臨界溫度取決於 β 相的成分，這條臨界溫度線就是圖 10.1(h)中分隔 β 和 β' 區間的虛線，虛線的原因是因爲大量實驗未能確認其邊界位置。從無秩晶格成爲有秩晶格的過程可以簡化成如圖 10.11，圖 10.11(a)爲 Cu-Zn 合金的(110)平面在高於臨界溫度時的之原子無秩排列，當溫度低於臨界溫度時，原子排列將是有秩的，圖 10.11(b)假設有兩個有序的成核區域，當時間增長，原子將如圖中箭頭所示，移動後有秩區域擴大如圖 10.11(c)所示，此小區域稱爲**域(domains)**。

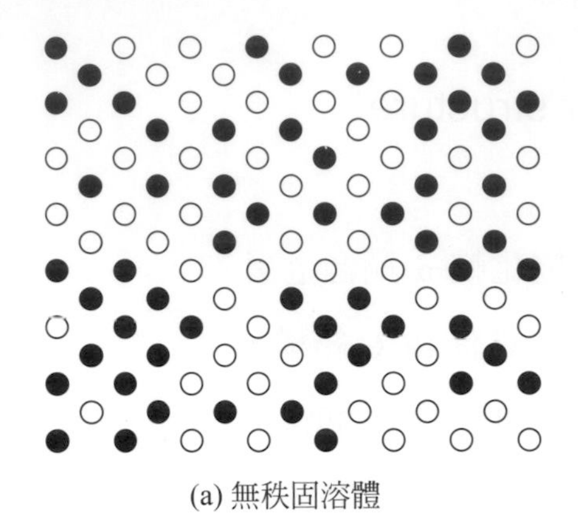
(a) 無秩固溶體

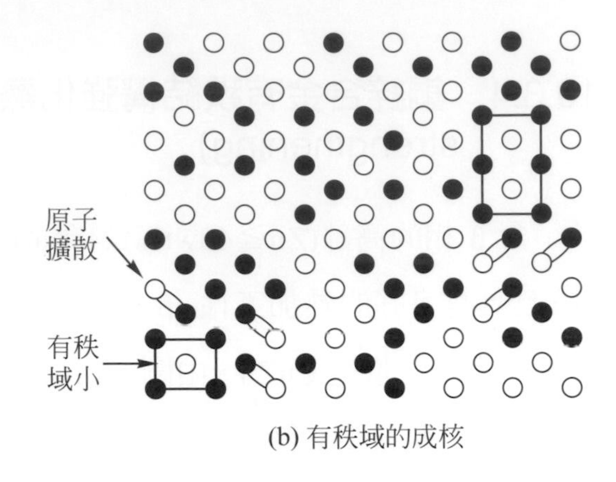

(b) 有秩域的成核

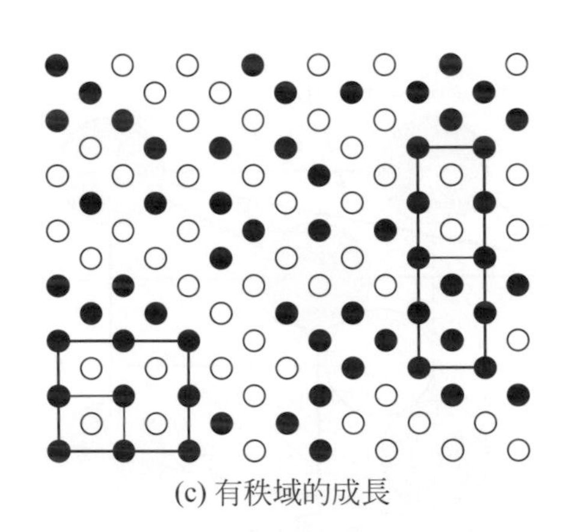
(c) 有秩域的成長

(d) 反相域介面的形成

▲圖 10.11　從無秩晶格成長為兩個有秩晶格的可能過程[BROOKS&M]

爲了使域增大，原子就必須在域的無秩區域不斷重新排列，使有秩區擴展。最後如圖 10.11(d)所示的兩個域最後會相遇，注意兩個不同的域相交的邊界並不連續，此邊界稱爲**反相域介面(antiphase domain boundary)**。

域內有秩化的完整性稱爲**有秩序度(degree of order)**，例如，圖 10.11(d)中的每個域是完整的有秩域(有秩度 S = 1)，假如有些銅和鋅交換了位置，則有秩度就會小於完整的有秩度(即 S 介於 0 和 1 之間)，若爲無秩域，則 S = 0。在 β' 組織中，低於約 250℃時有秩度基本上是 1，而接近臨界溫度時，則有秩度爲 0，不過，合金中的實際有秩度會受熱處理影響。

即使 Cu-Zn 合金由 β 相冷卻速度很快，也不能完全阻止 β 相的有秩化，這是因爲在無秩結構中，只要少許原子交換位置，就會使合金局部有秩；且當有秩的域愈小，則反相域界面愈多，這會有助於合金的強化。

因爲 β'相爲一硬脆中間相，所以具完全的 β' 相之合金並不適於工業上的應用，但是，含具有延性 α 相的 β'合金則常被使用，如 Cu-40Zn 的**孟茲黃銅(Muntz metal)**。孟茲黃銅在高溫中全是 β 相，若從 800℃的 β 相區緩慢冷卻，室溫下將含有約等量的 α 與 β' 相，如圖 10.12(a)所示。圖中的亮區爲 β' 相，灰色與暗區爲 α 相(存在雙晶)。而當合金由 825℃的 β 相區水冷，則室溫下除了晶界上的少量針狀 α 相外(黑色區)，其微結構幾乎是 β'相(灰色區)，如圖 10.12(b)所示。

Cu-40Zn 合金從 700℃(α + β 相區)緩慢冷卻到室溫後，再升溫至不同溫度下持溫 30 分鐘後快速冷卻到室溫，其微結構也類似圖 10.12(a)，含有約等量的 α 與 β' 相。於 800℃重新加熱速冷之微結構幾乎全是 β' 相，硬度約爲 HB90，如圖 10.13 所示。在較低溫(200℃～500℃)範圍內重新加熱，並未影響原來的慢冷之微結構(圖 10.12a)，其硬度不變；當重新加熱溫度超過 500℃時，隨著溫度的提高，在該溫度下 β 量增加而 α 量減少，快速冷卻到室溫時，β'量將增加，因此硬度提升。

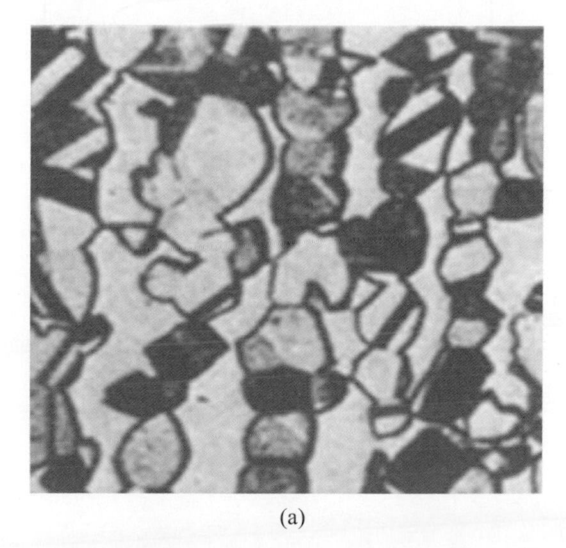

(a)

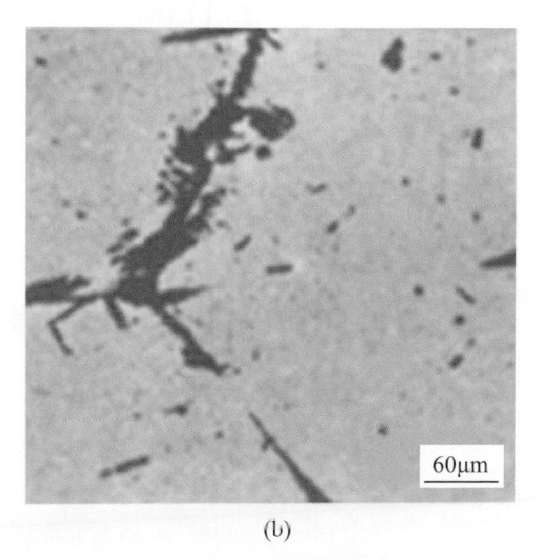

(b)

▲圖 10.12　Cu-40Zn 合金從 β 相區冷卻至室溫之微結構[CRAMPTON&HEYER]

由上述之說明可知 CuZn 合金可以藉由硬度較高之有秩結構(β')來強化，且在 β'基地中若析出細小之 α 相，更能強化 β'相。

如果 Cu-40Zn 合金由 750℃以上溫度快速冷卻到室溫後，其微結構幾乎都是 β'相(圖 10.12b)。若再升溫至不同溫度下持溫 30 分鐘後快速冷卻，其硬度變化亦如圖 10.13 所示，於 750℃重新加熱速冷之微結構幾乎全是 β'相，硬度約爲 HB90，在 300℃附近重新加熱速冷之微結構是由於 β'相中析出細小的針狀 α 相所構成，如圖 10.14(a)所示，這種細小微結構造成合金的高硬度(約 HB130)。若重新加熱到較高溫度(600℃)時，其室溫微結構爲 β'相中散布著較粗化的 α 相，如圖 10.14(b)所示。

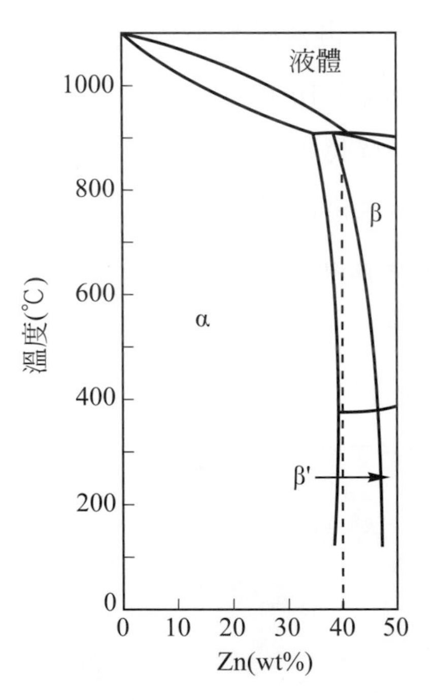

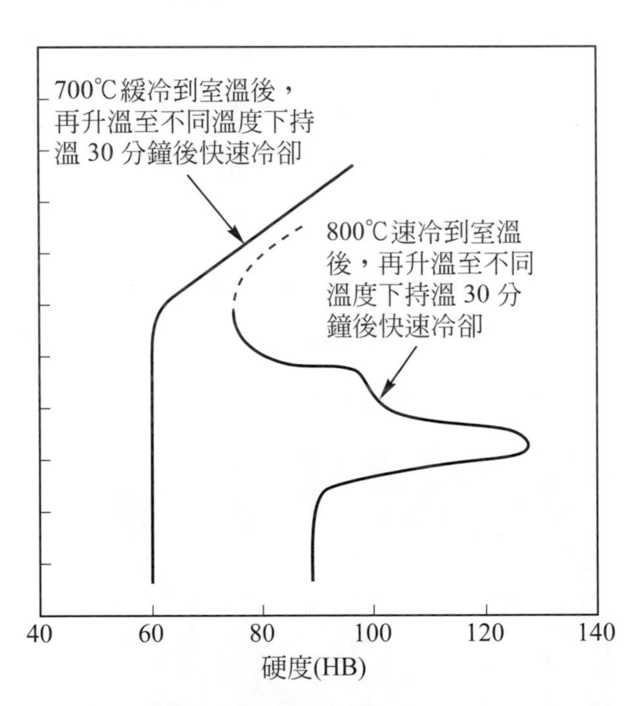

▲圖 10.13　熱處理對 Cu-40Zn 合金室溫硬度之影響[16]

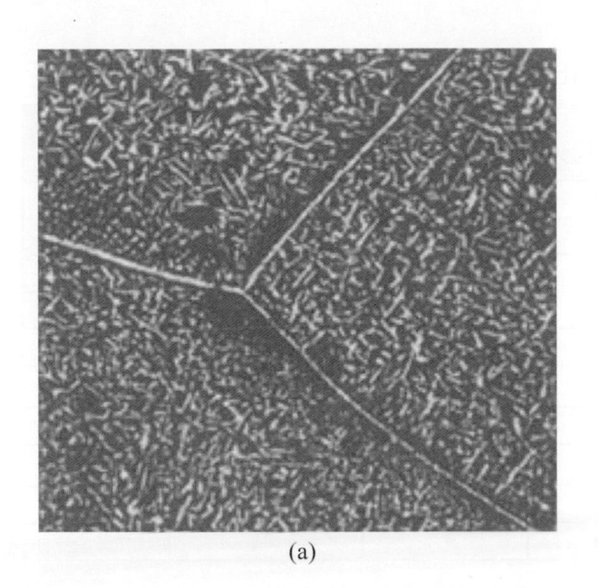

(a)

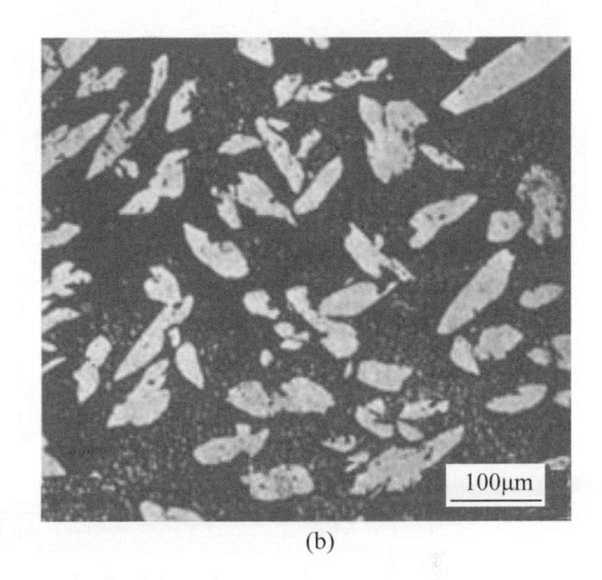

(b)

▲圖 10.14　Cu-40Zn 合金由 800℃速冷後再升溫至不同溫度後速冷至室溫之微結構：(a)400℃、(b)600℃(β'相為基地，圖中暗區)[SAMANS]

10.3.5　銅鈹合金析出硬化

表 10.5 顯示具有析出硬化的一些二元銅合金。表 10.4 與 10.6 是一些銅合金的固溶處理溫度和時效條件；析出硬化處理時，爲了要得到最高性能，溶解處理的溫度須要控制在較窄的範圍內；溫度太高時晶粒會發生異常粗化，或氧化過度，使材料脆化。反之溫度過低，溶解效果不充分，時效處理時無法得到充分的硬度。

鈹銅是銅合金中具有最高強度者，此合金稱爲鈹銅合金或**鈹青銅 (beryllium bronze)**，由圖 10.1(c)與圖 10.15(a)的銅鈹二元部分相圖可知，當含鈹量大於 1.5%時，合金就有可能顯現析出強化，因爲在 800℃左右時，其安定相爲 α 相(或 α + β 相)，而在低溫時 γ 強化相(CuBe)將會從 α 相析出，達到提高強度的目的。

▼表 10.5　具有析出硬化特性之二元銅合金

合金系	α 溶解度的最大值		合金系	α 溶解度的最大值	
	濃度%	溫度°C		濃度%	溫度°C
Cu-As	8.0	680	Cu-P	1.7	700
Cu-Be	2.4	870	Cu-Si	5.3	850
Cu-Cd	1.2	500	Cu-Ag	7.9	780
Cu-Cr	1.25	1076	Cu-Sb	11.3	630
Cu-Co	5	1100	Cu-Sn	16	540
Cu-Fe	3.8	1080	Cu-Th	—	—
Cu-Ga	21.9	620	Cu-Ti	5	895
Cu-In	19.2	574	Cu-V	—	—
Cu-Mg	3.0	730	Cu-Zr	1	980
Cu-Mn	32	870			

以 Cu-1.9wt%Be 合金為例，當合金經 800℃固溶處理 8 分鐘後水淬(硬度約為 HRB60)，於 350℃時效 2 小時硬度可高達 HRC42，這種硬度接近於鋼鐵，遠遠高於其他系列銅合金；其用途有高導電性的彈簧、銲接用之電極、**無火花之工具(nonsparking tool)**，尤其在石油化學工廠及其他有易燃物的工作場所，成為獨特的安全工具。

▼表 10.6　實用銅合金固溶處理溫度和時效條件[R&M]

合金種類	固溶溫度°C	時效溫度°C	時效時間 hr
0.75%Cr，0.1%Ag	980	450	9
0.85%Cr，0.1%Si	1000	450	3
1.1%Ni，0.2%P	788	455	2
0.5%Be，2.5%Co	927	468	3
1.9%Ni，0.6%Si	790	455	1.5
2%Be，0.25%Co	790	315	2
20%Ni，20%Mn	650	400	6

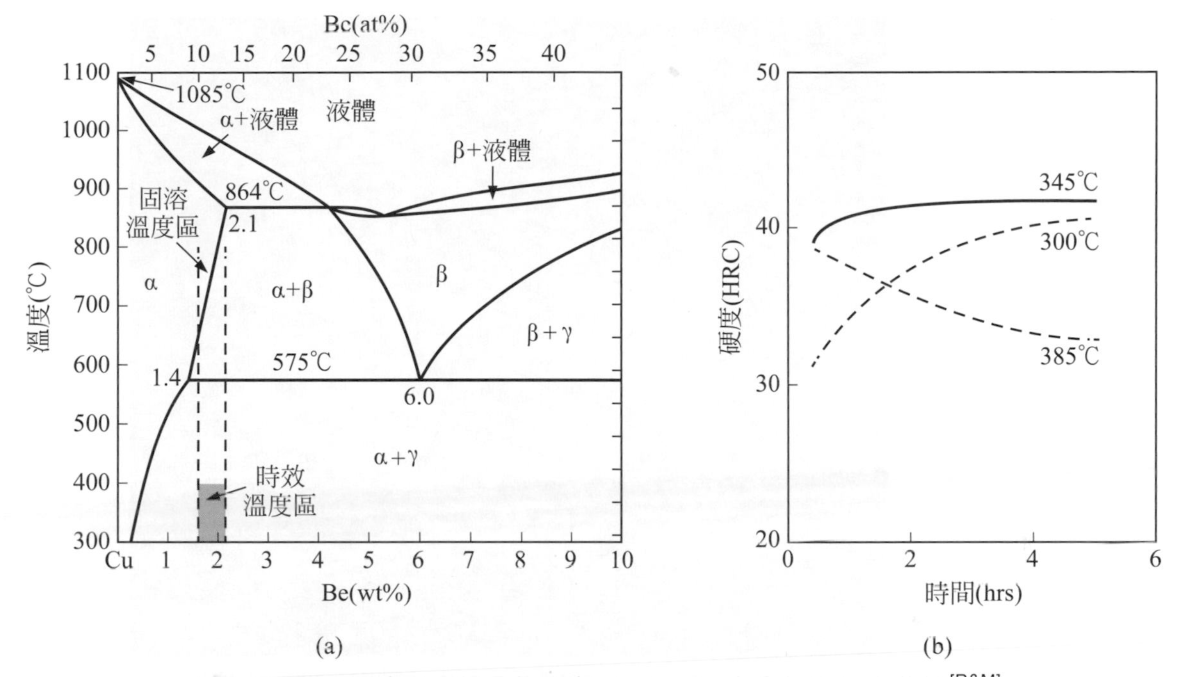

▲圖 10.15 銅鈹二元部分相圖與 Cu-1.9Be 合金析出硬化曲線[R&M]

如同其他合金之析出強化過程，鈹銅之強化是由於極爲細微的介穩 γ **強化相(CuBe)**在 α 相基地中析出所致，如圖 10.16 所示。這些析出物爲圓盤狀，直徑約是 200～400 原子大小，厚度約 50 原子大小。同樣的，當過時效時，將形成粗大的平衡 γ **相(CuBe)**而降低合金之強度，如圖 10.15(b)所示。

銅鈹合金的再結晶溫度高於 500℃，所以當銅鈹合金固溶處理後冷加工，再進行固溶(800℃)、時效處理時(300～385℃)，於析出過程並不會發生再結晶。表 10.7 顯示 Cu-1.9wt%Be 合金經冷加工後，其強度較未冷加工者大幅提升；但是經時效處理後，冷加工對於機械性質並無明顯影響，但其延性都很低。

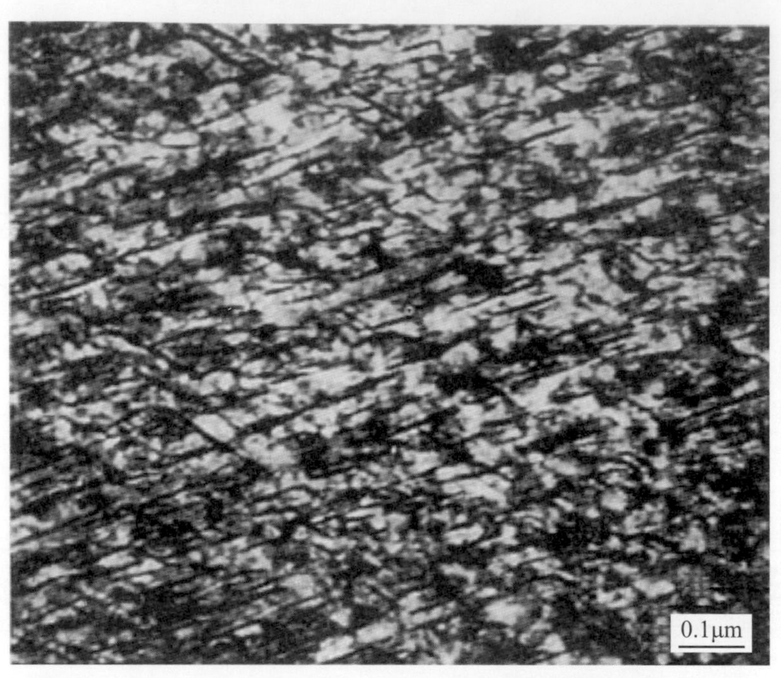

▲圖 10.16　鈹銅合金中的細微介穩γ(CuBe)強化相[NUTTING]

▼表 10.7　銅-1.9 鈹合金經四種熱機處理之機械性質[GOHN]

處理	硬度	YS(ksi)	UTS(ksi)	EL(%)
固溶水淬(800℃*8 分鐘)	61 HRB	37	71	56
固溶水淬＋冷輥軋 38%	100 HRB	107	115	5
固溶水淬＋時效 (345℃*3 小時)	42 HRC	168	187	4
固溶水淬＋冷輥軋＋時效 (345℃*2 小時)	42 HRC	177	199	3

銅鈹析出硬化合金也常添加其他合金元素，鈷是極爲常用的元素，鈷與鈹形成一種不溶解的鈷鈹 Co-Be 化合物，這種化合物會在固溶處理時，抑制晶粒成長；此外，鈷也可作爲鑄件的晶粒細化劑。表 10.8 提供幾種含鈷之商用銅鈹合金的析出熱處理製程。

鈹銅合金熱處理過程中，有一些事項需加以留意，(1)若固溶處理溫度太高，則合金有可能發生部分共晶溶解，β 相將會在冷卻時形成，而 β 相很難藉由後續的固溶處理來消除。(2)若固溶處理溫度太低，則 β 相在低固溶溫度時會形成，β 相形成將會降低 α 相中 Be 的含量，而降低硬化效果，且 β 相也難回溶於後續的固溶處理。(3)如果合金冷卻速度不夠快，將有一些 β 相形成，所以水淬常是一項需要的製程。

▼表 10.8　幾種含鈷商用銅鈹合金之析出熱處理製程[R&M]

合金代碼*	組成(wt%)	固溶	時效**
鑄造合金			
C82400(165C)*	98Cu-1.7Be-0.3Co	800～815℃	3h at 345℃
C82500 (20C)	97.2Cu-2Be-0.5Co-0.26Si	790～800℃	3h at 345℃
C82600(245C)	97Cu-2.4Be-0.5Co	790～800℃	3h at 345℃
C82800 (275C)	96.6Cu-2.6Be-0.5Co-0.3Si	790～800℃	3h at 345℃
C17000(165)	98Cu-1.7Be-0.3Co	775～800℃	依時效前冷加工量，於 315～345℃時效 1～3h
C17000(25)	98Cu-1.7Be-0.3Co	760～790℃	依時效前冷加工量，於 315～345℃時效 1～3h

*( )為商用名稱
**時效至最高硬度，依試片厚度決定時效時間(一般是 1h/2.5cm)

10.3.6　銅鋁合金麻田散鐵相變化強化熱處理

由圖 10.1(b)可知鋁在銅中有相當高的溶解度(約 9 wt%)，並且在高含鋁量時有多種金屬中間化合物形成，銅與鋁之原子直徑差異極大(鋁比銅大約 11%)，所以銅-鋁合金具有可觀的固溶強化效果，如圖 10.17 所示，鋁爲有效的強化原子。

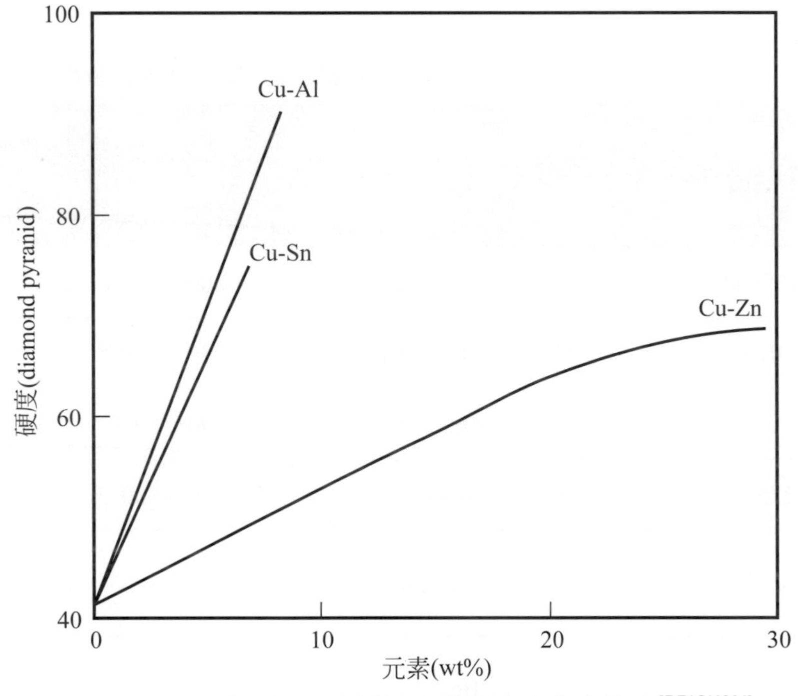

▲圖 10.17　鋁、錫、鋅對銅合金固溶強化之效應[BRICK&M]

含有約 11.8 wt%Al 的鋁青銅，在(共析溫度)565℃以上呈體心立方結構之 β 相(固溶體)，而 β 相在緩慢冷卻下(50℃/h)，在 565℃會發生 $\beta \rightarrow \alpha + \gamma_2$ 的共析相變化，共析反應後的 α 和 γ_2 爲層狀結構，如圖 10.18(a)所示；這現象與鐵-碳合金的共析結構相似，在鐵-碳合金中這種層狀結構稱爲波來鐵，本書將使用此名稱來稱呼這種層狀共析結構。

假如從 β 相急冷時，這種波來鐵相變化會被抑制，而發生麻田散鐵相變化，獲得六方結構的 β' 針狀微結構相。在急速冷卻到達約 380℃(麻田散鐵相開始溫度 M_s)時，這些針狀微結構將快速於 β 相結構中形成，當冷卻到 20℃(M_f)時，殘留的 β 相將完全轉化成 β' 相，如圖 10.18(b)所示。這種組織和鋼的麻田散鐵相似，把 β' 相加熱時(回火時)會發生分解，增加延性。

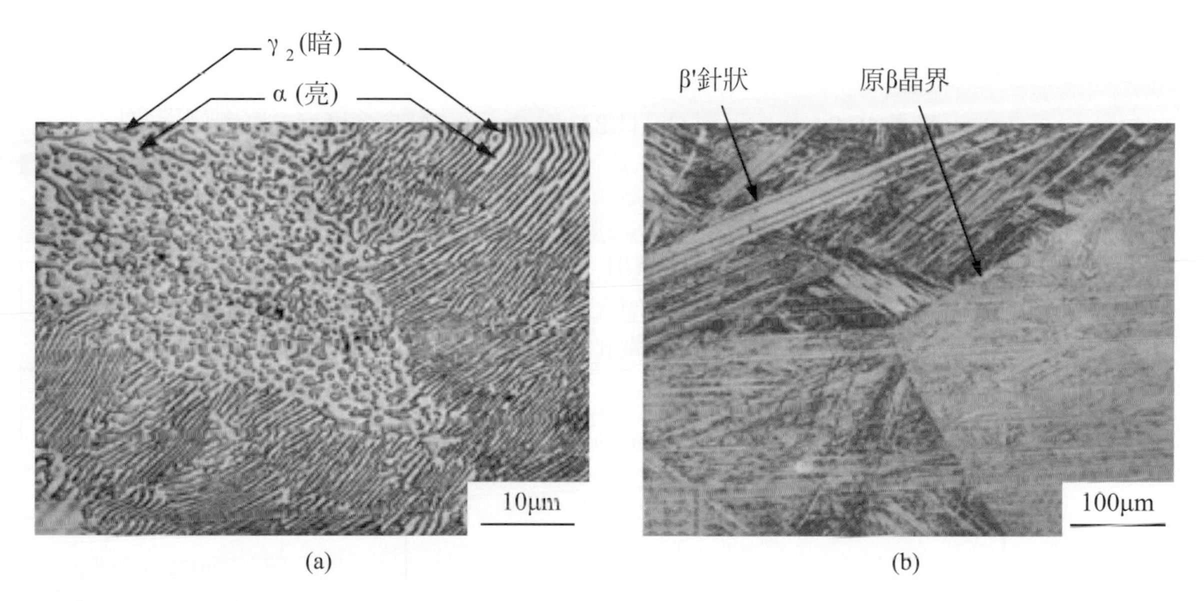

▲圖 10.18　鋁青銅(Cu-11.8Al)由 800℃*2hrs：(a)爐冷之平衡波來鐵、與(b)水冷之麻田散鐵[BROOKS]

對鋼鐵而言，麻田散鐵是最硬的結構，共析鋼(Fe-0.8C)的波來鐵結構硬度約為 HRC20，而麻田散鐵硬度為 HRC65。然而在銅-鋁共析合金(Cu-11.8Al)中，β' 麻田散鐵相硬度為 HB 150，而波來鐵相結構為 HB220，因此慢速冷卻下的合金之硬度會稍微高於急速冷卻的合金(表 10.9)。當 β'麻田散鐵相加熱至低於共析溫度(如 500℃)，進行回火熱處理時，殘留的 β 相與 β' 麻田散鐵相將相變化為平衡 α 和 γ_2 兩種結構，此時硬度會增加(HB240)，這種硬度變化反應出 γ_2 具有較高硬度。

表 10.9 中顯示不同熱處理下，共析(Cu-11.8Al)合金與亞共析(Cu-10.2Al)合金微結構與硬度之關係；圖 10.19(a)顯示熱處理溫度對淬火 Cu-10.2Al 合金硬度之影響，當 Cu-10.2Al 合金加熱溫度超過 850℃時，合金的微結構將全部爲 β 相，淬火後也將完全部轉變成 β'麻田散鐵相，這時 β' 麻田散鐵相的硬度約爲 HB240。當加熱溫度低於 850℃時，初析 α 相的數量增加，淬火後之合金裡的軟 α 相相對的增加，而使合金硬度降低至 HB120，圖 10.20 爲 Cu-10.2Al 合金從(α + β)相區淬火之典型微結構。

▼表 10.9　熱處理對 Cu-11.8Al 與 Cu-10.2Al 合金硬度之影響[MATSUDA]

熱處理	Cu-11.8Al 微結構	Cu-11.8Al HB	Cu-10.2Al 微結構	Cu-10.2Al HB
徐冷(爐冷)	波來鐵相 ($\alpha + \gamma_2$)	220	初析 α + 波來鐵相 ($\alpha + \gamma_2$)	150
急冷(水冷)	麻田散鐵 β'	150	麻田散鐵 β'	240
急冷後回火	$\alpha + \gamma_2$	240*	$\alpha + \gamma_2$	110**
*500℃回火，**350℃回火				

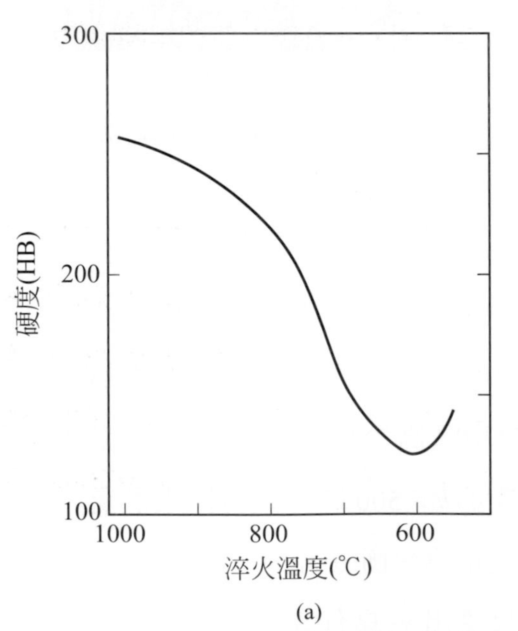

(a)

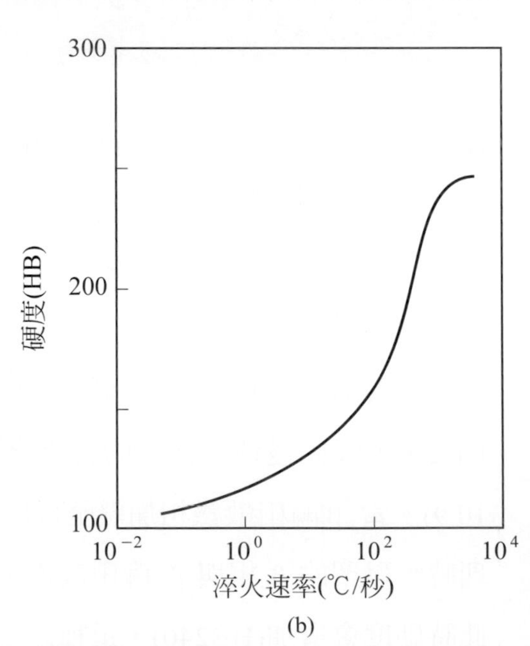

(b)

▲圖 10.19　Cu-10.2Al 合金：(a)淬火溫度，與(b)淬火速率(由 900℃)對合金硬度之影響[MATSUDA&M]

Cu-10.2Al 合金由 β 相區緩冷(如爐冷)時，將會有超過 50%的初析 α 相形成，最終微結構為初析 α 相與共析波來鐵相所組成。雖然波來鐵相結構較 β' 麻田散鐵相硬，但因大量初析 α 相的存在將使整個合金變軟，圖 10.19(b)顯示 Cu-10.2Al 合金由急速冷卻轉變成慢速冷卻時，將導致 α 相增加而麻田散鐵相結構減少，合金硬度將降低。

當淬火 Cu-10.2Al 合金回火於 350℃左右時，較硬的 γ_2 相可以均勻分布於較軟的 α 相基地中，硬度將增高。但若回火溫度太高時(500℃)，硬度將降低。

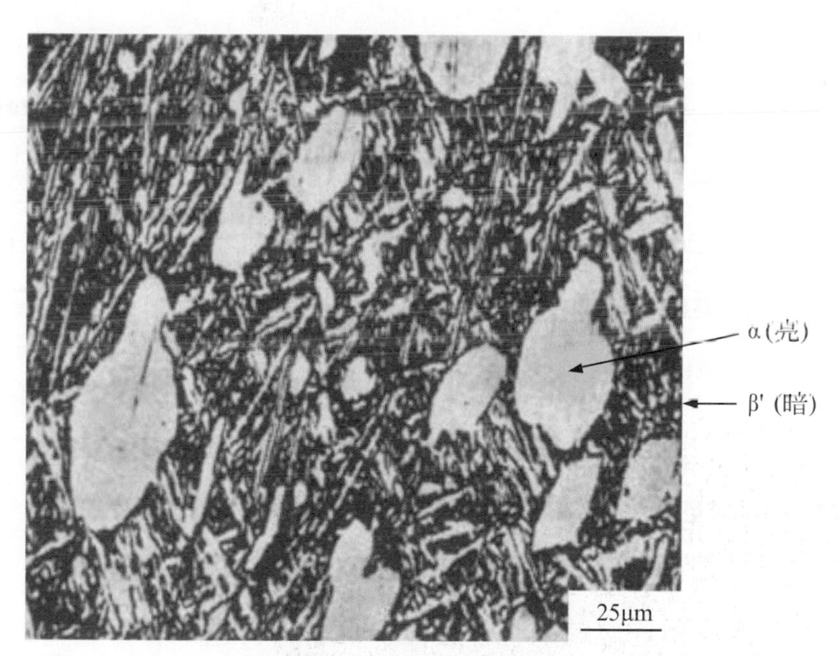

▲圖 10.20　Cu-10.2Al 合金從 α + β' 相區淬火之典型微結構[GOHN]

由表 10.9 中可以發現增加鋁含量將降低 β' 麻田散田相結構的硬度(原因尚不清楚)，Cu-10.2Al 合金在淬火的條件下，含有最小量的 α 相和最大量 β' 相，具有最高硬度。而 Cu-11.8Al 合金可以藉由 β 相緩冷、或淬火回火兩種製程獲得平衡 α 和 γ_2 兩種混合結構，當 Cu-11.8Al 合金具有平衡 α 和 γ_2 兩種混合結構時具有最高硬度。

習　題

10.1 簡述銅及銅合金之分類方法，並寫出電解韌煉銅(ETPC)、三七(彈殼)黃銅、鈹青銅之 UNS 代碼。

10.2 (1)銀與磷爲何是純銅中最常存在的元素？它們對純銅性質有何影響？(2)若純銅中溶有多餘的氧時，對純銅有何影響？

10.3 由 Cu-Sn 合金二元相圖中可知室溫下，Sn 在 Cu 中的固溶度幾乎爲零，爲何室溫下，Sn 在 Cu 的固溶度可被視爲 15.8 wt%？何謂青銅？

10.4 何種銅合金之色澤與 18K 金相似？何謂**康史登銅(Constantan)**？有何用途？何謂**蒙納合金(Monels)**？有何用途？

10.5 (1)共析(Cu-11.8Al)合金與共析鋼之平衡相變化有何異同？(2)淬火亞共析(Cu-10.2Al)合金與淬火共析(Cu-11.8Al)合金所獲得的麻田散鐵(β')，何者硬度較高？與碳鋼有何差異？

補充習題

10.6 用於導電用途之純銅有哪幾種？各有何特色？若含氧量高於某一臨界值時，對純銅性質有何影響？若含鉛量高於某一臨界值時，對純銅性質又有何影響？

10.7 在單相 Cu-Zn 合金(α)中爲何鋅增加時，強度及伸長率均會增加？爲何七三(彈殼)黃銅比純銅具有更佳之室溫成形性？

10.8 爲何銅錫和銅鎳合金不能像其他銅合金般藉由退火來消除鑄造之微偏析？而需施以較高溫之均質化熱處理？

10.9　何謂**長程有秩(long-range ordered)**，或**超晶格(superlattice)**？何謂有秩結構的**域(domains)**？何謂**反相域介面(antiphase domain boundary)**？何謂**有秩序度(degree of order)**？何謂有秩結構強化熱處理？

10.10 以下列方式熱處理 Cu-40Zn 的孟茲黃銅(Muntz metal)，說明其微結構與硬度之變化，(1)從 825℃(β 相區)緩冷到室溫，(2)從 825℃(β 相區)水冷到室溫，再升溫至不同溫度下(100℃-800℃)持溫 30 分鐘後水冷。(3)從 700℃(α + β 相區)緩冷到室溫後，再升溫至不同溫度下(100℃-800℃)持溫 30 分鐘後水冷。

10.11 說明有秩結構強化熱處理、析出強化熱處理、與麻田散鐵相變化強化熱處理之強化原理，何者強化效果最明顯？

10.12 說明鈹銅合金熱處理過程中，需特別注意的事項。

10.13 分別說明共析(Cu-11.8Al)合金與亞共析(Cu-10.2Al)合金從高溫(β 相區)爐冷與淬火之微結構與硬度變化。

11

鎂合金熱處理

鎂可以由海水中的氯化鎂或由菱鎂礦的碳酸鎂轉變成無水氯化鎂後，在熔融態下直接電解還原而得，因鎂具有極低的密度($1.74\ g/cm^3$)、良好的車削性以及甚高的強度，鎂及鎂合金的應用愈來愈普遍，尤其對於質量要求甚輕的場合，更能發揮其特質；如梯子、手工具、3C 產品等。

11.1 鎂及鎂合金之特性與相圖

1. 鎂及鎂合金之特性

由於鎂易與氧及水氣作用並發生燃燒，故在熔煉時需用適當助熔劑加以覆蓋保護；若在密閉的爐體中以乾燥空氣加 SF_6 或 SO_2 保護，更爲安全及清淨。砂模鑄造時，砂中須混合硫磺、KBF 等抑制劑以避免氧化及氣孔；鑄造方法中以壓鑄法最爲普遍。

純鎂主要用爲其他金屬材料之合金元素，由於它的高活性、易燃燒等特點，可用爲**閃光(flare)**及**燒夷彈(fire bomb)**之用材。此外利用他的高氧化電位及易腐蝕的特性，常被用於鋼鐵結構**陰極防蝕法(cathodic protection)**所需的犧牲陽極，以防制橋樑、油管等之腐蝕。

鎂合金爲 HCP 晶體結構，只有三組滑移系統，且鎂的 $c/a = 1.623 < 1.732$，只在受壓力時才會有機械雙晶現象，因此多晶鎂合金能藉由一些具有壓縮成分的塑性製程(如：軋製、擠製等)來成形；然而，多晶鎂合金在拉伸時，雙晶無法產生新的滑移系統，造成低延展性(低於 10%)；由於鎂合金的常溫延性較差，因此常採用 200～400℃間之熱加工成形；另外，晶粒細化對強度及延展性具明顯的改善效果，所以細晶化的相關製程也深受重視。

【註】：鋅之 $c/a = 1.856 > 1.732$，在受拉力情況下會產生機械雙晶，進而其產生新的滑移系統，導致鋅合金的延展性極高(約 50%)。

鎂中添加不同的合金元素，可產生固溶強化、可改善潛變性質、產生析出硬化、或改善鑄造性等，本章中將先介紹鎂合金之命名，爾後說明其組成與所採用熱處理之原理。鎂合金常用的熱處理包含退火(再結晶軟化退火、應力消除退火等)與析出硬化熱處理等；鎂合金熱處理之詳細製程可以參考熱處理手冊(如 metal handbook 9th ed., vol.4 Heat treating)。

2. 鎂合金之相圖

一些常用鎂合金的二元相圖如圖 11.1 所示。

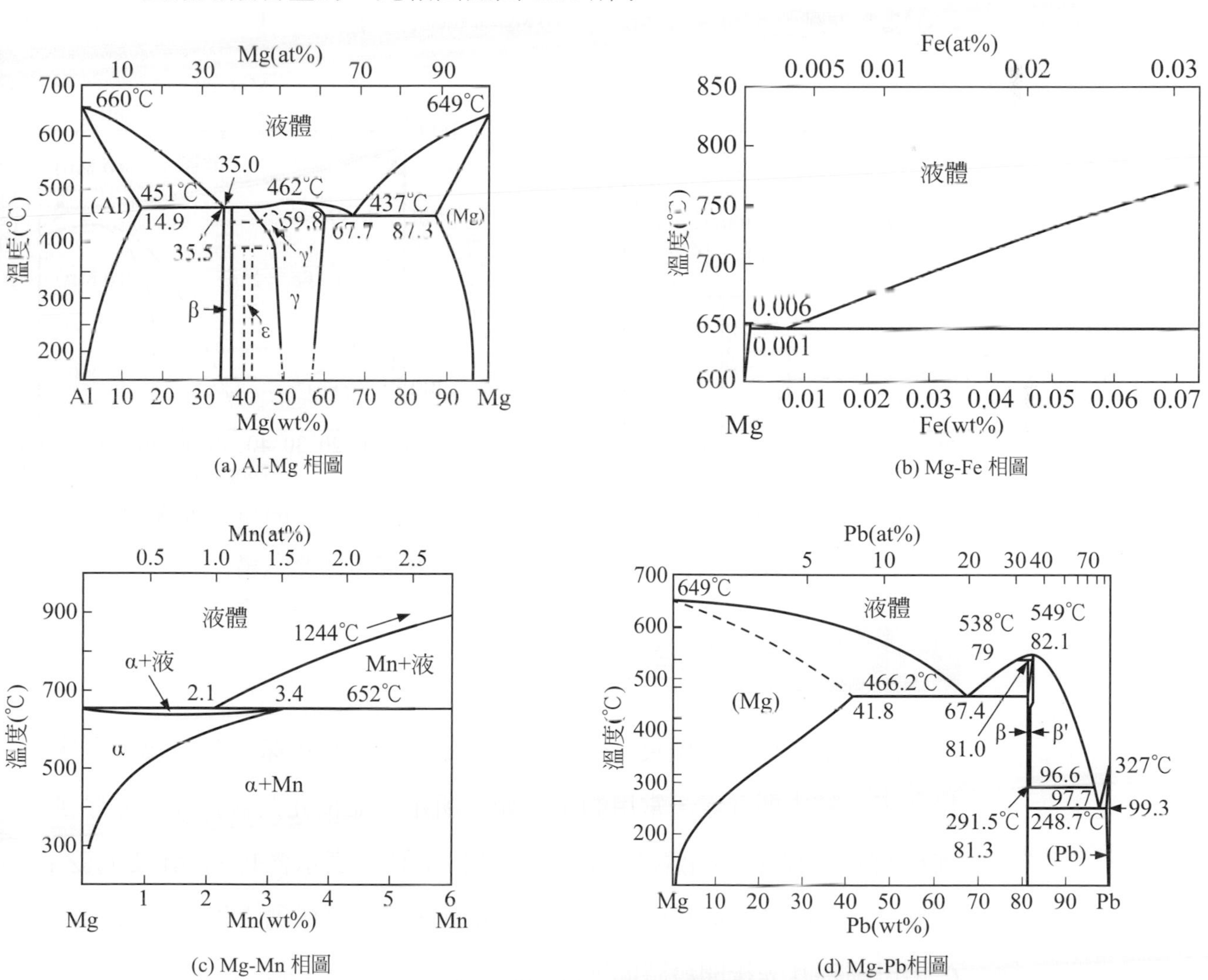

▲圖 11.1 一些常用鎂合金二元相關相圖[2]

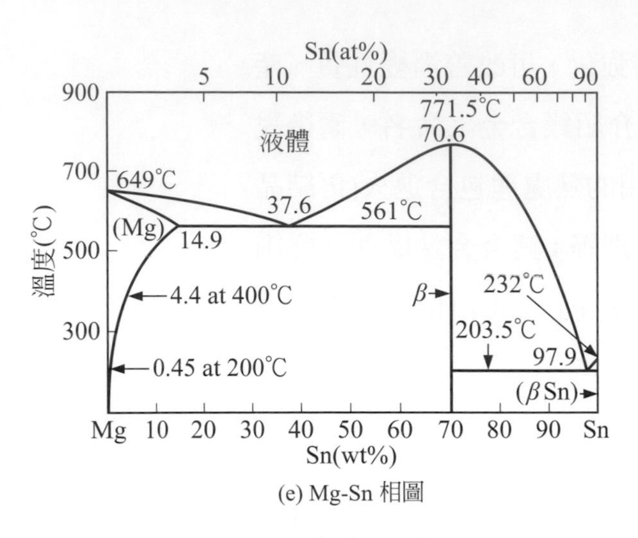

(e) Mg-Sn 相圖

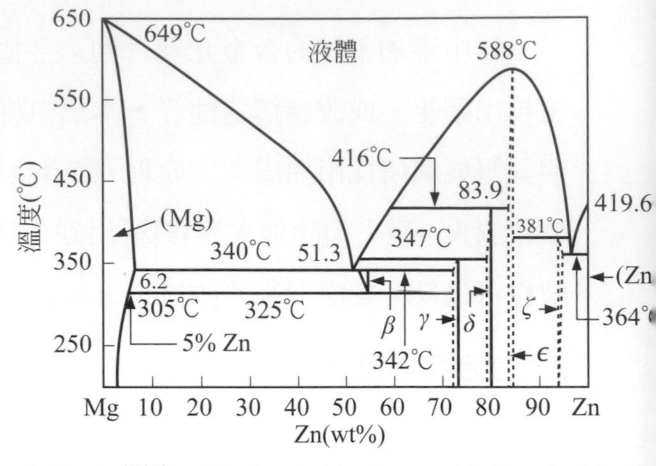

(f) Mg-Zn 相圖(γ：Mg Zn，δ：Mg_2Zn_3，ε：Mg Zn_2，ζ：Mg_2 Zn

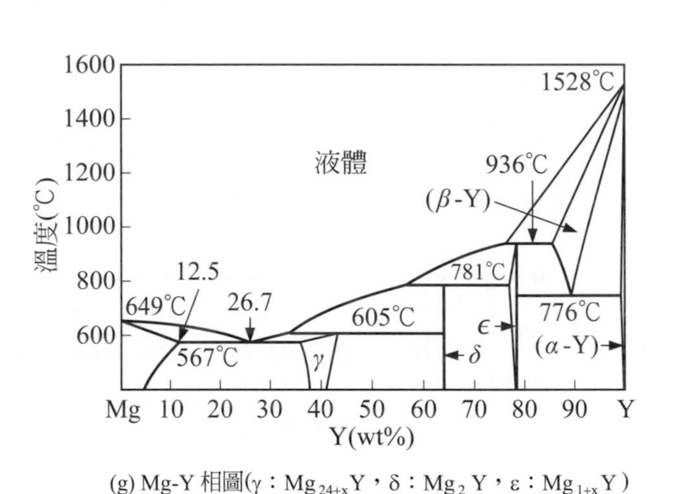

(g) Mg-Y 相圖(γ：Mg_{24+x}Y，δ：Mg_2 Y，ε：Mg_{1+x}Y)

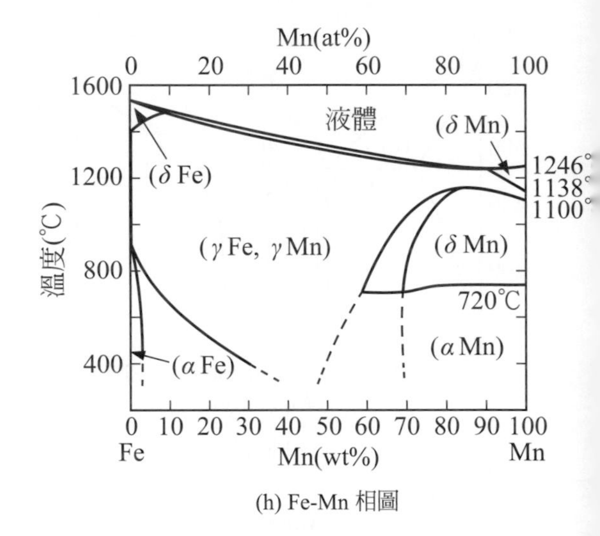

(h) Fe-Mn 相圖

▲圖 11.1　一些常用鎂合金二元相關相圖[R&M] (續)

11.2 鎂及鎂合金之分類

鎂合金常採用兩個英文字母及兩個數字作爲代碼來分類，每一個字母代表一種主要元素，常用的字母如下所示，並依元素含量高低順序排列，而數字則對應該元素的百分比。例如 AZ31 即表示含有 3%Al 及 1%Zn 的鎂合金，爲了區別其他微量元素的差異，通常在代碼之後再接 A、B、C 字母區別其先後開發時間。

A	E	H	K	L	M	S	Z
鋁	稀土	釷	鋯	鋰	錳	矽	鋅

對於加工及熱處理的代號，則類似鋁合金的表示法，鎂合金也分爲鍛造用及鑄造用合金兩種，表 11.1 顯示幾種鎂合金的成分、機械性質。

▼表 11.1　幾種鎂合金的成分及機械性質[R&M]

ASTM 合金代號		成分(wt%)				強度[MPa]		伸長率
		Al	Mn[a]	Zn	其他	UTS	YS	(%-2in)
鍛造合金	AZ31B-F	3.0	0.20	1.0		260	170	15
	AZ61A-F	6.6	0.15	1.0		295	180	12
	AZ80A-T6	8.5	0.12	0.5		345	250	11
	ZK60A-t5	–	–	5.5	0.45Zr[b]	305	215	16
	ZK61-T5	–	–	6.0	0.8Zr	275	160	7
壓鑄合金	AE42-F	4.0	0.1		2.5RE	230	145	11
	AM60[A、B][c]	6.0	0.13	–		240	130	13
	AS41A	4.3	0.35	–	1.0Si	240	140	15
	AZ91(A、B、D)[d]	9.0	0.15	0.7		250	160	7

(a)含最低之錳量、(b)含最低之鋯量、(c)A 與 B 性質相同，但 AM60B 雜質最高値爲(0.05%Fe, 0.002%Ni, 0.010%Cu)、(d)性質相同，但 AZ91B 含銅最高 0.30%，AZ91D 雜質最高値爲(0.005%Fe, 0.002%Ni, 0.030%Cu)

11.3 鎂合金腐蝕特性

由於鎂或鎂合金具有高活性，常被作爲犧牲陽極來保護如鋼鐵結構的橋樑、油管等。由 Mg-Fe 二元相圖(圖 11.1(b))可知，鐵在鎂中的溶解度極低，所以鎂中所含的微量鐵元素不會與鎂形成中間金屬相，而幾乎是以純鐵相存在，如果在電解液中，鐵是陰極，將被保護，而鎂是陽極，將發生溶解，因而造成鎂或鎂合金的高腐蝕性，如圖 11.2 所示。由圖中也可以看到鎂合金中的微量 Fe、Ni、Co 和 Cu 都對鎂合金的抗腐蝕性極爲不利。

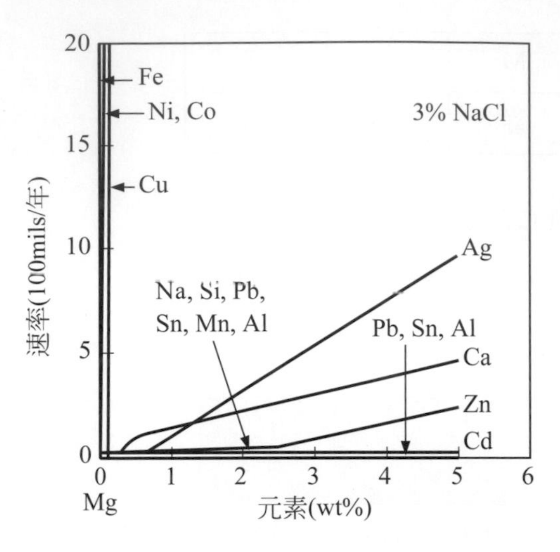

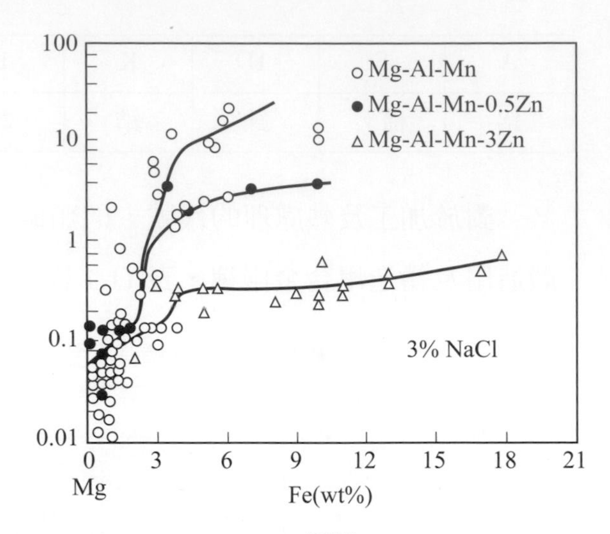

▲圖 11.2　合金元素對鎂合金抗蝕性之影響[R&M]

爲了提升鎂合金之抗蝕性，常於鎂合金中添加 Mn(或 Zr)元素，其目的是讓 Fe、Cu、Co、Ni 等雜質與 Mn 結合，在熔配鎂合金的溫度下(～700℃)形成固體而沉澱於爐底而去除之，可以大幅提升鎂合金之抗腐蝕性。圖 11.1(h)所示的 Fe-Mn 二元相圖中，可以看到在極高溫下，鐵與錳就會形成 γ(Fe,Mn)固溶體，因爲 γ(Fe,Mn)固溶體較重而於液態鎂合金中將下沉到爐底。

另外，爲了確保鐵等元素被充分清除，溶配合金時常不可避免的會添加過量的錳，由圖 11.1(c)所示之 Mg-Mn 二元相圖中可以看到當鎂(合金)中含有錳時，於熱處理過程中就會有純錳顆粒在鎂合金中析出，如圖 11.3 所示經固溶處理後的 AZ92A 合金，即使由固溶溫度以快速冷卻至室溫也無法抑制純錳顆粒的析出，尤其是在晶界上的析出，圖 11.3 中觀察到合金非平整的晶界就是這些微量、不連續的錳顆粒所造成，另外圖中之較大之黑點是錳或 Mg_2Si 顆粒。

鎂合金常利用陽極處理法形成氧化膜、或**化成處理(conversion coating)**形成鉻酸鹽或磷酸鹽膜，再施以塗漆保護來改善耐蝕性。

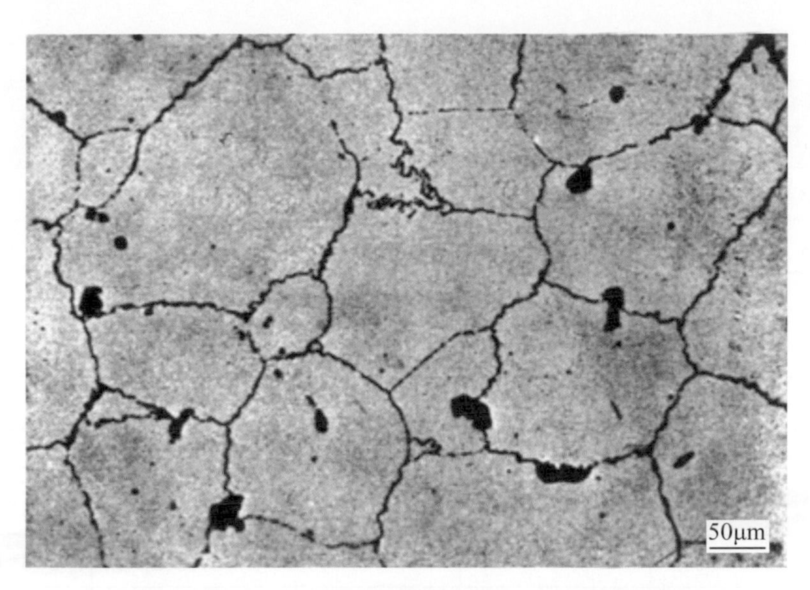

▲圖 11.3 AZ92A 固溶處理後之微結構[HESS]

11.4 鎂合金退火熱處理

經加工硬化之鍛造鎂合金需藉由再結晶(製程)退火熱處理(290℃～455℃)來提升延性，可加熱至表 11.2 所示溫度而獲得再結晶退火軟化；而鍛造鎂合金之應力消除退火係爲去除或減少冷或熱加工、成形、整形、銲接所殘留之應力，表 11.2 所示的鍛造鎂合金應力消除退火條件可使零件之應力幾乎消除殆盡。

鎂合金鑄件的殘留應力，導因於鑄件在凝固過程中，其收縮受模具束縛，或是工件於熱處理後不均勻的冷卻速率所致；此外，在機械加工或銲接的過程中亦可能造成殘留應力，所以在精密加工前必須進行應力消除處理，以防止後續的變化及破裂情形發生。

▼表 11.2　鎂合金之製程、應力消除、固溶、時效溫度(°C)[R&M]

合金代碼	狀態	製程退火 (大於 l h)	應力消除退火	固溶(16-24h)	時效
AZ31B	F	345	260*15m		
AZ61A	F	345	260*15m		
AZ80A	T5	385	205*60m		
HM31A	T5	455	425*60m		
ZK60A	T5		150*60m		
AZ91C	T4			413(a)	
	T5				168*16h(b)
	T6			413(a)	168*16h(b)
AZ92A	T4			407(c)	
	T5				260*4h
	T6			407	218*5h
(a)或 413℃*6h + 352℃*2h + 413℃*10h、(b)或 216*6h、(c)或 407℃*6h + 352℃*2h + 407℃*10h					

11.5 鎂合金析出硬化熱處理

表 11.2 中也標示一些鎂合金的固溶與時效處理條件，進行 Mg-Al-Zn 合金之固溶處理時，工件應於 260°C 前置入熱處理爐中後緩慢升溫到適當的固溶處理溫度，如此可避免共晶熔解而生成孔洞。除 Mg-Al-Zn 系外，其他所有可熱處理之鎂合金皆可直接置入已達固溶溫度之爐中進行處理。

11.5.1 鎂鋅二元合金之析出硬化

鎂基合金中不同溶質的固溶強化效果如表 11.3 所示，由表中可知溶質愈多，降伏強度(YS)或硬度上升百分比愈高，儘管表中的溶質元素均能固溶強化鎂合金，但商用合金中溶質元素在鎂中的溶解度均不高，以致固溶強化效果受到限制。因此，常需藉由析出硬化作爲合金之強化機制。

▼表 11.3　不同溶質元素對鎂的固溶強化效果[McDONALD&HARDIE]

溶質 (m)	尺寸差異% ($d_{Mg}-d_m$)	200°C溶解度 (wt%)	每%溶質增量(%)	
			YS	硬度
鋁	+10	3	25	8
鋅	+16	2	45	7
銀	+9	5	23	7
鈣	−24	1	110	−
鈽	−14	2	148	−
釷	−13	1	212	−
鋰	+5	5	−	3
鎘	+7	50	10	1
鉍	+2	1	−	5
銦	+2	43	−	1
錫	+5	0	26	3
銅	+20	2	35	−

在二元鎂合金中，最具析出硬化效果之添加元素是鋅，圖 11.4 顯示三種(MgAl、MgY、MgZn)析出硬化之低強度鎂二元合金之時效曲線圖，隨著時效時間的增加、硬度可提高約 20%(圖 11.4(a)和(b)的 Mg-9.6Al、Mg-8.7Y)至 70%(圖 11.4(c)Mg-5Zn)。

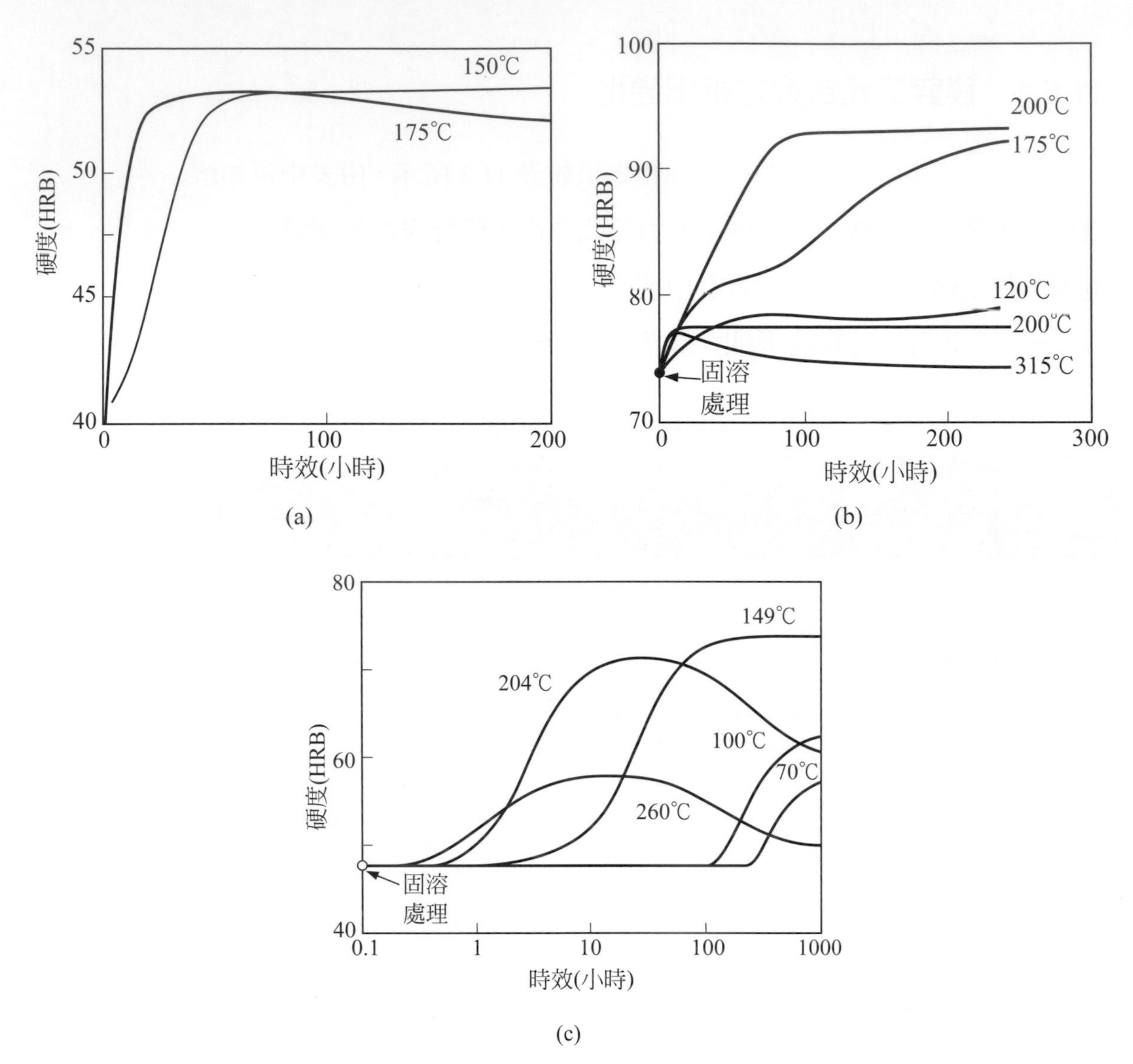

▲圖 11.4 (a)Mg-9.6Al、(b)Mg-8.7Y、(c)Mg-5Zn 合金時效硬化曲線[TALBOT,MIZER&CLARK]

鎂合金之析出硬化原理與第 9 章的鋁合金相似，例如圖 11.4(c)所示的 Mg-5Zn 合金於 315℃固溶 1 小時水淬後，於 204℃時效約 16 小時獲得最高時效硬度，其 TEM 微結構如圖 11.5 所示，圖中可清楚觀察到細小且密集的 MgZn 過渡相之析出，同樣的，當合金過時效處理後，這些 MgZn 過渡相將轉變成平衡 γ 相，硬度也會隨之下降。

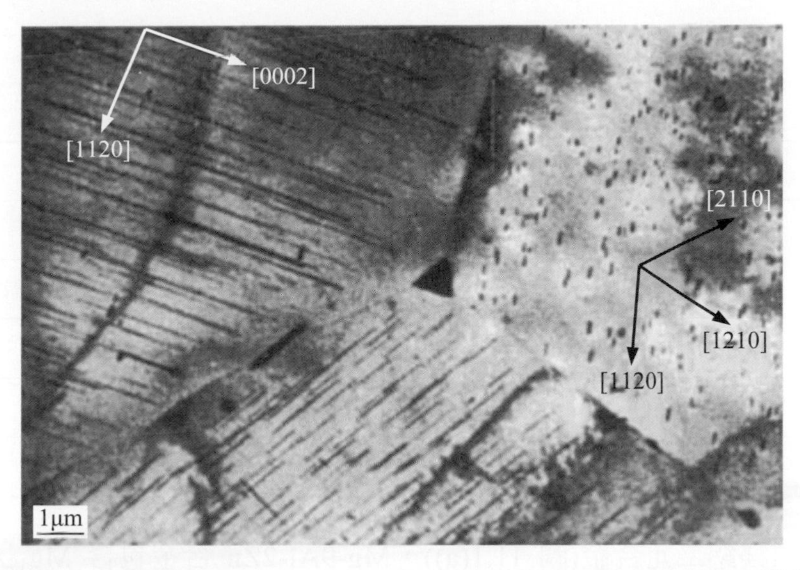

▲圖 11.5　Mg-5Zn 合金於 204°C時效最高硬度之 TEM 微結構圖[CLARK]

值得注意的是並非所有的鎂基合金在析出時具有硬化效果。如圖 11.1(d)(e)所顯示的鎂鉛合金或鎂錫合金，在高溫下雖可固溶大量溶質元素，且在低溫時效也能大量析出細小且分散的第二相，但這些第二相析出時已經是平衡相，與鎂基地之晶界面是**非整合性(noncoherency)**，完全沒有析出硬化效果可言，因此，鉛和錫很少成為鎂合金的主要添加元素。

11.5.2　鎂鋁鋅三元合金之析出硬化

幾乎所有商用鎂合金均是三元以上之合金，其中鎂鋁鋅合金使用極為普遍，如 3C 機殼所使的 AZ91D(Mg-9Al-0.7Zn)等。本節將介紹 AZ92A(Mg-9Al-2Zn)合金之析出熱處理的一些原理與相變化，依據鎂鋁鋅三元相圖推測其析出硬化熱處理之條件，彙整如表 11.4 所示。

▼表 11.4　依據相圖推測 AZ92A 合金析出硬化熱處裡條件[BRICK]

液相線溫度	593℃
固相線溫度	443℃
初期熔化溫度	410℃
固溶處理條件	(408 ± 6)℃*(16-24)小時 → 強空冷
時效處理條件-1	(220 ± 5)℃*5 小時
時效處理條件-2	(260 ± 5)℃*4 小時
時效處理條件-3	(205 ± 5)℃*大於 6 小時

如同鎂鋁二元合金(圖 11.1(a))，Mg-9Al-2Zn 合金包含 $Mg_{17}Al_{12}$ 平衡相(γ 相)，此平衡相藉由共晶反應形成，圖 11.6 為 Mg-9Al-2Zn 合金典型的鑄態微結構，大量γ 相(亮區)從共晶反應而來，而暗區是在較低溫度冷卻後所析出之γ 相，若合金含有γ 相，可加熱到表 11.4 所建議的熱處理溫度 408℃進行固溶處理，然後迅速冷卻至室溫，圖 11.3 為固溶處理後的典型微結構。

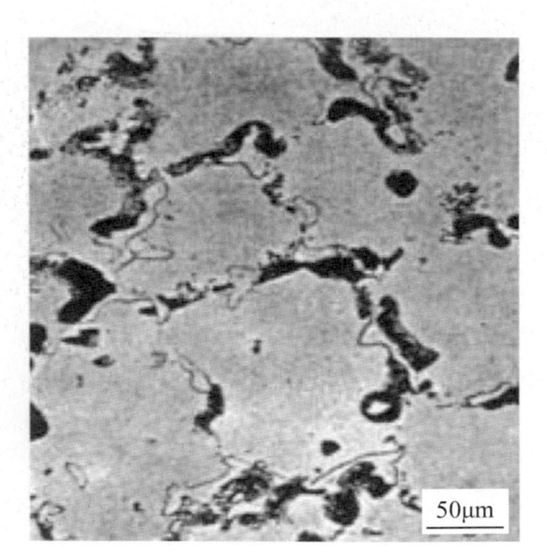

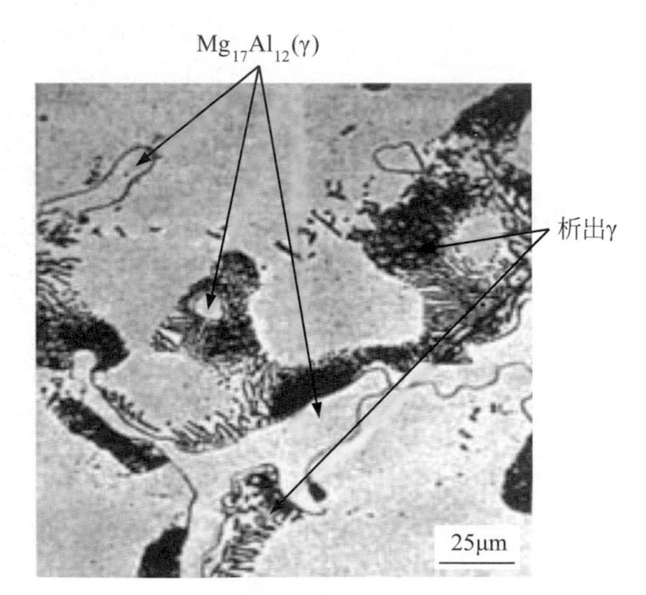

▲圖 11.6　Mg-9Al-2Zn 合金典型的鑄態微結構[BRICK]

由於鑄造結構的偏析，局部晶界區域會產生低熔點之三元介金屬相(約爲 363℃)，則在上述固溶處理溫度(408℃)下，可能會發生局部熔解，如圖 11.7 所示，顯示固溶處理後局部熔解區域所產生的孔洞，此情況通常稱爲**燃燒(burning)**或**初期熔化(incipient melting)**，爲了避免此問題，合金宜採用緩慢、或階梯式的加熱來達到固溶處理溫度。

圖 11.8 顯示 Mg-9Al-2Zn-0.2Sn 合金之時效硬化曲線，其固溶處理程序是採緩升溫方式，於兩小時內，溫度由 260℃升到 415℃後，持溫 24 小時，再空冷至室溫後進行不同溫度之時效處理，其析出強化曲線與鋁合金類似，析出溫度愈高時，析出強化速率就愈快，但其最高強度則愈低。

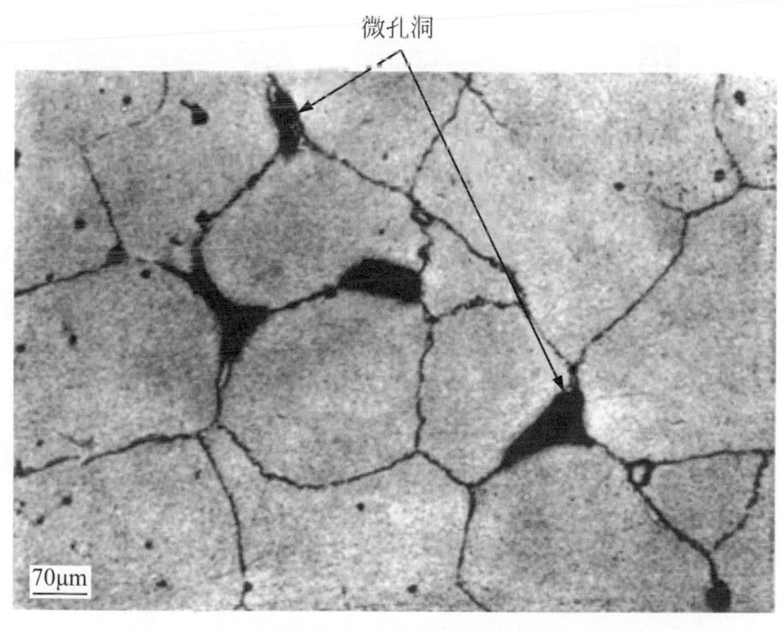

▲圖 11.7　Mg-9Al-2Zn 合金固溶處理產生的微孔洞[HESS]

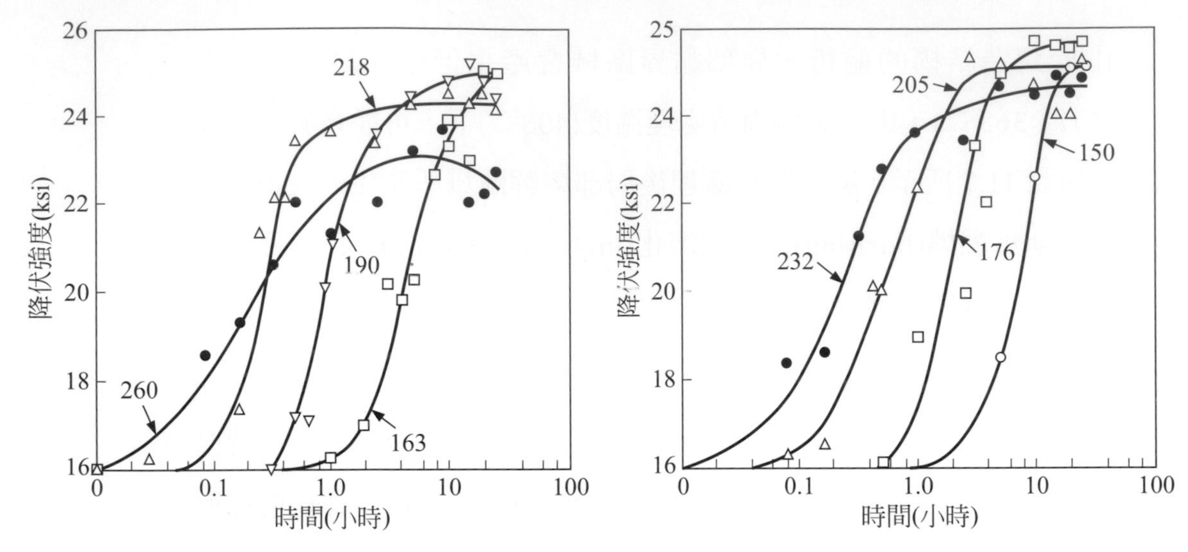

▲圖 11.8　Mg-9Al-2Zn-0.2Sn 合金之時效強化曲線[LEONTIS&M]

習　題

11.1 室溫下，鎂合金受壓應力之變形能力與受拉應力之拉伸變形能力有何差異？鋅合金之變形能力又如何？

11.2 簡述鎂及鎂合金之代碼。AZ31-F 鎂合金之成分如何？

11.3 爲何鎂合金中的微量鐵含量就會造成鎂合金的嚴重腐蝕？

11.4 爲何鎂合金中的錳含量常需有一最低量之規範？當錳含量較高時，對微結構有何影響？

11.5 爲何鎂合金不易藉由固溶原子來強化？常需藉由何種強化機制來強化？

11.6 簡述鎂鋅合金之析出硬化製程與強化原理。何謂**燃燒(burning)**或**初期熔化(incipient melting)**？如何避免？

12

鈦合金熱處理

鈦之礦源爲二氧化鈦的**金紅石(rutile)**，在地殼中的醞藏量僅次於鋁、鐵、鎂，居金屬元素的第四位；鈦之提煉係利用 Kroll 製程，先將金紅石礦轉化爲四氯化鈦 $TiCl_4$，而後利用鎂對 Cl 較佳的親和性，將 $TiCl_4$ 之 Cl 取代而獲得海綿鈦，最後再將海綿鈦壓密成塊並銲成電極，放入眞空爐中對水冷之銅坩堝放電熔化而得鑄塊。

純鈦具有高熔點(1670℃)、低密度(4.5g/cm^3)、高比強度、高耐蝕性、無毒等特性，在許多用途成爲極重要的合金材料，包括化工設備、飛機用的耐溫合金、外科置入金屬等；固態下，鈦在 882.5℃藉由麻田散鐵相變化，產生**同素異構相變化(allotropic phase transformation)**，在 882.5℃以上爲 BCC 晶體結構的 β 相，在 882.5℃以下爲 HCP 晶體結構的 α 相。

12.1 鈦合金相圖

鈦的同素異構相變化溫度，稱爲 β-轉換點(即 β-transus 溫度)，β-轉換點與其純度有關，當合金元素加入鈦後，相圖會出現(α + β)的兩相區(圖 12.1)，β-轉換點即爲 β 相區和(α + β)相區之界線，高於 β-轉換點溫度的平衡結構只存在 β 相。

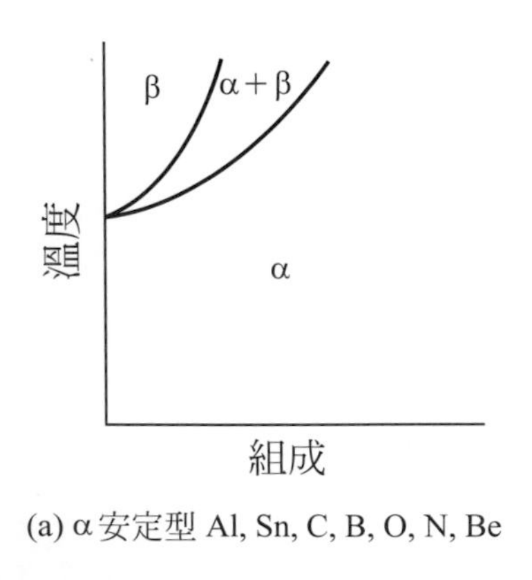

(a) α 安定型 Al, Sn, C, B, O, N, Be

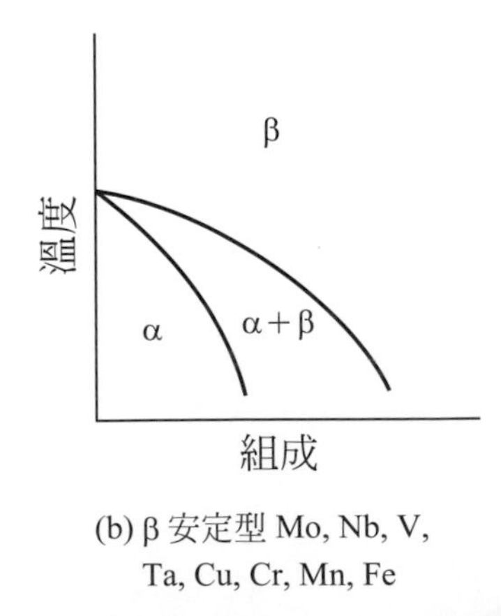

(b) β 安定型 Mo, Nb, V, Ta, Cu, Cr, Mn, Fe

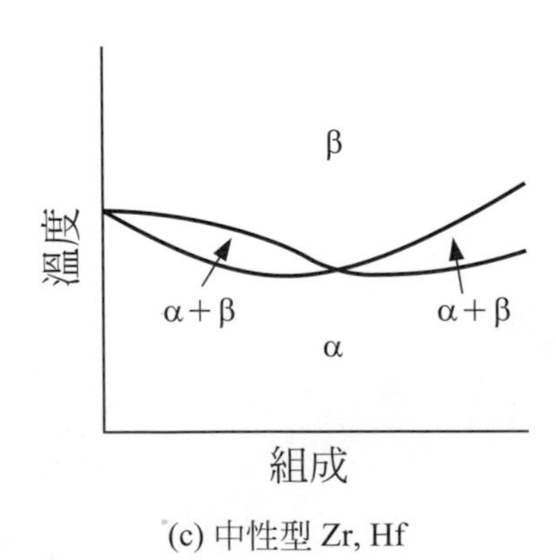

(c) 中性型 Zr, Hf

▲圖 12.1　添加各類型安定元素之鈦合金示意相圖[R&M]

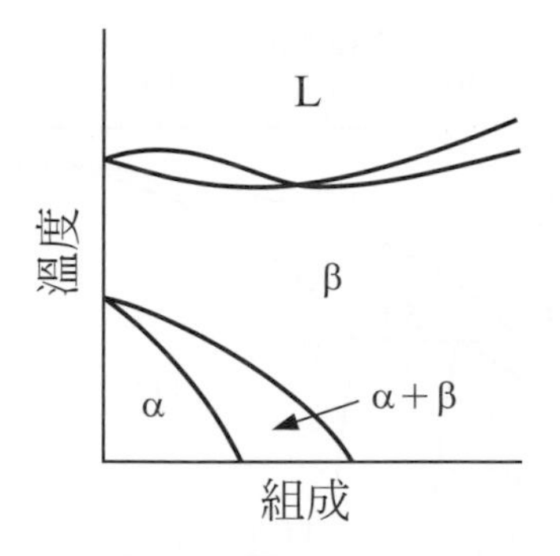

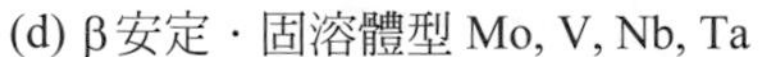
(d) β安定・固溶體型 Mo, V, Nb, Ta

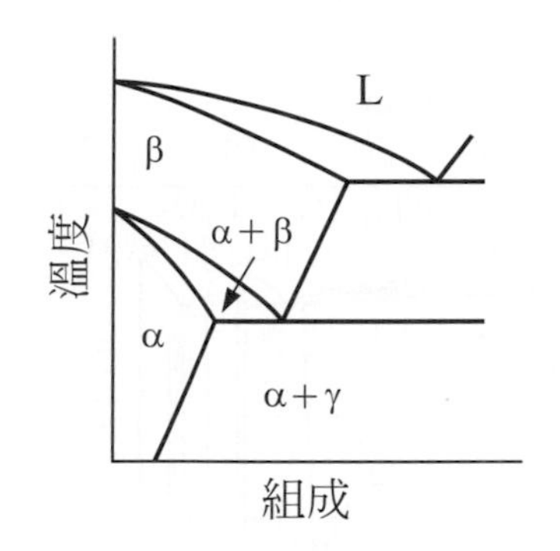

(e) β安定・共析型 Cr, Mn, Fe, Cu

▲圖 12.1 添加各類型安定元素之鈦合金示意相圖[R&M](續)

當所添加之合金元素造成 β-轉換點溫度上升(即 α 相區擴大)，稱之爲 α 安定元素，這些元素有：Al、Sn、C、B、O、N、Be 等；相反的使 β-轉換點溫度下降(即 β 相區擴大)之合金元素，稱之爲 β 安定元素；不屬於上述兩者的稱爲中性元素(如 Zr、Hf 等)，如圖 12.1(a)~12.1(c)所示。

而 β 安定型的相圖又可區分爲固溶體型(如 Mo、V、Nb、Ta 等，其結晶與 βTi 相同，均爲 BCC 結構)、與共析型(如 Cr、Mn、Fe、Ni、Si、Cu、H 等)兩種，如圖 12.1(d)、12.1(e)所示。

圖 12.2 顯示一些常用鈦合金二元相圖，分別爲含 α 安定元素的 TiO、TiN、TiAl、TiSn，含 β 安定元素 TiSi、TiMo、TiNb、TiNi、與含中性元素的 TiZr 等二元相圖。β 安定元素主要對 β-Ti 進行固溶強化，且是形成可熱處理鈦合金中不可缺少的合金元素。

N、O、H、C 是鈦合金中需要嚴格控制的雜質元素，這些元素可與鈦形成插入型固溶體，雖可強化合金，但嚴重減損合金的韌性；通常鈦合金中氧含量需控制在 0.15～0.40%以下，而氮、碳、與氫含量分別控制在 0.05%、0.015%與 0.1%以下。

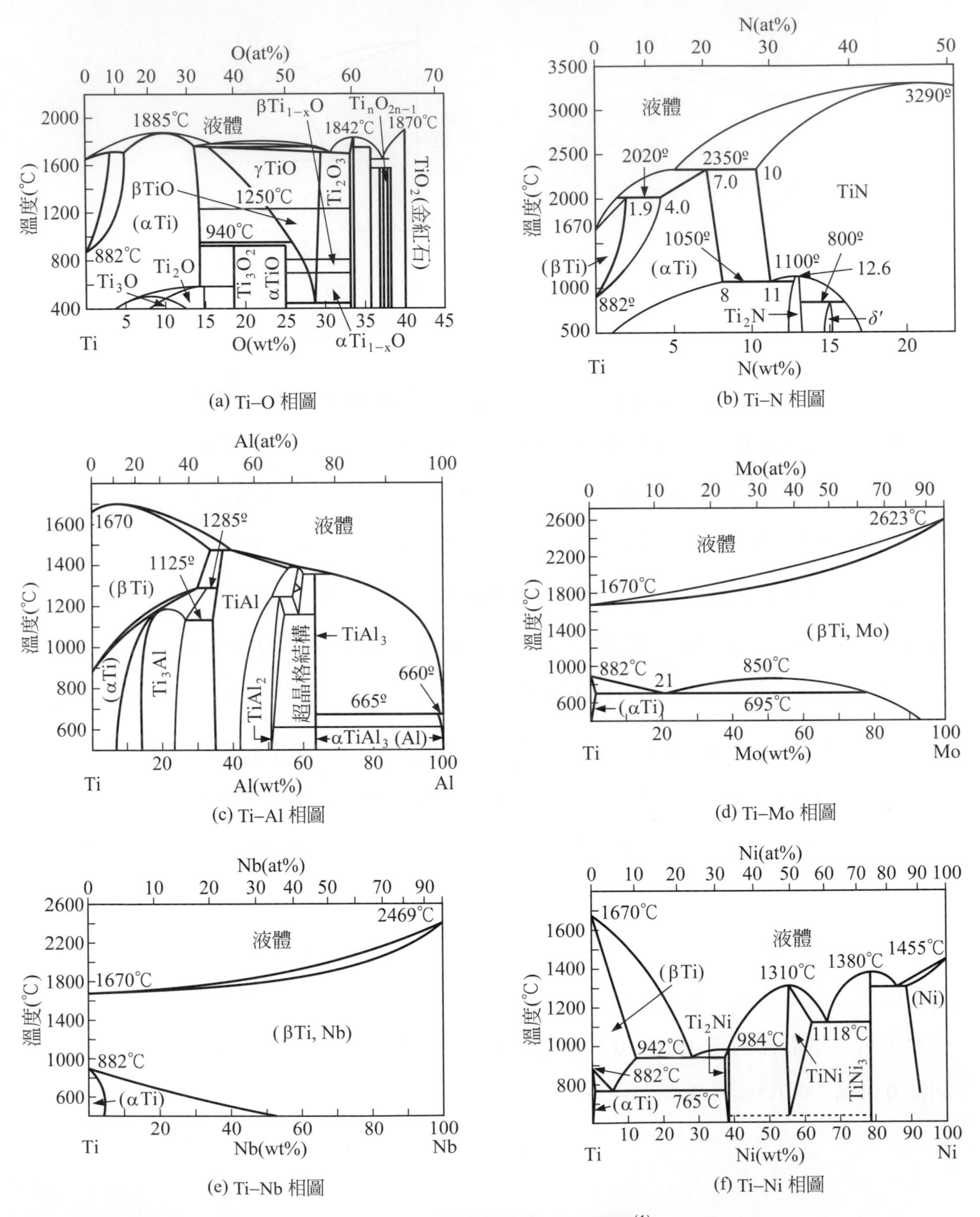

(a) Ti–O 相圖

(b) Ti–N 相圖

(c) Ti–Al 相圖

(d) Ti–Mo 相圖

(e) Ti–Nb 相圖

(f) Ti–Ni 相圖

▲圖 12.2 常用鈦合金二元相圖[1]

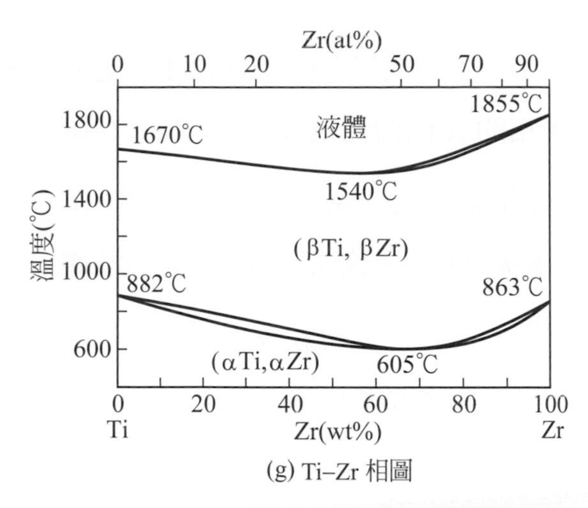

(g) Ti–Zr 相圖

▲圖 12.2 常用鈦合金二元相圖[R&M] (續)

12.2 鈦合金之分類

現今已有數百種鈦合金被研發出來，較常用的約有 30 種，如 Ti 6Al-4V 、 Ti-5Al-2.5Sn 、 IM1834(Ti-5.8Al-4Sn-3.5Zr-0.7Nb-0.5Mo-0.35Si-0.06C 英國開發)、Ti-1100(Ti-5.9Al-4.0Zr-2.6Sn-0.42Si-0.4Mo)、SP-700(Ti-4.5Al-3V-2Mo-2Fe-日本開發)、BT22(Ti-5V-5Mo-1Cr-5Al-俄國開發)、β21S(Ti-15Mo-3Al-2.7Nb-0.2Si)等。

依據β 安定元素的含量和退火微結構不同，鈦合金可分爲α 型、α + β 型、β 型鈦合金三類，表 12.1 列出一些常用的鈦及鈦合金之機械性質，雖然 **UNS(Unified Numbering System)**系統有統一的鈦合金代碼規範(參考表 12.1)，但通用的鈦合金名稱常依各自開發的廠商或國家而命名，例如中國分別以 TA、TB、TC 代表 α 型、α +β 型、β 型鈦合金，三類鈦合金大略說明如下：

(1) α 型鈦合金：不含或只含極少量的 β 安定元素，退火狀態的微結構爲單相的 α 固溶體或 α 固溶體加微量的金屬間化合物。

(2) α +β 型鈦合金：含 2～6%的 β 安定元素，β 安定元素總量不超過 8%，退火狀態的微結構爲 α ＋β 固溶體。

(3) β 型鈦合金：含有更多的 β 安定元素，其總量約大於 17%。退火或淬火狀態得到單相的 β 固溶體。

1954 年美國研發的 Ti-6Al-4V 合金，具有優良的耐熱性(～350℃)、機械特性、成形性、可銲性、耐蝕性和生物相容性等，而成爲鈦合金工業中的王牌合金，其使用量約占全部鈦合金的 80%，其他許多鈦合金可以看作是 Ti-6Al-4V 合金的改良型。

航空發動機用耐高溫鈦合金和機體用結構鈦合金是兩個主要開發方向，耐熱鈦合金的使用溫度已從 50 年代的 300℃提高到 90 年代的 650℃，成功應用的新型高溫鈦合金有 IMI1834 合金、Ti-1100 合金等；另外，Ti_3Al 基 (如 Ti-21Nb-14Al 和 Ti-24Al-14Nb-0.5Mo) 與 TiAl 基 (Ti-(46-52)Al-(1-10)M(at.%)，M 爲 V、Cr、Mn、Nb、Mo 和 W 中的至少一種元素)合金的出現，使鈦在發動機的使用部位已由發動機的冷端(風扇和壓氣機)朝熱端(渦輪)方向推進。

結構鈦合金則朝高強度、高塑性、高韌性、高破損容限方向發展；如日本鋼管公司(NKK)研製的 SP-700 鈦合金，該合金強度高，超塑性延伸率高；另外如俄國所研發的 BT-22，其抗拉強度可達 1105MPa 以上。

12.2.1 純鈦(α 型)

純鈦塑性好、強度低、易加工成形、鈍化能力強，在常溫下金屬表面極易與 O、N 形成緻密且與基底結合牢固的氧化物和氮化物，在 550 ℃以下抗氧化能力強，但在 550℃以上，氧化膜保護性消失，易氧化、或吸氫而造成脆化。表 12.1 中的 ASTM-1 級、2 級、3 級、4 級之含鈦純度分別爲 99.5%、99.2%、99.1%、與 99.0%。

工業純鈦所含的主要雜質有 H、C、O、Fe、Mg 等。少量雜質元素可使鈦的強度、硬度顯著增加，而塑性、韌性下降，所以被使用在 350 ℃以下、強度要求不高之工作環境，且因其具有良好耐蝕性，常被使用於化學裝置、船艦、石化業熱交換器等零組件上。純鈦(α 型)不能藉熱處理來強化，只能進行退火處理。

▼表 12.1　常用鈦合金之組成、熱處理、機械性能

相	組成(%)	狀態	室溫(ksi)		延伸率(%)	備註
			抗拉強度	降伏強度		
α 純鈦	純 Ti (ASTM 規範)					最高 N、O 量(wt%) (C < 0.10、H < 0.0125)
	1 級(99.5Ti)(R50050)*	退火	48	35	30	1 級(0.03N-0.18O)
	2 級(99.2Ti)(R50400)		63	50	28	2 級(0.03N-0.25O)
	3 級(99.1Ti)(R50550)		75	65	25	3 級(0.05N-0.35O)
	4 級(99.0Ti)(R50700)		96	85	20	4 級(0.05N-0.40O)
α	Ti-5Al-2.5Sn (R54520)*	退火	125	117	16	
	Ti-8Al-1Mo-1V (R54810)*	790℃*30min 空冷-退火	146	140	15	
		1010℃*30min 空冷 ＋750℃*30min 空冷 － 雙重退火	142	125	17	

▼表 12.1　常用鈦合金之組成、熱處理、機械性能(續)

相	組成(%)	狀態	室溫(ksi)		延伸率(%)	備註
			抗拉強度	降伏強度		
α + β	Ti-6Al-4V (R56400)*	730℃*4hr 爐冷-退火	155	137	10	
		900℃*30min 爐冷-退火	140	124	17	90%α + 10%β
		955℃*30minr 爐冷-退火	136	121	19	90%α + 10%β
		955℃*30min 空冷 + 675℃*4hr 空冷-雙重退火	140	133	18	
		955℃*30min 水淬 A	162	138	17	50%α_p + 50% (α' + α'' + βr)
		A + 540℃*4hr 空冷-時效	172	155	17	
		900℃*30min 水淬&&	162	134	15	60%α_p + 40% (α' + α'' + βr)
		&& + 540℃*4hr 空冷-時效	162	147	15	
	Ti-4.5Al-3V-2Fe-2Mo(SP-700)	850℃*30min 水冷##	165	103	22	α_p + βr
		## + 500℃*1h 空冷	183	170	6	α_p + (α + β)
β	Ti-12V-18Cr	β淬火:760-815℃*1h	130	124	28	若薄試片，則可以空冷取代淬火
		β 淬火 + 455℃ *100h	125	118	28	
	Ti-13V-11Cr-3Al	β淬火:760-815℃*1h	122	118	38	若薄試片，則可以空冷取代淬火
		β 淬火 + 480℃ *100h	172	159	4	

*UNS 規範代碼

12.2.2　α 型鈦合金

α 鈦合金中主要加入的元素是 Al 與 Sn，其次是中性元素 Zr，這三種合金元素作為固溶強化用，其中，鋁和錫是強化 α 相的主要元素，並可提高合金的耐熱性和再結晶溫度，但含鋁量超過 6%以後，可能出現硬脆的 $\alpha_2(Ti_3Al)$相，故鋁的含量通常低於 6%；中性元素 Zr 在 α-Ti 合金中能形成無限固溶體，但固溶強化效果不明顯；合金中有時也加入少量 β 安定元素，如 Cu、Mo、V、Nb 等。

這類合金在退火狀態下的室溫微結構為單相 α 固溶體或 α 固溶體與微量金屬間化合物；大部分 α 型鈦合金不能藉熱處理來強化，只能進行退火處理，室溫強度中等。該類合金組織穩定，因含 Al 和 Sn 量較高，所以耐熱性高於合金化程度相同的其他鈦合金，在 600℃以下具有良好的抗熱強度和抗氧化能力；α 型鈦合金還具有優良的銲接性，並可利用高溫鍛造方法進行熱成形加工。

12.2.3 α + β 型鈦合金

α + β 鈦合金的主要特點是它的性能變動範圍大，易於滿足不同的設計和使用要求；這類合金中同時加入 β 安定元素(如 Mn、Cr、Mo、V、Fe、Si 等)和 α 安定元素(如 Al、Be)，以穩定兩相合金中 β 相和 α 相的強度，並提高時效微結構的分散度；該類合金的退火組織為(α + β)，兼有 α 型鈦合金和 β 型鈦合金的組織及性能特點，可藉由時效熱處理進行強化，熱處理強化效果隨 β 相安定元素含量增加而提高；根據實際需要改變成分很容易調配 α 和 β 相之間的比例，而獲得性能各異的合金。

α + β 型鈦合金的室溫強度和塑性高於 α 型鈦合金，但銲接性不如 α 型鈦合金。這類合金具有較高的高溫潛變強度、高溫拉伸強度，最高使用溫度可達 500℃；α + β 型鈦合金是目前應用最廣泛的鈦合金，常見合金系為：Ti-Al-Mn 系、Ti-Al-V 系、Ti-Al-Cr 系、Ti-Al-Mo-(Fe)系等。

12.2.4 β 型鈦合金

爲保證合金在退火或淬火狀態下爲 β 單相微結構，β 鈦合金中加入大量的 β 相安定元素，如 Mo、V、Mn、Cr、Fe 等，同時還加入了一定量的 α 相安定元素 Al。該類合金可藉助於時效熱處理來強化，能較大幅度提高強度，因此最具發展高強度鈦合金的潛力；與 α + β 鈦合金相比，β 鈦合金在室溫下仍爲體心立方 β 相(即殘留 β 相，以 βr 表示)，由於 βr 相較軟，塑性能力高，因此在淬火狀態下具有很好的室溫成形性能；經時效強化處理，β 鈦合金兼有高的降伏強度和斷裂韌性，並且淬火性好，可使大尺寸零組件經熱處理後得到均勻的高強度。

目前用做結構材料的 β 鈦合金大都需藉由淬火才可得到單一 β 相，熱力學上處於介穩定狀態，因此合金的微結構穩定性較差，耐熱性不高，且合金中的 Al 和 Sn 的含量又相對較少，工作溫度一般不能超過 200 ℃；另外，β 鈦合金韌脆轉變溫度高，所以也不宜在過低溫度下使用。

12.3 鈦合金熱處理

除合金元素的固溶強化外，熱處理是改善鈦合金微結構和提升性能的重要方法。鈦合金熱處理方式主要有兩種，第一種是退火熱處理，可提高合金塑性和韌性、消除應力、穩定微結構；另外一種是析出熱處理，可以強化合金機械性質。

12.3.1 退火

退火是鈦合金應用最廣的熱處理方法，主要形式有消除應力退火、再結晶退火、雙重退火等。消除應力退火的目的是消除鈦合金因加工、銲接等過程中所產生的內應力，加熱溫度一般低於合金的再結晶溫度。

再結晶退火的目的是消除合金的加工硬化，恢復合金塑性，並獲得比較穩定的微結構。

雙重退火包括高溫及低溫兩次退火處理，目的是使合金微結構更接近平衡狀態，因此也稱穩定化退火，雙重退火非常適於含 Fe、Mn、Cr 等元素的耐熱鈦合金，以保證合金在高溫和應力長期作用下微結構及性能的穩定；表 12.1 中也列有一些合金之退火製程。

12.3.2 析出熱處理

鈦合金的析出熱處理過程，同樣包含固溶、淬火、時效三步驟，因合金的成分、固溶溫度及冷卻方式不同而生成不同的介穩相(殘留β相(即βr)與麻田散鐵)，淬火冷卻方式一般為水冷或空冷。

鈦合金在時效過程中，在固溶淬火後所得到的殘留 β 相(即 βr)與麻田散鐵中，析出硬度高的平衡細化(α + β)微結構來強化合金；時效強化效果除與固溶溫度有關外，還取決於時效溫度和時效時間；固溶溫度決定了合金中初析 α 相、殘留 β 相(βr)與麻田散鐵的成分和數量，而時效溫度及時間直接控制著析出相的形貌、分布和析出速度，進而影響合金的強度和塑性。根據零組件的性能需求，鈦合金的時效溫度一般選擇在 500℃左右。以下將依鈦合金之分類來介紹其個別之熱處理原理。

12.3.3 純鈦之熱處理

純鈦由高於 882.5℃的 β 相區降溫，其微結構取決於冷卻過程，這將會影響β相變化為α相晶粒尺寸、形狀與性質。圖 12.3(a)為純鈦經 800℃*1 小時的 α 相區退火後、水淬至 25℃之 α 鈦等軸微結構。在 β 相區域，1000℃*1 小時固溶後水淬至室溫，即使在快速冷卻下，仍無法抑制 β 相變化為 α 相，此時晶界顯現鋸齒狀的不規則微結構，微結構如圖 12.3(b)所示，其強度比在α區退火的等軸結構高。圖 12.3(c)為慢速爐冷所獲得的完全 α 相微結構，其晶界較圖 12.3(b)規則，強度較水淬合金低。

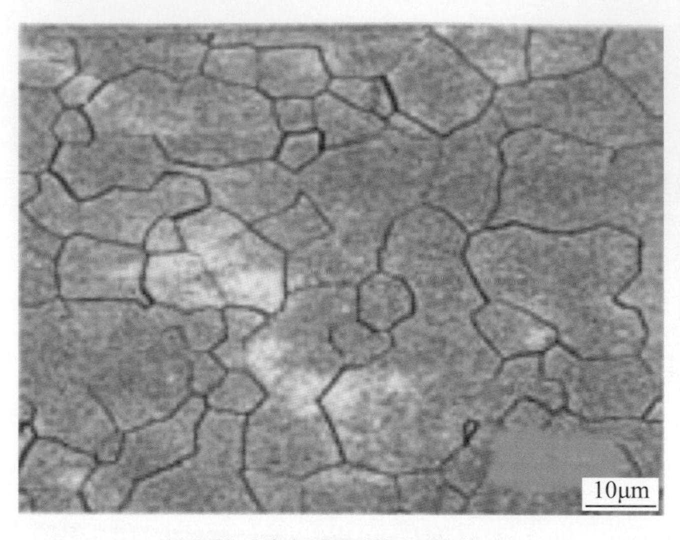

(a) UTS=36ksi、YS=18ksi、EL%=60

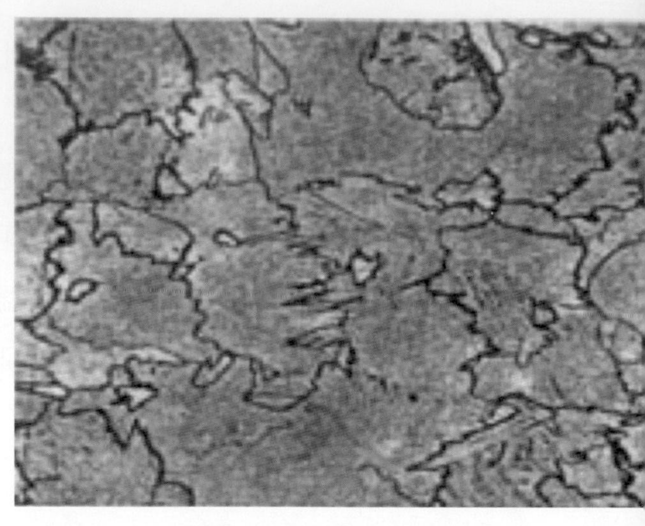

(b) UTS=42ksi、YS=33ksi、EL%=60

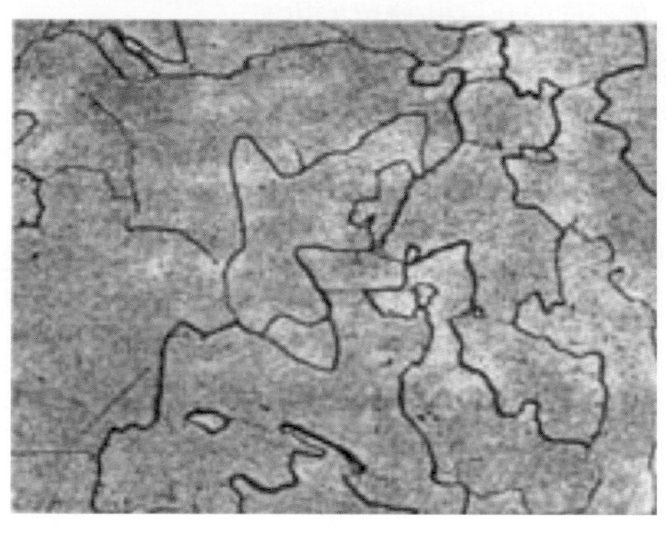

(c) UTS=38ksi、YS=24ksi、EL%=60

▲圖 12.3　純鈦經不同固溶溫度熱處理 1 小時後冷卻至室溫之 α 鈦微結構：(a)800°C水淬、(b)1000°C水淬、(c)1000°C爐冷 [TML&JAFFEE]

純鈦的 β 相變化為 α 相沒有任何化學成分的改變，僅是晶體結構上的改變，為一種無擴散式的麻田散鐵相變化，從 BCC 的 β 結構，原子輕微的移動後轉換成 HCP 結構的 α 結構，如圖 12.4 所示；圖 12.4(b)為從 BCC 結構得到 HCP 結構原子的示意圖；圖 12.4(c)為 α 結構晶格。

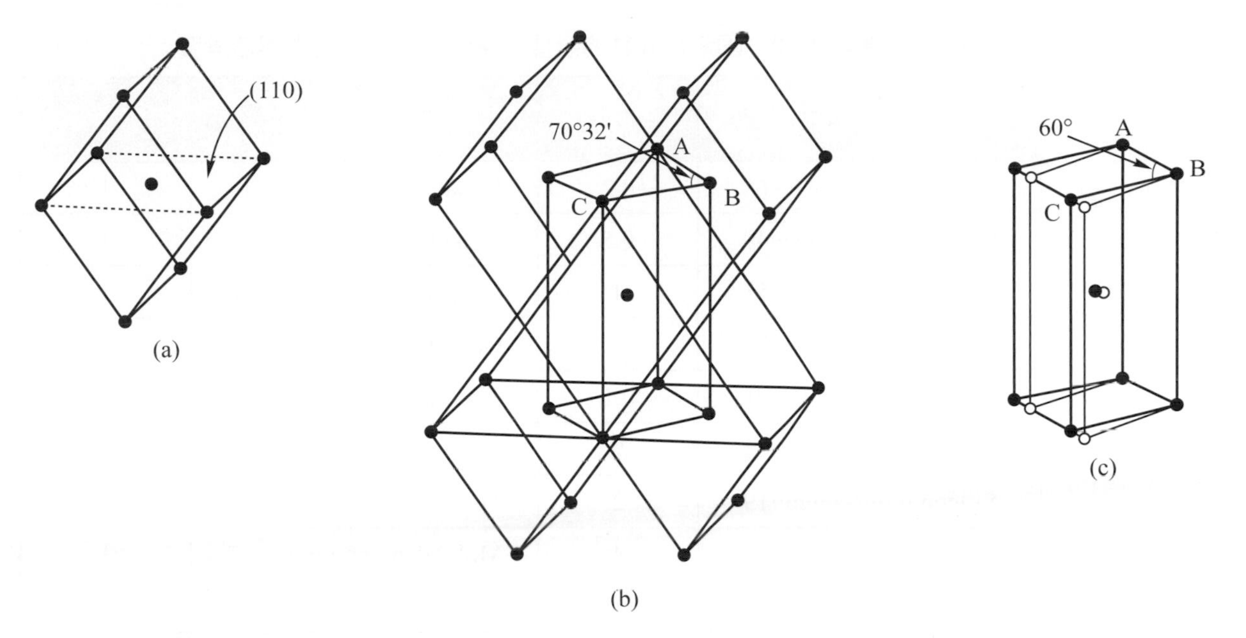

▲圖 12.4 純鈦由β 轉變為 α 之無擴散式麻田散鐵相變化示意圖，(a)BCC 的β 結構、(b)BCC 與 HCP 結構原子示意圖、(c)原子輕微移動後轉換成 HCP 的 α 晶格[BRICK1&M]

表 12.2 顯示，氫、氮、氧等插入原子皆與鈦有一個相對高的溶解度；氫原子因體積小，在鈦中具有高擴散性、溶解度，在低溫時仍能被鈦大量吸收；被吸收的氫主要來自含水蒸汽和碳氫化合物的加熱氣體，或者使用酸性液體清洗等。

固溶的氫對機械強度影響不大，然而，所形成之氫化物將會大幅脆化鈦，300℃時氫在 α 鈦的溶解度約 8 at.%(約 0.15 wt%)。從 α 區域(如 400℃)緩慢冷卻至 25℃，此時會有充分的氫化物析出，使衝擊強度降低。而從 400℃快速冷卻(水淬)則會抑制氫化物析出，維持高的衝擊強度。然而，在室溫下時效，只要幾天的時間就會析出大量的氫化物，使衝擊強度降低。因此，要解決氫問題就只有維持低氫含量。

▼表 12.2　固溶在 α 鈦的幾種溶質原子之尺寸差異與溶解度

溶質(m)	尺寸差異% $(d_{Ti} - D_m)/d_{Ti}$	溶解度 wt%	溶質(m)	尺寸差異% $(d_{Ti} - D_m)/d_{Ti}$	溶解度 wt%
Hydrogen*	68	0.2	Cobalt	14	1
Carbon*	49	0.5	Nickel	15	1
Nitrogen*	51	4	Copper	12	1
Oxygen*	59	12	Gallium	16	10
Magnesium	−9	0.1	Zirconium	−8	100
Aluminum*	2	25	Niobium	2	4
Silicon	19	2	Tin*	−3	22
Vanadium*	10	4	Molybdenum*	7	1
Chromium	14	< 1	Tantalum	2	1
Manganese	23	1	Tungsten	6	1
Iron	15	1			
*：α 鈦中經常添加之溶質					

純鈦雖然具有 HCP 晶體結構，但其 c/a 比值(1.587)較理論值(1.633)低，因此，除了底面(0001)面外，尚有幾個優良的滑移系統存在。當純鈦受到塑性變形時，這些滑移系統均容易被活化，有益於雙晶與滑移變形，造成純鈦的高韌性；而脆性上升的原因主要來自於雜質(氧、氮、氫、碳等)含量增加所致。

從表 12.1 中還可以看出，商業**等級(grade)**較差的鈦允許較高的氧和氮含量；但是即使是最差等級(4 級)的商用鈦，仍具有良好的(20%)延展性。當鈦中含有氧和氮，從 β 相變化為 α 時會形成魏德曼結構(圖 12.5)。添加約 0.3%的碳時，因硬質碳化物 TiC 的存在而提高鈦的強度，但卻會降低延展性。

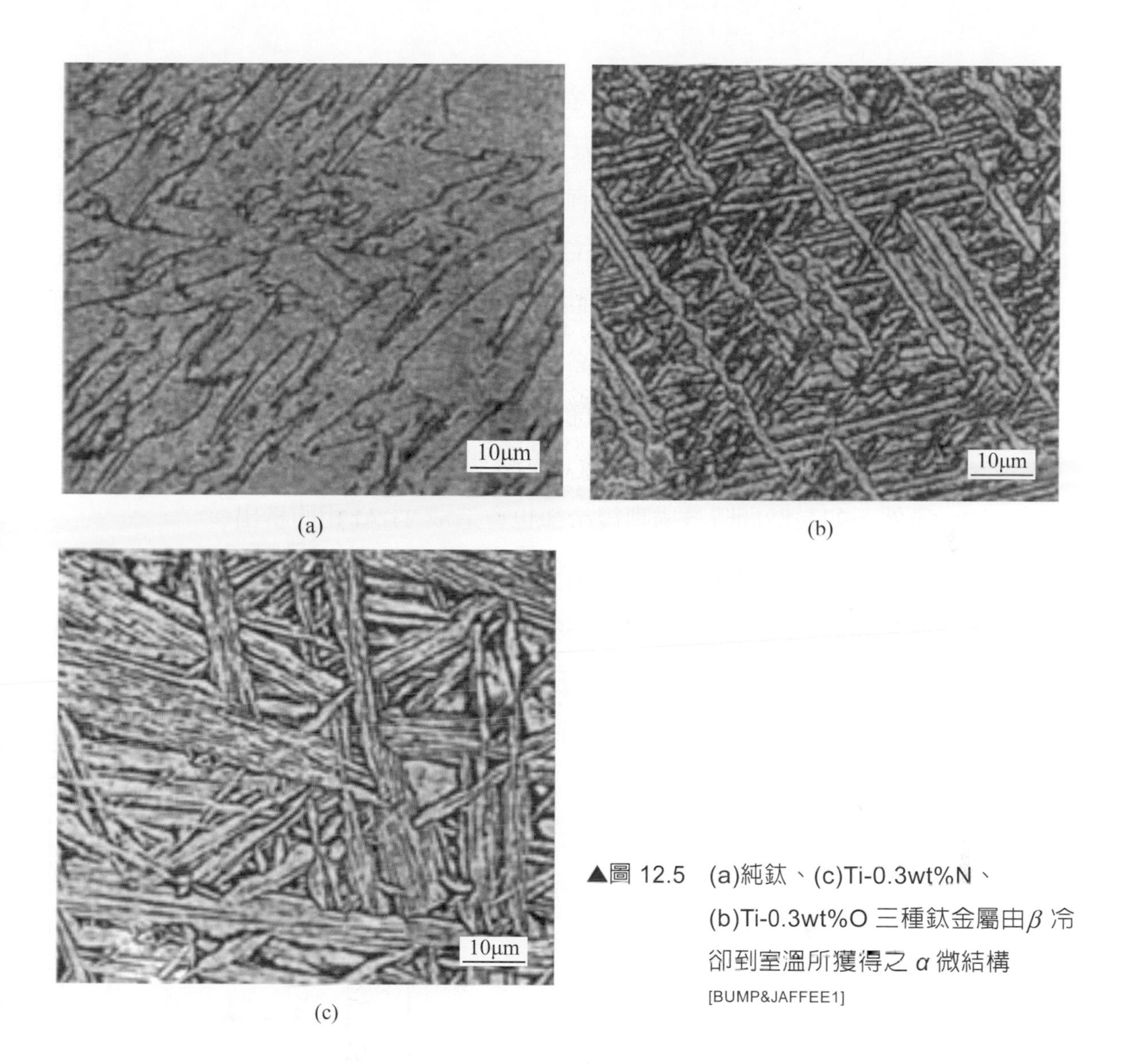

▲圖 12.5 (a)純鈦、(c)Ti-0.3wt%N、(b)Ti-0.3wt%O 三種鈦金屬由 β 冷卻到室溫所獲得之 α 微結構 [BUMP&JAFFEE1]

12.3.4 α 型鈦合金熱處理

α 型鈦合金在較低溫度時(低於 800℃)平衡相為 α 相，因此其性質並不能由熱處理來改變；強化機制只有藉由冷加工(冷加工及退火可控制 α 晶粒尺寸)和添加溶質原子(固溶強化)來完成。為了預測溶質對固溶強化的影響，表 12.2 中列出溶質原子相對於鈦的尺寸大小，在置換型溶質中，鋁、矽、釩、鋯、鈮、錫等在鈦中有高或中等的溶解度，適中的尺寸差異。

由圖 12.2 所顯示的鈦合金二元相圖中，可以看到上述元素中，只有鋁、錫爲 α 穩定元素，所以只有這兩個元素被視爲 α 鈦合金之固溶強化元素。鈦中添加鋁和錫時，有明顯的強化效果，每 1%的鋁將會增加約 8ksi 的強度，而每 1%的錫將會增加 4ksi。鋯在鈦中被視爲中性元素，每 1%的鋯只有增加約 0.5ksi 的強度，因此鋯並不作爲 α 型鈦合金的強化元素。

實際上鈦合金中鋁的最高含量約爲 7%左右，高於此值的合金是難以熱加工的，並可能因 Ti_3Al 的析出而發生低溫脆化；Ti_3Al 相的形成可參考圖 12.2，顯示合金從高溫 α 區慢速冷卻至室溫時將會析出 Ti_3Al 相，另外，如長時間時效處理後冷卻也會造成 Ti_3Al 相的析出。

鋁也可以增加鈦合金抗應力腐蝕能力，如圖 12.6 所示；合金在 β 區域 1200℃退火，然後水淬，會形成 α 麻田散鐵，合金再加熱到 α 區域(900℃)，然後水淬，如果鋁含量低於 7%時，無論是在空氣或海水中測試，其破裂強度(在 25℃)幾乎是相同的。

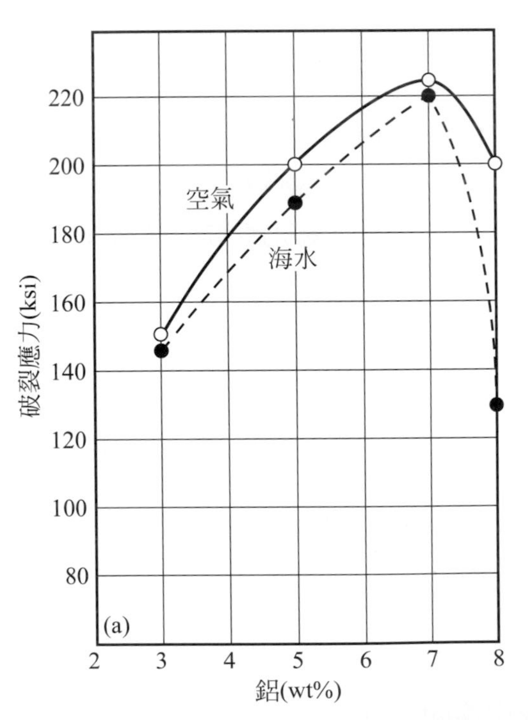

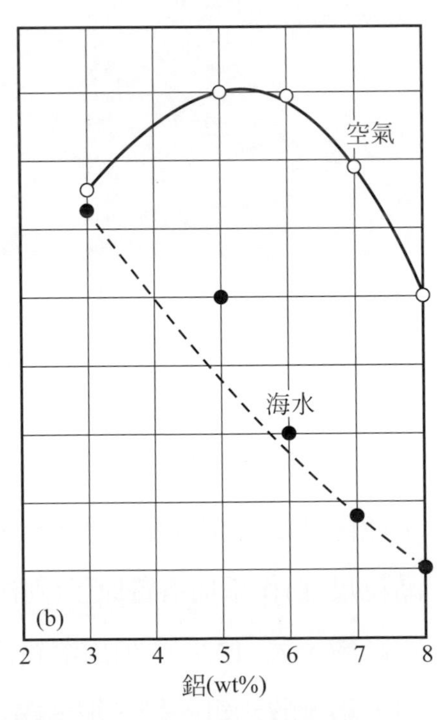

▲圖 12.6 熱處理對 TiAl 合金腐蝕破裂應力之影響，(a)1200°C(β)水淬後加熱到 900°C(α)後水淬，(b)於(a)處理後於 595°C時效後空冷[LANE&M]

在高鋁含量時，即使快速冷卻也無法完全抑制 Ti_3Al 的形成，因此導致空氣中、尤其是在海水中的破裂應力大幅降低。圖 12.6 中，在 595 ℃以下時效熱處理 1 小時後，應力腐蝕現象顯著增加。從 Ti-Al 相圖來看，當鋁含量大於 7%時，這個區間正是析出 Ti_3Al 的地方。

插入型元素 C、O 和 N 對 α 合金的影響與對純鈦的影響機制很類似，即會增加強度和降低延展性；而氧是特別需要留意的，因爲它可能在合金退火時被混入鈦合金中。

12.3.5 α + β 型鈦合金熱處理

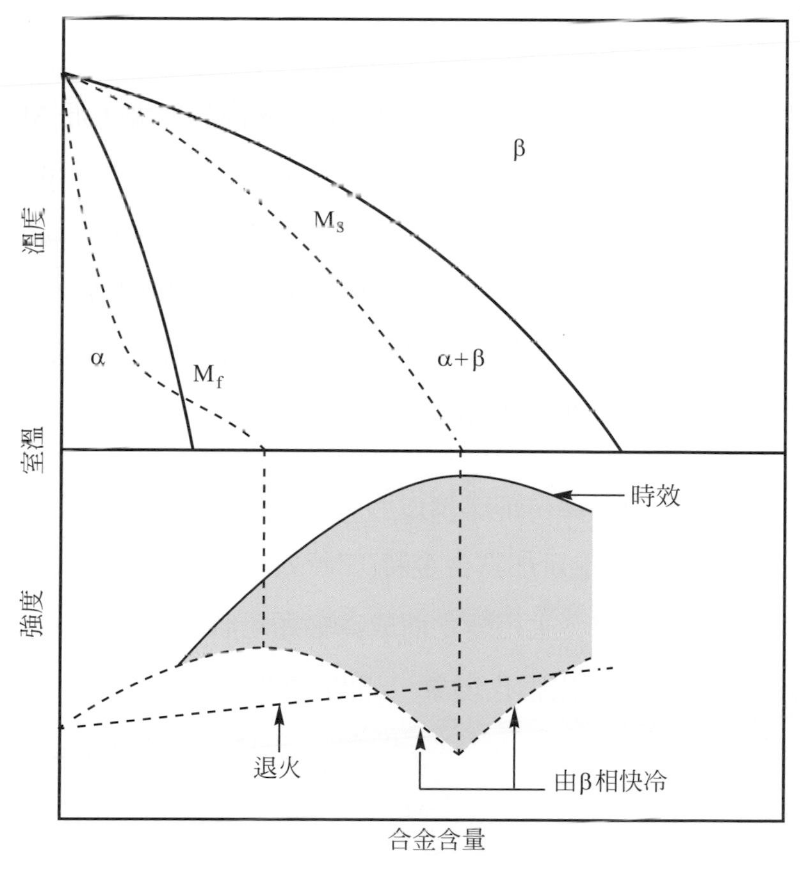

▲圖 12.7 β 安定型鈦合金部分相圖顯示微結構與強度之關係[GOOSEY]

圖 12.7 是 β 安定型鈦合金部分相圖，當合金經退火熱處理(由高溫 β 區緩慢冷卻)時，鈦合金是由平衡的初析 α 相(富 α 安定元素)及平衡的 β 相(富 β 安定元素)所組成。依槓桿法則(參考 1.4.5 節)，β/α 相的重量比值會隨合金中所含之 β 安定元素增加而增加，也就是合金所含之 β 安定元素較少時，其微結構主要爲初析 α 相，而當合金所含之 β 安定元素較高時，其微結構則以 β 相爲主；且合金的強度會隨 β 相的增加而增加。

如果鈦合金從 β 相區迅速冷卻，β 相將藉由麻田散鐵相變化，形成細針狀麻田散鐵(α' 或 α" 相：詳見下節說明)。當合金中的 β 安定元素較低時，麻田散鐵相變化開始溫度(M_s)與完成溫度(M_f)會高於室溫，如圖 12.7 所示，此時合金微結構爲 100%的細針狀麻田散鐵，在室溫下其強度高於退火合金。

當合金中的 β 安定元素較高時，M_s溫度會高於室溫，而 M_f溫度會低於室溫，則在室溫下，除了細針狀麻田散鐵外，還有殘留 β 相(βr)的存在，由於 βr 相較平衡相軟，所以鈦合金的強度會隨 βr 數量增多而下降；若合金中的 β 安定元素更高時，M_s與 M_f溫渡均會低於室溫，則在室溫下，鈦合金的高溫 β 之組成全部會成爲殘留 βr 相，其強度會因固溶強化，而隨元素含量的增加而增加。

鈦合金從β相區迅速冷卻所獲得的針狀麻田散鐵(α' 或α" 相)與殘留βr 相，均非穩定相，當重新加熱合金時(如時效處理)，這些淬火微結構(麻田散鐵與殘留 βr 相)將發生相變化而成爲細顆粒狀的平衡(α + β)相，而導致時效處理的合金析出強化現象，如圖 12.7 陰影區域所示。

12.4 商用鈦合金熱處理

以下幾節將藉由商用鈦合金熱處理之介紹，來瞭解(α + β)與 β 型鈦合金之熱處理原理。

12.4.1 α 型鈦合金熱處理(Ti-8Al-1Mo-1V)

Ti-8Al-1Mo-1V 鈦合金雖被歸類爲類 **α(near-α)**鈦合金(表 12.1)，實用上也常採用雙重熱處理，但其合金特性可以作爲(α + β)型與 β 型合金鈦合金之熱處理的良好參考，所以將對其熱處理原理加以介紹。圖 12.8 的相圖中標示出 Ti-8Al-1Mo-1V 合金在不同溫度下之平衡安定相，鉬和釩都是 β 安定元素，當溫度高於 1050℃(β-轉換點)時，其平衡相是 β 相，當徐冷到 25℃時，富鈦的初析 α 相會從 β 相析出，此時 β 相中的鉬與釩含量會同步增加；當溫度低於 500℃時，六方最密堆積的 α_2 相(Ti_3Al)是另外的一個平衡相，然而 α_2 形成速度緩慢，只有在長時間的時效才可能析出。

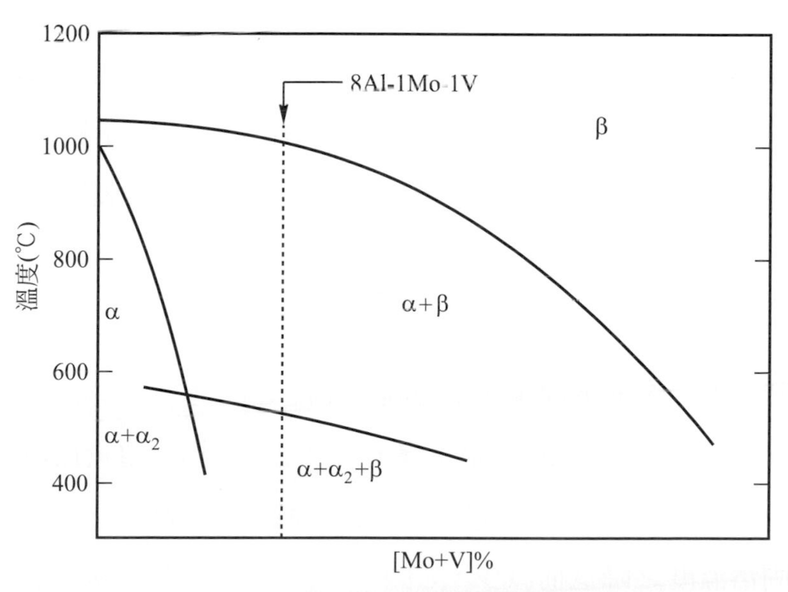

▲圖 12.8　Ti-8Al-1V 合金之定成分截面二元相圖[BACKBURN&M]

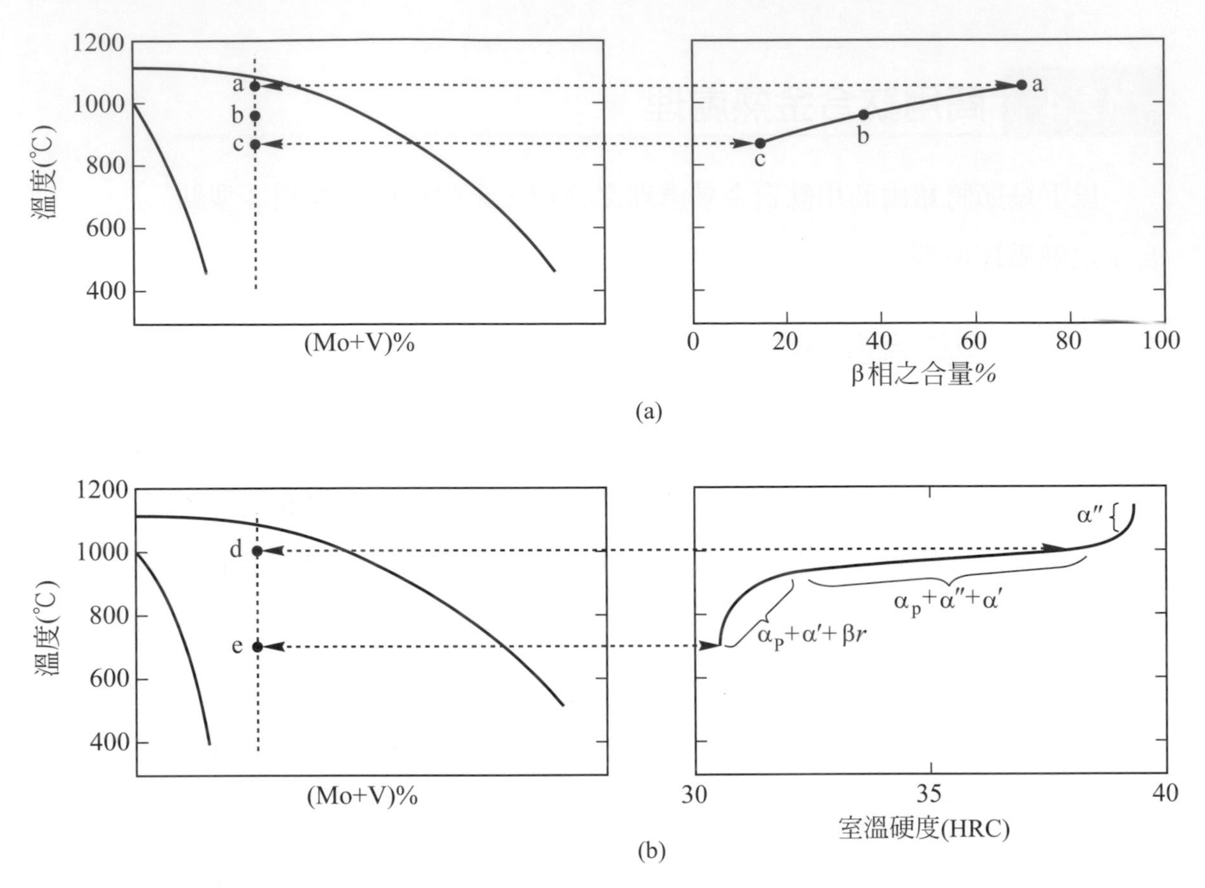

▲圖 12.9　固溶淬火顯示(a)固溶溫度下平衡 β 相數量與(b)室溫下之微結構與硬度，a、b、c 三點微結構示如圖 12.11[FOPIANO&M]

當商用 Ti-8Al-1Mo-1V α 型鈦合金於(α + β)兩相區固溶處理後爐冷至室溫，由相圖(圖 12.9)可以預測室溫下微結構是初析 α 相與 β 相之混合，此時的初析 α 相可分爲兩種類型，一種是於持溫於固溶溫度時所形成的初析 α 相(以 α_p 表示)，另一種是緩慢冷卻過程中所形成的初析 α 相(以 α_c 表示)。

此時，因合金成分固定，不論固溶溫度之高低，其室溫下之微結構中初析 α 相總量($= \alpha_p + \alpha_c$)固定不變，也就是 β/α 相的重量比値固定，但由槓桿法則可知，α_p 含量會隨固溶溫度之降低而增加，也就是 β 相的含量會隨固溶溫度之降低而減少，如圖 12.9(a)所示，圖 12.9(a)顯示合金於 a(1040℃)、b(925℃)、c(845℃)三種固溶溫度熱處理時，固溶溫度愈高則

β 相含量愈高(也就是初析 α_p 含量愈低)。

當商用 Ti-8Al-1Mo-1V 合金由(α + β)兩相區固溶並快速冷卻(鹽水淬火)至室溫時，其微結構與硬度如圖 12.9(b)所示，當固溶溫度高於 1050℃(β-轉換點)淬火後，所有 β 相變化為 α'' 麻田散鐵，當溫度於 d 與 e 點間固溶淬火後，固溶時的平衡初析 α_p 將被保留至室溫，而固溶時的平衡 β 將相變化為 α' + α'' 麻田散鐵；當溫度於 e 點固溶淬火後，固溶時的平衡初析 α_p 也將被保留至室溫，而固溶時的平衡 β 相因含有較高 β 安定元素，所以其 M_s 溫度已低於室溫，所以固溶時的平衡 β 相將完全被殘留到室溫而為 βr 相。

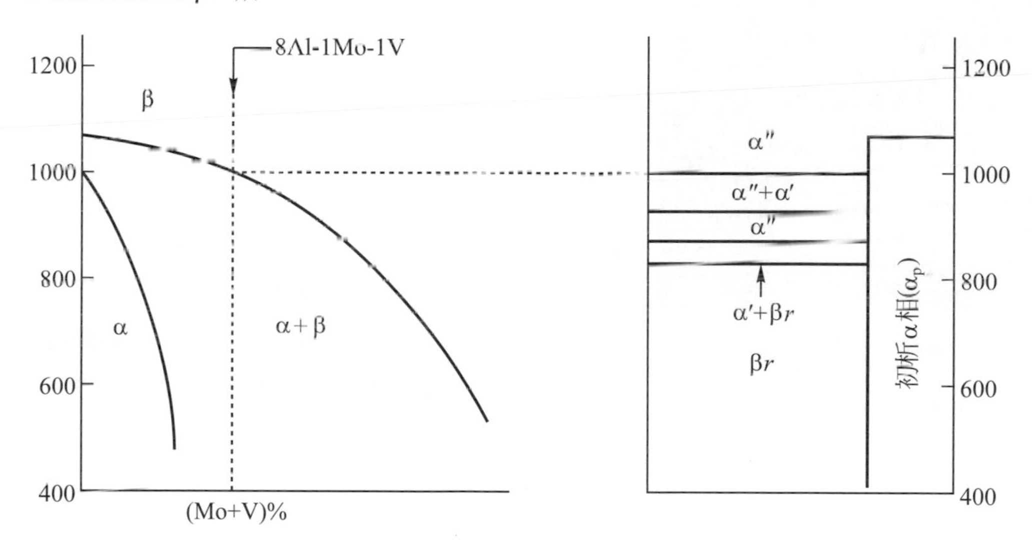

▲圖 12.10　Ti-8Al-1Mo-1V 鈦合金在不同固溶溫度下淬火至室溫之存在相
([BACKBURN,WILLIAMS&M]

圖 12.10 列出 Ti-8Al-1Mo-1V 鈦合金從不同固溶溫度快速冷卻(空冷或水淬)後在室溫的微結構變化，略高於 1050℃以上的固溶溫度，只有 β 相存在，冷卻後相變化為六方最密堆積的針狀 α'' 麻田散鐵相，如圖 12.11(a)所示。若固溶溫度位於(α + β)兩相區後進行淬火急冷，於固溶溫度下存在的初析 α 相(α_p)，冷卻到室溫也仍存在，初析 α 相(α_p)的量會隨固溶溫度的下降而增加，如圖 12.9(a)與圖 12.11 所示。合金由(α + β)兩

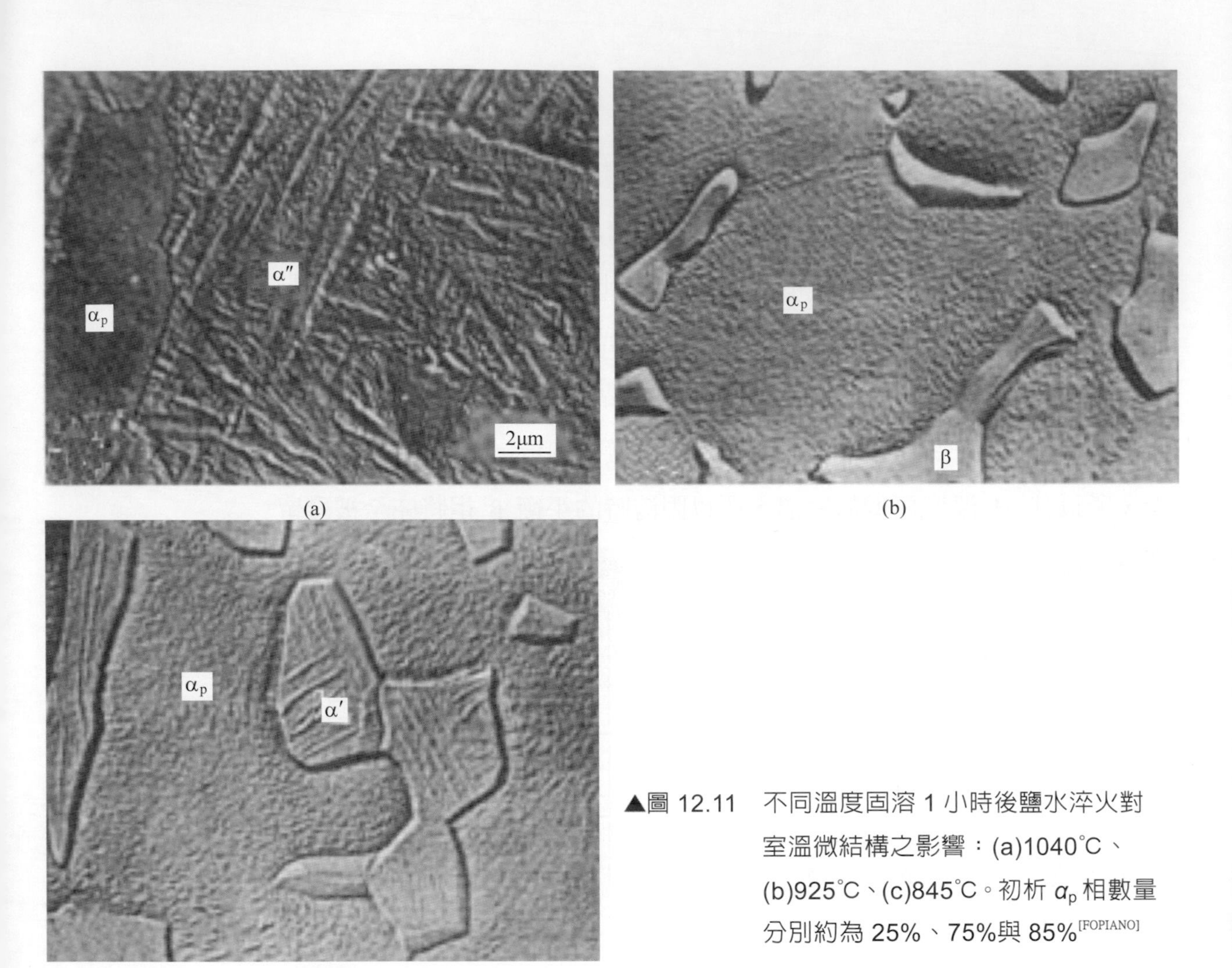

▲圖 12.11　不同溫度固溶 1 小時後鹽水淬火對室溫微結構之影響：(a)1040°C、(b)925°C、(c)845°C。初析 α_p 相數量分別約為 25%、75%與 85%[FOPIANO]

相區淬火除了有 α" 麻田散鐵相形成外，當固溶溫度稍低時，淬火微結構還會出現另一種具有面心立方(或體心立方)結構的針狀麻田散鐵 α' 相，α' 相所含 β 安定元素之過飽和度較高；而 α" 則所含 β 安定元素之過飽和度較低。

當固溶溫度低於約 900℃時，此時 β 相中的鉬與釩的含量足以使麻田散鐵的 M_f 溫度低於室溫，因而合金淬火後會殘留一些 β 相(βr)。此時合金的微結構爲初析 $\alpha(\alpha_p)$ + α' + 殘留 β(βr)，如圖 12.9(b)與圖 12.11(b)所示。當固溶溫度低於約 850℃時，β 相中的鉬與釩的量足以使麻田散

鐵開始相變化溫度 M_s 低於室溫，當淬火到室溫時，β 相已不會發生相變化而全部被殘留下來，此時合金的微結構為殘留的 β(βr)相和初析 $\alpha(\alpha_p)$ 相，如圖 12.9(b)與圖 12.11(c)所示，由圖 12.11 也可以看到初析 $\alpha(\alpha_p)$相的數量會隨固溶溫度的下降而增多。在圖 12.11 的微結構中並未將針狀麻田散鐵 α' 及 α" 相加以區分。

與鋼鐵合金情況不同，鈦合金中的麻田散鐵相強度低於時效時所形成的微結構之強度。圖 12.12 顯示在不同固溶溫度急冷後於 580℃時效 8 小時之典型微結構圖。當商用 Ti-8Al-1Mo-1V 合金不論是由 β 相區(1065℃)或由(α + β)兩相區固溶淬火急冷，室溫下所獲得的麻田散鐵相(α' 與 α")與殘留 β(βr)相均為介穩相，所以在 580℃時效時，針狀麻田散鐵相(α' 與 α")與殘留 β 相(βr)均會相變化為平衡的 α + β 細顆粒狀微結構；α 與 β 相會依時效溫度時之平衡溶質含量而各自含有不同的鋁、鉬和釩。

在光學顯微鏡(圖 12.12(a)～(d))的倍率下，時效之 α 與 β 細微結構混合物並無法加以分辨，需藉由更高解析度的掃描電子顯微鏡(SEM)才可以觀察到，如圖 12.12(e)所示；圖 12.12(b)～(d)中的白色塊狀為初析 $\alpha(\alpha_p)$相，黑色部分為時效之 α 與 β 細微結構混合物，由圖中也可以看到初析 $\alpha(\alpha_p)$相的數量隨固溶溫度的下降而增多。

如同 Ti-Al 二元合金，Ti-8Al-1Mo-1V 合金同樣要留意缺口敏感性和應力腐蝕敏感性，對該合金通常採用採用**雙重退火熱處理(duplex annealing)**來改善缺口敏感性：把該合金加熱到 1010℃，保溫 15 分鐘後空冷，然後在 750℃重新加熱 15 分鐘後空冷。若一般退火處理(790℃退火 8 小時爐冷)，在此狀態下該合金對缺口敏感性和應力腐蝕敏感性是相當高的，其高缺口敏感性和應力腐蝕敏感性的原因是 Ti_3Al 相的析出所導致的。

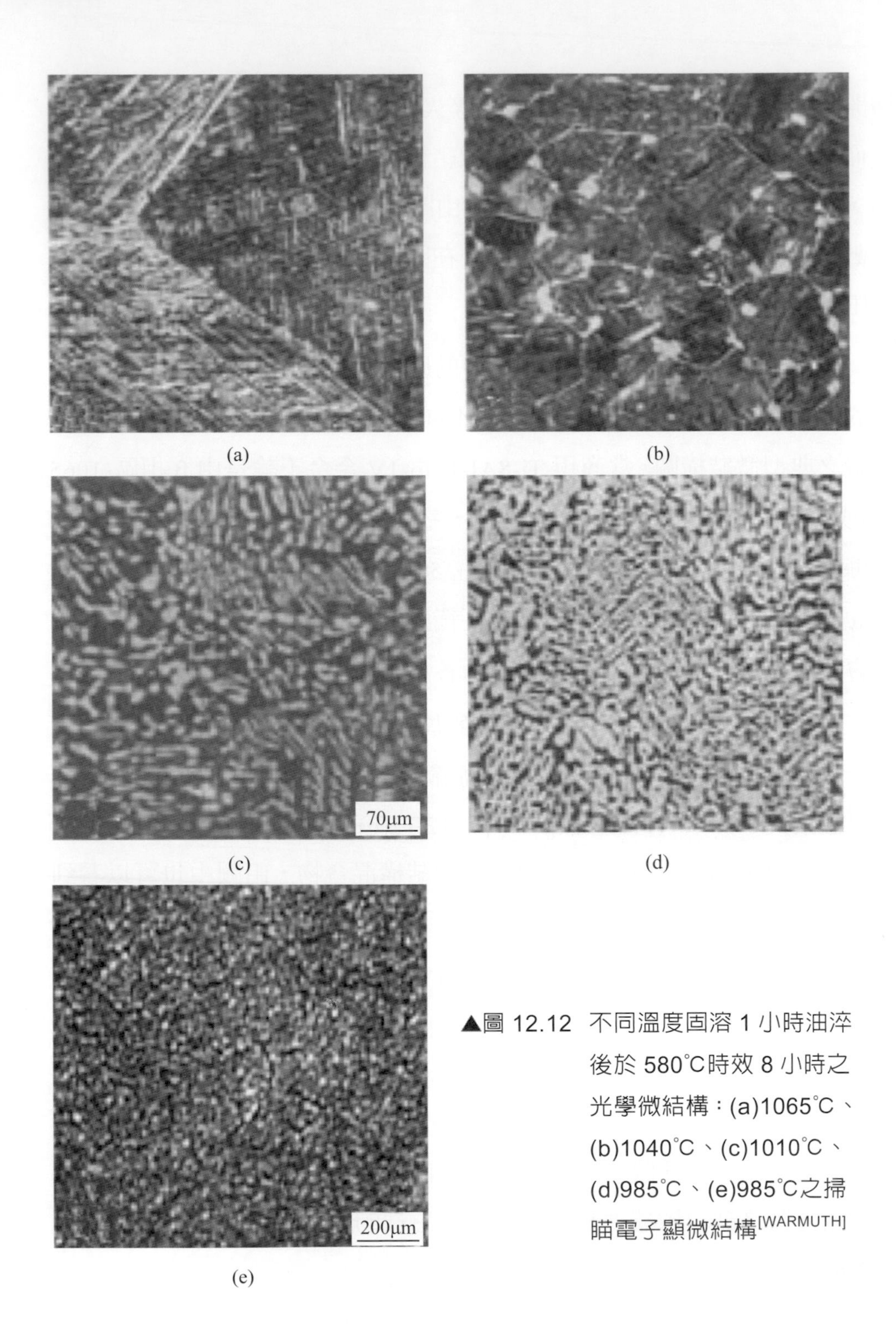

▲圖 12.12 不同溫度固溶 1 小時油淬後於 580℃時效 8 小時之光學微結構：(a)1065℃、(b)1040℃、(c)1010℃、(d)985℃、(e)985℃之掃瞄電子顯微結構[WARMUTH]

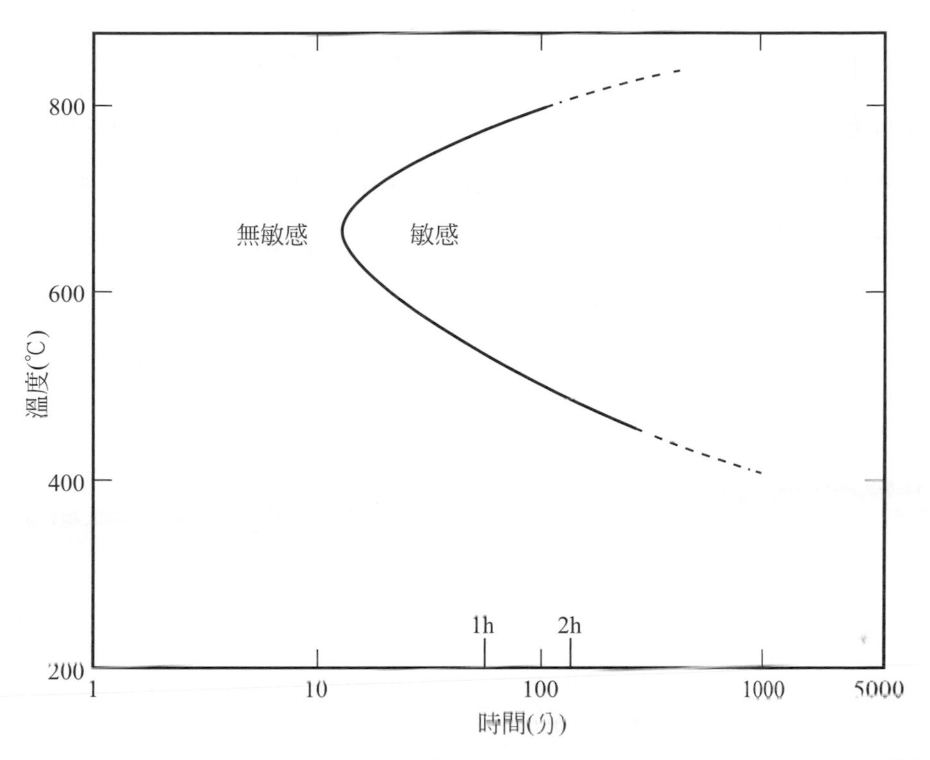

▲圖 12.13 Ti_3Al 相析出對 Ti-8Al-1Mo-1V 合金腐蝕敏感性的影響[SEAGLE&M]

從圖 12.13 中可看出 Ti_3Al 相析出對 Ti-8Al-1Mo-1V 合金腐蝕敏感性的影響，圖中顯示出在高於 850℃以上溫度時效處理時，並無 Ti_3Al 相析出，而可避免缺口敏感性和應力腐蝕敏感性，在約 400℃以下時效處理時，由於溫度太低，需時效處理 5000 分鐘以上才能形成較多數量的 Ti_3Al 相，然而在約 650℃時效 10 分鐘就會引起 Ti_3Al 相析出而導致應力腐蝕裂紋；圖 12.13 實際上是一個恆溫轉換圖(TTT 圖)，圖中所呈現應力腐蝕敏感性的區域也就是形成 Ti_3Al 的區域。

12.4.2 (α + β)型鈦合金熱處理(Ti-6Al-4V)

1954 年美國研製的 Ti-6Al-4V 鈦合金是使用最廣的鈦合金，約佔全部鈦合金的 80%使用量，它具有優良的強度、韌性及耐腐蝕性，可應用在航太領域、壓力容器、飛機渦輪壓氣機葉片、磁片及醫療外科等。藉由高溫下的 Ti-Al-V 三元等溫相圖(圖 12.14)可以對 Ti-6Al-4V 鈦合金熱處理所產生的微結構有一初步瞭解。

鋁是 α 相穩定元素，而釩是 β 相穩定元素，在 Ti-Al-V 三元合金中，鋁趨向於溶解在 α 相中，而釩趨向於溶解在 β 相中。圖 12.14 中的虛線爲結線，由於 6%Al-4%釩組成點接近三相(α + β + γ)三角形，所以結線大致與該三角形的邊相平行的假設是合理的；由圖可知，當從 1000℃冷卻到 800℃時，α 相中的鋁含量約保持常數 6%。而 β 相由於能溶解大量的釩，在 800℃時期中的釩含量增加到約 14%；由物質平衡計算(槓桿定律)求得在 900℃平衡狀態下存在約 57%α 相和 43%β 相，在 800℃存在約 83%α 相和 17%β 相；因而，緩慢冷卻時 α 相的數量將會增多。

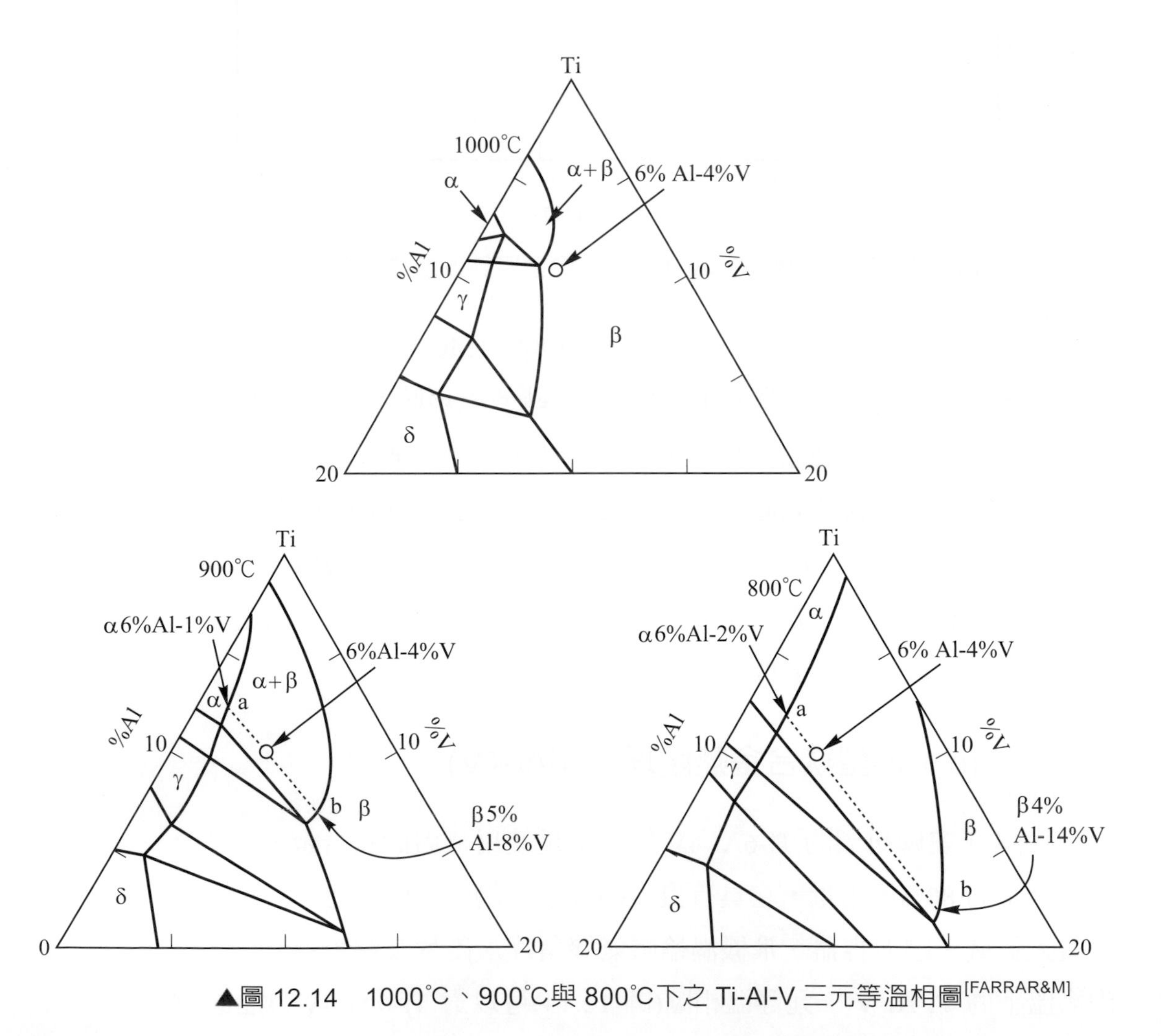

▲圖 12.14　1000°C、900°C與 800°C下之 Ti-Al-V 三元等溫相圖[FARRAR&M]

圖 12.15 爲 Ti-6Al-4V 定成分(6%Al-isopleth)截面三元相圖，合金由**β 轉換點(β-transus-980℃)**以上之 β 單相區緩慢冷卻時，當溫度低於 980 ℃時，HCP 結構之初析 $\alpha(\alpha_p)$相板狀基底面{0001}會平行於 BCC 之 β 基地的{110}面成核、成長成片狀，這種情況就是圖 12.4 所示的麻田散鐵相形成時的結晶學關係，當緩慢冷卻時，形成 α 相晶核，因爲沿者這一共同晶面有接近的原子匹配度，所以在此晶面垂直方向上，α 相增厚較慢，而沿者晶面 α 相長大較快，因而發展成爲片狀；由於在一個 β 晶粒中存在著 6 組非平行{110}面。所以形成的 α 片狀結構也是由 6 個非平行面所構成，完全冷卻後會形成 α + β 層狀組織，稱爲**魏德曼(Widmanstatten)**結構，如圖 12.16 所示。

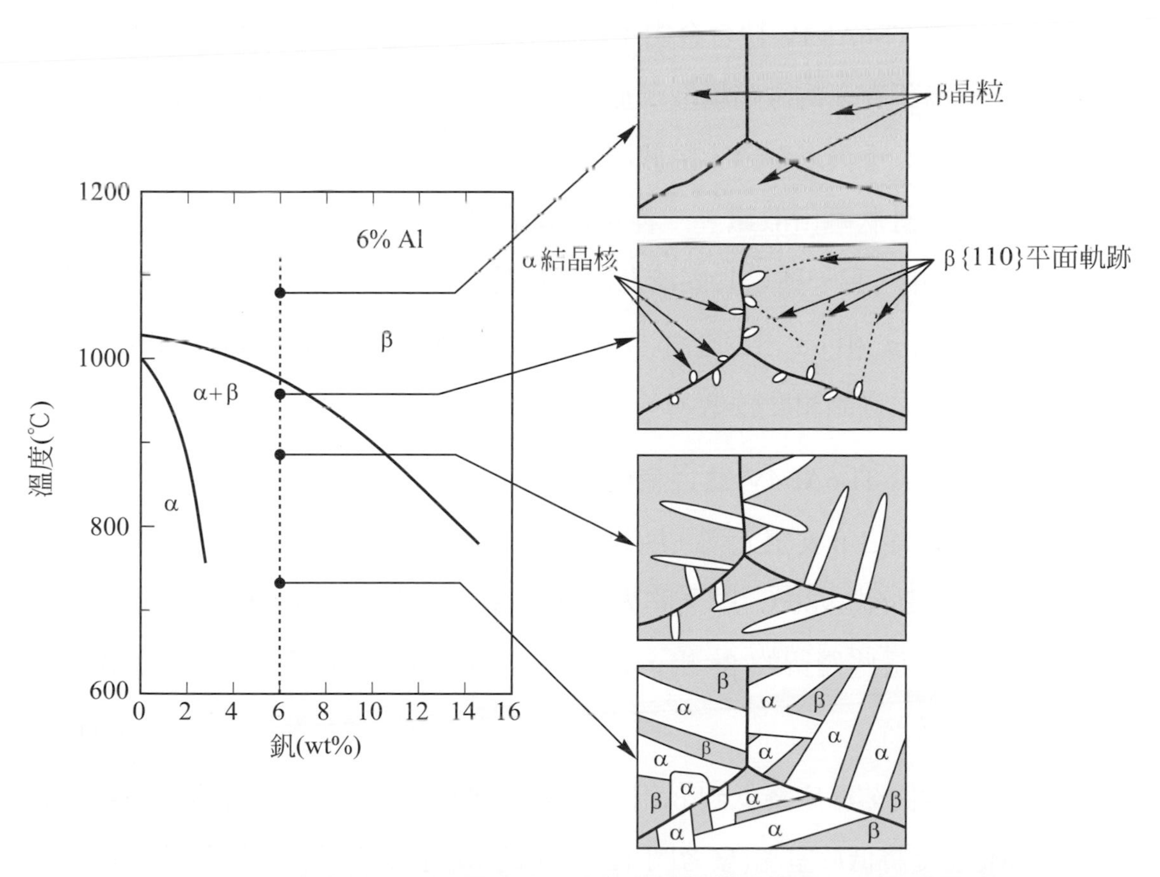

▲圖 12.15 Ti-6Al-4V 合金從 β 單相區徐冷形成魏德曼結構示意圖，β 相(暗區)分隔片狀的 α 相(亮區)[BROOKS&M]1

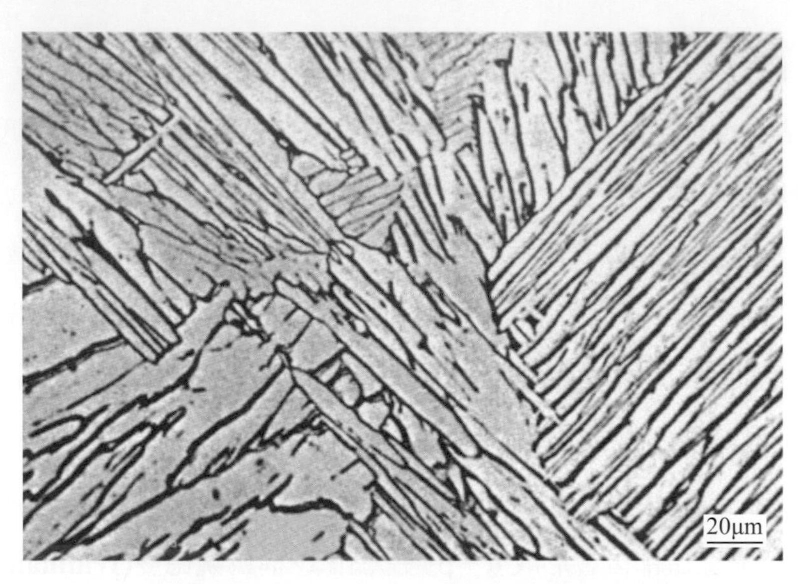

▲圖 12.16 Ti-6Al 合金魏德曼結構圖[BROOKS1]

當 Ti-6Al-4V 鈦合金由不同固溶溫度快速冷卻到室溫時(圖 12.17)，在室溫下存在的微結構取決於固溶溫度。與圖 12.10 所介紹的相同，從圖 12.17 中可以看出，由於固溶溫度的不同，於淬火時會形成兩種不同類型的針狀麻田散鐵，一種是當固溶溫度較高時，淬火所形成具 HCP 的 α" 相，另一種是當固溶溫度稍低時，淬火所形成具面心立方(或體心立方)的 α' 相；α' 相所含 β 安定元素之過飽和度較高；而 α" 則所含 β 安定元素之過飽和度較低。

由於 Ti-6Al-4V 鈦合金相較於前節所介紹的 Ti-8Al-1Mo-1V 鈦合金含有較高之 β 安定元素，所以其 M_s 與 M_f 溫度均會降低，所以當合金從 β 轉換點(約 980℃)以上淬火時，其室溫微結構爲 α" 相和少量的殘留 βr 相，這些殘留的 βr 相，是由於 Ti-6Al-4V 鈦合金的 M_f 溫度低於室溫所致。

當固溶溫度降低到 β 相中的 V 含量爲 14%時，Ti-6Al-4V 鈦合金的 M_s 溫度將低於室溫(參考圖 12.17 中的 M_s 溫度隨釩含量變化情況)；當合金在兩相區固溶時，α 和 β 相具有不同的平衡態鋁和釩含量；隨著固溶溫度的降低，β 相中的釩含量增多，即對 β 相而言，隨著固溶溫度的降低，其 M_s 和 M_f 溫度也逐漸降低；在約 840℃固溶溫度下，M_s 溫度就會低於 25℃。所以當從 840℃以下的固溶溫度淬火時，所有 β 相都會殘留到室溫，而不會形成麻田散鐵相，此時在室溫下的微結構爲初析 α_p 相與殘留 βr 相。

圖 12.18(a)再度顯示含 6%Al 的(TiV)定成分截面三元相圖，對於含 6%Al-4%V 的 β 相而言，M_s 點約爲 920℃，而其 M_f 點低於 25℃，所以當合金從 β 相轉變點以上(即從 β 區)淬火時會存在一些殘留 βr 相。隨著釩含量的增多，M_s 和 M_f 點下降。當 β 相中的釩含量達到約 14%時，M_s 點低於 25℃。於兩相(α + β)區的固溶溫度時，隨著固溶溫度的降低，β 相中釩含量增多。

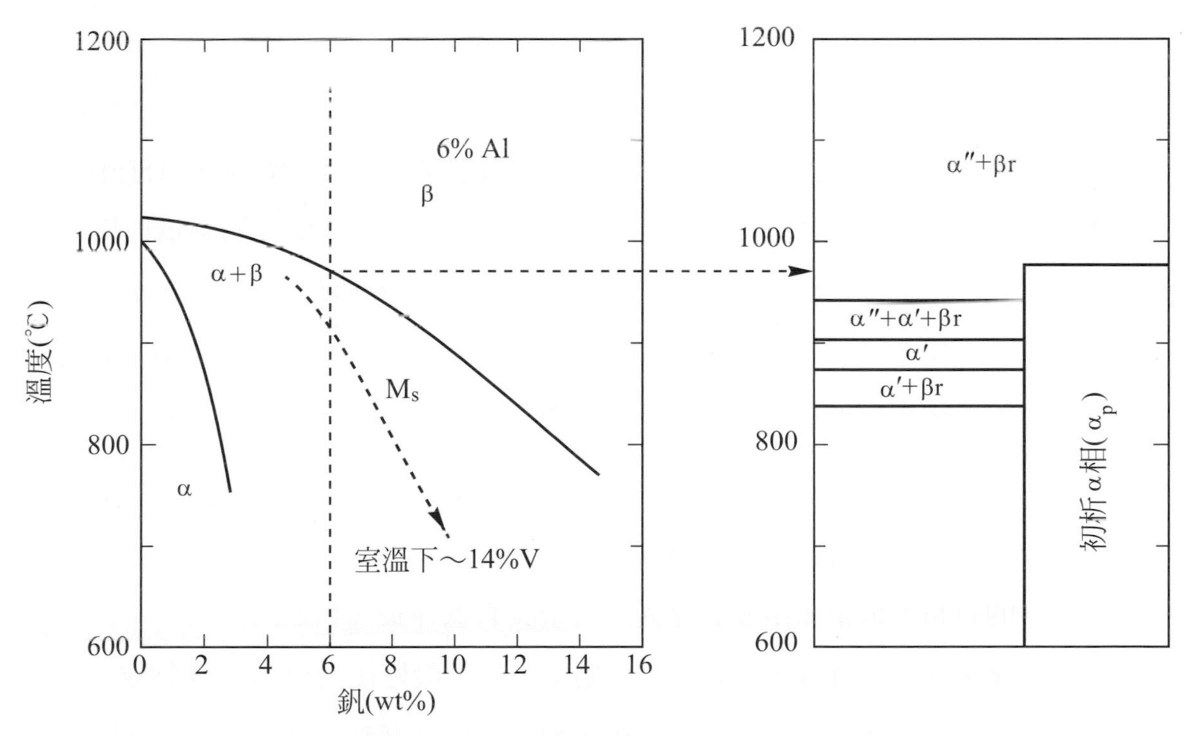

▲圖 12.17 Ti-6Al-4V 鈦合金在不同固溶溫度下淬火至室溫之存在相([BACKBURN,WILLIAMS&M]

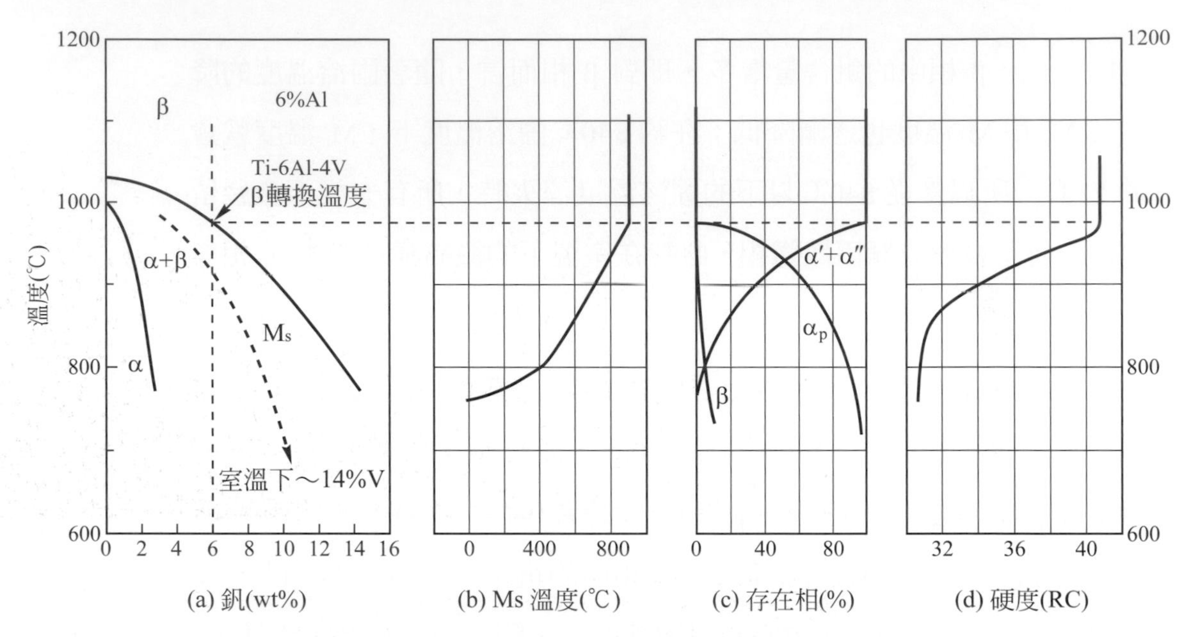

▲圖 12.18 (a)含 6%Al 的(TiV)定成分截面三元相圖顯示 M_s 與 V 含量之關係，(b)M_s 點與固溶溫度之關係，(c)不同固溶溫度淬火之室溫初析 α 相(α_p)、殘留 β 和 α'或 α"相的數量，(d)室溫下之硬度[FOPIANO1&M]

因而，當在兩相區固溶時，β 相中的釩含量隨固溶溫度的降低而增多。對於該 β 相而言，M_s 點隨固溶溫度的降低而降低(圖 12.18(b))。因而，當淬火到 25℃存在的殘留 βr 相的數量隨固溶溫度的降低而增多。在約 800℃固溶後淬火到 25℃時，β 相都不會轉變成麻田散鐵相，此時在室溫(25℃)下的微結構爲初晶 α_p 相與殘留 βr 相(圖 12.18(c))。但也要記得，平衡 β 相的數量會隨退火溫度的降低而減少。

固溶溫度對 Ti-6Al-4V 合金淬火狀態的硬度的影響如圖 12.18(d)所示。這些數據顯示，從 β 區淬火(形成 α" 相和少量的殘留 βr 相)是最硬的材料。但是，由 β 區淬火之合金具有低伸長率和斷面伸縮率，當使用淬火狀態的 Ti-6Al-4V 鈦合金應當謹慎，最好使用稍低於 β 轉變點(980℃)的 900-950℃下進行固溶熱處理，雖然強度略有降低，但塑性將獲得顯著改善。

圖 12.19 顯示 Ti-6Al-4V 鈦合金在 955℃的(α + β)相區固溶爐冷後的微結構，其微結構包含 10% β 和 90%α，圖 12.19(a)與圖 12.19(b)中暗區的晶粒和亮區的晶粒都是 α 相，由高解析掃描電子顯微結構圖(圖 12.19(c))可以顯示出表面粗糙度，清楚看到 β 相(蝕刻較輕微)存在於 α 晶粒之間。

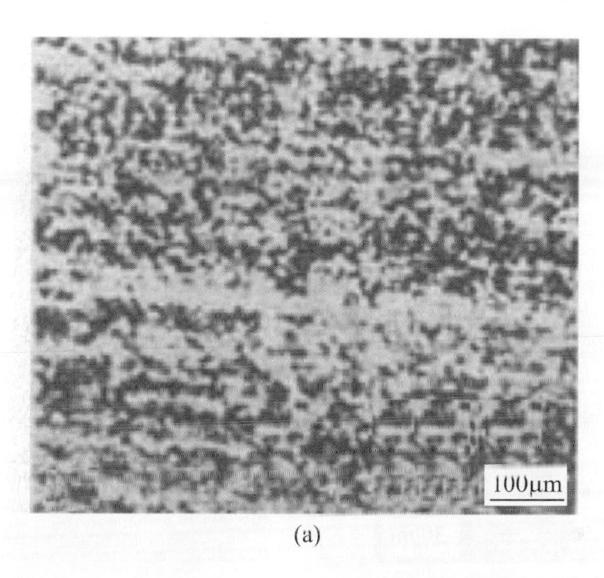

(a)

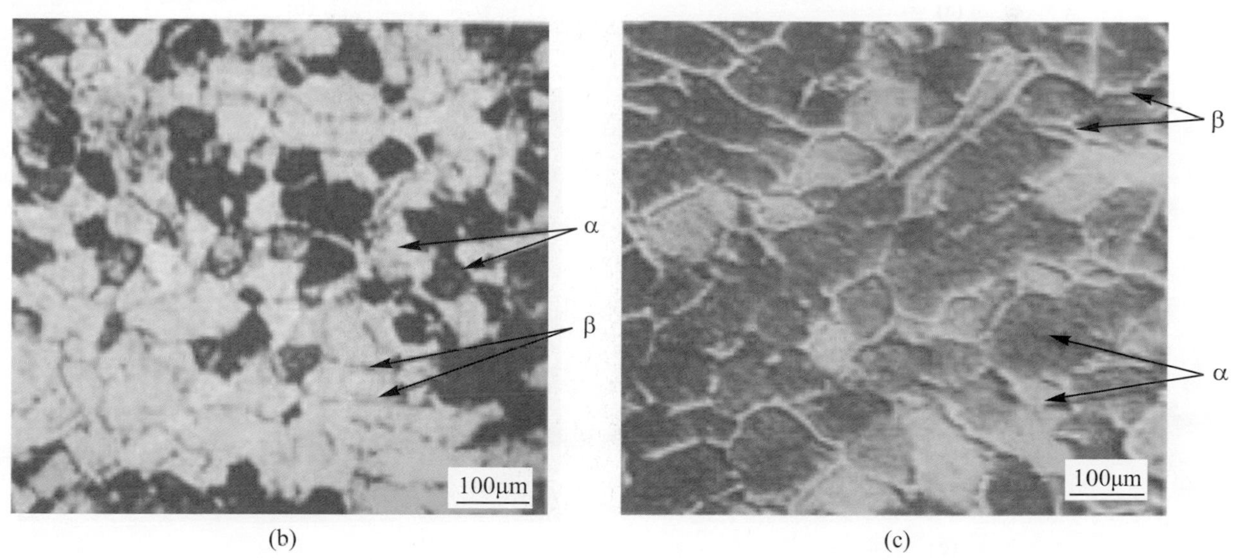

(b) (c)

▲圖 12.19 Ti-6Al-4V 鈦合金經 955℃固溶爐冷後之微結構：(a) (b)光學顯微結構、(c)掃描電子顯微結構[BROOKS2]

從 955℃淬火後，固溶溫度已存在的初析 α 相(α_p)仍保留到室溫，而 β 相將相變化為 α' + α"麻田散鐵相，其微結構如圖 12.20 所示。其光學顯微結構顯示 α_p 相是暗的(圖 12.20(a))，麻田散鐵相和殘留的 βr 相是亮的。在更高倍率下，針狀麻田散鐵相更加清楚可見(圖 12.20b, c, d)，於圖中可以看到殘留的 βr 相數量極少(圖 12.18(c))，且無法與麻田散鐵相區隔。

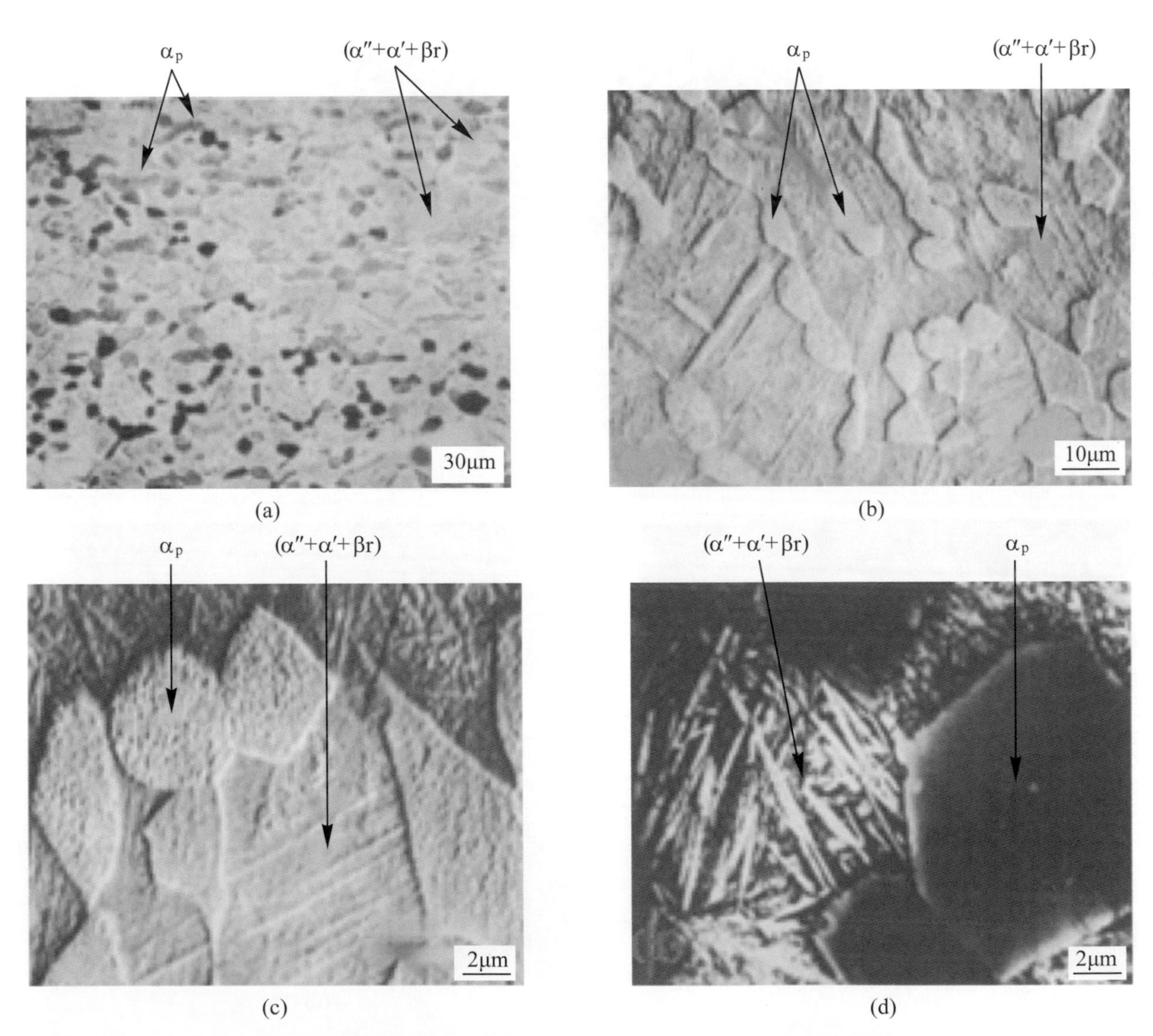

▲圖 12.20 Ti-6Al-4V 鈦合金經 955℃固溶水淬後之微結構：(a)光學顯微鏡、(b)(c)掃描電子顯微鏡、(d)穿透電子顯微鏡[HAMMOND]

從 900℃緩慢冷卻後的微結構，與從 955℃緩慢冷卻後的微結構相似，其組成約為 90%α_p + 10% β 相；而從 955℃或 900℃淬火下來的微結構雖然相似，但其組成不同，分別約為 50%α_p + 50%(α" + α' + βr)、60%α_p + 40%(α" + α' + βr)。表 12.1 列出了一些典型 Ti-6Al-4V 合金從 955 和 900 ℃退火的機械性質。

Ti-6Al-4V 合金淬火後時效處理(約 400℃-600℃)，可將殘留的 βr 相與麻田散鐵 α'和 α"相轉變成極細化之平衡 α + β 相，因為殘留的 βr 相數量很少，所以從 α'和 α"中相變化的極細化平衡 α + β 相是主要的析出強化來源。表 12.1 顯示了一些 Ti-6Al-4V 合金淬火和 540℃下時效的機械性質，表中的析出強化主要是由於含有較高 V 元素的 β 相所致，此細小(～200Å)的析出 β 相散布於 α 相中(類似圖 12.12(e))。

以下將介紹一些商用 Ti-6Al-4V 合金常用熱處理方法，其機械性質亦顯示於表 12.1 中：

1. **軟退火(mill annealing)**：將合金加熱於約 750℃(α + β 相區)4 小時後爐冷到室溫，可以獲得易車削加工的軟質合金，其微結構如圖 12.21 所示，為 β 球型微結構散布於 α 基地中。
2. 雙重的退火：將合金加熱到 955℃*(10～30)分鐘後空冷，然後再加熱到 675℃*4 小時後空冷到室溫。
3. 時效熱處理：將合金加熱到 955℃*(10～30)分鐘後水淬後，於 540-675℃間時效 4 小時後空冷到室溫。

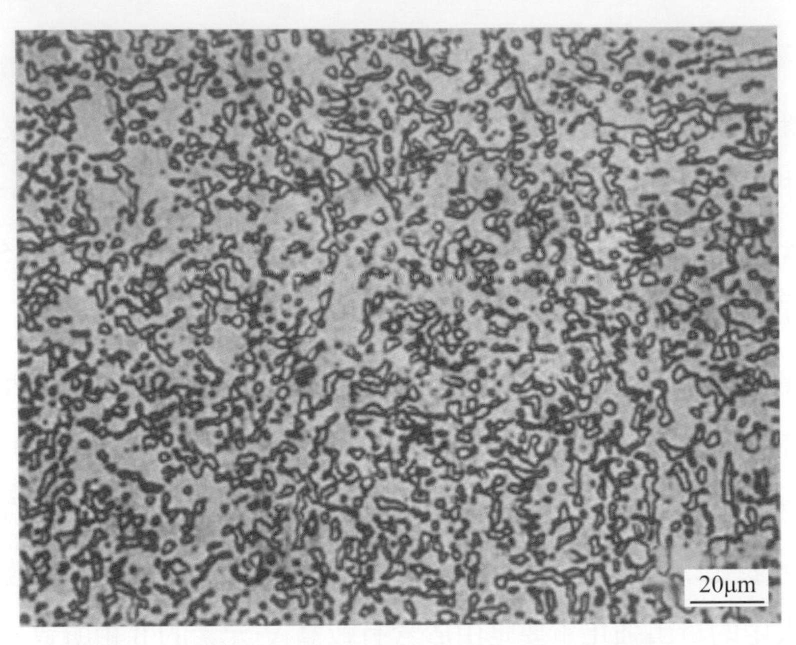

▲圖 12.21　Ti-6Al-4V 鈦合金軟退火熱處理(750°C*4 小時爐冷)之微結構[BLACKBURN1]

12.4.3　β 型鈦合金熱處理(Ti-13V-11Cr-3Al)

β 型鈦合金最早是 1950 年代美國 Crucible 公司研發的 B120VCA 合金(Ti-13V-11Cr-3Al)，屬於高強度高韌性 β 型鈦合金，β 型鈦合金具有良好的冷熱加工性能，易鍛造，可壓延、銲接，且可藉由固溶-時效熱處理獲得較高機械性能，代表性的高強度高韌性 β 型鈦合金有 β 21S(Ti-15Mo-3Al-2.7Nb-0.2Si)合金、與 Ti153(Ti-15V-3Cr-3Al-3Sn)合金，β21S 合金有良好的抗氧化性能，高冷熱加工性，可製成厚度爲 0.064mm 的箔材；Ti153 合金冷加工性能比工業純鈦好，時效後的室溫抗拉強度可達 1000MPa 以上。

本節主要是要介紹由淬火 β 型鈦合金所殘留的 β r 相中，藉由時效熱處理以提升強度之原理，將依序介紹 Ti-V、Ti-Cr、Ti-V-Cr 之合金設計、相變化與強化原理，最後說明商用 Ti-13V-11Cr-3Al 合金之熱處理與強化原理。

共析型鈦合金從 β 相迅速冷卻，如同鋼鐵材料由 γ 相(沃斯田鐵)迅速冷卻般，會形成硬脆的麻田散鐵相結構(α'結構)，當 β 安定元素增加時，就如同碳對鋼鐵的影響，其 M_s 和 M_f 會降低。合金元素含量夠高時會使合金淬火於室溫時殘留β相(βr)(參考圖 12.22圖中ω相僅於含釩時存在)。但鈦合金之 α'-麻田散鐵結構，強度並不是特別高，並不足於達到合金強化之目的，然而，升溫到共析溫度以下時進行時效處理，這些 α'、βr、(與ω)等會分解成 α 與其它平衡相，而達到合金強化之目的。

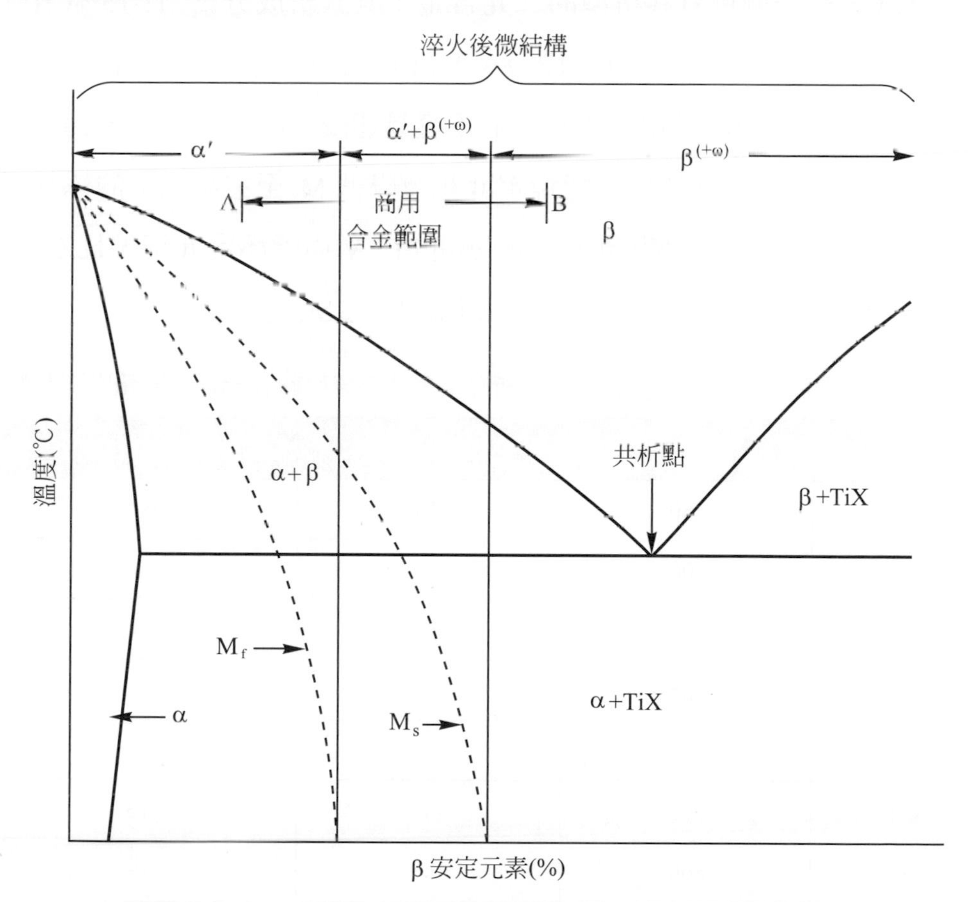

▲圖 12.22　典型 β 安定元素共析型鈦合金二元相圖[JAFFEE2&M]

若鈦合金之 β 安定元素夠高，則當合金由 β 相淬火到室溫時，將可完全保留 β 結構，此時合金因具有體心立方結構之殘留 βr 相，其成形性較 α 結構的 HCP 爲佳，容易進行低溫塑性成形加工；爾後再加熱至低於共析溫度進行時效處理，使殘留 βr 相變化爲強度更高的 α 相及其它多相結構，以提升合金強度。表 12.3 顯示幾種共析二元 β 鈦合金之共析點溫度與元素含量，同時也顯示合金淬火到室溫下能夠完全保留 β 相所需之元素含量，由表中可以發現，鉻是相當有效保留 β 相到室溫的添加元素。

Ti-Cr 是一個具有共析型的二元合金，其共析成分爲 Ti-15%Cr(圖 12.23(a))，由表 12.3 中雖看到只需 8wt%Cr 就可以完全保留 β 相至室溫，但其淬火速度需要非常快，實務上並不容易達成，所以室溫下，爲了得到完全 βr 相結構，則須找到能穩定 β 相及降低 M_s 至室溫以下的添加元素。由 Ti-V 與 Cr-V 相圖(圖 12.23b, c)可知，V 極能穩定 β 相，且 Cr 和 V 可完全互溶，所以 V 可作爲穩定 β 相及降低 M_s 的元素。

▼表 12.3　幾種共析二元 β 鈦合金之共析點與形成室溫殘留 β 相之元素量[JAFFEE2&M]

元素	共析溫度(°C)	共析組成(wt%)	室溫殘留 β 相之元素量
Mn	550	20	6.5
Fe	600	15	4
Cr	675	15	8
Co	585	9	7
Ni	770	7	8
Cu	790	7	13
Si	860	0.9	—

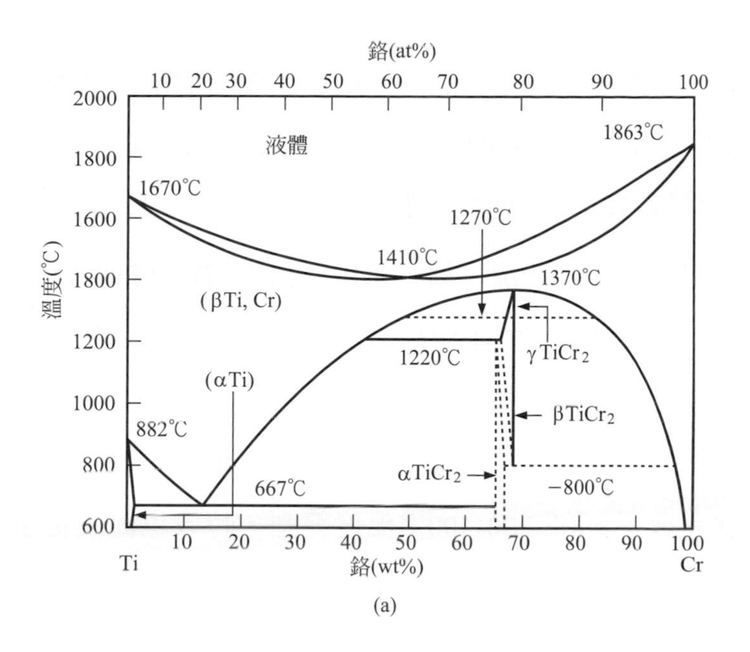

(a)

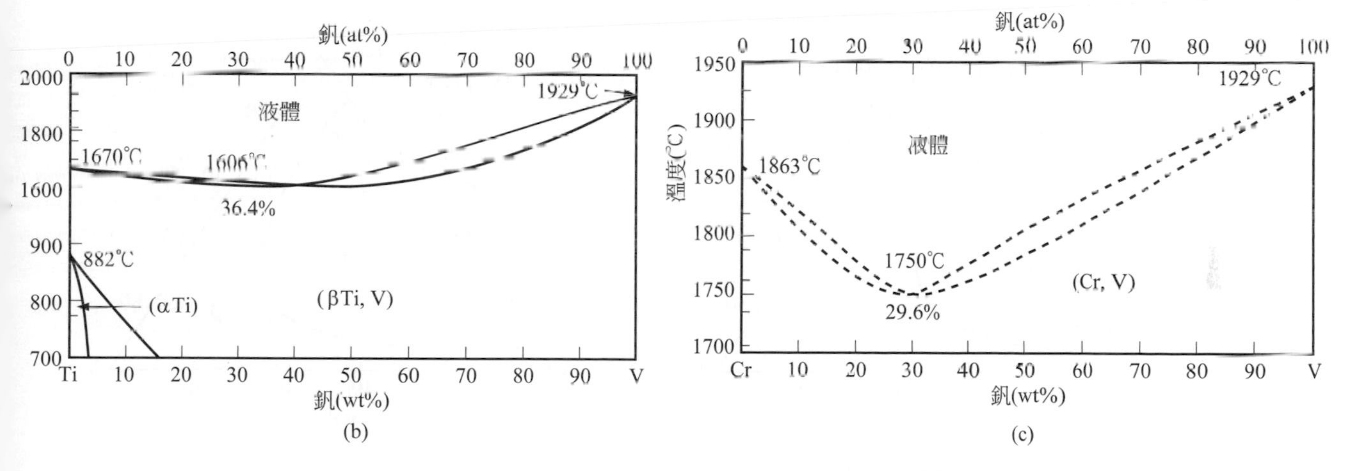

(b) (c)

▲圖 12.23 (a)TiCr、(b)TiV、(c)CrV 二元相圖[R&M]

圖 12.24 爲 Ti-V-Cr 定成分三元等溫截面相圖，高溫下，Ti-13V-11Cr 合金之平衡微結構爲 β 相，直到 650℃與 500℃溫度區間時，平衡微結構爲(β + α + $TiCr_2$)三相，圖 12.25 爲含 12% Cr 之 Ti-V-Cr 定成分截面三元相圖，從 β 區淬火將獲得完全的殘留 βr 相；若再加熱 βr 相，將形成 α 及 $TiCr_2$ 相，而達到強化合金的作用。

Ti-12.5V 合金加熱至約 900℃-1000℃後迅速冷卻至 0℃，其微結構大部分爲殘留 βr 相，少量 α' 和標示 ω 的介穩相，後兩者(α', ω)是淬火時所形成。將此微結構重新加熱，由於 α 相的析出，硬度會明顯增加，增加量依時效溫度與時間而定；圖 12.26 顯示此合金於析出及過時效(一般在 50 分鐘後發生)的硬化反應。

如鋼鐵合金的情況一樣，可用 TTT 圖描述殘留 βr 轉變為 α 及 β 結構所需溫度及時間，Ti-12.5V 合金之 TTT 圖顯示如圖 12.27，形成 α' 麻田散鐵相之 M_s 溫度約為 290℃，因此從 β 相區快速冷卻就會有殘留 βr 相。在 25℃時，α' 相低於 5%。從 βr 相形成 α 相非常快，在 550℃約 1 分鐘就完成了，在 200-400℃溫度範圍，時效也促使更多 ω 相的形成；由圖 12.26 的快速硬化作用，反應了 β 相的快速分解。

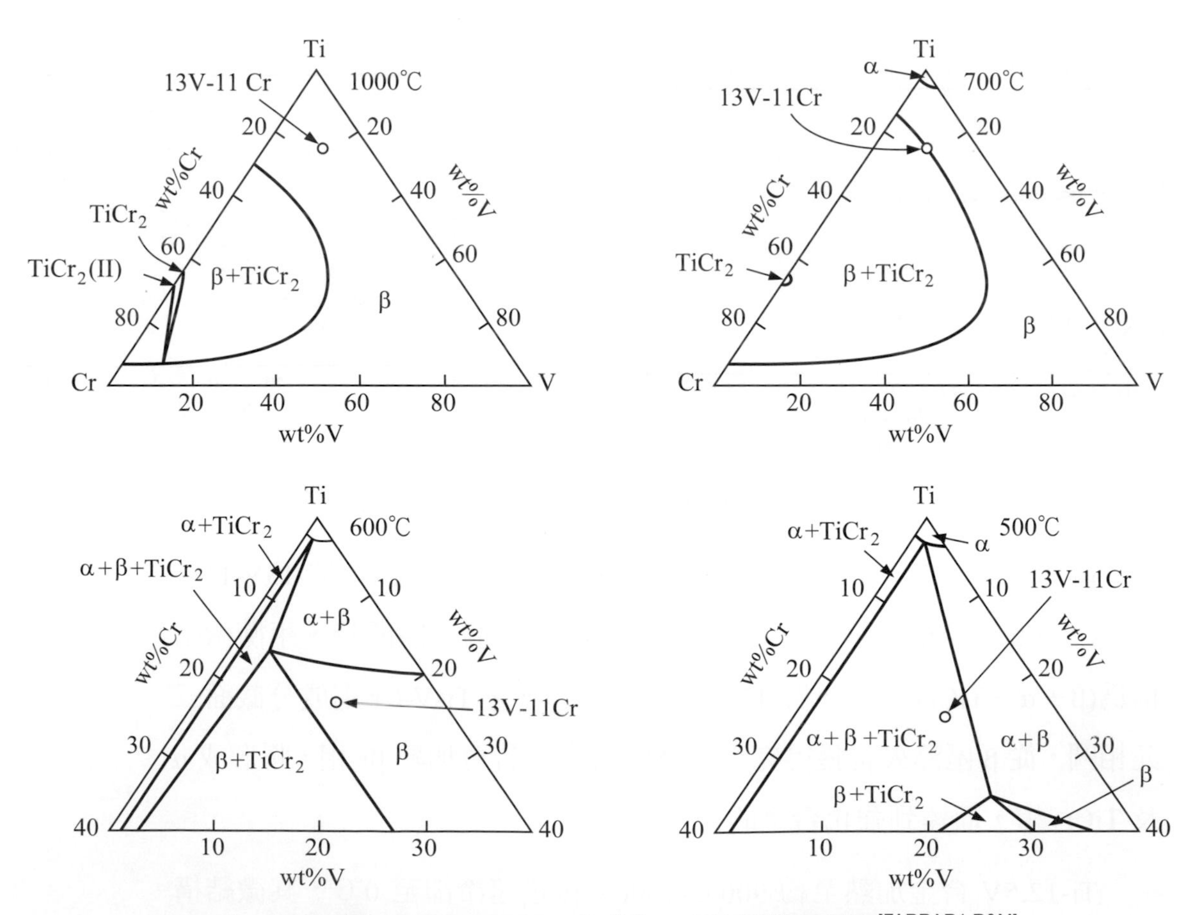

▲圖 12.24　Ti-V-Cr 定成分三元等溫截面相圖[FARRAR1,R&M]

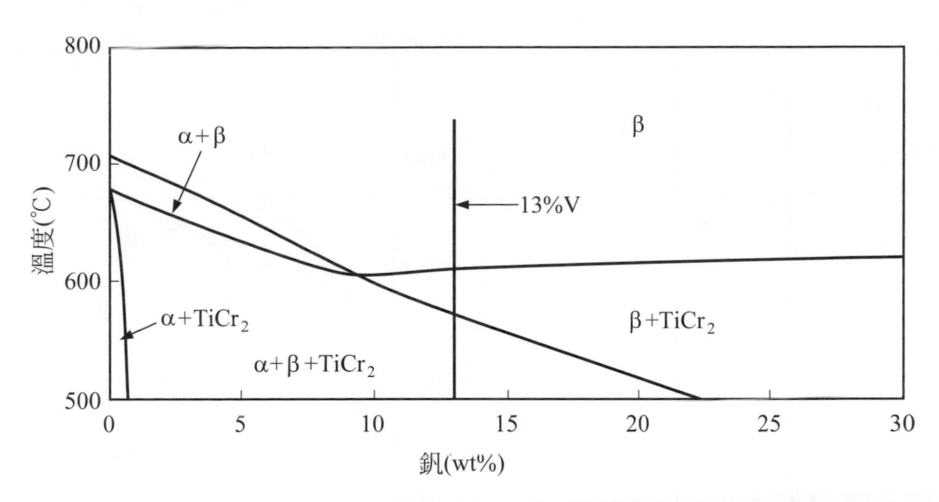

▲圖 12.25 含 12%Cr 之 Ti-V-Cr 定成分截面三元相圖[FARRAR1]

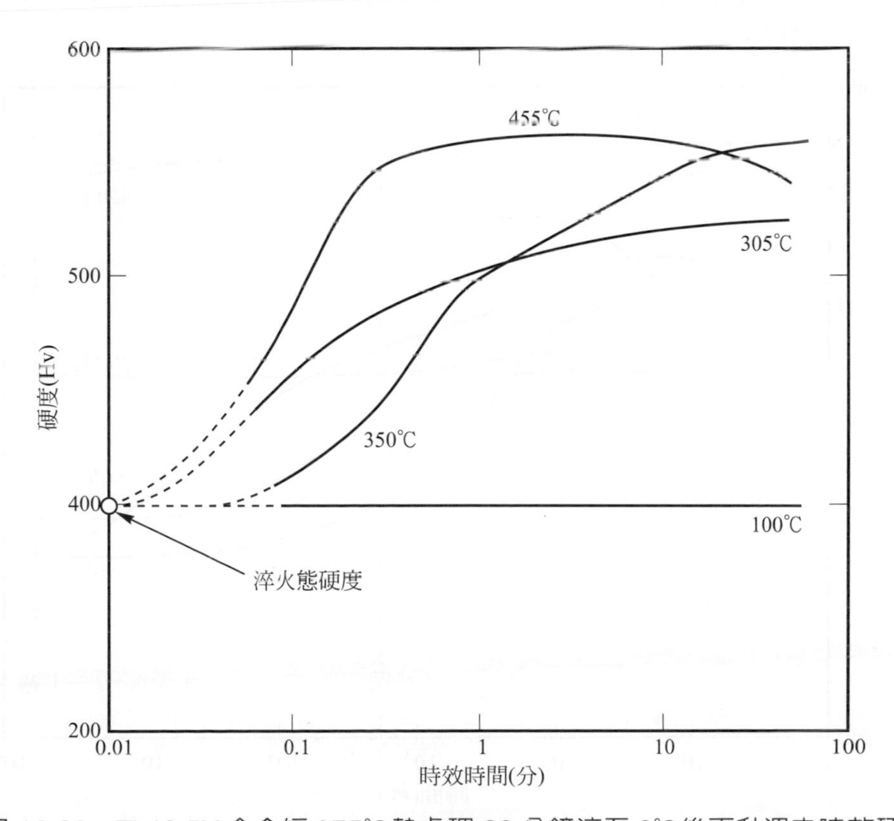

▲圖 12.26 Ti-12.5V 合金經 975℃熱處理 20 分鐘淬至 0℃後再升溫之時效硬化曲線[BROTZEN&M]

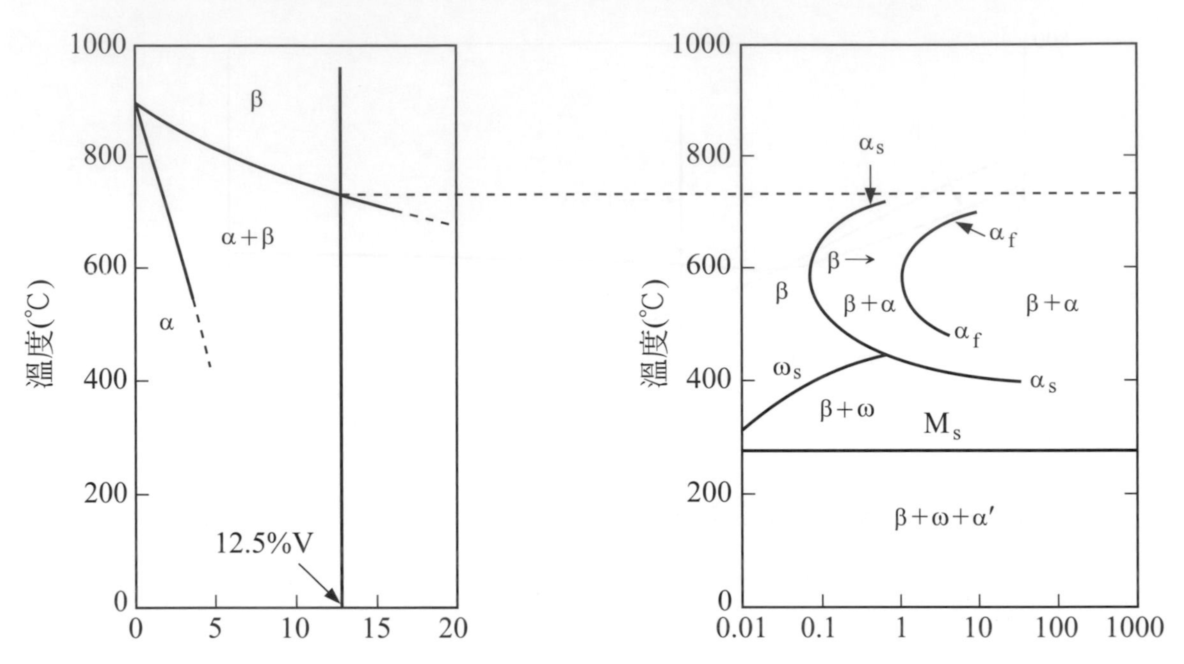

▲圖 12.27　Ti-12.5V 合金經 975℃熱處理 20 分鐘淬至 0℃後再升溫之時效相變化 TTT 曲線[BROTZEN&M]

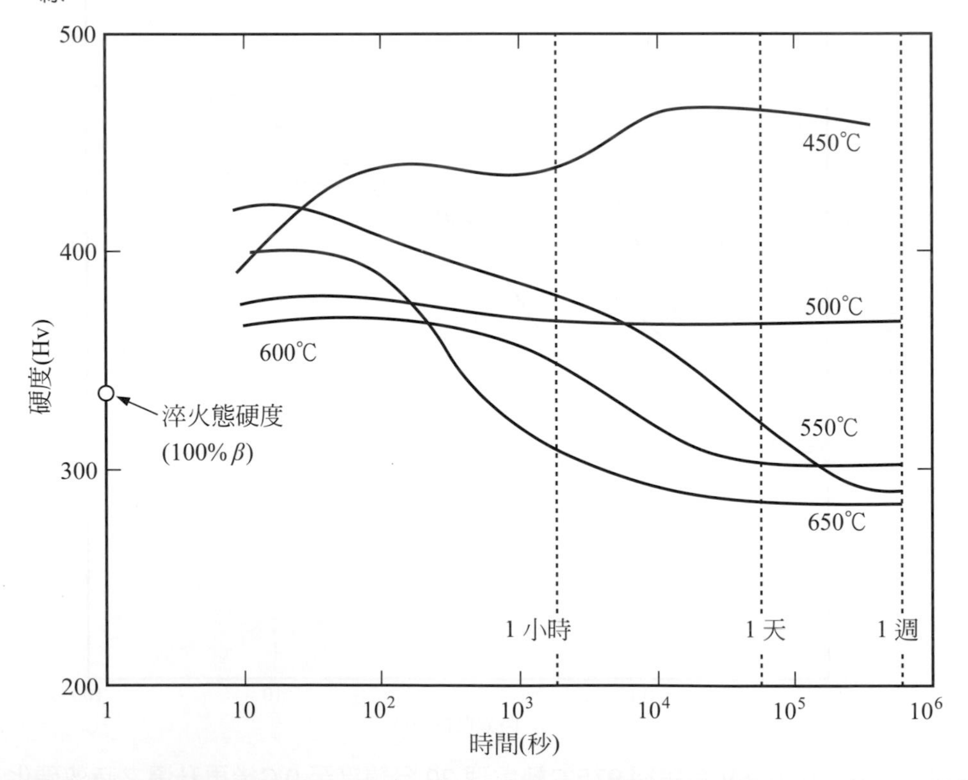

▲圖 12.28　Ti-7.5Cr 合金經 950℃固溶 30 分鐘後淬至析出相變化溫度之時效硬化曲線[FROST&M]

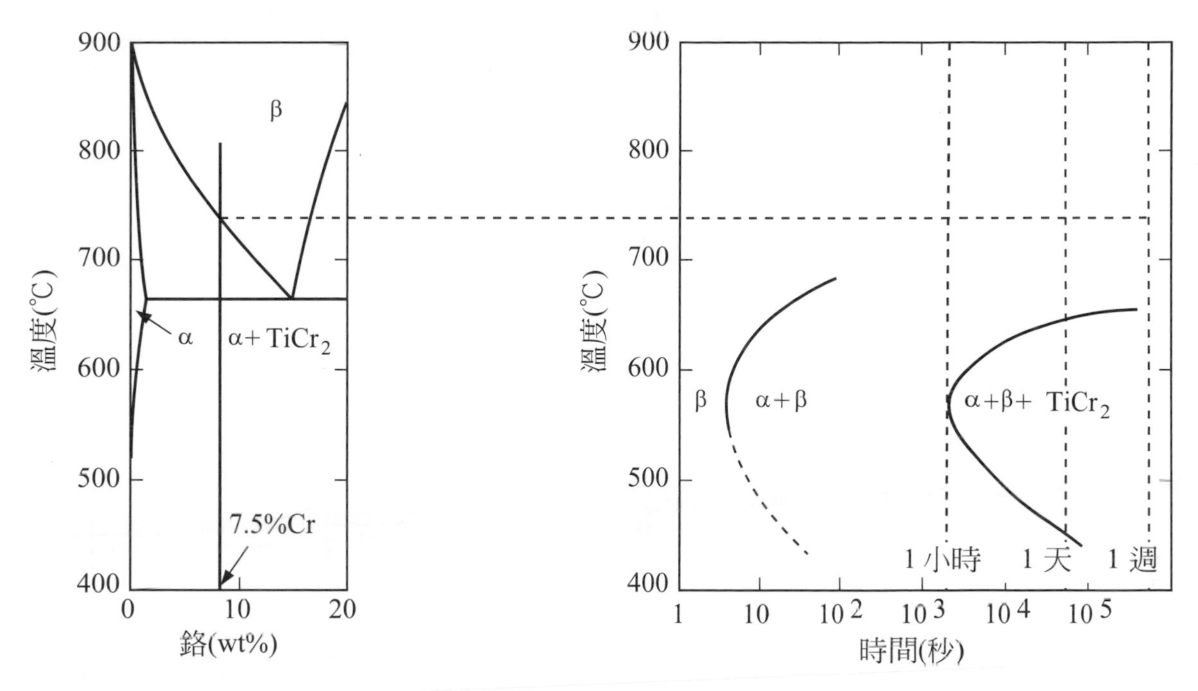

▲圖 12.29　Ti-7.5Cr 合金經 950℃固溶 30 分鐘後淬至析出相變化溫度之 TTT 曲線[FROST&M]

Ti-7.5Cr 合金硬化作用如圖 12.28 所示，含 7.5%Cr 的鈦合金從 β 相區快速淬火會完全保留 β 相(殘留 βr 相)。對於某些相變化溫度及時間來說，恆溫相變化形成 α 相及 $TiCr_2$ 會增加硬度。450℃恆溫相變化 1 小時會比 β 結構(淬火狀態)硬度增加約 40%。圖 12.29 顯示含 7.5%Cr 鈦合金之 TTT 圖，在較短時間內，只有一些由 βr 相中相變化的 α 相，而尚無 $TiCr_2$ 介金屬析出，該 TTT 圖顯示著初期之硬化作用與 α 相有關。

由上述可合理推測 Ti-Cr-V 三元合金的時效硬化，是因淬火所獲得的殘留 βr 相，於時效過程中形成 α 相和 $TiCr_2$ 及可能還有 ω 中間相而產生硬化。圖 12.30 是 Ti-13V-11Cr-4Al 的 TTT 圖，由圖中可見殘留 βr 相相變化產物是 α 相和 $TiCr_2$，然而在較低溫區，β 區分為兩個體心立方 β 相，即 β_1 和 β_2，而不形成 ω 相。這兩種相均為介穩態，當較長時間時效後會消失；圖中也顯示 β 相開始分解需要 1 小時以上，因此若試片不是很厚，則從 β 相區空冷便足以獲得完全的殘留 βr 相，此合金的 βr 相分解速度遠比 Ti-V、或是 Ti-Cr 合金慢得多，因而大大提升合金實用性。

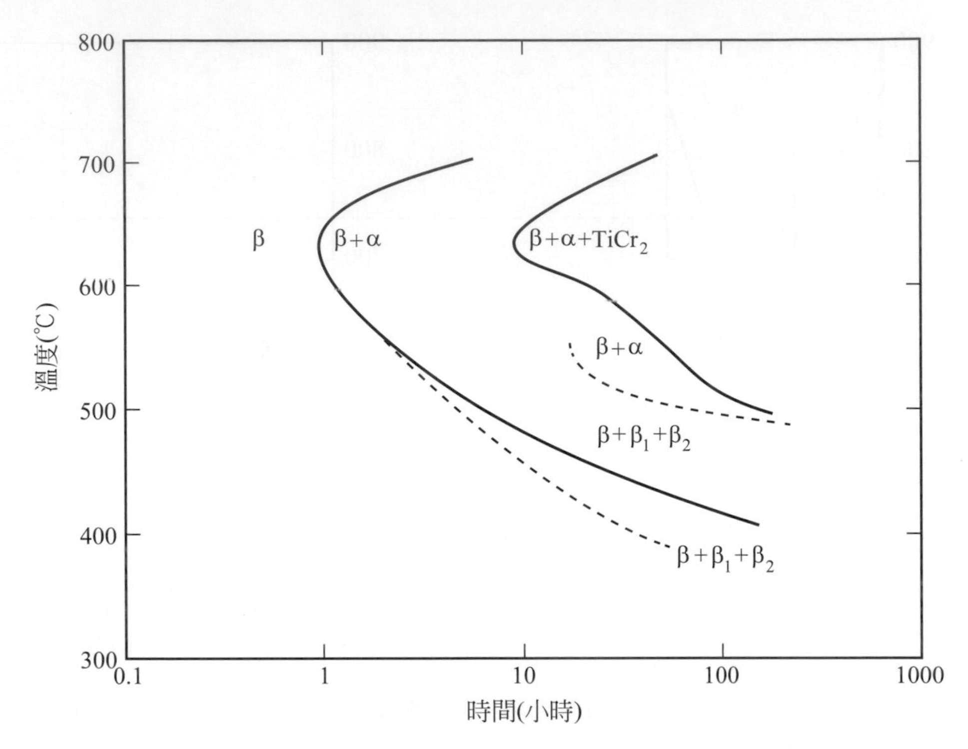

▲圖 12.30　Ti-13V-11Cr-4Al 合金經 760℃固溶 2 小時爐冷至室溫後再升溫之時效相變化 TTT 圖[RAWE,NARAYANAN&M]

圖 12.31 顯示 Ti-13V-11Cr-4Al 合金在 β 相區固溶 2 小時、空冷至室溫後，進行不同溫度時效處理之硬化曲線，可以清楚看到要產生顯著硬化效果需要好幾個小時，其時效硬化起始時間遠大於 Ti-V 與 Ti-Cr 合金。實驗顯示，Ti-V-Cr 三元合金添加 Al 可加速 α 相析出，例如 Ti-12V-13Cr 合金在 480℃時效 64 小時都沒有硬化，然而添加 3%Al 到 Ti-12V-13Cr 合金中，約 20 小時便可以觀察到時效硬化的發生。另外添加 Al 也可以抵消因添加 V 和 Cr 所產生合金密度的增加。

商用 Ti-13V-11Cr-(Al)合金熱處理條件，通常是在 β 相區(約 760 到 815℃)固溶處理 0.2 到 1 小時後，空冷或淬火(依零件尺寸而定)以獲得殘留 βr 結構，約於 480℃下時效 2 到 100 小時可獲得最大強度，低於此溫度，α 相形成速度太慢而無法產生明顯硬化，高於此溫度，結構因粗化而無法獲得最高強度。

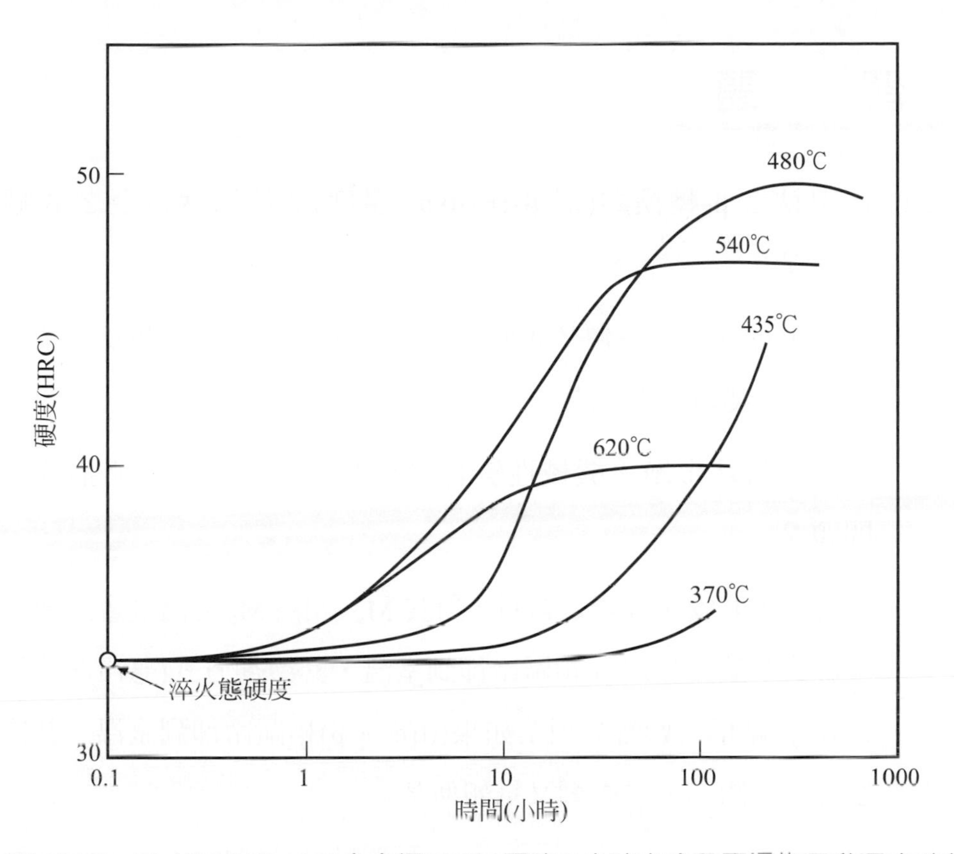

▲圖 12.31　Ti-13V-11Cr-4Al 合金經 760℃固溶 2 小時空冷至室溫後再升溫之時效硬化曲線[RAWE,NARAYANAN&M]

習　題

12.1 何謂鈦之 **β-轉換點**(即 **β-transus** 溫度)？何謂鈦合金之 β-轉換點？

12.2 鈦合金可以分成幾類？如何分類？各有何特色？哪些鈦合金可以藉由熱處理來強化？

12.3 氫含量對鈦金屬之機械性質有何影響？如何克服氫所招致的問題？

12.4 鈦合金中 β 安定元素之含量，對其 M_s、M_f、M_d 之溫度會造成什麼影響？鈦合金由 β 相區冷卻到室溫，其冷卻方式(急冷、與徐冷)對微結構之影響如何？如果由(α + β)相區冷卻到室溫，其冷卻方式對微結構之影響又是如何？

12.5 對 12.4 題之室溫微結構進行(1)再加溫熱處理(如 500℃時效 1hr)，(2)室溫塑性加工，其微結構將發生什麼變化？

12.6 Ti-6Al-4V(α + β)型鈦合金是使用最廣的鈦合金，它具有何種特色？試說明其形成**魏德曼(Widmanstatten)**結構之熱處理方法。

12.7 Ti-6Al-4V 合金常用的三種熱處理方法是**軟退火(mill annealing)**、雙重的退火、與時效熱處理，分別說明其(1)熱處理方法、(2)室溫下之微結構、與(3)機械性質。

補充習題

12.8 鈦合金之添加之元素中，何謂 α 安定元素、β 安定元素與中性元素？與 β-轉換點有何關係？

12.9 爲何純鈦比鈦合金更具抗熱強度和抗氧化能力？

12.10 鈦合金的主要熱處理方式有哪些？如何實施雙重退火？雙重退火的目的是什麼？

12.11 鈦合金析出熱處理之步驟是什麼？這些步驟如何影響析出微結構與機械性質？

12.12 商用純鈦從高於 882.5℃(β-轉換點)的 β 相區降溫，冷卻過程對其微結構有何影響？

12.13 爲何具有 HCP 晶體結構之鈦金屬仍具有常溫高塑性變形能力？

12.14 如何強化鈦金屬與 α 鈦型合金？爲何鋁在鈦合金中含量不宜太高？

12.15 若成分固定之(α + β)型鈦合金於(α + β)兩相區固溶熱處理，固溶溫度之高低對其室溫平衡微結構有何影響？相對的，若固溶溫度固定而 β 安定元素含量漸增，則 β 安定元素含量其室溫平衡微結構有何影響？

12.16 利用圖 12.7 的 β 安定型鈦合金部分相圖，說明 β 安定元素含量對不同熱處理之鈦合金機械強度之影響。熱處理方式分別爲(1)退火熱處理、(2)由 β 相急冷熱處理、(3)時效熱處理。

12.17 α 型鈦合金中若含有較高之 β 安定元素時，與(α + β)型鈦合金相同，均可以利用固溶時效熱處理來強化合金，試比較兩種合金在固溶溫度、淬火狀態、與時效後之微結構有何差異？

12.18 Ti-8Al-1Mo-1V α 型鈦合金於(α + β)兩相區固溶處理後爐冷至室溫，說明其室溫下之初析 α 相之特色，固溶溫度對其含量有何影響？

12.19 Ti-8Al-1Mo-1V α 型鈦合金於(α + β)兩相區固溶處並快速冷卻至室溫時，說明其室溫下之微結構，對硬度之影響如何？合金經不同固溶溫度急冷後於 580℃時效 8 小時，試說明合金微結構之變化。

12.20 造成 Ti-8Al-1Mo-1V 合金應力腐蝕敏感性之原因是什麼？如何改善？

12.21 由微結構之變化說明固溶溫度對 Ti-6Al-4V 合金淬火狀態的硬度的影響。

12.22 說明共析 β 型(Ti-13V-11Cr)鈦合金之合金設計原理，此合金有何特色？

12.23 說明 Ti-12.5V、Ti-7.5Cr、Ti-13V-11Cr、Ti-13V-11Cr-3Al 合金之析出強化原理。

12.24 添加 Al 到 Ti-13V-11Cr 合金中，對析出強化有何影響？時效溫度對其析出強度有何影響？

13

材料性質檢測

由於熱處理是指『固體材料藉由加熱或冷卻，造成材料之結構與性質改變的一種製程』，所以實施熱處理時涉及到材料工程中的製程、結構、性質三者之關聯性；因此要正確進行熱處理之實務作業時，除了需要有良好的理論基礎與經驗外，也需藉由各項的檢測技術來評估熱處理過程對材料『結構、性質』的影響。

熱處理時的加熱或冷卻將引起材料相變化，造成微結構與機械性質的改變，這些變化可以藉由物理性質的檢測、微結構的分析與機械性質的測試來偵測；另外，藉由非破壞性的缺陷檢測來瞭解熱處理前與熱處理後之材料損壞情形；本書將介紹幾種非破壞性材料損壞偵測方法作爲本書之結尾。

13.1 物理性質檢測

13.1.1 熱分析法

(1) 示差熱分析(**DTA-differential thermal analysis**)

圖 13.1(a)爲示差熱分析裝置的原理圖，試片及基準材料在相同的條件下加熱(或冷卻)，檢測出兩者所產生的溫度差對溫度 T 做記錄；基準材料通常使用氧化鋁，而測量室的容器則常使用熱傳導係數很大的材質(例如金屬、石墨)。在圖 13.1(b)顯示隨加熱試片及基準材料的溫度變化、與圖 13.1(c)顯示兩者之間所產生的溫度差。

在 DTA 曲線中顯示在升溫時，試片中如果發生熔解、蒸發、熱分解、相變化等反應時會生成吸熱波峰，而發生析出、氧化、非晶質的結晶等反應時則會生成放熱波峰；波峰的外插開始點(圖 13.1(c)的 A 點)與實際變化的開始溫度幾乎一致，因此在實用上極具意義；而波峰的面積幾乎可視爲與熱變化量成對應關係的緣故，若與預先測得已知物質的反應熱作一比較，則可概略推算相當於該波峰的反應熱，此種測試精確度一般較低，約 10～20%之誤差，如果特別留意測試過程，可以準確到約±8%。

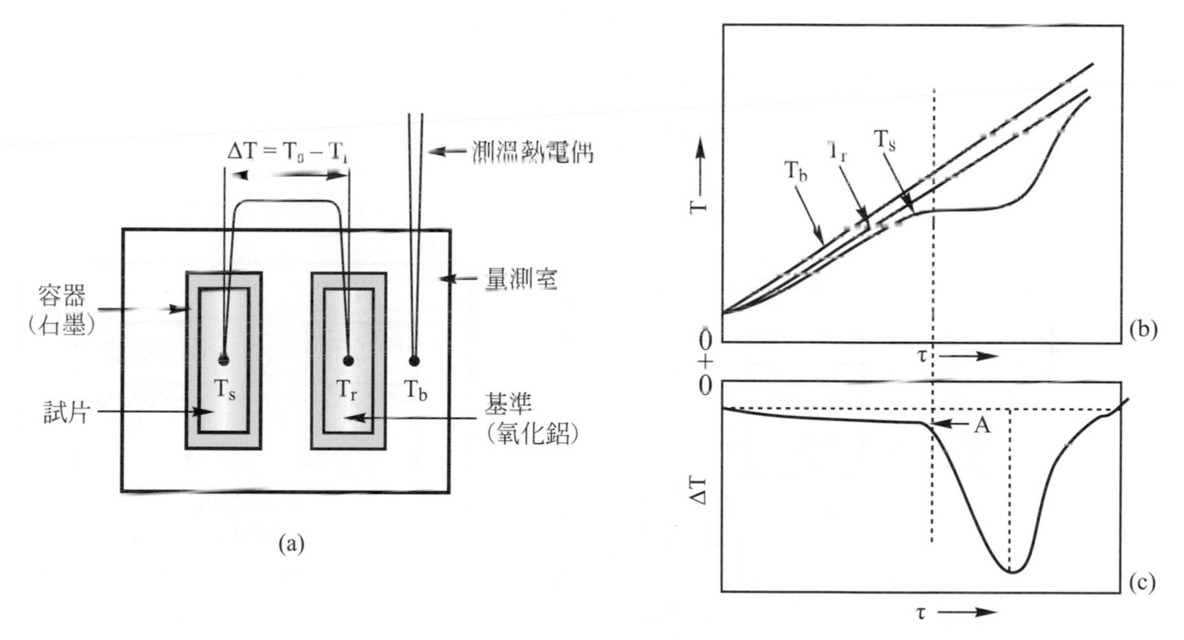

▲圖 13.1 (a)DTA 分析裝置，試片與基準試片(b)溫度與(c)溫度差隨時間的變化

(2) 示差掃描熱量計(DSC-differential scanning calorimetry)

爲了提昇 DTA 在熱量測量上的精準度，所開發成的就是示差掃描熱量計(DSC)；DSC 就是將試片及基準材料一起根據設定的程式加熱(或冷卻)，測量對試片及基準材料補償輸入能量的差。此 DSC 的原理如圖 13.2 所示。

將試片與基準材料同時以一定的速率加熱(或冷卻)，同時供應電力給雙方**容器(holder)**內之加熱器，讓試片與基準材料之間的溫度差爲零。每單位時間供應給試片的熱量，與供應給基準材料熱量之間的差，以溫度或時間的函數方式記錄。若試片發生吸熱反應，則熱量供應給試片這一方；反之若發生放熱反應，則熱量供應給基準材料這一方。

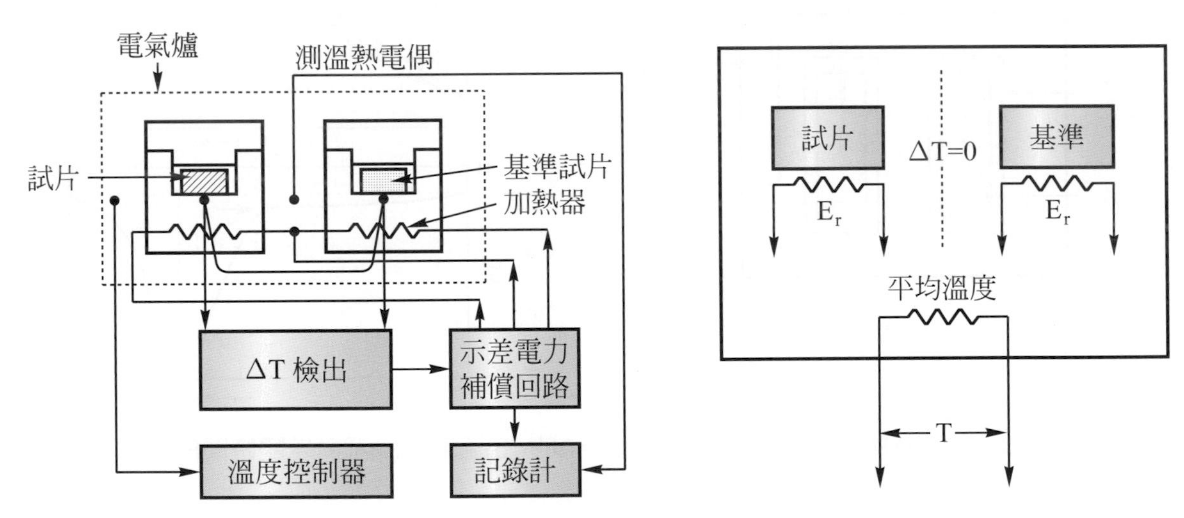

▲圖 13.2　(a)DSC 原理迴路圖，(b)簡單示意圖

13.1.2 電阻檢測法

(1) 渦電流檢測法

渦電流檢測法的原理是當線圈通過交流電時，將產生交變磁場，當導體材料靠近即可感應局部電場及渦電流，渦電流的型態受外加交變磁場、材料導電性及所產生的電磁場、及線圈交互作用等影響，圖 13.3(a)顯示在材料缺陷處(箭頭處)，電場會受到干擾，當測量材料對線圈電壓的影響，將可瞭解材料的導電性；圖 13.3 顯示兩種典型的渦電流檢驗法，其一爲**穿入線圈法(through-coil method)**，另一爲**探針法(probe method)**。

由於材料的大小、形狀、位置及線圈的型態都會影響渦電流法測定的數據，易造成解釋上相當困難，尤其是對一些具較低導電度之合金更是如此，因此渦電流試驗通常用來快速檢驗產品的好壞，也就是先以好的材料作標準數據，若受檢產品的數據同於標準數據時，即可視爲好品質，若偏離標準數據，則顯示品質可能發生問題。

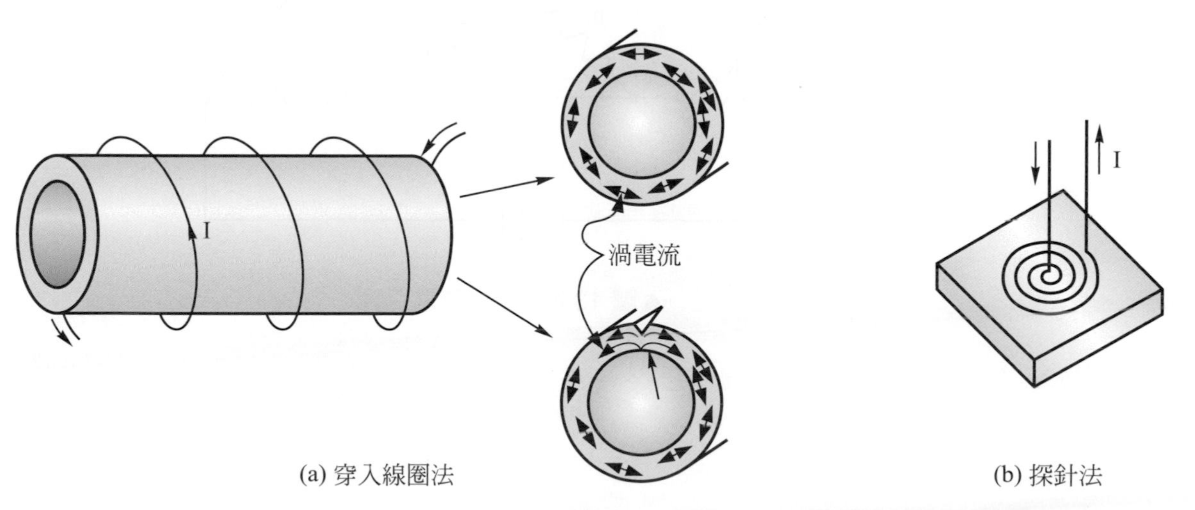

▲圖 13.3 典型渦電流檢測法：(a)穿入線圈法，(b)探針法；箭頭處為材料缺陷處

對一些具較高導電度合金(如鋁、銅等)之導電度(電阻的倒數)量測，『國際標準退火銅(IACS%)』的導電值是一項常使用的量測法，它是一種渦電流的檢驗法，可以快速量測合金因相變化(如析出)或加工等所引起的點缺陷變化情形。例如鋁合金析出時，由於鋁合金基地的溶質原子聚集形成析出化合物，造成基地中點缺陷的減少，因而提升了 IACS%。

(2) **雙橋法(double bridge)**

精度高的電阻測試法中有計算電位差法與**雙橋法(double bridge)**。由於後者較常被使用的緣故，所以僅就此法作一說明。圖 13.4 顯示雙橋法的電路圖，測試的試片大都與電流端及電壓端，做共四端點的形狀連接，所以又稱爲四端點電阻測試法。

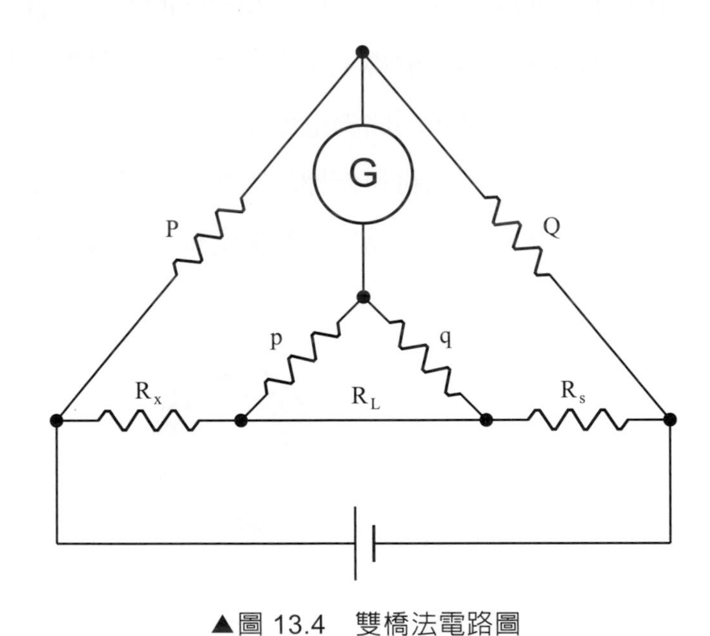

▲圖 13.4　雙橋法電路圖

圖中 P、Q 爲比例邊電阻、R_x 爲測量試片的電阻、R_s 爲標準電阻、R_L 爲導線電阻與接觸電阻之和。又與 R_L 並列加上 p、q 之比例邊電阻。因**橋(bridge)**內部通常調整讓 P/Q = p/q，只要將 P、Q、p、q 的各電阻做適當的調整，讓檢流計 G 歸零時，則與 R_L 無關，測量試片的電阻 R_x 則爲

$$R_x = (\frac{P}{Q}) \cdot R_s \tag{13.1}$$

金屬材料的電阻會因材料中所含的不純物或晶格缺陷的量而發生明顯的改變。電阻 R 之物體兩端施加電壓 V 時，若流通的電流爲 i，根據歐姆定律 V = i R 的關係成立。截面積(A)、長度(L)的物體之電阻 R 爲

$$R = \rho \cdot \frac{L}{A} \tag{13.2}$$

其中，比電阻 ρ 與物體的形狀無關，在一定的溫度下，爲物體固定的值。而且比電阻 ρ 可以因晶格缺陷或不純物等因素所影響的項 ρ_d，與因熱振動所影響的項 ρ_{th} 的和之方式來表示《$\rho = \rho_d + \rho_{th}$》，改變溫度只會改變其中的 ρ_{th}。因此，爲了有效測出 ρ_d 就必須儘量將 ρ_{th} 的相對影響降低(在低溫測試)，而且測試的溫度變動盡可能減小。因此大都將試片浸漬在液態氮或液態氦中測試。

13.1.3 結晶結構分析

1. X 光繞射法

將 X 光入射到原子周期排列的結晶中，X 光則會被個別原子核外的電子影響，發生散射且互相干涉。其中散射到特定方向的 X 光會被增強，亦即會發生繞射現象，繞射方向爲 θ 角，根據**布拉格(Bragg)**反射定律，X 光發生建設性干涉時(如圖 13.5)可用下列式子表示

$$2\,d\,\sin\theta = n\,\lambda \qquad n = 1, 2, 3 \qquad (13.3)$$

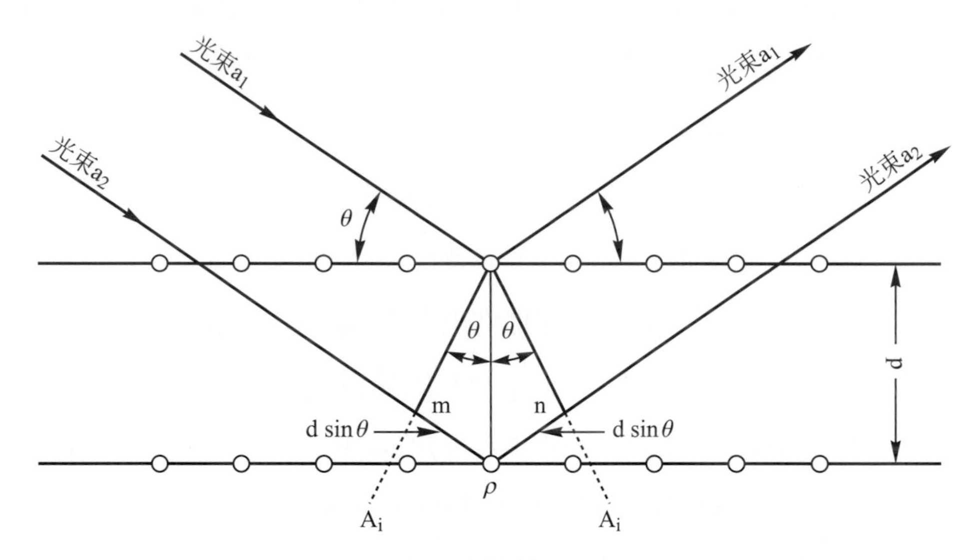

▲圖 13.5　X 光吻合布拉格反射定律之建設性干涉示意圖

這裡的 d 爲引起繞射的結晶格子之面間距離、θ 爲其格子面與入射 X 光(繞射 X 光)間所形成的夾角、n 爲繞射的次數(正整數)、λ 則爲 X 光的波長。就鋁而言，FCC 晶格面的米勒指數若爲 h、k、l，且 a 爲晶格常數，則面間距離 d_{hkl} 爲

$$d_{hkl} = a/(h^2 + k^2 + l^2)^{1/2} \qquad (13.4)$$

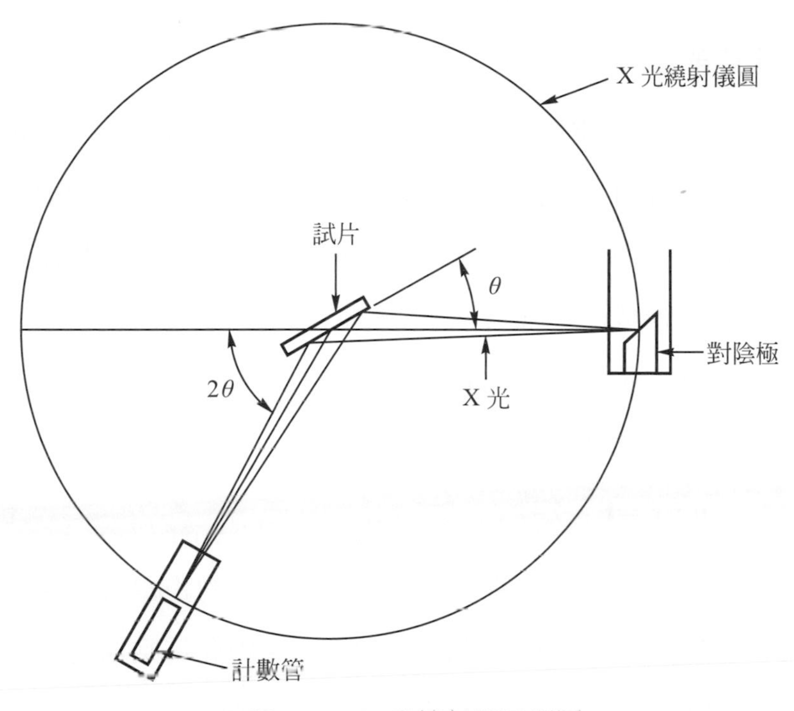

▲圖 13.6 X 光繞射儀原理圖

圖 13.6 顯示 X 光繞射儀(diffractometer)的原理；其中 X 光源是使用封型 X 光管球，其波長由管球中所使用的靶材元素決定；例如若是銅陰極，會發生 Kα、Kβ 之兩種單色 X 光(特色 X 光)，但通常使用 Kα 線。至於試片可使用粉末或多結晶體，其中若干方位會滿足**布拉格(Bragg)**的反射定律，產生與入射 X 光成 2θ 方向之繞射線。X 光繞射儀中，計數管的旋轉角度總是設定為試片旋轉角度的兩倍，讓 2θ 在 5°～70°之間改變。

若化合物是未知，則由波峰的位置讀取 2θ 值，再由**布拉格(Bragg)**繞射式子算出 d。關於各種化合物的 d 值，均已作成數據檔案的方式，因此將算出的 d 值與此檔案相比對，即可判定此化合物的種類，利用繞射 X 光的強度也可以對化合物做定量分析。

2. 電子束繞射法

圖 13.7 顯示電子束繞射裝置的原理圖，電子束即是電子的流動，兼具粒子和波動的性質，因此與光或 X 光相同，一樣會發生繞射。電子束的波長因加速電壓而改變，通常電子束繞射是使用電子顯微鏡，觀察電子束穿透試片所形成的影像。觀察時大多會調整透鏡的條件，並利用 100～200kV 的加速電壓。例如 100kV 時的波長極短，約爲 0.004nm，此時的繞射條件可以下列式子表示

$$d \cdot r = L \cdot \lambda \tag{13.5}$$

d 爲晶體平面間距、r 爲直射電子點與繞射點的距離、L 爲相機長度、λ 爲波長。若繞射條件一定，則 $L \cdot \lambda$ 也一定，因此這乘積的值即可由已知的試片求得。

因電子束的波長極短，一般均可得到對稱性良好的繞射圖，此時測得的中心點到各繞射點間距離 r，接著求得面間距離 d，進而獲得相當於結晶格子面指數(hkl)。且依據(式 13.3)可知，因電子束的波長極短，所以其繞射角度 θ 也趨近於 0 度，所以會產生繞射的平面幾乎是與入射電子束平行，也就是說屬於同一個**軸帶(zone axis)**的平面才會產生繞射，這些具有相同軸帶的平面稱爲**平面帶(plane of zone)**，電子束繞射的影像如圖 13.8 所示，圖中顯示由 $MnAl_4$ 晶體(HCP 結構，a = 28.6nm，c = 1.25nm)在不同軸帶所獲得的繞射影像。

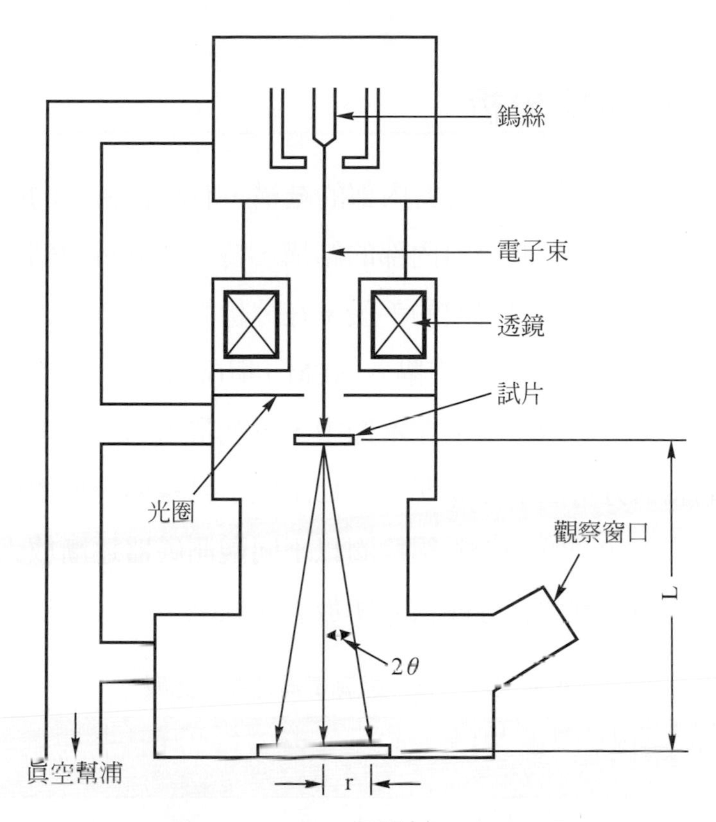

▲圖 13.7　電子束繞射裝置原理圖

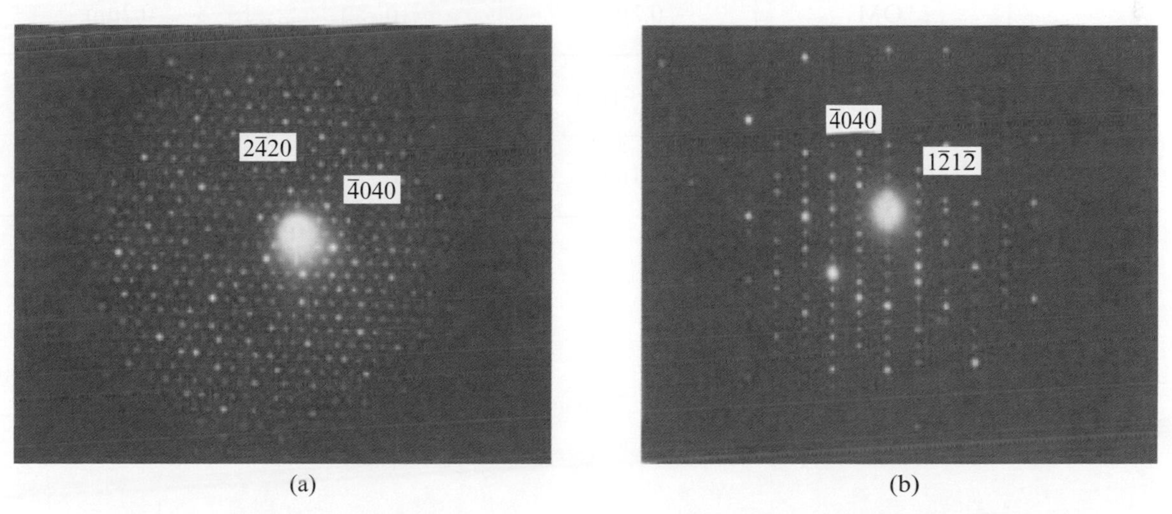

(a)　(b)

▲圖 13.8　$MnAl_4$ 六方晶體在(a) [0001]與(b) [$\bar{1}2\bar{1}6$]軸帶之電子束繞射圖[LEE1&2]

13.2 微結構分析

金屬材料的各種特性與材料內部的結構，有相當密切的關連性。為了提升材料的特性與控制材料內部的結構，特別是分析微結構，並加以評估，更是材料研發不可或缺的手段。在分析微結構方法中，有使用光學顯微鏡(OM)、電子顯微鏡(掃瞄式-SEM、與(高解析)穿透式 TEM)、超音波顯微鏡、X 光顯微法等。在本節中，將就常用的光學顯微鏡、電子顯微鏡等的結構分析法加以說明。表 13.1 顯示目視與幾種微結構分析儀器的特性，圖 13.9 顯示 A356 鋁輪圈以不同觀測儀器逐漸放大倍率後所獲得的微結構圖，圖中之圓圈代表所放大之區域。

▼表 13.1　各種觀測儀器性能之比較

	解析度	放大倍率	景深
目視	0.2mm	1：1	—
OM	0.2μm	10^3：1	0.2μm
SEM	3.5～1nm	2×10^5：1	35μm
TEM	0.1nm	10^6：1	20μm

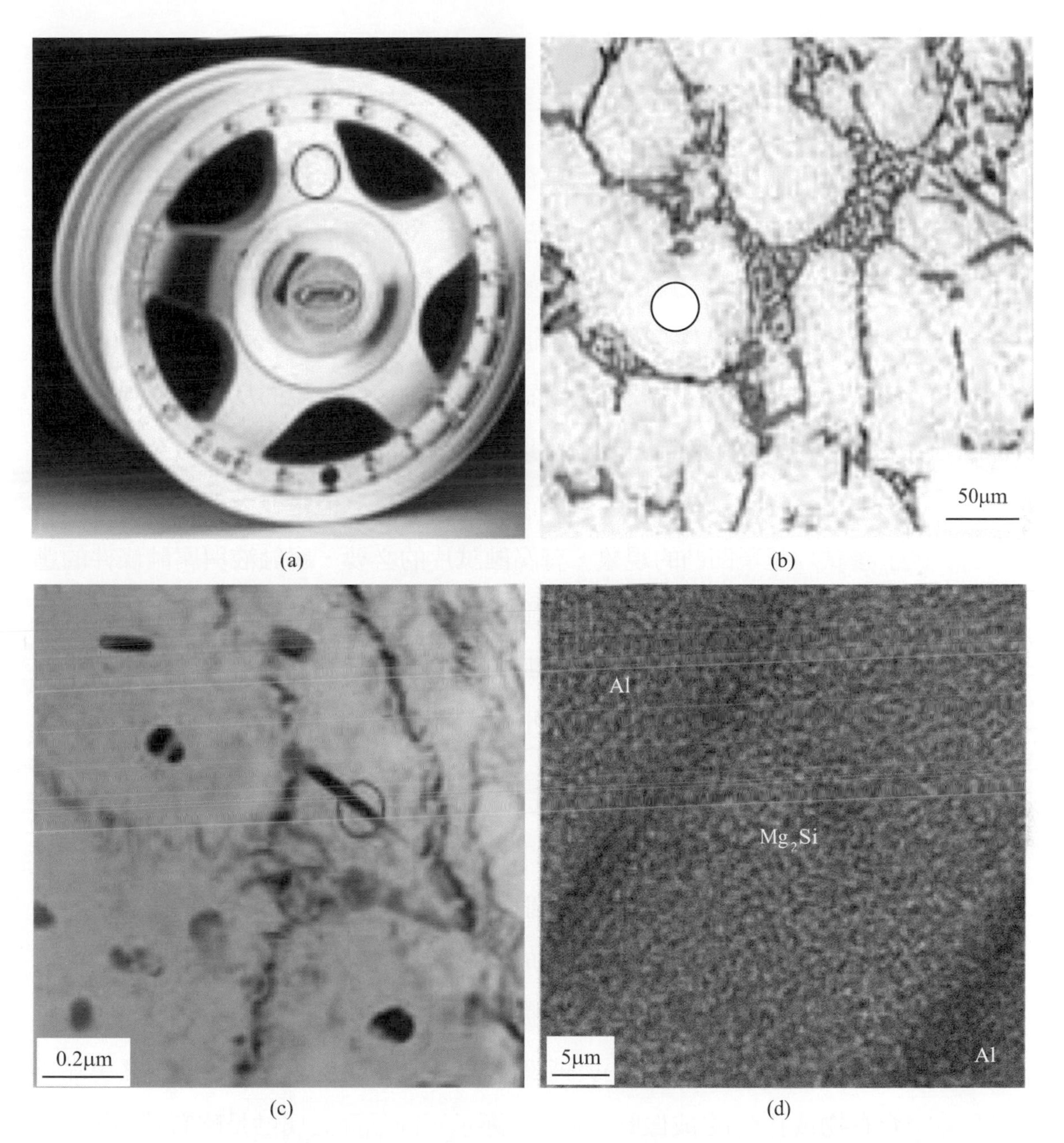

▲圖 13.9 以不同儀器觀察 A357 鋁輪圈：(a)目視、(b)OM(鋁 + 共晶 Si，圖中圈選處為 c 圖之放大處)、(c)TEM(Mg_2Si 析出物)、(d)TEM(晶格影像)[LEE1&2]

13.2.1 光學顯微鏡

光學顯微鏡是微結構觀察法中，最基本也最爲重要的方法；當光學顯微鏡法與更微細結構解析方法的電子顯微鏡法一起使用時，其意義更爲重大。光學顯微鏡由低倍開始觀察，在掌握全體結構的同時，逐漸詳細地放大觀察，以探究所需之資訊。利用光學顯微鏡，可以顯示**相(phase)**或結構的顏色，且觀察得到對特定的腐蝕液所呈現的反應，或利用偏光來造成對比或顏色等差異，可以判定未知的相或組織。例如介在物或金屬間化合物，只要在試片研磨後就可以觀察，但是在大部分的場合，爲了讓試片呈現凹凸的現象，有腐蝕試片的必要，腐蝕液與腐蝕條件的選擇，是非常的重要。對於同一種合金，常需依據擬觀察的微結構種類(如晶粒、加工織構、析出相等)選用不同的腐蝕液與腐蝕條件，各種金屬或合金的腐蝕液與腐蝕條件可參考金屬手冊(ASM,Metals Handbook Vol.8，8th edition)。

1. 光學顯微鏡裝置

光學顯微鏡有穿透型與反射型兩種，觀察金屬材料的顯微鏡，主要利用經由試片反射的光呈像而成的反射型。通常依觀察方向的不同，可分爲倒立型顯微鏡跟正立型顯微鏡。圖 13.10 顯示光學顯微鏡對黃銅(圖 13.10(c)顯現晶粒與雙晶)與純鐵(圖 13.10(d)顯現晶界面、圖中之黑點爲介在物或孔洞)之成像圖，圖中也顯示不同晶面之腐蝕是略有差異，以致造成反射亮度的差異。

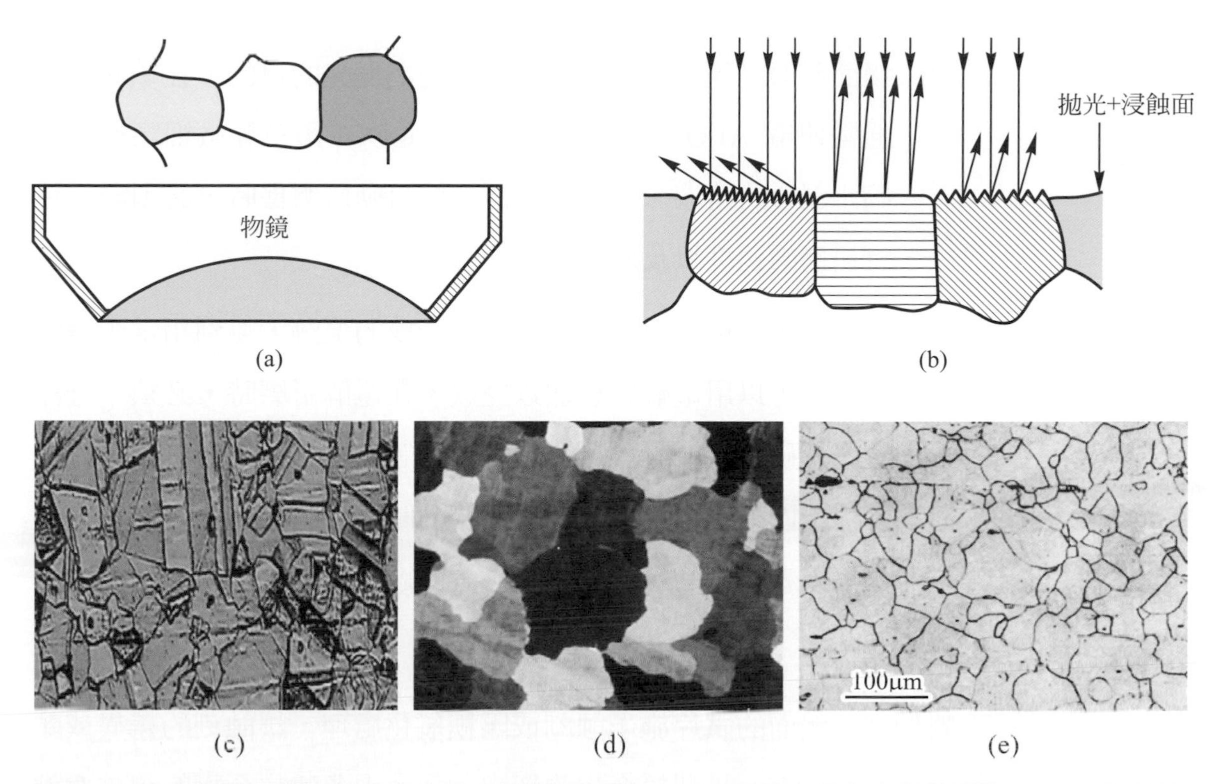

▲圖 13.10　經拋光與浸蝕後之合金光學顯微結講，(a)不同反光程度之晶粒影像、(b)不同晶面之腐蝕與反射[R&M]、(c)七三黃銅、(d)Al-5Mg 合金(偏極光)、(e)純鐵之微結構 [CHIU,LEE2]

2. 試片研磨

由於光學顯微鏡之景深很小(～0.2μm)，所以試片需研磨、拋光成鏡面狀才可以觀察，這些試片研磨程序如下：

(1) 粗研磨：利用耐水研磨紙、砂紙，由粒度較粗到粒度較細的研磨紙研磨。研磨時，要將前道研磨手續的磨粒痕跡消除，而且儘可能在短時間內完成。試片要充分的清洗，不可讓研磨紙的顆粒留在上面。

(2) 鏡面研磨：通常利用絨布研磨，達到拋光的目的。在絨布上，通常使用 Al_2O_3、MgO、Cr_2O_3、Fe_2O_3、鑽石等微細顆粒與蒸餾水混合的溶液。在使用市面上的自動研磨機時，必須非常注意研磨的速度以及施加的壓力等。

(3) 電解研磨：爲了消除機械研磨所造成的痕跡，得到相當光滑的鏡面，可以用電解研磨加以完成。在電解研磨時，必須十分注意電解研磨液、電壓以及液體溫度等的設定。電解研磨必須在靜態範圍下進行。在含有各種相的時候，由於無法獲得均勻的鏡面或者微細的粒子容易脫落等問題，所以必須極爲小心。

3. 試片的浸蝕

對於已成鏡面的試片施予蝕刻或陽極氧化處理，讓蝕刻的差異或顏色的不同呈現出來，以利於金相的觀察。合金中各種化合物的相被腐蝕的情形或顏色都不相同，因此可以加以識別。除了使用腐蝕液浸蝕合金表面外，也有使用**複製(replica)**等特殊的處理法。

13.2.2 掃描式電子顯微鏡及電子束微分析儀

掃描式電子顯微鏡(SEM)與光學顯微鏡比較，可以較高的倍數進行結構觀察，而且焦點的深度也比較深，與組成有關的像對比也可以獲得，進一步可以裝上 X 光檢出器的**電子束微分析儀(EPMA-Electron Probe Microanalysis)**，可以進行成分分析，因此廣爲被當作結構解析的方式。通常的解析能力爲 2～3nm，但最新的高解析 FE-SEM(場發射掃描電子顯微鏡)具有小於 1nm 的解析能力。一般來說，若將電子束入射到試片上，如圖 13.11 所示。具有各種資訊的電子產生，X 光就可以由試片中產生，利用這些資訊，可以進行結構分析及成分分析。

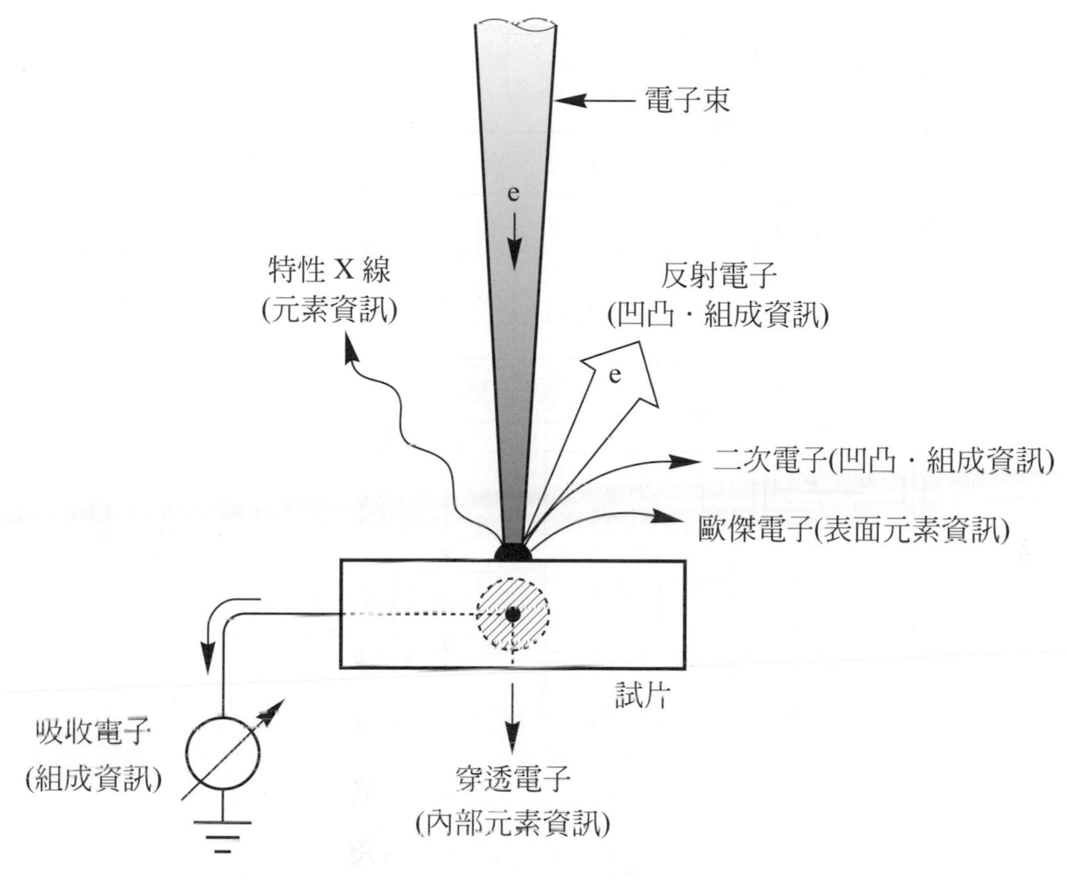

▲圖 13.11 電子束撞擊試片時產生各種訊號示意圖

1. SEM 及 EPMA 裝置

SEM 及 EPMA 裝置的組成概略，如圖 13.12 所示。通常，加速電壓在 1～40kV 的範圍，但是一般大都使用 5～30kV 的範圍。光源通常使用**鎢絲(filment)**、LaB_6 單結晶的燈絲以外，場發射型陰極也常被使用。由電子槍加速放出的電子束，經凸透鏡收斂後變細(～10nm)，然後照射在試片上，電子束在試片上掃描，同時將掃描產生的二次電子相或反射電子相，讓陰極射線管(CRT)掃描得到，並進一步得到各種 X 光像。

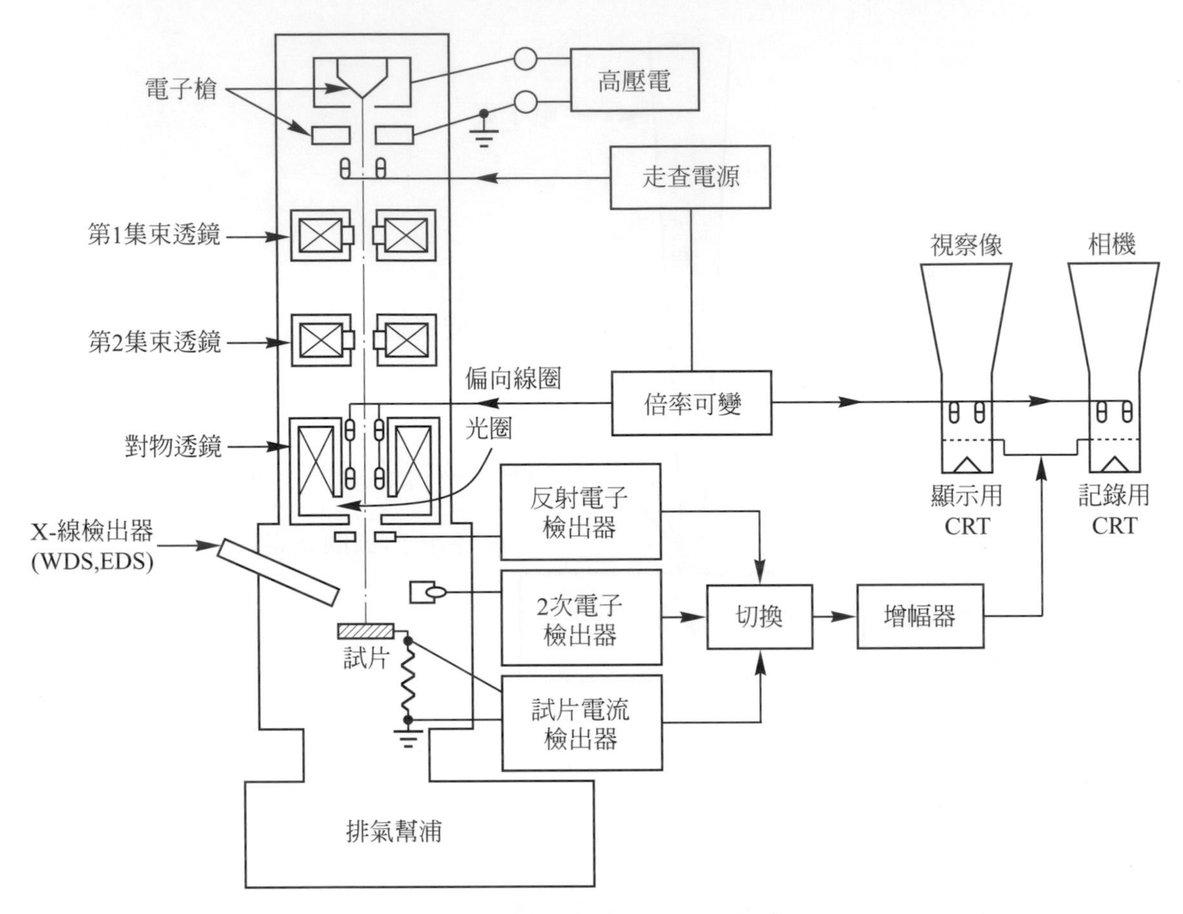

▲圖 13.12　SEM 及 EPMA 裝置結構簡圖

在試片上照射的電流約 10^{-12} 安培。而且利用試片放出的 X 光特性，可進行元素分析；至於 X 光檢測器有 **WDS(Wavelength Dispersive X-ray Spectroscopy：波長分散型 X 光光譜)**與 **EDS(Energy Dispersive X-ray Spectroscopy：能量分散型 X 光光譜)**等兩種。

2. 應用

SEM 及 EPMA 在材料解析上，已經極為廣泛的被利用，其應用也是多方面的。對鋁合金而言，可以觀察或解析各種的鑄造組織、結晶晶界形態、破斷面形態、腐蝕、磨耗表面結構以及陽極氧化皮膜等。最新的高解析 FE-SEM 可以觀察更微細的析出組織，更進一步地，利用電子 channeling pattern 也可以達成作為微小區域的結晶方位解析之手段。

13.2.3 穿透式電子顯微鏡

1. TEM 裝置

穿透式電子顯微鏡的鏡體結構大約分爲照射系統、試片室、成像系統以及照相室，如圖 13.13 所示。

2. **成像**：關於成像所代表的光學系統，如圖 13.14 所示。

(1) **明視野像(bright field image)**：

讓穿透電子束通過光圈，而將其他的繞射電子束全部遮斷，只讓穿透試片的電子束成像，而成的像稱爲明視野像，通常將試片傾斜到滿足布拉格繞射條件。在明視野像中，發生繞射的區域會變暗，而能形成對比(繞射對比)。爲了觀察基地中的微小析出相或具有**整合應變(coherent strain)**的化合物，通常調整**繞射向量(gvector)**來進行。

(2) **暗視野像(dark field image)**：

將穿透電子束以外的繞射電子束通過光圈，只讓繞射電子束成像，稱爲暗視野像。在暗視野中，於黑暗的背景裡只可以光亮的觀察到發生繞射的部分。利用暗視野像法，可以調查得到結晶的哪一個部分發生繞射或者是說發生繞射的結晶面在何處等的訊息。

3. EDS 分析

在 TEM(或 SEM)中加裝 X 光分光的裝置，則可以進行元素分析，元素分析有 WDS 法與 EDS 法，但是就檢測的迅速性、控制的自動性及檢測部分的小型化等的有利條件而言，在 TEM 上經常附設 EDS 裝置。細的電子束照到試片上，再經試片射出全部元素的特性 X 光於半導體檢測鏡進行檢測。所得到的能量光譜與已知 X 光數據相比較，可進行元素的判斷。利用比例法可以將構成元素進行定量分析。

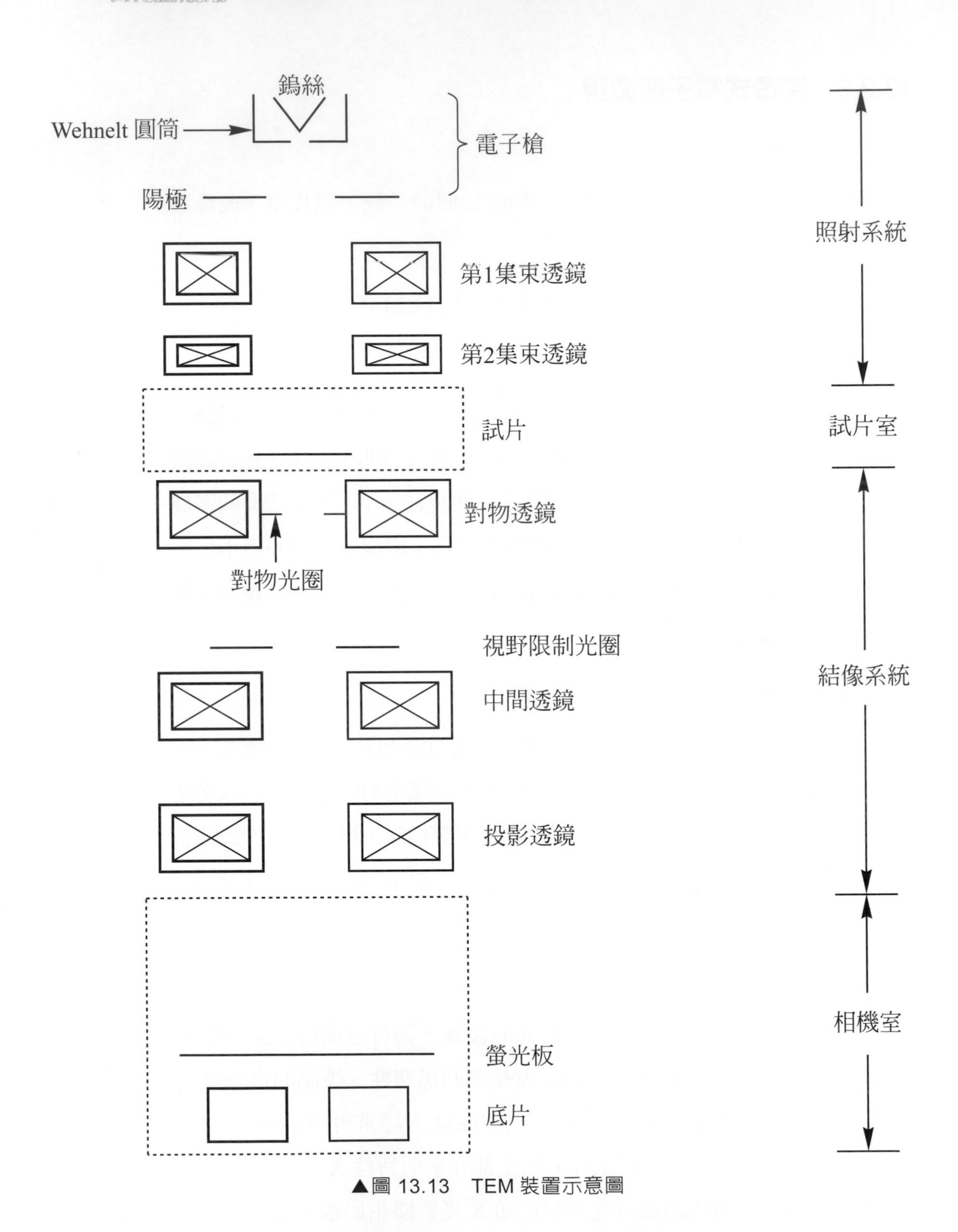

▲圖 13.13　TEM 裝置示意圖

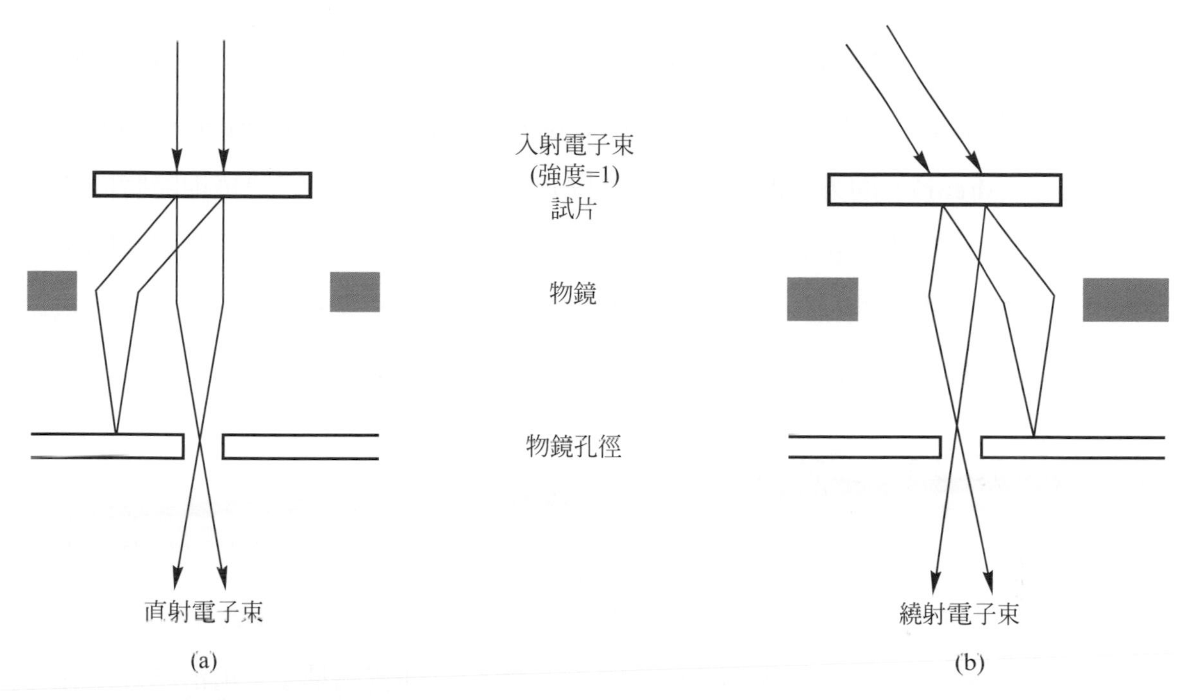

▲圖 13.14 繞射對比的(a)明視野像，(b)暗視野像分別由直射及繞射電子束成像，其餘電子束則由孔徑擋住

13.3 機械性質檢測

材料在使用時，均有可能會受到**力(forcc)**或**負荷(load)**的作用，並且會產生各種對應的反應。由於所施加的外力性質或外加負荷的條件不同，往往有相當程度差異的反應出現，在這樣的情形下，了解材料的特性與設計「變形不會過量」和「斷裂不會發生」的使用元件，是相當重要的課題。

而材料的機械性質正能眞實地呈現所施加的外力與其反應，變形之間的相互關係；這些機械性質的測試數據，也成爲材料或相關工程人員在選定各式各樣材料時的參考資料和背景依據。

材料機械性質的測試，主要藉著儘可能模擬實際使用狀況的實驗儀器來執行，施加的外力有可能是**拉力(tensile)**、**壓力(compressive)**或**剪力(shear)**，而外力的大小也可能固定不隨時間改變，或連續地隨時間變動都有可能。再者，測試時間有可能從數秒到長達好幾年的試驗時間。一般常見的機械性質測試，如拉伸試驗、硬度試驗、衝擊試驗、疲勞試驗等將簡要介紹如下。

13.3.1 拉伸試驗

拉伸試驗的目的是在測試材料對於靜負荷或緩慢施加的力之抵抗能力，藉此得知材料的強度和延展性。將標準試片(試片規格可參考ASTM 拉伸試片規範)以夾具夾緊，置於拉伸實驗機上，再沿試片的軸方向上，以一定的應變速率拉伸到試片破裂爲止。

當受力大於拉伸強度時，材料的塑性變形將被限制在頸縮區，因此，若材料被拉長到(l_f)斷裂時，材料的延性

$$\%EL = [\frac{l_f - l_o}{l_o}] \times 100\% = \varepsilon_f \times 100\% \qquad (13.6)$$

將與試片的**標距長(gage-length** = l_o)有關(請參考圖 2.10)；愈短的標距長將得到愈大的延性，所以要表示材料延性時，需同時指出所選用的標距長才有意義；工程應用上，標距長一般選用 50 mm(2 in)。

由拉伸試驗可以得到的一些材料重要數據，這些包括彈性模數、降伏強度(YS)、拉伸強度(UTS 或 TS)、延性 $= 100\varepsilon_f$、韌性 $= \int_0^{\varepsilon_f} \sigma d\varepsilon$、彈性能 $= \int_0^{\varepsilon_y} \sigma d\varepsilon$ 等，如圖 13.15 所示。圖中也可以看到材料斷裂時，會有彈性回復產生。斷裂面縮減百分比%AR(**reduction area**)是另外一種量測材料延性的方法，其方法是量取材料斷裂處之面積(A_f)與原有截面積(A_o)的差再與(A_o)相除求比值，故斷裂面縮減百分比可定義爲：

$$\%AR = [\frac{A_o - A_f}{A_o}] \times 100\% \tag{13.7}$$

拉伸試驗中若應力小於材料之拉伸強度時，此時伸長率百分比(%EL)和斷裂面縮減百分比(%AR)間可加以相互轉換；但若應力大於材料之拉伸強度時，頸縮將明顯發生，此時伸長率百分比(%EL)和斷裂面縮減百分比(%AR)間的互相轉換關係便不再存在。

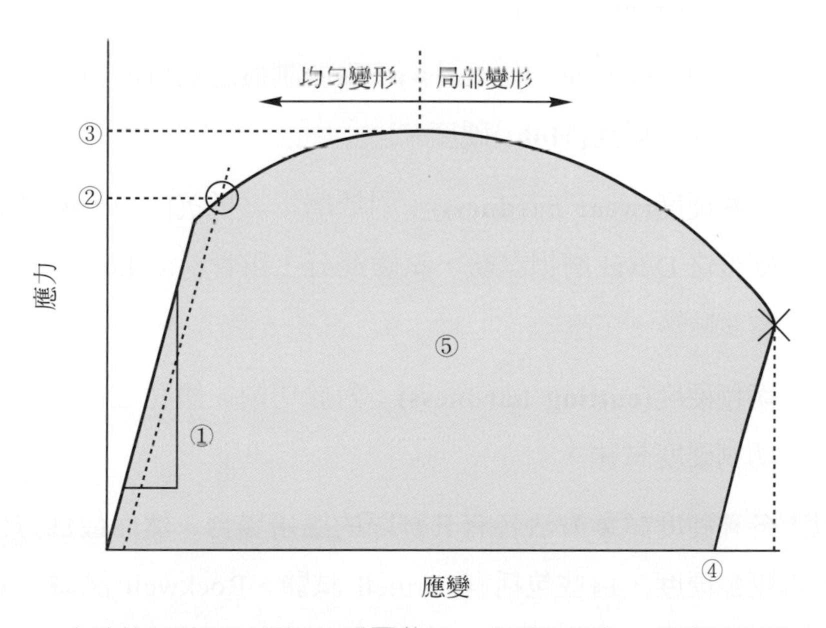

▲圖 13.15 由拉伸試驗可以得到的重要數據；①彈性模數，②降伏強度(YS)，③拉伸強度(UTS 或 TS)，④延性 $= 100\varepsilon_f$，⑤韌性 $\int_0^{\varepsilon_y} \sigma d\varepsilon$，圖中也可以看到材料斷裂時，會有彈性回復產生[R&M]

13.3.2 硬度試驗

硬度試驗是極常用也是非常簡單的一種機械試驗法，然而也可能是定義最不明確的一種。在金屬材料的機械性質中，硬度是相當重要的一種性質，並且可從硬度推測出其他的機械性質，所以硬度試驗經常被使用。

1. 硬度的定義

一般而言，硬度意味著材料對於塑性變形的抵抗能力，但仍有許多其它的定義，現就常用的幾種硬度定義介紹於下；同時，硬度機往往是依據下列的定義而設計分類的：

(1) **壓痕硬度(indentation hardness)**：受靜力或動態力作用時之殘留壓痕抵抗能力。如**勃氏(Brinell)**、**洛氏(Rockwell)**、**維氏(Vickers)**、**諾普(Knoop)**等型硬度試驗。

(2) **反跳硬度(rebound hardness)**：對於衝擊荷重之能量吸收程度，如**蕭氏(Shore)**硬度試驗。

(3) **劃痕硬度(scratch hardness)**：對於劃痕之抵抗能力，如試驗礦石硬度之**莫氏(Mohs)**硬度。

(4) **磨損硬度(wear hardness)**：對於磨損之抵抗能力，如試驗岩石硬度之 Deval 磨損試驗，試驗混凝土粗骨料之 Los Sangeles 倒轉試驗等。

(5) **切削硬度(cutting hardness)**：對於切削、鑽孔之抵抗能力，如切削硬度試驗。

以上各種硬度試驗方法各有其實際的應用場合，然而最爲方便常用者，仍爲壓痕硬度，這些包括有 Brinell 試驗、Rockwell 試驗、Vickers 試驗、Knoop 試驗、Rockwell 表面試驗等，如表 13.2 所示。

▼表 13.2 各種壓痕硬度測試說明表[R&M]

試驗法	壓痕器	壓痕的形狀		負荷	硬度值數學公式
		側視圖	上視圖		
勃氏	10mm 鋼球或碳化鎢	D, d	d	P	$HB = \dfrac{P}{\pi D(D - \sqrt{D^2 - d^2})}$
維克氏微硬度	鑽石錐體	136°	d_1, d_2	P	$HV = 1.854P/d_1^2$
諾普微硬度	鑽石錐體	t, l/b=7.11, b/t=4.00	D, l	P	$HK = 14.2P/l^2$
洛氏和表面洛氏	鑽石	120°		60kg, 100kg, 150kg } 洛氏	
	$\frac{1}{16}, \frac{1}{8}, \frac{1}{4}, \frac{1}{2}$ in 直徑鋼球			15kg, 30kg, 45kg } 表面洛氏	

對硬度數學式而言，P(所施加之負荷)是 kg，和 D，d，d_1 和 l 都是以 mm 為單位。

2. 硬度轉換

各種硬度值雖無精確之轉換關係，然其近似關係可就同一材料用各種硬度試驗法而求得硬度轉換表；但此種轉換不但因材料而異，又因機械處理與熱處理而異，因此硬度轉換表的使用必須格外小心，不能過於信賴。目前鋼鐵之硬度轉換關係做得比較多，圖 13.16 顯示一特定合金鋼之硬度轉換關係圖。

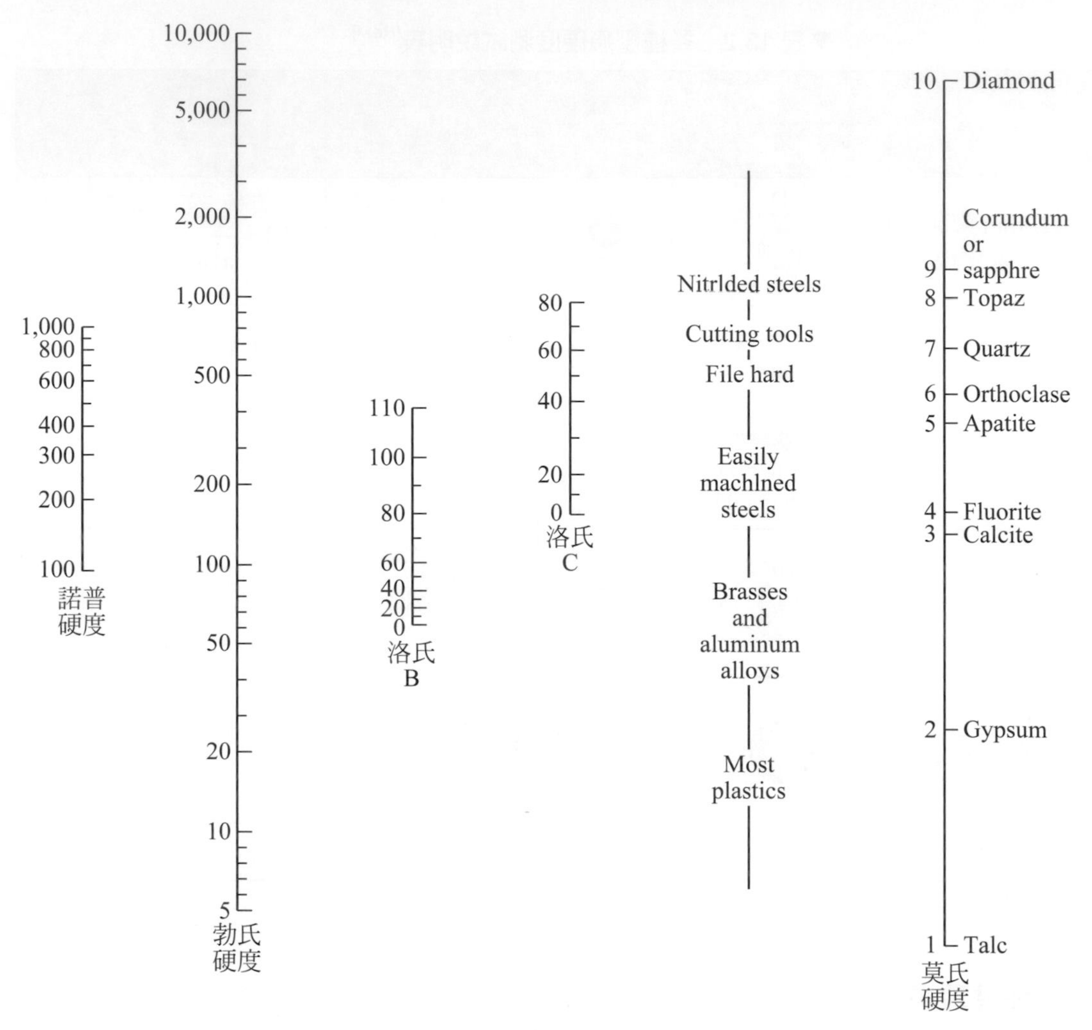

▲圖 13.16　特定合金鋼之硬度轉換[R&M]

3. 硬度與強度之關係

因為硬度與強度均是代表材料對塑性變形的抵抗能力，所以可以預期硬度值與材料之強度(UTS、YS)有下列關係：

$$強度 = C(HB) \tag{13.8}$$

其中 C 為比例常數，HB 為勃氏硬度，圖 13.17 顯示鋁、鋼鐵材料之硬度與降伏強度之關係圖，對個別不同的材料，有不同的比例常數。

但無論如何，硬度與強度並不存在一個固定的換算關係，主要是因為硬度試驗時，材料是承受三軸向應力，而拉伸試驗時，材料在均勻變形區是承受單軸向之應力，於**頸縮變形(necking)**區時才承受三軸向之應力。

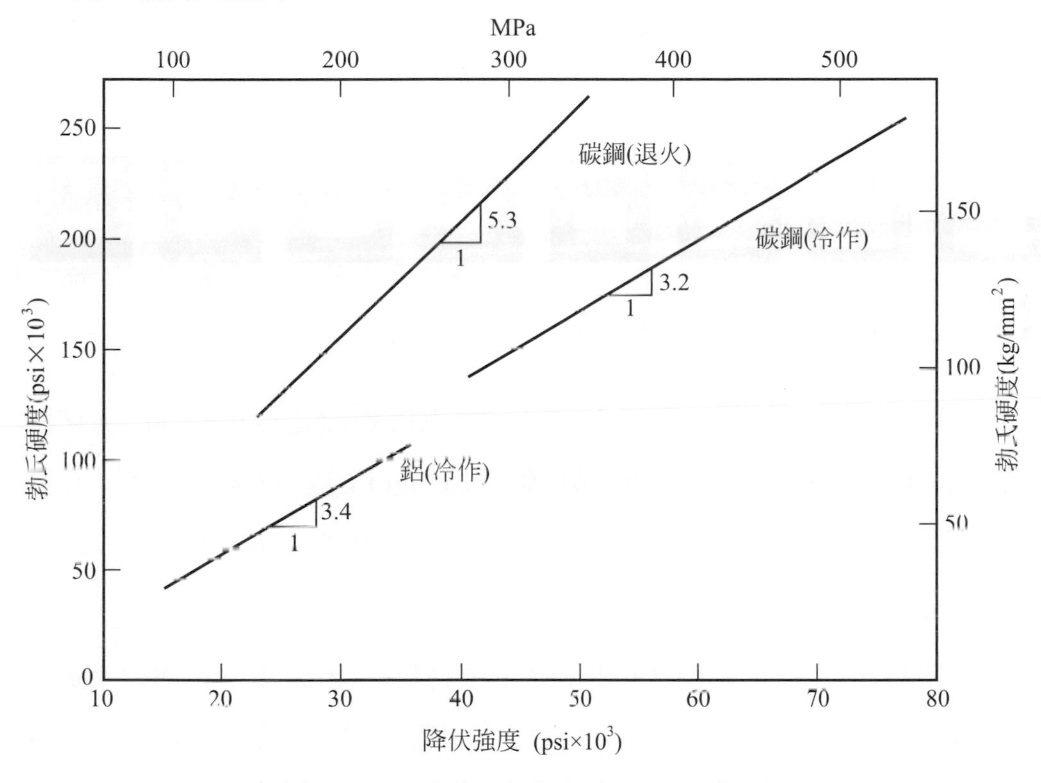

▲圖 13.17　勃氏硬度與降伏強度之關係圖

13.3.3　衝擊試驗

衝擊試驗主要是測試材料的韌性，因而決定材料耐衝擊荷重的能力；目前最常用的衝擊試驗有 Charpy 試驗和 Izod 試驗兩種。Charpy 試驗是依據能量不滅定律，利用很重的擺錘，將擺錘自高度 h_0 處畫過一圓弧路線，衝斷置於定位的試片，試片破斷時會吸收擺錘的一部分能量，而其所剩下的能量會使擺錘到相反方向的最終高度 h_f；因此知道了 h_0 和 h_f，就能夠推算出位能的差值，此差值就是試片破壞過程中所吸收的能量，稱為**衝擊能(impact energy)**。

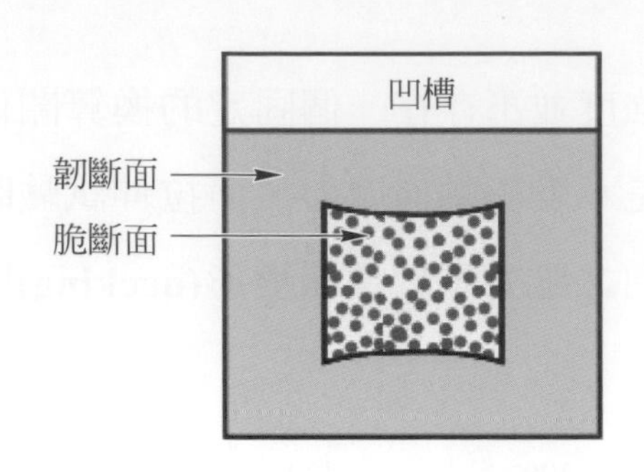

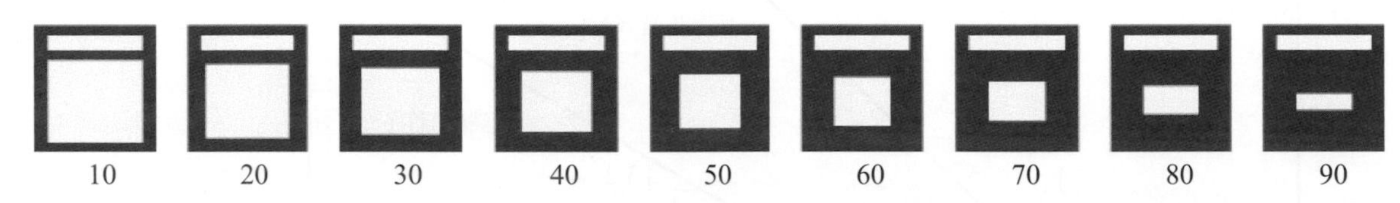

▲圖 13.18　衝擊試驗的材料斷裂面示意圖，韌斷面較暗，而脆斷面較亮[R&M]

從衝擊試驗的材料斷裂面，可以檢查破斷面是否為韌性的**剪破斷(shear-fracture)**或是脆性的**劈裂破斷(cleavage)**；劈裂破斷面較亮，反射性較高，韌性剪破斷面則較暗及較鈍。通常可由斷面外觀估計韌性斷面的百分比，可參考圖 13.18 所示。

衝擊試驗在工程上的主要用途是依材料之溫度-衝擊值曲線來選擇一種具有足夠韌性的材料，以避免使用時，發生脆斷的現象(參考圖 6.10)。材料作衝擊試驗時，在某一溫度範圍會有**韌-脆轉變(ductile to brittle)**的現象，在某一溫度之上，材料具有良好的韌性，而在此溫度之下，韌性變得很差，此一溫度，稱為**轉換溫度(transition temperature)**。轉換溫度並無明確的定義，一般可略分為下列幾種。

(1) 100%韌性斷裂轉換溫度：在此溫度以上斷裂時，斷裂面完全為韌性，而低於此溫度斷裂時，則斷面有部分為脆性。

(2) 50%韌性斷裂轉換溫度：溫度為 50%韌斷面及 50%脆斷面時之溫度，此溫度與平均衝擊強度所對應之溫度極相近。

(3) 對應一固定衝擊值之溫度：低強度船鋼板常定爲 15ft-lb 時之溫度，對其它材料則有其它的對應衝擊值。

(4) 100%脆性斷裂轉換溫度：在此溫度以下之斷裂，韌斷面可忽略，可視爲完全脆斷。

13.3.4 疲勞試驗

許多機械應用元件在操作時，常承受反覆變化的荷重，因此這部分會發生週期性變化的應力，即使此應力遠低於材料的降伏強度，但由於反覆的次數累積達到某一程度後，材料就會發生破壞，這樣的破壞模式稱爲**疲勞(fatigue)**；疲勞試驗的日的就是在於獲得材料對於反覆變化荷重的抵抗能力。

疲勞試驗的方法有很多種，除模擬特定的應用環境外，通常採用簡單型的疲勞試驗來測試材料的疲勞性質，圖 13.19 爲三種常見的疲勞試驗裝置，圖(a)爲**迴轉樑法(rotating beam test)**，試片兩端承受荷重而彎曲，在迴轉中，試片受週期性的拉伸-壓縮應力作用；圖(b)爲**迴轉懸樑法(rotating cantilever beam test)**，試片一端承受荷重，同樣地也是承受拉伸-壓縮反覆應力；圖(c)則爲單軸向施力法，可對試片施加拉伸-拉伸或拉伸-壓縮或壓縮-壓縮的反覆應力。在試驗中，施以不同應力可測得斷裂所需的週期數，此又稱爲疲勞壽命，如果將應力(S)與疲勞壽命週期數(N)的關係繪成曲線，即得到 S-N 曲線，圖 13.20 爲 4 種合金的 S-N 曲線。

S-N 曲線之基本特性是應力愈大，壽命愈短。鋼鐵材料通常在低應力時具有水平部分，當應力低於此一水平所對應的應力，則疲勞壽命無限，也就是不發生疲勞現象，此臨界應力稱爲**疲勞限(fatigue limit)**，但非鐵金屬如 Al、Cu、Mg 合金通常不具有水平部分而呈連續下降，對此類曲線，通常取週期所對應之應力當作**忍耐限(endurance limit)**。

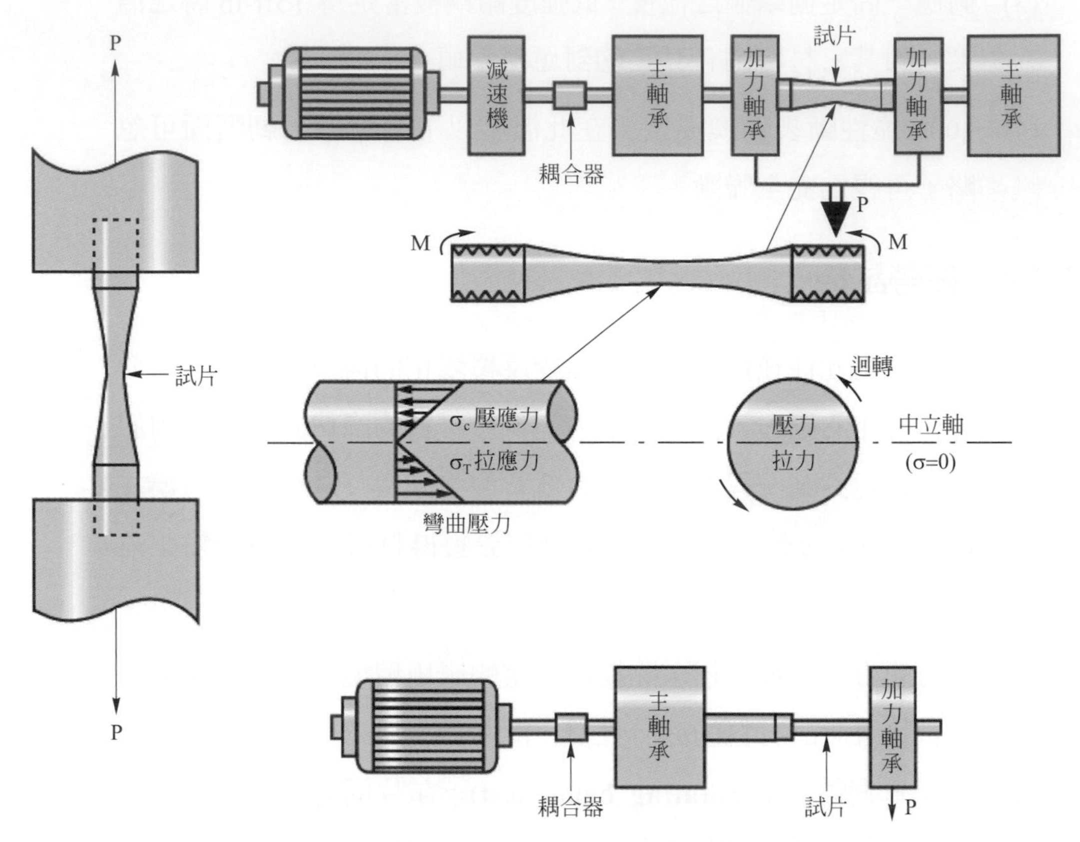

▲圖 13.19　三種常見的疲勞試驗裝置[R&M]

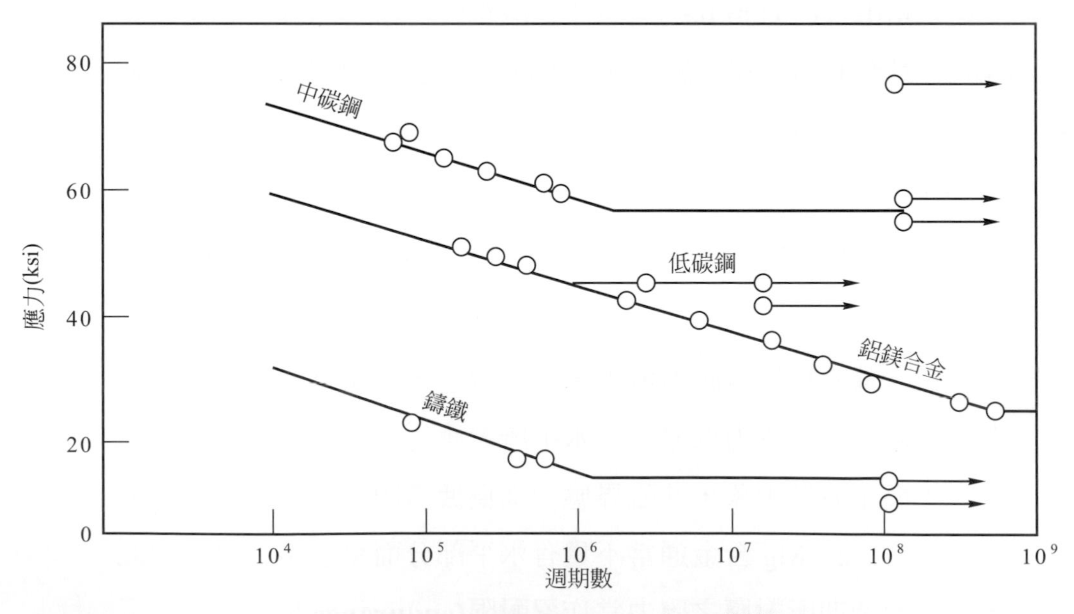

▲圖 13.20　幾種合金之 S-N 曲線[R&M]

13.4 材料非破壞性缺陷檢測

材料的製造過程如鑄造、變形加工、銲接、熱處理等作業，常因為控制條件或設備的缺失而使材料產生內部缺陷與表面缺陷，如孔洞、裂隙、雜質等，這些巨觀缺陷常成為材料斷裂的主因，因此為了確保產品的品質，須作好缺陷檢測工作，這些巨觀缺陷的檢測方法主要採**非破壞性檢測法(nondestructive testing)**，常見的有**輻射線照相法(radiography)**、**超音波檢測法(ultrasonic testing)**、**磁粉檢測法(magnetic particle inspection)**、**渦電流檢測法(eddy current testing)**、**液體滲透檢測法(liquid penetrant inspection)**，分述如下：

13.4.1 輻射線照相法

此法係利用輻射線穿透量或吸收量的差異性，而得到內部缺陷的影像，例如圖 13.21 的材料中含有孔洞，由於孔洞不吸收 X-光，穿透強度較其他部分為高，所以底片上具有較高的感光量，經顯影處理後，成為較暗的區域。輻射源除 X-光外尚有 γ-射線及中子射線。

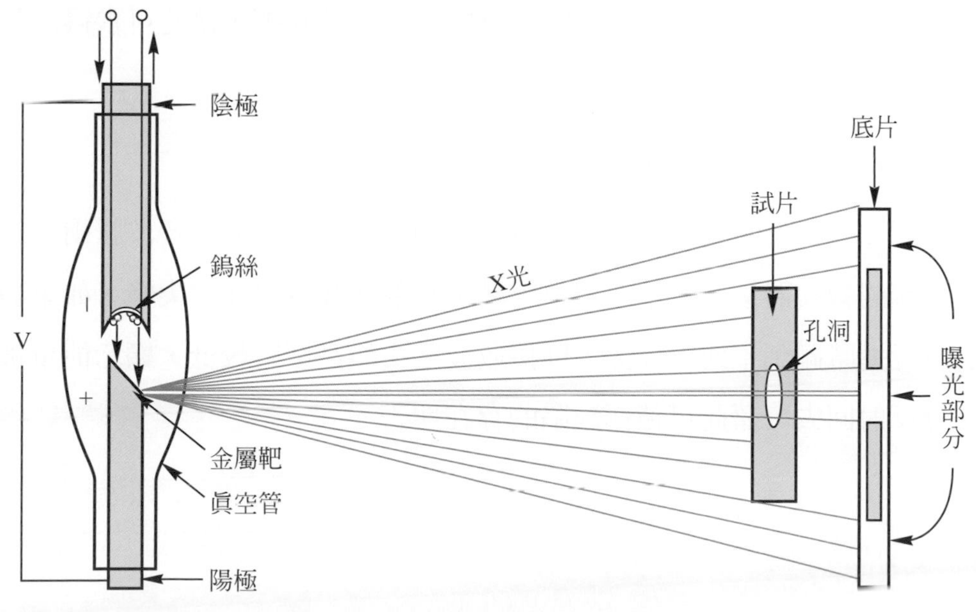

▲圖 13.21 X-光照相檢測配置圖[R&M]

13.4.2 超音波檢測

超音法檢測係利用材料傳導、吸收及反射彈性波的特性來檢驗材料的缺陷，**超音波轉換器(transducer)**具有**壓電效應(piezoelectric effect)**能將電壓脈衝轉換爲應力的脈衝射入材料之中。振動頻率大於 100kHz 屬於超音波的範圍。材料的超音波速度爲

$$V=\sqrt{\frac{Eg}{\rho}} \tag{13.9}$$

其中 E 爲楊氏係數，g 爲重力加速度，ρ 爲密度。

超音法檢測有三種方式：

1. **脈衝回音**(pulse-echo)**或反射**(reflection)**法**

原理如圖 13.22 所示，當一個脈衝產生並穿透材料後，在另一表面將產生反射脈衝，並傳回轉換器，於是在示**波器(oscilloscope)**上將在不同時間出現穿透與反射脈衝，利用時間差乘以材料的音速，即可求出材料的兩倍厚度，若音波在穿透時碰到不連續界面，則產生部分反射的現象，此時示波器上在較短的時間位置將多出一個脈衝，藉此可求得缺陷的位置。

2. **完全穿透法**(through-transmission method)

圖 13.23 說明其原理，由材料一端的轉換器先發射超音波脈衝，給另一端的轉換器接收，示波器上將顯示發射波及接收波的尖峰，如果發射波行進時碰到不連續界面，則接收波之尖峰高度將較低，顯示能量被部分反射回去，藉此可偵測缺陷的存在與否。

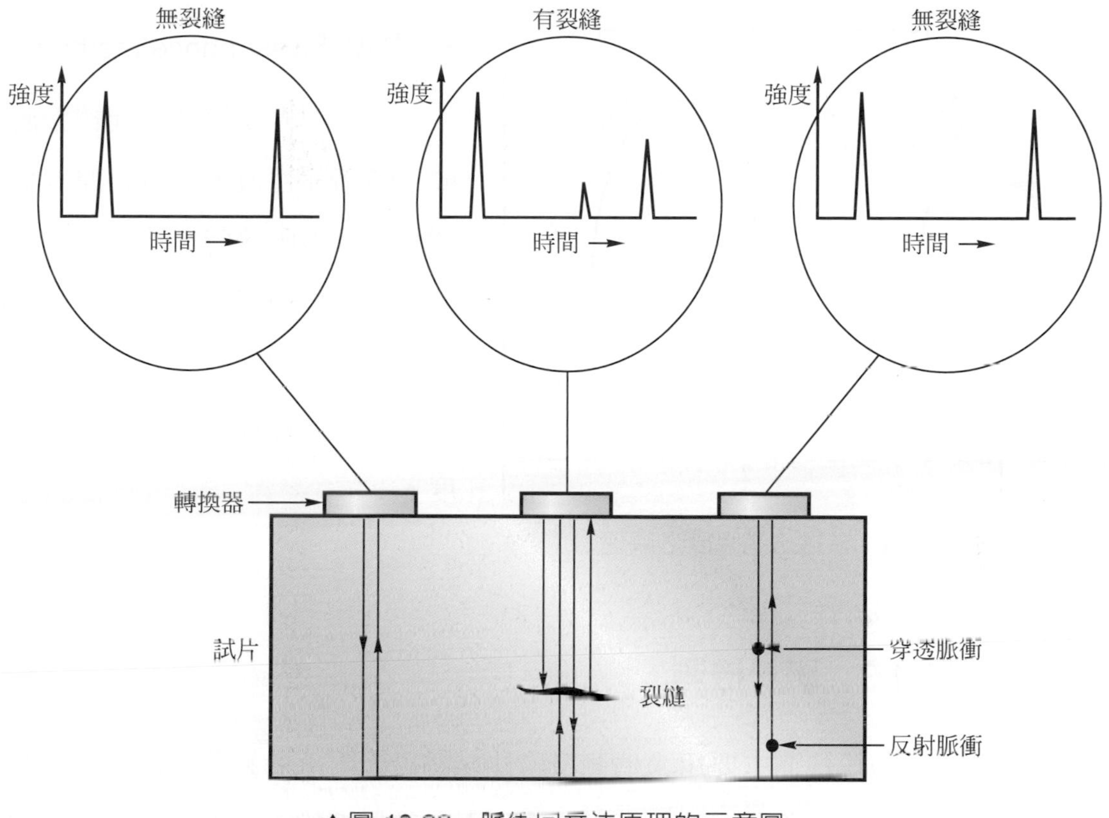

▲圖 13.22 脈衝回音法原理的示意圖

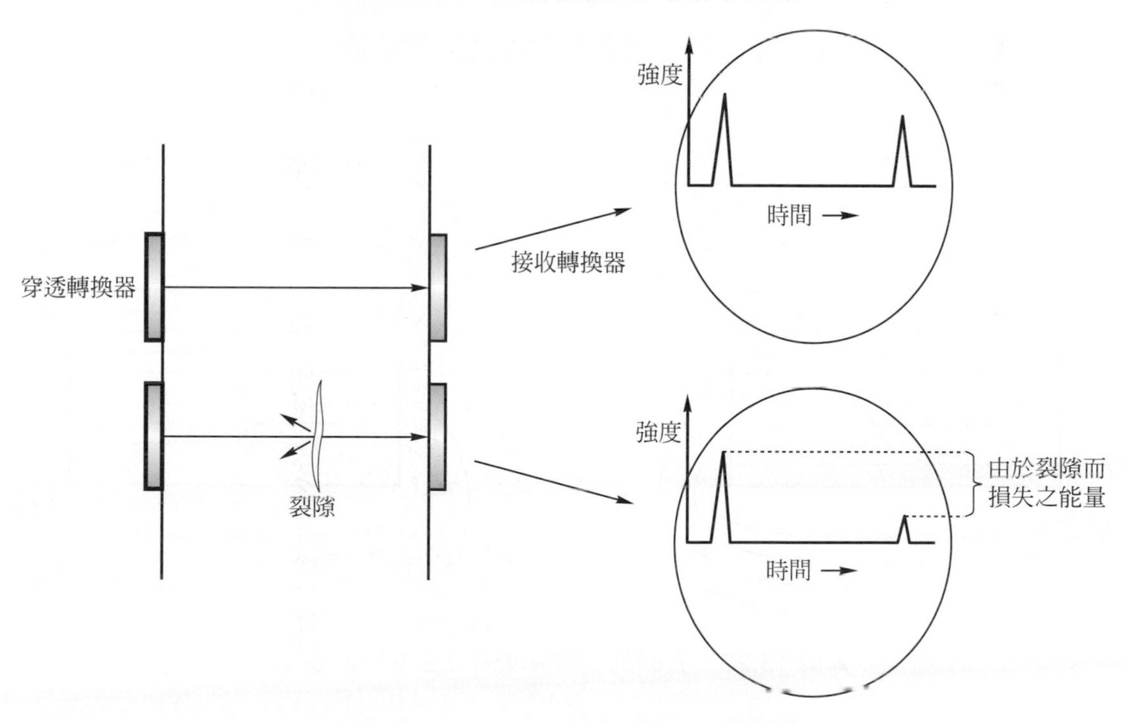

▲圖 13.23 完全穿透法原理之示意圖

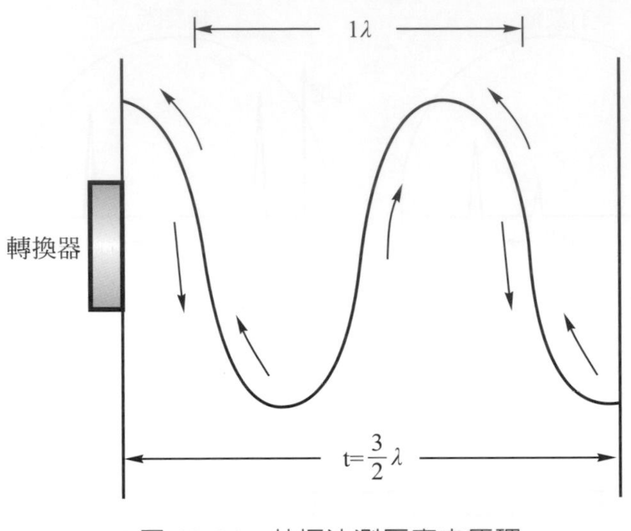

▲圖 13.24　共振法測厚度之原理

3. **共振法(resonance method)**

此法由轉換器產生連續脈衝形成一連續彈性波，當材料厚度爲半個波長的整數倍時，將產生駐波，如圖 13.24 所示，若有不連續界面存在時，此駐波即無法形成，利用此法可用來精確的測定材料的厚度。

13.4.3　磁粉檢測

磁粉檢測主要用來偵測鐵磁性材料表面附近的缺陷，圖 13.25 顯示表面附近缺陷存在時，可干擾垂直方向磁力線的流通而發生局部漏磁現象，此區城的磁粉將受吸引而顯現缺陷的位置。

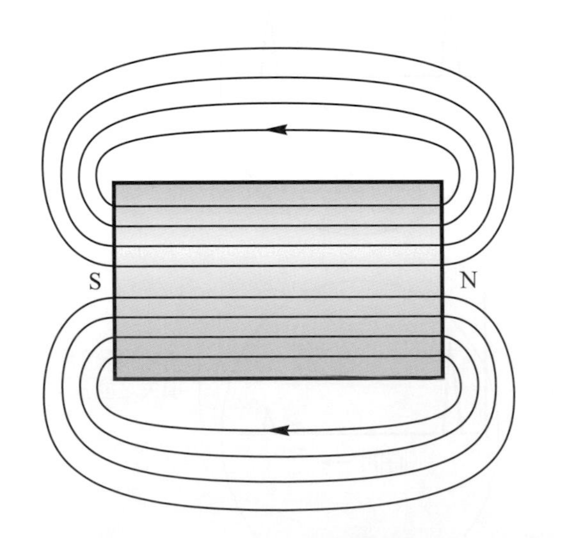

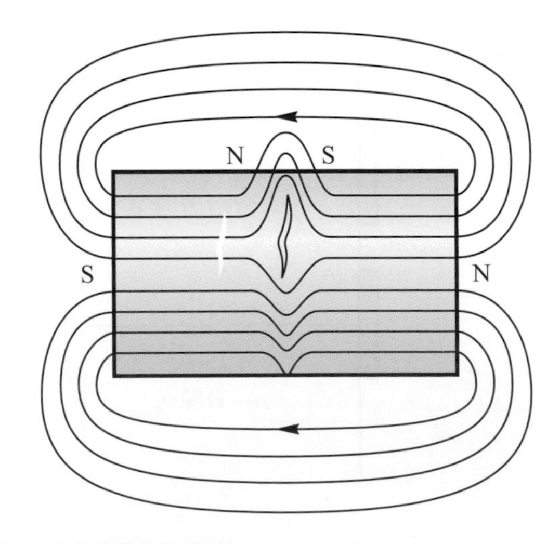

▲圖 13.25　表面附近含裂隙所發生漏磁的現象

外加磁場的方式很多種，可利用馬蹄形磁鐵的磁場或直接通電流產生的環形磁場等，不同方法所顯現缺陷的方位有所不同。基本上，一個缺陷容易被偵測的條件有下列四項：(1)不連續界面與磁力線垂直，(2)不連續界面在表面附近，(3)不連續界面具有較低的**導磁率(magnetic permeability)**，(4)爲鐵磁性材料。

磁粉的塗布方法有幾種，可用乾式粉，也可加入水或油中成爲液體，甚至可染色或鍍上螢光劑來增進識別度。

13.4.4 渦電流檢測

當線圈通過交流電時，將產生交變磁場，一個導體材料若靠近即可感應局部電場及渦電流，渦電流的型態受外加交變磁場、材料導電性及所產生的電磁場影響，同時渦電流會與線圈交互作用，抵抗線圈電流變化。因此若測量材料對線圈電壓的影響，將可暸解材料的特性，包括：(1)材料的導電性，由此可推測熱處理及成分的種類；(2)材料的缺陷，尤其是表面附近的缺陷；(3)材料的導磁率。圖 13.3 兩種渦電流檢測法。

13.4.5 液體滲透檢測

材料表面露出的裂縫可利用染料滲透檢測法加以偵測，由於毛細作用，液體可滲入極微細的裂縫而標示出位置。圖 13.26 說明其操作法，共分爲四個步驟：(1)將材料表面完全清潔；(2)噴上液體染料並放置一段時間，讓染料產生滲透作用；(3)將表面染料予以清除；(4)噴上**顯示液(developing solution)**，使滲透裂縫的染料再吸出來，由改變的顏色或紫外線燈下的螢光效應辨識裂縫的位置。

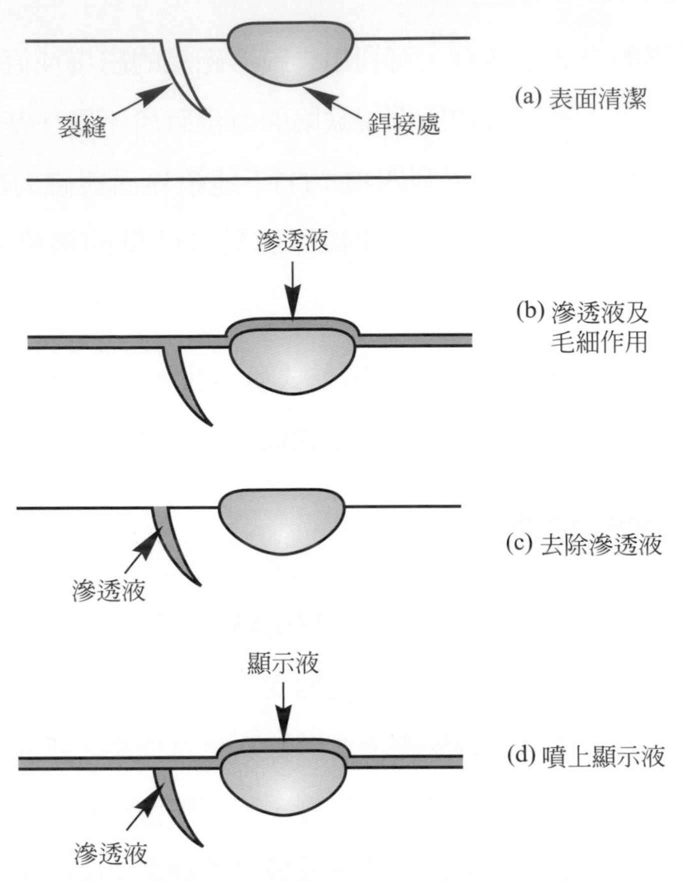

▲圖 13.26　液體滲透檢測法偵測材料表面裂縫之操作原理(R&M)

習　題

13.1 示差熱分析(DTA)與示差掃描熱量計(DSC)可以量測材料的何種特性？兩者之原理有何差異？何種精確度較高？

13.2 何謂 X 光？如何用來鑑定化合物？

13.3 解釋：**平面帶(plane of zone)**、明視野與暗視野 TEM 影像、EDS 與 WDS 分析。

13.4 光學顯微鏡可以觀察**晶格影相(lattice image)**否？爲何以光學顯微鏡觀察之試片，需研磨、拋光到鏡面狀況？簡述光學顯微鏡觀察試片之準備程序。

13.5 拉伸實驗可以獲得哪些材料的特性數據？伸長率百分比(%EL)和斷裂面縮減百分比(%AR)間可加以相互轉換否？表示材料延性時，是否需同指出所選用的標距長否？

13.6 **硬度(Hardness)**有哪些定義，與鋼的**硬化能(hardenability)**有何差異？對於不同尺度之硬度是否有一個固定的轉換關係？

13.7 簡述超音波檢驗法之目的？它是破壞性或非破壞性檢測技術？是偵測微觀或巨觀之缺陷？

13.8 對於生產有縫管的銲接作業，應採用何種非破壞性檢驗法來確定銲道的品質？

補充習題

13.9 簡述渦電流法與雙橋法量測材料電阻之原理，對於低導電度之合金，使用渦電流量測電阻時，有何優缺點？

13.10 電阻可以量測材料何種特性？溫度對於電阻測試有何影響？『國際標準退火銅(IACS%)』的導電值量測法爲何可以用來偵測高導電合金之相變化？對於低導電合金之相變化又如何？

13.11 以電子束繞射晶體時，哪一種晶面才會發生繞射？如何用來鑑定化合物？

13.12 電子束入射到合金試片上時，可以產生哪些訊號？利用這些訊號資訊，可以製作何種分析儀器來進行結構分析及成分分析？

13.13 材料強度與硬度之定義有何異同？可以直接由材料強度換算而求得其硬度否？

13.14 簡述材料衝擊試驗之目的。在工程應用上，衝擊試驗的主要用途是什麼？何謂**韌-脆轉變溫度(ductile to brittle transition temperature)**？如何定義？

13.15 簡述材料疲勞試驗之目的，何謂疲勞壽命？何謂**疲勞限(fatigue limit)**？何謂**忍耐限(endurance limit)**？

13.16 利用脈衝回音法檢驗一鋁材時，在示波器上顯示三個尖峰，第一尖峰時間爲 0，第二尖峰時間爲 1.63×10^{-5} sec，第三尖峰爲 2.44×10^{-5} sec，試求材料的厚度及裂隙的深度。

13.17 利用共振法測量鋼材的厚度，發現當頻率爲 1,213,000 Hz 時可產生 12 個半波的共振，試求鋼材厚度。

附錄

附錄 A：單位轉換

長度

$1\ m = 10^{10}Å$	$1Å = 10^{-10}\ m$
$1\ m = 10^{9}\ nm$	$1\ nm = 10^{-9}\ m$
$1\ m = 10^{6}\ \mu m$	$1\ \mu m = 10^{-6} m$
$1\ m = 10^{3}\ mm$	$1\ mm = 10^{-3} m$
$1\ m = 10^{2}\ cm$	$1\ cm = 10^{-2} m$
1 mm = 0.0394 in.	1 in. = 25.4 mm
1 cm = 0.394 in.	1 in. = 25.4 cm
1 m = 3.28 ft	1 ft = 0.3048 m

面積

$1\ m^2 = 10^4 cm^2$	$1\ cm^2 = 10^{-4}\ m^2$
$1\ mm^2 = 10^{-2}\ cm^2$	$1\ cm^2 = 10^2\ mm^2$
$1\ m^2 = 10.76\ ft^2$	$1\ ft^2 = 0.093\ m^2$
$1\ cm^2 = 0.1550\ in.^2$	$1\ in.^2 = 6.452\ cm^2$

體積

$1\ m^3 = 10^6\ cm^3$	$1\ cm^3 = 10^{-6}\ m^3$
$1\ cm^3 = 10^{-3}\ in.^3$	$1\ cm^3 = 10^3\ mm^3$
$1\ m^3 = 35.32\ ft^3$	$1\ ft^3 = 0.0283\ m^3$
$1\ cm^3 = 0.0610\ in.^3$	$1\ in.^3 = 16.39\ cm^3$

質量

$1\ Mg = 10^3\ kg$	$1\ kg = 10^{-3}\ Mg$
$1\ kg = 10^3\ g$	$1\ g = 10^{-3}\ kg$
$1\ kg = 2.205\ lb_m$	$1\ lb_m = 0.4536\ kg$
$1\ g = 2.205 \times 10^{-3}\ lb_m$	$1\ lb_m = 453.6\ g$

密度

$1\ kg / m^3 = 10^{-3}\ g / cm^3$

$1\ g / cm^3 = 10^3\ kg / cm^3$

$1\ Mg / m^3 = 1\ g / cm^3$

$1\ g / cm^3 = 1\ Mg / m^3$

$1\ kg / m^3 = 0.0624\ lb_m / ft^3$

$1\ lb_m / ft^3 = 16.02\ kg / m^3$

$1\ g / cm^3 = 62.4\ lb_m / ft^3$

$1\ lb_m / ft^3 = 16.02 \times 10^{-2}\ g / cm^3$

$1\ g / cm^3 = 0.0361\ lb_m / in.^3$

$1\ lb_m / in.^3 = 27.7\ g / cm^3$

力量

$1\ N = 10^5\ dynes$

$1\ dyne = 10^{-5}\ N$

$1\ N = 0.2248\ lb_f$

$1\ lb_f = 4.448\ N$

$1\ N = 1\ kg.m / s^2$

$1\ kg_f = 9.8\ N$

應力

$1\ MPa = 145\ psi$

$1 psi = 6.90 \times 10^{-3}\ MPa$

$1\ MPa = 0.102\ kg / mm^2$

$1\ kg / mm^2 = 9.806\ MPa$

$1\ Pa = 10\ dynes / cm^2$

$1\ dyne / cm^2 = 0.10\ Pa$

$1\ kg / mm^2 = 1422\ psi$

$1\ psi = 7.03 \times 10^{-4}\ kg / mm^2$

破裂韌性

$1\ psi\sqrt{in.} = 1.099 \times 10^{-3}\ MPa\sqrt{m}$

$1\ MPa\sqrt{m} = 910\ psi\sqrt{in.}$

能量

$1\ J = 10^7\ ergs$

$1\ erg = 10^{-7}\ J$

$1\ J = 6.24 \times 10^{18}\ eV$

$1\ eV = 1.602 \times 10^{-19}\ J$

$1\ J = 0.239\ cal$

$1\ cal = 4.184\ J$

$1\ J = 9.48 \times 10^{-4}\ Btu$

$1\ Btu = 1054\ J$

$1\ J = 0.738\ ft\text{-}lb_f$

$1\ ft\text{-}lb_f = 1.356\ J$

$1\ eV = 3.83 \times 10^{-20}\ cal$

$1\ cal = 2.61 \times 10^{19}\ eV$

$1\ cal = 3.97 \times 10^{-3}\ Btu$

$1\ Btu = 252.0\ cal$

動力

1 W = 0.239 cal / s

1 cal / s = 4.184 W

1 W = 3.414 Btu / h

1 Btu / h = 0.293 W

1 cal / s = 14.29 Btu / h

1 Btu / h = 0.070 cal / s

黏度

1 Pa-s = 10P

1 P = 0.1 Pa-s

溫度

$T(K) = 273 + T(^\circ C)$

$T(^\circ C) = T(K) - 273$

$T(K) = \frac{5}{9}[T(^\circ F) - 32] + 273$

$T(^\circ F) = \frac{9}{5}[T(K) - 273] + 32$

$T(^\circ C) = \frac{5}{9}[T(^\circ F) - 32]$

$T(^\circ F) = \frac{9}{5}[T(^\circ C)] + 32$

比熱

1 J / kg-K = 2.39×10^{-4} cal / g-K

1 cal / g-°C = 4184 J / kg-K

1 J / kg-K = 2.39×10^{-4} Btu / lb_{m}-°F

1 Btu / lb_{m}-°F = 4184 J / kg-K

1 cal / g-°C = 1.0 Btu / lb_{m}-°F

1 Btu / lb_{m}-°F = 1.0 cal / g-K

熱傳導性

1 W / m-K = 2.39×10^{-3} cal / cm-s-K

1 cal / cm-s-K = 418.4 W / m-K

1 W / m-K = 0.578 Btu / ft-h-°F

1 Btu / ft-h-°F = 1.730 W / m- K

1 cal / cm-s-K = 241.8 Btu / ft-h-°F

1 Btu / ft-h-°F = 4.136×10^{-3} cal / cm-s-K

附錄 B：元素資料表

原子序	元素名稱		晶體結構 (20˚C)	固相密度 (20˚C，g / cm^3)	熔點(˚C)	原子半徑 (nm)	離子	離子半徑 (nm)
	中文	符號						
1	氫	H	—	—	– 259.14	0.046	H^-	0.154
2	氦	He	—	—	– 272.2	—	—	—
3	鋰	Li	BCC	0.533	180.54	0.152	Li^+	0.078
4	鈹	Be	HCP	1.85	1278	0.114	Be^{2+}	0.054
5	硼	B		2.47	2300	0.097	B^{3+}	0.02
6	碳	C	HEX	2.27	3550	0.077	C^{4+}	< 0.02
7	氮	N	—	—	– 209.86	0.071	N^{5+}	0.01~0.02
8	氧	O	—	—	– 21	0.060	O^{2-}	0.132
9	氟	F	—	—	– 219.62	—	F^-	0.133
10	氖	Ne	—	—	248.67	0.160	—	—
11	鈉	Na	BCC	0.966	97.81	0.186	Na^+	0.098
12	鎂	Mg	HCP	1.74	648.8	0.160	Mg^{2+}	0.078
13	鋁	Al	FCC	2.70	660.37	0.143	Al^{3+}	0.057
14	矽	Si	DIA CUB	2.33	1410	0.117	Si^{4-}	0.198
							Si^{4+}	0.039
15	磷	P	ORTHO	1.82	44.1	0.109	P^{5+}	0.03~0.04
16	硫	S	ORTHO	2.09	112.8	0.106	S^{2-}	0.174
							S^{6+}	0.034
17	氯	Cl	—	—	– 100.98	0.107	Cl^-	0.181
18	氬	Ar	—	—	– 198.2	0.192	—	—
19	鉀	K	BCC	0.862	63.65	0.231	K^+	0.133
20	鈣	Ca	FCC	1.53	839	0.197	Ca^{2+}	0.106
21	鈧	Sc	FCC	2.99	1539	0.160	Sc^{2+}	0.083
22	鈦	Ti	HCP	4.51	1660	0.147	Ti^{2+}	0.076
							Ti^{3+}	0.060
							Ti^{4+}	0.064
23	釩	V	BCC	6.09	18	0.132	V^{3+}	0.065
							V^{4+}	0.061
							V^{5+}	0.04
24	鉻	Cr	BCC	7.19	1857	0.125	Cr^{3+}	0.064
25	錳	Mn	CUBIC	7.47	1244	0.112	Mn^{2+}	0.091
							Mn^{3+}	0.070
							Mn^{4+}	0.052
26	鐵	Fe	BCC	7.87	1535	0.124	Fe^{2+}	0.087

原子序	元素名稱		晶體結構 (20˚C)	固相密度 (20˚C，g / cm³)	熔點(˚C)	原子半徑 (nm)	離子	離子半徑 (nm)
	中文	符號						
							Fe^{3+}	0.067
27	鈷	Co	HCP	8.8	1495	0.125	Co^{2+}	0.082
							Co^{3+}	0.065
28	鎳	Ni	FCC	8.91	1453	0.125	Ni^{2+}	0.078
29	銅	Cu	FCC	8.93	1083.4	0.128	Cu^{+}	0.096
30	鋅	Zn	HCP	7.13	419.58	0.133	Zn^{2+}	0.083
31	鎵	Ga	ORTHO	5.91	29.78	0.135	Ga^{3+}	0.062
32	鍺	Ge	DIA. CUB.	5.32	937.4	0.122	Ge^{4+}	0.044
33	砷	As	RHOMB.	5.78	817	0.125	As^{3+}	0.069
					(20atm)		As^{5+}	0.04
34	硒	Se	HEX.	4.81	217	0.116	Se^{2-}	0.191
							Se^{6+}	
35	溴	Br	—	—	– 7.2	0.119	Br^{-}	0.196
36	氪	Kr	—	—	– 156.6	0.197	—	—
37	銣	Rb	BCC	1.53	38.89	0.251	Rb^{+}	0.149
38	鍶	Sr	FCC	2.58	769	0.215	Sr^{2+}	0.127
39	釔	Y	HCP	4.48	1523	0.181	Y^{3+}	0.106
40	鋯	Zr	HCP	6.51	1852	0.158	Zr^{4+}	0.087
41	鈮	Nb	BCC	8.58	2468	0.143	Nb^{4+}	0.074
							Nb^{5+}	0.069
42	鉬	Mo	BCC	10.22	2617	0.136	Mo^{4+}	0.068
							Mo^{6+}	0.065
43	鎝	Tc	HCP	11.50	2172	—	—	—
44	釕	Ru	FCC	12.36	2310	0.134	Ru^{4+}	0.065
45	銠	Rh	HCP	12.42	1966	0.134	Rh^{3+}	0.068
							Rh^{4+}	0.065
46	鈀	Pd	FCC	12.00	1552	0.137	Pd^{2+}	0.50
47	銀	Ag	FCC	10.50	961.93	0.144	Ag^{+}	0.113
48	鎘	Cd	HCP	8.65	320.9	0.150	Cd^{2}	0.103
49	銦	In	FCT	7.29	156.61	0.157	In^{3+}	0.092
50	錫	Sn	BCT	7.29	231.97	0.158	Sn^{4-}	0.215
							Sn^{4+}	0.074
51	銻	Sb	RHOMB.	6.69	630.74	0.161	Sb^{3+}	0.0
52	碲	Te	HEX.	6.25	449.5	0.143	Te^{2-}	0.211
							Te^{4+}	0.089
53	碘	I	ORTHO.	4.95	113.5	0.136	I^{-}	0.220
							I^{5+}	0.094

原子序	元素名稱		晶體結構 (20℃)	固相密度 (20℃，g / cm^3)	熔點(℃)	原子半徑 (nm)	離子	離子半徑 (nm)
	中文	符號						
54	氙	Xe	—	—	–111.9	0.218	—	—
55	銫	Cs	BCC	1.91(–10℃)	28.40	0.265	Cs^{+}	0.165
56	鋇	Ba	BCC	3.59	725	0.217	Ba^{2+}	0.143
57	鑭	La	HEX.	6.17	920	0.187	La^{3+}	0.122
58	鈰	Ce	FCC	6.77	798	0.182	Ce^{3+}	0.118
							Ce^{4+}	0.102
59	鐠	Pr	HEX.	6.78	931	0.183	Pr^{3+}	0.116
							Pr^{4+}	0.100
60	釹	Nd	HEX.	7.00	1010	0.182	Nd^{3+}	0.115
61	鉕	Pm	HEX.		～1080	—	Pm^{3+}	0.106
62	釤	Sm	RHOMB.	7.54	1072	0.181	Sm^{3+}	0.113
63	銪	Eu	BCC	5.25	822	0.204	Eu^{3+}	0.113
64	釓	Gd	HCP	7.87	1311	0.180	Gd^{3+}	0.111
65	鋱	Tb	HCP	8.27	1360	0.177	Tb^{3+}	0.109
							Tb^{4+}	0.089
66	鏑	Dy	HCP	8.53	1409	0.177	Dy^{3+}	0.107
67	鈥	Ho	HCP	8.80	1470	0.176	Ho^{3+}	0.105
68	鉺	Er	HCP	9.04	1522	0.175	Er^{3+}	0.104
69	銩	Tm	HCP	9.33	1545	0.174	Tm^{3+}	0.104
70	鐿	Yb	FCC	6.97	824	0.193	Yb^{3+}	0.100
71	鎦	Lu	HCP	9.84	1656	0.173	Lu^{3+}	0.099
72	鉿	Hf	HCP	13.28	2227	0.159	Hf^{4+}	0.084
73	鉭	Ta	BCC	16.67	2996	0.147	Ta^{5+}	0.068
74	鎢	W	BCC	19.25	3410	0.137	W^{4+}	0.068
							W^{6+}	0.065
75	錸	Re	HCP	21.02	3180	0.138	Re^{4+}	0.072
76	鋨	Os	HCP	22.58	3045	0.135	Os^{4+}	0.067
77	銥	Ir	FCC	22.55	2410	0.135	Ir^{4+}	0.066
78	鉑	Pt	FCC	21.44	1772	0.138	Pt^{2+}	0.052
							Pt^{4+}	0.055
79	金	Au	FCC	19.28	1064.43	0.144	Au^{+}	0.137
80	汞	Hg			–38.87	0.150	Hg^{2+}	0.112
81	鉈	Tl	HCP	11.87	303.5	0.171	Tl^{+}	0.149
							Tl^{3+}	0.106
82	鉛	Pb	FCC	11.34	327.502	0.175	Pb^{4+}	0.215
							Pb^{2+}	0.132
							Pb^{4+}	0.084

原子序	元素名稱		晶體結構 (20˚C)	固相密度 (20˚C，g / cm^3)	熔點(˚C)	原子半徑 (nm)	離子	離子半徑 (nm)
	中文	符號						
83	鉍	Bi	RHOMB.	9.80	271.3	0.182	Bi^{3+}	0.120
84	釙	Po	MONOCLINIC	9.2	254	0.140	Po^{6+}	0.067
85	砈	At			302	－	At^{7+}	0.062
86	氡	Rn			－71	－	－	－
87	鍅	Fr	BCC		～27	－	Fr^{+}	0.180
88	鐳	Ra	BCT		700	－	Ra^{+}	0.152
89	錒	Ac	FCC		1050	－	Ac^{3+}	0.118
90	釷	Th	FCC	11.72	1750	0.180	Th^{4+}	0.110
91	鏷	Pa	BCT		< 1600	－	－	－
92	鈾	U	ORTHO.	19.05	1132	0.138	U^{4+}	0.105
93	錼	Np	ORTHO.		640	－	－	－
94	鈽	Pu	MONOCLINIC	19.81	641	－	－	－
95	鋂	Am	HEX.	－	994	－	－	－
96	鋦	Cm	HEX.	－	1340	－	－	－
97	鉳	Bk	HEX.	－	－	－	－	－
98	鉲	Cf						
99	鑀	Es						
100	鐨	Fm						
101	鍆	Md						
102	鍩	No						
103	鐒	Lr						
104	鑪	Rf						
105	𨧀	Db						
106	𨭎	Sg						
107	𨨏	Bh						
108	𨭆	Hs						
109	䥑	Mt						
110	鐽	Ds						
111	錀	Rg						
112	鎶	Cn						
113	鉨	Nh						
114	鈇	Fl						
115	鏌	Mc						
116	鉝	Lv						
117	石田	Ts						
118	氣	Og						

附錄 C：元素週期表

例：29 ← 原子序；Cu ← 符號；63.54 ← 原子量

圖例：金屬（白色）；非金屬（深灰色）；半金屬（淺灰色）

IA	IIA	IIIB	IVB	VB	VIB	VIIB	VIII	VIII	VIII	IB	IIB	IIIA	IVA	VA	VIA	VIIA	O
1 H 1.008																	2 He 4.003
3 Li 6.941	4 Be 9.012											5 B 10.81	6 C 12.01	7 N 14.01	8 O 16.00	9 F 19.00	10 Ne 20.18
11 Na 22.99	12 Mg 24.31											13 Al 26.98	14 Si 28.09	15 P 30.97	16 S 32.07	17 Cl 35.45	18 Ar 39.95
19 K 39.10	20 Ca 40.08	21 Sc 44.96	22 Ti 47.88	23 V 50.94	24 Cr 52.00	25 Mn 54.94	26 Fe 55.85	27 Co 58.93	28 Ni 58.69	29 Cu 63.55	30 Zn 65.39	31 Ga 69.72	32 Ge 72.59	33 As 74.92	34 Se 78.96	35 Br 79.90	36 Kr 83.80
37 Rb 85.47	38 Sr 87.62	39 Y 88.91	40 Zr 91.22	41 Nb 92.91	42 Mo 95.94	43 Tc (97.91)	44 Ru 101.1	45 Rh 102.9	46 Pd 106.4	47 Ag 107.9	48 Cd 112.4	49 In 114.8	50 Sn 118.7	51 Sb 121.8	52 Te 127.6	53 I 126.9	54 Xe 131.3
55 Cs 132.9	56 Ba 137.3	Rare earth series	72 Hf 178.5	73 Ta 180.9	74 W 183.9	75 Re 186.2	76 Os 190.2	77 Ir 192.2	78 Pt 195.1	79 Au 197.0	80 Hg 200.6	81 Tl 204.4	82 Pb 207.2	83 Bi 209.0	84 Po (209.0)	85 At (210.0)	86 Rn (222.0)
87 Fr (223.0)	88 Ra (226.0)	Acti- nide series	104 Rf (265.1)	105 Db (268.1)	106 Sg (271.1)	107 Bh (270.1)	108 Hs (277.2)	109 Mt (276.2)	110 Ds (281.2)	111 Rg (280.2)	112 Cn (285.2)	113 Nh (284.2)	114 Fl (289.2)	115 Mc (288.2)	116 Lv (293.2)	117 Ts (294.2)	118 Og (294.2)

鑭系稀土族	57 La 138.9	58 Ce 140.1	59 Pr 140.9	60 Nd 144.2	61 Pm (144.9)	62 Sm 150.4	63 Eu 152.0	64 Gd 157.3	65 Tb 158.9	66 Dy 162.5	67 Ho 164.9	68 Er 167.3	69 Tm 168.9	70 Yb 173.0	71 Lu 175.0
錒系稀土族	89 Ac (227.0)	90 Th 232.0	91 Pa (231.0)	92 U 238.0	93 Np (237.1)	94 Pu (244.1)	95 Am (243.1)	96 Cm (247.1)	97 Bk (247.1)	98 Cf (252.1)	99 Es (252.1)	100 Fm (257.1)	101 Md (258.1)	102 No (259.1)	103 Lr (262.1)

附錄 D：室溫下各種金屬合金的機械性質

材料/條件	降服強度 (MPa [ksi])	抗拉強度 (MPa [ksi])	延性(%) (2 in)
碳鋼和低合金鋼			
A36 鋼(98.0 Fe(min)、0.29 C－1.0 Mn－0.28 Si)			
• 熱軋	200－250(32－36)	400－500(58－72.5)	23
1020 鋼			
• 熱軋	210(30)(min)	380(55)(min)	25(min)
• 冷抽	350(51)(min)	420(61)(min)	15(min)
• 退火(@870℃)	295(42.8)	395(57.3)	36.5
• 正常化(@925℃)	345(50.3)	440(64)	38.5
1040 鋼			
• 熱軋	290(42)(min)	520(76)(min)	18(min)
• 冷抽	490(71)(min)	590(85)(min)	12(min)
• 退火(@785℃)	355(51.3)	520(75.3)	30.2
• 正常化(@900℃)	375(54.3)	590(85)	28.0
4140 鋼			
• 退火(@815℃)	417(60.5)	655(95)	25.7
• 正常化(@870℃)	655(95)	1020(148)	17.7
• 油淬火和回火(@315℃)	1570(228)	1720(250)	11.5

材料/條件	降服強度 (MPa [ksi])	抗拉強度 (MPa [ksi])	延性(%) (2 in)
	4340 鋼		
• 退火(@810℃)	472(86.5)	745(108)	22
• 正常化(@870℃)	862(125)	1020(185.5)	12.2
• 油淬火和回火(@315℃)	1620(235)	1760(255)	12
	不鏽鋼		
304 不鏽鋼			
• 熱成型與退火	205(30)(min)	515(75)(min)	40(min)
• 冷加工(H14)	515(75)(min)	860(125)(min)	10(min)
316 不鏽鋼			
• 熱成型與退火	205(30)(min)	515(75)(min)	40(min)
• 冷抽和退火	310(45)(min)	620(90)(min)	30(min)
405 不鏽鋼			
• 退火	170(25)	415(60)	20
4OA 不鏽鋼			
• 退火	415(60)	725(105)	20
• 回火@315℃	1650(240)	1790(260)	5
17-7 PH 不鏽鋼			
• 冷軋	1210(175)(min)	1380(200)(min)	1(min)
• 析出硬化@510℃	1310(190)(min)	1450(210)(min)	3.5(min)

材料/條件	降服強度 (MPa [ksi])	抗拉強度 (MPa [ksi])	延性(%) (2 in)
	鑄鐵		
灰鑄鐵			
G1800 級(鑄造)	—	124(18)(min)	—
G3000 級(鑄造)	—	207(30)(min)	—
G4000 級(鑄造)	—	276(40)(min)	—
延性鑄鐵			
60-40-18(退火)	276(40)(min)	414(60)(min)	18(min)
80-55-06(鑄造)	379(55)(min)	552(80)(min)	6(min)
120-90-02(油淬和回火)	621(90)(min)	827(120)(min)	2(min)
	鋁合金		
1100 鋁合金			
• 退火(O)	34(5)	90(13)	40
• 應變硬化(H14)	117(17)	124(18)	15
2024 鋁合金			
• 退火(O)	75(11)	185(27)	20
• 熱處理與時效(T3)	345(50)	485(70)	18
• 熱處理與時效(T351)	325(47)	470(68)	20
6061 鋁合金			
• 退火(O)	55(8)	124(18)	30

材料/條件	降服強度 (MPa [ksi])	抗拉強度 (MPa [ksi])	延性(%) (2 in)
• 熱處理與時效(T6 和 T651)	276(40)	310(45)	17
7075 鋁合金			
• 退火(O)	103(15)	228(33)	17
• 熱處理與時效(T6)	505(73)	572(83)	11
356.0 鋁合金			
• 鑄造	124(18)	164(24)	6
• 熱處理與時效(T6)	164(24)	228(33)	3.5
銅合金			
C11000(電解韌煉銅)			
• 熱軋	69(10)	220(32)	50
• 冷作(H04 回火)	310(45)	345(50)	12
C17200(鈹銅)			
• 固溶熱處理	195-380(28-55)	415-540(60-78)	35-60
• 固溶熱處理，@330℃	965-1205(140-175)	1140-1310(165-190)	4-10
C2600(砲銅)			
• 退火	75-150(11-22)	300-365(43.5-53.0)	54-68
• 冷作(H04)	435(63)	525(76)	8
C3600(易切黃銅)			
• 退火	125(18)	340(49)	53

材料/條件	降服強度 (MPa [ksi])	抗拉強度 (MPa [ksi])	延性(%) (2 in)
• 冷作(H02)	310(45)	400(58)	25
C71500(銅-鎳、30%)			
• 熱軋	140(20)	380(55)	45
• 冷作(H80)	545(79)	580(84)	3
C93200(軸承青銅)			
• 砂模鑄造	25(18)	240(35)	20
鎂合金			
AZ3IB 合金			
• 軋延	220(32)	290(42)	15
• 擠製	220(29)	262(38)	15
AZ9ID 合金			
• 鑄造	97-150(14-22)	165-230(24-33)	3
鈦合金			
商用純鈦(ASTMI 級)			
• 退火	170(25)(min)	240(35)(min)	30
Ti-SAI-2.5 Sn 合金			
• 退火	760(110)(min)	790(115)(min)	
Ti-6AI-4V 合金			
• 退火	830(120)(min)	900(130)(min)	14

材料/條件	降服強度 (MPa [ksi])	抗拉強度 (MPa [ksi])	延性(%) (2 in)
• 固溶熱處理與時效	1103(160)	1172(170)	10
貴重金屬			
金(商用純度)			
• 退火	nil	130(19)	45
• 冷作(60%減縮)	205(30)	220(32)	4
鉑(商用純度)			
• 退火	<13.8(2)	125-165(18-24)	30-40
• 冷作(50%)	—	205-240(30-35)	1-34
銀(商用純度)			
• 退火	—	170(24.6)	44
• 冷作(50%)	—	296(43)	3.5
高溫金屬			
鉬(商用純度)	550(72.5)	630(91)	25
鉭(商用純度)	165(24)	205(30)	40
鎢(商用純度)	760(110)	960(139)	2
各種非鐵金屬			
鎳 200(退火)	148(21.5)	462(67)	47
英高鎳(Inconel)625(退火)	517(75)	930(135)	42.5
莫鎳(Monel)400(退火)	240(35)	550(80)	40

材料/條件	降服強度 (MPa [ksi])	抗拉強度 (MPa [ksi])	延性(%) (2 in)
海恩斯合金(Hayneo)25	445(65)	970(141)	62
恆範鋼(Invar)(退火)	276(40)	517(75)	30
超範鋼(Super Invar)(退火)	276(40)	483(70)	30
柯華合金(Kovar)(退火)	276(40)	517(75)	30
化學鉛	6-8(0.9-1.2)	16-19(2.3-2.7)	30-60
銻鉛(6%)(急冷鑄造)	—	47.2(6.8)	24
錫(商用純度)	11(1.6)	—	57
鉛-錫銲料(60Sn-40Pb)	—	52.5(7.6)	30-60
鋅(商用純度)			
• 熱軋(異向性)	—	134-159(19.4-23.0)	50-65
• 冷軋(異向性)	—	145-186(21-27)	40-50
鋯，反應器級 702			
• 冷作和退火	207(30)(min)	379(55)(min)	16(min)

附錄 E：英中名詞對照索引

G

H

I

J

K

L

M

N

O

P

Q

R

S

Schaeffler	史查夫勒	7-6,7-45
scratch hardness	劃痕硬度	13-24
screw dislocation	螺旋差排	1-27,1-29
secondary crystal	二次晶	1-60
secondary hardening	二次硬化	4-26,4-32
secondary recrystallization	二次再結晶	5-19,6-8
segregation	微偏析	1-65,9-18
self-interstitials	自插入原子	1-21,1-22
semi-coherency	半整合	2-12,9-35
semi-killed steel ingot	半靜鋼錠	1-41
sensitizing	敏化現像	7-12
shear	剪力	13-22
shear deformation	剪變形	2-2, 3-30
shear modulus	剪彈性係數	2-4
shear fracture	剪破斷	13-38
Shore	蕭氏	13-24
short-range order rrangement	短距離〔約 50 個原子範圍內〕週期性規則排列	1-5
shot peening	珠擊法	8-3
shrinkage	縮孔	9-13
Simple Cubic	簡單立方	1-6,2-22
single crystal	單晶	1-33
single-stage aging curve	單段式上升曲線	9-33
size factor	尺寸因素	1-26,1-27
slip and twinning	差排的滑移與雙晶	3-21
slip direction	滑移方向	2-6

T

U

V

W

Z

希臘字母

國家圖書館出版品預行編目資料

金屬熱處理：原理與應用 / 李勝隆編著. –二版.
-- 新北市：全華圖書, 2018.02
面； 公分
ISBN 978-986-463-738-6(平裝)
1.金屬材料 2.熱處理
440.35 107000406

金屬熱處理—原理與應用

作者 / 李勝隆
發行人 / 陳本源
執行編輯 / 林昱先
封面設計 / 林彥彣
出版者 / 全華圖書股份有限公司
郵政帳號 / 0100836-1 號
圖書編號 / 0624201
二版四刷 / 2024 年 8 月
定價 / 新台幣 570 元
ISBN / 978-986-463-738-6(平裝)
全華圖書 / www.chwa.com.tw
全華網路書店 Open Tech / www.opentech.com.tw
若您對本書有任何問題，歡迎來信指導 book@chwa.com.tw

臺北總公司(北區營業處)
地址：23671 新北市土城區忠義路 21 號
電話：(02) 2262-5666
傳真：(02) 6637-3695、6637-3696

南區營業處
地址：80769 高雄市三民區應安街 12 號
電話：(07) 381-1377
傳真：(07) 862-5562

中區營業處
地址：40256 臺中市南區樹義一巷 26 號
電話：(04) 2261-8485
傳真：(04) 3600-9806(高中職)
(04) 3601-8600(大專)

讀者回函卡

填寫日期：　　/　　/

姓名：________ 生日：西元____年____月____日 性別：□男 □女

電話：（　）________ 傳真：（　）________ 手機：________

e-mail：（必填）________

註：數字零，請用 Φ 表示，數字 1 與英文 L 請另註明並書寫端正，謝謝。

通訊處：□□□□□

學歷：□博士 □碩士 □大學 □專科 □高中・職

職業：□工程師 □教師 □學生 □軍・公 □其他

學校 / 公司：________ 科系 / 部門：________

・需求書類：

□ A. 電子 □ B. 電機 □ C. 計算機工程 □ D. 資訊 □ E. 機械 □ F. 汽車 □ I. 工管 □ J. 土木

□ K. 化工 □ L. 設計 □ M. 商管 □ N. 日文 □ O. 美容 □ P. 休閒 □ Q. 餐飲 □ B. 其他

・本次購買圖書為：________ 書號：________

・您對本書的評價：

封面設計：□非常滿意 □滿意 □尚可 □需改善，請說明________

內容表達：□非常滿意 □滿意 □尚可 □需改善，請說明________

版面編排：□非常滿意 □滿意 □尚可 □需改善，請說明________

印刷品質：□非常滿意 □滿意 □尚可 □需改善，請說明________

書籍定價：□非常滿意 □滿意 □尚可 □需改善，請說明________

整體評價：請說明________

・您在何處購買本書？

□書局 □網路書店 □書展 □團購 □其他________

・您購買本書的原因？（可複選）

□個人需要 □幫公司採購 □親友推薦 □老師指定之課本 □其他________

・您希望全華以何種方式提供出版訊息及特惠活動？

□電子報 □ DM □廣告（媒體名稱________）

・您是否上過全華網路書店？（www.opentech.com.tw）

□是 □否 您的建議________

・您希望全華出版那方面書籍？________

・您希望全華加強那些服務？________

～感謝您提供寶貴意見，全華將秉持服務的熱忱，出版更多好書，以饗讀者。

全華網路書店 http://www.opentech.com.tw　　客服信箱 service@chwa.com.tw

2011.03 修訂

親愛的讀者：

感謝您對全華圖書的支持與愛護，雖然我們很慎重的處理每一本書，但恐仍有疏漏之處，若您發現本書有任何錯誤，請填寫於勘誤表內寄回，我們將於再版時修正，您的批評與指教是我們進步的原動力，謝謝！

全華圖書　敬上

勘誤表

書號		書名		作者	
頁數	行數	錯誤或不當之詞句		建議修改之詞句	

我有話要說：（其它之批評與建議，如封面、編排、內容、印刷品質等・・・）